3DS MAX 8

GUIDE DE RÉFÉRENCE

Jean-Pierre Couwenbergh

3DS MAX 8

GUIDE DE RÉFÉRENCE

EYROLLES

Éditions OEM-Eyrolles
61, Bld Saint-Germain
75240 Paris Cedex 05
www.editions-eyrolles.com

Direction de la collection : gheorghi@grigorieff.com
Maquette et mise en page : M2M

Tous les produits cités dans cet ouvrage sont des marques déposées ou des marques commerciales. L'auteur et l'éditeur déclinent toute responsabilité pouvant provenir de l'usage des données, des manœuvres ou des programmes figurant dans cet ouvrage.

Sommaire

INTRODUCTION

Un peu d'histoire

Largement dominé par des systèmes haut de gamme très onéreux, le monde de l'animation 3D n'était pas très accessible aux amateurs de la 3D dans le courant des années 80. Comme son grand frère AutoCAD qui a largement démocratisé le monde de la CAO à partir du milieu des années 80, 3D Studio fit de même dès sa sortie en 1990 pour le plus grand bonheur des professionnels et même des amateurs d'images de synthèse. Gary Yost, le maître à penser du Yost Group qui fut à l'origine du développement de 3D Studio dès 1988, signalait à l'époque que son objectif était de « réaliser le couteau suisse de la 3D, pour un coût largement inférieur à la concurrence ». Les plus enthousiastes au projet restaient cependant sceptiques, car proposer un produit plus performant à un prix divisé par 6 par rapport à l'offre existante, semblait assez utopique. L'avenir nous apprendra qu'il s'agissait d'un coup de génie.

Depuis cette époque les versions se sont succédé selon l'historique suivant (fig.I.1) :

▶ 1990 : 3D Studio 1.0 (Dos)

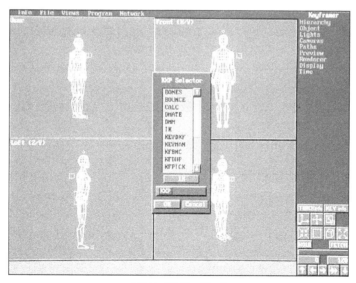

Fig.I.1. 3D Studio 1.0

- 1992 : 3D Studio 2.0 (Dos) + accès aux plug-ins
- 1993 : 3D Studio 3.0 (Dos) + début du développement de 3D Studio Max
- 1994 : 3D Studio 4.0 (Dos)
- 1995 : version Alpha de 3D Studio Max présenté au Siggraph + plug-in Character Studio
- 1996 : 3D Studio Max 1.0 – Autodesk Multimédia devient Kinetix.
- 1997 : 3D Studio Max 2.0 + MaxScript
- 1998 : 3D Studio Max 2.5
- 1999 : 3D Studio Max 3.0 – Kinetix et Discreet Logic fusionnent pour devenir Discreet.
- 2001 : 3ds max 4.0/4.2 – changement de nom de 3D Studio en 3ds.
- 2002 : 3ds max 5.0
- 2003 : 3ds max 6.0
- 2004 : 3ds max 7.0 – Intégration de Character studio
- 2005 : 3ds max 8.0 – Intégration des modules Hair et Cloth (fig.1.2).

Fig.1.2.

La version 8 de 3ds max

Modélisation

- L'outil Edit Poly Bridge permet de générer facilement des détails dans la géométrie et l'outil Edit Poly Connect permet de contrôler plus efficacement la même géométrie avec la nouvelle option de glissement et de pincement.
- La géométrie des arêtes peut être sélectionnée en agrandissant et en réduisant les sélections le long des anneaux/boucles.
- Le processus de nettoyage des modèles est simplifié : les arêtes et les sommets peuvent être supprimés en une seule action.
- Un nouveau modificateur Balayage est disponible.

Dévelopment et mapping UV

- L'outil Pelt Mapping définit des coutures personnalisées et permet de déplier les UV en fonction de ces coutures personnalisées.
- Les fonctions de relâchement d'UV et d'élimination des déformations apportent une correspondance précise de la géométrie des objets avec les UV de texture en lissant les coordonnées de mapping existantes.
- Un accès direct à des types de mapping rapides (boîte, cylindre, sphère) dans le modificateur Développer UV simplifie la pile des modificateurs.

- La fonction d'exportation d'image de modèle UV permet d'exporter une image des UV développés à utiliser dans les applications graphiques.

Caractéristiques de la peau

- Les outils de poids de la peau permettent d'accéder rapidement aux principaux outils de peau.
- Les sommets sont affectés par défaut à une structure pour éviter les étirements non souhaités et minimiser les besoins d'édition des enveloppes lorsque l'on applique des modificateurs Peau.

Langage de script MAXScript

- L'automatisation du pipeline de production peut se faire tout en ayant la possibilité d'interroger la base de données à l'aide de la connexion et des requêtes SQL MAXScript.
- Le développement des scripts MAXScripts se fait plus rapidement grâce au débogueur MAXScript. Ce débogueur respecte les normes industrielles et permet de définir des points de rupture et d'isoler n'importe quel problème dans les scripts.
- Les contrôleurs d'expressions comportent à présent une prise en charge MXS totale.
- Le contrôleur séquencé redéveloppé prend en charge l'indépendance des noms.

Animation de personnages

- Les formats de capture de mouvements incluent à présent la prise en charge d'importation et d'exportation HTR pour les structures 3ds max et l'importation de données TRC. Il est possible d'importer des formats standards de capture de mouvements directement dans 3ds max pour gérer les animations de personnages, de visages et Bipedo.
- On peut charger et enregistrer des animations à l'aide des nouveaux types de données de mouvements XML. Il est ainsi facile d'enregistrer, de charger, de mapper et de recibler des animations parmi les personnages.
- N'étant plus limité aux mouvements des bipèdes (Biped), il suffit d'utiliser le mélangeur de mouvements pour mélanger, éditer, ajuster, filtrer, déformer temporellement et transférer des mouvements de n'importe quelle animation 3ds max.
- Le contrôleur de limite permet d'ajuster l'intérieur et l'extérieur d'une limite en couche au-dessus d'une courbe de déplacement. Ceci verrouille les valeurs de mouvements et permet un plus grand contrôle et de meilleures transitions.

Animation des bipèdes (Biped)

- L'animation des personnages à long cou ou inhabituels peut se faire avec plus de détails à l'aide de nouvelles structures de cou et de queue.
- L'utilisation des couches permet de recibler la capture des mouvements et des mouvements key-framed tout en préservant les positions CI précises.

- Il est possible de tordre les structures avec des connexions DOF (3-degrees-of-freedom) pour animer aisément les personnages « pose par pose » et ajuster la déformation de maillage.

- La possibilité de faire pivoter le pelvis du bipède comme une connexion sphérique (3-DOF) élimine les restrictions dans l'éventail des mouvements et améliore la qualité de la capture des mouvements lorsque cette fonction est appliquée au squelette du bipède.

- Une prise en charge étendue des données de capture des mouvements des doigts, des orteils et du cou du bipède. Il est aussi possible de capturer une plus grande subtilité des mouvements (par exemple, les orteils peuvent se plier).

Rendu

- Mental ray 3.4 ajoute de puissantes fonctionnalités de rendu aux capacités de rendu de 3ds max. Il offre une interface utilisateur simplifiée permettant d'utiliser l'illumination globale et les ombrages de dispersion de sous-surface, ainsi qu'un modèle d'éclairage indirect unifié, qui offre des résultats cohérents lorsque l'on bascule entre différents modes de radiosité 3ds max.

- Il est possible d'effectuer rapidement le rendu par lots d'une série de vues à parti de différents angles, avec la possibilité de changer les paramètres de rendu et les couches entre chacune des vues.

Gestion des archives et collaboration

- Le partage, le contrôle et la gestion des archives en cours d'utilisation peut se faire à l'aide d'Asset Tracker, une nouvelle solution de contrôle source étroitement intégrée au logiciel Autodesk Vault et compatible avec les solutions de gestion d'archives existantes.

- Les objets 3ds max peuvent être facilement masqués dans le logiciel de composition Autodesk Combustion· à l'aide de matériaux étroitement intégrés et d'ID de rendu.

- Il est possible de définir et d'enregistrer des fichiers de configuration de chemins. Le fichier de configuration de chemins est stocké avec le fichier de la scène et permet de partager des chemins pour les emplacements d'archives, tout en gérant aisément la collaboration entre les membres d'une équipe.

Cheveux et fourrure

- Ces fonctions offrent des outils de style et de pinceau pour peigner les cheveux et appliquer une brosse le long des contours complexes avec « repeignage », ainsi qu'une prise en charge du clumping et du frisage pour plus de réalisme.

- Des outils dynamiques de cheveux utilisent le moteur dynamique de Raser (Shave) et la puissance dynamique de 3ds max pour hériter de l'inertie directement de la peau ou de n'importe quel autre mouvement de surface du modificateur.

- L'intégration de Mental Ray permet un rendu rapide en consommant peu de mémoire.

▸ Il est possible d'utiliser la géométrie instanciée comme cheveu individuel pour créer aisément des forêts, des champs de fleurs et autres paysages.

Vêtements

▸ Des modèles de vêtements peuvent être utilisés comme base de vêtements du monde réel reflétant le type de tissu et le modèle de vêtement.

▸ Le type du vêtement se détermine en définissant ses propriétés ou en effectuant un choix dans une liste de types de vêtements (parmi lesquels la soie, le coton et la laine) afin que le vêtement se comporte comme dans le monde réel en fonction du tissu.

▸ Il est possible de concevoir des vêtements réels faits sur mesure, et non pas simplement des vêtements amples et drapés. De même des lignes de couture intérieures pour les plis et les ouvertures peuvent être créées.

Visualisation de la conception

▸ L'utilisation de la subdivision adaptative de radiosité permet de produire un éclairage de qualité supérieure dans la scène.

▸ Les mesures du monde réel permettent de placer plus précisément des matériaux physiquement mis à l'échelle sur des objets de la scène.

▸ Il est possible de capturer les informations relatives aux objets, aux couches, aux matériaux, aux caméras et à l'éclairage comme un « état de scène » que l'on peut enregistrer et restaurer à volonté par la suite.

▸ L'importation et la liaison des modèles au format DWG peut se faire à partir du logiciel Autodesk Revit pour créer des images haute qualité. Les objets de la scène 3ds max correspondent directement à des objets Revit individuels.

▸ La communication et le partage des conceptions peuvent se faire en exportant des modèles à partir de 3ds max pour les afficher dans Autodesk DWF Viewer et Autodesk DWF Composer.

L'ouvrage

Cet ouvrage a comme objectif de couvrir les bases de 3ds max 8 et s'adresse à tous les utilisateurs qu'ils soient débutants ou d'un niveau intermédiaire. Chaque sujet fait l'objet d'une explication détaillée et d'un exercice pratique. Afin de bien comprendre le processus de création d'images de synthèse et d'animations avec 3ds max, ce livre est organisé en treize chapitres progressifs allant de la prise en mains du logiciel au rendu final :

▸ **Chapitre 1 : Les bases de 3ds max**. Ce chapitre porte sur la prise en mains et la configuration du logiciel. Il aborde également l'organisation du travail avec 3ds max et les différents outils d'aide.

▸ **Chapitre 2 : Les bases de la modélisation.** La modélisation (ou création) d'objets constitue la base de la réalisation d'une scène dans 3ds max. Ce chapitre aborde les différentes techniques disponibles dans 3ds max, de la primitive de base aux surfaces complexes en NURBS.

▸ **Chapitre 3 : La modélisation à partir de formes.** Les formes sont des lignes et groupes de lignes 2D et 3D qui servent à générer d'autres objets comme des surfaces de révolution ou d'extrusion. Ce chapitre détaille les différentes techniques disponibles.

▸ **Chapitre 4 : La modélisation de surfaces.** Pour créer des objets plus complexes ou de forme libre, 3ds max permet de modéliser des objets à partir de carreaux constitués de courbes de Bézier et de NURBS constitués d'un réseau de splines. Ce chapitre explique comment créer des carreaux de Bézier et des surfaces NURBS de toutes pièces ou comment les générer automatiquement par transformation d'objets maillés.

▸ **Chapitre 5 : La modélisation par combinaison d'objets.** Outre les opérations booléennes et l'extrusion de formes le long d'un chemin, il existe une série d'autres techniques de modélisation qui se basent sur la combinaison d'objets existants pour en créer d'autres. Il s'agit principalement de l'objet composé Maillage liquide (Metaballs), de l'objet composé Dispersion et de l'objet composé Conforme.

▸ **Chapitre 6 : La modélisation architecturale.** Pour créer un projet d'architecture, 3ds max permet d'une part, d'importer une géométrie à partir d'outils de CAO comme AutoCAD et d'autre part de créer directement un projet à partir d'objets AEC, qui sont des assemblages architecturaux standard tels que des escaliers, fenêtres, portes et murs. Il s'agit d'objets préfabriqués entièrement paramétriques, qui permettent de compléter un modèle architectural sans consacrer trop de temps aux tâches de modélisation. Chaque objet comporte plusieurs paramètres de personnalisation de son aspect et de ses dimensions.

▸ **Chapitre 7 : La simulation de cheveux et de tissus.** Ce chapitre porte sur l'étude des modules Hair-Fur et Cloth. Le module Hair and Fur permet la création de la chevelure d'un personnage ou du pelage d'un animal ainsi que des effets de rendu associés. Le module Cloth est un jeu d'outils de simulation permettant de refléter la façon dont le tissu, et en particulier les vêtements, se comportent dans la réalité.

▸ **Chapitre 8 : Les transformations et les modificateurs.** Une géométrie n'est jamais parfaite du premier coup. Il faut l'affiner et la positionner correctement dans l'espace. Ce chapitre aborde en détail les deux formes d'éditions de base des objets : les transformations (modification de position, de rotation, d'échelle) et les modificateurs (modification de la structure interne d'une géométrie).

▸ **Chapitre 9 : L'habillage de la scène.** Après la modélisation des différents objets d'une scène ou d'un projet, il importe d'habiller ceux-ci pour les rendre le plus réaliste possible. Il s'agit donc essentiellement de définir et d'appliquer des matériaux aux objets. Ce chapitre aborde les trois notions importantes à prendre en compte à ce

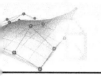

stade : les matériaux, les textures (qui sont une composante des matériaux) et les coordonnées de mapping (qui indiquent comment appliquer des matériaux texturés sur un objet).

▸ **Chapitre 10 : Les caméras et lumières**. Après avoir créé le contenu d'une scène et habillé les différents composants, la qualité de la mise en scène finale dépend largement du positionnement adéquat de la caméra, auquel s'ajoute un éclairage bien étudié. Ce chapitre aborde en détail les différentes techniques de l'éclairage et la manière de visualiser la scène à l'aide de caméras.

▸ **Chapitre 11 : L'animation**. L'animation est une étape importante dans la réalisation d'un projet. Ce chapitre aborde les différentes techniques d'animation (images clés, trajectoire, cinématique, système de particules, etc.) avec en complément les possibilités de simulation à l'aide de Reactor.

▸ **Chapitre 12 : L'animation de personnages avec Character studio.** L'animation de personnages est fortement simplifiée grâce à Character studio et à ses fonctionnalités que sont Biped (animation de squelettes), Physique (association du maillage au squelette) et Crowd (animation de foule). Ce chapitre aborde ces trois fonctionnalités principales en mettant l'accent sur le processus à suivre et sur les options disponibles.

▸ **Chapitre 13 : Le rendu et le banc de montage**. Le rendu est l'étape finale dans la réalisation d'un projet. Elle permet d'aboutir au produit fini exploitable (une image, un film...). Ce chapitre aborde les différentes techniques de rendu (ray tracing, radiosité, mental ray...) avec en complément la combinaison de différentes sources à l'aide du banc de montage et l'ajout d'effets spéciaux.

Si vous découvrez 3ds max, l'idéal est ainsi de passer d'un chapitre à l'autre pour progresser à votre rythme vers la réalisation finale de votre projet. Pour les autres utilisateurs, ces différents chapitres peuvent servir d'aide-mémoire et/ou d'explication des nouveautés de la nouvelle version.

CHAPITRE 1
LES BASES DE 3DS MAX

1. L'environnement de travail

3ds max peut être considéré comme l'outil d'intégration idéal pour la réalisation de rendus de qualité photographique et pour l'animation. Il n'est pas isolé dans une tour d'ivoire, mais se trouve au centre d'une gamme d'outils complémentaires qui, en fonction des applications, peuvent s'avérer indispensables. Ces outils peuvent se trouver en amont, en aval ou être intégrés. Nous pouvons citer en particulier :

En entrée, les outils de conception 3D : si 3ds max possède la plupart des outils pour modéliser des scènes, certaines applications comme l'architecture, le design ou la mécanique par exemple, font appel à des outils spécialisés de CAO pour la conception précise de projets. Ces derniers peuvent ensuite être importés dans 3ds max pour l'habillage, le rendu et l'animation. D'autre part, des formes 2D ou des courbes particulières peuvent aussi être importées à partir de logiciels d'illustration. Dans cette optique, 3ds max permet l'ouverture de fichiers au format VIZ Render (*.drf) et l'importation de fichiers aux formats : Maillage 3D Studio (*.3ds, *.prj), Adobe Illustrator (*.ai), LandXML/DEM/DDF Autodesk Revit (*.dwg), Autodek Inventor (IPT, IAM) WaveFront Material (*.mtl), WaveFront object (*.obj), Importation de matériaux XML VIZ (*.xml), Dessin AutoCAD (*.dwg, *.dxf), Filmbox (*.fbx), IGES (*.ige, *.igs, * .iges), Lightscape (*.ls, *.vw, *.lp), Forme 3D Studio (*.shp), StereoLitho (*.stl), VRML (*.wrl, *wzl).

En complément, les plug-ins : il s'agit d'outils complémentaires spécialisés dans des tâches particulières comme la simulation de croissance de plantes ou le mouvement de vêtements, le rendu type dessin animé, etc. Il existe des centaines de plug-ins pour 3ds max, à titre gratuit ou commercial. Parmi ces derniers, quelques exemples :

▶ *http ://www.digimation.com*

- **Head Designer** : outil paramétrique pour la création de têtes humaines.
- **S-plash** : simulation dynamique des fluide fig.1.1).
- **Illustrate!** : outil de rendu de type illustration ou dessin animé (fig.1.2).

Fig.1.1 (© Digimation)

Fig.1.2 (© Digimation)

- **Tree Factory** : boîte à outils pour la création d'arbres et de forêts.
- **Morph-O-Matic** : moteur de morphing progressif.

▶ *http ://www.reyes-infografica.net*

- **ClothReyes** : simulateur du mouvement de tissus et de vêtements.
- **JetaReyes** : système d'animation faciale (fig.1.3).

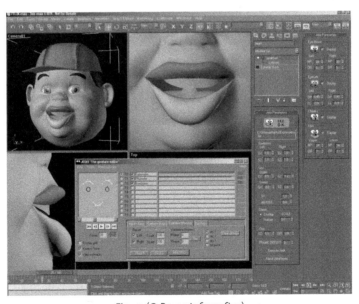

Fig.1.3 (© Reyes Infografica)

En sorties, le compositing et le montage : il s'agit d'outils permettant de créer des effets spéciaux à partir des animations 3ds et d'associer d'autres médias comme le son. La gamme des produits d'Autodesk Media et Entertainment couvre l'ensemble des traitements complémentaires souhaités :

- **Effets et Compositions** : Combustion, Flame, Flint, Inferno
- **Montage et Finition** : Fire, Smoke.

En sortie, la diffusion des projets grâce au nouveau format 3D DWF. Ce nouveau format permet d'exporter des modèles tridimensionnels avec quasiment la même fidélité visuelle que dans les scènes rendues. Les fichiers DWF sont des fichiers relativement petits, que vous pouvez partager facilement avec une équipe ne disposant pas de 3ds max. Ce format permet également de visualiser rapidement les modèles sans avoir à les animer et à les rendre, grâce à la fonction d'orbite du visualiseur. Par exemple, avec le fichier DWF d'une scène, l'ensemble d'une équipe de projet peut rapidement visualiser un modèle interactif ainsi que les propriétés de chaque objet. Les destinataires de fichiers 3D DWF peuvent les visualiser et les imprimer à l'aide d'Autodesk DWF Viewer, installé par défaut avec 3ds max (fig.1.4).

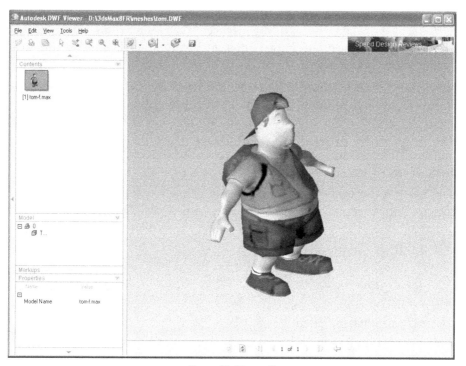

Fig.1.4 (© Discreet)

Avant de procéder à l'installation, assurez-vous que votre système dispose de la configuration logicielle et matérielle minimale permettant d'exploiter 3ds max 8.

Configuration logicielle requise

▸ Système d'exploitation principal : Microsoft® Windows® XP Professional (Service Pack 2) (recommandé), Windows 2000 (Service Pack 4), ou Windows XP Edition Familiale (Service Pack 2)

Important : Pour pouvoir installer 3ds Max , vous devez disposer des droits d'accès Administrateur.

REMARQUE

Les systèmes d'exploitation Windows 98 et Windows ME ne sont pas pris en charge.

▸ Internet Explorer® 6 (ou version ultérieure) : pour activer 3ds max et afficher les systèmes d'aide en ligne, vous devez disposer d'Internet Explorer® 6 (ou version ultérieure). Vous pouvez télécharger Internet Explorer sur le site Web Microsoft : www.microsoft.com/ france/.

▸ DirectX 9.0c et la mise à jour DirectX 9.0c-juin 2005 : DirectX 9.0c ainsi que la mise à jour DirectX 9.0c sont automatiquement installés avec 3ds max 8 si vous ne l'avez pas déjà sur votre ordinateur. Vous devez avoir au moins DirectX 9.0c et la mise à jour DirectX 9.0c-juin 2005 pour l'affichage graphique et pour pouvoir utiliser 3ds max 8. En outre, certains modules d'extension de 3ds max 8 sont directement liés aux exécutions de DirectX (fig.1.5).

▸ QuickTime® 5 (ou version ultérieure) : QuickTime® 5 (ou version ultérieure) est nécessaire pour exécuter le module d'extension de QuickTime ainsi que Panorama Exporter.

▸ Java™ Runtime Environment 1.4.2.

▸ Autodesk® DWF™ Viewer et MSI 3.0 : ils sont tous deux installés automatiquement lorsque vous exécutez le fichier launch.exe.

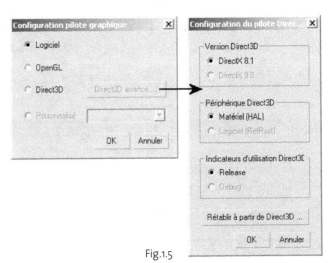

Fig.1.5

Configuration logicielle facultative

▸ OpenGL® : si votre carte graphique prend en charge OpenGL, vous devrez installer le pilote OpenGL fourni avec votre carte. Pour plus d'informations, visitez le site www.opengl.org.

Configuration matérielle requise

▸ Ordinateur : processeur Intel® PIII ou plus récent, ou AMD®, cadencé à 500 mégahertz ou plus, configuration Xeon™ ou AMD Athlon™ à deux processeurs ou Opteron™ 32 bits.

▸ RAM : 512 Mo minimum (taille recommandée : 1 Go). La taille minimale du fichier d'échange est de 500 Mo (taille recommandée : 2 Go).

La complexité des scènes influe sur la quantité de RAM nécessaire pour préserver les performances.

▸ Affichage : carte graphique prenant en charge une résolution minimale de 1024 x 768 x couleurs 16 bits. L'accélération matérielle OpenGL™ et Direct 3D est prise en charge ; accélérateur 1280 x 1042 x couleurs 32 bits avec 256 Mo de RAM.

▸ Périphérique de pointage : périphérique de pointage compatible Microsoft ou tablette Wacom®.

3ds max est optimisé pour être utilisé avec une souris à trois boutons ou avec Microsoft Intellimouse® et est compatible avec les souris à roulette de défilement. Il est recommandé d'utiliser une souris à trois boutons avec roulette de défilement compatible Microsoft.

▸ DVD-ROM : indispensable pour charger le logiciel et toutes les autres installations à partir du DVD d'installation de 3ds max 8.

▸ Espace disque dur disponible : 650 Mo d'espace disque dur disponible sont en général requis pour l'installation. Cette quantité varie en fonction des composants que vous installez.

Important : la taille du fichier d'échange Windows doit être de 300 Mo minimum. La taille recommandée du fichier d'échange correspond à trois fois la quantité de RAM physique de votre ordinateur. Les scènes complexes peuvent nécessiter davantage d'espace d'échange Windows.

Configuration matérielle facultative

▸ Carte son et haut-parleurs : indispensables pour pouvoir écouter les pistes son.

▸ Réseau : réseau TCP/IP pour effectuer des rendus en réseau.

2. Le processus de création d'une animation

Qu'il s'agisse d'imiter la réalité le plus fidèlement possible ou de créer une scène directement sortie de votre imagination, la réalisation d'une animation suit toujours le même processus : modélisation, habillage, visualisation et animation.

A partir de formes géométriques simples (cube, sphère, cylindre...) ou de techniques plus sophistiquées (Carreaux de Bézier, NURBS...), le concepteur va construire un modèle de la scène ou de l'objet. Les différentes techniques de rendu vont permettre ensuite l'habillage, qui assure la qualité visuelle du produit : choix des couleurs, détermination et emplacement des sources de lumière, définition des coefficients de réaction de la lumière, simulation ou numérisation des matériaux. Il ne restera plus alors qu'à animer la scène : déplacement de personnages et d'objets, modification d'éclairement...

Ces différentes étapes seront abordées progressivement dans cet ouvrage selon le processus de la figure 1.6.

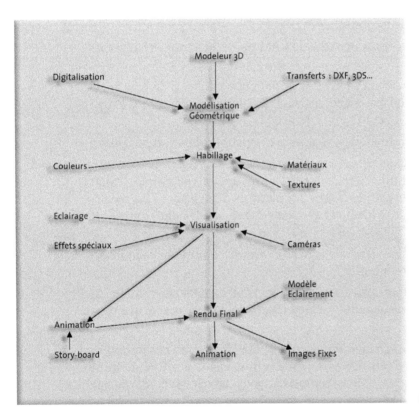

Fig.1.6

3. L'interface de 3ds max

3.1. L'interface par défaut

L'interface de 3ds max est entièrement personnalisable, mais pour démarrer il vaut mieux utiliser ce qui est proposé par défaut. Avant de passer au détail, sachez que max fournit un environnement de travail intégré unique et qu'il n'est pas nécessaire de passer

d'un module à un autre pour passer à travers les différentes phases du processus décrit au point 2. L'interface se compose des éléments suivants (fig.1.7) :

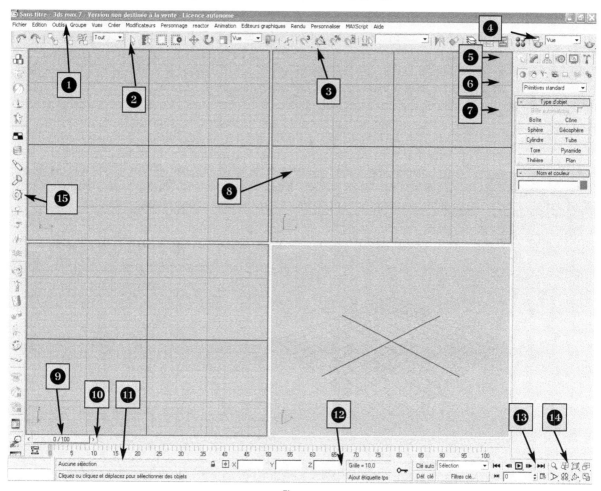

Fig.1.7

①	Barre de menus	⑨	Glissière temps
②	Barre d'outils principale	⑩	Mini Récepteur MAXScript
③	Modes d'accrochage	⑪	Barre de piste
④	Calcul du rendu	⑫	Affichage des coordonnées
⑤	Panneau de commandes	⑬	Contrôles Temps
⑥	Catégories d'objets	⑭	Contrôles de navigation de fenêtre
⑦	Panneau déroulant	⑮	Reactor
⑧	Fenêtre active		

3.2. Les modifications de base de l'interface

L'interface par défaut peut subir quelques modifications de base pour la rendre plus conviviale :

▸ **Affichage des menus Couches, Contraintes axe, Extras, Raccourcis de rendu et Accrochages** : en effectuant un clic droit sur la barre d'outils principale vous avez accès à un menu contextuel (fig.1.8) qui vous permet d'afficher les barres d'outils Couches (pour organiser les objets par couches superposées), Contrainte axe (pour contraindre les déplacements des objets dans les directions X, Y ou Z), Extras (contient des outils complémentaires comme la grille automatique ou la copie en réseau), Raccourcis de rendu (permet d'affecter des paramètres à trois boutons prédéfinis personnalisés), Accrochages (permet d'accéder aux paramètres d'accrochages les plus usuels) et Valeurs prédéfinies du pinceau (pour définir le type et la largeur du pinceau). Vous pouvez les ancrer dans les bordures de l'écran en les déplaçant vers le haut, le bas, à gauche ou à droite (fig.1.9).

Fig.1.8

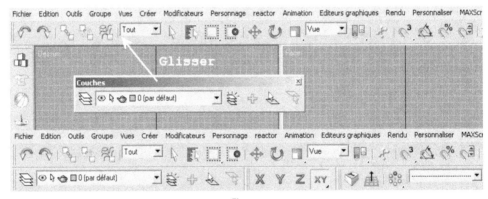

Fig.1.9

▸ **Glisser la barre d'outils principale** : en fonction de la taille de l'écran et de la résolution active, il arrive que l'ensemble des fonctions de la barre d'outils principale ne soit pas visible. Il convient alors de glisser cette barre vers la gauche pour accéder aux fonctions situées à droite (fig.1.10).

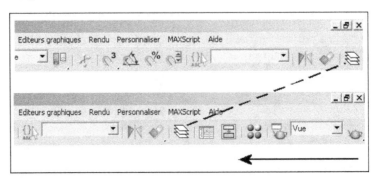

Fig.1.10

d'un module à un autre pour passer à travers les différentes phases du processus décrit au point 2. L'interface se compose des éléments suivants (fig.1.7) :

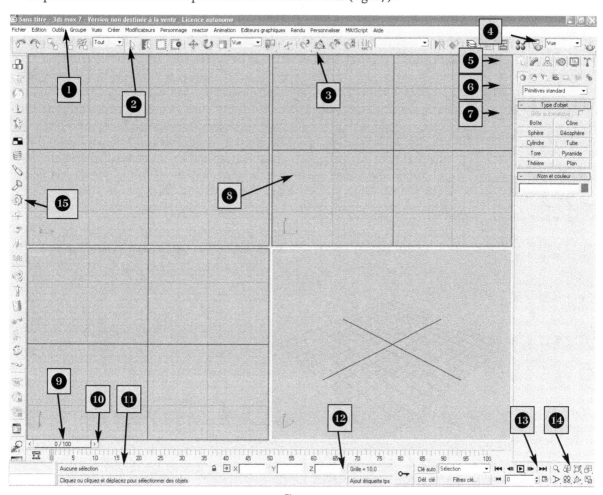

Fig.1.7

①	Barre de menus	⑨	Glissière temps
②	Barre d'outils principale	⑩	Mini Récepteur MAXScript
③	Modes d'accrochage	⑪	Barre de piste
④	Calcul du rendu	⑫	Affichage des coordonnées
⑤	Panneau de commandes	⑬	Contrôles Temps
⑥	Catégories d'objets	⑭	Contrôles de navigation de fenêtre
⑦	Panneau déroulant	⑮	Reactor
⑧	Fenêtre active		

3.2. Les modifications de base de l'interface

L'interface par défaut peut subir quelques modifications de base pour la rendre plus conviviale :

▸ **Affichage des menus Couches, Contraintes axe**, **Extras, Raccourcis de rendu et Accrochages** : en effectuant un clic droit sur la barre d'outils principale vous avez accès à un menu contextuel (fig.1.8) qui vous permet d'afficher les barres d'outils Couches (pour organiser les objets par couches superposées), Contrainte axe (pour contraindre les déplacements des objets dans les directions X, Y ou Z), Extras (contient des outils complémentaires comme la grille automatique ou la copie en réseau), Raccourcis de rendu (permet d'affecter des paramètres à trois boutons prédéfinis personnalisés), Accrochages (permet d'accéder aux paramètres d'accrochages les plus usuels) et Valeurs prédéfinies du pinceau (pour définir le type et la largeur du pinceau). Vous pouvez les ancrer dans les bordures de l'écran en les déplaçant vers le haut, le bas, à gauche ou à droite (fig.1.9).

Fig.1.8

Fig.1.9

▸ **Glisser la barre d'outils principale** : en fonction de la taille de l'écran et de la résolution active, il arrive que l'ensemble des fonctions de la barre d'outils principale ne soit pas visible. Il convient alors de glisser cette barre vers la gauche pour accéder aux fonctions situées à droite (fig.1.10).

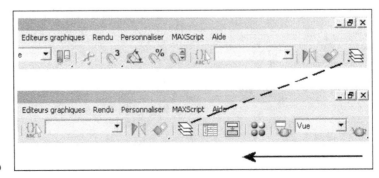

Fig.1.10

▸ **Agrandir le panneau de commande** : en fonction du type d'opération que vous exécuter, il arrive fréquemment que nombre d'options ne peut s'afficher complè-tement à l'écran. Vous devez dès lors glisser le panneau de commande de haut en bas. Pour remédier à cela, vous pouvez agrandir le panneau en glissant sa frontière vers la gauche (fig.1.11).

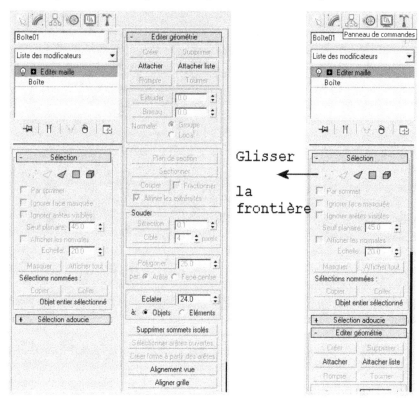

Fig.1.11

3.3. L'accès aux fonctions

L'accès aux fonctions est multiple dans 3ds max. Ainsi si vous souhaitez créer une sphère, par exemple, deux possibilités s'offrent à vous (fig.1.12) : par le menu déroulant **Créer** et par le panneau de commande **Créer**.

Certaines opérations sont également disponibles par un menu **Quadr.** ou « menu quadrant » qui s'affiche à l'aide d'un clic droit dans la fenêtre active ou sur un objet parti-culier (fig.1.13). Il comprend différentes options en fonction de l'objet sélectionné ou du type de vue, et intègre de nombreux éléments que l'on peut retrouver dans les autres menus.

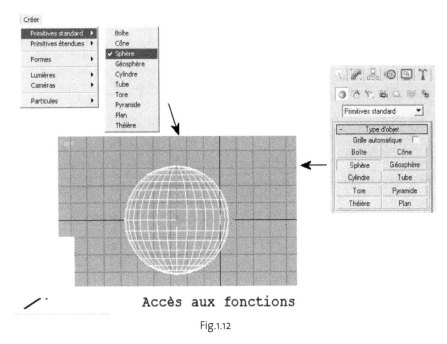

Accès aux fonctions

Fig.1.12

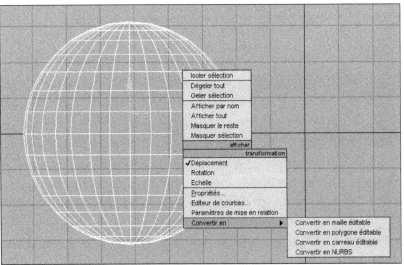

Fig.1.13

3ds max contient aussi de nombreux raccourcis clavier qui vous permettront d'accéder directement aux fonctions et rendre votre travail plus aisé. Vous pouvez les modifier ou en ajouter par l'option **Personnaliser Interface utilisateur** du menu **Personnaliser** (fig.1.14).

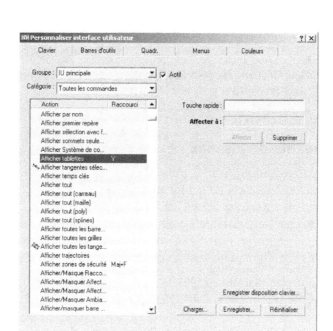

Fig.1.14

Le tableau qui suit donne un aperçu de quelques raccourcis :

Affichage

Alt + B	Définit l'arrière-plan de la fenêtre
Alt + W	Passe en mode une fenêtre et vice-versa
Ctrl + X	Affichage en mode Expert (sans menu)
H	Affiche la liste des objets de la scène
M	Affiche Editeur de matériaux

Interface écran

Alt + 6	Affiche barre d'outils principale
G	Affiche la grille

Précision

A	Active accrochage à l'angle
S	Active l'accrochage

Touches de fonction

F4	Affichage ombré ou filaire
F5	Restriction sur axe X
F6	Restriction sur axe Y
F7	Restriction sur axe Z

REMARQUE

L'activation d'une fonction dans 3ds max a comme effet de garder cette fonction active. Pour sortir de celle-ci, il convient d'activer la touche Echap (Esc).

3.4. Les fenêtres de 3ds max

L'interface par défaut de 3ds max présente quatre fenêtres de travail qui sont autant de points de vue sur les objets 3D qui forment la scène. L'une des fenêtres, indiquée par une bordure jaune, est toujours active. La fenêtre active est celle où les commandes et les autres opérations prennent effet. Il ne peut y avoir qu'une seule fenêtre active à la fois. Les autres fenêtres ne servent qu'à l'observation ; tant qu'elles ne sont pas désactivées, elles assurent simultanément le suivi des actions de la fenêtre active.

Par défaut, 3ds max dispose les fenêtres sur deux lignes de deux colonnes. Treize autres dispositions sont possibles, mais vous ne pouvez afficher que quatre fenêtres au maximum.

Le panneau **Disposition** de la boîte de dialogue **Configuration fenêtre** vous permet de définir des dispositions différentes et de personnaliser les fenêtres dans chacune d'elles. La configuration de la fenêtre est enregistrée en même temps que la scène. La procédure est la suivante :

1. Dans le menu **Personnaliser**, sélectionnez **Configuration fenêtre**.

2. Cliquez sur l'onglet **Disposition**.

3. Dans la partie supérieure, cliquez sur la configuration souhaitée (fig.1.15).

4. Sélectionnez chacune des fenêtres et définissez le type d'affichage souhaité : gauche, droite, perspective...

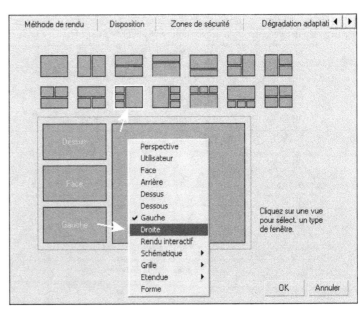

Fig.1.15

Le type de vue peut également être modifié directement en cliquant sur la fenêtre que vous voulez modifier, puis en utilisant l'un des raccourcis clavier du tableau ci-dessous :

Touche	Type de vue
T	Vue de dessus
B	Vue de dessous
F	Vue de face
L	Vue de gauche
C	Vue Caméra. Seulement si une seule caméra est définie dans la scène.
P	Vue Perspective. Conserve l'angle de visualisation de la vue précédente.
U	Vue utilisateur (axonométrique). Conserve l'angle de visualisation de la vue précédente. Permet d'utiliser le zoom région.

La représentation des objets d'une scène se fait principalement selon deux familles de vues dans 3ds max (fig.1.16) :

▶ **Les vues axonométriques** : elles font référence à la projection parallèle d'un objet 3D sur une surface de dessin (ou un écran d'ordinateur). Si l'objet est incliné de façon à ce que trois côtés soient visibles, la projection conserve les échelles horizontale et verticale mais déforme les diagonales et les lignes courbes. Les vues orthographiques, les vues utilisateurs ayant fait l'objet d'une rotation et les vues isométriques sont toutes des vues de type axonométrique.

▶ **Les vues en perspective** : elles sont très proches de la vision humaine. Les objets semblent s'éloigner, créant ainsi une impression de profondeur et d'espace. Une variante de la vue perspective est la vue Caméra, qui suit le déplacement de la vue à travers l'objectif de la caméra. Lorsque vous déplacez la caméra (ou la cible) dans une autre fenêtre, la scène se déplace en conséquence. C'est là l'avantage de la vue Caméra par rapport à la vue perspective.

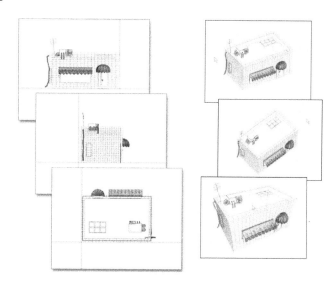

Fig.1.16 (Doc.Discreet)

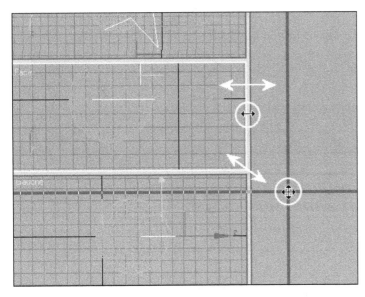

Fig.1.17

Après avoir sélectionné une disposition, vous pouvez redimensionner les fenêtres en modifiant leurs proportions à l'aide des barres de fractionnement les séparant ou via le croisement des fenêtres (fig.1.17).

4. L'univers de création de 3ds max : la scène

La création d'une scène dans 3ds max peut se faire en partant de zéro, c'est-à-dire en créant la scène de toutes pièces sans récupération d'éléments existants. Mais tenez compte du fait que vous pouvez réaliser des gains de productivité importants si vous réutilisez une partie de votre travail en combinant des géométries créées provenant d'autres conceptions 3ds max ou d'autres programmes. 3ds max prend en charge cette technique par le biais des commandes Importer, Fusionner et Remplacer. Vous pouvez également partager des conceptions ou objets avec d'autres utilisateurs travaillant sur le même projet à l'aide de la fonction Références externes.

4.1. Importer une géométrie

Cette méthode permet de charger ou de fusionner des fichiers de géométrie qui ne sont pas au format scène 3ds max. La procédure est la suivante :

1. Dans le menu **Fichier** sélectionnez **Importer**.

2. Choisissez un type de fichier à importer dans la liste des types de fichiers de la boîte de dialogue de sélection de fichiers. Pour visualiser plusieurs types de fichiers, choisissez l'option **Tous**. Les principaux formats suivants sont disponibles :

   ▸ Maillage 3D Studio (3ds)

   ▸ 3D Studio Project (prj)

   ▸ Adobe Illustrator (ai)

   ▸ LANDXML/DEM/DDF

   ▸ Dessin AutoCAD (dwg, dxf)

   ▸ Autodesk Inventor (ipt, iam)

   ▸ AutoCAD (dxf)

   ▸ IGES (Initial Graphics Exchange Standard)

- ▸ Forme 3D Studio (shp)
- ▸ StereoLitho (stl)
- ▸ VIZ Render (drf) via la fonction **Ouvrir**
- ▸ VRML (wrl, wrz)
- ▸ WaveFront Material (mtl)
- ▸ WaveFront Object (obj)

③ Sélectionnez le fichier à importer.

④ Pour certains types de fichier, une deuxième boîte de dialogue s'affiche et présente des options propres à ce type de fichier. Choisissez les options souhaitées.

4.2. Exemple d'importation de Maillage 3D Studio

3ds correspond au format de fichier maillage de 3d studio (DOS). Si vous importez un fichier 3ds, vous pouvez fusionner les objets importés dans la scène courante ou remplacer complètement la scène. Si vous choisissez de fusionner les objets avec la scène courante, le système vous demande si vous voulez redéfinir la longueur de l'animation dans la scène en fonction de celle du fichier importé (si ce dernier contient une animation). Lorsque vous importez un fichier 3ds, la plupart des informations (géométrie, matériaux, animation, etc) sont incluses, sauf les éléments suivants : clés de transformation, instances de l'animateur, canaux de textures désactivés, textures cubiques de format *.cub* personnalisées, transparence de décalcomanies utilisant la couleur RVB du pixel situé à l'extrémité supérieure gauche de la texture, formes.

Les options sont les suivantes (fig.1.18) :

- ▸ **Fusionner les objets avec la scène courante** : fusionne les données importées avec la scène courante.

- ▸ **Remplacer complètement la scène courante** : remplace entièrement la scène courante par les données importées.

- ▸ **Convertir unités** : lorsque cette option est sélectionnée, le logiciel suppose que les unités contenues dans le fichier importé sont en pouces et les convertit dans le système d'unités courant. Lorsqu'elle n'est pas activée, le logiciel suppose que les unités du fichier importé correspondent au système d'unités courant et ne les convertit pas.

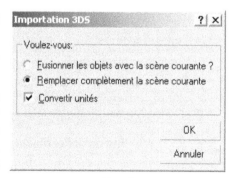

Fig.1.18

4.3. Exemple d' importation de fichiers AutoCAD DWG

Lorsque vous importez un fichier de dessin AutoCAD, le logiciel convertit un sous-ensemble d'objets AutoCAD en objets 3ds max équivalents. Pour effectuer une importation correcte, le fichier doit être préparé correctement dans AutoCAD en tenant compte des points suivants :

▸ Gérer correctement les couches

Le Gestionnaire de couches 3ds max 8 est similaire au Gestionnaire de propriétés de calques d'AutoCAD. Tous deux permettent de masquer et de geler des couches et de gérer la visibilité et la couleur des objets figurant sur ces couches. Ils permettent également de déterminer si les objets d'une couche doivent être tracés dans AutoCAD ou rendus dans 3ds max, même si ces objets ne sont pas visibles dans les fenêtres. Chaque calque du dessin AutoCAD importé devient une nouvelle couche 3ds max et chaque objet devient un nouvel objet sur sa couche respective. Lors de l'importation depuis AutoCAD, les objets dont la propriété couleur est définie par calque conservent cette couleur. Les objets auxquels une couleur spécifique a été affectée dans AutoCAD sont modifiés pour correspondre à la couleur de la couche dans 3ds max. D'autre part, pour éviter toute confusion, évitez d'employer le blanc, le rouge et le bleu comme couleur de calque dans AutoCAD, car 3ds max utilise ces couleurs pour désigner les objets sélectionnés (blanc), les sous-objets sélectionnés (rouge) et les sous-objets (bleu).

▸ Créer facilement des objets

La création des objets dans 3ds max s'opère de deux façons différentes : par couche, et par entité. Il est donc utile d'organiser l'information en conséquence dans AutoCAD. Par exemple : tous les murs d'une maison sur la couche mur, toutes les fenêtres sur la couche fenêtre, etc.

▸ Exclure certains objets

Dans AutoCAD, gelez toutes les couches contenant des objets non souhaités.

Dans 3ds max, importez le dessin en prenant soin d'activer l'option Ignorer les couches gelées.

▸ Augmenter la qualité des objets

Il arrive que la surface de certains objets ne soit pas lissée et que des faces ne soient pas visibles car leurs normales de surface sont basculées. Pour remédier à ce problème, il convient d'activer les options Lissage auto (valeur 15 ou plus) et Unifier les normales.

▸ Importer des objets non standards

3ds max est compatible avec les objets de base d'AutoCAD. En revanche, il ne prend pas en charge directement l'importation de composants de type ObjectARX (issus par exemple de Autodesk Architectural Desktop). Il faut au préalable installer l'utilitaire Object Enabler pour réaliser une importation directe sans problèmes. Cet utilitaire peut être téléchargé gratuitement à l'adresse : www.autodesk.com/aecobjecten.

Il est conseillé de choisir l'option « Dessin AutoCAD (∗.dwg, ∗.dxf) » lors de l'importation et non « AutoCAD hérité (∗.dwg) » qui est une version moins complète au niveau paramétrage.

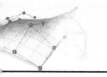

Les paramètres d'importation sont les suivants (fig.1.19) :

Onglet Géométrie – Zone Echelle

▶ **Taille du modèle** : la forme géométrique entrante est évaluée pour déterminer la taille de sa boîte englobante. Cette valeur correspond aux limites de l'espace objet utilisé dans AutoCAD (voir la commande Etat d'AutoCAD).

▶ **Redimensionner** : permet le redimensionnement de la géométrie en entrée par un facteur correspondant au type d'unité le plus courant utilisé. Le module d'importation tentera de détecter les unités du fichier DWG importé, comparera ces unités avec les unités système 3ds max et fournira le facteur de conversion approprié.

▶ **Unités du fichier en entrée** : menu déroulant dans lequel vous pouvez définir les unités de la scène.

Onglet Géométrie – Zone Options géométriques

▶ **Rassembler objets par couche** : tous les objets d'un calque AutoCAD forment un seul objet dans 3ds max. De plus, 3ds max attribue à chaque objet importé un nom fondé sur le calque de l'objet AutoCAD. Le nom de l'objet importé est doté du préfixe « Couche : » et est suivi du nom de la couche. Ainsi, un objet AutoCAD situé sur la couche CYLINDRE devient Couche : CYLINDRE (fig.1.20).

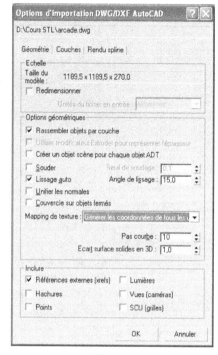

Fig.1.19

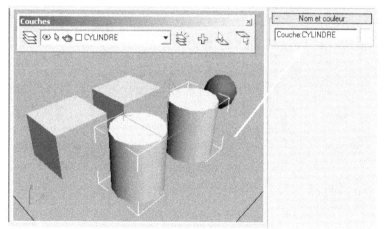

Fig.1.20

▶ **Souder** : spécifie si les sommets voisins des objets convertis doivent être soudés en fonction du paramètre Seuil soudage. Le soudage lisse les raccords et unifie les normales des objets ayant des sommets coïncidents. Pour information, la soudure est réalisée uniquement pour les sommets faisant partie du même objet.

- **Seuil de soudage** : définit la distance qui détermine si les sommets coïncident. Si la distance entre deux sommets est inférieure ou égale au seuil de soudage, les sommets seront soudés.

- **Lissage auto** : affecte des groupes de lissage en fonction de la valeur de l'angle de lissage. Les groupes de lissage déterminent si les faces d'un objet doivent être rendues en tant que surfaces lisses ou affichent un raccord à leur arêtes, ce qui crée une apparence de facettes.

- **Angle de lissage** : détermine si le lissage se produit entre deux faces adjacentes. Les faces sont lissées si l'angle formé par les normales est inférieur ou égal à la valeur de la zone Angle lissage.

- **Unifier les normales** : analyse les normales des faces des objets et les fait éventuellement basculer de façon à ce qu'elles soient toutes orientées vers l'extérieur à partir du centre d'un objet. Si la géométrie importée n'est pas correctement soudée ou si le logiciel ne peut pas déterminer le centre de l'objet, les normales risquent d'être orientées dans la mauvaise direction. Pour faire basculer les normales, utilisez les modificateurs Editer maillage ou Normales. Lorsque la case Unifier normales est désactivée, les normales sont calculées en fonction de l'ordre des sommets des faces dans le fichier DWG. Les normales des face des solides AutoCAD ACIS sont déjà unifiées. Désactivez Unifier normales lorsque vous importez des modèles de solides ACIS à partir d'AutoCAD.

- **Couvercle sur objets fermés** : applique un modificateur Extruder à toutes les entités fermées, et active les options Début couv. et Fin couv. correspondantes. La valeur du modificateur Extruder pour une entité fermée sans épaisseur est de 0. Le couvercle fait que les entités fermées avec épaisseur apparaissent solides et que les entités fermées sans épaisseur apparaissent plates. Lorsque l'option Couvercle sur entités fermées est désactivée, les options Début couv. et Fin couv. des entités fermées dotées d'une épaisseur sont également désactivées. Aucun modificateur n'est appliqué aux entités fermées sans épaisseur, à l'exception de Cercle, Lancer et Solide.

- **Mapping de texture** : permet de générer ou non des coordonnées de mapping aux objets importés. Deux options sont disponibles :

  - **Pas de coordonnée de mapping** : lorsque cette option est utilisée, le gestionnaire d'importation ne génère pas de coordonnées de texture pour les objets de maillage importés. Avant d'affecter des matériaux aux objets importés, il convient dès lors de ne pas oublier d'appliquer un modificateur Texture UVW pour ajouter des coordonnées de texture. Cette option offre une vitesse de chargement accélérée, mais ne permet pas la création de coordonnées UVW.

  - **Générer les coordonnées de tous les objets** : lorsque cette option est activée, des coordonnées UVW sont générées pour tous les objets lorsque le dessin est importé. Cette option demande au module d'importation DWG/DXF de créer des coordonnées UVW. Il en résulte que le temps de chargement est prolongé pendant la génération des coordonnées.

- **Pas courbe** : règle le lissage d'un arc ou d'une courbe tel qu'il apparaît lorsque le dessin est importé. Les valeurs supérieures provoquent la création de courbes plus lisses. Valeur par défaut = 10.
- **Ecart surface solides en 3D** : indique l'écart maximal autorisé entre le maillage surface 3ds max et la surface ACIS paramétrique. Les valeurs basses produisent des surfaces plus précises ayant un nombre de faces plus élevé. Les valeurs élevées produisent des surfaces moins précises comprenant moins de faces.

Onglet Géométrie – Zone Inclure

- **Références externes (Xrefs)** : permet d'inclure ou non les Xrefs liées au fichier AutoCAD importé.
- **Hachures** : permet d'importer ou non les motifs hachurés d'AutoCAD.
- **Points** : permet d'importer ou non les objets point d'AutoCAD.
- **Lumières** : permet d'importer ou non les lumières d'AutoCAD.
- **Vues (Caméras)** : permet d'importer ou non les vues d'AutoCAD et de les convertir en caméras dans max.
- **SCU (Grilles)** : permet d'importer ou non le repère UCS d'AutoCAD.

Onglet Couches

Cette interface ressemble beaucoup à l'affichage des couches dans Autodesk VIZ et VIZ Render. Les noms des couches restent identiques à ceux indiqués dans le fichier DWG (fig.1.21).

- **Ignorer les couches gelées** : exclut de l'importation les objets AutoCAD figurant sur des couches désactivées ou gelées.
- **Sélectionner dans la liste** : permet de choisir une couche spécifique à importer.
- **Tout** : le bouton Tout est uniquement actif lorsque l'option Sélectionner dans la liste est activée. Il vous permet de sélectionner rapidement toutes les couches de la liste.
- **Aucun** : le bouton Aucun est uniquement actif lorsque l'option Sélectionner dans la liste est activée. Il annule la sélection de toutes les couches sélectionnées.
- **Inverser** : le bouton Inverser est uniquement actif lorsque l'option Sélectionner dans la liste est activée. En cliquant sur ce bouton, vous inversez la sélection. Les couches sélectionnées sont décochées et les couches non sélectionnées sont sélectionnées.

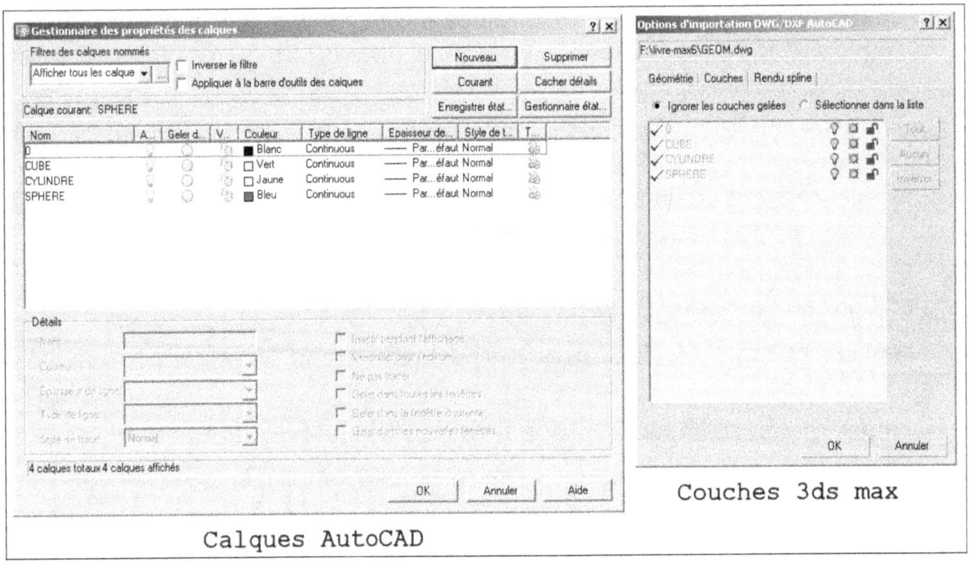

Calques AutoCAD   Couches 3ds max

Fig.1.21

Onglet Rendu spline

Les commandes de ce panneau sont identiques de par leur nom et leur fonctionnement à celles présentes dans le panneau déroulant Rendu d'une spline éditable. Les valeurs de ces paramètres sont définies pour toutes les formes importées. Dès que l'importation est terminée, vous pouvez si nécessaire modifier les paramètres pour chaque objet.

- **Activer dans le rendu** : lorsque cette option est activée, la forme est rendue sous forme de maillage 3D à l'aide des paramètres Rectangulaire ou Radial définis pour le rendu.

- **Activer dans la fenêtre** : lorsque cette option est activée, la forme est affichée dans la fenêtre sous forme de maillage 3D à l'aide des paramètres Rectangulaire ou Radial définis pour le rendu.

- **Utiliser paramètres fenêtre** : permet de définir différents paramètres de rendu et d'afficher le maillage généré par les paramètres de la fenêtre. Cette option est uniquement disponible lorsque le paramètre Activer dans la fenêtre est sélectionné.

- **Générer coord. de mapping** : il faut activer cette option pour appliquer des coordonnées de mapping. Cette option est désactivée par défaut.

- **Taille de texture réaliste** : contrôle la méthode de mise à l'échelle utilisée pour les matériaux dotés de textures qui sont appliqués à l'objet. Les valeurs de mise à l'échelle sont contrôlées par les paramètres Utiliser échelle réaliste du panneau déroulant Coordonnées du matériau appliqué. Ce paramètre est activé par défaut.

- **Lissage auto** : lorsque vous sélectionnez cette option, la spline est automatiquement lissée à l'aide du seuil spécifié dans le champ Seuil situé au-dessous. L'option de lissage automatique définit le lissage en fonction de l'angle entre les segments de spline.

Deux segments adjacents sont placés dans le même groupe de lissage si l'angle qui les sépare est inférieur à l'angle de seuil.

- **Seuil** : définit l'angle de seuil exprimé en degrés. Deux segments de spline adjacents sont placés dans le même groupe de lissage si l'angle qui les sépare est inférieur à l'angle de seuil.

- **Fenêtre** : il faut activer cette option pour spécifier des paramètres Radial ou Rectangulaire pour l'affichage de la forme dans la fenêtre lorsque l'option Activer dans la fenêtre est utilisée.

- **Rendu** : il faut activer cette option pour spécifier des paramètres Radial ou Rectangulaire pour l'affichage de la forme une fois rendue ou dans la fenêtre lorsque l'option Activer dans la fenêtre est utilisée.

- **Radial** : affiche le maillage 3D sous forme d'objet cylindrique.

- **Epaisseur** : indique le diamètre de la fenêtre ou le maillage de la spline rendue. Par défaut, la valeur est 1,0. Cette valeur est comprise entre 0,0 et 100 000 000,0.

- **Côtés** : indique le nombre de côtés (ou facettes) du maillage de spline dans la fenêtre ou le rendu. Par exemple, une valeur de 4 permet d'obtenir une coupe transversale carrée.

- **Angle** : ajuste le point de rotation de la coupe transversale dans la fenêtre ou dans le rendu. Par exemple, si le maillage de spline comporte une coupe transversale carrée, utilisez Angle pour placer un côté « plat » en bas.

- **Rectangulaire** : affiche le maillage de la spline sous forme de rectangle.

- **Longueur** : définit la taille de la section croisée le long de l'axe des Y local.

- **Largeur** : définit la taille de la section croisée le long de l'axe des X local.

- **Angle** : ajuste le point de rotation de la coupe transversale dans la fenêtre ou dans le rendu. Par exemple, lorsque vous travaillez sur une section croisée carrée, utilisez Angle pour placer un côté « plat » en bas.

- **Aspect** : définit le rapport hauteur/largeur pour les sections croisées rectangulaires. La case Verrouiller permet de verrouiller

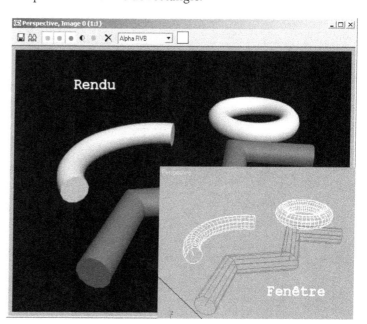

Fig.1.22

le rapport hauteur/largeur. Lorsque l'option Verrouiller est activée, la largeur est verrouillée sur la longueur. Le rapport largeur/longueur est constant.

Le tableau suivant établit la correspondance entre les objets et propriétés AutoCAD et les objets 3ds max dans lesquels ils sont convertis après leur importation. Les objets AutoCAD non répertoriés ne peuvent pas être importés.

Objet ou propriété AutoCAD	Objet 3ds max importé
Point	Assistant Point
Ligne	Forme à base de splines
Arc	Forme en arc
Cercle	Forme circulaire
Ellipse	Forme en ellipse
Solide	Forme à base de splines fermées
Trace	Forme à base de splines fermées
Polyligne 2D	Forme à base de splines
Polyligne 3D	Forme à base de splines
Anneau polyligne	Forme en anneau
Spline	Forme à base de splines
Multiligne	Forme à base de splines
Texte (fondé sur TTF ou PFB)	Texte
Face 3D	Objet Maillage
Maillage polyligne	Objet Maillage
Maillage à plusieurs faces	Objet Maillage
Objet ACIS	Objet Maillage
Région	Forme à base de splines
Blocs	Objets ou groupe par option
Définition SCU	Assistant Grille
Vue dynamique (perspective)	Caméra cible
Lumière ponctuelle	Lumière omnidirectionnelle
Projecteur	Projecteur cible
Lumière distante	Lumière directionnelle
Propriété Epaisseur	Modificateur Extruder
Epaisseur de polyligne	Contour de spline
Couleur	Couleur d'objet par option

En fonction du format d'importation on trouve également les distinctions suivantes :

Format	AutoCAD	3ds max
DWG	Entité 2D (un cercle, une polyligne...) extrudée	Spline éditable + Modificateur Extruder. Cela signifie qu'il est possible de modifier la spline de base et la hauteur d'extrusion.
	Surface maillée (surface de révolution, gauche, réglée...).	Maillage éditable
	Solide ACIS	Maillage éditable
DXF	Entité 2D extrudée	Maillage éditable
	Surface Maillée	Maillage éditable
	Solide ACIS	Non importé
3DS	Entité 2D extrudée	Maillage Editable
	Surface Maillée	Maillage Editable
	Solide ACIS	Maillage Editable

4.4. Fusionner des objets ou scènes

L'option Fusionner vous permet de combiner plusieurs scènes en une seule. Cette fonction est très utile. Vous pouvez ainsi créer une banque d'objets divers (une table, une chaise, un arbre...) habillé ou non de matières et textures et les insérer dans votre scène en fonction de vos besoins (fig.1.23). Lorsque vous fusionnez une conception vous pouvez spécifier quels objets doivent être fusionnés. Si l'un des objets que vous désirez fusionner porte le même nom que l'un des objets de votre scène, vous pouvez lui attribuer un nouveau nom ou choisir de ne pas le fusionner.

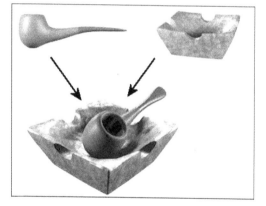

Fig.1.23

Fig.1.24

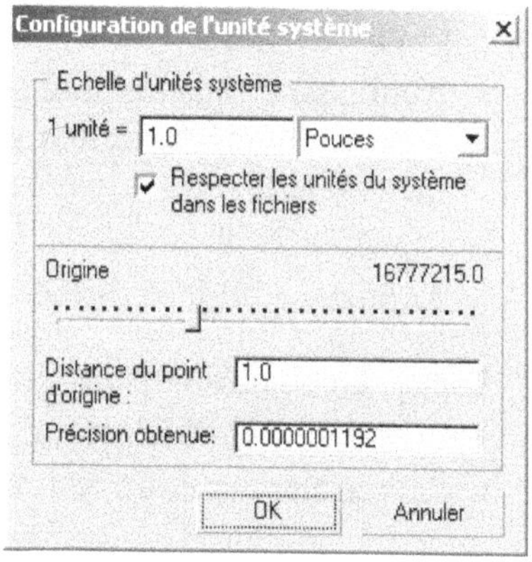

Au niveau de la conversion d'unités. Deux options sont disponibles. Lorsque **Respecter les unités du système dans les fichiers** est sélectionné dans la boîte de dialogue **Configuration de l'unité système** (fig.1.24), les objets fusionnés à partir d'un fichier utilisant une échelle d'unité système différente sont mis à l'échelle pour conserver la bonne taille dans la nouvelle scène. Si l'option **Respecter les unités du système dans les fichiers** n'est pas sélectionnée, une sphère d'un rayon de 100 unités créée dans le système 1 unité = 1 pied est convertie en une sphère d'un rayon de 100 pouces dans le système 1 unité = 1 pouce avec un rayon de 100 unités. L'accès à ce paramètre s'effectue de la manière suivante : dans le menu **Personnaliser** sélectionnez **Définir unité**, puis cliquez sur le bouton **Configuration de l'unité système**.

Pour fusionner des éléments, la procédure générale est la suivante :

1. Choisissez **Fusionner** dans le menu **Fichier**.

2. Sélectionnez le fichier à partir duquel vous souhaitez fusionner les éléments.

3. Choisissez un groupe ou un élément à fusionner (fig.1.25).

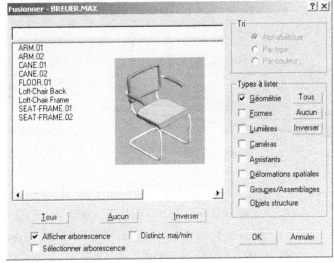

Fig.1.25

Lorsqu'un ou plusieurs objets entrants portent le même nom que des objets de la scène, un message d'avertissement vous propose les options suivantes :

▸ **Fusionner** : fusionne le nouvel objet en utilisant le nom se trouvant dans le champ situé à droite. Pour éviter d'avoir deux objets portant le même nom, entrez un nouveau nom avant de continuer.

▸ **Sauter** : ne fusionne pas le nouvel objet.

▸ **Supprimer** : supprime l'objet existant avant de fusionner le nouvel objet.

▸ **Appliquer à tous les doubles** : applique à tous les autres objets à fusionner avec des noms dupliqués le traitement que vous définissez pour l'objet en cours. Aucun autre message d'avertissement ne s'affichera. Cette option n'est pas disponible si vous avez renommé l'objet courant.

▸ **Annuler** : annule la fusion.

Lorsqu'un ou plusieurs matériaux affectés aux objets entrants portent le même nom que les matériaux de la scène, un message d'avertissement vous offre les options suivantes :

▸ **Renommer matériau fusionné** : définit le nom du matériau entrant.

▸ **Utiliser matériau fusionné** : attribue les caractéristiques des matériaux entrants aux matériaux de la scène portant le même nom.

▸ **Utiliser matériaux** : attribue les caractéristiques des matériaux de la scène aux matériaux entrants portant le même nom.

REMARQUE

Seuls les noms de matériaux de niveau supérieur (et non des sous-matériaux) sont vérifiés pour les noms dupliqués.

▸ **Renommer automatiquement matériau fusionné** : renomme automatiquement les matériaux entrants. Utilise des noms basés sur le numéro de matériau suivant disponible.

▸ **Appliquer à tous les doubles** : applique à tous les autres objets à fusionner avec des noms dupliqués le traitement que vous définissez pour l'objet en cours.

4.5. Remplacer les objets d'une scène

La commande Remplacer vous permet de remplacer des objets de votre scène par des objets provenant d'une autre scène et qui portent le même nom. La commande Remplacer vous permet de définir et d'animer une scène à l'aide d'objets simplifiés puis de les remplacer par des objets détaillés avant le rendu (fig.1.26). Pour les utilisateurs de dessins 2D (par exemple avec AutoCAD), cette méthode permet de convertir facilement des composants 2D (un bloc dans AutoCAD par exemple) en un objet 3D. La scène dans 3ds max comporte par exemple les symboles « Bureau » importés d'AutoCAD (voir le chapitre 6 pour plus de détails sur les blocs AutoCAD). Vous souhaitez les remplacer par des objets 3D.

La procédure est la suivante :

1. Ouvrir le fichier contenant les blocs à remplacer (par exemple le bloc Bureau).

2. Choisissez le menu **Fichier** puis **Remplacer** pour afficher la boîte de dialogue **Remplacer fichier**.

3. Sélectionnez le fichier contenant les éléments de remplacement. Par exemple : Mobilier.max

Fig.1.26

④ Dans la boîte de dialogue **Remplacer fichier**, choisissez un élément de remplacement. Il doit porter le même nom que le bloc initial (donc Bureau).

⑤ Un message vous demande si vous voulez remplacer les matériaux en même temps que les objets.

▸ Si vous répondez **Oui**, les matériaux des objets de remplacement remplacent les matériaux en cours.

▸ Si vous répondez **Non**, seule la géométrie est remplacée : le matériau affecté à l'objet d'origine est conservé.

⑥ Les bureaux en 2D sont remplacés par des bureaux en 3D (fig.1.27).

REMARQUE

Une autre méthode consiste à utiliser le modificateur Substitut.

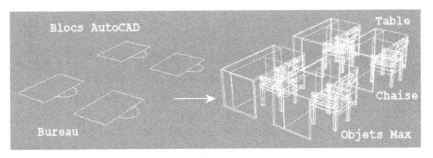

Fig.1.27

4.6. Travailler avec des références externes

Les fonctions Objets réf. externe et Scènes réf. externes font appel à des objets et des scènes qui sont référencés dans des fichiers .max externes. Ces fonctions permettent de partager des fichiers avec d'autres personnes de votre groupe de travail et offrent des options de mise à jour et de protection des fichiers externes.

Les objets référencés de façon externe, apparaissent dans la scène courante mais sont en fait référencés à partir de fichiers 3ds max externes. Les objets source sont ainsi protégés de toute modification que vous pourriez apporter aux objets références externes. Les mises à jour et les modifications apportées aux objets source se répercutent aussi sur le fichier cible dans lequel la référence externe s'affiche.

Un objet référence externe s'affiche comme n'importe quel autre objet dans la scène 3ds max. Toutefois, dans la pile de modificateurs, aucune des entrées de la pile ne peut être modifiée ; la seule entrée est « Objet réf. externe ». Vous pouvez ajouter des modificateurs supplémentaires à l'objet, mais vous ne pouvez pas accéder aux objets d'origine sans fusionner l'objet références externes dans la scène.

Pour ajouter un objet références externes, la procédure est la suivante :

1. Dans le menu **Fichier**, sélectionnez **Objets réf. Externes**.

2. Cliquez sur le bouton **Créer enregistrement référence externe à partir du fichier** dans la boîte de boîte de dialogue **Objets référence externe** (fig.1.28). Une boîte de dialogue **Ouvrir fichier** s'affiche avec un navigateur doté d'une fonction d'aperçu pour vous aider à identifier le fichier de votre choix (fig.1.29). Sélectionnez le fichier souhaité dans la liste, puis cliquez sur **Ouvrir**. La boîte de dialogue **Fusionner réf. externes** s'affiche.

3. Sélectionnez les objets que vous voudriez voir apparaître dans votre scène courante en tant qu'objets références externes. Vous pouvez en sélectionner autant que vous voulez en maintenant la touche Ctrl enfoncée et en les sélectionnant dans la liste. Vous pouvez filtrer la liste en utilisant les boutons radio **Types à lister** si votre scène comporte un grand nombre d'objets que vous ne souhaitez pas inclure. Vous pouvez aussi trier la liste par ordre alphabétique, par couleur ou par type.

4. Si vos objets sont dotés d'une animation de transformation, vous pouvez décider d'ignorer celle-ci à ce point. Si vous voulez ignorer d'autres animations paramétriques, vous pouvez les désactiver dans la boîte de dialogue **Objets référence externe**.

5. Les objets s'affichent dans la fenêtre inférieure de la boîte de dialogue Objets réf. externes. Opérez des choix supplémentaires si vous le souhaitez. Vous pouvez contrôler le mode de mise à jour de chaque objet (automatique ou sur demande). Vous pouvez mettre à jour le matériau de l'objet. Vous pouvez décider d'activer ou de

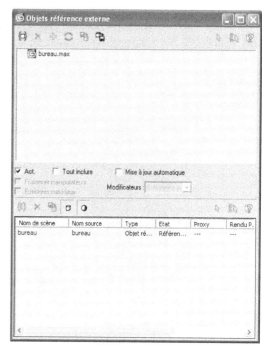

Fig.1.28

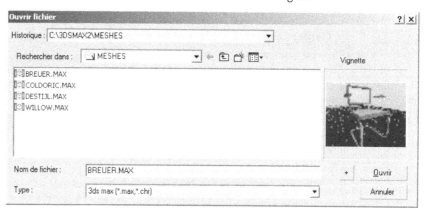

Fig.1.29

désactiver les objets. Les objets désactivés ne s'afficheront pas dans la fenêtre et ne sont pas conservés en mémoire. La mise à jour s'effectue au niveau du fichier. Tous les objets d'un fichier sont mis à jour ensemble.

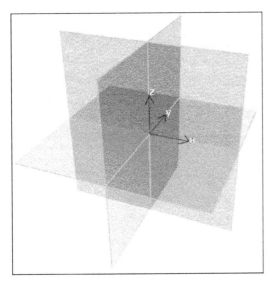

Fig.1.30

5. Les dimensions et unités

La scène se construit dans un univers en trois dimensions représenté par trois axes de coordonnées X, Y, Z dont l'origine est située par défaut au centre de la fenêtre à l'intersection des grilles. Ces grilles que vous voyez dans les fenêtres représentent l'un des trois plans perpendiculaires l'un par rapport à l'autre et se croisent en un point commun appelé origine (fig.1.30).

L'espace de votre scène est pratiquement illimité à partir de cette origine et vous avez le loisir de définir les unités de travail dans cet espace pour dimensionner correctement les différents objets. Le travail avec des unités cohérentes est particulièrement utile lorsque vous souhaitez fusionner des scènes et des objets ou lors de l'utilisation de références externes.

Deux systèmes d'unités sont disponibles dans 3ds max :

▶ **L'unité affichage** : elle est utilisée pour mesurer la géométrie dans la scène. Vous avez le choix entre les unités génériques et les unités standards (pieds et pouces ou système métrique). Vous pouvez également créer des unités personnalisées, qui sont ensuite utilisées chaque fois que vous créez un objet.

▶ **L' unité système** : détermine la façon dont le programme comprend les informations de distance que vous entrez dans votre scène. La configuration détermine également l'échelle des valeurs arrondies admises. Cette valeur, qui est utilisée de façon interne par 3ds max ne doit pas être modifiée sauf pour des raisons de précision lorsque vous modélisez de très grandes ou de très petites scènes. Si vous modélisez une grande ville par exemple, vous pouvez avoir des millions de pouces et le changement de l'échelle d'unités système en pieds permet de ramener ce nombre à quelques milliers.

Pour sélectionner un système d'affichage la procédure est la suivante :

[1] Sélectionnez l'option **Définir unités** dans le menu **Personnaliser**.

[2] Dans la boîte de dialogue **Définir unités**, cochez l'un des boutons (métrique, standard US, personnalisé ou unités génériques) pour activer les paramètres correspondants (fig.1.31) :

▶ **Métrique** : cliquez sur la liste et choisissez une unité métrique : millimètres, centimètres, mètres, kilomètres.

- **Standard US** : cliquez sur la liste et choisissez une unité standard US Si vous choisissez une unité fractionnaire, la liste adjacente s'active pour vous permettre de sélectionner la composante fractionnaire. Les unités décimales ne nécessitent aucune précision supplémentaire.

- **Personnalisé** : remplissez les champs pour définir une unité de mesure personnalisée.

- **Unités génériques** : il s'agit de l'option par défaut, qui est aussi l'unité système utilisée par le logiciel soit 1 pouce.

3. Cliquez sur OK pour confirmer.

Les dimensions de votre scène (par exemple un lotissement) peuvent être mesurées à l'aide d'un mètre ruban que vous pouvez utiliser de la manière suivante :

1. Dans le panneau **Créer**, cliquez sur le bouton **Assistants**.

2. Dans Type d'objet, cliquez sur le bouton **Mètre ruban**.

3. Pointez l'origine de la distance à mesurer (P1), puis, en gardant la touche enfoncée, l'extrémité (P2).

4. La distance est affichée dans le champ Longueur (fig.1.32).

Fig.1.31

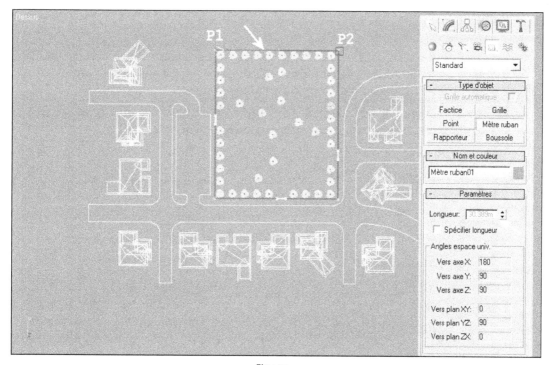

Fig.1.32

Fig.1.33

6. L'espace objet et l'espace univers

Vous disposez de deux systèmes de coordonnées spatiales sous 3ds max. Ces deux systèmes sont Espace objet et Espace univers (fig.1.33) :

▸ **L'espace objet** est le système de coordonnées qui est propre à chaque objet de votre scène et qui localise l'emplacement de tout ce qui est appliqué à un objet. La position des sommets des objets, l'emplacement des modificateurs, les coordonnées de mapping et les matériaux sont définis dans l'espace objet.

▸ **L'espace univers** correspond au système de coordonnées universelles employé par le logiciel pour suivre des objets dans la scène. Lorsque vous regardez la grille figurant dans les fenêtres, vous pouvez voir le système de coordonnées universelles. L'espace universel est constant et invariable. Tous les objets de votre scène sont placés dans l'espace universel en fonction de leur position, de leur rotation et de leur échelle (transformations).

Lors de la manipulation de vos objets dans la scène (déplacement, rotation, mise à l'échelle) vous avez la possibilité de sélectionner le système de coordonnées de référence que vous souhaitez utiliser. Les options comprennent les choix suivants : Vue, Ecran, Univers, Parent, Local, Grille et Objet choisi.

Dans le système de coordonnées **Ecran**, toutes les vues, dont les vues Perspective, utilisent les coordonnées de l'écran de la fenêtre. Le système **Vue** est un mélange des systèmes de coordonnées Univers et Ecran. Avec **Vue**, toutes les vues orthographiques utilisent le système de coordonnées Ecran, tandis que les vues Perspective utilisent le système de coordonnées Univers.

Le choix d'un système s'effectue à partir de la liste déroulante Système de coordonnées de référence situé sur la barre d'outils principale. Les options sont les suivantes :

▸ **Vue** : dans le système de coordonnées par défaut Vue, les axes X, Y et Z sont identiques dans toutes les fenêtres. Lorsque vous déplacez un objet à l'aide de ce système de coordonnées, vous le déplacez par rapport à l'espace de la fenêtre.

  ▪ X est toujours orienté vers la droite.

  ▪ Y est toujours orienté vers le haut.

  ▪ Z est toujours orienté vers vous.

▸ **Ecran** : utilise l'écran de la fenêtre active comme système de coordonnées.

  ▪ X est horizontal et est orienté vers la droite, dans une direction positive.

  ▪ Y est vertical et est orienté vers le haut dans une direction positive.

  ▪ Z correspond à la profondeur et est orienté dans une direction positive vers vous.

Etant donné que l'orientation en mode Ecran dépend de la fenêtre active, les noms X, Y, et Z d'un repère trois axes d'une fenêtre inactive indiquent l'orientation de la fenêtre active. Les étiquettes figurant sur ce repère trois axes changent lorsque vous activez la fenêtre dans laquelle il se trouve.

▸ **Univers** : utilise le système de coordonnées universel. D'un point de vue avant :

- X est orienté dans une direction positive vers la droite.
- Z est orienté dans une direction positive vers le haut.
- Y est orienté dans une direction positive et s'éloigne de vous.

▸ **Parent** : utilise le système de coordonnées du parent de l'objet sélectionné. Si l'objet n'est lié à aucun objet spécifique, il s'agit d'un enfant de l'univers. Le système de coordonnées parent est donc identique au système de coordonnées universel.

▸ **Local** : utilise le système de coordonnées de l'objet sélectionné. Le système de coordonnées local d'un objet dépend de son point de pivot. Pour ajuster la position et l'orientation du système de coordonnées local par rapport à l'objet, utilisez les options du panneau de commande Hiérarchie.

Lorsque Local est activé, le bouton Utiliser centre coordonnées transformation est désactivé et toutes les transformations utilisent l'axe local comme centre de transformation. Dans un jeu de sélection composé de plusieurs objets, chacun de ceux-ci utilise son propre centre pour la transformation.

▸ **Grille** : utilise le système de coordonnées de la grille active.

▸ **Choisir** : utilise le système de coordonnées d'un autre objet de la scène.

Lorsque vous sélectionnez Choisir, cliquez pour sélectionner l'objet dont le système de coordonnées sera utilisé par les transformations. Le nom de l'objet apparaît désormais dans la liste de transformation des systèmes de coordonnées.

Chaque objet dispose d'un point de pivot, aussi nommé Centre de transformation. Il s'agit du point autour duquel s'effectue une rotation ou un changement d'échelle. Le point de pivot représente le centre local et le système de coordonnées local d'un objet (fig.1.34).

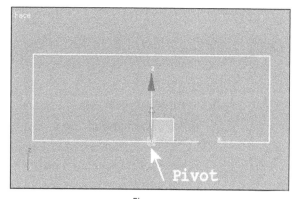

Fig.1.34

Le point de pivot d'un objet est utilisé à différentes fins :

▸ Il constitue le centre de rotation et de modification d'échelle lorsque le centre de transformation Point de pivot est sélectionné.

▸ Il définit l'emplacement par défaut du centre d'un modificateur.

▸ Il définit l'origine de la transformation relative aux enfants liés.

▸ Il définit l'emplacement de la connexion pour la cinématique inverse.

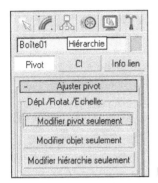

Fig.1.35

Pour modifier le point de pivot, la procédure est la suivante :

[1] Sélectionnez le panneau **Hiérarchie** (fig.1.35).

[2] Activez **Pivot**.

[3] Dans la section **Ajuster pivot**, cliquez sur **Modifier pivot seulement**.

7. La sélection des objets

La plupart des actions dans 3ds max sont réalisées sur des objets *sélectionnés* dans votre scène. Vous devez donc sélectionner un objet dans une fenêtre avant de pouvoir appliquer une commande. Par conséquent, la sélection est un élément essentiel du processus de modélisation et d'animation.

Dans l'interface 3ds max, les commandes ou les fonctions de sélection sont accessibles à partir des éléments suivants :

- Barre d'outils principale
- Menu Edition
- Menu QUADR (lorsque les objets sont sélectionnés)
- Menu Outils
- Vue piste
- Panneau Affichage
- Vue schématique

Malgré ce vaste choix, les boutons de la barre d'outils principale offrent la méthode de sélection la plus directe. Plusieurs méthodes sont disponibles pour sélectionner des objets :

- Par pointage
- Par région
- Par nom

D'autre part, il est possible d'utiliser des filtres de sélection et de créer des jeux de sélection.

7.1. La sélection par pointage

La sélection peut se faire en pointant simplement l'objet. Les options de la barre d'outils principale sont les suivantes (fig.1.36) : sélectionner l'objet, sélection et déplacement, sélection et rotation, sélection et échelle, sélection et manipulation. Pour sélectionner plusieurs objets toujours en pointant, il suffit d'enfoncer la touche CTRL pendant l'opération.

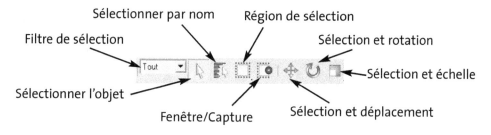

Fig.1.36

7.2. La sélection par région

Une autre méthode pour sélectionner plusieurs objets en une opération est de pointer un point à l'écran puis de faire glisser la souris, ce qui entraîne la création d'une région rectangulaire. Lorsque vous relâchez le bouton de la souris, tous les objets se trouvant à l'intérieur de la région ou la traversant sont sélectionnés en fonction de l'option Fenêtre/ Capture activée (fig.1.37) :

▸ **Fenêtre** : sélectionne uniquement les objets situés complètement dans la région.

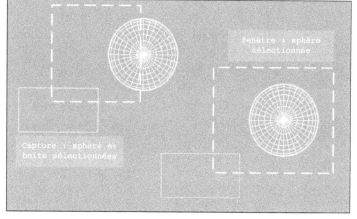

Fig.1.37

▸ **Capture** : sélectionne tous les objets situés dans la région et ayant des points d'intersection avec les limites de la région.

Le bouton Fenêtre/Capture permet de basculer d'un mode à l'autre.

La forme de la région peut également être sélectionnée à l'aide de la souris de l'icône déroulante **Région** située à droite du bouton Sélectionner objet. Vous avez le choix entre trois types de région (fig.1.38) :

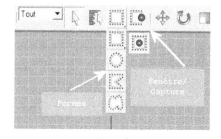

Fig.1.38

▸ **Région rectangulaire** : lorsque vous faites glisser le curseur, vous créez une région rectangulaire.

- ▶ **Région circulaire** : lorsque vous faites glisser le curseur, vous créez une région circulaire.
- ▶ **Région polygonale** : lorsque vous faites glisser la souris et que vous cliquez de façon répétée, vous créez une région de forme irrégulière.

Fig.1.39

REMARQUE

Pour les utilisateurs d'AutoCAD, il est possible de paramétrer le comportement d'une sélection par fenêtre comme dans AutoCAD. Il convient pour cela de sélectionner le menu Personnaliser puis l'option Préférences. Dans l'onglet Général, il suffit ensuite de cocher Fenêtre/Capture auto. par sens (fig.1.39).

7.3. La sélection par nom

Lorsque votre scène comporte de nombreux objets, il est souvent plus facile de sélectionner l'objet souhaité par son nom. La procédure est la suivante (fig.1.40) :

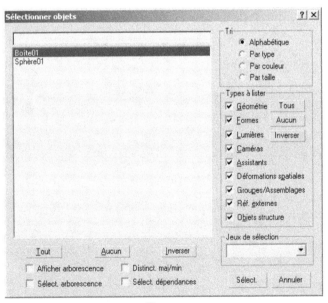

Fig.1.40

[1] Dans la barre d'outils principale, cliquez sur l'icône **Sélectionner par nom**. La boîte de dialogue **Sélectionner objets** s'affiche. Par défaut, elle répertorie tous les objets de la scène. Les objets sélectionnés y sont mis en surbrillance.

[2] Sélectionnez un ou plusieurs objets dans la liste. Utilisez la touche CTRL ou MAJ pour ajouter des éléments à la sélection. Utilisez les options **Tri** ou **Types à lister** pour faciliter la sélection.

[3] Cliquez sur **Sélect.** pour effectuer votre sélection.

7.4. Verrouiller un jeu de sélection

Le bouton **Bascule verrouillage sélection** (icône représentant un cadenas) situé sur la barre d'état permet d'activer ou de désactiver le verrouillage de la sélection. Cela peut être utile, car en verrouillant votre sélection vous vous assurez de ne pas la désélectionner par erreur. Tant que votre sélection est verrouillée, vous pouvez faire glisser la souris sur l'écran sans perdre votre sélection. Le curseur affiche l'icône de la sélection courante. Pour désélectionner ou pour modifier la sélection, cliquez à nouveau sur le bouton Verrouiller jeu de sélection pour désactiver le mode Sélection verrouillée. Si vous ne parvenez pas à sélectionner un objet, il est probable que vous avez verrouillé votre sélection.

7.5. Jeu de sélection nommée

Pour effectuer plus rapidement diverses opérations sur un ensemble d'objets, vous pouvez créer un jeu de sélection nommée dans la liste Jeux de sélection nommée sur la barre d'outils principale. Un jeu de sélection nommée est supprimé de la liste si tous les objets qu'il contient ont été supprimés de la scène ou s'ils ont été supprimés du jeu nommé dans la boîte de dialogue Jeu de sélection nommée.

Pour créer un jeu de sélection nommée, la procédure est la suivante (fig.1.41) :

1. Sélectionnez les objets que vous voulez inclure dans le jeu.

2. Entrez le nom du jeu dans le champ visible de la liste **Jeu de sélection nommée**, puis appuyez sur **Entrée**.

3. Lorsque vous voulez accéder à la sélection, choisissez son nom dans la liste. Pour sélectionner plus d'un élément de la liste, sélectionnez l'un d'eux puis maintenez la touche CTRL enfoncée pendant que vous sélectionnez d'autres éléments. Pour désélectionner un élément après avoir sélectionné plusieurs éléments, maintenez la touche Alt enfoncée.

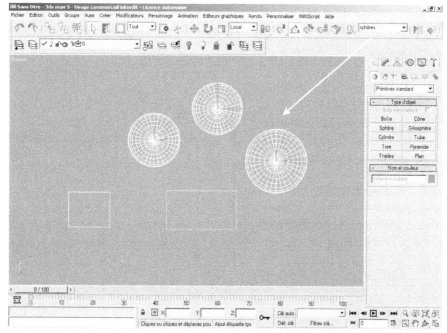

Fig.1.41

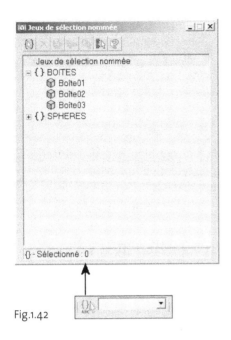

Fig.1.42

Pour modifier un jeu de sélection, la procédure est la suivante :

1. Cliquez sur le bouton **Jeux de sélection nommée** situé à gauche de la liste du même nom. La boîte de dialogue Jeux de sélection nommée s'affiche à l'écran avec la liste des jeux enregistrés.

2. Plusieurs opérations sont possibles au niveau des jeux de sélection ou du contenu des jeux de sélection. Vous pouvez supprimer un jeux ou un composant d'un jeu, ajouter des éléments, etc. en utilisant les différentes icônes de la barre d'outil située dans la partie supérieure de la boîte de dialogue (fig.1.42).

8. L'affichage des objets

8.1. Les types d'affichage

Vous pouvez afficher votre scène de différentes manières. En effet, vous pouvez faire apparaître les objets sous la forme d'une simple boîte, mais aussi leur appliquer un ombrage lisse et une texture. Il est possible de choisir un mode d'affichage distinct pour chaque fenêtre.

Les options de rendu sont disponibles soit en effectuant un clic droit sur le titre de la fenêtre (fig.1.43) soit dans le panneau Méthodes de rendu (fig.1.44) de la boîte de dialogue **Configuration fenêtre**, disponible en cliquant sur l'option Configuration fenêtre du menu Personnaliser. Vous pouvez choisir un niveau de rendu ainsi que les options associées à ce niveau. Vous pouvez ensuite appliquer vos choix à la fenêtre active ou à toutes les fenêtres.

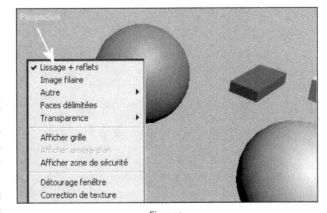

Fig.1.43

Au niveau du rendu, le choix d'un mode d'affichage est le suivant (fig.1.44-1.45) :

▸ **Lissage + reflets** : les objets sont rendus avec un ombrage lisse et des reflets spéculaires.

▸ **Lissage** : les objets sont rendus avec un ombrage lisse uniquement.

▸ **Facettes + reflets** : les objets sont rendus avec un ombrage plat et des reflets spéculaires.

▸ **Facettes** : les objets sont rendus avec un ombrage plat uniquement.

▸ **Images filaires éclairées** : les objets sont rendus en mode filaire avec un ombrage plat.

▸ **Image filaire** : les objets sont dessinés en mode filaire, sans ombrage.

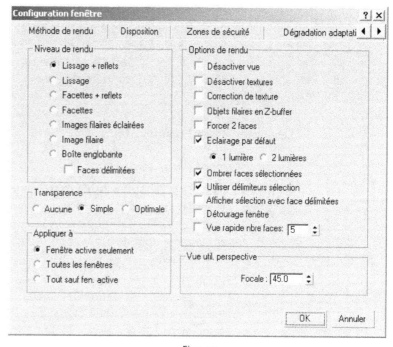

Fig.1.44

▸ **Boîte englobante** : les objets sont dessinés sous forme de boîte, sans ombrage. Cette boîte englobante est la plus petite boîte pouvant contenir entièrement un objet.

▸ **Faces délimitées** : cette option est uniquement disponible lorsque la fenêtre courante se trouve dans un mode ombré du type Lissage, Lissage + reflets, Facettes + reflets ou Facettes. Lorsque Faces délimitées est activé dans l'un de ces modes, les arêtes filaires des objets sont affichées avec les surfaces ombrées. Ceci s'avère utile lors de l'édition de maillages dans un affichage ombré.

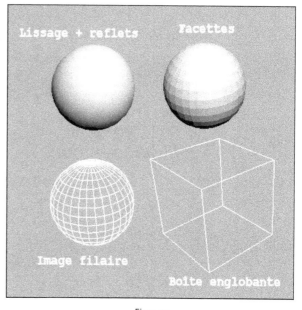

Fig.1.45

Fig.1.46

8.2. Les outils de navigation

Pour visualiser plus facilement une scène ou un objet d'une scène 3ds max dispose d'une série de fonctions de type zoom et panoramique regroupées sous le nom outils de navigation. L'ensemble des fonctions sont regroupés dans la partie inférieure droite de l'interface (fig.1.46).

Les options sont les suivantes :

Agrandissement d'une vue : Zoom

Cliquez sur le bouton **Zoom** ou **Zoom tout** et faites glisser le curseur dans une fenêtre pour modifier l'agrandissement de la vue. Le bouton Zoom vous permet de changer uniquement la vue active, en revanche le bouton Zoom tout vous permet de changer simultanément toutes les vues qui ne sont pas des vues Caméra.

Si une vue Perspective est active, vous pouvez également cliquer sur **Focale**. L'effet produit par la modification de Focale est similaire à un changement d'objectif sur une caméra. Quand la focale s'agrandit, vous voyez une plus grande partie de votre scène et la perspective devient fausse, ce qui équivaut à utiliser un objectif grand angle. Quand la focale devient plus petite, vous voyez une plus petite partie de votre scène et la perspective s'aplatit, ce qui équivaut à utiliser un téléobjectif.

Agrandissement d'une fenêtre : Zoom Région

Cliquez sur **Zoom région** pour placer une région rectangulaire dans la fenêtre active et agrandir cette région de façon à ce qu'elle remplisse la fenêtre. Cette commande est disponible pour toutes les vues standard.

Dans une fenêtre perspective, l'option **Zoom région** est disponible depuis l'icône déroulante Focale.

Cadrage

Cliquez sur l'icône déroulante **Cadrer** ou **Cadrer tout** pour modifier l'agrandissement et la position de votre vue de façon à ce qu'elle affiche tous les objets de votre scène. Votre vue est centrée sur les objets et le grossissement est modifié de façon à ce que les objets occupent toute la fenêtre.

Panoramique d'une vue

 Cliquez sur le bouton **Pan** et faites glisser le curseur dans une fenêtre de façon à déplacer la vue parallèlement au plan de la fenêtre. Vous pouvez également faire un panoramique d'une fenêtre en faisant glisser la souris, avec le bouton central enfoncé.

Rotation d'une vue

 Cliquez sur **Rotation/Rotation sélection/Rotation sous-objet** pour faire pivoter la vue respectivement autour de son centre, de la sélection ou du sous-objet sélectionné. Lorsque vous faites pivoter une vue orthogonale, par exemple une vue de dessus, celle-ci est convertie en une vue utilisateur.

 Les objets sélectionnés conservent leur position dans la fenêtre tandis que la vue pivote autour d'eux. Si aucun objet n'est sélectionné, la fonction permet de revenir à la rotation standard.

 Lorsque vous utilisez **Rotation sous-objet**, les sous-objets ou les objets sélectionnés restent à la même position dans la fenêtre et c'est la vue qui pivote autour de ceux-ci.

Navigation dans les vues Caméra et Projecteur

 Travelling : déplace la caméra ou le projecteur le long de sa ligne de visée.

 Translation : permet de déplacer la caméra ou le projecteur et sa cible parallèlement au plan de visée.

 Pan : permet de déplacer la cible dans un cercle autour de la caméra ou du projecteur.

 Orbite : permet de déplacer la caméra ou le projecteur dans un cercle autour de la cible. L'effet est similaire à celui de Rotation pour les fenêtres non-caméra.

 Roulis : fait pivoter la caméra ou le projecteur par rapport à sa ligne de visée. La ligne de visée est définie comme la ligne partant de la caméra ou du projecteur à la cible.

 Perspective : modifie la focale et effectue simultanément un travelling avec la caméra. L'effet est de changer la quantité de l'éclat perspectif tout en maintenant la composition de la vue.

 Walkthrough : active la navigation virtuelle permettant de vous déplacer dans une fenêtre en appuyant sur une série de raccourcis, y compris les touches de direction (Exemples : Avancer : flèche Haut, Reculer : flèche Bas), de manière comparable à un univers 3D de jeu vidéo.

9. Les outils de précision

3ds max inclut une série d'outils permettant de contrôler le positionnement et l'alignement des objets dans l'espace 3D. Grâce à eux, vous pouvez :

▸ Choisir des unités parmi les systèmes de mesure les plus courants ou définir vos propres unités (déjà abordé au point 5).

▸ Utiliser la grille origine comme plan de construction ou des objets grilles pour créer des plans de construction personnalisés.

▸ Sélectionner différentes options pour aligner les objets sur des grilles, des points et des normales.

▸ Utiliser les accrochages aux objets 3D dans une fenêtre non modale pour construire et déplacer la géométrie de votre scène. Il existe de nombreuses options d'accrochage, notamment les points et les lignes de grille.

▸ Utiliser les « assistants » pendant votre travail. Les objets grille entrent dans cette catégorie, ainsi qu'un certain nombre d'objets utilisés pour positionner et mesurer.

9.1. L'utilisation de grilles

Les grilles sont des réseaux de lignes 2D similaires à du papier quadrillé ou millimétré, à ceci près que c'est vous qui définissez l'espacement ainsi que d'autres caractéristiques en fonction de vos besoins. Deux types de grilles sont disponibles : la grille origine et les objets grille. Il existe également une Grille automatique qui vous permet de créer automatiquement des objets grille (fig.1.47).

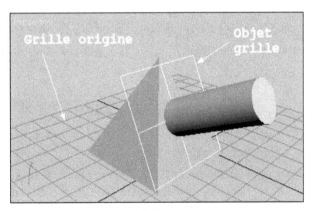

Fig.1.47

▸ **Grille origine** est le système de référence de base, défini par trois plans fixes sur les axes de coordonnées universels. La grille d'origine est présente par défaut au démarrage de 3ds max. Elle peut être désactivée et redimensionnée.

▸ **Objet grille** : type d'objet assistant que vous pouvez créer lorsque vous avez besoin d'une grille de référence ou d'un plan de construction local différent de la grille origine. Les objets grille ont les fonctions suivantes :

■ Vous pouvez avoir un nombre quelconque d'objets grilles dans votre scène, mais un seul peut être activé à la fois.

- Lorsqu'un tel objet est actif, il remplace la grille origine dans toutes les fenêtres.

- Chaque objet grille possède ses propres plans XY, YZ et ZX. Vous pouvez déplacer et faire pivoter librement des objets grilles en les plaçant à un angle quelconque dans l'espace ou en les attachant aux objets et aux surfaces.

- Vous pouvez aussi changer de fenêtre pour afficher un plan ou une vue du dessus de l'objet grille actif.

- Les objets grilles peuvent être nommés et enregistrés ou utilisés une fois puis supprimés.

▸ **Grille automatique** : cette fonction permet de créer automatiquement des objets à la surface d'autres objets en générant et activant un plan de construction temporaire basé sur les normales de la face sur laquelle vous cliquez. Cette fonction permet d'empiler les objets de façon plus efficace, au fur et à mesure que vous les créez, plutôt que de créer les objets puis de les aligner.

La grille origine est un système cohérent : ses trois plans utilisent les mêmes valeurs d'espacement et d'unités entre les lignes principales. Vous pouvez modifier ces paramètres à partir d'un panneau de la boîte de dialogue Paramètres de grille et d'accrochage.

Pour modifier les paramètres de la grille origine, la procédure est la suivante (fig.1.48) :

1. Sélectionnez le menu **Personnaliser** puis **Paramètres de grille et d'accrochage**, cliquez ensuite sur l'onglet **Grille origine**.

2. La valeur du champ **Espacement grille** correspond à la taille du plus petit carré de la grille, dans l'unité courante. Le principe de base consiste à choisir un espacement de grille correspondant à l'unité de mesure, puis un espacement plus grand correspondant à des multiples de cette unité. Par exemple 1 cm et 10 cm. Cette deuxième valeur génère des lignes plus épaisses ou lignes « principales » qui forment le quadrillage.

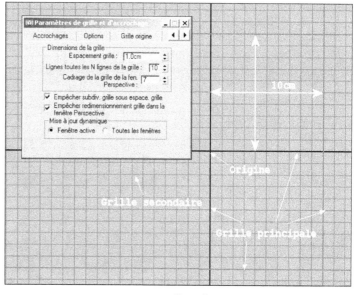

Les objets grilles permettent d'outrepasser la grille origine et de travailler sur des grilles indépendantes pour créer et positionner les objets. Vous

Fig.1.48

Fig.1.49

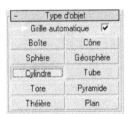

Fig.1.50

pouvez utiliser autant d'objets grille que nécessaire, chacun constituant un plan de construction distinct avec ses propres paramètres.

Pour créer et activer un objet grille, la procédure est la suivante :

1. Dans le panneau **Créer**, activez l'option **Assistants** (fig.1.49).

2. Cliquez sur **Grille** et pointez deux points pour dessiner la grille dans une fenêtre.

3. Pour activer la grille, vous devez d'abord la sélectionner puis cliquez sur **Grilles** dans le menu **Vue**.

4. Cliquez ensuite sur **Activer objet grille**. Elle est à présent active et peut vous servir à placer des objets.

Au lieu de créer et d'orienter correctement un objet grille, il est également possible de générer temporairement une grille, par l'option grille automatique qui peut être activée lors de la création d'objets. Cette fonction permet de créer automatiquement des objets à la surface d'autres objets en générant et activant un plan de construction temporaire basé sur les normales de la face sur laquelle vous cliquez. Cette fonction permet d'empiler les objets de façon plus efficace, au fur et à mesure que vous les créez, plutôt que de créer les objets puis de les aligner.

Pour utiliser une grille automatique, la procédure est la suivante :

1. Sélectionner l'objet à créer. Par exemple un cylindre qu'il convient de placer sur la face d'une pyramide.

2. Cochez le champ **Grille automatique** (fig.1.50).

3. Cliquez sur la face concernée. Un repère s'affiche. Les axes du repère X et Y constituent une tangente plane pour la surface de l'objet (et forme une grille de construction implicite) et l'axe Z est perpendiculaire au plan de la face.

4. Déplacez la souris pour dimensionner le cylindre (fig.1.51).

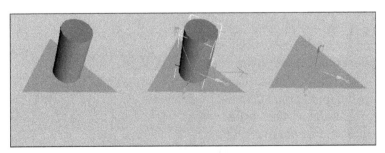

Fig.1.51

9.2. Les outils d'accrochage

Les accrochages standard vous permettent de contrôler la création, le déplacement, la rotation et la mise à l'échelle des objets. Les options d'accrochage de 3ds
max sont accessibles à partir des boutons de la barre d'outils principale (fig.1.52).
Quatre types d'accrochage sont disponibles :

- ▸ **Accrochage standard** : permet de s'accrocher à la grille ou à des points caractéristiques d'une géométrie (sommet, arête, milieu...)
- ▸ **Accrochage à l'angle** : permet de fixer l'incrément de rotation d'angle.
- ▸ **Accrochage %** : permet de définir un pourcentage d'incréments durant une
  opération de mise à l'échelle.

Fig.1.52

- ▸ **Accrochage double flèche** : permet de définir un incrément numérique pour les
  champs à double flèche.

Dans le cas de l'accrochage standard, trois modes d'accrochage sont disponibles (fig.1.53a
et fig.1.53b) :

- ▸ **Accrochage 2D** : le curseur s'accroche uniquement à la grille de construction active, y
  compris à toute forme géométrique sur le plan de cette grille. L'axe des Z, ou dimension
  verticale, n'est pas pris en compte.

- ▸ **Accrochage 2,5D** : le curseur s'accroche uniquement aux sommets ou aux arêtes de la
  projection d'un objet sur la grille active. L'effet produit est le même que si vous teniez
  une feuille de verre sur laquelle vous dessineriez le contour d'un objet distant.

- ▸ **Accrochage 3D** : c'est
  la valeur par défaut.
  Le curseur s'accroche
  directement à toute
  forme géométrique
  dans l'espace 3D.
  L'accrochage 3D vous
  permet de créer et de
  déplacer des formes
  géométriques dans
  toutes les dimen-
  sions, indépendam-
  ment du plan de
  construction.

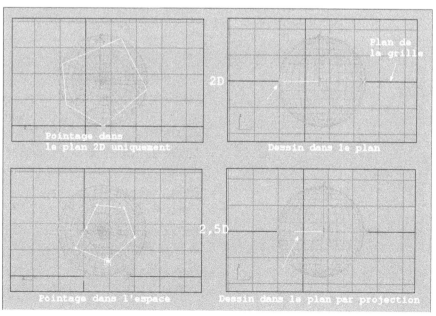

Fig.1.53a

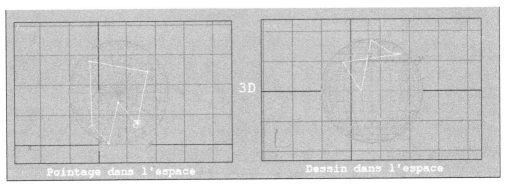

Fig.1.53b

Pour paramétrer les types d'accrochage, la procédure est la suivante :

1. Effectuez un clic droit sur le bouton d'accrochage standard dans la barre d'outils principale. La boîte de dialogue **Paramètres de grille et d'accrochage** s'affiche.

2. Dans l'onglet **Accrochages**, cochez les options d'accrochage souhaitées (fig.1.54).

3. Cliquez sur le bouton **Fermer** en haut à droite de la boîte de dialogue.

4. Pour activer l'accrochage, cliquez sur l'option au choix : 2D, 2.5D ou 3D.

Pour modifier le type d'accrochage en cours de dessin il suffit d'enfoncer la touche Maj et d'effectuer un clic droit de souris. Les options d'accrochage (fig.1.55) sont disponibles dans menu Quadr.

Depuis 3ds max 7, les paramètres d'accrochage les plus courants sont désormais accessibles sur une barre d'outils personnalisée. Pour activer ou désactiver l'affichage de la barre d'outils Accrochages, cliquez avec le bouton droit de la souris sur une zone vide de la barre d'outils principale (sous la liste déroulante Système de coordonnées de référence, par exemple) et sélectionnez **Accrochages**.

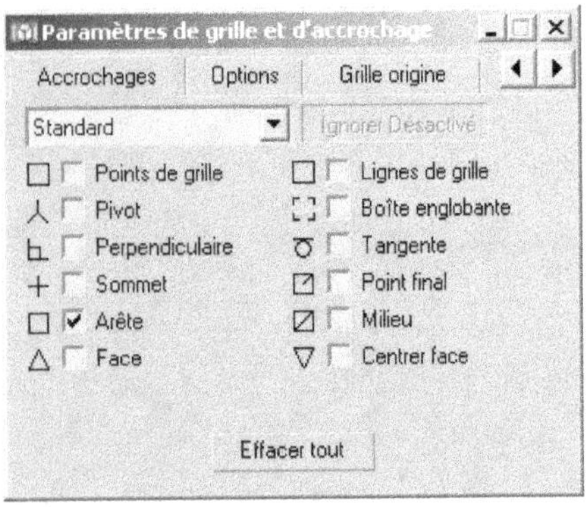

Les options sont les suivantes :

▸ **Points de grille :** permet l'accrochage aux points d'intersection de la grille Ce type d'accrochage est activé par défaut. Raccourci clavier : ALT+F5

▸ **Lignes de grille :** permet l'accrochage à n'importe quel point d'une ligne de grille.

▸ **Pivot :** permet l'accrochage aux points de pivotement des objets. Raccourci clavier : ALT+F6.

▸ **Boîte englobante :** permet l'accrochage à l'un des huit coins de la boîte englobante d'un objet.

▸ **Perpendiculaire :** permet l'accrochage, sur la spline indiquée, à un point perpendiculaire par rapport au point précédent.

Fig.1.54

- **Tangente :** permet l'accrochage, sur une spline, à un point tangent par rapport au point précédent.

- **Sommet :** permet l'accrochage aux sommets des objets maillage ou des objets convertibles en maillages éditables Permet l'accrochage aux segments sur une spline. Raccourci clavier : ALT+F7.

- **Point final :** permet l'accrochage aux points finaux des arêtes de maillages ou de splines.

- **Arête/Segment :** permet l'accrochage le long des arêtes (visibles ou invisibles) ou des segments de spline. Raccourci clavier : ALT+F9.

- **Milieu :** permet l'accrochage au milieu des arêtes de maillages et des splines. Raccourci clavier : ALT+F8.

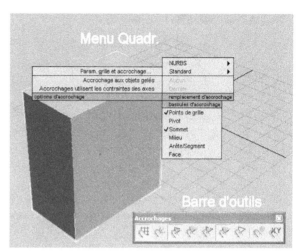

Fig.1.55

- **Face :** permet l'accrochage à la surface d'une face. Les faces arrière étant supprimées, elles n'ont aucune incidence. Raccourci clavier : ALT+F10.

- **Centrer face :** permet l'accrochage au centre des faces triangulaires.

- Bascule **Accrochage aux objets gelés :** permet aux accrochages d'être également actifs sur les objets gelés.

- Bascule **Accrochages utilisent les contraintes des axes :** force les accrochages à être soumis aux contraintes d'axe courantes.

9.3. Les contraintes de transformation

Lors de la manipulation des objets par déplacement ou rotation par exemple il est possible de contraindre ces transformations le long d'un axe ou d'un plan unique grâce aux différentes contraintes de transformation qui sont situées dans la barre d'outils Contraintes Axe (qui peut être activée en effectuant un clic droit dans la barre d'outils principale et en cliquant sur Contrainte Axe).

Les options sont les suivantes (fig.1.56) :

- **X :** Limiter à X

- **Y :** Limiter à Y

- **Z :** Limiter à Z

- **XY :** Limiter au plan XY

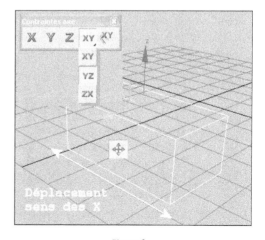

Fig.1.56

- **YZ :** Limiter au plan YZ

- **ZX :** Limiter au plan ZX

Une autre méthode consiste à utiliser le **gizmo** de transformation. Celui-ci s'affiche lorsque vous sélectionnez un ou plusieurs objets et que l'un des boutons de transformation (Sélection et déplacement, Sélection et rotation ou Sélection et échelle) de la barre d'outils principale est activé. Cette icône est une version agrandie de l'icône d'axe d'origine et comprend une flèche à l'extrémité de chaque axe et un coin à l'opposé de chaque paire d'axes. Par défaut, chaque axe et sa flèche est d'une couleur définie : l'axe X est de couleur rouge, l'axe Y est vert et l'axe Z est bleu (fig.1.57). Les coins prennent les deux couleurs des axes correspondants ; par exemple, le coin du plan YZ, situé près du centre est vert et bleu (fig.1.58). La combinaison axes/coin active, spécifiée à l'aide des boutons de contraintes d'axes de la barre d'outils lorsque vous faites glisser la souris, est de couleur jaune. A mesure que vous modifiez les contraintes d'axes, soit en déplaçant la souris dans la fenêtre active, soit à l'aide de la barre d'outils principale, l'axe ou les axes correspondants deviennent de couleur jaune.

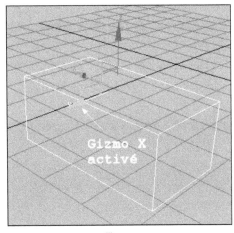

Fig.1.57

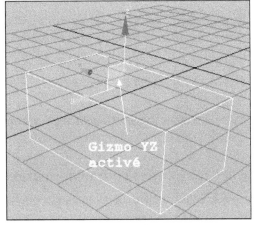

Fig.1.58

10. Le concept d'objet

3ds max est un logiciel orienté Objet. Tous les éléments qui y sont créés sont des objets : la géométrie, les caméras, les lumières, les images bitmap, les modificateurs, etc. Chacun des objets contient les informations sur sa définition et sur les opérations disponibles. Ainsi si vous sélectionnez une sphère, le logiciel va mettre en grisé ou ne pas rendre accessible toutes les opérations non adaptées à ce type d'objet. Il n'est ainsi pas possible d'extruder une sphère alors que c'est possible avec un cercle (fig.1.59).

La plupart des objets dans 3ds max sont paramétriques. Ils sont définis par un ensemble de paramètres. Une sphère créée dans 3ds max peut ainsi être modifiée par la suite grâce à ses paramètres. Ce qui n'est pas le cas d'une sphère importée d'AutoCAD par exemple. Celle-ci sera reconnue comme un maillage éditable (fig.1.60).

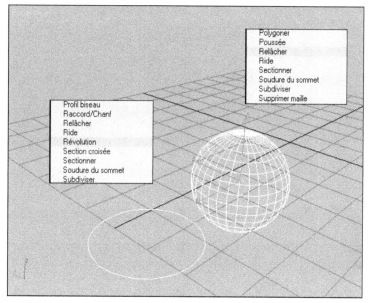

Fig.1.59

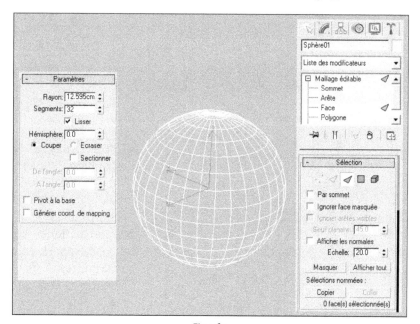

Fig.1.60

Les objets se retrouvent à plusieurs niveaux dans 3ds max, parmi lesquels :

▶ **Les objets composés** : combinaison de plusieurs objets principalement à l'aide d'opérations booléennes (fig.1.61).

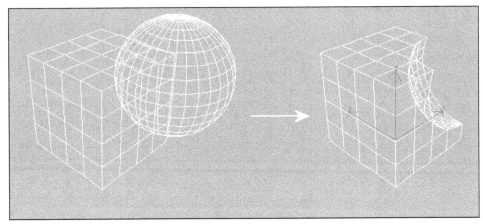

Fig.1.61

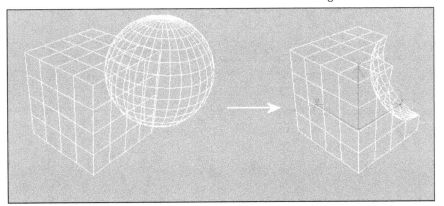

Fig.1.62

▸ **Les sous-objets** : il s'agit des composants manipulables internes d'un objet. Par exemple des faces, arêtes ou sommets (fig.1.62).

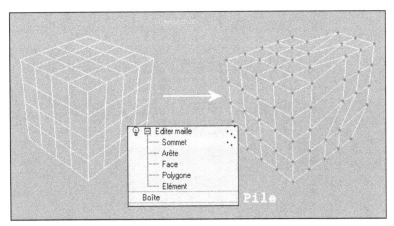

Fig.1.63

▸ **L'objet maître et l'objet secondaire** : l'objet maître est l'objet initial créé dans 3ds max sans aucune modification. Il comprend une série d'informations dont le type d'objet (sphère, cube...) et les paramètres de l'objet (longueur, largeur, hauteur, etc.). Après modification l'objet maître devient objet secondaire. Le passage de l'un à l'autre s'effectue à l'aide de la pile de modifications (fig.1.63).

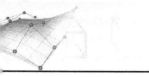

Chacun des objets dans 3ds max reçoit un nom dès sa création. Il correspond au type d'objet créé avec un numéro d'ordre en cas de création de plusieurs objets du même type. Il est conseillé de donner un nom personnel à chacun des objets créés pour pouvoir les retrouver plus facilement. Pour cela il suffit de sélectionner l'objet puis de changer le nom dans le champ situé au-dessous des panneaux de droite (fig.1.64).

Fig.1.64

11. L'organisation de la scène à l'aide des couches

L'organisation des différents objets d'une scène peut être facilitée par l'utilisation des couches, comme dans PhotoShop ou AutoCAD. Avant de pouvoir les utiliser, vous devez installer la barre d'outils Couche en effectuant un clic droit dans la barre d'outils principale et en sélectionnant **Couches** dans le menu contextuel (fig.1.65).

Plusieurs opérations sont disponibles au niveau des couches :

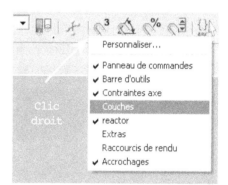

Fig.1.65

- ▸ La création de couches
- ▸ L'affichage des couches
- ▸ L'activation d'une couche
- ▸ La modification de couches

La barre d'outils Couches comprend les options suivantes (fig.1.66) :

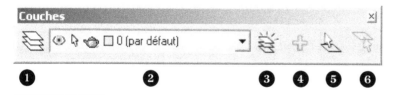

① Gestionnaire de couches
② Liste d'activation de couches
③ Créer une nouvelle couche
④ Ajouter la sélection à la couche courante (pour transférer l'objet sélectionné sur la couche courante)
⑤ Sélectionner les objets de la couche courante (pour sélectionner en une fois tous les objets de la couche courante)
⑥ Définir la couche courante sur la couche de la sélection (pour rendre la couche de l'objet sélectionné courante)

Fig.1.66

Pour créer une couche et définir ses propriétés la procédure est la suivante :

1. Cliquez sur le bouton **Gestionnaire de Couche**. La boîte de dialogue correspondante s'affiche à l'écran. La couche « o » est la couche par défaut (fig.1.67).

2. Cliquez sur le bouton **Créer une nouvelle couche** qui crée la couche « Couche01 ».

3. Entrez un nouveau nom pour la couche. Par exemple : Boîtes.

4. Faites de même pour la couche « Sphères » et la couche « cylindres » (fig.1.68).

5. Cliquez sur le carré de couleur en regard de la couche Boîtes et sélectionnez une couleur. Le bleu par exemple. Tous les objets de cette couche seront en bleu si vous désélectionnez le champ **Affecter couleurs aléatoires** (fig.1.69).

6. Faites de même pour les autres couches.

7. Pour activer une couche, cliquez sur le nom de la couche (par exemple : boîtes) puis dans le champ situé à droite du nom.

8. Refermez la boîte. La couche courante est affichée dans la liste des couches sur la barre d'outils Couche. Vous pouvez à présent dessiner des objets, ils seront placés sur la couche courante (boîtes).

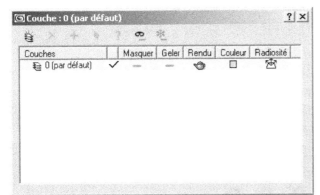

Fig.1.67

Fig.1.68

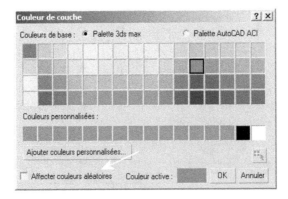

Fig.1.69

Pour rendre une nouvelle couche active, la procédure est la suivante :

1. Dans la liste des couches, cliquez sur le nom de la couche à activer (fig.1.70).

2. Pointez dans la fenêtre et continuez votre dessin. La couche sélectionnée est active.

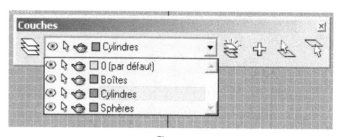

Fig.1.70

Pour déplacer un objet d'une couche sur une autre, la procédure est la suivante :

1. Sélectionnez la couche de destination pour la rendre courante.

2. Sélectionnez l'objet à déplacer.

3. Cliquez sur le bouton **Ajouter la sélection à la couche courante**. L'objet est à présent passé d'une couche à l'autre (fig.1.71).

Avant d'aller plus loin dans la gestion des couches, il est important de comprendre l'héritage des propriétés des objets sur les couches. En effet si vous consultez la boîte de dialogue **Gestionnaires de couches** et que vous déroulez les couches, vous verrez apparaître la liste des objets placés sur les couches. Deux situations sont possibles :

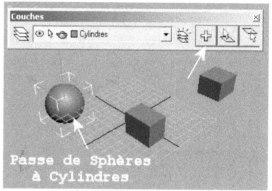

Fig.1.71

▶ **Les objets héritent des propriétés des couches** : si vous désactivez par exemple une couche, tous les objets deviennent invisibles. Si vous assignez une couleur à la couche, tous les objets héritent de la même couleur. Les propriétés des objets sont donc définies par la couche. Dans la boîte de dialogue, cette caractéristique est représentée par un point à la place d'une icône (fig.1.72).

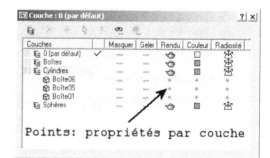

Fig.1.72

▶ **Les objets n'héritent pas des propriétés des couches** : chaque objet garde ses propriétés quel que soit l'état de la couche. Dans la boîte de dialogue, cette caractéristique est représentée par une icône à la place d'un point en regard de chaque objet (fig.1.73).

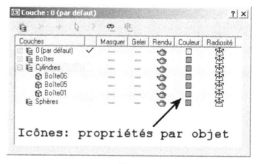

Fig.1.73

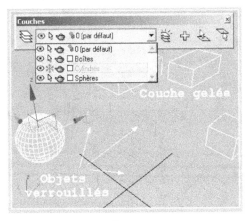

Fig.1.74

Pour passer d'une situation à l'autre, il suffit de cliquer une ou deux fois sur l'icône pour changer son état. Pour la couleur en particulier, vous devez choisir **Par couche** (cliquez sur le bouton Par Objet) dans la boîte de dialogue Couleur objet.

Chaque couche peut avoir les paramètres suivants actifs ou inactifs :

- **Masquer** : la couche est visible ou invisible.
- **Geler** : le contenu de la couche est modifiable ou protégé (verrouillée).
- **Rendu** : le contenu de la couche est visible en mode Rendu ou invisible.
- **Radiosité** : le contenu de la couche utilise le rendu avec radiosité ou le rendu standard.

Ces différents états peuvent être modifiés dans la boîte de dialogue **Gestionnaire de couches** ou dans la liste des couches de la barre d'outils **Couches** (fig.1.74).

Le passage de la propriété **Par couche** à **Par objet** et vice-versa peut être réglé de deux façons différentes :

- Comme paramètre général avant de créer les objets : Cliquez sur **Préférences** du menu **Personnaliser** puis activez le champ **Valeur par défaut définie sur Par couche pour les nouveaux nœuds** dans la section **Paramètres couche par défaut** dans la boîte de dialogue **Préférences** (fig.1.75).

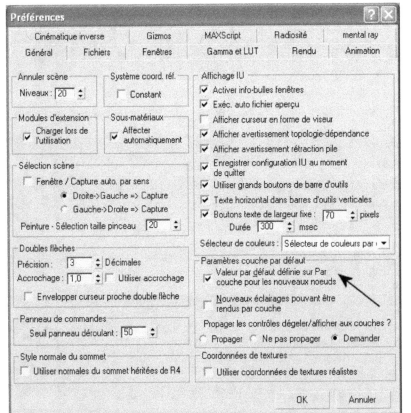

Fig.1.75

▸ Comme propriété d'un ou plusieurs objets sélectionnés : Sélectionnez le ou les objets puis cliquez sur **Propriétés objet** du menu **Edition**. Cliquez ensuite sur la bascule **Par couche** ou **Par objet** dans la boîte de dialogue **Propriétés objet** (fig.1.76).

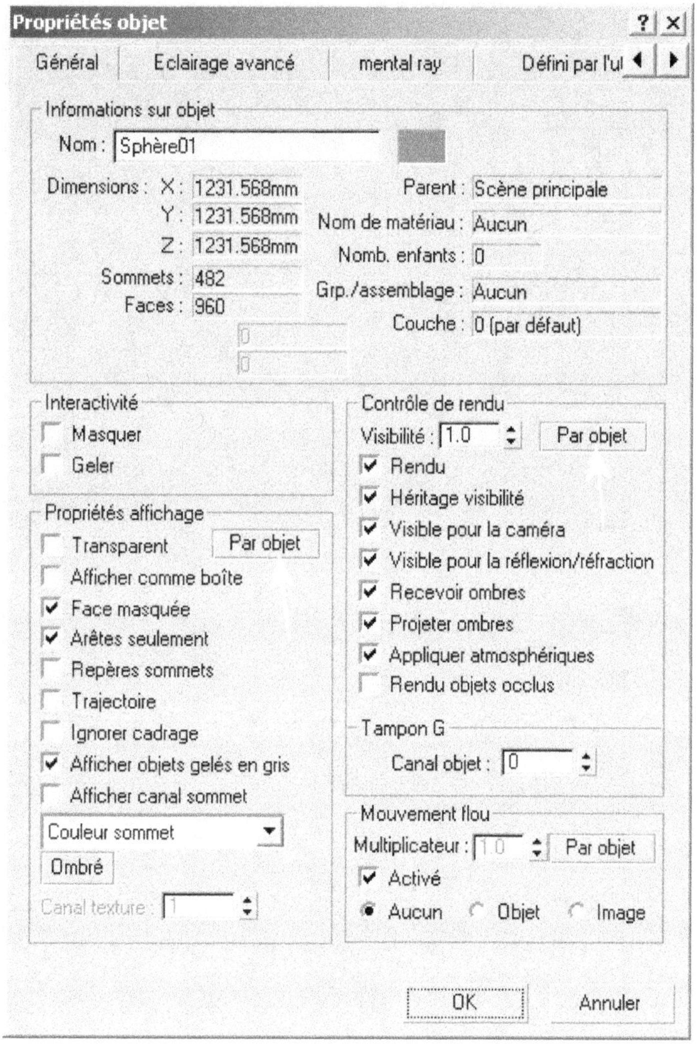

Fig.1.76

CHAPITRE 2
LES BASES
DE LA MODÉLISATION

1. Introduction à la modélisation

La modélisation (ou création) d'objets constitue la base de la réalisation d'une scène dans 3ds max. Plusieurs techniques sont disponibles en fonction de l'objet à créer. Nous trouvons ainsi (fig.2.1) :

▸ La modélisation à l'aide de primitives géométriques (standards, supplémentaires)

▸ La modélisation booléenne (union, soustraction, intersection)

▸ La modélisation à partir de formes 2D (extrusion, révolution, élévation)

▸ La modélisation par grilles surfaciques (carreaux de Bézier)

▸ La modélisation de surfaces NURBS

▸ La modélisation architecturale (murs, portes, fenêtres, escaliers...)

▸ La modélisation par metaballs (métaboules) (substance molle ou liquide)

▸ La modélisation par systèmes de particules (effets de pluie, fumée, neige...)

▸ La modélisation d'objets dynamiques (amortisseur, ressort)

▸ La modélisation sous-objets (sommets, arêtes, faces...)

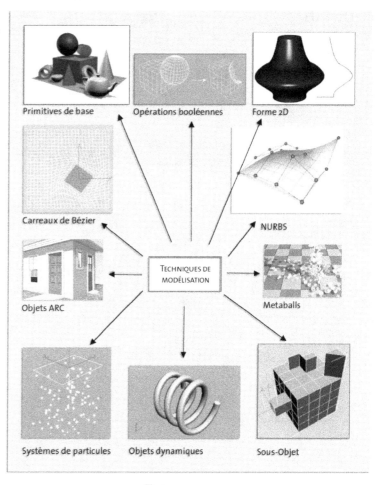

Fig.2.1

1.1. Les primitives géométriques

Les primitives géométriques sont des formes de base (boîte, sphère, tore, etc.) que 3ds max fournit en tant qu'objets paramétriques. Cela signifie qu'après les avoir créées, vous pouvez modifier les dimensions, les paramètres des segments, ainsi que d'autres caractéristiques. Les objets paramétriques réagissent aux modifications de leurs paramètres par le biais d'une mise à jour dynamique de leurs propriétés.

La modification des paramètres peut modifier sensiblement la structure d'un objet. Par exemple, vous pouvez transformer un cylindre en prisme (fig.2.2) en réduisant le nombre de côtés et en désactivant l'option de lissage. En utilisant la même méthode, vous pouvez également transformer un cône en pyramide à quatre côtés.

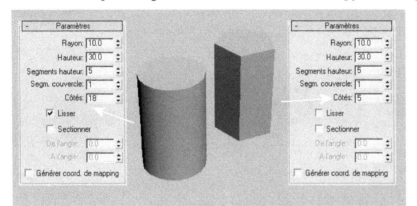

Fig.2.2

Vous pouvez animer la plupart des paramètres de création relatifs aux primitives géométriques et pouvez modifier les valeurs de manière interactive lors de l'exécution de l'animation.

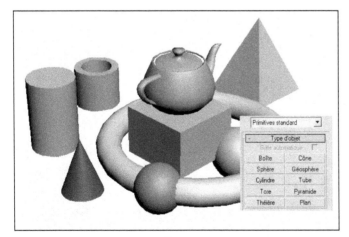

Fig.2.3

Les primitives sont classées dans deux catégories :

▸ **Les primitives standard** : de nombreux objets du monde réel sont basés sur les primitives géométriques ; c'est le cas par exemple, des ballons, tuyaux, tubes, boîtes, anneaux et cornets de glace. Avec 3ds max, vous pouvez modéliser un grand nombre de ces objets à l'aide d'une primitive unique. Vous pouvez aussi combiner des primitives pour former des objets plus complexes et les affiner à l'aide de modificateurs. 3ds max inclut un ensemble de 10 primitives de base (fig.2.3) comme la boîte, la sphère, ou le cône. Vous pouvez facilement créer les primitives à l'aide de la souris et la plupart d'entre elles peuvent être également générées à l'aide du clavier.

▸ **Les primitives supplémentaires** : elles incluent un ensemble de primitives plus évoluées qui peuvent être paramétrés de la même façon que les primitives standard. Elles sont au nombre de 13 (fig.2.4).

Fig.2.4

1.2. Les opérations booléennes

Un objet booléen combine deux autres objets en effectuant une opération booléenne sur ceux-ci. Les opérateurs booléens sont de trois types (fig.2.5) :

▸ **Union** : l'objet booléen contient le volume des deux objets d'origine. La partie d'intersection ou de chevauchement des formes géométriques est supprimée.

▸ **Intersection** : l'objet booléen contient uniquement le volume qui était commun aux deux objets d'origine (en d'autres termes, la partie superposée).

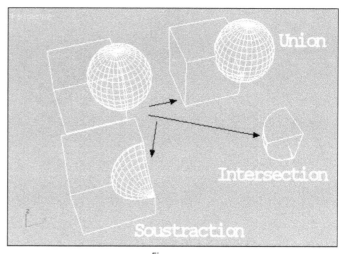

Fig.2.5

▸ **Soustraction (ou écart)** : l'objet booléen contient le volume de l'objet initial duquel le volume d'intersection a été soustrait.

Les deux objets d'origine sont appelés opérande A et B.

1.3. Les formes

Les formes sont des lignes ou des groupes de lignes que vous pouvez utiliser pour composer d'autres objets. La plupart des formes par défaut sont composées de splines. 3ds max propose 11 objets spline Forme et 2 types de courbes NURBS. Vous pouvez les

Fig.2.6

créer rapidement à l'aide de la souris ou du clavier et les combiner pour constituer des formes composées. Pour créer un objet 3D, vous pouvez appliquer des modificateurs à une forme. Parmi ces modificateurs, on trouve Extruder et Tour. Extruder crée un objet 3D en ajoutant une hauteur à une forme. Tour crée un objet 3D en faisant tourner une forme autour d'un axe (fig.2.6).

Vous pouvez aussi créer des objets composés de type extrudé. Il s 'agit de formes bidimensionnelles qui sont extrudées le long d'un troisième axe. Vous créez des objets extrudés à partir de deux ou plusieurs objets splines existants. L'une de ces splines constitue la trajectoire. Les autres splines représentent les sections croisées ou les formes de l'objet extrudé. Lorsque vous disposez vos formes le long de la trajectoire, le logiciel génère une surface entre les formes. Si la trajectoire ne comporte qu'une seule forme, le logiciel considère que deux formes identiques sont placées aux deux extrémités de la trajectoire La surface entre les formes est ensuite générée (fig.2.7).

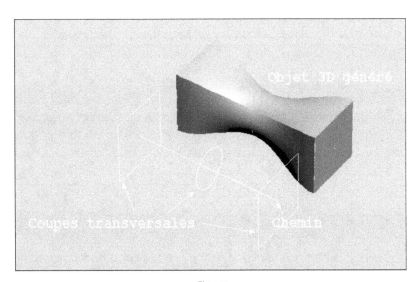

Fig.2.7

1.4. Les grilles surfaciques

Les grilles surfaciques sont initialement des objets 2D, mais vous pouvez les transformer en surfaces 3D arbitraires, en utilisant un modificateur Editer carreau. Elles servent de « blocs de construction » pour créer des surfaces et des objets personnalisés, ou pour ajouter des surfaces carreau à des carreaux existants. A partir d'un simple carreau, il est possible de créer des modèles de carreau complexes (fig.2.8). Vous pouvez créer deux types de grilles surfaciques (fig.2.9) :

▸ **Carreau quadrangulaire. :** Cette option crée une grille plate avec, par défaut, 36 facettes rectangulaires visibles. Une ligne invisible divise chaque facette en deux faces triangulaires, pour un total de 72 faces.

▸ **Carreau triangulaire :** Cette option crée une grille plate avec 72 faces triangulaires. Ce nombre reste constant, quelle que soit la taille de la grille. La taille des faces croît lorsque la taille de la grille augmente.

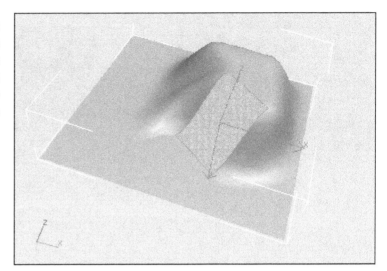

Fig.2.8

1.5. Les surfaces NURBS

3ds max fournit des courbes et des surfaces NURBS (fig.2.10). NURBS est l'acronyme de *Non-Uniform Rational B-Splines* (splines-B rationnelles non uniformes). NURBS est devenue la norme standard utilisée par les professionnels de la création et modélisation de surfaces. Les objets NURBS conviennent particulièrement lorsqu'il s'agit de la modélisation de surfaces dotées de courbes complexes. C'est parce qu'ils sont faciles à manipuler en mode interactif et parce que les algorithmes qui les créent sont efficaces et numériquement stables que ces objets sont si largement utilisés. Il existe deux types de surfaces NURBS :

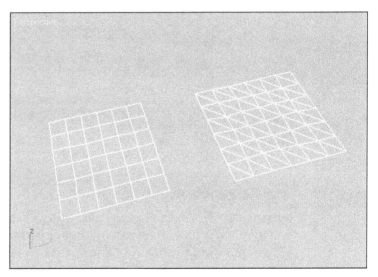

Fig.2.9

▸ **La surface de points** : elle est contrôlée par des points toujours placés sur cette dernière (fig.2.11).

▸ **La surface CV** : elle est contrôlée par des sommets de contrôle (CV). Au lieu de se situer sur la surface, les CV forment un « treillis de contrôle » qui entoure la surface (fig.2.12).

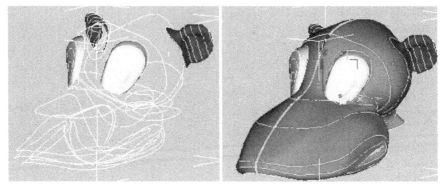

Fig.2.10

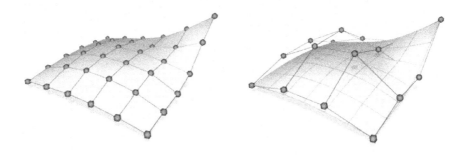

Fig.2.11   Fig.2.12

1.6. Les objets AEC

Les objets AEC sont conçus pour être utilisés dans le domaine de l'architecture, de l'ingénierie et du bâtiment. 3ds max comprend les fonctionnalités Feuillage, Portes, Fenêtres, Escaliers, Croisillons et Murs, afin de faciliter l'exploration de conceptions 3D architecturales. Chacun de ces objets peut être paramétré tant au niveau des dimensions que de l'habillage (fig.2.13).

1.7. Les métaboules (metaballs)

Les métaboules ou metaballs en anglais désignent un type d'objet qui s'associe à d'autres objets avec une surface de connexion. Lorsqu'un objet métaboule se déplace à une certaine distance d'un autre objet métaboule, une surface de connexion se forme automatiquement entre les deux. Les métaboules sont parfaites pour simuler les liquides et les substances épaisses et visqueuses telles que boue, aliments mous ou métal en fusion. Dans 3ds max, vous pouvez créer des métaboules à l'aide de l'objet composé « Maillage liquide » (fig.2.14).

Fig.2.13

Fig.2.14

1.8. Les systèmes de particules

Les systèmes de particules sont employés pour de multiples tâches d'animation. Ils servent principalement à animer un grand nombre de petits objets faisant appel à des méthodes procédurales, par exemple, pour la création d'une tempête de neige, d'un cours d'eau ou d'une explosion (fig.2.15). 3ds max fournit deux types de systèmes de particules : un système piloté par événements et un système non piloté par événements. Le système de particules non piloté par événements, également appelé **Particle Flow**, permet de tester les propriétés des particules et, en fonction des résultats du test, de les envoyer à différents événements. Chaque événement affecte divers attributs et comportements aux particules pendant qu'elles se trouvent dans l'événement. Dans les systèmes de particules non pilotés par événements, les particules gardent généralement des propriétés similaires pendant toute l'animation.

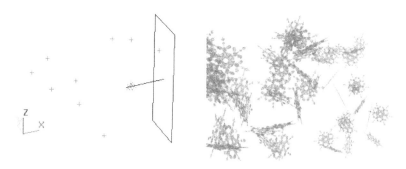

Fig.2.15

1.9. Les objets dynamiques

Les objets dynamiques ressemblent aux autres objets maillés, à l'exception toutefois qu'ils peuvent être définis de façon à réagir au mouvement des objets auxquels ils sont liés, ou produire des forces dynamiques lorsqu'ils font partie d'une simulation dynamique. Il existe deux types d'objets dynamiques :

▶ L'objet Ressort est un objet dynamique en forme de ressort enroulé, qui permet de simuler un ressort élastique dans les simulations dynamiques (fig.2.16).

▶ L'objet Amortisseur crée un objet dynamique pouvant se comporter comme un absorbeur de choc ou un vérin. Il est constitué d'une base, d'une enveloppe principale et d'un piston, avec une gaine facultative. Le piston glisse dans l'enveloppe principale, fournissant différentes hauteurs. La hauteur globale peut être affectée par les objets liés, de la même façon que l'objet dynamique Ressort (fig.2.17).

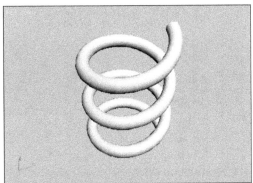

Fig.2.16

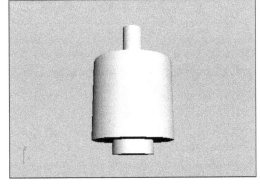

Fig.2.17

2. La modélisation à l'aide de primitives géométriques

2.1. Les types de primitives

Les primitives géométriques sont des formes de base que 3ds max fournit en tant qu'objets paramétriques. Cela signifie qu'après les avoir créées, vous pouvez modifier les dimensions, les paramètres des segments, ainsi que d'autres caractéristiques. Les primitives sont classées dans deux catégories :

▶ **Primitives standard** : il s'agit des objets Boîte, Cône, Sphère, Géosphère, Cylindre, Tube, Tore, Pyramide, Théière, Plan.

▶ **Primitives supplémentaires :** il s'agit des objets Polyèdre, Nœud tore, BoîteChanfrein, Cylchanfrein, Citerne, Capsule, Tige, L-Extrudé, Polygone générique, C-Extrudé, Onde anneau, Tuyau, Prisme.

La création d'un objet se fait par simple clic ou glissement de la souris ou encore par la combinaison des deux, selon le type d'objet. Voici la procédure générale :

▸ Choisissez un type d'objet.

▸ Cliquez ou faites glisser le pointeur de la souris dans une fenêtre pour créer un objet de la taille voulue à l'emplacement de votre choix.

▸ Ajustez les paramètres et la position de l'objet, immédiatement ou ultérieurement.

La figure 2.18 illustre les phases de création d'un cylindre :

① Position du cylindre et définition du rayon.

② Définition de la hauteur.

③ Augmentation du nombre de côtés.

④ Augmentation du nombre de segments en hauteur.

⑤ Affichage en mode Lissage et Ombrage.

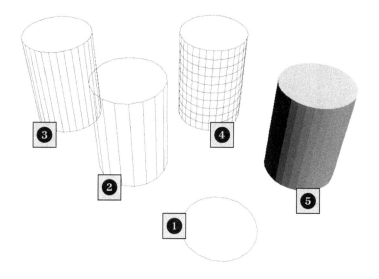

A quelques exceptions près, les étapes suivantes permettent de créer n'importe quel type d'objet à partir du panneau Créer.

Pour choisir une catégorie d'objets la procédure est la suivante :

Fig.2.18

1. Cliquez sur l'onglet **Créer** pour visualiser le panneau du même nom.

2. Cliquez sur le boutons **Géométrie**.

3. Dans la liste affichée, choisissez la sous-catégorie **Primitives standard**. Des boutons apparaissent sur le panneau déroulant **Type d'objet** (fig.2.19).

4. Cliquez sur le bouton correspondant au type d'objet voulu.

Pour créer un objet la procédure est la suivante :

1. Placez le curseur dans une fenêtre pour positionner l'objet à l'endroit souhaité et maintenez le bouton de la souris enfoncé (sans le relâcher).

2. Faites glisser la souris pour définir le premier paramètre de l'objet ; la circonférence de la base du cylindre, par exemple.

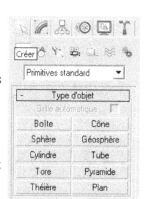

Fig.2.19

③ Relâchez le bouton de la souris. Vous définissez ainsi le premier paramètre.

④ Déplacez-vous vers le haut ou vers le bas sans toucher le bouton de la souris. Ceci définit le paramètre suivant, par exemple, la hauteur du cylindre.

Pour annuler l'opération : tant que vous n'êtes pas passé à l'étape suivante, il est possible d'annuler la création de l'objet par un simple clic avec le bouton droit de la souris.

⑤ Cliquez lorsque le deuxième paramètre atteint la valeur souhaitée, et ainsi de suite.

Le nombre de fois que vous cliquez ou relâchez le bouton de la souris dépend du nombre de caractéristiques spatiales requis pour définir l'objet.

Lorsque l'objet est terminé, il est encore sélectionné, vous pouvez donc modifier ses paramètres, comme :

▸ La couleur, pour identifier l'objet avant la définition des matériaux : dans la zone **Nom et couleur**, cliquez sur le carré de couleur qui ouvre la palette de couleurs (fig.2.20). Sélectionnez la couleur souhaitée. Par défaut, 3ds max affecte des couleurs de manière aléatoire aux objets lors de leur création. Ces couleurs sont choisies dans la palette active de la boîte de dialogue **Couleur objet**. Il est donc parfois utile de la modifier. Pour rappel, la couleur peut aussi être définie via l'utilisation des Couches.

▸ Les paramètres de définition géométrique : rayon, hauteur, longueur, largeur, etc.

▸ Les paramètres du nombre de segments : longueur, largeur, hauteur, etc., pour affiner la représentation de l'objet.

▸ D'autres paramètres en fonction des objets, comme par exemple **Sectionner** (fig.2.21).

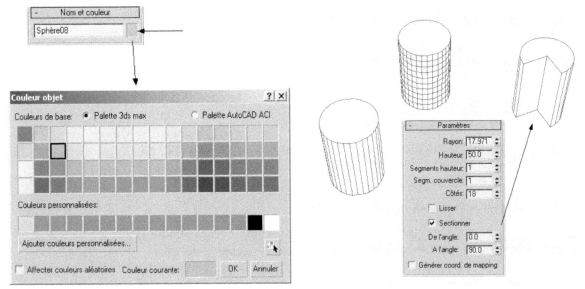

Fig.2.20   Fig.2.21

2.2 La primitive Boîte

La primitive Boîte génère une des formes les plus simples. Le cube est la seule variante de la boîte. Vous pouvez cependant faire varier l'échelle et les proportions pour obtenir de nombreux types d'objets rectangulaires, depuis des dalles et panneaux plats de grandes dimensions jusqu'aux colonnes effilées et petits blocs (fig.2.22). De plus, grâce aux modificateurs (voir chapitre 8) d'autres formes peuvent être générées par simple pliage ou torsion. La boîte peut aussi servir à découper d'autres objets à l'aide des opérations booléennes (fig.2.23).

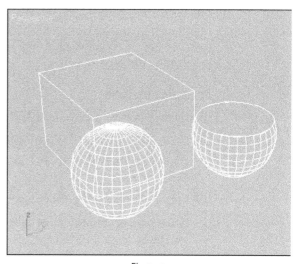

Fig.2.22

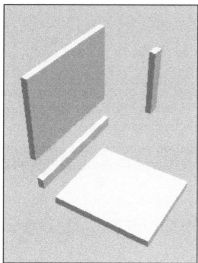

Fig.2.23

Fig.2.24

Pour créer une boîte :

1. Sur le panneau déroulant **Type d'objet**, cliquez sur **Boîte** (fig.2.24).

2. Dans une fenêtre de l'écran, faites glisser la souris pour définir la base rectangulaire, puis relâchez le bouton pour confirmer la longueur et la largeur.

3. Déplacez la souris vers le haut ou vers le bas pour définir la hauteur.

4. Cliquez pour confirmer la hauteur et ainsi créer la boîte.

Pour créer une boîte à base carrée :

Maintenez la touche CTRL enfoncée pendant que vous faites glisser la base de la boîte. Ceci permet de conserver une longueur et une largeur identiques. La touche CTRL n'a pas d'effet sur la hauteur.

Pour créer un cube :

1. Dans le panneau déroulant **Méthode de création**, cliquez sur **Cube** (fig.2.25).
2. Dans une fenêtre de l'écran, faites glisser la souris pour définir la taille du cube.
3. Pendant cette opération, le cube émerge, son point de pivot étant situé au centre de sa base.
4. Relâchez le bouton pour confirmer les dimensions des côtés.
5. Vous pouvez modifier les paramètres pour faire varier en longueur un ou plusieurs côtés du cube terminé.

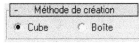

Fig.2.25

Pour créer une primitive à partir du clavier :

1. Cliquez sur le panneau déroulant **Entrée au clavier** pour l'ouvrir. Par défaut, ce panneau déroulant est fermé (fig.2.26).
2. Sélectionnez un champ numérique avec la souris et entrez une valeur. Les champs X, Y, Z permettent de définir la position de la boîte (exemple :100, 100, 0) et les champs **Longueur**, **Largeur** et **Hauteur** les dimensions (exemple : 60, 60, 20).
3. Appuyez chaque fois sur la touche de tabulation pour passer au champ suivant. Il n'est pas nécessaire de valider la saisie à l'aide de la touche Entrée. Utilisez MAJ+TAB pour revenir en arrière.
4. Une fois tous les champs définis, appuyez sur la touche de tabulation pour vous placer sur le bouton Créer. Appuyez sur Entrée.
5. L'objet apparaît dans la fenêtre active.
6. Une fois créée, la nouvelle primitive n'est plus affectée par les champs numériques du panneau déroulant Entrée au clavier. Vous pouvez ajuster les paramètres sur le panneau déroulant **Paramètres** immédiatement après la création, ou ultérieurement à partir du panneau **Modifier**.

Fig.2.26

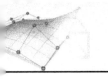

2.3. La primitive Cône

La fonction Cône permet de créer des cônes ronds, droits ou inversés. Les paramètres par défaut produisent un cône rond à 24 côtés lisses dont le point de pivot se situe au centre de sa base. Il comporte cinq segments hauteur et un segment couvercle. Pour un meilleur rendu, augmentez le nombre de segments hauteur des cônes à ombrage lisse, en particulier, ceux en pointe. La figure 2.27 illustre différents usages de la fonction Cône.

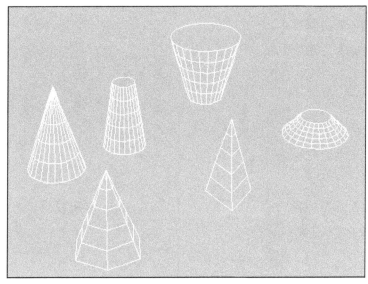

Fig.2.27

Pour créer un cône, la procédure est la suivante :

1. Dans la section **Méthode de création**, sélectionnez **Arête** (deux points d'extrémité du cône) ou **Centre** (point central de la base du cône). Par exemple : Centre (choix par défaut).

2. Dans une fenêtre, cliquez le point de base puis faites glisser la souris pour définir le rayon de la base du cône, relâchez ensuite le bouton pour confirmer.

3. Déplacez la souris vers le haut ou vers le bas pour définir la hauteur, positive ou négative, puis cliquez pour confirmer.

4. Déplacez la souris pour définir le rayon de l'autre extrémité du cône. Réduisez-le à zéro pour obtenir un cône en pointe.

5. Cliquez pour confirmer le second rayon et créer le cône (fig.2.28 - fig.2.29).

Combinaisons de rayons	Effet
Rayon 2 nul (1)	Crée un cône en pointe
Rayon 1 nul (2)	Crée un cône en pointe inversé
Rayon 1 supérieur au rayon 2 (3)	Crée un cône au sommet plat
Rayon 2 supérieur au rayon 1 (4)	Crée un cône inversé au sommet plat

Fig.2.28

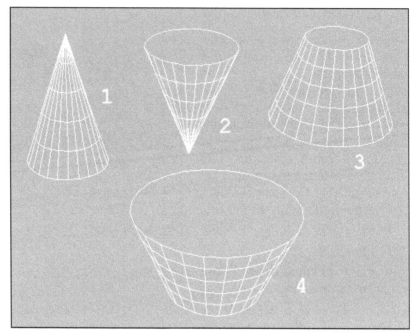

Fig.2.29

Pour sectionner un cône, la procédure est la suivante :

1. Activez le champ **Sectionner**.

2. Déterminez les valeurs dans les champs **De l'angle**, **A l'angle**. Ils définissent le nombre de degrés autour de l'axe des Z local à partir d'un point zéro situé sur l'axe des X local (fig.2.30). Pour les deux paramètres, des valeurs positives déplacent l'extrémité de la section dans le sens contraire des aiguilles d'une montre tandis que des valeurs négatives la déplacent dans le sens des aiguilles d'une montre. L'ordre de sélection des paramètres n'a pas d'importance. Lorsque les deux extrémités se rencontrent, le cône complet réapparaît.

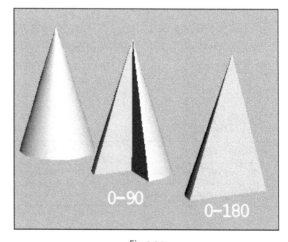

Fig.2.30

Fig.2.36

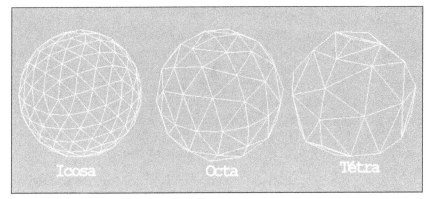

Fig.2.37

3 Sélectionnez l'un des trois types de polyèdres réguliers pour la géométrie de base de la géosphère :

▸ **Tétra** : basé sur un tétraèdre (quatre faces). La forme et la taille des facettes triangulaires peuvent varier. La sphère peut être divisée en quatre segments égaux.

▸ **Octa** : basé sur un octaèdre (huit faces). La forme et la taille des facettes triangulaires peuvent varier. La sphère peut être divisée en huit segments égaux.

▸ **Icosa** : basé sur un icosaèdre (vingt faces). Les facettes sont toutes des triangles équilatéraux de taille égale. La sphère peut être divisée en un nombre quelconque de segments égaux, en fonction des multiples ou des fractions de 20 faces.

Pour créer un hémisphère la procédure est la suivante :

1 Créez une géosphère.

2 Dans le panneau déroulant **Paramètres**, activez l'option **Hémisphère**. La géosphère est convertie en hémisphère (fig.2.38).

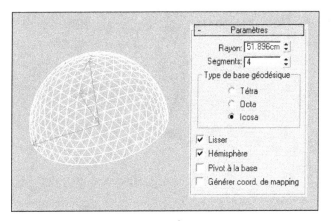

Fig.2.38

2.6. La primitive Cylindre

La fonction Cylindre génère un cylindre que vous pouvez éventuellement « découper » autour de son axe principal. Les paramètres par défaut génèrent un cylindre lisse à 18 côtés dont le point de pivot se situe au centre de sa base. Il comporte cinq segments hauteur et un segment couvercle. Si vous n'avez pas l'intention de modifier la forme du cylindre (à l'aide du modificateur courbure, par exemple), réglez le paramètre Segments hauteur sur 1 pour réduire la complexité de la scène. Si vous envisagez de modifier les extrémités du cylindre, augmentez la valeur du paramètre Segm. couvercle.

Pour créer un cylindre, la procédure est la suivante :

1. Dans la section **Méthode de création**, sélectionnez **Arête** (deux points d'extrémité du cylindre) ou **Centre** (point central du cylindre). Par exemple : Centre (choix par défaut).

2. Dans une fenêtre, faites glisser la souris pour définir le centre et le rayon de la base, puis relâchez le bouton pour confirmer le rayon.

3. Déplacez la souris vers le haut ou vers le bas pour définir la hauteur (positive ou négative).

4. Cliquez pour confirmer la hauteur et créer le cylindre (fig.2.39 – fig.2.40).

Fig.2.39

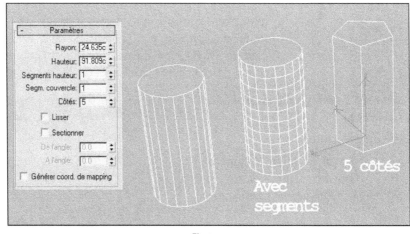

Fig.2.40

Pour sectionner un cylindre, la procédure est la suivante :

1. Activez le champ **Sectionner**.

2. Déterminez les valeurs dans les champs **De l'angle** et **A l'angle.** Ils définissent le nombre de degrés autour de l'axe des Z local à partir d'un point zéro situé sur

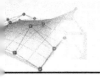

l'axe des X local. Pour les deux paramètres, des valeurs positives déplacent l'extrémité de la section dans le sens contraire des aiguilles d'une montre tandis que des valeurs négatives la déplacent dans le sens des aiguilles d'une montre (fig.2.41). L'ordre de sélection des paramètres n'a pas d'importance. Lorsque les deux extrémités se rencontrent, le cylindre complet réapparaît.

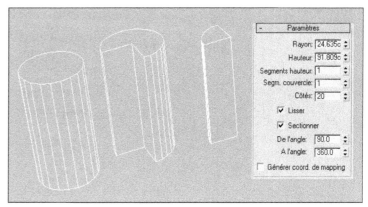

Fig.2.41

2.7. La primitive Tube

La fonction Tube permet de créer des tubes ronds ou prismatiques. Le tube est similaire à un cylindre creux. Les paramètres par défaut produisent un tube rond et lisse à 18 côtés dont le point de pivot est situé au centre de sa base. Il comporte cinq segments hauteur et un segment couvercle. Si vous n'avez pas l'intention de modifier la forme du cylindre (à l'aide du modificateur courbure, par exemple), réglez le paramètre Segments hauteur sur 1 pour réduire la complexité de la scène. Si vous envisagez de modifier les extrémités du cylindre, augmentez la valeur du paramètre Segm. couvercle.

Pour créer un tube, la procédure est la suivante :

1. Dans la section **Méthode de création**, sélectionnez **Arête** (deux points d'extrémité du tube) ou **Centre** (point central du tube). Par exemple : Centre (choix par défaut).

2. Dans une fenêtre, pointez le centre puis faites glisser la souris pour définir le premier rayon (intérieur ou extérieur) du tube. Relâchez le bouton pour confirmer le rayon.

3. Déplacez la souris pour définir le deuxième rayon, puis cliquez pour le confirmer.

4. Déplacez la souris vers le haut ou vers le bas pour définir la hauteur (positive ou négative).

5. Cliquez pour confirmer et créer le tube (fig.2.42 – fig.2.43).

Fig.2.42

Fig.2.43

Pour créer un tube à prismes, la procédure est la suivante :

1. Indiquez le nombre de côtés requis par le type de prisme que vous voulez créer (la valeur 5 crée un prisme pentagonal).

2. Désactivez l'option de lissage.

3. Créez un tube (fig.2.44).

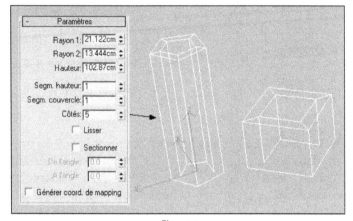

Fig.2.44

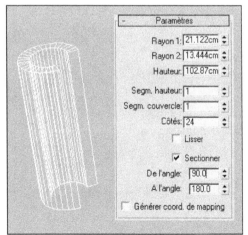

Fig.2.45

Pour sectionner un tube, la procédure est la suivante :

1. Activez le champ **Sectionner**.

2. Déterminez les valeurs dans les champs **De l'angle** et **A l'angle.** Ils définissent le nombre de degrés autour de l'axe des Z local à partir d'un point zéro situé sur l'axe des X local (fig.2.45). Pour les deux paramètres, des valeurs positives déplacent l'extrémité de la section dans le sens contraire des aiguilles d'une montre tandis que des valeurs négatives la déplacent dans le sens des aiguilles d'une montre. L'ordre de sélection des paramètres n'a pas d'importance. Lorsque les deux extrémités se rencontrent, le tube complet réapparaît.

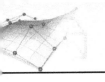

2.8. La primitive Tore

La fonction Tore génère des tores ou des anneaux. Vous pouvez associer trois options de lissage à des mouvements de rotation et de torsion afin de créer des variantes complexes. Les paramètres par défaut produisent un tore lisse comportant 12 côtés et 24 segments. Le point de pivot se situe au centre du tore sur le plan passant en son centre. Un nombre de côtés et de segments plus élevé se traduit par une géométrie plus dense pouvant être adaptée à certains types de modélisation et de rendu. La figure 2.46 illustre différents usages de la fonction Tore.

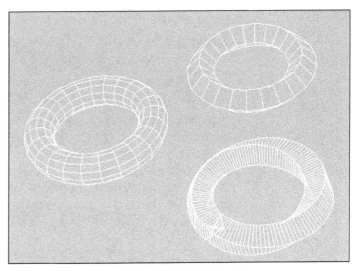

Fig.2.46

Fig.2.47

Pour créer un tore, la procédure est la suivante :

1. Dans la section **Méthode de création**, sélectionnez **Arête** (deux points d'extrémité du tore) ou **Centre** (point central du tore). Par exemple : Centre (choix par défaut).

2. Dans une fenêtre, pointez le centre puis faites glisser la souris pour définir un tore. Pendant cette opération, le tore émerge, son centre situé au point de pivot.

3. Relâchez le bouton de la souris pour confirmer le rayon du tore.

4. Déplacez la souris pour définir le rayon de la section transversale du tore, puis cliquez pour créer ce dernier (fig.2.47 – fig.2.48).

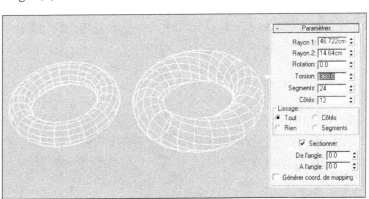

Fig.2.48

5. Adaptez les paramètres suivants :

▸ **Rayon 1** : détermine la distance entre le centre du tore et le centre de sa section transversale. Il constitue le rayon du tore.

▸ **Rayon 2** : définit le rayon de la section transversale du tore. La valeur par défaut est de 10 unités. Cette valeur est modifiée chaque fois que vous créez un tore.

▸ **Torsion** : définit l'angle de torsion. Les sections croisées tournent progressivement autour du cercle à travers le centre du tore. En commençant par une torsion, chaque section croisée suivante effectue une rotation jusqu'à ce que la dernière ait le nombre de degrés spécifié. La torsion d'un tore fermé (non découpé) crée un resserrement au niveau du premier segment. Vous pouvez éviter cela en appliquant une torsion par incréments de 360 degrés, ou en activant l'option section avec des paramètres nuls de manière à conserver un tore complet.

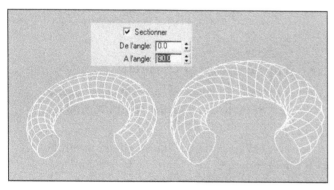

Fig.2.49

Pour sectionner un tore, la procédure est la suivante :

1. Activez le champ **Sectionner**.

2. Déterminez les valeurs dans les champs **De l'angle** (indique l'angle de début de la section) et **A l'angle** (indique l'angle de fin de la section) (fig.2.49).

2.9. La primitive Pyramide

La primitive Pyramide est dotée d'une base carrée ou rectangulaire et de côtés triangulaires.

Pour créer une pyramide, la procédure est la suivante :

1. Choisissez une méthode de création, **Base/Sommet** ou **Centrer**.

2. Dans une fenêtre, faites glisser la souris pour définir la base de la pyramide. Si vous utilisez la méthode de création Base/Sommet, définissez les angles opposés de la base et déplacez la souris horizontalement ou verticalement pour définir la largeur et la profondeur de la base. Si vous utilisez l'option centrer, faites glisser la souris à partir du centre de la base.

3. Cliquez, puis déplacez la souris pour définir la hauteur.

4. Cliquez pour terminer la pyramide (fig.2.50 – fig.2.51).

REMARQUE

Si vous maintenez la touche CTRL enfoncée lorsque vous utilisez l'une ou l'autre de ces méthodes de création, la base de la pyramide sera carrée.

Fig.2.50

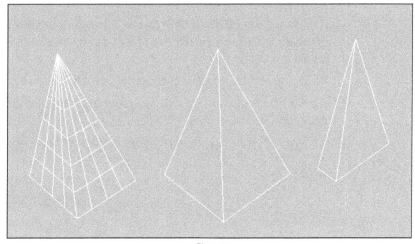

Fig.2.51

2.10. La primitive Théière

La fonction Théière permet de créer une théière entière (option par défaut) ou l'un de ses composants. La théière étant un objet paramétrique, vous pouvez sélectionner les parties de l'objet que vous voulez afficher après sa création. La théière se compose en effet de quatre parties distinctes : le corps, l'anse, le bec verseur et le couvercle. Les commandes correspondantes se trouvent dans la zone Parties théière du panneau déroulant Paramètres. Vous pouvez cocher simultanément n'importe quelle combinaison de composants. Le corps est une jatte prête à l'emploi ou un pot avec un couvercle facultatif.

Cette théière a été créée à partir de données originales développées par Martin Newell en 1975. En se basant sur une esquisse de théière sur papier quadrillé qu'il conservait dans un tiroir, Martin Newell calcula des splines de Bézier cubiques afin de créer un modèle filaire (fig.2.52). A la même

Fig.2.52 (© Univ. Utah)

époque, alors qu'il était également à l'université d'Utah, James Blinn produisit des premiers rendus d'une qualité exceptionnelle à l'aide de ce modèle. La théière est depuis devenue un objet standard en infographie. Ses surfaces courbes et complexes qui présentent de nombreuses intersections sont idéales pour simuler des mappings de texture et réaliser des rendus très réalistes.

Pour créer une théière, la procédure est la suivante :

1. Dans la section **Méthode de création**, sélectionnez **Arête** (deux points d'extrémité du corps de la théière) ou **Centre** (point central de la théière). Par exemple : Centre (choix par défaut).

2. Dans une fenêtre, pointez le centre et faites glisser la souris pour définir le rayon.

3. Pendant cette opération, la théière émerge, son point de pivot étant situé au centre de sa base.

4. Relâchez le bouton de la souris pour confirmer le rayon et créer la théière (fig.2.53).

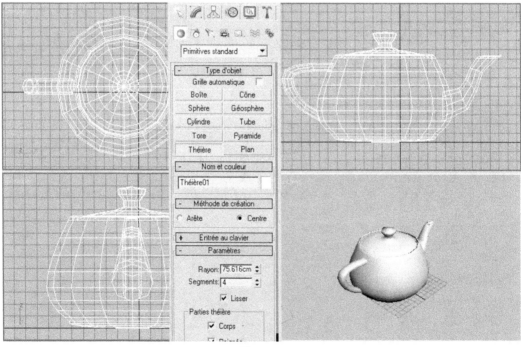

Fig.2.53

Pour créer une partie de la théière, la procédure est la suivante :

1. Dans la zone **Parties théière** du panneau déroulant Paramètres, désactivez tous les éléments à l'exception de celui que vous voulez créer.

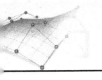

☑ Créez une théière. La partie que vous n'avez pas désactivée apparaît. Le point de pivot reste placé au centre de la base de la théière (fig.2.54).

2.11. La primitive Plan

Un objet plan est un type spécial de maillage polygonal plat pouvant être agrandi au moment du rendu. Vous pouvez spécifier des facteurs d'agrandissement pour la taille et pour le nombre de segments de l'objet, ou pour les deux simultanément. Utilisez l'objet plan pour créer un plan de grande échelle qui ne vous empêche pas de travailler dans une fenêtre. Vous pouvez appliquer n'importe quel type de modificateur à un objet plan, par exemple le modificateur Déplacer pour simuler un terrain vallonné (fig.2.55).

Pour créer un plan, la procédure est la suivante :

☐ Dans la section **Méthode de création**, sélectionnez **Rectangle** ou **Carré** pour définir la forme de base.

☐ Pointez le premier point dans une fenêtre, puis faites glisser le curseur pour créer le plan (fig.2.56).

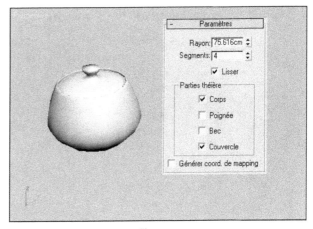

Fig.2.54

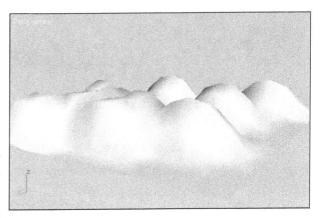

Fig.2.55

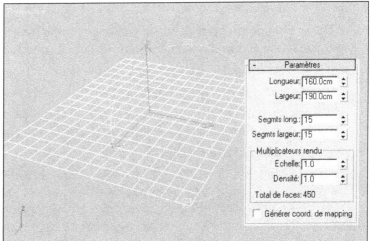

Fig.2.56

2.12. La primitive Polyèdre

Dans les primitives étendues, la fonction Polyèdre permet de créer des objets de différentes familles de polyèdres : tétraèdre, polyèdre cubique ou octaèdre, dodécaèdre ou un icosaèdre, étoile.

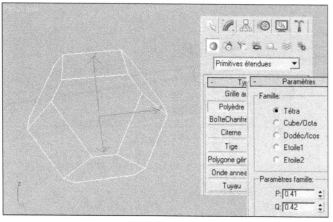

Fig.2.57

Pour créer un polyèdre, la procédure est la suivante (fig.2.57) :

1. Dans le panneau déroulant **Paramètres**, cochez l'une des options du **Groupe famille**. Par exemple Tetra.

2. Dans une fenêtre, faites glisser la souris pour définir un rayon, puis relâchez le bouton pour créer le polyèdre. Pendant cette opération, le polyèdre émerge à partir de son point de pivot.

3. Modifiez les paramètres. Par exemple les paramètres famille P :0.41 et Q :0.42.

Les paramètres sont les suivants :

▸ **Groupe famille :** permet de sélectionner le type de polyèdre à créer.

▸ **Tétra** : crée un tétraèdre.

▸ **Cube/Octa** : crée un polyèdre cubique ou octaèdre (selon les paramètres définis).

▸ **Dodéc/Icos** : crée un dodécaèdre ou un icosaèdre (selon les paramètres définis).

▸ **Etoile1/Etoile2** : crée deux polyèdres différents en forme d'étoile.

Groupe paramètres famille

P, Q : paramètres interdépendants qui définissent une translation bidirectionnelle entre les sommets et les facettes d'un polyèdre. Ils ont en commun les propriétés suivantes :

▸ Les valeurs doivent être comprises entre 0.0 et 1.0.

▸ La somme des deux valeurs P et Q peut être inférieure ou égale à 1.0.

▸ Des points extrêmes sont générés lorsque P ou Q a pour valeur 1.0 ; l'autre paramètre égale alors automatiquement 0.0.

▸ Le point d'équilibre est atteint lorsque la valeur de P et Q est de 0.

Pour simplifier, P et Q modifient la géométrie avant et arrière entre les sommets et les facettes. Dans le cas où P et Q ont une valeur extrême, l'un des paramètres représente tous les sommets et l'autre, toutes les facettes. Les valeurs intermédiaires sont des points de transition, le point d'équilibre correspondant à l'égalité des deux paramètres.

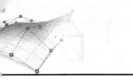

Groupe Echelle axe

Les polyèdres peuvent comporter jusqu'à 3 types de facettes polygonales, comme le triangle, le carré ou le pentagone. Ces facettes peuvent être régulières ou irrégulières. Si le polyèdre ne comporte qu'un ou deux types de facettes, seuls un ou deux des paramètres de mise à l'échelle axe sont activés. Les paramètres inactifs n'ont pas d'effet.

P, Q, R : contrôle l'axe de réflexion de l'une des facettes d'un polyèdre. En général, ces champs ont pour effet d'enfoncer et de faire sortir leurs facettes correspondantes. Valeurs par défaut = 100 (fig.2.58).

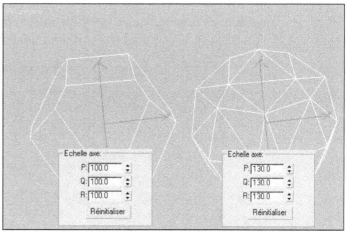

Fig.2.58

Groupe Sommets

Les paramètres sommets déterminent la géométrie interne de chaque facette du polyèdre. Ils ne peuvent pas être animés. Les options Centre et Centre côtés augmentent le nombre de sommets de l'objet et, par conséquent, le nombre de faces.

- **Base** : les facettes ne sont pas subdivisées au-delà du minimum.
- **Centre** : chaque facette est subdivisée en plaçant un sommet supplémentaire en son centre, les arêtes de chaque centre pointant vers les coins de la facette.
- **Centre et côtés** : chaque facette est subdivisée en plaçant un sommet supplémentaire en son centre, les arêtes de chaque centre pointant vers le coin de la facette ainsi que vers le milieu de chaque arête. Comparée à Centre, l'option Centre et côtés, double le nombre de faces du polyèdre.

3. La modélisation booléenne

3.1. Principes de base

Issus des mathématiques logiques inventées par George Boole au milieu du XIXe siècle (fig.2.59), les objets booléens permettent de créer de nouveaux objets par la combinaison de deux objets de base. Dans 3ds max, les deux objets d'origine sont appelés les opérandes (A et B) et l'objet

Fig.2.59 (© Queen's College)

booléen proprement dit est le résultat de cette opération. En géométrie, les opérations booléennes sont (fig.2.60) :

▸ **Union** : l'objet booléen contient le volume des deux objets d'origine. La partie d'intersection ou de chevauchement des formes géométriques est supprimée.

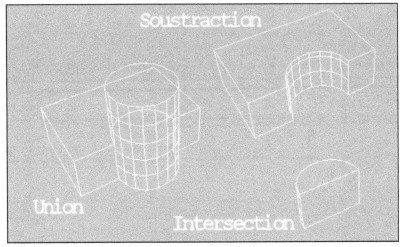

Fig.2.60

▸ **Intersection** : l'objet booléen contient uniquement le volume qui était commun aux deux objets d'origine (en d'autres termes, la partie superposée).

▸ **Soustraction (ou écart)** : l'objet booléen contient le volume de l'objet original duquel le volume d'intersection a été soustrait.

Par rapport à d'autres logiciels, les opérandes dans 3ds max restent des objets à part entière et peuvent donc être redimensionnés ou repositionnés par exemple grâce à l'historique de construction des objets (fig.2.61). De plus, vous n'êtes pas limité à une opération booléenne par objet. Vous pouvez en effectuer autant que vous voulez, chaque opération ayant son propre ensemble d'opérandes, imbriqués les uns dans les autres. Après avoir créé un objet booléen, vous pouvez donc effectuer d'autres opérations booléennes à la même géométrie en sélectionnant l'objet comme opérande A pour un nouvel objet composé booléen. Vous pouvez ainsi arriver à créer une véritable « arborescence booléenne » complexe et néanmoins avoir accès par la suite à chacune des opérations booléennes individuelles (fig.2.62).

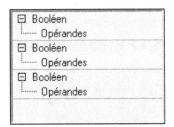

Fig.2.61

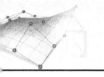

L'accès aux fonctions booléennes peut se faire de deux manières :

▸ A partir du Panneau Créer : Bouton Géométrie > Liste déroulante **Objets composés** > **Fonction Booléen** dans le Panneau déroulant **Type d'objet** (fig.2.63)

▸ A partir du menu déroulant Créer : Option Composés > Booléen

Plusieurs considérations sont à prendre en compte :

Lorsque vous créez un objet booléen à partir d'objets auxquels ont été attribués des matériaux, le studio combine les matériaux de la façon suivante :

▸ Si l'opérande A ne comporte pas de matériau, il hérite du matériau de l'opérande B.

▸ Si l'opérande B ne comporte pas de matériau, il hérite du matériau de l'opérande A.

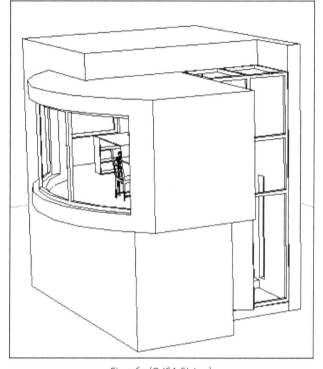

Fig.2.62 (© ISA St-Luc)

▸ Si les deux opérandes comportent chacun un matériau, le matériau résultant est un matériau multi/sous-objet combinant les matériaux des deux opérandes.

Les objets booléens sont plus efficaces lorsque les deux opérandes ont la même complexité. Si vous souhaitez soustraire du texte extrudé par exemple d'une boîte sans segment (fig.2.64), vous risquez de générer plusieurs faces longues et effilées pouvant provoquer des erreurs de rendu. L'augmentation du nombre de segments de la boîte améliore le résultat. Essayez de conserver aux opérandes la même complexité.

Les opérations booléennes ne fonctionnent correctement qu'entre des éléments uniques. Si l'un des objets est composé d'éléments multiples comme une Théière par exemple, il est conseillé d'agir qu'avec un seul élément à la fois.

Fig.2.63

L'objet booléen nécessite que la topologie de la surface de l'opérande soit intacte. C'est-à-dire qu'il ne doit y avoir ni de face manquante ou en chevauchement ni de sommet non soudé. La surface doit être une surface fermée continue.

Fig.2.64

Les objets booléens nécessitent que les normales de face de la surface soient consistantes. Les normales basculées risquent de provoquer des résultats inattendus. Les surfaces comportant des faces dirigées vers la même direction et des faces adjacentes basculées posent également des problèmes. De telles surfaces se retrouvent généralement dans une géométrie importée à partir de logiciels de CAO. L'algorithme booléen corrige ces faces au mieux. Il est cependant parfois utile de les corriger manuellement.

Si deux opérandes booléens sont parfaitement alignés entre eux sans s'entrecouper, l'opération booléenne peut produire des résultats erronés. Ce cas est rare mais, s'il se produit, vous pouvez le résoudre en faisant se chevaucher légèrement les opérandes.

3.2. Comment créer un objet booléen ?

1. Sélectionnez un objet. Cet objet devient l'opérande A.

2. Cliquez sur **Booléen**. Le nom de l'opérande A apparaît dans la liste **Opérandes** du panneau déroulant Paramètres.

3. Sur le panneau déroulant **Choisir booléen** (fig.2.65), sélectionnez la méthode de copie pour l'opérande : Référence, Déplacer, Copie ou Instance.

   ▸ Utilisez l'option **Référence** pour synchroniser les modifications de l'objet d'origine avec l'opérande B, mais non l'inverse.

   ▸ Utilisez **Copie** lorsque vous voulez réutiliser la géométrie de l'opérande B dans la conception.

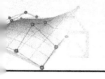

> ▸ Utilisez **Instance** pour synchroniser l'animation du booléen avec les animations ultérieures de l'objet B original et vice versa.

> ▸ Utilisez **Déplacement** (option par défaut) si vous avez créé la géométrie de l'opérande B spécialement pour cette opération.

4. Dans le panneau déroulant **Paramètres**, choisissez l'opération booléenne à effectuer : **Union**, **Intersection**, **Soustraction (A-B)** ou **Soustraction (B-A)**. Vous pouvez également opter pour l'option Couper décrite plus loin dans le texte.

5. Dans le panneau déroulant **Choisir booléen**, cliquez sur **Choisir opérande B**.

6. Cliquez dans une fenêtre pour sélectionner l'opérande B. Le logiciel exécute alors l'opération booléenne (fig.2.66).

7. Les opérandes restent des sous-objets de l'objet booléen. En modifiant les paramètres de création de ces sous-objets, vous pouvez ultérieurement changer la géométrie des opérandes pour modifier ou animer le résultat booléen.

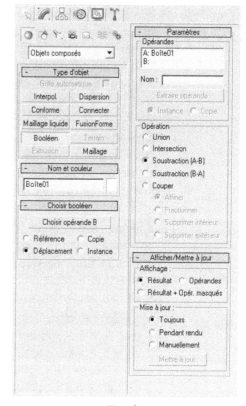

Fig.2.65

Fig.2.66

L'option **Couper** prévoit quatre modes :

▸ **Affiner** : ajoute de nouveaux sommets et arêtes à l'opérande A à l'intersection entre l'opérande B et les faces de l'opérande A. 3ds max affine la géométrie résultant de l'opérande A en ajoutant des faces supplémentaires à l'intérieur de la zone d'intersection de l'opérande B. Les faces coupées par cette intersection sont divisées en nouvelles faces. Par exemple, vous pouvez utiliser cette fonction pour affiner une boîte contenant du texte, de façon à pouvoir attribuer un ID matériau distinct à l'objet.

▸ **Fractionner** : l'option Fractionner fonctionne de la même façon que l'option Affiner, mais elle ajoute un deuxième ou un double ensemble de sommets et d'arêtes le long des limites où l'opérande B coupe l'opérande A. La fraction produit deux éléments appartenant au même maillage. Utilisez cette option pour rompre un objet en deux parties le long des limites d'un autre objet.

▸ **Supprimer intérieur** : supprime toutes les faces de l'opérande A situées à l'intérieur de l'opérande B. Cette option modifie et supprime les faces de l'opérande A à l'intérieur de la zone d'intersection avec l'opérande B. Elle fonctionne comme les options de soustraction, excepté que 3ds max n'ajoute aucune face de l'opérande B. Utilisez cette option pour supprimer des zones spécifiques de la géométrie.

▸ **Supprimer extérieur** : supprime toutes les faces de l'opérande A situées à l'extérieur de l'opérande B. Cette option modifie et supprime les faces de l'opérande A situées à l'extérieur de la zone d'intersection avec l'opérande B (fig. 2.67). Elle fonctionne comme l'option Intersection, excepté que 3ds max n'ajoute aucune face de l'opérande B. Utilisez cette option pour supprimer des zones spécifiques de la géométrie.

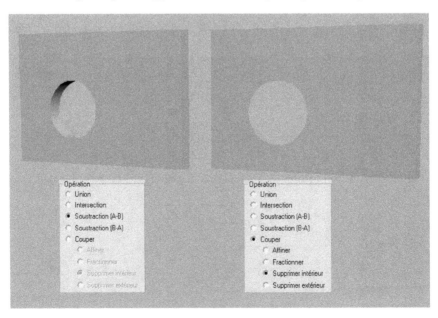

Fig.2.67

3.3. Comment créer et modifier un objet unique contenant plusieurs booléens ?

Supposons que vous souhaitiez créer une boîte contenant 2 trous. Un trou sera effectué à l'aide d'une sphère et le second à l'aide d'un cylindre. Si vous souhaitez apporter des modifications ultérieures à la sphère ou au cylindre, effectuez les opérations suivantes :

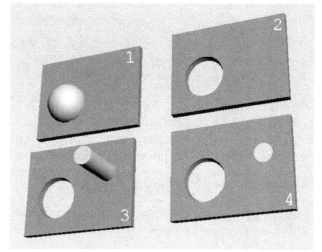

1. Créez un objet booléen (une boîte moins une sphère) en suivant la procédure décrite dans les sections précédentes. L'objet d'origine (la boîte) est converti en objet booléen et devient l'opérande A. Le second objet (la sphère) est également converti et devient l'opérande B.

2. Désélectionnez l'objet booléen. Créez le cylindre.

Fig.2.68

3. Sélectionnez l'objet booléen (la boîte moins la sphère) puis choisissez de nouveau **Booléen** dans **Objets composés**.

4. Cliquez sur **Choisir l'opérande B** puis sur le cylindre dans la fenêtre. L'objet est converti en opérande B (fig.2.68).

5. Dans le panneau **Modifier**, sélectionnez **Opérande B** dans la liste des opérandes du panneau déroulant **Paramètres**. Si vous souhaitez voir l'opérande B, choisissez **Opérandes** ou **Résultat + Opér. masqués** dans la zone **Affichage** du panneau déroulant **Afficher/ Mettre à jour** (fig.2.69).

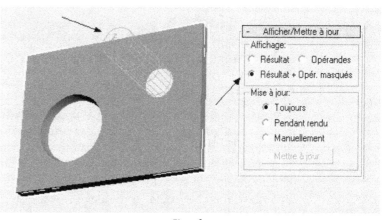

Fig.2.69

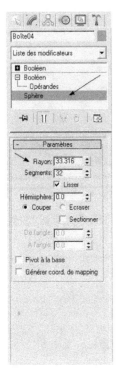

Fig.2.70

[6] Si vous souhaitez modifier les paramètres de la sphère, sélectionnez la boîte dans la liste des opérandes.

[7] Deux entrées sont désormais identifiées comme booléennes dans la pile. Choisissez la seconde entrée. La sphère apparaît dans la liste Opérandes.

[8] Sélectionnez **Sphère** dans la liste des opérandes. Les paramètres de la sphère sont accessibles en cliquant sur le nom de la sphère dans la pile des modificateurs.

[9] Modifier les paramètres, par exemple le rayon (fig.2.70 et 2.71).

[10] Vous pouvez également faire défiler les différents booléens dans la vue piste (voir chapitre 9). En cliquant sur l'opérande dans la vue piste, vous accédez directement à l'entrée de la pile des modificateurs. Pour les objets très complexes comportant plusieurs booléens, cette méthode est plus facile à utiliser que la précédente.

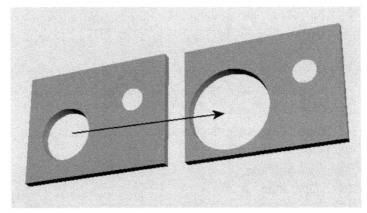

Fig.2.71

4. La modélisation par boîtes (boxmodelling)

4.1. Principe

La modélisation par boîtes, qui n'est pas un nom officiel dans 3ds max, est une technique de modélisation polygonale qui utilise des formes élémentaires (une boîte, une sphère, un cylindre...) en basse résolution et qui soumet ces dernières à toutes les options disponibles (extrusion, chamfrein...) des fonctions Maille Editable ou Polygone Editable. Le tout est de garder l'idée d'une structure ou cage polygonale sur laquelle on appliquera par la suite un Lissage maillage. Cette technique est parfois dénommée LPM pour Low Polygons Modeling. Elle convient parfaitement pour les jeux vidéos, et l'affichage en temps réel, car elle est très légère.

Maillage Editable ou Poly Editable

Si les deux techniques sont à première vue similaires, et souvent confondues au niveau terminologie, elles sont cependant distinctes. En premier lieu la géométrie polygonale ne limite plus l'utilisateur à la manipulation de faces triangulaires avec tous les problèmes que cela implique. Elle repose sur de vrais polygones dans la mesure où le nombre de sommets pouvant composer un polygone n'est pas limité à trois. En second lieu, elle offre une série d'avantages lors des modifications ultérieures comme **Couper** ou **Sectionner** (pas de création d'arêtes invisibles et donc de sommets supplémentaires), Subdiviser (opération plus simple), Lissage (résultat plus prévisible), etc. (fig.2.72-2.73).

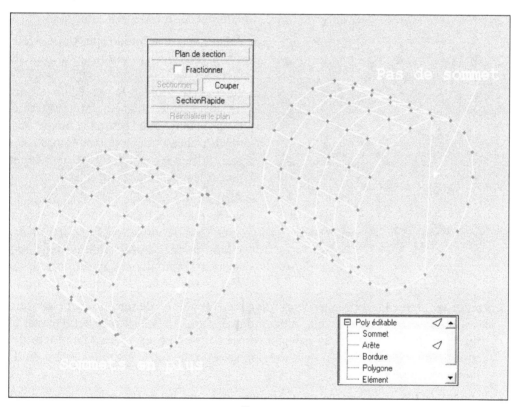

Fig.2.72

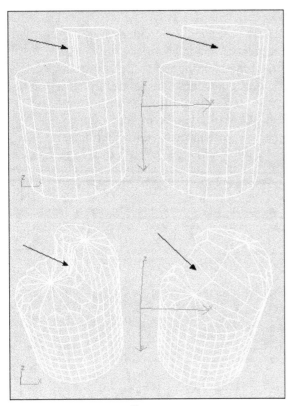

Fig.2.73

4.2. Les options d'édition

L'édition des Maillage Editable et des Poly Editable peut se faire à plusieurs niveaux en fonction du résultat recherché. Pour le maillage éditable on a les niveaux suivants :

▸ **Sommet** : active le mode sous-objet Sommet, qui permet de sélectionner un sommet au-dessous du curseur ; la sélection par région sélectionne tous les sommets à l'intérieur de la région.

▸ **Arête** : active le mode sous-objet Arête, qui permet de sélectionner une arête de face ou de polygone placée sous le curseur ; une sélection par région permet de sélectionner plusieurs arêtes à l'intérieur de la région. Lorsque le mode sous-objet Arête est activé, les arêtes masquées sont affichées sous forme de lignes pointillées, facilitant leur sélection.

▸ **Face** : active le mode sous-objet Face, qui permet de sélectionner une face triangulaire sous le curseur ; la sélection par région permet de sélectionner plusieurs faces triangulaires à l'intérieur de la région.

▸ **Polygone** : active le mode sous-objet Polygone, qui permet de sélectionner toutes les faces coplanaires (définies par la valeur indiquée dans la double flèche Seuil planaire) sous le curseur. En général, le polygone est la zone que vous voyez à l'intérieur des arêtes filaires visibles. Sélection par région sélectionne plusieurs polygones à l'intérieur de la région.

▸ **Elément** : active le mode sous-objet Elément, qui vous permet de sélectionner toutes les faces adjacentes d'un objet. Une sélection par région permet de sélectionner plusieurs éléments.

Pour le Poly. Editable les niveaux suivants sont proches des niveaux précédents :

▸ **Sommet** : active le mode sous-objet Sommet, qui permet de sélectionner un sommet au-dessous du curseur ; la sélection par région sélectionne tous les sommets à l'intérieur de la région.

- **Arête** : active le mode sous-objet Arête, qui permet de sélectionner une arête de polygone placée sous le curseur ; une sélection par région permet de sélectionner plusieurs arêtes à l'intérieur de la région. Lorsque le mode sous-objet Arête est activé, les arêtes masquées sont affichées sous forme de lignes pointillées, facilitant leur sélection.

- **Bordure** : active le mode sous-objet Bordure qui permet de sélectionner une zone du maillage généralement décrite en tant que *trou*. Il s'agit en général de suites d'arêtes comportant des faces d'un seul côté. Par exemple, une boîte n'a pas de bordure, mais l'objet théière en comporte plusieurs : une bordure sur le couvercle, le corps, le bec verseur et deux sur la poignée. Si vous créez un cylindre puis supprimez la face supérieure, la rangée d'arêtes supérieures forme une bordure.

  Lorsque le mode sous-objet Bordure est activé, il n'est pas possible de sélectionner les arêtes ne figurant pas sur des bordures. Lorsque vous cliquez sur une arête sur la bordure, la totalité de la bordure est sélectionnée.

  Les bordures peuvent être affectées d'un couvercle (soit en poly éditable soit en appliquant le modificateur Couvercle trous). Elles peuvent également être connectées à un autre objet (connexion d'objets composés).

- **Polygone** : active le niveau sous-objet Polygone, qui permet de sélectionner tous les polygones coplanaires situés sous le curseur. Sélection par région sélectionne plusieurs polygones à l'intérieur de la région.

- **Elément** : active le niveau sous-objet Elément, qui vous permet de sélectionner tous les polygones adjacents d'un objet. La sélection par région permet de sélectionner plusieurs éléments.

Pour modifier l'objet au niveau sous-objet, vous devez d'abord sélectionner l'objet, puis à l'aide d'un clic droit afficher le menu Quadr. Dans la partie inférieure du menu, sélectionnez **Convertir en** puis au choix **Convertir en maillage éditable** ou **Convertir en polygone éditable** (fig.2.74). Dans la pile des modificateurs, activez le + situé devant Maillage éditable, ce qui donne accès aux différents sous-objets (fig.2.75). Cochez le champ **Ignorer les faces cachées** pour éviter de sélectionner par erreur des sous-objets d'une autre face.

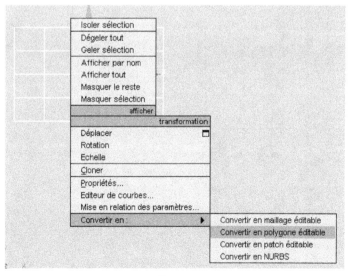

Fig.2.74

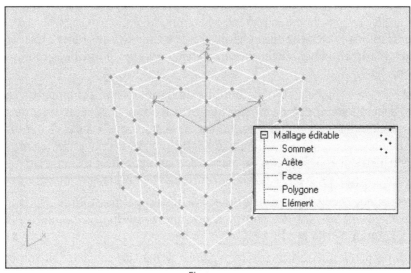

Fig.2.75

De nombreuses possibilités s'offrent dès à présent à vous. En voici quelques exemples (fig.2.76 à 2.79) :

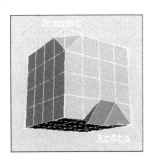

Chanfrein d'un sommet et d'une arête : pour créer de nouvelles faces.

Fig.2.76

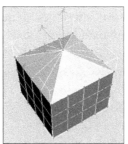
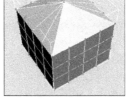

Rétracter des sommets : pour souder des sommets entre eux.

Fig.2.77

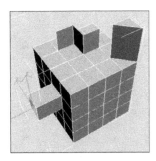

Extruder des faces et des polygones : pour créer de nouvelles faces et rajouter du volume.

Fig.2.78

Extrusion + Biseau : pour redimensionner les faces.

Fig.2.79

En appliquant les options Extrusion et/ou Biseau à des polygones successifs on arrive rapidement à des formes diverses (fig.2.80) qu'il suffit de lisser par la suite à l'aide du modificateur **Liss. maillage** (fig.2.81) pour arriver au résultat souhaité.

Le modificateur Liss. maillage, lisse les formes géométriques de votre scène en ajoutant des faces aux coins et le long des arêtes. Son effet est d'arrondir les coins et les arêtes comme s'ils avaient été limés ou conçus pour être lisses. Lorsque vous appliquez ce modificateur, une face supplémentaire est ajoutée pour chaque sommet et arête.

Le modificateur Liss. maillage produit un effet plus spectaculaire sur les angles aigus et est moins visible sur les surfaces arrondies. Utilisez-le donc de préférence sur les boîtes et les géométries à angles aigus. Evitez de l'utiliser sur les sphères ou les objets similaires.

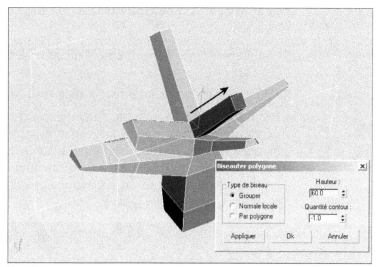

Fig.2.80

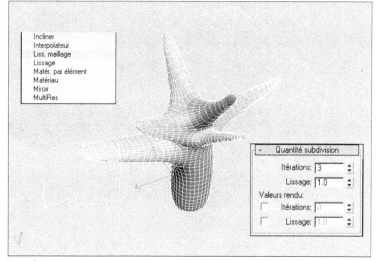

Fig.2.81

Pour appliquer le modificateur Liss. maillage à un objet (fig.2.82) :

1. Sélectionnez un objet anguleux.

2. Appliquez le modificateur **Liss. Maillage**, en le sélectionnant dans la liste des modificateurs.

3. Définissez les paramètres du modificateur Liss. Maillage :

▸ **Itérations** : définit le nombre d'itérations à utiliser pour lisser le maillage. Chaque itération génère de nouvelles faces en utilisant les sommets créés à partir de l'itération précédente. La valeur du champ peut varier de 0 à 10. Le nombre d'itérations par défaut est égal à 0. Il vous permet de modifier tout réglage ou paramètre, tel que le type de lissage maillage ou les options de mise à jour, avant que l'application ne commence à exécuter le lissage.

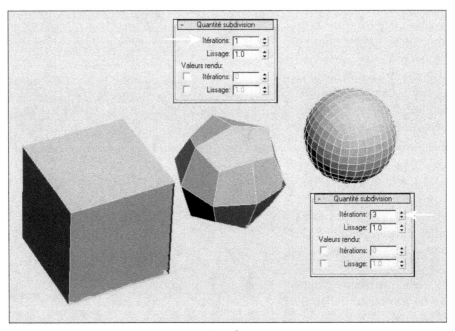

Fig.2.82

REMARQUE

Faites attention lorsque vous augmentez le nombre d'itérations. Le nombre de sommets et de faces d'un objet (et donc le temps de calcul) peut augmenter jusqu'à quatre fois pour chaque itération.

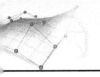

▶ **Lissage** : détermine le degré d'aspérité nécessaire d'un angle avant que des faces ne lui soient ajoutées en vue de le lisser. L'aspérité est calculée comme étant l'angle moyen de toutes les arêtes reliées à un sommet. Une valeur de 0.0 empêche la création de certaines faces. Une valeur de 1.0 ajoute des faces à tous les sommets, même s'ils sont sur un plan.

Pour appliquer le modificateur Liss. maillage à des sous-objets (fig.2.83) :

① En mode sous-objet, sélectionnez un groupe de sommets ou de faces.

② Appliquez le modificateur **Liss. maillage**.

③ Dans le panneau déroulant **Méthode de subdivision**, désactivez l'option **Appliquer à tout le maillage**. Le modificateur Liss. maillage n'affecte alors que la sélection de sous-objets.

④ Définissez les paramètres du modificateur Liss. maillage.

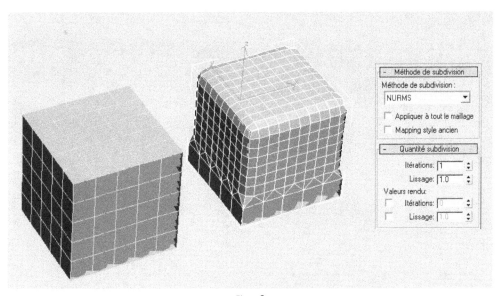

Fig.2.83

Ces différentes options peuvent être utilisées pour modéliser sommairement une main à partir d'une boîte par exemple.

La procédure est la suivante :

① Créez une boîte avec 4 segments en longueur et largeur (fig.2.84).

② Convertissez la boîte en polygone éditable.

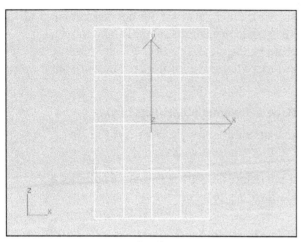

Fig.2.84

3. Sélectionnez le mode sous-objets Sommet et déplacez les sommets en haut et en bas à droite pour orienter les futurs doigts (fig.2.85).

4. Sélectionnez le polygone situé à droite pour créer le pouce (fig.2.86).

5. Dans la section **Editer polygone**, cliquez sur **Extruder** pour effectuer une extrusion droite puis sur **Biseau** pour effectuer une extrusion avec effilement (fig.2.87).

6. Faites de même avec les autres polygones d'extrémités (fig.2.88).

7. Ajustez les propositions de la main à l'aide des sommets (fig.2.89).

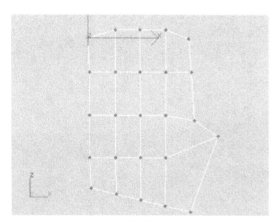

Fig.2.85

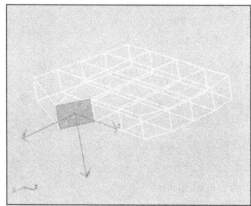

Fig.2.86

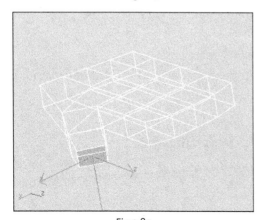

Fig.2.87

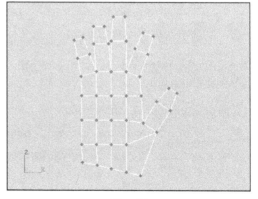

Fig.2.88

8 Pour lisser l'ensemble, sélectionnez **Liss.maillage** dans la liste des modificateurs et entrez le paramètre 1 ou 2 dans le champ **Itérations**. Une première ébauche de la main est ainsi obtenue (fig.2.90).

5. Le module ProBoolean

5.1. Principe

Ce module livré avec le programme de souscription permet d'effectuer des opérations booléennes de meilleure qualité et plus rapidement. En effet, malgré la puissance de l'outil, les opérations booléennes pouvaient parfois produire des résultats pas toujours très propres (fig.2.91). Il est également possible de subdiviser la géométrie créée sans problème particulier (fig.2.92).

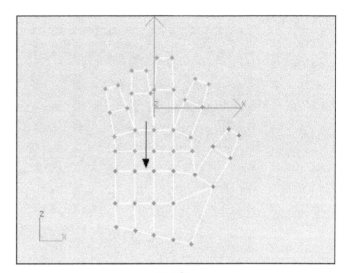

Fig.2.89

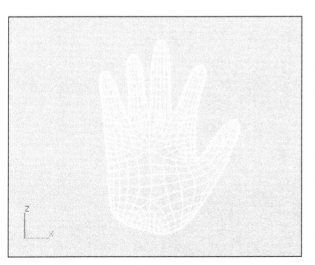

Fig.2.90

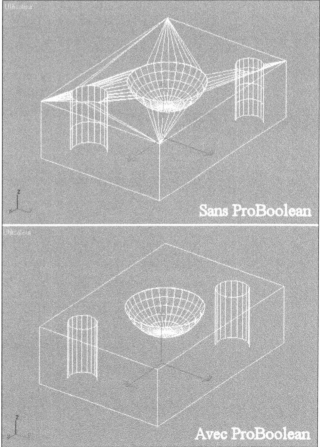

Fig.2.91

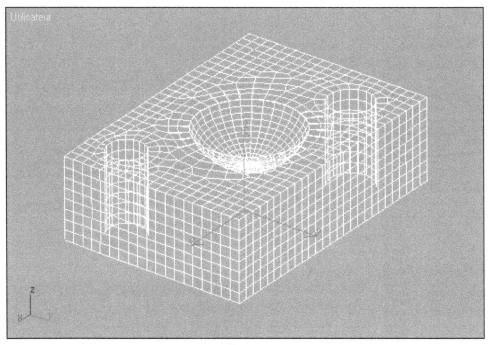

Fig.2.92

Pour effectuer une opération booléenne la procédure est la suivante :

▸ Créez une boîte et une sphère avec des matériaux colorés différents (fig.2.93).

1. Dans le panneau **Créer**, cliquez sur **Géométrie** puis dans la liste déroulante sélectionnez **Compound Objets**.

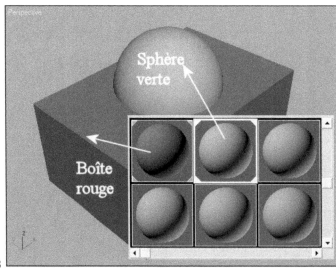

Fig.2.93

Fig.2.94

2️⃣ Sélectionnez la boîte et cliquez sur **ProBoolean**.

3️⃣ Dans la section **Operation**, activez **Subtraction** (fig.2.94).

4️⃣ Dans la section **Apply Material**, vous pouvez spécifier si le matériau du résultat est celui de l'opérande (la sphère) ou celui de l'objet d'origine (la boîte).

5️⃣ Dans la section **Pick Boolean**, cliquez sur **Start Picking** et sélectionnez la sphère.

6️⃣ La boîte est creusée par la sphère et la couleur du creux est celle de la sphère (vert) (fig.2.95).

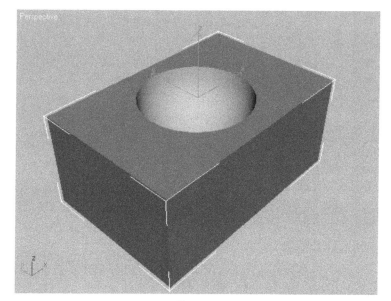

Fig.2.95

Pour changer le type d'opération booléenne, la procédure est la suivante :

1️⃣ Dans la liste des opérandes sélectionnez l'objet souhaité, par exemple la sphère.

2️⃣ Dans la liste des opérations sélectionnez le type, par exemple **Union**.

3️⃣ Cliquez sur le bouton **Change Operation** (fig.2.96-2.97). Le résultat s'affiche dans la vue.

4️⃣ Pour changer l'ordre des opérandes, sélectionnez l'opérande souhaitée (par exemple la sphère), et dans le champ situé à coté de **Reorder Ops.**, modifiez le numéro (exemple 0). Cliquez sur le bouton **Reorder Ops** (fig.2.98).

5️⃣ Vous pouvez ensuite effectuer d'autres opérations sur la nouvelle hiérarchie des opérandes.

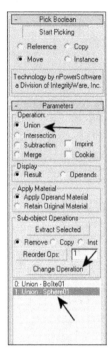

Fig.2.96

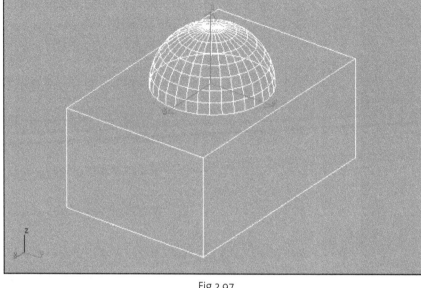

Fig.2.97

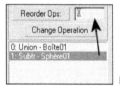

Fig.2.98

5.2. Les options

Outre les opérations booléennes de base, l'outil ProBoolean comprend une série d'options complémentaires :

Section Operation

▸ **Union, Intersection, Subtraction** : opérations booléennes classiques.

▸ **Merge** : permet de conserver la géométrie complète des opérandes. Les objets sont ainsi fusionnés. Par exemple la boîte et la sphère (fig.2.99).

▸ **Imprint** : les opérandes impriment des segments de leur périmètre sur l'objet de base. Dans le cas de la sphère, elle imprime un cercle sur la boîte (fig.2.100).

▸ **Cookie** : les opérandes coupent l'objet de base au lieu de le « creuser » (fig.2.101). Par exemple, la sphère coupe la boîte au lieu de la creuser.

Section Display

▸ **Result** : affiche le résultat de l'opération booléenne.

▸ **Operands** : affiche les opérandes au lieu du résultat de l'opération booléenne.

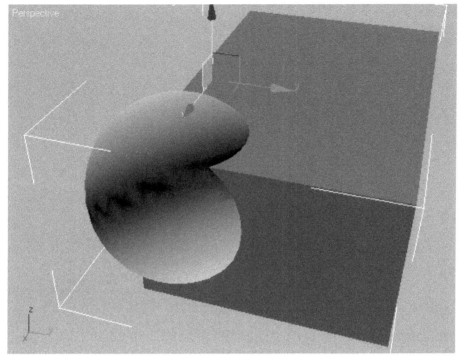

Fig.2.99

Sub-object operations

- **Extract Selected** : extrait une copie ou une instance de l'opérande sélectionnée.
- **Remove** : permet d'annuler une opération booléenne en supprimant une opérande de la liste.

Update

- **Always** : les objets booléens sont mis à jour immédiatement après toute modification d'une opérande.
- **Manually** : les objets booléens ne sont mis à jour que si l'on clique sur Update.

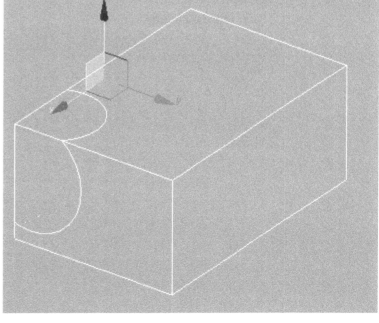

Fig.2.100

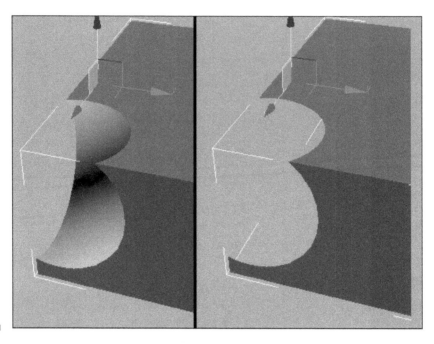

Fig.2.101

▸ **When Selected** : les objets booléens ne sont mis à jour que si on les sélectionne.

▸ **When Rendering** : les objets booléens ne sont mis à jour que lors du rendu de la scène.

Quadrilateral Tesselation

▸ **Make Quadrilaterals** : permet de subdiviser le résultat de l'opération booléenne.

▸ **Quad Size %** : permet de définir la taille de la subdivision en pour-cent (fig.2.102).

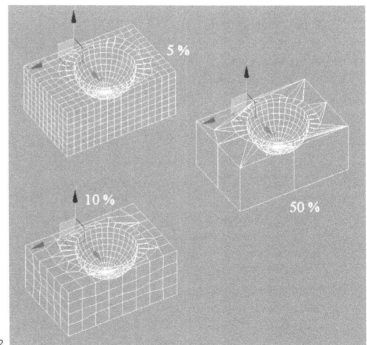

Fig.2.102

CHAPITRE 3
LA MODÉLISATION
À PARTIR DE FORMES

1. Introduction aux formes (shapes)

Les formes (shapes en anglais) sont des lignes et groupes de lignes 2D et 3D que vous utilisez généralement pour composer d'autres objets. La plupart des formes par défaut sont composées de splines. Ces formes vous permettent de :

▸ Générer des surfaces 3D planaires et fines ;

▸ Définir des composants d'extrusion comme les chemins, les formes et les courbes d'ajustement ;

▸ Générer des surfaces de révolution ;

▸ Générer des extrusions ;

▸ Définir des chemins d'animation.

3ds max propose 11 objets splines (Ligne, Rectangle, Cercle, Ellipse, Arc, Anneau, Polygone, Etoile, Texte, Hélicoïdal, Section) et 2 types de courbes NURBS (fig.3.1). Vous pouvez les créer rapidement à l'aide de la souris ou du clavier et les combiner pour constituer des formes composées.

Une forme peut être constituée d'une seule ou de plusieurs splines (dans ce dernier cas, on parle de formes composées). Vous pouvez contrôler le nombre de splines d'une forme à l'aide du bouton Nouvelle forme et de la case à cocher correspondante dans le panneau déroulant **Type d'objet**. La case à cocher, en regard de Nouvelle forme, détermine la création de nouvelles formes. Lorsqu'elle est cochée, le programme crée un nouvel objet forme pour chaque spline que vous créez. Lorsqu'elle n'est pas cochée, le programme ajoute les splines à la forme courante jusqu'à ce que vous cliquiez sur le bouton **Nouvelle forme** (fig.3.2).

Fig.3.1

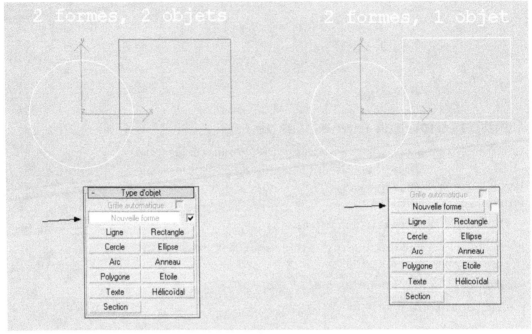

Fig.3.2

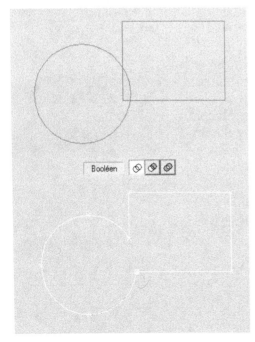

Fig.3.3

Il est possible de réaliser une opération booléenne sur des formes. Pour cela vous devez désactiver la case à cocher Nouvelle forme avant de créer les différentes formes car ces dernières doivent être regroupées en un seul objet (fig.3.3).

2. Les paramètres communs aux formes

Lors de la sélection d'une forme (une ligne, un rectangle, un cercle, etc), une série de panneaux déroulants permettent de définir les propriétés de la forme à dessiner.

2.1. Le panneau déroulant Rendu

Cette zone vous permet d'appliquer et de désactiver le rendu de la spline, d'indiquer son épaisseur dans la scène et d'appliquer des coordonnées de mapping. Les paramètres de rendu peuvent être animés. Par exemple, vous pouvez animer le nombre de côtés.

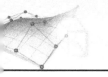

Vous pouvez effectuer directement le rendu d'une forme sans devoir l'extruder au préalable pour lui donner du volume. Trois étapes sont nécessaires pour effectuer le rendu (fig.3.4) :

1. Cochez la case **Rendu** du panneau déroulant **Rendu** dans les paramètres de création relatifs à la forme.

2. Spécifiez l'épaisseur de la spline dans le champ **Epaisseur** du panneau déroulant **Rendu**.

3. Cochez la case **Générer coord. map.** si vous souhaitez appliquer un matériau à la spline (fig.3.5).

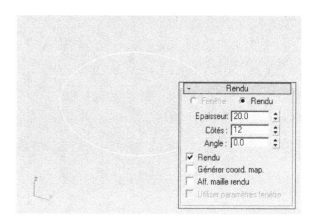

Fig.3.4

Les autres paramètres sont les suivants (fig.3.6) :

- **Côtés** : indique le nombre de côtés du maillage de la spline dans les fenêtres à l'écran ou dans l'outil de rendu. Par exemple, une valeur de 4 permet d'obtenir une section croisée carrée.

- **Angle** : ajuste le point de rotation de la section croisée dans les fenêtres ou dans le rendu. Par exemple, lorsque vous travaillez sur une section croisée carrée, utilisez Angle pour placer un côté « plat » en bas.

- **Aff. maille rendu** : affiche le maillage généré par la spline dans les fenêtres écran.

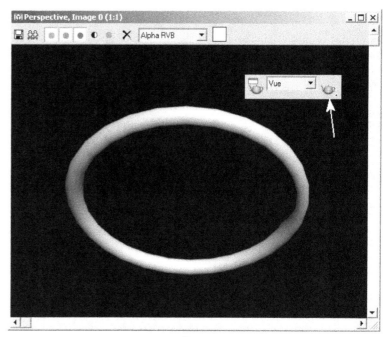

Fig.3.5

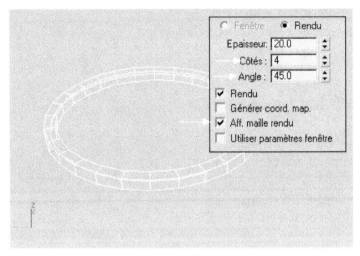

Fig.3.6

2.2. Le panneau déroulant Interpolation

Ces paramètres contrôlent la génération de spline. Toutes les splines sont composées d'infimes segments de droite approchant le plus possible de la courbe réelle. Le nombre de divisions entre chaque sommet de la spline est appelé pas. Plus ce nombre est élevé, plus la courbe semble lisse. Les paramètres sont les suivants (fig.3.7) :

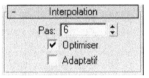

Fig.3.7

- ▶ **Pas** : le pas d'une spline peut être adaptatif (c'est-à-dire défini automatiquement lorsque l'option correspondante est activée) ou spécifié manuellement. Lorsque l'option adaptatif est désactivée, utilisez la double flèche du champ pas pour définir le nombre de segments que 3ds max utilise entre les sommets. Les valeurs doivent être comprises entre 0 et 100. Les splines à forte courbure nécessitent de nombreux segments pour paraître lisses tandis que les courbes moins incurvées requièrent moins de pas (fig.3.8 et 3.9).

- ▶ **Optimiser** : lorsque l'option est cochée, elle supprime les pas inutiles dans les segments rectilignes de la spline. L'option optimiser n'est pas disponible lorsque la case adaptatif est activée Cette option est activée par défaut.

- ▶ **Adaptatif** : lorsque cette option est désactivée, l'interpolation peut être contrôlée manuellement par l'intermédiaire des options optimiser et pas. Cette option est désactivée par défaut. Lorsqu'elle est activée, l'option adaptatif définit automatiquement le nombre de pas de manière à obtenir une courbe lisse. Les segments droits ne comportent pas de pas.

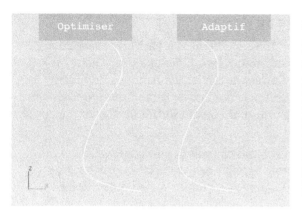

Fig.3.8

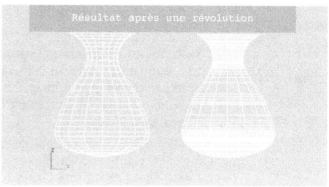

Fig.3.9

2.3. Le panneau déroulant Méthode de création

La plupart des formes utilisent le panneau déroulant **Méthodes de création**. Sur ce panneau, vous pouvez par exemple choisir de définir, en fonction des types de forme, les splines par leur centre ou leur diagonale :

- **Arête** : le premier clic avec la souris définit un point sur le côté ou un coin de la forme. Ensuite, en faisant glisser la souris, vous obtenez un diamètre ou un coin de la diagonale.

- **Centre** : le premier clic avec la souris définit le centre de la forme. Ensuite, si vous faites glisser la souris, vous obtenez un rayon ou un coin (fig.3.10).

Les formes **Texte** et **Etoile** ne disposent pas du panneau déroulant Méthode de création.

Les formes **Ligne** et **Arc** disposent chacun d'un panneau déroulant Méthode de création spécifique décrit dans leurs rubriques respectives.

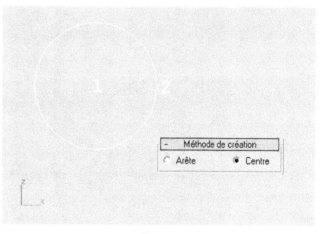

Fig.3.10

Fig.3.11

2.4. Le panneau déroulant Entrée au clavier

La plupart des splines peuvent être définies entièrement à partir du clavier. Le processus est généralement le même pour toutes les splines et les paramètres se trouvent dans le panneau déroulant **Entrée au clavier.** Le panneau déroulant **Entrée au clavier** varie principalement selon le nombre de paramètres proposés. La figure 3.11 illustre un exemple de panneau déroulant **Entrée au clavier** pour la création d'un cercle.

Le panneau déroulant **Entrée au clavier** comprend trois champs de coordonnées **X**, **Y** et **Z** qui définissent le point de départ, plus un nombre variable de paramètres permettant de créer la forme. Entrez des valeurs dans chaque champ, puis cliquez sur le bouton **Créer**.

2.5. L'accès aux commandes

Vous pouvez accéder aux Formes selon deux procédures (fig.3.12) :

▸ Panneau Créer › Formes › Splines › Panneau déroulant Type d'objet › Ligne, Rectangle...

▸ Menu Créer › Formes › Ligne, Rectangle...

La première méthode sera utilisée dans la suite de ce chapitre.

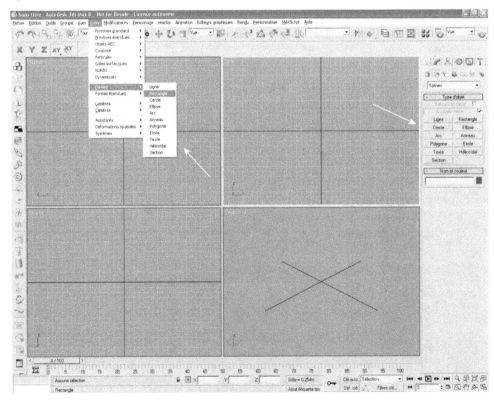

Fig.3.12

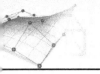

3. La création d'une forme Ligne

3.1. Principe

La ligne est la forme la plus couramment utilisée. Elle peut en effet servir pour la création d'une forme de base libre, du chemin d'extrusion, des chemins pour l'animation, etc. Il s'agit d'une Spline composée de plusieurs segments modifiables par la suite à l'aide du modificateur **Editer spline**.

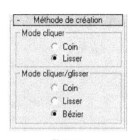

Fig.3.13

Plusieurs méthodes de création sont disponibles pour les lignes qui diffèrent de celles des autres splines. Vous pouvez créer une ligne selon deux modes (fig.3.13) :

▸ **Mode cliquer** : il définit le type de sommet que vous obtenez en cliquant sur son emplacement.

▸ **Mode cliquer/glisser** : il définit le type de sommet obtenu lorsque vous faites glisser la souris. Le sommet est placé à l'emplacement où vous cliquez la première fois avec le bouton de la souris.

Pour le mode cliquer, les options sont les suivantes (fig.3.14) :

▸ **Coin** : génère un point anguleux. La spline est linéaire de chaque côté du sommet.

▸ **Lisser** : génère une courbe lisse non ajustable traversant le sommet. Le degré de courbure est défini par l'espacement des sommets.

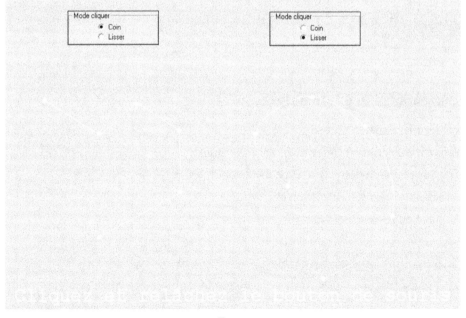

Fig.3.14

Pour le mode cliquer/glisser, les options sont les suivantes (fig.3.15) :

▸ **Coin** : génère un point anguleux. La spline est linéaire de chaque côté du sommet.

▸ **Lisser** : génère une courbe lisse non ajustable traversant le sommet. Le degré de courbure est défini par l'espacement des sommets.

▸ **Bézier** : génère une courbe lisse et ajustable traversant le sommet. Le degré de courbure et sa direction sont définis en faisant glisser la souris sur chaque sommet.

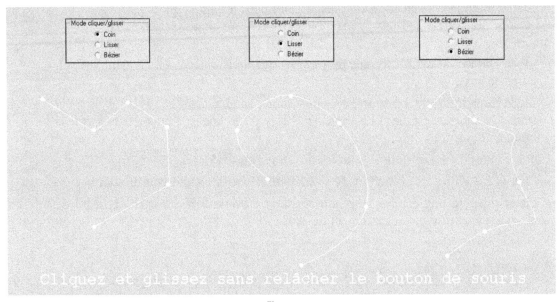

Fig.3.15

3.2 La création d'une forme Ligne

Pour créer une ligne, la procédure est la suivante :

☐1 A partir du panneau **Créer**, cliquez sur **Formes**.

☐2 Dans le panneau déroulant **Type d'objet**, cliquez sur le bouton **Ligne**.

☐3 Choisissez une méthode de création.

☐4 Cliquez ou faites glisser le point de départ.

☐5 Cliquez ou faites glisser de nouveau pour créer des points supplémentaires.

☐6 Effectuez une des étapes suivantes :

▸ Cliquez avec le bouton droit de la souris pour créer une spline ouverte.

▸ Cliquez à nouveau sur le premier sommet de la ligne et choisissez Oui dans la boîte de dialogue **Fermer spline ?** pour créer une spline fermée.

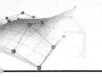

Pour créer une ligne à l'aide des options rectilignes et accrochage à l'angle, la procédure est la suivante :

Pour créer des droites rectilignes : lors de la création d'une spline à l'aide de la souris, maintenez la touche MAJ enfoncée pour imposer un pas angulaire de 90° entre les différents points (fig.3.16). Utilisez le paramètre **Mode cliquer** par défaut pour coin et cliquez pour créer les points suivants d'une forme parfaitement rectiligne.

Pour créer des droites selon un pas angulaire : lors de la création d'une spline à l'aide de la souris, maintenez la touche CTRL enfoncée pour forcer l'insertion des nouveaux points selon le pas angulaire déterminé par le

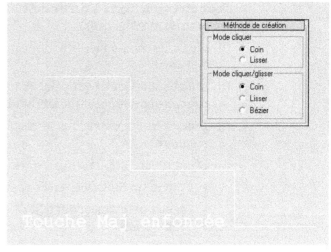

Fig.3.16

paramètre courant Accrochage à l'angle. Pour définir cet angle, effectuez un clic droit sur le bouton Bascule accrochage à l'angle et entrez une valeur dans le champ angle (degrés).

L'angle de chaque nouveau segment étant en relation avec le segment précédent, l'option **Accrochage à l'angle** ne fonctionne que lorsque vous avez placé les deux premiers sommets de la spline. Par ailleurs, cette caractéristique fonctionne sans qu'il soit nécessaire d'activer l'option **Accrochage à l'angle** (fig.3.17).

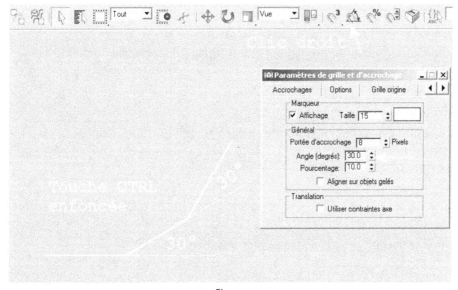

Fig.3.17

Pour créer une ligne à partir du clavier, la procédure est la suivante (fig.3.18) :

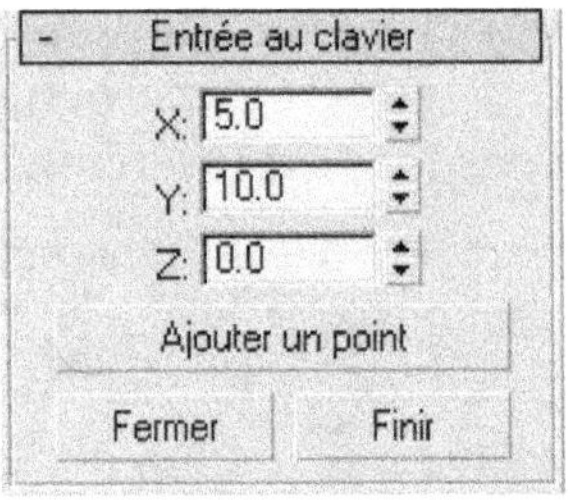

1. Entrez les coordonnées du sommet dans les champs X, Y et Z.

2. Cliquez sur **Ajouter un point** pour ajouter à la ligne courante un sommet avec les coordonnées indiquées.

3. Répétez les étapes 1 et 2 pour chaque sommet supplémentaire.

4. Effectuez une des étapes suivantes :

   ▸ Cliquez sur **Finir** pour créer une spline ouverte.

   ▸ Cliquez sur **Fermer** pour relier le sommet courant au premier sommet et créer une spline fermée.

Fig.3.18

4. La création de formes géométriques

Les autres formes sont des objets paramétriques dont l'emplacement des sommets sont fixés. A deux exceptions près (arcs et textes), vous créez les formes en les définissant soit par leur rayon, soit par un rectangle. Chaque forme a cependant quelques particularités décrites ci-après :

Le cercle

Le cercle est créé en indiquant la valeur du rayon.

Le cercle est toujours défini par quatre sommets (fig.3.19).

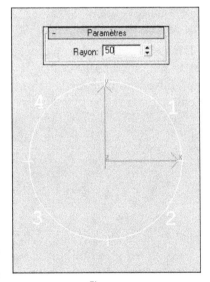

Fig.3.19

Le polygone

Le polygone est créé en indiquant la valeur intérieure (option **Limité**) ou extérieure (option **Marqué**) du rayon et en spécifiant le nombre de côtés.

Le polygone permet aussi de créer un cercle avec plus de quatre sommets, en cochant l'option circulaire.

L'option **Rayon coin**, permet d'arrondir les sommets (fig.3.20).

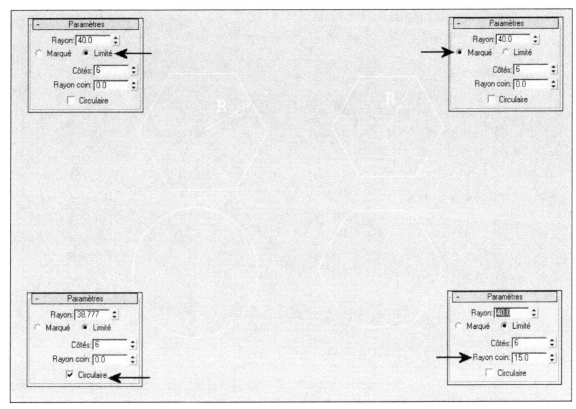

Fig.3.20

Le rectangle

Le rectangle est créé en tirant une diagonale définissant les paramètres **Longueur** et **Largeur**.

En enfonçant la touche CTRL pendant le tracé, on obtient un carré.

L'option **Rayon coin**, permet d'arrondir les coins (fig.3.21).

L'ellipse

L'ellipse est créée en tirant une diagonale définissant les paramètres **Longueur** et **Largeur**.

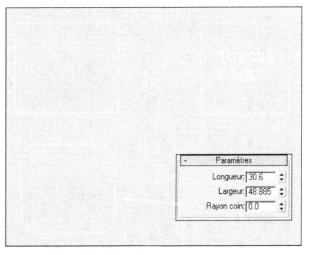

Fig.3.21

En enfonçant la touche CTRL pendant le tracé, on obtient un cercle (fig.3.22).

L'anneau

L'anneau est créé en pointant le centre et en tirant le premier rayon puis en cliquant pour définir le second rayon (fig.3.23).

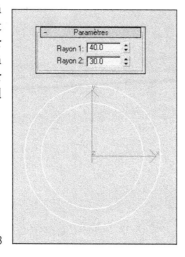

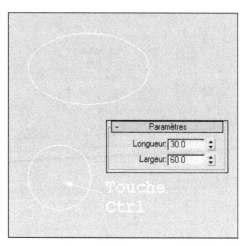

Fig.3.22

Fig.3.23

L'étoile

L'étoile est créée en pointant le centre et en tirant le premier rayon puis en cliquant pour définir le second rayon. Deux autres paramètres fixent le nombre de branches et la quantité de distorsion.

Les options **Rayon de raccord** permettent d'arrondir les coins (fig.3.24).

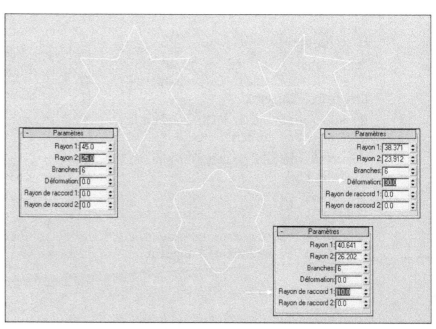

Fig.3.24

5. La création de formes hélicoïdales

La fonction Hélicoïdal permet de créer des spirales plates ouvertes ou en 3D. Pour créer une spirale, la procédure est la suivante :

1. A partir du panneau **Créer**, cliquez sur **Formes**.
2. Cliquez sur **Hélicoïdal**.
3. Choisissez une méthode de création.
4. Appuyez sur le bouton de la souris pour définir le premier point du cercle de départ de la spirale.
5. Faites glisser la souris puis relâchez le bouton pour définir le second point du cercle de départ de la spirale.
6. Déplacez la souris puis cliquez pour définir la hauteur de la spirale.
7. Déplacez la souris et cliquez pour définir le rayon de l'extrémité de la spirale.

Les paramètres sont les suivants :

▶ **Rayon 1** : définit le rayon du point de départ de la spirale.
▶ **Rayon 2** : définit le rayon du point d'arrivée de la spirale.
▶ **Hauteur** : définit la hauteur de la spirale.
▶ **Tours** : définit le nombre de tours de la spirale entre son point de départ et son point d'arrivée.
▶ **Altération** : permet d'accumuler les tours à une extrémité de la spirale. L'effet de cette option est indécelable lorsque la hauteur est nulle.

  ■ Une altération négative (exemple : -0.2) déplace les tours vers le point de départ de la spirale (fig.3.25).
  ■ Une altération de 0.0 répartit les tours de manière égale entre les deux extrémités (fig.3.26).

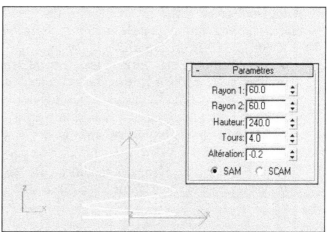

Fig.3.25

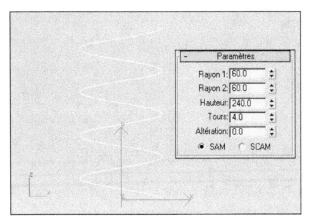

Fig.3.26

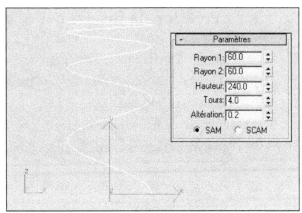

Fig.3.27

- Une altération positive (exemple : +0.2) déplace les tours vers le point d'arrivée de la spirale (fig.3.27).

▸ **SAM/SCAM** : boutons de direction indiquant si la spirale tourne dans le sens des aiguilles d'une montre (SAM) ou dans le sens contraire des aiguilles d'une montre (SCAM).

6. La création de textes

La forme texte permet de créer des splines sous forme de texte. Le texte peut utiliser toute police installée sous Windows ou une police PostScript Type 1 installée dans le dossier désigné par le chemin polices de la boîte de dialogue Configurer chemins du menu Personnaliser.

Dans les formes texte, le texte reste un paramètre modifiable. Vous pouvez donc le modifier à tout moment. Si la police utilisée est supprimée du système, 3ds max continue d'afficher la forme texte correctement. Cependant, pour modifier le texte dans la zone d'édition de texte, vous devez choisir une police disponible.

Le texte créé dans une scène est une forme dans laquelle chaque lettre, voire des parties de lettre, sont des splines distinctes. Comme avec les autres formes, vous pouvez appliquer aux formes texte des modificateurs tels que Extruder, Courber et Editer spline (fig.3.28).

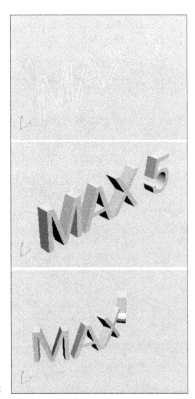

Fig.3.28

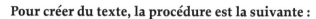
Pour créer du texte, la procédure est la suivante :

1. A partir du panneau **Créer**, cliquez sur **Formes**.

2. Cliquez sur **Texte**.

3. Entrez le texte dans la zone **Texte**. Exemple : MAX 5

4. Effectuez l'une des opérations suivantes pour définir le point d'insertion :

   ▸ Cliquez dans une fenêtre pour placer le texte dans la scène.

   ▸ Faites glisser le texte à l'emplacement voulu et relâchez le bouton de la souris.

5. Modifiez éventuellement les paramètres suivants :

   ▸ **Crénage** : ajuste la distance entre les lettres (l'interlettrage).

   ▸ **Interligne** : ajuste la distance entre les lignes. Ceci prend effet uniquement lorsque la forme se compose de plusieurs lignes de texte.

7. La création de splines prolongées

Les splines prolongées sont des splines paramétriques à contour fermé ayant des formes particulières (rectangle fermé, angle, té, bride, canal) (fig.3.29). Pour les dessiner vous devez commencer par faire glisser la souris sur l'écran pour définir la largeur et la hauteur, puis déplacer la souris pour indiquer l'épaisseur. La procédure de création est la suivante :

1. Dans le Panneau **Créer** cliquez sur **Formes**.

2. Dans la liste déroulante sélectionnez **Splines prolongées**.

3. Sélectionnez le type souhaité dans le Panneau déroulant **Type d'objet**. Par exemple **Té**.

4. Glissez le curseur sur l'écran pour définir les dimensions approximatives et déplacez le curseur pour définir l'épaisseur.

Fig.3.29

5. Modifiez les dimensions dans la section **Paramètres**. Pour l'exemple du Té : Longueur, Largeur, Epaisseur, Rayon coin.

6. Il est aussi possible d'effectuer le rendu d'une forme 2D sans la transformer en objet 3D. Il suffit pour cela d'activez l'option **Activer dans le rendu** dans la section **Rendu**, puis de spécifier l'épaisseur de la spline dans le champ **Epaisseur** (fig.3.30).

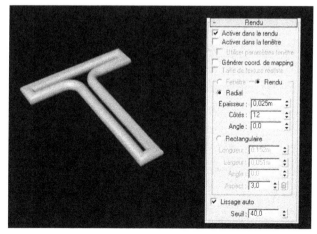

Fig.3.30

8. L'édition des splines

8.1. Principe

L'édition de splines est importante pour arriver au résultat souhaité d'une forme avant le passage en 3D. La modification d'une courbe ou la combinaison de formes à l'aide d'opérations booléennes sont des opérations aisées à l'aide de l'édition de splines. Deux méthodes sont disponibles pour éditer les splines : la conversion d'une spline en Spline éditable et l'utilisation du modificateur Editer spline. Elles permettent toutes les deux de modifier les sous-objets suivants : **Sommet**, **Segment** et **Spline** (fig.3.31).

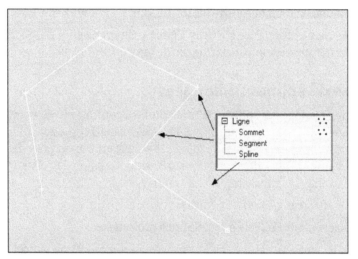

Fig.3.31

Quelques différences entre les deux méthodes sont néanmoins importantes à souligner :

▶ Les paramètres de création de base (par exemple : rayon, nombre de côtés, etc.) ne sont plus accessibles et ne peuvent plus être animés dans la spline éditable.

▶ Une modélisation explicite au niveau de l'objet Spline éditable, lorsqu'elle est possible, s'avère nettement plus fiable et efficace que l'enregistrement des modifications dans le modificateur Editer spline. Le modificateur Editer spline est obligé de copier la géométrie qui lui est transmise et le stockage de cette géométrie peut nécessiter des fichiers volumineux.

▶ Dans certaines situations, cependant, l'utilisation du modificateur Editer spline est préférable. Vous voulez par exemple éditer une forme paramétrique en tant que spline, tout en conservant la possibilité de changer ses paramètres de création après la modification. Vous voulez enregistrer provisoirement vos modifications dans Editer spline jusqu'à ce que vous soyez satisfait des résultats, avant de les enregistrer définitivement dans un objet spline éditable.

Pour convertir une forme en spline éditable, sélectionnez d'abord la forme, puis cliquez avec le bouton droit de la souris, puis choisissez dans le menu Quad qui s'affiche, **Convertir en : Spline éditable** (fig.3.32).

Pour modifier une forme à l'aide du modificateur Editer spline, sélectionnez la forme, puis cliquez sur l'onglet Modifier, puis dans la liste des modificateurs sélectionnez Editer spline dans la section Modification Espace objet.

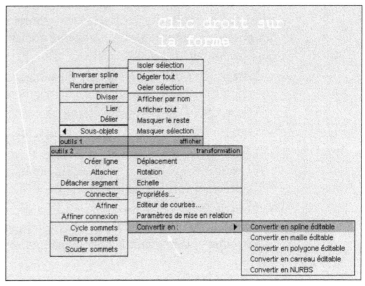

Fig.3.32

8.2. L'édition au niveau Objet

L'édition au niveau objet sert principalement à attacher la forme sélectionnée à une autre forme de la scène. Ce qui est utile dans le cas ou vous avez par exemple oublié de désactiver la coche Nouvelle forme lors de la création d'une nouvelle forme. Ainsi pour pouvoir effectuer par exemple une opération booléenne entre les deux cercles de la figure 3.33, ils doivent appartenir à la même forme. En cas d'oubli lors de la création, il est possible de les regrouper par la suite grâce à l'option **Attacher** (fig.3.34). L'option **Créer ligne**, vous permet de compléter la forme sélectionnée par des nouvelles lignes.

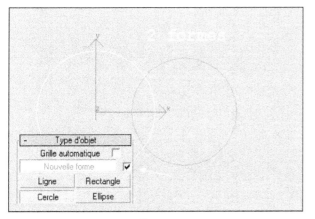

Fig.3.33

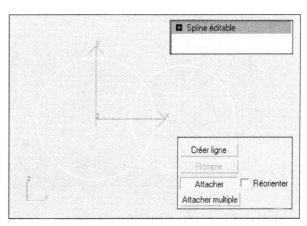

Fig.3.34

8.3. L'édition au niveau Sommet

Le Sommet est le premier niveau Sous-objet de la liste des sous-objets de Editer spline ou de Spline éditable. En sélectionnant Sommet le panneau géométrie affiche une série d'options disponibles. De façon plus directe vous pouvez aussi sélectionner un ou plusieurs sommets de la forme avec la souris et puis grâce à un clic droit modifier les propriétés des sommets et par la même occasion la courbure de la forme. Quatre choix sont disponibles (fig.3.35) :

▸ **Lissage** : crée des sommets non ajustables, qui produisent des courbes lisses à incurvation progressive. La courbure du segment à un sommet lisse est déterminée par l'espacement des sommets adjacents.

▸ **Coin** : crée des sommets non ajustables, formant des angles aigus.

▸ **Bézier** : crée un sommet ajustable avec des poignées tangentes continues et verrouillées, qui créent une courbure douce. La courbure du segment est définie par la direction et la longueur des poignées.

▸ **Coin de Bézier** : crée un sommet ajustable avec des poignées tangentes discontinues qui produisent un coin acéré. La courbure du segment « sortant » est définie par la direction et la magnitude des poignées tangentes.

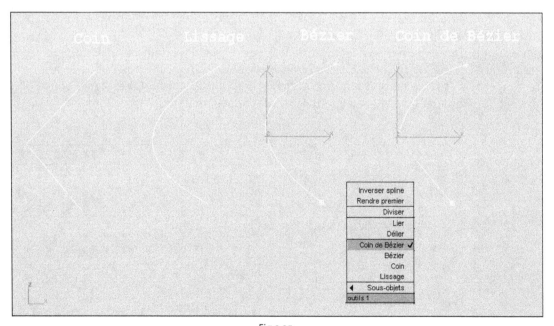

Fig.3.35

En sélectionnant tous les sommets d'une figure, vous pouvez aussi modifier la courbure générale de l'ensemble de la forme (fig.3.36).

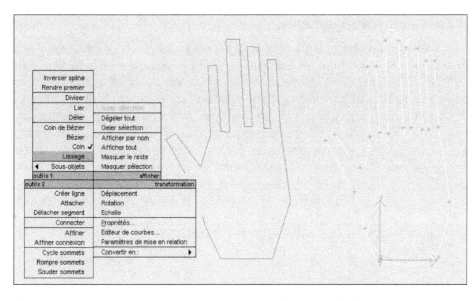

Fig.3.36

Une autre option très utile pour le passage en 3D et pour l'animation est **Rendre premier**. Chacune des splines d'une forme contient un premier sommet. Ce premier sommet est utilisé comme point de départ des splines utilisées comme chemin pour l'extrusion en 3D ou pour l'animation. Le premier sommet de chaque spline est aussi utilisé comme point de départ pour construire un maillage. Pour spécifier le premier sommet d'une spline, sélectionnez un sommet, effectuez un clic droit et pointez l'option **Rendre premier**. Si la spline est fermée vous pouvez sélectionner n'importe quel sommet, si elle est ouverte, vous ne pouvez sélectionner qu'un sommet situé à l'extrémité fig.3.37).

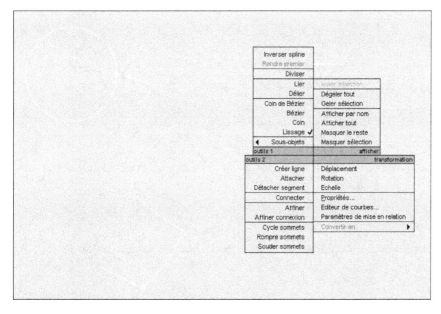

Fig.3.37

8.4. L'édition au niveau Segment

Le Segment est le second niveau Sous-objet de la liste des sous-objets de Editer spline ou de Spline éditable. En sélectionnant **Segment** le panneau géométrie affiche une série d'options disponibles. De façon plus directe vous pouvez aussi sélectionner un ou plusieurs segments de la forme avec la souris et puis grâce à un clic droit modifier les propriétés des segments (fig.3.38). Vous pouvez ainsi très facilement transformer un segment courbe en segment droit et vice-versa ou diviser un segment en deux parties égales et cela à l'aide des options **Ligne**, **Courbe** et **Diviser** (fig.3.39). Vous pouvez aussi très facilement supprimer, copier ou déplacer un segment pour aboutir à la forme finale souhaitée. Les fonctions de la barre d'outils principale peuvent bien sûr être utilisées à cet effet (fig.3.40).

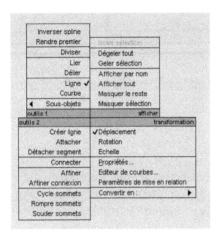

Fig.3.38

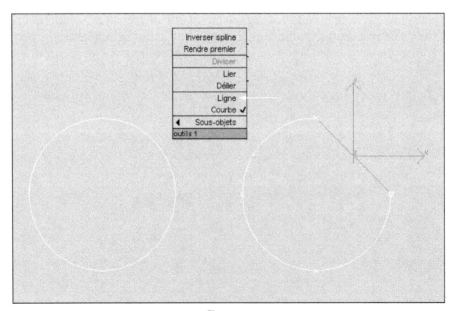

Fig.3.39

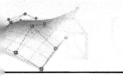
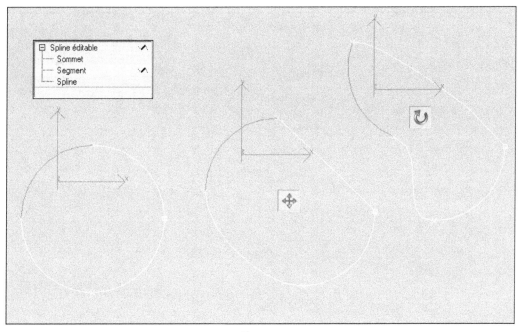

Fig.3.40

8.5. L'édition au niveau Spline

La Spline est le dernier type de Sous-objet. Elle est aussi très utile pour la finalisation de formes et en particulier pour réaliser des opérations booléennes. Les principales options sont (fig.3.41) :

▸ **Contour** : crée une copie de la spline avec, de chaque côté, un décalage correspondant à la distance indiquée par la double flèche Largeur contour (située à droite du bouton Contour). Sélectionnez une ou plusieurs splines, puis réglez dynamiquement la position du contour avec la double flèche ou cliquez sur Contour et faites glisser le curseur sur une spline. Si la spline est ouverte, la spline résultante et son contour forment une seule spline fermée. Cette fonction est utile par exemple, si vous souhaitez créer un objet de révolution à l'aide d'un profil ayant une certaine épaisseur (fig.3.42).

▸ **Booléen** : combine deux polygones fermés en effectuant une opération booléenne qui modifie la première spline sélectionnée et supprime la seconde. Sélectionnez la première spline, cliquez sur le bouton Booléen et le mode souhaité, puis sélectionnez la seconde spline.

Fig.3.41

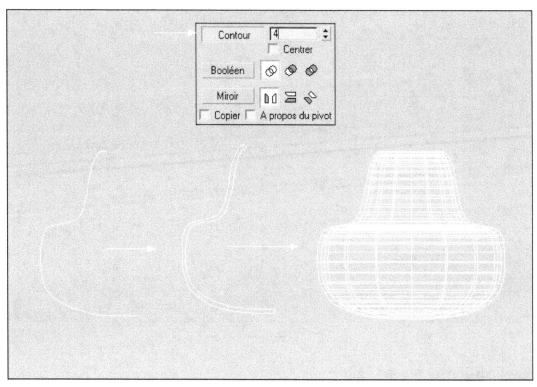

Fig.3.42

Il existe trois opérations booléennes :

- **Union** : combine les deux splines se chevauchant en une seule spline, dans laquelle la partie chevauchante est supprimée. Il reste donc les parties non chevauchantes des deux splines qui forment une seule spline.

- **Soustraction** : soustrait la partie chevauchante de la seconde spline de la première spline, et supprime le reste de la seconde spline.

- **Intersection** : conserve uniquement les parties chevauchantes des deux splines, en supprimant la partie non chevauchante des deux splines.

La forme qui résulte de l'opération booléenne peut ensuite être extrudée le long d'un chemin ou servir de profil pour un objet de révolution. La figure 3.43 illustre la création d'un profil pour l'élaboration d'un cadre par le modificateur **Revolution** (fig.3.44).

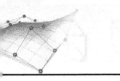

Fig.3.43

▸ **Miroir** : opère une symétrie des splines en longueur, en largeur ou en diagonale. Cliquez au préalable sur la direction dans laquelle vous souhaitez effectuer une symétrie, puis cliquez sur Symétrie. Deux options sont disponibles (fig.3.45) :

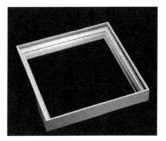

  ▸ **Copier** : si vous sélectionnez cette option, la spline est copiée au lieu d'être déplacée lorsque vous opérez une symétrie de cette spline.

  ▸ **A propos du pivot** : lorsque cette option est activée, la symétrie de la spline est créée par rapport au point de pivot de l'objet spline. Lorsqu'elle est désactivée, la symétrie est créée par rapport au centre géométrique de la spline.

Fig.3.44

▸ **Fermer** : ferme la spline sélectionnée en joignant ses deux sommets d'extrémité par un nouveau segment.

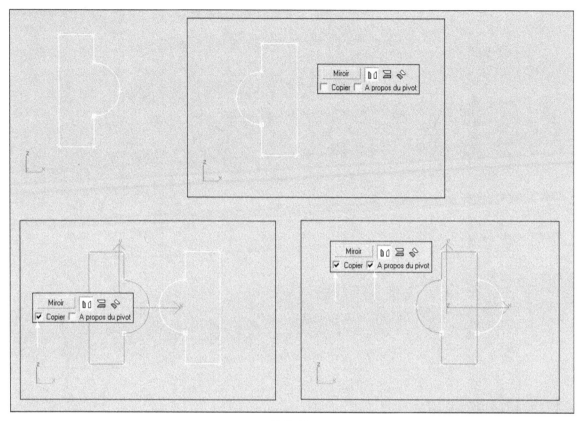

Fig.3.45

Fig.3.46

8.6. La vérification de formes

L'utilitaire Vérification de forme teste les formes et les courbes basées sur les splines et sur les NURBS en recherchant les auto-intersections et affiche graphiquement tous les cas de segments touchés par une intersection. Si des auto-intersections existent sur des formes utilisées pour produire des objets de révolution, extrudés, à surfaces réglées ou d'autres objets 3D, des erreurs peuvent se produire dans le modèle 3D et lors du rendu.

Pour lancer la procédure de vérification, il suffit de suivre la procédure suivante :

1. Sélectionnez le Panneau **Utilitaires** (fig.3.46).
2. Cliquez sur le bouton **Autres**.
3. Dans la boîte de dialogue **Utilitaires**, sélectionnez **Vérification de forme** (fig.3.47) et cliquez sur OK.

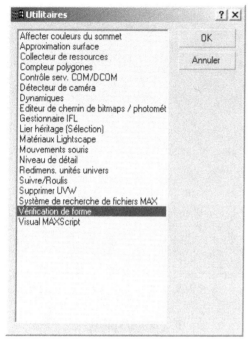

Fig.3.47

4. Cliquez sur **Choisir objet** et pointez l'objet.

5. Un carré rouge signale les points d'auto-intersections (fig.3.48).

6. Cliquez sur **Fermer** pour sortir de la fonction.

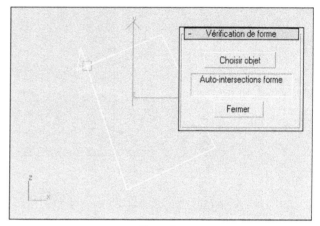

Fig.3.48

8.7. La connexion de splines

De nombreuses améliorations ont été apportées aux splines éditables :

▸ **Connecter copie** : Vous pouvez maintenant créer des cages de splines par le biais de l'extrusion sous-objet (MAJ+copie) de segments ou de splines à l'aide de la commande Connecter copie, et des commandes de définition de la tangence de sommets. Cette nouvelle option permet de simplifier par la suite, le déroulement de la modélisation de surface.

▸ **Section croisée** : Le nouveau bouton Section croisée offre une fonctionnalité similaire à celle du modificateur Section croisée, permettant de connecter les sommets avec des splines.

▸ **Poignées de tangentes – Copie/collage** : La manipulation des poignées de tangentes de sommets est désormais plus facile. Il est possible de les copier entre sommets à l'aide de la commande de copie/collage de tangentes.

▸ **Amélioration du menu Quadr.** : Le menu Quadr. affiche désormais toujours le type de tangentes et facilite leur échange. Les types de tangentes sont désormais toujours disponibles dans le menu Quadr. lorsqu'un sommet est sélectionné. Le curseur ne doit plus obligatoirement se trouver au-dessus de ceux-ci dans la fenêtre. Une commande Réinitialiser a été ajoutée au menu Quadr. afin de réinitialiser rapidement la tangence de sommets.

Pour dessiner une cage de splines, la procédure est la suivante :

1. Dessinez une spline (fig.3.49).

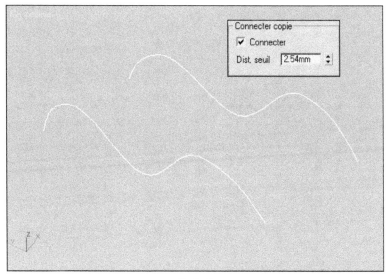

Fig.3.49

2. Transformez la spline en Spline éditable ou utilisez la fonction **Editer spline**.

3. Sélectionnez un sous-objet segment ou spline de la spline.

4. Dans le panneau déroulant **Géométrie**, zone **Connecter copie**, activer **Connecter**.

5. Maintenez la touche MAJ enfoncée et transformez le segment ou la spline sélectionné. Vous pouvez le déplacer, le pivoter ou le mettre à l'échelle à l'aide du gizmo de transformation, afin de contrôler la direction.

6. Lorsque l'option **Connecter copie** est activée, les nouvelles splines sont dessinées entre les emplacements du segment ou de la spline de base et de ses copies (fig.3.50).

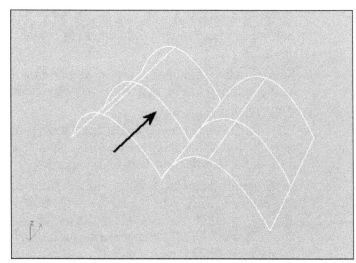

Fig.3.50

Pour créer une section croisée, la procédure est la suivante :

1. Sélectionnez un objet comprenant plusieurs splines (fig.3.51).

2. Transformez l'objet en spline éditable ou utilisez la fonction **Editer spline**.

3. Dans le panneau déroulant Géométrie, zone **Nouveau type de sommet**, définissez le type de sommet souhaité pour les lignes de section croisée.

4. Activez le mode **Section croisée**.

5. Sélectionnez les lignes à connecter dans l'ordre souhaité. Les lignes de section croisée sont créées à mesure de votre sélection (fig.3.52).

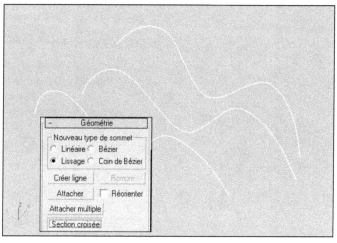

Fig.3.51

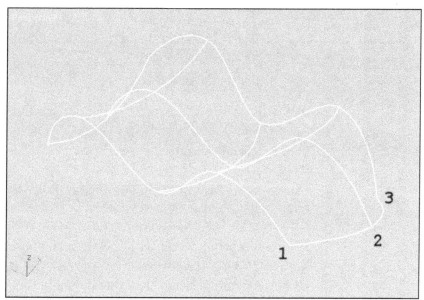

Fig.3.52

9. L'extrusion droite des formes

L'extrusion de formes 2D en objets 3D peut se faire à l'aide du modificateur Extruder. N'importe quelle forme (ouverte ou fermée) peut être extrudée, comme le montre la figure 3.53. Pour extruder une forme, la procédure est la suivante :

1. Sélectionnez la forme.

2. Activez le panneau **Modifier**.

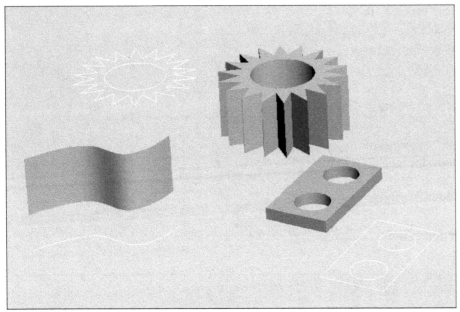

Fig.3.53

Fig.3.54

3. Dans la liste des modificateurs, sélectionnez **Extruder** dans la section Modif. Espaces Objet (fig.3.54).

4. Dans le champ **Quantité**, entrez la hauteur d'extrusion souhaitée. Par exemple 200.

5. Dans le champ **Segments**, entrez le nombre de divisions le long de l'extrusion. Il est important d'augmenter cette valeur si vous souhaitez courber ou déformer l'extrusion par la suite à l'aide d'un autre modificateur.

6. Dans la section **Couvercle**, cochez ou non les options **Début couv**. Et **Fin couv.**, si vous souhaitez couvrir ou non la forme extrudée (fig.3.55).

7. Cochez le champ **Générer coord. de mapping** si vous souhaitez par la suite habiller les côtés extrudés avec des matériaux texturés.

8. Les autres paramètres peuvent garder leur valeur par défaut qui convient à la plupart des usages.

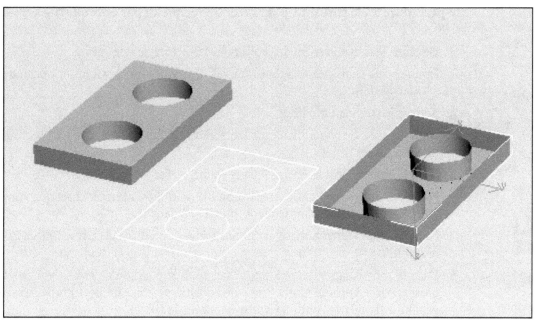

Fig.3.55

10. Les surfaces de révolution à partir de formes

Les objets de révolution sont très courants dans notre environnement. Il suffit de penser à un verre, une bouteille, un tuyau ou un vase (fig.3.56). Vous pouvez les concevoir très facilement en faisant tourner une forme auteur d'un axe à l'aide du modificateur Révolution. Si l'objet de révolution n'est pas plein, comme une bouteille par exemple, n'oubliez pas de donner une épaisseur à la ligne avec le modificateur Editer spline ou avec l'option Spline Editable. En ce qui concerne l'axe de révolution, il ne s'agit pas d'une droite à dessiner au préalable car l'objet de révolution contient automatiquement un sous-objet Axe. Par défaut cet axe est situé au centre de l'objet mais vous pouvez le placer à la limite gauche de l'objet (option Min) ou à la limite droite de l'objet (option Max) ou encore à une place au choix en utilisant le sous-objet Axe.

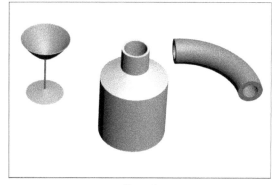

Fig.3.56

Fig.3.57

La procédure est la suivante, pour créer un récipient, par exemple (fig.3.57 et 3.58) :

[1] Dessinez la forme servant de profil pour la surface de révolution.

[2] Donnez une épaisseur à cette forme en utilisant l'option Contour du mode édition de spline.

[3] Activez le panneau **Modifier**.

[4] Dans la liste des modificateurs, sélectionnez **Révolution** dans la section Modif. Espaces Objet.

[5] Dans le champ **Degrés**, entrez l'angle souhaité. Par exemple 360.

[6] Dans le champ **Segments**, entrez le nombre de copies intermédiaires que vous voulez créer en effectuant la révolution. Par défaut 16.

[7] Dans la section **Direction**, sélectionnez la direction de l'axe de révolution. Par exemple Y.

[8] Dans la zone **Aligner**, sélectionnez **Max** comme position de l'axe. Ce dernier passera par le point le plus à droite de l'objet. L'option **Min** positionne l'axe à gauche de l'objet et l'option **Centre** au centre de l'objet.

[9] Cochez le champ **Générer coord. de mapping** si vous souhaitez habiller les côtés de la surface de révolution avec des matériaux texturés.

[10] Les autres paramètres peuvent garder leur valeur par défaut qui convient à la plupart des usages.

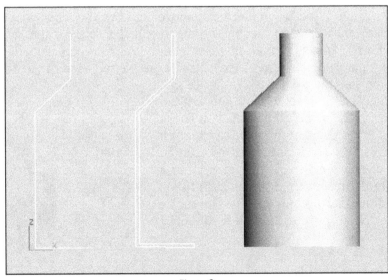

Fig.3.58

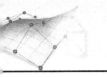

Fig.3.62

11. L'extrusion de formes le long d'un chemin

11.1. Principe

Les objets extrudés sont des formes bidimensionnelles qui sont extrudées le long d'un troisième axe. Vous créez des objets extrudés à partir de deux ou plusieurs objets splines existants. L'une de ces splines constitue la trajectoire (ou le chemin). Les autres splines représentent les sections transversales ou les formes de l'objet extrudé. Lorsque vous disposez vos formes le long de la trajectoire, le logiciel génère une surface entre les formes. La trajectoire constitue, en quelque sorte, le cadre dans lequel sont insérées les sections transversales qui constituent votre objet (fig.3.63). Si la trajectoire ne comporte qu'une seule forme, le logiciel considère que deux formes identiques sont placées aux deux extrémités de la trajectoire (fig.3.64). La surface entre les formes est ensuite générée.

Lorsque vous utilisez **Importer forme** et que vous positionnez votre curseur sur une forme incorrecte, un message vous indique la raison pour laquelle cette forme est incorrecte.

Contrairement à tous les autres objets composés, qui sont créés à partir de l'objet sélectionné dès que vous cliquez sur le bouton d'objet composé, l'objet extrudé est créé uniquement lorsque vous cliquez sur Importer forme ou Importer chemin puis que vous sélectionnez une forme ou un chemin.

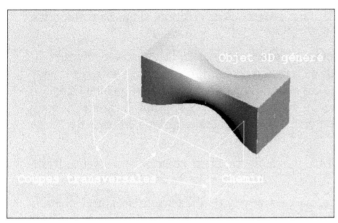

Fig.3.63

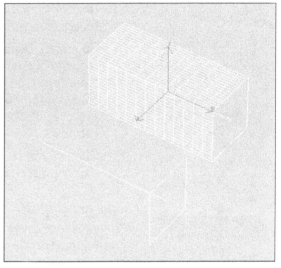

Fig.3.64

Après avoir créé un objet extrudé, vous pouvez ajouter ou remplacer des formes croisées ou bien encore remplacer le chemin.

Pour créer correctement un objet extrudé, vous devez également contrôler le sommet d'origine de chacune des formes. En effet, si les sommets ne sont pas alignés, l'objet extrudé risque d'avoir un aspect non souhaité (fig.3.65). Pour modifier le premier point d'une spline, vous pouvez utiliser la méthode abordée au point 8.3 ou tourner la spline pour aligner les premiers points.

11.2. Les méthodes de création d'un objet extrudé

Fig.3.65

Pour créer une extrusion via Importer chemin, la procédure est la suivante (fig.3.66) :

1. Sélectionnez la forme qui constituera la première section transversale.

2. Cliquez sur le panneau **Créer** puis **Géométrie** puis **Objets composés** et enfin **Extrusion**.

Fig.3.66

③ Dans le panneau déroulant **Méthode de création**, cliquez sur **Importer trajectoire**.

④ Choisissez **Déplacement**, **Copie** ou **Instance**. Le choix vous permet de spécifier la méthode de transfert du chemin vers l'objet extrudé. Il peut être déplacé, auquel cas aucune copie n'est conservée, ou bien transféré en tant que copie ou instance. Utilisez l'option Instance si vous prévoyez d'éditer ou de modifier le chemin après la création de l'objet extrudé.

⑤ Cliquez sur la forme qui constituera le chemin et l'objet extrudé s'affiche à l'écran.

Le curseur prend la forme caractéristique du curseur Importer chemin lorsqu'il est positionné sur une forme qui pourrait servir de chemin. Si tel n'est pas le cas, cela signifie que la forme n'est pas un chemin correct et ne peut donc être sélectionnée. Le premier sommet du chemin sélectionné est placé au point de pivot de la première forme et la tangente au chemin est alignée sur l'axe Z local de la forme.

Pour créer une extrusion via Importer forme, la procédure est la suivante :

① Sélectionnez une forme trajectoire qui peut constituer un chemin correct.

② Si la forme sélectionnée ne peut être utilisée comme chemin, le bouton Importer forme est grisé.

③ Cliquez sur le panneau **Créer** puis **Géométrie** puis **Objets composés** et enfin **Extrusion**.

④ Dans le panneau déroulant **Méthode de création**, cliquez sur **Importer forme**.

⑤ Choisissez **Déplacement**, **Copie** ou **Instance**.

⑥ Cliquez sur une forme.

Le curseur prend la forme du curseur Importer forme lorsque vous passez au-dessus de formes potentielles. La forme sélectionnée est placée sur le premier sommet du chemin.

Pour créer une extrusion à l'aide de plusieurs formes sur le chemin, la procédure est la suivante :

① Sélectionnez une forme trajectoire qui peut constituer un chemin correct (fig.3.67).

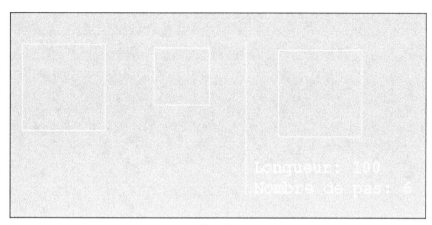

Fig.3.67

2. Cliquez sur le panneau **Créer** puis **Géométrie** puis **Objets composés** et enfin **Extrusion**.

3. Dans le panneau déroulant **Paramètres trajectoire**, sélectionnez la méthode souhaitée pour vous positionner sur le chemin. Trois méthodes sont disponibles (fig.3.68) :

   ▸ **Pourcentage** : pour se placer à un certain pourcentage le long du chemin. Par exemple : 50%. Activez le champ **Pourcentage** et entrez 50 dans le champ **Trajectoire**.

   ▸ **Distance** : pour se placer à une distance donnée sur le chemin. Par exemple 70 cm sur un chemin de 100 cm. Activez le champ **Distance** et entrez 70 dans le champ **Trajectoire**.

   ▸ **Pas** : pour se placer à un pas donné sur le chemin. Lors de la création du chemin vous pouvez définir le nombre de pas. Par exemple le Pas 4 sur un chemin comportant 6 pas. Activez le champ **Précision Trajectoire** et entrez 4 dans le champ **Trajectoire**.

4. Dans le panneau déroulant **Méthode de création**, cliquez sur **Importer forme** et sélectionnez la forme.

5. Définissez un autre point sur le chemin et sélectionnez la forme.

6. Effectuez la procédure le nombre de fois souhaité pour créer la forme finale.

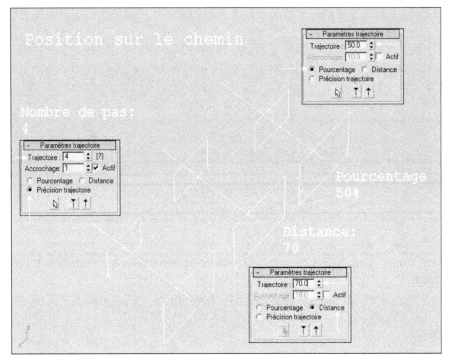

Fig.3.68

11.3. Les paramètres d'aspects

Le panneau déroulant **Paramètres surface** vous permet de contrôler le lissage de la surface de l'objet extrudé et de spécifier si vous voulez appliquer un mapping de texture le long de l'objet extrudé.

Zone Lissage

▶ **Longueur lissage** : génère une surface lisse sur la longueur du chemin. Ce type de lissage est utile lorsque votre chemin se courbe ou quand les formes sur le chemin changent de taille. Cette option est activée par défaut.

▶ **Largeur lissage** : génère une surface lisse autour du périmètre des formes croisées. Ce type de lissage est utile lorsque le nombre de sommets des formes est variable ou lorsque les formes changent d'apparence. Cette option est activée par défaut.

Zone Mapping

▶ **Appliquer mapping** : permet d'activer et de désactiver les coordonnées de mapping. Cette option doit être activée pour que les autres commandes et options soient disponibles.

- ▶ **Répét. longueur** : détermine le nombre de répétitions d'une texture sur toute la longueur du chemin. Le dessous de la texture est placé au premier sommet du chemin.

- ▶ **Répét. largeur** : détermine le nombre de répétitions d'une texture autour du périmètre des formes croisées. Le bord gauche de la texture est aligné sur le premier sommet de chaque forme.

Le panneau déroulant **Paramètres peau** permet de définir la complexité du maillage de l'objet extrudé. Vous pouvez également optimiser le maillage en contrôlant le nombre de faces. Les options principales sont :

Zone Bouchage

- ▶ **Début bouchage** : lorsque cette option est sélectionnée, l'extrémité d'un objet extrudé, au premier sommet du chemin, est couvert. Dans le cas contraire, l'extrémité demeure ouverte, c'est-à-dire découverte. Cette option est activée par défaut.

- ▶ **Fin bouchage** : lorsque cette option est sélectionnée, l'extrémité d'un objet extrudé, au dernier sommet du chemin, est couverte. Dans le cas contraire, l'extrémité demeure ouverte, c'est-à-dire découverte. Cette option est activée par défaut.

Zone Options (fig.3.69-3.70)

- ▶ **Précision forme** : définit le nombre de pas entre chaque sommet des formes en coupe. Cette valeur modifie le nombre des côtés autour du périmètre de l'objet extrudé.

- ▶ **Précision trajectoire** : définit le nombre de pas entre chaque division principale du chemin. Cette valeur modifie le nombre de segments sur toute la longueur de l'objet extrudé.

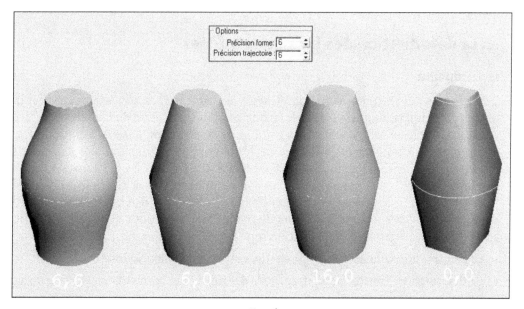

Fig.3.69

> **Contour** : lorsque cette option est activée, chaque forme suit la courbure du chemin. L'axe Z positif de chaque forme est aligné avec la tangente du chemin au niveau de la forme. Si cette option n'est pas sélectionnée, toutes les formes restent parallèles et présentent la même orientation que la forme placée au niveau 0. Cette option est activée par défaut.

> **Inclinaison** : lorsque cette option est sélectionnée, les formes pivotent autour du chemin à chaque fois que celui-ci se courbe et change de hauteur sur son axe local des Z. Le degré d'inclinaison est déterminé par le logiciel. L'inclinaison est ignorée si le chemin est de type 2D. Si la case n'est pas cochée, les formes ne pivotent pas autour de leur axe Z lorsqu'elles traversent un chemin en 3D. Cette option est activée par défaut.

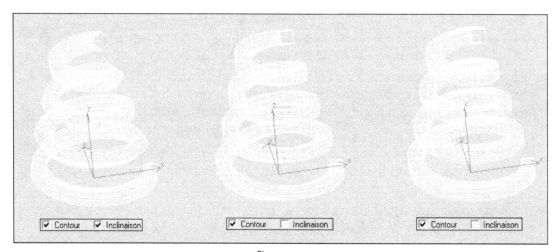

Fig.3.70

12. La déformation des formes extrudées

12.1. Principe

Certaines formes extrudées sont complexes à réaliser car elles nécessitent de créer des formes particulières et de les placer de façon non standard le long du chemin. Le logiciel résout ce problème en proposant des courbes de déformation des extrusions. Celles-ci définissent des changements d'échelle, et des opérations de torsion, de rotation et de biseautage le long du chemin. L'interface utilisée pour toutes les déformations est un diagramme. Dans le diagramme, les lignes possédant des points de contrôle représentent les déformations le long du chemin. Les points de contrôle des diagrammes peuvent être déplacés ou animés, pour des besoins de modélisation ou pour obtenir divers effets spéciaux. Cinq fonctions de déformation sont ainsi disponibles (fig.3.71) :

> La déformation **Echelle** permet de changer la taille de l'objet le long du chemin.

> La déformation **Torsion** permet de créer des objets qui forment une spirale ou une torsade sur leur longueur.

- La déformation **Pivoter** fait pivoter les formes autour de leurs axes X et Y locaux.
- La déformation **Biseau** permet de créer des objets avec des arêtes chanfreinées, filées ou ajustées.
- La déformation **Ajustement** permet de créer des objets en dessinant leur vue de dessus et leur vue de profil.

Fig.3.71

12.2. La déformation Echelle

Pour utiliser la déformation d'échelle, la procédure est la suivante :

1. Sélectionnez un objet extrudé.
2. Activez l'onglet **Modifier**.
3. Cliquez sur **Déformations** pour dérouler le panneau déroulant correspondant.
4. Cliquez sur le bouton **Echelle**.
5. Modifiez les courbes de déformation des axes X et Y.

Les courbes de déformation d'échelle ont les propriétés suivantes :

- La courbe de mise à l'échelle de l'axe X est de couleur rouge et celle de mise à l'échelle de l'axe Y est de couleur verte.
- Le réglage par défaut de ces courbes s'établit à 100 %.

- ▸ Les valeurs supérieures à 100 % élargissent la forme.
- ▸ Les valeurs comprises entre 100 et 0 % réduisent la largeur de la forme.
- ▸ Les valeurs négatives produisent un effet de mise à l'échelle et de symétrie de la forme.
- ▸ Vous pouvez appliquer la même déformation aux deux axes d'une forme en activant le bouton **Rendre symétrique**.

Pour faire varier l'échelle le long du chemin, vous pouvez ajouter des points sur le chemin (Icône Insérer point), puis déplacer les points (Icône Déplacer point) et éventuellement changer les propriétés des points à l'aide d'un clic droit sur le point à modifier (fig.3.72-3.73).

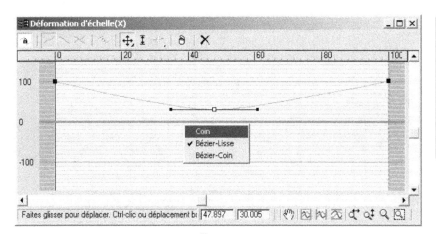

Fig.3.72

Fig.3.73

12.3. La déformation Torsion

Pour utiliser la déformation de torsion, la procédure est la suivante :

1. Sélectionnez un objet extrudé.
2. Activez l'onglet **Modifier**.
3. Cliquez sur **Déformations** pour dérouler le panneau déroulant correspondant.
4. Cliquez sur le bouton **Torsion**.
5. Modifiez les courbes de déformation des axes X et Y.

Les courbes de déformation par torsion ont les propriétés suivantes :

- ▸ Une courbe de couleur rouge détermine la rotation de la forme sur le chemin.
- ▸ La valeur par défaut de la courbe définit une rotation de 0 degré.
- ▸ Les valeurs positives produisent une rotation dans le sens contraire des aiguilles d'une montre par rapport au point de départ du chemin.

▶ Les valeurs négatives produisent une rotation dans le sens des aiguilles d'une montre.

Vous pouvez ajouter des points sur le chemin, déplacer les points et changer les propriétés des points à l'aide d'un clic droit sur le point concerné (fig.3.74-3.75).

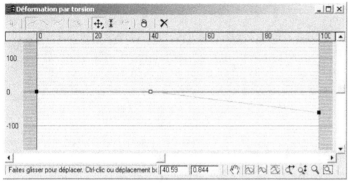

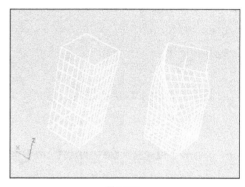

Fig.3.74

Fig.3.75

12.4. La déformation Pivoter

Pour utiliser la déformation Pivoter, la procédure est la suivante :

1. Sélectionnez un objet extrudé.
2. Activez l'onglet **Modifier**.
3. Cliquez sur **Déformations** pour dérouler le panneau déroulant correspondant.
4. Cliquez sur le bouton **Pivoter**.
5. Modifiez les courbes de déformation des axes X et Y.

Les courbes de déformation pivot ont les propriétés suivantes :

▶ La courbe de rotation autour de l'axe X est de couleur rouge et celle de rotation autour de l'axe Y est de couleur verte.

▶ La valeur par défaut des courbes définit une rotation de 0 degré.

▶ Les valeurs positives font pivoter la forme autour de son axe positif, dans le sens contraire des aiguilles d'une montre.

▶ Des valeurs négatives la font pivoter autour de son axe positif, dans le sens des aiguilles d'une montre.

Vous pouvez ajouter des points sur le chemin, déplacer les points et changer les propriétés des points à l'aide d'un clic droit sur le point concerné (fig.3.76-3.77).

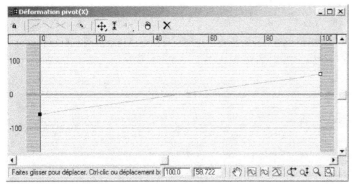

Fig.3.76

Fig.3.77

12.5. La déformation Biseauter

Pour utiliser la déformation Biseauter, la procédure est la suivante :

1. Sélectionnez un objet extrudé.
2. Activez l'onglet **Modifier**.
3. Cliquez sur **Déformations** pour dérouler le panneau déroulant correspondant.
4. Cliquez sur le bouton **Biseauter**.
5. Modifiez les courbes de déformation des axes X et Y.

Les courbes de déformation en biais ont les propriétés suivantes :

- La courbe de couleur rouge représente la valeur de biseautage.
- Les valeurs de biseautage sont spécifiées en unités courantes.
- La valeur par défaut de la courbe est égale à 0 unité.
- Les valeurs positives réduisent la forme en la rapprochant du chemin.
- Les valeurs négatives éloignent la forme du chemin.

Vous pouvez ajouter des points sur le chemin, déplacer les points et changer les propriétés des points à l'aide d'un clic droit sur le point concerné (fig.3.78-3.79).

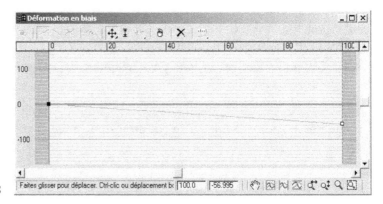

Fig.3.78

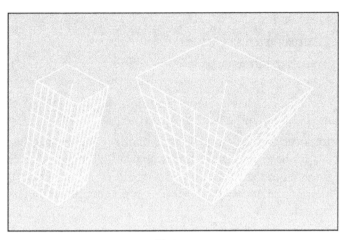

Fig.3.79

12.6. La déformation Ajustement

Ce type de déformation a recours à deux courbes d'ajustement pour définir la vue de dessus et la vue de profil de votre objet. Utilisez la déformation Ajuster lorsque vous souhaitez générer des objets extrudés en dessinant leur vue de dessus et leur vue de profil.

Les formes ajustées sont réellement des limites d'échelle. Alors que votre forme d'intersection se déplace le long du chemin, l'échelle de son axe des X est modifiée pour correspondre aux limites de l'axe des X et l'échelle de son axe des Y est modifiée pour correspondre aux limites de l'axe des Y de la forme. Trois formes sont nécessaires pour créer une forme par ajustement : la forme à extruder, la forme représentant la vue de dessus et la forme représentant la vue de profil. Pour créer un téléphone par exemple, la procédure est la suivante :

Fig.3.80

1. Dessinez les formes de base et le chemin (fig.3.80).

2. Sélectionnez le chemin.

3. Sélectionnez **Extrusion** dans la liste des objets composés.

4. Cliquez sur **Importer forme** et sélectionnez la forme carrée. Une boîte s'affiche à l'écran (fig.3.81).

5. Dans le panneau de commande **Modifier**, ouvrez le panneau déroulant **Déformations** et cliquez sur le bouton **Ajustement**.

6. Cliquez sur **Importer forme** dans la boîte de dialogue **Déformation par ajustement** et sélectionnez la forme représentant la vue de profil du téléphone. L'objet extrudé se transforme en une boîte aplatie (fig.3.82). Mais il est incorrect car la forme ajustée n'est pas orientée de manière appropriée. Ce problème peut être résolu par les trois points qui suivent.

7. Cliquez sur **Cadrer** pour visualiser l'ensemble de la forme ajustée.

8. Cliquez sur **Rotation 90 SCAM** (fig.3.83). L'objet extrudé commence à ressembler à un téléphone, mais il est trop court car la longueur du chemin est inappropriée (fig.3.84).

Fig.3.81

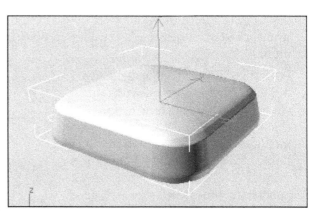

Fig.3.82

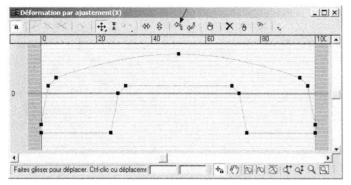

Fig.3.83

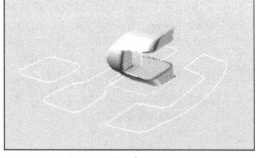

Fig.3.84

⑨ Cliquez sur **Générer Trajectoire**. La longueur du chemin est modifiée de manière à coïncider avec celle de la forme ajustée, et le téléphone est presque terminée (fig.3.85).

⑩ Avant d'importer la seconde forme ajustée, vous devez désactiver l'option **Rendre symétrique** en cliquant sur le bouton correspondant et afficher l'axe des Y en cliquant également sur le bouton correspondant.

⑪ Cliquez sur **Importer forme** et sélectionnez la forme qui correspond à la vue de dessus du téléphone. L'objet extrudé est incorrect car sa forme doit également pivoter.

⑫ Cliquez sur **Rotation SCAM** (fig.3.86). Le téléphone est à présent terminé (fig.3.87).

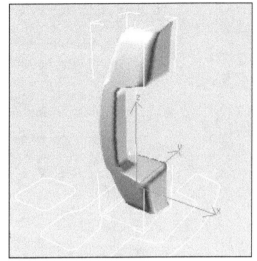

Fig.3.85

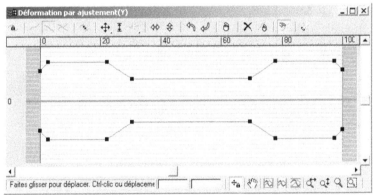

Fig.3.86

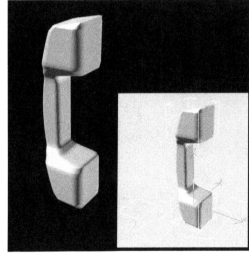

Fig.3.87

La méthode développée dans cet exercice permet de modéliser facilement des objets à partir de deux coupes servant de chemins et d'une forme de base.

13. Le modificateur Balayage

13.1. Principe

Le modificateur Balayage permet d'extruder une coupe transversale le long d'une spline sous-jacente ou d'une trajectoire de courbe NURBS. Cette méthode est comparable à l'utilisation de l'objet composé extrudé, mais elle est plus efficace. Le modificateur Balayage vous permet d'utiliser plusieurs coupes transversales préconçues, telles que des angles, des canaux et des brides larges. Vous pouvez également utiliser vos propres splines ou courbes NURBS en tant que sections personnalisées que vous créez dans 3ds max ou importez à partir d'autres fichiers MAX. Ce modificateur est particulièrement utile pour la création de détails de moulure ou détails structurels en acier, ou dans toute situation impliquant l'extrusion d'une section le long d'une spline (fig.3.88).

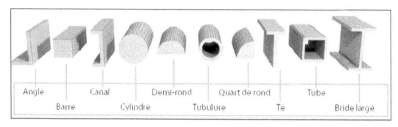

Fig.3.88

13.2 Les procédures

Pour appliquer le modificateur Balayage à une ligne :

1. Créez une ligne dans la fenêtre Perspective.

2. Appliquez le modificateur **Balayage** à la ligne. La ligne adopte la forme d'une extrusion en angle (fig.3.89).

3. Ouvrez la liste **Section intégrée** et choisissez une autre section. La nouvelle section est maintenant balayée dans la longueur de la ligne.

Pour utiliser une section personnalisée avec le modificateur Balayage :

1. Créez une ligne et un polygone à six côtés dans la fenêtre Perspective.

2. Appliquez le modificateur **Balayage** à la ligne. La ligne adopte la forme d'une extrusion en angle.

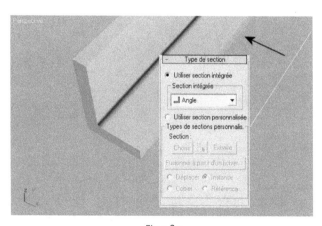

Fig.3.89

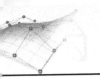

3 Cliquez sur le bouton radio **Utiliser section personnalisée**. La ligne s'affiche de nouveau sous forme de ligne.

4 Cliquez sur le bouton **Choisir** dans la zone **Types de sections personnalis.**, puis sélectionnez le polygone dans la fenêtre. La forme hexagonale est balayée dans la longueur de la ligne (fig.3.90).

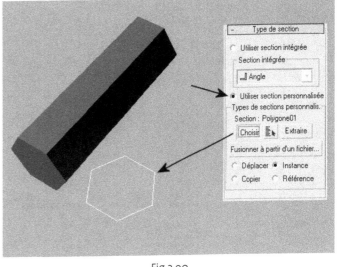

13.3 Les paramètres du balayage

Le balayage peut être modifié selon les options du panneau déroulant Paramètres de balayage (fig.3.91) :

Fig.3.90

▸ **Miroir sur le plan XZ :** lorsque cette option est activée, la section est inversée verticalement par rapport à la spline à laquelle le modificateur Balayage s'applique. Cette option est désactivée par défaut (fig.3.92).

▸ **Miroir sur le plan XY :** lorsque cette option est activée, la section est inversée horizontalement par rapport à la spline à laquelle le modificateur Balayage s'applique.

▸ **Décalage X :** permet de déplacer la position horizontale de la section par rapport à la spline sous-jacente.

▸ **Décalage Y :** permet de déplacer la position verticale de la section par rapport à la spline.

▸ **Angle :** permet de faire pivoter la section par rapport au plan sur lequel se situe la spline sous-jacente.

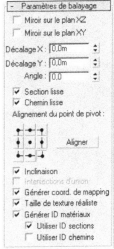

Fig.3.91

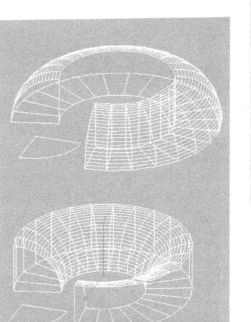

Miroir XZ

Fig.3.92

- **Section lisse :** génère une surface lisse autour du périmètre de la section balayée le long de la spline sous-jacente. Cette option est activée par défaut.

- **Chemin lisse :** génère une surface lisse dans la longueur de la spline sous-jacente. Ce type de lissage est utile pour les trajectoires incurvées. Cette option est désactivée par défaut (fig.3.93).

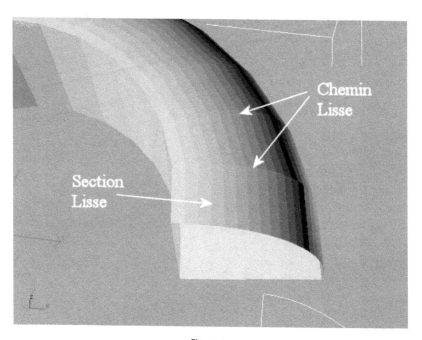

Fig.3.93

- **Alignement du point de pivot :** la grille 2D vous aide à aligner la section par rapport à la trajectoire de la spline sous-jacente. La sélection de l'un de ces neuf boutons déplace le point de pivot de la section autour de la trajectoire de la spline (fig.3.94).

- **Aligner :** lorsque cette option est activée, une représentation 3D de la grille d'alignement du point de pivot s'affiche dans la fenêtre. Vous ne voyez que la grille d'alignement 3x3, la section et la trajectoire de la spline sous-jacente. Lorsque l'alignement vous convient, désactivez le bouton Aligner ou cliquez à l'aide du bouton droit de la souris pour afficher le balayage.

- **Inclinaison :** lorsque cette option est sélectionnée, les sections pivotent autour de la trajectoire de la spline chaque fois que celle-ci se courbe et change de hauteur sur son axe local des Z. L'inclinaison est ignorée si la trajectoire de la spline est de type 2D. Si la case n'est pas cochée, les formes ne pivotent pas autour de leur axe Z lorsqu'elles traversent une trajectoire en 3D. Cette option est activée par défaut.

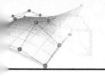

▸ **Intersections d'union :** si vous utilisez plusieurs splines sécantes (par exemple, une grille), activez cette option pour obtenir des intersections plus nettes, avec moins de défauts.

▸ **Générer coord. de mapping :** applique des coordonnées de mapping à l'objet ayant subi une extrusion. Cette option est désactivée par défaut.

▸ **Taille de texture réaliste :** contrôle la méthode de mise à l'échelle utilisée pour les matériaux dotés de textures qui sont appliqués à l'objet. Les valeurs de mise à l'échelle sont contrôlées par les paramètres Utiliser échelle réaliste du panneau déroulant Coordonnées du matériau appliqué. Cette option est activée par défaut.

▸ **Générer ID de matériaux :** applique des identificateurs de matériaux différents aux côtés et aux couvercles de l'objet balayé. Si les options Utiliser ID sections et Utiliser ID chemins sont toutes deux désactivées, les côtés prennent l'identificateur 3, le couvercle avant, l'identificateur 1 et le couvercle arrière, l'identificateur 2. Par défaut, ces options sont activées.

  ▸**Utiliser ID sections :** utilise les valeurs d'identification de matériau affectées aux segments de la section balayée le long de la spline sous-jacente ou de la courbe NURBS. Cette option est activée par défaut.

  ▸**Utiliser ID chemins :** utilise les valeurs d'identification de matériau affectées aux segments de la spline sous-jacente ou des sous-objets courbe dans la courbe sous-jacente.

Fig.3.94

Chapitre 4
La modélisation de surfaces

Par rapport à la modélisation géométrique (paramétrique) abordée dans les deux chapitres précédents, la modélisation de surface est davantage utilisée dans la création de formes libres. 3ds max contient à cet effet deux outils principaux de modélisation : les Patchs (ou Carreaux de Bézier) et les NURBS (Non-Uniform Rational B-Spline). Bien qu'il soit possible de créer de toutes pièces ces deux types de surfaces à partir du panneau « Créer », la création d'un modèle de surface commence généralement par l'utilisation du « menu Quadr. » ou de la « pile de modificateurs » pour « réduire » un modèle paramétrique existant à une forme de surface éditable. Une fois cela fait, vous disposez de plusieurs outils pour donner forme à la surface. Une grande partie du travail de modélisation de surface consiste à éditer des « sous-objets » de l'objet surface.

Pour ajouter ensuite plus de détails à un objet ou pour le lisser davantage, 3ds max permet de générer des surfaces de subdivision. Une surface de subdivision est une surface qui a été divisée en plusieurs faces tout en conservant la forme générale de l'objet. Pour créer une surface de subdivision, il suffit d'appliquer un modificateur à l'objet. Deux types de surfaces de subdivision sont pris en charge :

▶ Le **modificateur HSDS** (Hierarchical Subdivision Surface) fournit des surfaces de subdivision hiérarchique.

▶ Le **modificateur Liss. maillage** assure le lissage.

Ces deux modificateurs conviennent parfaitement comme outils de finition pour les modèles.

1. Les Patchs (ou Carreaux de Bézier)

1.1. Principe

Les Patchs (carreaux de Bézier) sont initialement des objets 2D (grilles surfaciques) dans 3ds max, mais vous pouvez les transformer en surfaces 3D arbitraires, en utilisant un modificateur Editer patch ou en utilisant l'outil Convertir en patch éditable.

D'autre part, des modificateurs comme Révolution ou Extruder peuvent exporter le résultat comme Patch, et les maillages (primitives 3D, formes extrudées...) peuvent également être convertis en objet Patch.

Les patchs servent principalement de « blocs de construction » pour créer des surfaces et des objets personnalisés, ou pour ajouter des surfaces patch à des patchs existants. Ils constituent une très bonne solution pour la création de personnages et de formes organiques.

La principale différence entre un maillage et une surface de patchs est que les sommets du patch peuvent être contrôlés par des poignées de Bézier. Ces poignées peuvent être déplacées pour générer des courbes aux frontières du patch. Les segments reliant les sommets du patch sont en effet des splines qui peuvent être courbées, alors que les sommets des maillages sont toujours reliés par des segments droits (fig.4.1).

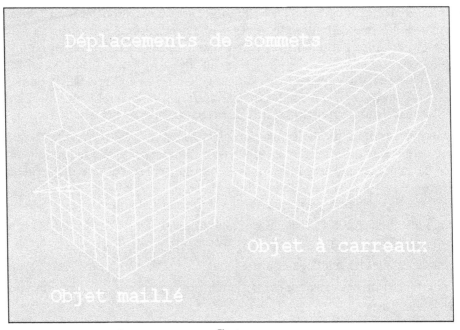

Fig.4.1

Vous pouvez créer deux types de patch : Patch quadr. et Patch tri. Le choix du type dépend des modifications que vous comptez appliquer par la suite à l'objet. La différence entre les deux types est comparable à celle qui existe entre la sphère composée de facettes rectangulaires et la géosphère composée de triangles. Au niveau des déformations, les surfaces à base de patchs rectangulaires tendent à se courber régulièrement, un peu comme une feuille de papier, tandis que celles à base de patchs triangulaires se courbent d'avantage comme du caoutchouc par exemple.

1.2. Création d'un patch quadrangulaire ou triangulaire

La procédure de création est la suivante :

1. Dans le panneau **Créer** cliquez sur **Géométrie** puis sélectionnez **Grilles surfaciques** dans la liste déroulante.

2. Dans le panneau déroulant **Type d'objet**, cliquez sur **Carreau quadr.** ou **Carreau tri**.

3. Faites glisser le curseur sur une fenêtre pour définir la longueur et la largeur du carreau (fig.4.2).

4. Pour les patchs quadr., spécifiez le nombre de segments dans les champs **Segmts long** et **Segmts largeur**. La densité des

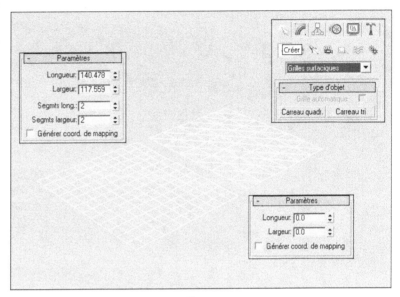

Fig.4.2

carreaux quadrangulaires augmente rapidement avec le nombre de segments. Un carreau quadrangulaire à 2 segments par côté comprend 288 faces. Le nombre maximal est de 100 segments. Un nombre élevé de segments peut réduire considérablement les performances. Pour les patchs tri, il n'est pas possible de définir des subdivisions.

5. Cochez éventuellement le champ **Générer coord. de mapping** pour générer les coordonnées de mapping utiles lors de l'application de matériaux texturés. Cette option est désactivée par défaut.

1.3. Convertir des objets maillés en patchs

En fonction de la méthode de création de l'objet maillé vous pouvez le transformer en patchs de plusieurs façons. Ainsi pour les objets Extrudés (via le modificateur Extruder ou l'objet composé Elévation) et les objets de révolution, il suffit de cocher dans la section **Sortie**, l'option **Carreau** et pour les primitives 3D il suffit de les convertir en patchs par l'option **Convertir en carreau éditable** du menu Quad. (fig.4.3).

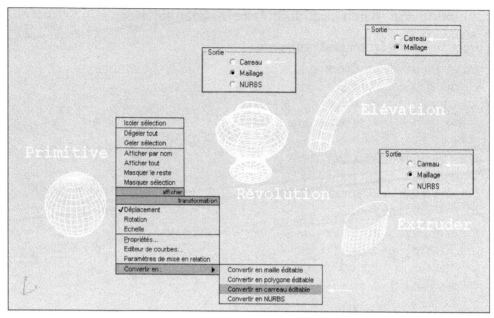

Fig.4.3

1.4. Editer les patchs

Les patchs ne présentent un intérêt réel qu'en mode édition des sous-objets. Cinq niveaux sont disponibles : Sommet, Arête, Patch, Elément et Poignée.

Les objets Patch éditable proposent les mêmes fonctions que le modificateur Editer patch. Dans la mesure où ils sont moins gourmands en traitement et en mémoire, nous vous conseillons, si possible, d'utiliser les objets Patch éditable plutôt que le modificateur Editer patch.

Lorsque vous convertissez un objet en patch éditable ou appliquez un modificateur Editer patch, 3ds max convertit la géométrie de l'objet en un groupe de patchs distincts, chaque patch étant constitué d'une structure de sommets, d'arêtes et d'une surface.

Edition au niveau sommet

Un patch comprend plusieurs types de sommets qui permettent de contrôler sa forme :

▸ **Les sommets d'angle** : chaque patch comporte quatre sommets matérialisés par des points bleus. Ces points peuvent être déplacés ou pivotés (fig.4.4). En cliquant sur un de ces points avec le bouton droit de la souris, le menu Quad. S'affiche et il est possible de modifier la propriété du sommet en question. Deux options sont disponibles :

■ **Coplanaire** : lorsque vous affectez la propriété coplanaire au point de contrôle du patch, cela équivaut à verrouiller la poignée du vecteur sortant pour ce point. Si vous déplacez une poignée attachée à un sommet coplanaire, les vecteurs opposés

ajustent leur position pour garder une surface coplanaire. Cette option par défaut permet d'obtenir des transitions sans à-coups entre les patchs.

■ **Coin** : si vous affectez la propriété Coin à un point de contrôle du patch, vous déverrouillez la poignée du vecteur sortant et pouvez ainsi créer une rupture discontinue dans la surface du patch.

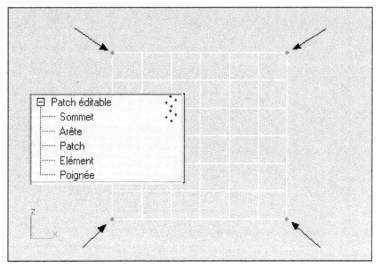

Fig.4.4

▸ **Les poignées de contrôle** : chaque sommet d'angle comporte deux poignées qui s'affichent lors de sa sélection. Ces poignées permettent de contrôler la courbure de la spline qui sort du sommet et donc aussi la courbure de la surface (fig.4.5).

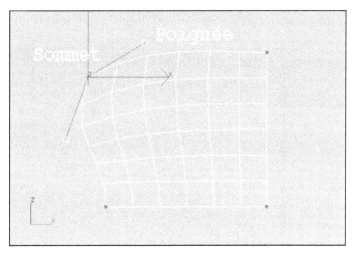

Fig.4.5

▸ **Les sommets internes** : les valeurs par défaut du programme vous permettent uniquement de sélectionner les sommets et vecteurs sur l'arête ou la limite externe du patch. Cette option est appelée Auto interne. Dans certains cas, il peut s'avérer nécessaire de déplacer les sommets internes. Par exemple, vous pouvez tordre la courbure d'un patch sans avoir à subdiviser le patch. Il est donc utile d'afficher les sommets internes. Pour cela vous devez d'abord passer en mode sous-objet Patch. Effectuez un clic droit sur le patch et dans le menu Quad. Sélectionnez Manuel interne. Revenez ensuite au mode sous-objet Sommet : les sommets internes sont maintenant visibles

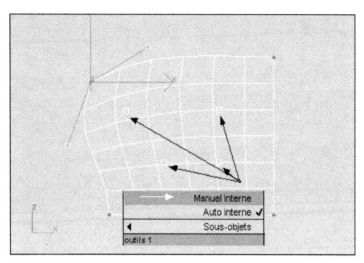

sous la forme de petits carrés jaunes. Vous pouvez les utiliser pour modifier la courbure interne du patch. Pour les rendre actifs, vous devez sélectionner au préalable l'un des sommets d'angle (fig.4.6).

Fig.4.6

En manipulant ces différents types de sommet vous pouvez très facilement modéliser des surfaces courbes comme un terrain par exemple (fig.4.7).

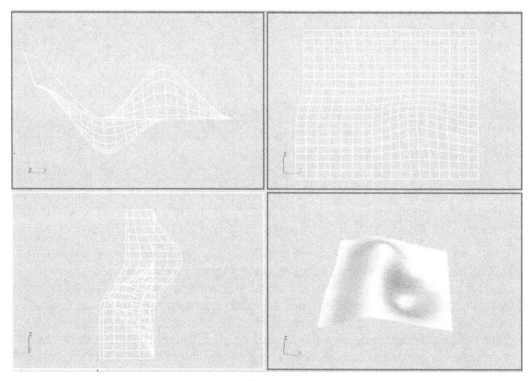

Fig.4.7

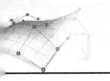

Pour construire des surfaces plus complexes il peut être utile de créer les parties séparément puis de les assembler. Au niveau des sous-objets sommet, l'opération consiste à souder des sommets.

La procédure est la suivante :

1. Sélectionnez la première surface, qui doit déjà être un patch éditable.
2. Au niveau objet, cliquez sur l'option **Attacher** de la section Géométrie.
3. Sélectionnez la seconde surface. Les deux surfaces font à présent partie du même objet.
4. Passez en mode sous-objet Sommet et sélectionnez les sommets à souder (fig.4.8).
5. A côté du bouton **Sélectionné** entrez une valeur au moins égale à la distance entre les sommets sélectionnés.
6. Cliquez sur **Sélectionné**. Les sommets se déplacent et sont joints (fig.4.9).

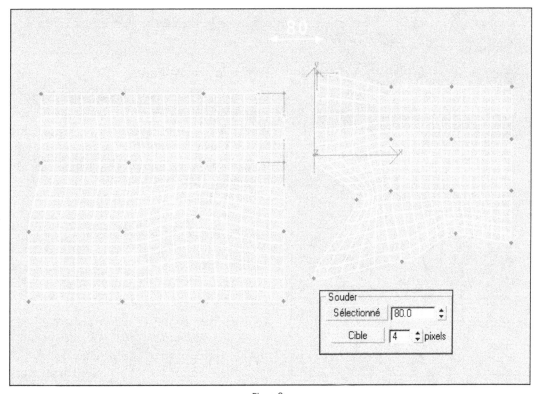

Fig.4.8

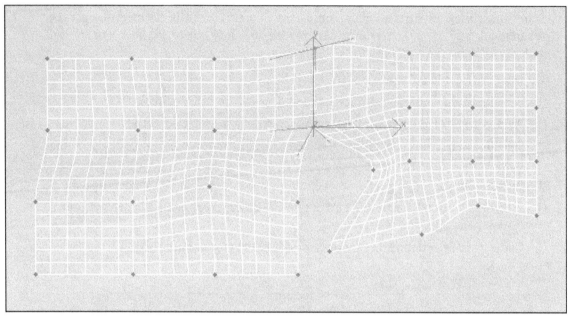

Fig.4.9

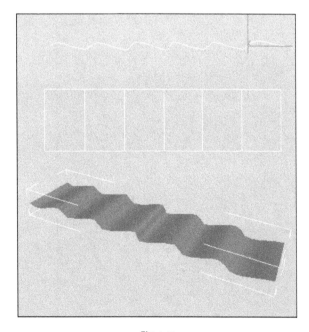

Fig.4.10

Edition au niveau arête

Une arête est la portion d'un objet patch qui se situe entre deux sommets adjacents. En mode Patch éditable (Arête), vous pouvez sélectionner un ou plusieurs segments et les déplacer, les faire pivoter et les mettre à l'échelle à l'aide des méthodes standard. Vous pouvez également déplacer une arête tout en maintenant la touche MAJ enfoncée afin de créer un nouveau patch. L'activation de la touche MAJ au cours de l'extrusion d'une arête entraîne en effet la création d'un nouvel élément. Vous pouvez aussi ajouter des patchs quadr. ou tri. à l'arête sélectionnée par la fonction Ajouter.

Tel que mentionné ci-avant, les arêtes d'un patch peuvent donc être pivotées. Un exemple simple mais qui peut être utile est la création de vagues dans un ruban plat. Il suffit pour cela de faire tourner individuellement chacune des arêtes (fig.4.10). Lors de cette opération on peut constater que les différents sommets sont toujours situés dans le même plan d'origine.

Pour Ajouter des patchs à partir d'une arête, il suffit de sélectionner l'arête puis de cliquer sur **Ajouter tri** ou **Ajouter quadr.** dans la section **Topologie**. La création d'une fleur, peut par exemple profiter de cette technique. Les figures 4.11 et 4.12 illustrent la démultiplication des patchs à partir des arêtes. Les figures 4.13 et 4.14 illustrent le déplacement des sommets vers le haut pour donner vie aux pétales. Les figures 4.15 et 4.16 illustrent le changement d'échelle des sommets pour modifier la taille des patchs.

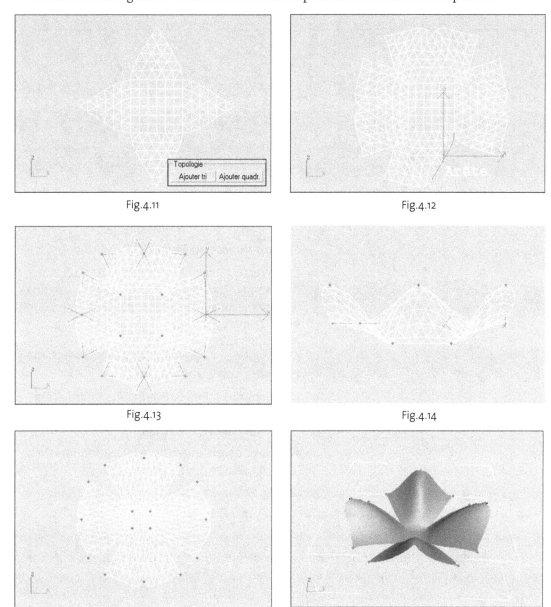

Fig.4.11

Fig.4.12

Fig.4.13

Fig.4.14

Fig.4.15

Fig.4.16

Edition au niveau patch

Un patch est une zone d'un objet patch entourée par trois ou quatre arêtes et sommets. L'édition au niveau patch est surtout utilisée pour détacher et subdiviser les patchs. Vous pouvez aussi déplacer, pivoter ou encore extruder des patchs (fig.4.17 à 4.19). En pratique, les principales opérations de modification s'effectuent cependant au niveau Sommet.

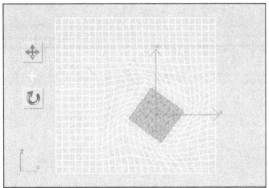

Fig.4.17

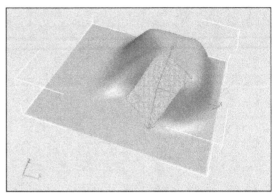

Fig.4.18

Edition au niveau Poignée

Le niveau sous-objet Poignée offre un accès direct aux poignées des sommets (ou aux vecteurs) sans devoir passer par le niveau sous-objet Sommet comme signalé plus haut. Les poignées sont encore accessibles au niveau sous-objet Sommet, mais le niveau Poignée offre les nouvelles possibilités suivantes :

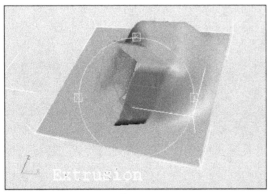

Fig.4.19

▸ Sélectionner plusieurs poignées pour la transformation et l'application d'opérations telles que Adoucissement patch.

▸ Utiliser un gizmo de transformation lors de la manipulation des poignées.

▸ Eviter le risque de transformer les sommets par inadvertance.

▸ Prendre en charge les jeux de sélections nommés des poignées.

▸ Copier et coller les poignées.

Les sélections multiples sont également possibles et les actions Déplacement, Rotation (fig.4.20 et 4.21) et Echelle agissent sur l'ensemble de la sélection.

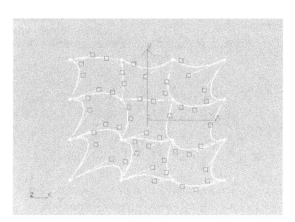

Fig.4.20

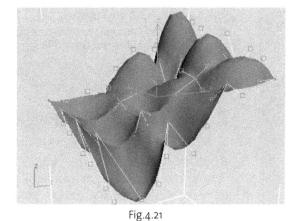

Fig.4.21

1.5. Le modificateur Editer patch

Maintenant que les splines éditables possèdent des connexions et sections croisées automatiques (fig.4.22), il devient très facile de créer des modèles de surface patch avec simplement deux modificateurs dans la pile : **Spline Editable** (ou Editer spline) et **Editer patch**. Il suffit juste de vérifier que le champ **Générer surface** soit coché dans la section **Surface spline** (fig.4.23).

Fig.4.22

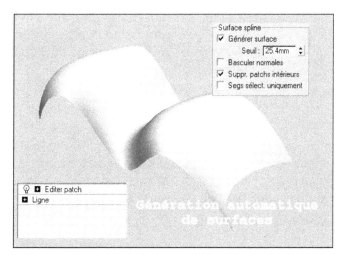

Fig.4.23

Cette méthode est très utile pour la modélisation d'objets organiques et de personnages. Après avoir créé une structure de splines, le modificateur **Editer spline** permet en effet de générer les surfaces pour finaliser l'objet.

2. Les NURBS

2.1 Introduction à la modélisation NURBS

Après les objets maillés et les objets à base de patchs, les NURBS (Non-Uniform Rational B-Spline) constituent une troisième technique de modélisation de surface et conviennent particulièrement bien lorsqu'il s'agit de la modélisation de surfaces dotées de courbes complexes (fig.4.24). En infographie, les NURBS constituent une évolution des surfaces de Bézier et des surfaces B-splines :

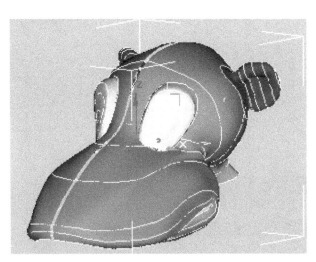

Fig.4.24 © Discreet

▶ **Surfaces de Bézier** : ce type de surface a été développé par l'ingénieur Pierre Bézier de la Régie Renault en 1972 pour la conception des carrosseries de voitures. Il s'agit d'une surface générée à partir d'une grille de M x N points de contrôle. Toute modification d'un point de contrôle provoque des interférences sur les points situés à proximité et, par la suite, sur toute la surface. Il n'est donc pas possible de contrôler localement ce type de surface.

▶ **Surfaces B-splines** : ce type de surface constitue une extension et une forme plus générale de la surface de Bézier. Elle remédie à l'inconvénient de cette dernière en permettant un contrôle local. Ce qui signifie que la forme de la surface n'est affectée que dans le voisinage du point modifié.

Les surfaces NURBS constituent la forme la plus évoluée des surfaces B-splines. Par rapport à ces dernières, elles se caractérisent par les propriétés suivantes :

▶ **Non-uniformité** : cette propriété permet de sous-diviser une surface spline, d'en accroître localement le nombre de points de contrôle sans en modifier la forme, de la couper à tout endroit pour produire deux parties. La non-uniformité caractérise aussi le fait que l'influence des sommets de contrôle sur les sommets environnants est variable en fonction entre autre du paramètre « poids » assigné à ceux-ci.

▸ **Forme rationnelle** : les surfaces sont décrites de façon précise par des équations mathématiques et donc pas par de simples approximations. L'équation rationnelle permet d'obtenir un meilleur modèle pour certaines courbes et surfaces importantes, en particulier pour les sections coniques, les cônes, les sphères, etc.

▸ **Le poids (weight)** : la forme de la surface est influencée par ce paramètre complémentaire qui est présent en chacun des points de contrôle.

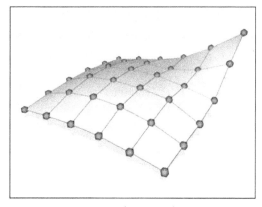

Fig.4.25 (©Discreet)

Comme les autres types de surfaces, un modèle NURBS peut être un assemblage de plusieurs sous-objets NURBS. Ainsi, un objet NURBS peut contenir deux surfaces séparées dans l'espace. Les courbes et les surfaces NURBS sont contrôlées par des sous-objets point ou sommet de contrôle (CV). Les points et les CV se comportent un peu comme les sommets d'objets spline, mis à part quelques différences.

L'objet parent dans un modèle NURBS est soit une surface NURBS, soit une courbe NURBS :

▸ **Surfaces** : il existe deux types de surfaces NURBS. Une surface de points est contrôlée par des points toujours placés sur cette dernière (fig.4.25). Une surface CV est contrôlée par des sommets de contrôle (CV). Au lieu de se situer sur la surface, les CV forment un treillis de contrôle qui entoure la surface (fig.4.26). Ce treillis est similaire à celui utilisé par les modificateurs FFD (Déformation de formes libres).

▸ **Courbes** : il existe deux types de courbes NURBS. Ils sont identiques aux deux types de surfaces disponibles. Une courbe de points est contrôlée par des points toujours placés sur cette dernière (fig.4.27). Une courbe CV est contrôlée par des CV, qui ne figurent pas nécessairement sur la courbe (fig.4.28).

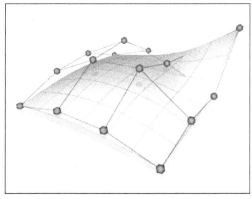

Fig.4.26 (©Discreet)

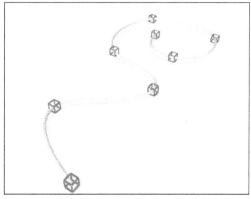

Fig.4.27 (©Discreet)

▸ **Points** : les surfaces de points et les courbes de points ont des sous-objets points. Vous pouvez également créer des sous-objets point séparés qui ne font pas partie d'une surface ou d'une courbe.

▸ **CV** : les surfaces et les courbes CV incluent des sous-objets CV. Contrairement aux points, les CV font toujours partie de la surface ou de la courbe.

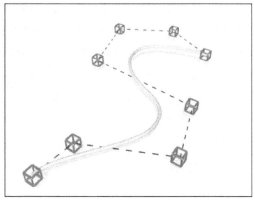

Fig.4.28 (©Discreet)

Il existe de nombreuses façons de créer des modèles NURBS :

▸ Vous pouvez créer une **courbe NURBS** à l'aide du panneau **Forme** du panneau **Créer**.

▸ Vous pouvez créer une **surface NURBS** à l'aide du panneau **Géométrie** du panneau **Créer**. Au départ, la surface aura la forme d'un rectangle plat. Vous pourrez l'éditer à l'aide du panneau de commandes Modifier.

▸ Vous pouvez transformer une **primitive géométrique standard** en objet NURBS.

▸ Vous pouvez convertir **un nœud tore** en objet NURBS.

▸ Vous pouvez transformer une primitive étendue **prisme** en objet NURBS.

▸ Vous pouvez transformer un objet **spline** (spline Bézier) en objet NURBS.

▸ Vous pouvez transformer un objet **grille surfacique** (patch Bézier) en objet NURBS.

▸ Vous pouvez transformer un objet **extrudé** en objet NURBS.

▸ Les modificateurs **Extruder** et **Révolution** vous permettent de choisir la sortie NURBS, qui crée un objet NURBS.

Dans les fenêtres, la conversion d'un objet en objet NURBS peut également être effectuée à partir du menu Quadr.. Cliquez avec le bouton droit de la souris sur l'objet puis, dans le quadrant Transformation (en bas, à droite), sélectionnez **Convertir en** puis **Convertir en NURBS**.

2.2. La création directe de surfaces NURBS

Les surfaces NURBS constituent la base des modèles NURBS. La surface initiale créée à l'aide du panneau Créer est un segment planaire comportant des points ou des CV. Elle constitue uniquement le « matériau brut » servant à créer un modèle NURBS. Une fois la surface initiale créée, vous pouvez la modifier dans le panneau Modifier en déplaçant les CV ou les points NURBS, en attachant d'autres objets, en créant des sous-objets, etc.

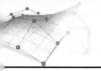

Pour créer une surface de points, la procédure est la suivante :

1. Allez au panneau **Créer**.

2. Activez **Géométrie**, puis sélectionnez **Surfaces NURBS** dans la liste déroulante.

3. Activez **Surf. points**.

4. Dans une fenêtre, faites glisser le curseur pour définir la zone du segment planaire.

5. Ajustez les paramètres de création de la surface (fig.4.29) :

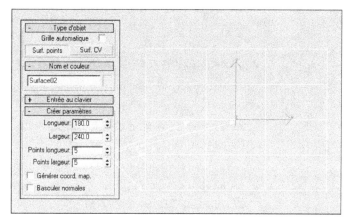

Fig.4.29

   - **Longueur et Largeur** : permettent d'entrer les dimensions de la surface, dans l'unité sélectionnée dans 3ds max.

   - **Points longueur** : entrez le nombre de points sur la longueur de la surface (le nombre initial de colonnes de points).

   - **Points largeur** : entrez le nombre de points sur la largeur de la surface (le nombre initial de lignes de points).

Pour créer une surface CV, la procédure est la suivante :

1. Allez au panneau **Créer**.

2. Activez **Géométrie**, puis sélectionnez **Surfaces NURBS** dans la liste déroulante.

3. Activez **Surf. CV**.

4. Dans une fenêtre, faites glisser le curseur pour définir la zone du segment planaire.

5. Ajustez les paramètres de création de la surface (fig.4.30) :

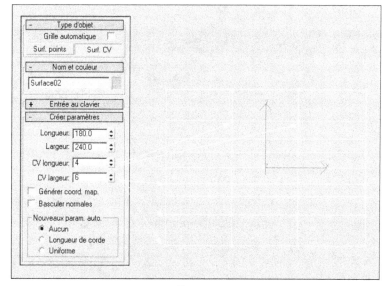

   - **Longueur** et **Largeur** : permettent d'entrer les dimensions de la surface, dans l'unité sélectionnée dans 3ds max.

Fig.4.30

> ▸ **CV longueur** : entrez le nombre de CV sur la longueur de la surface (le nombre initial de colonnes de CV).
>
> ▸ **CV largeur** : entrez le nombre de CV sur la largeur de la surface (le nombre initial de lignes de CV).

2.3. La création de surfaces NURBS à partir de courbes

Les courbes NURBS permettent de créer des surfaces NURBS de plusieurs façons différentes :

▸ Après une extrusion de la courbe, avec le paramètre sortie sélectionné sur NURBS (fig.4.31)

▸ Après une révolution de la courbe, avec le paramètre sortie sélectionné sur NURBS

▸ En mode Edition de la courbe avec les options de la section **Créer surfaces** : **Extruder**, **Révolution**, **Réglé**... (fig.4.32).

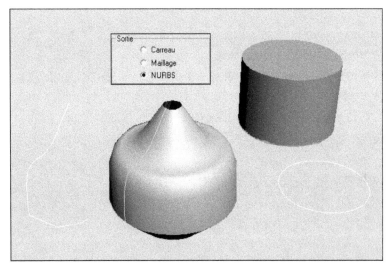

Fig.4.31

Fig.4.32

Pour créer une courbe NURBS, la procédure est la suivante (fig.4.33) :

1. Allez au panneau **Créer**.

2. Activez formes puis sélectionnez **Courbes NURBS** dans la liste déroulante.

3. Activez **Courbe points** ou **Courbe CV**.

4. Dans une fenêtre, cliquez puis faites glisser le curseur pour créer le premier point (ou CV) et le premier segment de courbe. Relâchez le bouton de la souris pour ajouter le second point (ou CV). Chaque fois que vous cliquez à une autre position, un nouveau

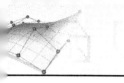

point (ou CV) est ajouté à la courbe. Cliquez avec le bouton droit de la souris pour achever la création de la courbe.

Lorsque vous créez une courbe points (ou CV), appuyez sur Retour Arrière pour supprimer le dernier point (ou CV) créé, puis les précédents, dans l'ordre inverse.

Si le champ **Dessiner dans les fenêtres** est activé, vous pouvez dessiner dans toutes les fenêtres et créer ainsi une courbe tridimensionnelle.

[5] Ajustez les paramètres de création de la courbe.

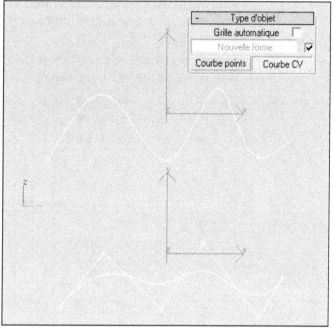

Fig.4.33

Pour créer une surface NURBS à partir de courbes NURBS, la procédure est la suivante :

[1] Créez les différentes courbes en désactivant l'option **Nouvelle forme.** De cette façon les différentes courbes font partie d'un seul objet (fig.4.34).

[2] Sélectionnez le panneau Modifier. L'accès aux sous-objets devient disponible, mais il n'est pas utile dans l'immédiat.

[3] Activez la section Créer surfaces et cliquez sur **Extrusion U**. Cette option permet de créer une surface interpolée sur plusieurs courbes.

Fig.4.34

④ Sélectionnez la première courbe puis la seconde et ainsi de suite jusqu'à la fin. La surface est ainsi générée (fig.4.35 et 4.36).

⑤ Les différentes courbes s'affichent dans la fenêtre courbe U. Vous pouvez y sélectionner une courbe et en cas de besoin activer le champ **Inverser** si l'orientation de la courbe n'est pas identique aux autres (fig.4.37 et 4.38).

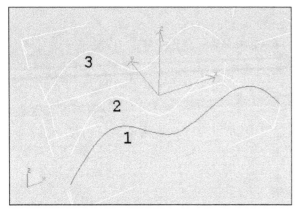

Fig.4.35

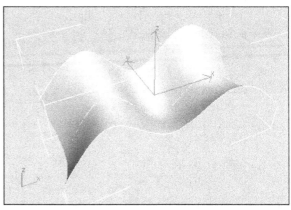

Fig.4.36

Fig.4.37

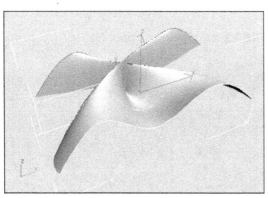

Fig.4.38

D'autres options permettent également de créer des surfaces à partir de courbes. Il s'agit de :

La surface d'extrusion : elle est extrudée à partir d'un sous-objet courbe.

Fig.4.39

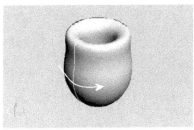

La surface de révolution : elle est générée à partir d'un sous-objet courbe.

Fig.4.40

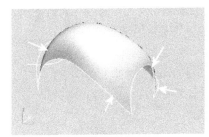

La surface extrusion UV : elle est similaire à une surface extrusion U, mais elle possède un jeu de courbes dans la dimension V, ainsi que dans la dimension U.

Fig.4.43

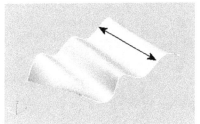

La surface réglée : elle est générée à partir de deux sous-objets courbe. Elle vous permet d'utiliser des courbes pour tracer les deux bords opposés d'une surface.

Fig.4.41

Les surfaces de balayage : elles sont créées à partir des courbes. Une surface mono-rail utilise au moins deux courbes. Une courbe, le « rail », définit une arête de la surface. Les autres courbes définissent les sections croisées de la surface.

Fig.4.44

La surface couvercle : elle crée une surface recouvrant une courbe fermée ou l'arête d'une surface fermée. Les couvercles sont particulièrement utiles dans le cas de surfaces extrudées.

Fig.4.42

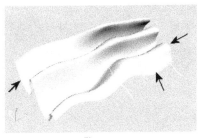

La surface double-rail : elle utilise au moins trois courbes. Deux courbes, les « rails », définissent les deux arêtes de la surface. Les autres courbes définissent les sections croisées de la surface. Une surface double-rail est similaire à une surface mono-rail. Le second rail permet de mieux contrôler la forme de la surface.

Fig.4.45

2.4. La création de surfaces NURBS à partir de primitives standard

Vous pouvez transformer une primitive standard (une boîte, une sphère...) en objet NURBS constitué de surfaces CV. Une fois converti, l'objet ne peut plus être édité paramétriquement, mais vous pouvez néanmoins l'éditer comme un objet NURBS, en déplaçant des CV, etc.

La majorité des primitives étendues ne peuvent pas être converties de cette façon mais vous pouvez néanmoins convertir celles de type nœud et prisme en objets NURBS. Vous pouvez également convertir des objets patch et des objets composés Elévation.

Pour transformer une primitive en objet NURBS, la procédure est la suivante (fig.4.46) :

☐1 Créez l'objet Primitive.

☐2 Affichez le panneau **Modifier**.

☐3 Dans l'affichage de la pile, cliquez avec le bouton droit de la souris sur le nom de l'objet.

☐4 Dans le menu contextuel, sélectionnez **Convertir en : NURBS**. La même procédure est disponible à partir du menu Quadr. L'objet est converti en une ou plusieurs surfaces CV.

☐5 Vous pouvez ensuite modifier la surface en passant en mode sous-objet pour créer les formes les plus diverses (fig.4.47).

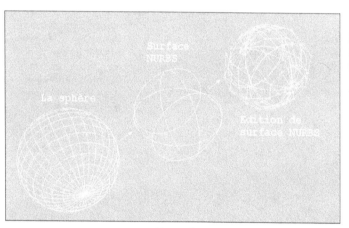

Fig.4.46

Fig.4.47

2.5. La création de courbes sur une surface NURBS

Il peut être très utile pour compléter ou modifier une surface NURBS d'y ajouter au préalable une courbe. Plusieurs techniques sont disponibles dont les deux principales sont le dessin de courbes (points ou CV) et la projection d'une courbe.

Une courbe CV sur surface est similaire à une courbe CV simple, à la différence qu'elle repose sur une surface. Il existe deux méthodes de dessin et d'édition de courbes sur surface :

▶ **Dessin de la courbe directement sur la surface** : lorsque vous positionnez un CV en cliquant avec la souris, le clic est projeté dans la dimension Z de la fenêtre. En d'autres termes, votre clic est projeté « à travers l'écran » et sur la surface. Vous pouvez ainsi créer facilement une courbe sur une surface si la partie de la surface où figurera la courbe est clairement visible dans la fenêtre. Cependant, cette méthode ne vous permet pas de positionner des CV sur des parties de la surface qui sont invisibles dans la fenêtre, étant situées sur les faces arrière, derrière une autre géométrie.

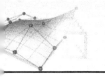
▶ **Dessin de la courbe à l'aide de la boîte de dialogue Editer courbe sur surface** : la boîte de dialogue Editer courbe sur surface vous permet de modifier une courbe sur une surface comme vous le feriez avec une courbe normale dans une fenêtre. La partie principale de la boîte de dialogue présente une vue bidimensionnelle de la surface. Les commandes proposent les principales fonctions d'édition de courbes. Lorsque vous créez une courbe CV sur surface, la bascule Vue 2D contrôle l'affichage de la boîte de dialogue Editer courbe sur surface.

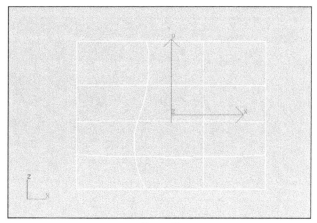

Fig.4.48

Pour ajouter une courbe point ou CV la procédure est la suivante :

1. Sélectionnez la surface concernée (fig.4.48 et 4.49).

2. Cliquez sur le panneau **Modifier**.

3. Sélectionnez la section **Créer courbes** et cliquez sur **CV sur surf.** ou **Point sur surf.** (fig.4.50).

4. Effectuez une des étapes suivantes :

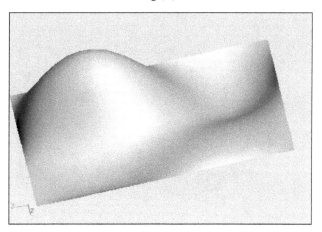

Fig.4.49

   ▶ Dessinez la courbe dans la fenêtre au-dessus de la surface à l'aide de la souris (fig.4.51).

   ▶ Activez l'affichage en 2D. Cette procédure affiche la boîte de dialogue Editer courbe sur surface, qui vous permet de créer la courbe dans une représentation bidimensionnelle (UV) de la surface. Cochez le champ Vue 2D pour activer cette option.

5. Cliquez avec le bouton droit de la souris pour achever la création de la courbe.

6. La courbe ainsi créée peut servir pour créer une extrusion ou pour découper la surface. Dans le premier cas, sélectionnez l'option **Extruder** de la section **Créer surface** et entrez une valeur (fig.4.52 et 4.53). Dans le second cas, cochez le champ **Découper** dans la section **Courbe CV (ou Point) sur surface** (fig.4.54 et 4.55).

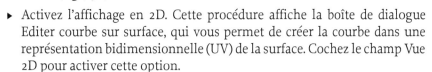

Fig.4.50

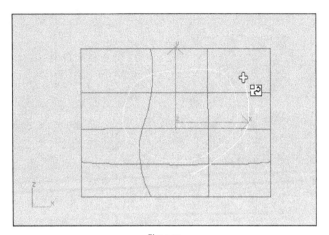

Fig.4.51

Fig.4.52

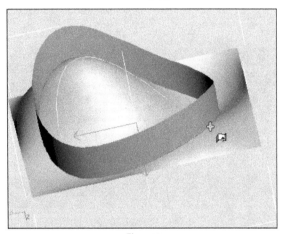

Fig.4.53

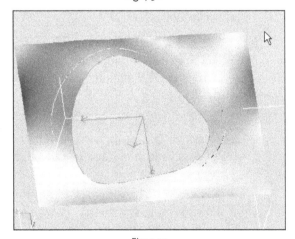

Fig.4.55

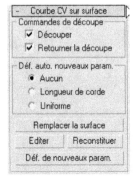

Fig.4.56

Au niveau de la projection de courbes, deux options sont disponibles :

▸ **Une courbe projetée normale :** elle est basée sur une courbe originale, projetée sur la surface dans la direction des normales de la surface.

▸ **Une courbe projetée de vecteur :** elle est très similaire à une courbe projetée normale, mais la projection de la courbe originale sur la surface se fait dans la direction d'un vecteur que vous pouvez contrôler.

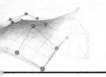

Pour créer une courbe projetée normale, la procédure est la suivante :

1. Sélectionnez l'objet NURBS contenant au moins un sous-objet surface et courbe (fig.4.56). Par exemple une surface courbe et un cercle intégré dans l'objet NURBS par l'option Attacher.

2. Activez l'option **Proj. normale** dans le panneau déroulant **Créer courbes**.

3. Cliquez sur la courbe, puis sur la surface où vous souhaitez placer la courbe projetée normale (fig.4.57).

Si la courbe peut être projetée sur la surface dans la direction normale de cette dernière, la courbe projetée est créée. La courbe originale parent peut se prolonger « au-delà de l'arête de la surface ». La courbe projetée est créée uniquement à l'endroit où la projection et la surface s'entrecoupent.

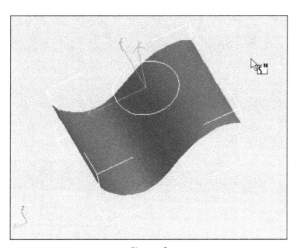
Fig.4.56

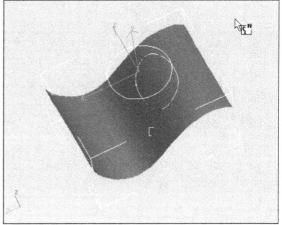
Fig.4.57

Pour créer une courbe projetée de vecteur, la procédure est la suivante :

1. Sélectionnez l'objet NURBS contenant au moins un sous-objet surface et courbe. Par exemple une surface courbe et un cercle intégré dans l'objet NURBS par l'option Attacher.

2. Activez l'option **Proj. vectorielle** dans le panneau déroulant **Créer courbes**.

3. Cliquez sur la courbe, puis sur la surface où vous souhaitez placer la courbe projetée vectoriellement (fig.4.58).

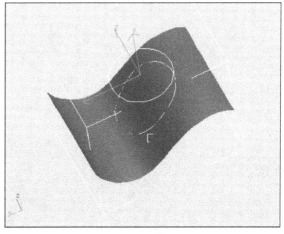
Fig.4.58

[4] La direction initiale du vecteur correspond à celle de l'affichage. En d'autres termes, le vecteur est tourné dans la direction opposée lorsque vous regardez la fenêtre. Si la courbe peut être projetée dans cette direction sur la surface, la courbe de projection est créée. La courbe originale parent peut se prolonger « au-delà de l'arête de la surface ». La courbe de projection est créée uniquement à l'endroit où la projection et la surface s'entrecoupent.

2.6. L'édition sous-objet des NURBS

Une façon de modifier un modèle consiste à transformer ses sous-objets. Vous pouvez ainsi changer la courbure et la forme du modèle de façon interactive. La transformation de points ou de CV est particulièrement utile pour ajuster la forme d'une courbe ou d'une surface NURBS. Ainsi à partir d'une surface NURBS plane de base vous pouvez très rapidement créer un buste utilisé par les couturiers. La procédure est la suivante pour la face avant du buste :

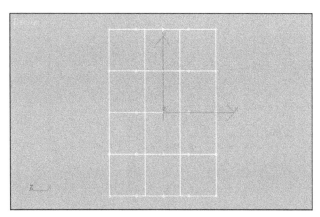

Fig.4.59

[1] Créez une surface points de 60 x 40 cm et 5 points sur la longueur et la largeur (fig.4.59).

[2] Sélectionnez la surface et cliquez sur l'onglet **Modifier**.

[3] Sélectionnez le sous-objet **Point** (fig.4.60).

[4] Dans la vue de face sélectionnez les points A et B en tenant la touche CTRL enfoncée (fig.4.61).

Fig.4.60

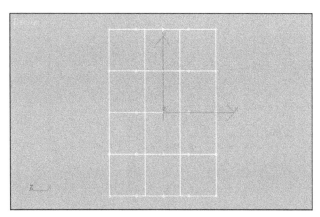

Fig.4.61

5. Cliquez sue l'icône de verrouillage de sélection pour ne pas perdre la sélection.

6. Dans la vue gauche, déplacez les points sélectionnés vers la droite pour créer le buste (fig.4.62).

7. Désélectionnez le verrouillage et activez la vue de face.

8. Déplacez les points supérieurs et inférieurs vers le bas (fig.4.63).

9. Sélectionnez les trois points centraux à l'avant-dernière ligne.

10. Verrouillez la sélection.

11. Dans la vue de gauche, déplacez les points vers la droite (fig.4.64).

12. Désélectionnez le verrouillage et activez la vue de face.

13. Sélectionnez les rangées verticales de points à gauche et à droite (fig.4.65).

14. Verrouillez la sélection.

15. Dans la vue de gauche, déplacez les points vers la gauche.

16. Désélectionnez le verrouillage et activez la vue de face.

17. Sélectionnez les points de la troisième rangée.

18. Cliquez sur l'icône **Sélection et Echelle non uniforme**.

19. Pointez l'axe des X et déplacez la sélection vers la gauche (fig.4.66). La surface avant est ainsi terminée (fig.4.67).

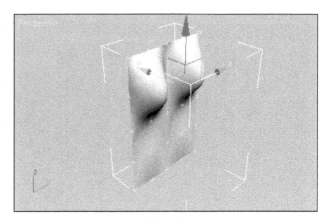

Fig.4.62

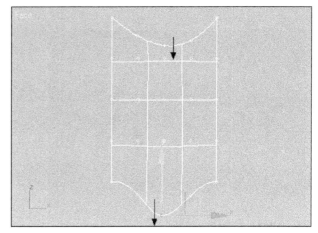

Fig.4.63

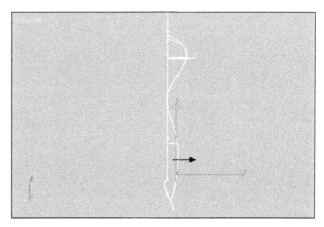

Fig.4.64

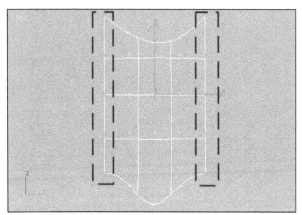

Fig.4.65

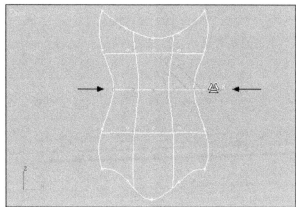

Fig.4.66

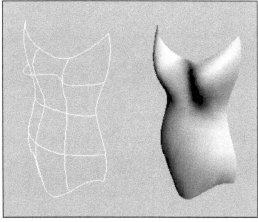

Fig.4.67

A partir de points, de courbes et de surfaces la modélisation de surfaces NURBS en sous-objets permet de créer une multitude d'objets quotidiens comme une chaussure par exemple.

La procédure est la suivante :

1. Dans la vue **Dessus**, créez le contour de la chaussure à l'aide d'une courbe NURBS CV (fig.4.68).

2. Sélectionnez la courbe et passez en mode Modification.

3. Activez en sous-objet l'option **CV courbe** et déplacez les points pour obtenir la forme illustrée aux figures 4.69 et 4.70.

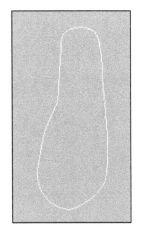

Fig.4.68

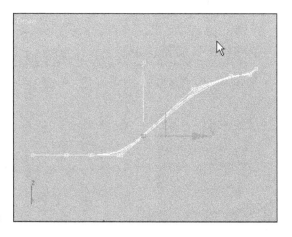

Fig.4.69

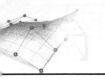

4. Dans la vue de droite, effectuez une copie de la forme un peu au-dessus. Modifiez la première courbe comme illustrée sur la figure 4.71.

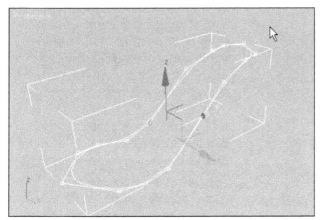

Fig.4.70

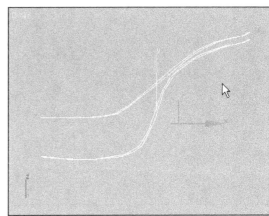

Fig.4.71

5. Attachez les deux courbes pour faire un seul objet (fig.4.72).

6. Passez en mode Sous objet et sélectionnez **Courbe** puis l'option **Rompre** (fig.4.73) pour couper les deux courbes en deux parties chacune (fig.4.74).

Fig.4.72

Fig.4.73

Fig.4.74

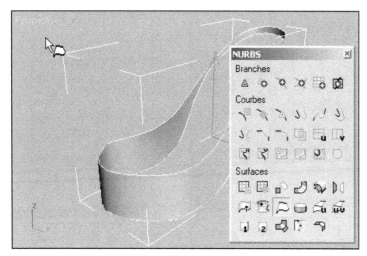

Fig.4.75

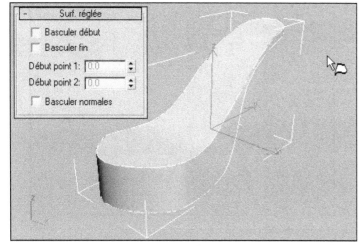

Fig.4.76

7. Passez en mode Objet et ouvrez la boîte à outils **Création NURBS**.

8. Sélectionnez le bouton **Créer surface réglée** et pointez les deux couples de courbes pour générer deux surfaces réglées (fig.4.75). Faites de même pour la partie supérieure et inférieure (fig.4.76). Il peut arriver qu'il soit utile d'activer les champs **Basculer début** et/ou **Basculer normales** pour avoir une surface correcte.

9. Pour construire le reste de la chaussure il est utile de dédoubler les deux courbes supérieures par la fonction **Créer courbe de transformation** de la boîte à outils **NURBS**. Ces courbes ne doivent pas être déplacées.

10. Cachez toutes les courbes sauf les deux courbes de transformation. Pour cela passez en mode Sous-objet **Courbe** et utilisez l'option **Masquer par nom**. Sélectionnez les courbes et cliquez sur **Masquer** (fig.4.77).

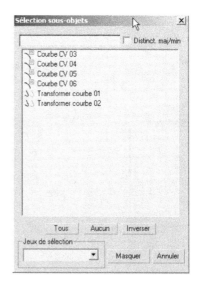

Fig.4.77

☐11 Pour cacher les surfaces passez en mode **Objet** et dans le panneau **Général** décochez le champ **Surfaces** (fig.4.78).

☐12 Activez le bouton **Créer point de courbe** de la boîte à outils **NURBS** et créez 12 points sur la courbe (fig.4.79).

Fig.4.78

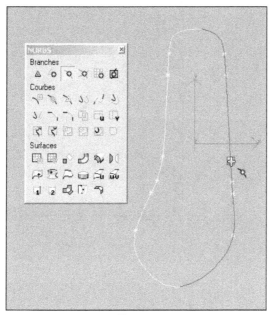

Fig.4.79

☐13 Créez 6 nouvelles courbes à l'aide de la fonction **Courbe d'ajustement**. Utilisez les accrochages NURBS pour pointer correctement les points (fig.4.80).

☐14 En mode Sous-objet **Point**, activez l'option **Affiner Courbe** et ajoutez deux points sur chacune des six nouvelles courbes (fig. 4.81).

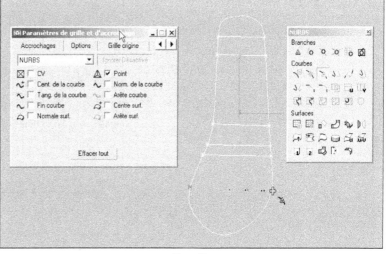

Fig.4.80

[15] Modifiez la position des deux points intérieurs sur chacune des courbes pour modéliser les différentes lanières de la chaussure (fig.4.82-4.83).

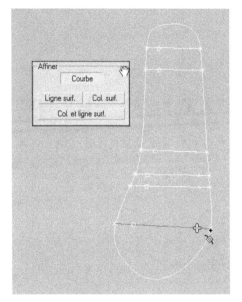

Fig.4.81

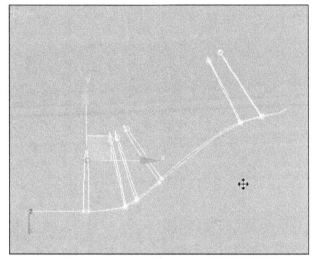

Fig.4.82

[16] Affinez les deux courbes arrière en ajoutant quatre points (fig.4.84).

[17] Déplacez les points pour orienter correctement les deux courbes (fig.4.85).

[18] Créez une surface réglée entre les deux courbes et réactivez l'affichage des surfaces pour voir le résultat (fig.4.86).

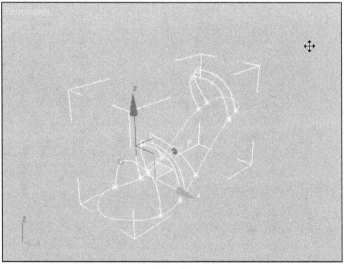

Fig.4.83

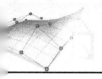

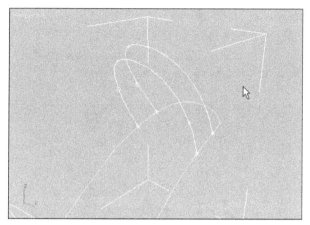

Fig.4.84

Fig.4.85

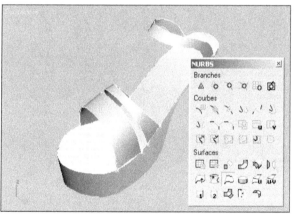

Fig.4.86

Fig.4.87

19 Créez encore deux courbes selon la même procédure pour la fermeture arrière de la chaussure et joignez-les par une surface réglée (fig.4.87 et 4.88).

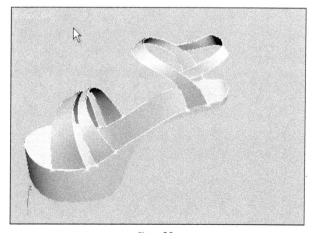

Fig.4.88

20. Il reste à créer le talon. Pour cela réactivez d'abord l'affichage de toutes les courbes en passant en sous-objet **Courbe** et en cliquant sur l'option **Afficher tout**.

21. Créer une série de points de courbe sur la courbe inférieure à l'arrière de la chaussure et reliez ces points par une courbe de points (fig.4.89).

Fig.4.89

22. Sélectionnez la courbe ainsi créée et cliquez sur **Rendre indépendant**.

23. Copiez et déplacez la courbe vers le bas et appliquez un changement d'échelle non uniforme dans la direction Y pour ramener tous les points au même niveau.

24. Appliquez une surface réglée entre les deux courbes (fig.4.90).

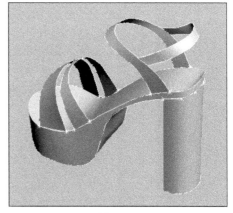

Fig.4.90

㉕ Pour profiler le talon, créez deux courbes Iso-U sur la surface du talon (fig.4.91).

㉖ Supprimez la surface du talon et créez une surface d'extrusion U en reliant les quatre courbes du talon (fig.4.92).

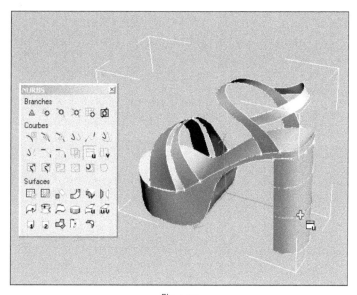

Fig.4.91

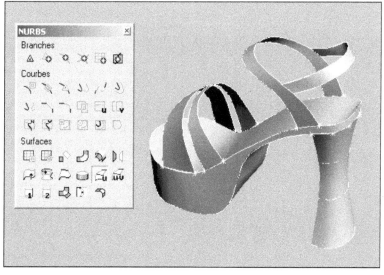

Fig.4.92

CHAPITRE 5
LA MODÉLISATION PAR COMBINAISON D'OBJETS

Outre les opérations booléennes (voir chapitre 2) et l'extrusion de formes le long d'un chemin (voir chapitre 3) il existe une série d'autres techniques de modélisation qui se basent sur la combinaison d'objets existants pour en créer d'autres. Il s'agit principalement de :

▸ **L'objet composé Maillage liquide** : encore dénommé Métaboules (ou Metaballs en anglais) cette technique crée un ensemble de sphères à partir de géométries ou de particules, et connecte les sphères afin de donner l'impression d'une substance molle ou liquide (fig.5.1).

▸ **L'objet composé Dispersion** : cette technique disperse de façon aléatoire l'objet source sélectionné sous la forme d'un réseau ou sur la surface d'un objet de distribution. Cela permet de créer des formes irrégulières comme un rocher ou de l'herbe (fig.5.2).

▸ **L'objet composé Conforme** : cette technique permet de créer un assemblage par projection des sommets d'un objet, appelé enveloppe, sur la surface d'un autre objet, appelé objet enveloppé. L'objet Conforme permet par exemple de placer une route sur une colline (fig.5.3).

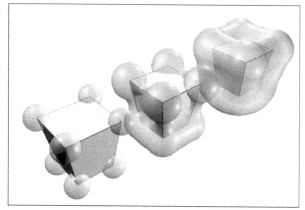

Fig.5.1

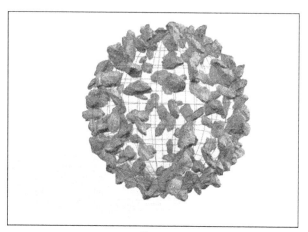

Fig.5.2

Fig.5.3

> **L'objet composé Fusion Forme :** cette technique permet de projeter une ou plusieurs formes 2D sur un objet maillé. Après la fusion, les formes sont soit imbriquées dans le maillage, soit soustraites du maillage.

> **L'objet composé Pro Cutter :** cette technique comparable à Fusion Forme accepte en plus des formes 2D extrudées ainsi que des géométries 3D.

1. L'objet composé Maillage liquide

1.1. Introduction

L'objet composé « Maillage liquide » crée un ensemble de sphères à partir de géométries ou de particules, et connecte les sphères afin de donner l'impression d'une substance molle ou liquide. Lorsque les sphères atteignent un seuil de rapprochement déterminé, celles-ci se connectent. Lorsqu'elles s'éloignent les unes des autres, elles prennent de nouveau une forme sphérique. Dans le domaine de la 3D, le terme général décrivant des sphères possédant cette fonction est « métaboules » ou plutôt « metaballs » en anglais. Cette méthode de modélisation a été introduite pratiquement en même temps aux USA par James Blinn en 1982 sous le nom de « Blob » et au Japon en 1983 par H. Nishimura, sous le nom de « Metaballs », dans le but de modéliser des molécules. Une version améliorée de cette technique fut présentée par Wyvill et McPheeters en 1986 sous le nom de « Soft objects ». De façon imagée on peut assimiler les metaballs à des gouttes de mercure qui se combinent (fig.5.4).

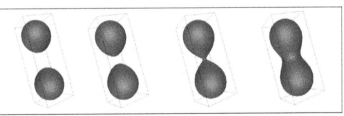

Fig.5.4

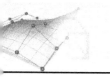

Dans le cas de 3ds max, l'objet composé « Maillage liquide » génère des métaboules basées sur les objets choisis dans la scène, ces métaboules formant quant à elles un maillage liquide. Ce maillage liquide est idéal pour la simulation de liquides épais et de substances molles se déplaçant et coulant lorsqu'ils sont animés. Lorsque vous associez un objet ou un système de particules à un objet composé Maillage liquide, les métaboules sont placées et dimensionnées différemment en fonction de l'objet utilisé pour les générer :

▸ **Pour les géométries et les formes** : une métaboule est placée sur chaque sommet, la taille de chacune d'entre elles étant déterminée par la taille de l'objet Maillage liquide d'origine.

▸ **Pour les particules** : une métaboule est placée sur chaque particule, la taille de chaque métaboule étant déterminée par la taille de la particule sur laquelle elle est basée.

▸ **Pour les assistants** : une métaboule est placée au point de pivotement, la taille des métaboules étant déterminée par l'objet Maillage liquide d'origine.

1.2. La création d'un maillage liquide à partir de géométrie ou d'assistants

La procédure est la suivante :

1. Créez un ou plusieurs objets assistants ou formes géométriques. Par exemple un cube.

2. Cliquez sur **Maillage liquide**, puis cliquez dans une vue pour créer la métaboule initiale (fig.5.5).

3. Ouvrez le panneau **Modifier**.

4. Dans la zone **Objets Fluide**, cliquez sur **Ajouter**. Sélectionnez les objets à utiliser pour la création des métaboules. Dans notre exemple, le cube. Une métaboule apparaît sur chaque sommet du cube (fig.5.6).

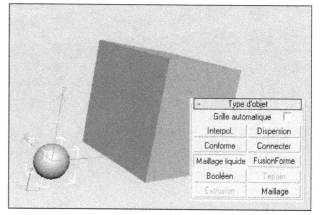

Fig.5.5

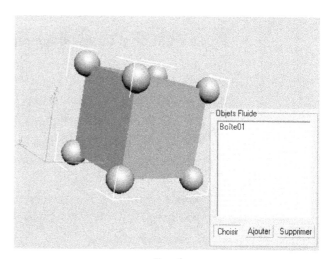

Fig.5.6

5 Dans le panneau déroulant **Paramètres**, définissez le paramètre **Taille** de sorte que les métaboules se connectent les unes aux autres (fig.5.7).

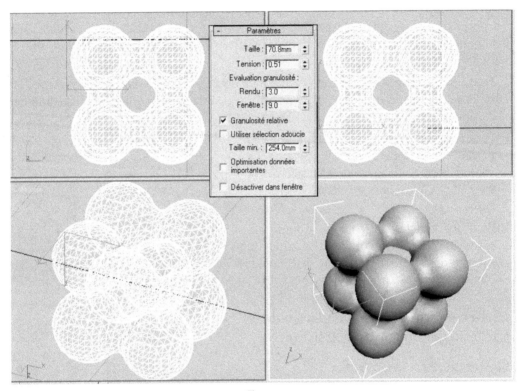

Fig.5.7

1.3. La création d'un maillage liquide à partir d'un système de particules

Lors de l'utilisation d'un maillage liquide avec un système de particules, une métaboule est créée à l'emplacement de chaque particule. La taille des métaboules correspond à la taille des particules. La procédure est la suivante :

1 Dans le panneau **Créer**, cliquez sur **Géométrie** et sélectionnez **Systèmes de particules** dans la liste (voir aussi chapitre 10).

2 Sélectionnez par exemple **Goutelettes** et pointez deux points à l'écran pour positionner le système (fig.5.8).

3 Dans le panneau **Paramètres**, entrez les valeurs suivantes (qui peuvent être modifiées à tout moment) (fig.5.9) :

▸ **Section Particules**

▪ Nombre fenêtres : 50 (nombre de particules visibles à l'écran)

- Nombre rendus : 50 (nombre de particules visibles lors du rendu)
- Taille de goutte : 50 (cette valeur donnera la taille des métaboules)

▸ **Section Emetteur**

- Largeur : 200
- Longueur : 200

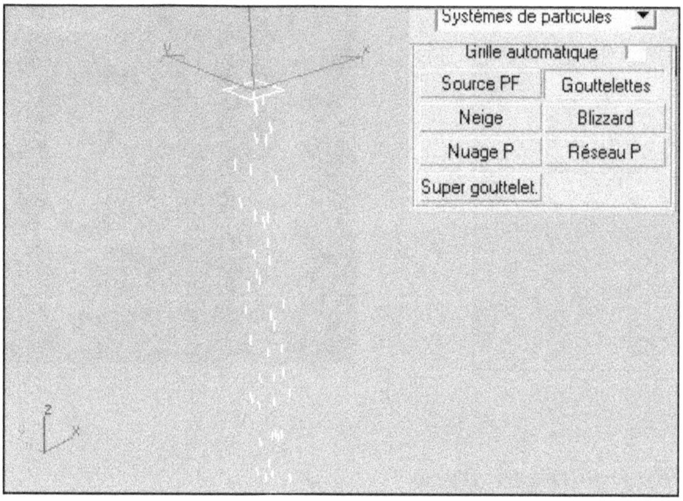

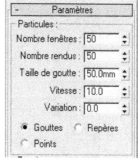

Fig.5.9

Fig.5.8

4. Déplacez la glissière du temps sur 50 pour voir les particules.

5. Cliquez sur le panneau **Créer** puis **Objets composés** et sélectionnez **Maillage liquide**.

6. Cliquez dans une vue pour créer la métaboule initiale (fig.5.10).

7. Ouvrez le panneau **Modifier**.

8. Dans la zone **Objets Fluide**, cliquez sur **Ajouter**. Sélectionnez le système de particules. Une métaboule apparaît sur chaque particule du système (fig.5.11).

9. Pour modifier l'aspect, effectuez les réglages suivants :

▸ **Dans le panneau Paramètres du maillage liquide :**

- Tension : 0.1
- Rendu : 1.0
- Fenêtre : 1.0

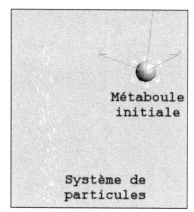

Fig.5.10

▸ **Dans le panneau déroulant du système de particules :**

  ▪ Taille de goutte : 100 ou 200 (modifie la taille des métaboules) (fig.5.12)

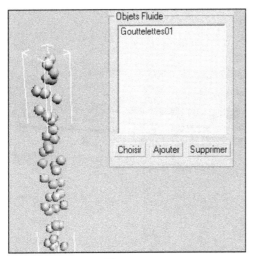

Fig.5.11

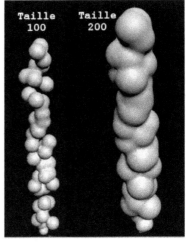

Fig.5.12

1.4. Les options du maillage liquide

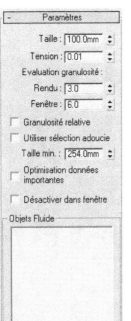

Fig.5.13

Pour le panneau déroulant Paramètres (fig.5.13) :

▸ **Taille** : permet de définir le rayon des métaboules pour les objets autres que les particules. Pour les particules, la taille des métaboules correspond à la taille de chaque particule, définie par les paramètres du système de particules. Valeur par défaut = 20.

REMARQUE

La taille du rendu des métaboules est affectée par le paramètre Tension. Lorsque celui-ci est défini sur sa valeur minimale, le rayon des métaboules reflète avec fidélité le paramètre Taille. Une valeur élevée provoque un resserrement de la surface, réduisant ainsi la taille des métaboules.

▸ **Tension** : permet de définir le resserrement ou relâchement de la surface. Les valeurs inférieures permettent d'obtenir une surface plus libre. Les valeurs possibles de ce paramètre sont comprises entre 0.01 et 1. Valeur par défaut = 1.0.

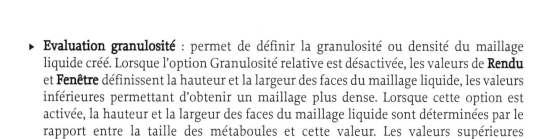

- **Evaluation granulosité** : permet de définir la granulosité ou densité du maillage liquide créé. Lorsque l'option Granulosité relative est désactivée, les valeurs de **Rendu** et **Fenêtre** définissent la hauteur et la largeur des faces du maillage liquide, les valeurs inférieures permettant d'obtenir un maillage plus dense. Lorsque cette option est activée, la hauteur et la largeur des faces du maillage liquide sont déterminées par le rapport entre la taille des métaboules et cette valeur. Les valeurs supérieures permettent dans ce cas d'obtenir un maillage plus dense. La valeur par défaut de Rendu est 3,0 et celle de Fenêtre est 6,0.

- **Granulosité relative** : permet de spécifier l'utilisation des valeurs de granulosité. Si cette option est désactivée, les valeurs de granulosité dans la fenêtre et lors du rendu correspondent à des valeurs absolues, la hauteur et la largeur de chaque face du maillage liquide étant toujours égales à la valeur de granulosité. Ainsi, les faces du maillage liquide conservent une taille fixe, même si les métaboules changent de taille. Si cette option est par contre activée, la taille des faces du maillage liquide est basée sur le rapport entre la taille de métaboule et la granulosité, ce qui provoque une modification de la taille des faces lorsque les métaboules grossissent ou rétrécissent. Cette valeur est désactivée par défaut.

- **Optimisation données importantes** : cette option permet l'utilisation d'une autre méthode pour le calcul et l'affichage du maillage liquide. Cette méthode est plus efficace que la méthode par défaut uniquement lorsque le nombre de métaboules est important, par exemple au-delà de 2 000. Activez uniquement cette option lors de l'utilisation d'un système de particules ou d'un autre objet produisant un nombre important de métaboules. Cette valeur est désactivée par défaut.

- **Désactiver dans fenêtre** : désactive l'affichage des maillages liquides dans les fenêtres. Les maillages liquides apparaissent néanmoins lors des rendus. Cette valeur est désactivée par défaut.

- **Utiliser sélection adoucie** : si la sélection adoucie a été utilisée sur la géométrie ajoutée au maillage liquide, l'activation de cette option provoque l'utilisation de la sélection adoucie pour la taille et le positionnement des métaboules. Les métaboules sont placées aux sommets sélectionnés et possèdent la taille définie par le paramètre **Taille**. Si l'option Utiliser sélection adoucie est désactivée pour le maillage liquide ou pour la géométrie, des métaboules sont placées sur tous les sommets de la géométrie. Cette valeur est désactivée par défaut.

- **Taille min.** : définit la taille minimale des métaboules dans l'intervalle d'atténuation lorsque l'option Utiliser sélection adoucie est activée. Valeur par défaut = 10.0.

- **Choisir** : permet de choisir à l'écran des objets ou des systèmes de particules à ajouter au maillage liquide.

- **Ajouter** : affiche une boîte de dialogue de sélection dans laquelle vous pouvez choisir des objets ou systèmes de particules à ajouter au maillage liquide.

- **Supprimer** : supprime du maillage liquide les objets ou systèmes de particules.

Fig.5.14

Pour le panneau déroulant Paramètres Particle Flow (fig.5.14) :

Cette partie n'est à utiliser que si vous avez ajouté un système Particle Flow au maillage liquide et que vous souhaitez que les particules génèrent des métaboules lors d'événements spécifiques.

- **Tous les événements Flux de particules** : lorsque cette option est activée, tous les événements Particle Flow provoquent la génération de métaboules. Lorsqu'elle est désactivée, seuls les événements Particle Flow indiqués dans la liste Evénements PFlow génèrent des métaboules.

- **Ajouter** : affiche une liste d'événements Particle Flow que vous pouvez sélectionner et ajouter à la liste Evénements PFlow.

- **Supprimer** : supprime l'événement sélectionné de la liste Evénements PFlow.

2. L'objet composé Dispersion

L'objet composé Dispersion permet de disperser de façon aléatoire un objet source sous la forme d'un réseau ou sur la surface d'un autre objet dénommé « objet de distribution ». Cela permet par exemple de créer facilement une forêt d'arbres ou un objet recouvert d'aspérités.

2.1. La création d'un objet Dispersion sans objet de distribution

Pour disperser un objet sans objet de distribution, la procédure est la suivante :

1. Créez l'objet qui sera l'objet source. Cet objet doit être maillé ou pouvoir être converti en objet maillé. Si l'objet sélectionné n'est pas valide, le bouton Dispersion sera grisé.

2. Sélectionnez l'objet source puis cliquez sur le bouton **Dispersion** dans le panneau **Objets composés.**

3. Choisissez **Utiliser transform. seulement** dans le panneau déroulant **Objets dispersion** et la section **Zone Distribution**.

4. Dans le champ **Doubles**, spécifiez le nombre de copies de l'objet source que vous souhaitez disperser. Par exemple 10.

5. Ajustez les réglages dans le panneau déroulant **Transformations** pour définir les décalages de transformation aléatoires de l'objet. Par exemple : **Translation locale** X :200, Y :200 et échelle X :40 (fig.5.15 – 5.16).

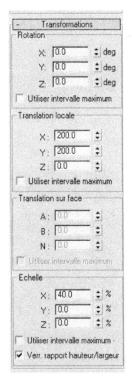

Fig.5.15

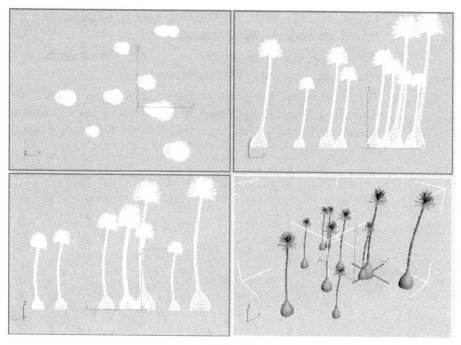

Fig.5.16

2.2. La dispersion d'un objet source avec un objet de distribution

Pour disperser un objet de base sur une surface de dispersion, la procédure est la suivante :

1. Créez l'objet qui sera l'objet source (Par exemple : une boîte déformée).

2. Créez l'objet qui sera l'objet de distribution (Par exemple : une sphère).

3. Sélectionnez l'objet source puis cliquez sur le bouton **Dispersion** dans le panneau **Objets composés**.

4. Choisissez le mode de clonage de l'objet de distribution (Référence, Copie, Déplacement ou Instance).

5. Cliquez sur **Choisir objet distribution** puis sélectionnez l'objet que vous souhaitez utiliser comme objet de distribution.

6. Assurez-vous que l'option **Utiliser objet distribution** du panneau déroulant **Objets Dispersion** est bien sélectionnée.

7. Dans le champ **Doubles**, définissez le nombre de copies à disperser. Par exemple : 70. Ceci n'est pas nécessaire si vous utilisez la méthode de distribution Tous les sommets, Tous les milieux d'arête ou Tous les centres de face.

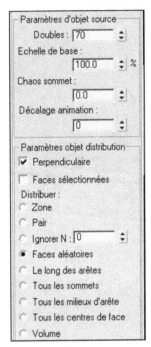

Fig.5.17

⑧ Choisissez un mode de distribution dans la zone **Paramètres objet distribution**. Par exemple : **Faces aléatoires** (fig.5.17-5.18).

⑨ Vous pouvez également ajuster les champs **Transformation** de façon à transformer les copies de façon aléatoire.

⑩ Si l'affichage est trop lent ou les maillages trop compliqués, il est conseillé de sélectionner **Proxy** sur le panneau déroulant **Affichage**, ou de réduire le pourcentage de copies affiché en réduisant le pourcentage affiché.

Fig.5.18

2.3. Les options de l'objet composé Dispersion

Panneau déroulant Choisir objet distribution

Il contient les options de sélection d'un objet distribution (fig.5.19).

▸ **Objet** : affiche le nom de l'objet de distribution sélectionné à l'aide du bouton Choisir.

▸ **Choisir objet distribution** : permet de sélectionner l'objet de la scène que vous voulez définir comme objet de distribution.

▸ **Référence/Copie/Déplacement/Instance** : permet de définir le mode de transfert de l'objet distribution vers l'objet dispersion.

Panneau déroulant Objets dispersion

Les options de ce panneau déroulant vous permettent de définir les caractéristiques de dispersion de l'objet source.

▸ **Zone Distribution :** cette zone permet de choisir la méthode de dispersion de l'objet source.

■ **Utiliser objet distribution** : disperse l'objet source en fonction de la géométrie de l'objet distribution.

■ **Utiliser transform. seulement** : ces options ne nécessitent pas d'objet distribution. Des copies de l'objet source sont positionnées en fonction des valeurs de décalage définies dans le panneau déroulant Transformations. Si toutes les valeurs de décalage de la transformation sont égales à 0, toutes les copies occuperont la même position, et le réseau ne sera pas visible.

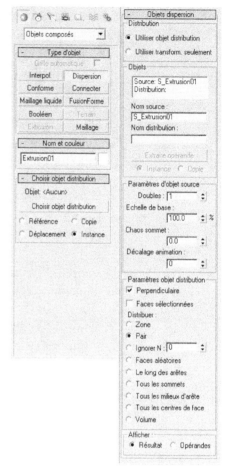

▶ **Zone Objets** : cette zone contient une fenêtre affichant la liste des objets composant l'objet Dispersion.

■ **Liste** : cliquez et sélectionnez un objet dans cette fenêtre afin de pouvoir accéder à celui-ci dans la pile.

■ **Nom source** : ce champ d'édition vous permet de renommer l'objet source contenu dans l'objet composé Dispersion.

■ **Nom distribution** : permet de renommer l'objet distribution.

■ **Extraire opérande** : extrait une copie ou une instance de l'opérande sélectionné. Pour activer ce bouton, choisissez un opérande dans la liste.

■ **Instance/Copie** : cette option permet d'indiquer si l'opérande est extrait en tant qu'instance ou en tant que copie.

Fig. 5.19

▶ **Zone Paramètres d'objet source** : ces options permettent de modifier localement l'objet source.

■ **Doubles** : spécifie le nombre de copies de l'objet source que vous souhaitez disperser. La valeur Doubles est ignorée si vous distribuez les copies en utilisant les options Centres de face ou Sommets. Dans ce cas, une copie est placée à chaque sommet ou centre de face, selon votre sélection.

■ **Echelle de base** : modifie l'échelle de l'objet source. Cette modification se répercute de manière identique sur chaque copie. Cette mise à l'échelle a lieu avant toute autre transformation.

■ **Chaos sommet** : applique une perturbation aléatoire aux sommets de l'objet source.

■ **Décalage animation** : permet de définir le décalage, en nombre d'images, de l'animation de la copie de chaque objet source par rapport à la copie précédente. Vous pouvez utiliser cette fonction pour produire une animation de type ondes.

▶ **Zone Paramètres objet distribution** : ces options définissent la façon dont les copies de l'objet source sont dispersées, en fonction de l'objet de distribution. Elles n'ont un effet que dans la mesure ou un objet de distribution est utilisé.

- **Perpendiculaire** : lorsque cette option est sélectionnée, chaque copie est orientée perpendiculairement à la face, au sommet ou à l'arête de l'objet de distribution auquel elle est associée. Si l'option est désactivée, les copies conservent l'orientation de l'objet source d'origine.

- **Faces sélectionnées** : lorsque cette option est activée, la distribution est limitée aux faces transmises plus haut dans la pile. Vous pouvez ainsi appliquer un modificateur Sélection maillage à l'objet original choisi et sélectionner uniquement les faces que vous voulez utiliser pour la distribution des copies.

- **Distribuer** : les options suivantes permettent de spécifier la manière dont la géométrie de l'objet de distribution détermine la distribution de l'objet source. Ces options sont ignorées si vous n'utilisez pas d'objet de distribution.

  - **Zone** : lorsque cette option est sélectionnée, les copies sont distribuées de manière régulière sur la surface totale disponible de l'objet de distribution.

  - **Pair** : lorsque cette option est sélectionnée, le nombre de faces de l'objet de distribution est divisé par le nombre de copies. La distribution des copies est ensuite effectuée sur les faces correspondantes de l'objet de distribution.

  - **Ignorer N** : ignore N faces lors du placement des copies. Le champ d'édition vous permet de spécifier le nombre de faces devant être ignorées avant de placer les copies suivantes. Lorsque la valeur est égale à 0, aucune face n'est ignorée. Lorsqu'elle est égale à 1, une face sur deux est ignorée, et ainsi de suite.

  - **Faces aléatoires** : les copies sont appliquées de façon aléatoire sur la surface de l'objet de distribution.

  - **Le long des arêtes** : les copies sont appliquées de façon aléatoire aux arêtes de l'objet de distribution.

  - **Tous les sommets** : une copie de l'objet est placée à chaque sommet de l'objet de distribution. La valeur Doubles n'est pas prise en compte.

  - **Tous les milieux d'arête** : une copie est placée au milieu de chaque arête de segment.

  - **Tous les centres de face** : une copie de l'objet est placée au centre de chaque face triangulaire de l'objet de distribution. La valeur Doubles n'est pas prise en compte.

  - **Volume** : disperse les objets dans tout le volume de l'objet de distribution. Toutes les autres options limitent la distribution à la surface. Il est conseillé d'activer l'option Masquer objet distribution du panneau déroulant Affichage lorsque vous utilisez cette option.

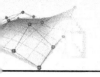

- ▶ **Zone Afficher**
  - ■ **Résultat/Opérandes** : cette option permet d'afficher avant la dispersion les résultats de l'opération de dispersion ou les opérandes.

Panneau déroulant Transformations

Les options de ce panneau déroulant vous permettent d'appliquer des décalages de transformation aléatoires à chacune des copies de l'objet (fig.5.20).

- ▶ **Zone Rotation :** spécifie les valeurs de rotation aléatoires.
  - ■ **X, Y, Z deg** : entrez les valeurs de la rotation aléatoire autour de l'axe X, Y ou Z local de chaque copie.
  - ■ **Utiliser intervalle maximum** : lorsque cette option est activée, les trois paramètres sont modifiés pour correspondre à la valeur maximale. Les deux autres paramètres sont désactivés et seul celui contenant la valeur la plus élevée reste activé.

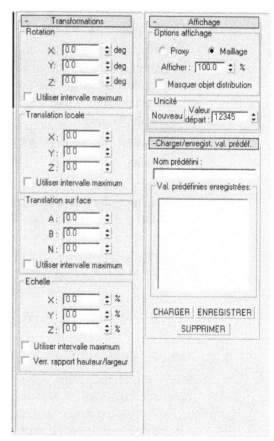

- ▶ **Zone Translation locale** : cette zone permet d'effectuer une translation des copies sur leurs axes locaux.
  - ■ **X, Y, Z** : entrez le déplacement aléatoire maximal autorisé dans la direction de l'axe X, Y ou Z de chaque copie.
  - ■ **Utiliser intervalle maximum** : lorsque cette option est activée, les trois paramètres sont modifiés pour correspondre à la valeur maximale. Les deux autres paramètres sont désactivés et seul celui contenant la valeur la plus élevée reste activé.
- ▶ **Zone Translation sur face** : permet de spécifier la translation des copies le long des coordonnées de face barycentriques de la face associée dans l'objet de distribution. Ces paramètres n'ont aucun effet si vous n'utilisez pas d'objet de distribution.
  - ■ **A, B, N** : les deux premiers paramètres spécifient les coordonnées barycentriques sur la surface de la face tandis que le paramètre N définit le décalage le long de la normale de la face.

Fig.5.20

- **Utiliser intervalle maximum** : lorsque cette option est activée, les trois paramètres sont modifiés pour correspondre à la valeur maximale. Les deux autres paramètres sont désactivés et seul celui contenant la valeur la plus élevée reste activé.

▸ **Zone Echelle** : permet de définir l'échelle des copies sur leurs axes locaux.

- **X, Y, Z %** : spécifie le pourcentage de mise à l'échelle aléatoire le long des axes X, Y ou Z de chaque copie.
- **Utiliser intervalle maximum** : lorsque cette option est activée, les trois paramètres sont modifiés pour correspondre à la valeur maximale. Les deux autres paramètres sont désactivés et seul celui contenant la valeur la plus élevée reste activé.
- **Verr. rapport hauteur/largeur** : cochez cette case pour conserver le rapport hauteur/largeur d'origine de l'objet source. En règle générale, ceci permet une mise à l'échelle uniforme des copies.

Panneau déroulant Affichage

▸ **Zone Options d'affichage :** ces options affectent l'affichage des objets source et destination.

- **Proxy** : affiche les copies de l'objet source sous la forme d'un simple triangle, ce qui accélère les rafraîchissements de fenêtre lors de la manipulation d'un objet dispersion complexe. Ceci n'affecte pas le rendu d'image, qui affiche toujours les copies maillées.
- **Maillage** : affiche la géométrie complète des copies.
- **Afficher %** : spécifie le pourcentage du nombre total de copies d'objet qui sera affiché dans les fenêtres. Ceci n'affecte pas le rendu de la scène.
- **Masquer objet distribution** : masque l'objet de distribution. Dans ce cas, l'objet masqué n'apparaît ni dans les fenêtres, ni dans le rendu de la scène.

▸ **Zone Unicité** : permet de définir une valeur de départ qui servira de base à toutes les valeurs aléatoires. Ceci modifie la distribution d'ensemble de la dispersion.

- **Nouveau** : génère une nouvelle valeur de départ aléatoire.
- **Valeur départ** : utilisez cette double flèche pour définir la valeur de départ.

Panneau déroulant Charger/enregist. valeurs prédéf.

Permet d'enregistrer des valeurs prédéfinies afin de les utiliser dans d'autres objets dispersion. Ainsi, une fois tous les paramètres relatifs à un réseau spécifique définis, et celui-ci enregistré sous un nom déterminé, vous pouvez alors sélectionner un autre système de réseau, puis charger les valeurs prédéfinies dans le nouveau système.

- **Nom prédéfini** : permet de définir un nom pour vos paramètres. Cliquez sur le bouton Enregistrer pour enregistrer les paramètres courants sous le nom prédéfini.
- **Val. prédéfinies enregistrées** : fenêtre affichant la liste des noms de valeurs prédéfinies enregistrées.
- **Charger** : charge la valeur prédéfinie sélectionnée dans la liste Val. prédéfinies enregistrées.
- **Enregistrer** : enregistre le nom courant entré dans le champ Nom prédéfini et l'ajoute à la liste Val. prédéfinies enregistrées.
- **Supprimer** : supprime les éléments sélectionnés dans la liste Val. prédéfinies enregistrées.

REMARQUE

Les valeurs de paramètres animés au-delà de l'image 0 ne sont pas enregistrées.

---

3. L'objet composé Conforme

L'objet composé Conforme est créé par projection des sommets d'un objet, appelé enveloppe, sur la surface d'un autre objet, appelé objet enveloppé. Cette technique permet par exemple de placer une route sur une colline.

3.1. L'objet composé Conforme pour projeter une route sur un terrain

☐ Créez l'objet représentant le terrain. Il est possible de réaliser rapidement un terrain en créant une grille surfacique (voir chapitre 4) (fig.5.21) et en lui appliquant le modificateur **Bruit** (voir chapitre 8) (fig.5.22). Pour la route, vous pouvez utiliser un objet composé Extrusion en extrudant un rectangle le long d'une courbe (voir chapitre 3) (fig.5.23). Les deux objets doivent posséder un niveau de détail suffisamment élevé pour s'accorder de manière appropriée.

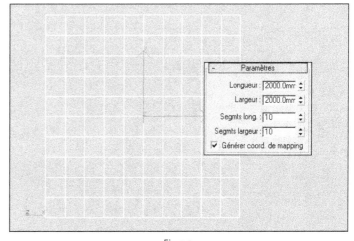

Fig.5.21

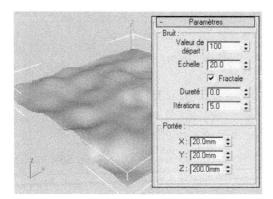

Fig.5.22

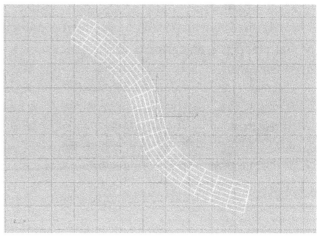

Fig.5.23

2 Orientez la route et le terrain afin de les observer depuis le dessus dans la fenêtre Dessus. Positionnez la route pour que celle-ci soit surélevée par rapport au terrain (plus élevée sur l'axe Z). Pour que la projection d'objet Conforme fonctionne correctement, la route ne doit pas dépasser les limites du terrain, telles qu'elles sont observées depuis la fenêtre Dessus.

3 Sélectionnez l'objet représentant la route.

4 Cliquez sur la commande **Conforme.**

5 Dans le panneau déroulant **Choisir objet enveloppé**, vérifiez que l'option **Instance** est sélectionnée.

6 Cliquez sur **Choisir objet enveloppé** et cliquez sur le terrain. Une instance de l'objet représentant le terrain est créée, qui possède la même couleur d'objet que la route.

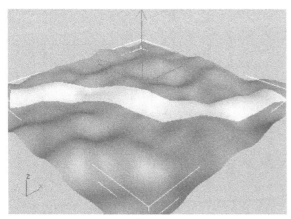

7 Activez la fenêtre **Dessus**. Dans le panneau déroulant Paramètres > Zone Direction projection sommet, choisissez **Utiliser fenêtre active** et cliquez sur **Recalculer projection**.

8 Dans la zone **Mettre à jour**, activez **Masquer objet enveloppé**. Vous masquez ainsi l'instance du terrain, pour distinguer clairement la route qui y est projetée (fig.5.24).

Fig.5.24

⑨ Dans la zone **Paramètres enveloppe** du panneau déroulant **Paramètres**, la valeur de **Distance écartement** définit le nombre d'unités séparant la route du terrain le long de l'axe Z.

⑩ Si nécessaire, ajustez la valeur de **Distance écartement** pour élever ou abaisser la route.

3.2. Les options de l'objet composé Conforme

Plusieurs options permettent de configurer la projection d'un objet sur un autre. Il s'agit de :

Panneau déroulant Choisir objet enveloppé (fig.5.25)

▸ **Objet** : affiche le nom de l'objet enveloppé sélectionné.

▸ **Choisir objet enveloppé** : permet de sélectionner l'objet que vous voulez envelopper avec l'objet courant.

▸ **Référence/Copie/Déplacement/Instance** : permet de définir le mode de transfert de l'objet enveloppé vers l'objet conforme. Vous pouvez le transférer en tant que référence, copie ou instance, ou le déplacer.

Panneau déroulant Paramètres

Contient tous les paramètres de l'objet Conforme.

▸ **Zone Objets** : comporte une fenêtre de liste et deux champs d'édition qui vous permettent de naviguer dans l'objet composé et de renommer ses composants.

■ **Liste** : affiche les objets Enveloppe et Enveloppé. Cliquez pour sélectionner un objet dans la fenêtre, afin d'y accéder dans la pile des modificateurs.

■ **Nom enveloppe** : permet de renommer l'objet Enveloppe d'un objet composé conforme.

■ **Nom objet à enveloppe** : permet de renommer l'objet enveloppé.

▸ **Zone Direction projection sommet** : permet de choisir l'une des sept options pour définir la projection des sommets.

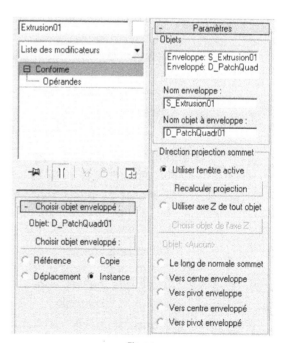

Fig.5.25

- **Utiliser fenêtre active** : lorsque cette option est activée, la projection des sommets s'effectue vers l'intérieur, c'est-à-dire dans la direction opposée à la fenêtre active.

- **Recalculer projection** : recalcule la direction de projection pour la fenêtre active. La direction étant affectée dès que vous choisissez l'objet à envelopper, si vous voulez changer de fenêtre après l'affectation, cliquez sur ce bouton pour recalculer la direction en fonction de la nouvelle fenêtre active.

- **Utiliser axe Z de tout objet** : permet de sélectionner l'axe Z local de n'importe quel objet de la scène comme direction. Une fois un objet affecté, la direction de la projection des sommets peut être modifiée en faisant pivoter l'objet de direction.

- **Choisir objet de l'axe Z** : cliquez sur cette option puis sur l'objet que vous voulez utiliser pour indiquer la direction de la source de projection.

- **Objet** : affiche le nom de l'objet de direction.

- **Le long de normale sommet** : projette les sommets de l'objet enveloppe vers l'intérieur, le long de la direction inverse de ses normales de sommet. Une normale de sommet est un vecteur résultant de la moyenne des normales de toutes les faces jointes à ce sommet. Si l'enveloppe contient un objet enveloppé, elle adopte la forme de celui-ci.

- **Vers centre enveloppe** : projette les sommets vers le centre d'encadrement de l'enveloppe.

- **Vers pivot enveloppe** : projette les sommets vers le centre pivot d'origine de l'enveloppe.

- **Vers centre enveloppé** : projette les sommets vers le centre d'encadrement de l'objet enveloppé.

- **Vers pivot enveloppé** : projette les sommets vers le centre pivot de l'objet enveloppé.

▶ **Zone Paramètres enveloppe** : fournit les options permettant de définir la distance à laquelle les sommets sont projetés (fig.5.26).

- **Distance de projection par défaut** : distance de laquelle un sommet de l'objet enveloppe se déplacera par rapport à sa position d'origine s'il ne croise pas l'objet enveloppé.

- **Distance écartement** : distance maintenue entre le sommet de l'objet enveloppe et la surface de l'objet enveloppé. Si vous réglez par exemple la distance d'écartement sur 5, les sommets ne pourront pas être distants de moins de 5 unités de la surface de l'objet enveloppé.

- **Utiliser sommets sélectionn.** : lorsque cette option est activée, seuls les sous-objets sommet sélectionnés de l'enveloppe sont écartés. Lorsque cette option est désac-

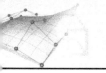

tivée, tous les sommets de l'objet sont projetés, qu'ils soient ou non sélectionnés dans la pile des modificateurs. Pour accéder à la pile de l'objet Enveloppe, sélectionnez celui-ci dans la liste puis ouvrez la pile et sélectionnez le nom de l'objet de base. A ce niveau, vous pouvez appliquer un modificateur Sélection maillage et sélectionner par exemple les sommets auqxuels ce modificateur doit être appliqué.

Fig.5.26

▸ **Zone Mise à jour** : les éléments affichés dans cette zone déterminent à quel moment la projection de l'objet composé est recalculée. Ces options vous permettent d'éviter des mises à jour trop fréquentes dans le cas d'objets composés complexes.

- **Toujours** : l'objet est constamment mis à jour.

- **Pendant rendu** : l'objet est mis à jour uniquement lors du rendu de la scène.

- **Manuellement** : active le bouton Mettre à jour pour recalculer manuellement.

- **Mettre à jour** : recalcule la projection.

- **Masquer objet enveloppé** : masque l'objet enveloppé.

▸ **Zone Afficher** : détermine si les opérandes forme sont affichés ou pas.

- **Résultat** : affiche le résultat de l'opération.

- **Opérandes** : affiche les opérandes.

4. L'objet composé FusionForme

L'objet composé FusionForme permet de projeter une ou plusieurs formes 2D sur un objet maillé. Après la fusion, les formes sont soit imbriquées dans le maillage, ce qui modifie l'arête et les motifs des faces, soit soustraites du maillage. La procédure est la suivante :

1. Créez un objet maillé et une ou plusieurs formes (Par exemple une sphère et un texte).

2. Alignez les formes dans la fenêtre de telle façon qu'elles puissent être projetées en direction de la surface de l'objet maillé.

3. Sélectionnez le type d'opération : **Découper** ou **Fusionner**. Par exemple **Découper**.

4. Sélectionnez l'objet maillé (la sphère) puis cliquez sur **FusionForme**.

[5] Cliquez sur **Choisir forme** puis sélectionnez la forme voulue (le texte). La géométrie de la surface de l'objet maillé est modifiée de façon à ce qu'un modèle correspondant à celui de la forme sélectionnée soit imbriqué dans celle-ci (fig.5.27).

Fig.5.27

Les options sont les suivantes (fig.5.28) :

Section Opérandes

▸ **Liste d'opérandes :** répertorie tous les opérandes dans l'objet composé. L'objet maillé constitue le premier opérande. Il peut être suivi de n'importe quel nombre d'opérandes basés sur des formes.

▸ **Nom :** nom de l'objet de base.

▸ **Supprimer forme :** supprime les formes sélectionnées de l'objet sélectionné.

▸ **Extraire opérande :** extrait une copie ou une instance de l'opérande sélectionné. Pour activer ce bouton, choisissez un opérande dans la liste.

▸ **Instance/Copie :** permet de spécifier la méthode d'extraction de l'opérande. Il peut être extrait en tant qu'instance ou en tant que copie.

Section Opération

Ces options déterminent la manière dont la forme est appliquée au maillage.

▸ **Découper :** découpe la forme dans la surface de l'objet maillé.

▸ **Fusionner :** fusionne la forme avec la surface de l'objet maillé.

▸ **Inverser :** inverse l'effet des options Découper ou Fusionner.

Fig.5.28

L'effet est évident lorsqu'il s'agit de l'option Découper. Lorsque l'option Inverser est désactivée, la forme est un trou dans l'objet maillé. Lorsqu'elle est activée, la forme est solide et le maillage disparaît. Pour Fusionner, la fonction Inverser inverse la sélection du maillage sous-objet. Si vous fusionnez par exemple une forme circulaire et que vous appliquez Extrusion face, la zone circulaire est extrudée lorsque Inverser est désactivée alors que lorsque Inverser est activée, tout est extrudé à l'exception de la zone circulaire.

Section sous-maillage sortie

Les options de cette zone vous permettent de spécifier le niveau de sélection qui sera passé aux modificateurs plus haut dans la pile. L'objet FusionForme stocke tous les niveaux de sélection, c'est-à-dire qu'il stocke les sommets, les faces et les arêtes de la forme fusionnée avec l'objet (si vous appliquez un modificateur Sélection maillage, puis vous déplacez à différents niveaux sous-objet, vous verrez que la forme fusionnée est sélectionnée). Ainsi, si vous sélectionnez FusionForme puis appliquez un modificateur qui opère à un niveau spécifique (par exemple Extrusion face), ce modificateur opérera correctement.

- **Aucune :** vous obtiendrez l'objet complet.
- **Face :** vous obtiendrez les faces de la forme fusionnée à la sortie.
- **Arête :** seules les arêtes de l'objet fusionné seront obtenues à la sortie.
- **Sommet :** les sommets définis par la spline de la forme seront obtenus à la sortie.

5. L'objet composé ProCutter

Cette fonction est disponible dans 3ds max uniquement via le programme de souscription. Elle est comparable à FusionForme avec l'utilisation d'un objet maillé ainsi qu'une ou plusieurs formes. La différence réside dans le faite qu'elle accepte des formes 2D extrudées ainsi que des géométries 3D. La procédure est la suivante :

1. Créez deux objets. Par exemple une boîte est un cylindre (fig.5.29).
2. Sélectionnez la boîte puis sélectionnez **Créer** › **Géométrie** › **Compound Objects** (liste déroulante) › **ProCutter**.
3. Cliquez sur **Pick Cutter Objects** et sélectionnez la sphère. Le résultat est un objet composé ayant la couleur du premier objet sélectionné (la boîte). Le

Fig.5.29

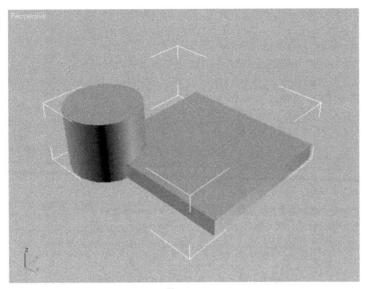

Fig.5.30

résultat n'est pas extraordinaire car il correspond à la fonction Attacher (Objet Poly) ou à une opération booléenne (fig.5.30).

④ Annuler l'opération pour explorer les autres possibilités.

⑤ Sélectionnez la boîte et cliquez sur **Pick Stock Objects** puis sélectionnez le cylindre. En fonctions des options de la section **Cutter Parameters** on obtient (fig.5.31) : le cylindre découpé, la partie commune au cylindre et à la boîte, la boîte découpée.

⑥ Cela ressemble toujours à des opérations booléennes. Par contre en cumulant les trois options et en y ajoutant les options **Auto Extract Mesh** et **Explode By Elements** on obtient une extraction automatique des différents fragments (fig.5.32), ce qui peut présenter un grand intérêt pour l'animation (décomposition d'un objet en plusieurs morceaux).

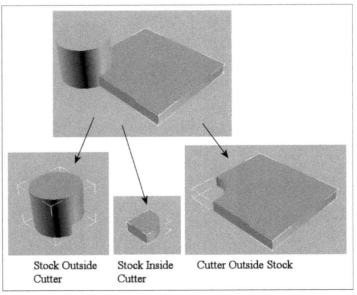

Stock Outside Cutter   Stock Inside Cutter   Cutter Outside Stock

Fig.5.31

7. Dans l'exemple qui suit, nous avons coupé la théière (Stock Objects) par une série de splines extrudées (Cutter Objects) (fig.5.33 – 5.34).

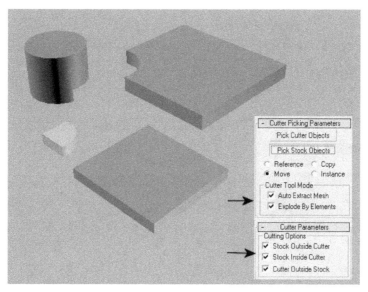

Fig.5.32

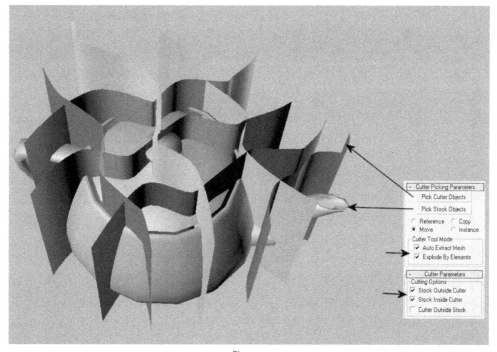

Fig.5.33

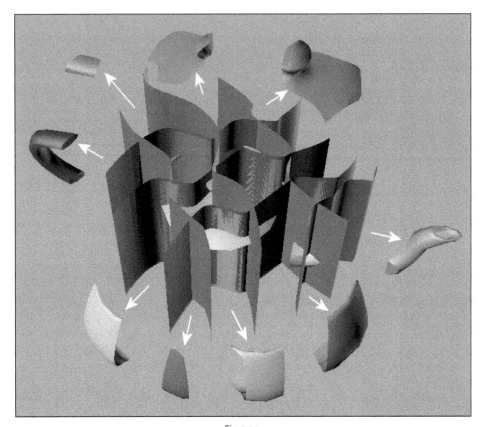

Fig.5.34

CHAPITRE 6
LA MODÉLISATION ARCHITECTURALE

1. Introduction

Si vous êtes architecte, plusieurs solutions sont disponibles si vous souhaitez vous lancer dans la visualisation 3D et le rendu de vos projets. Si vous ne disposez pas d'outils de CAO pour créer au préalable votre projet, 3ds max 8 vous permettra de le modéliser avec une série de fonctions spécifiques dont (fig.6.1) :

▸ **Objets AEC étendu** : pour créer et modifier des murs, ajouter des arbres et des plantations et placer des croisillons.

▸ **Escaliers** : pour créer des escaliers de type droit, en L, en U ou en colimaçon.

▸ **Portes** : pour créer des portes de type pivotante, coulissante ou en accordéon.

▸ **Fenêtres** : pour créer des fenêtres de type fixe, battante, pivotante, canadienne, coulissante ou avec auvent.

Fig.6.1

Dans le cas où vous disposez d'un outil de CAO pour modéliser votre projet, plusieurs formules s'offrent à vous selon l'outil utilisé :

▸ **AutoCAD** : 3ds max 8 permet d'importer ou de lier des fichiers (2D ou 3D) au format DWG jusqu'à la dernière version 2006.

▸ **Autodesk Architectural Desktop** : 3ds max 8 permet d'importer ou de lier des fichiers d'ADT 2006 à condition que l'utilitaire Object Enabler soit installé.

▸ **Autodesk Revit** : 3ds max 8 permet d'importer ou de lier des fichiers Revit à condition qu'ils soient au format DWG.

▸ **VIZ Render** : 3ds max 8 permet d'ouvrir directement les fichiers issus de VIZ Render (format DRF) (fig.6.2).

▸ **Autodesk Inventor** : 3ds max 8 permet d'importer des fichiers d'Autodesk Inventor si ce dernier est installé sur le même poste.

▸ **Autres produits (hors Autodesk)** : 3ds max 8 permet d'importer des fichiers aux formats DXF et IGES.

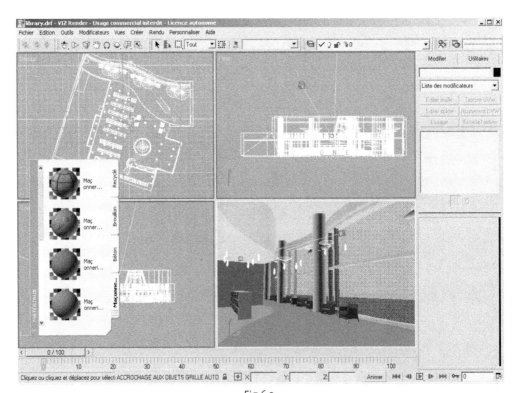

Fig.6.2

D'autres outils pour la modélisation et la visualisation en architecture sont également disponibles dans 3ds max 8. Il s'agit de :

▸ **Objet composé Terrain** : la fonction Terrain permet de produire des objets terrain à partir d'une série de splines éditables représentant des courbes de niveau.

▸ **Le plug-in Easynat** : il permet de générer des plantes en spécifiant une série de paramètres dont l'âge, le diamètre, la hauteur et la saison (fig.6.3).

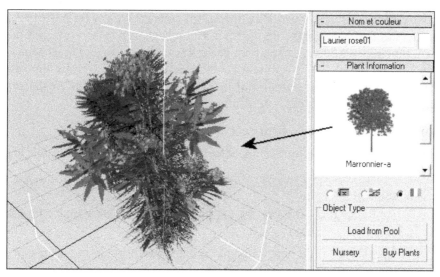

Fig.6.3

▸ **Le correcteur de perspective à deux points de vue** : il permet de générer automatiquement une perspective à deux points de vue à partir de n'importe quelle caméra.

▸ **Exportation de panorama** : il permet de générer une vue panoramique 360° avec rendu pour la réalisation de présentations interactives pouvant être affichées dans des navigateurs de type QuickTime VR ou autres.

2. Les objets architecturaux

Les objets architecturaux de 3ds max 8 sont destinés en particulier aux architectes, décorateurs d'intérieur, promoteurs immobiliers et ingénieurs civils. Ils comportent des fonctions telles que Terrain, Feuillage, Portes, Fenêtres, Escaliers, Croisillons, Murs, etc. simplifiant la conception en trois dimensions.

2.1. Les murs

L'objet Mur est défini par une largeur, une hauteur et une longueur. Il est composé de trois types de sous-objets que vous pouvez éditer dans le panneau Modifier. Tout comme vous pouvez éditer les splines, vous pouvez éditer l'objet Mur, ses sommets, ses segments et son profil. Lorsque vous créez deux segments de mur qui se rencontrent en un coin, max supprime toute géométrie doublée, il nettoie en quelque sorte le coin. 3ds max peut automatiquement créer des ouvertures dans un mur, pour les portes et les fenêtres. En même temps, il peut relier les portes et les fenêtres au mur, en tant qu'enfants. La façon la plus efficace d'effectuer ces deux opérations consiste à créer les portes et les fenêtres directement sur un segment de mur par accrochage aux faces, sommets ou arêtes de l'objet Mur. Si vous déplacez, mettez à l'échelle ou faites pivoter l'objet Mur, la porte ou la fenêtre liée se déplace, est mise à l'échelle ou pivote avec le mur. En outre, si vous changez la largeur ou la hauteur globale d'une porte ou d'une fenêtre dans le panneau Modifier, le trou reflétera ces modifications.

Pour créer un mur, la procédure est la suivante :

1. Dans l'onglet **Créer**, cliquez sur **Géométrie** puis dans la liste déroulante sélectionnez **AEC étendu**.

2. Sélectionnez **Mur**.

3. Définissez les paramètres **Largeur**, **Hauteur** et **Justification** du mur (fig.6.4).

4. Cliquez dans n'importe quelle fenêtre, relâchez la souris, rallongez le segment du mur de la longueur que vous voulez et cliquez de nouveau. Cela crée un segment de mur. Vous pouvez terminer le mur en cliquant avec le bouton droit de la souris ou poursuivre pour créer un autre segment de mur.

5. Pour ajouter un autre segment de mur, faites glisser le segment de mur suivant pour lui donner la longueur désirée et cliquez une nouvelle fois. Si vous créez une pièce en terminant un segment au bout d'un autre segment du même objet Mur, max affiche la boîte de dialogue **Voulez-vous souder le point ?** Vous pouvez, à partir de cette boîte de dialogue, convertir les deux sommets d'extrémité en un sommet unique ou bien garder les deux sommets séparés (fig.6.5).

6. Si vous voulez que les segments de mur soient soudés à ce coin de façon à ce que, lorsque vous déplacez un mur, l'autre mur reste à sa place dans le coin, cliquez sur **Oui**. Sinon, cliquez sur **Non**.

7. Cliquez avec le bouton droit de la souris pour achever le mur, ou continuez pour ajouter d'autres segments de mur.

Fig.6.4

Pour créer un mur à partir de splines, la procédure est la suivante :

1. Dans l'onglet **Créer**, cliquez sur **Geometrie** puis dans la liste déroulante sélectionnez **AEC Etendu**.

2. Sélectionnez **Mur**.

3. Définissez les paramètres **Largeur**, **Hauteur** et **Justification** du mur.

4. Cliquez sur le panneau **Entrée au clavier** puis sur **Choisir Spline** (fig.6.6).

5. Sélectionnez la spline (fig.6.7). Elle se transforme en murs selon les propriétés définies (fig.6.8).

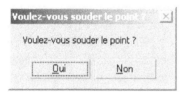

Fig.6.5

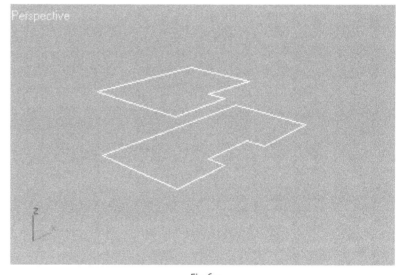

Fig.6.7

Fig.6.6

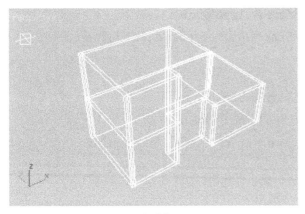

Fig.6.8

Cette méthode permet aussi de créer très rapidement une maison en important les contours d'étages en 2D à partir d'AutoCAD. Les dalles entre les étages peuvent aussi être générées en extrudant les mêmes contours 2D.

Pour attacher des murs distincts, la procédure est la suivante :

1. Sélectionnez un objet Mur.

2. Pour relier un seul objet Mur à l'objet Mur actuellement sélectionné, cliquez dans le panneau **Modifier**, puis dans le panneau déroulant **Editer objet** sélectionnez **Attacher**. Choisissez ensuite un autre objet Mur. Les deux murs forment actuellement un seul objet. Ils ne doivent pas nécessairement être jointifs.

3. Pour relier plusieurs objets Murs à l'objet Mur actuellement sélectionné, cliquez sur **Attacher plusieurs** dans le même panneau déroulant, puis sélectionnez les murs dans la boîte de dialogue **Attacher plusieurs**. L'intérêt d'attacher des murs est de pouvoir les connecter éventuellement par la suite (fig.6.9).

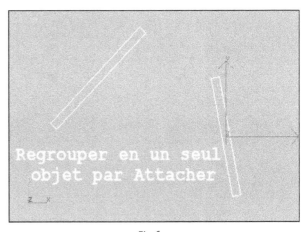

Fig.6.9

Pour relier les sommets d'un mur, la procédure est la suivante :

Les sommets de murs seront peut-être plus faciles à manipuler si vous activez le mode filaire.

1. Sélectionnez un objet Mur comportant plusieurs segments (fig.6.10).

2. Déroulez les sous-objets de **Mur**, puis sélectionnez **Sommet** dans la liste (fig.6.11).

3. Cliquez sur **Connecter** et pointez le curseur de la souris sur le premier sommet jusqu'à ce que le curseur se transforme en une croix ; cliquez. Placez le curseur sur le

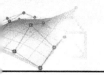

deuxième sommet et, lorsqu'il se transforme en curseur de connexion, cliquez une nouvelle fois pour créer le nouveau segment entre les points.

4. Cliquez avec le bouton droit de la souris pour sortir du mode connexion (fig.6.12).

Fig.6.10

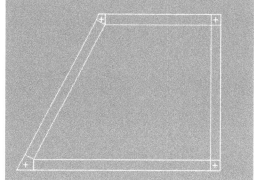

Fig.6.11   Fig.6.12

Pour ajouter un sommet à un mur, la procédure est la suivante :

1. Sélectionnez un segment de mur.

2. Déroulez l'objet **Mur** puis sélectionnez **Sommet** dans la liste (fig.6.13).

3. Cliquez sur **Insérer** puis à n'importe quel endroit de l'arête inférieure du segment (de couleur orange foncé) pour insérer un sommet (fig.6.14).

4. Déplacez la souris et cliquez à nouveau pour ajouter des sommets, des segments et des coins.

5. Cliquez avec le bouton droit de la souris pour terminer l'opération, puis relâchez la souris (fig.6.15).

Fig.6.13

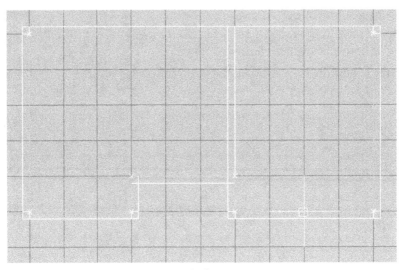

Fig.6.14

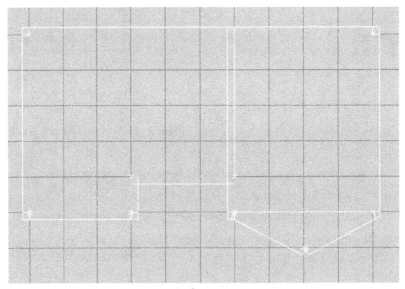

Fig.6.15

Pour ajouter un pignon à un profil de mur, la procédure est la suivante :

1. Sélectionnez un mur.

2. Sélectionnez **Profil** dans la liste des sous-objets du mur.

3. Pour sélectionner un profil de mur, cliquez sur un segment de mur. Une grille s'affiche dans le plan du mur. La taille et le pas de la grille peuvent être modifiés dans la section **Propriétés de la grille** (fig.6.16).

☐4 Pour ajouter un point de pignon au profil, définissez une hauteur dans le champ **Hauteur** et cliquez sur **Créer un pignon** (fig.6.17-6.18). Pour ajouter un point de profil manuellement, cliquez sur **Insérer** puis sur un point du profil supérieur en surbrillance, faites glisser le nouveau point à son emplacement et relâchez-le à l'endroit où vous voulez placer le nouveau point de pignon. Vous pouvez déplacer les points de profil créés avec **Insérer** uniquement à l'intérieur du plan du segment de mur, mais vous ne pouvez pas les déplacer au-dessous de l'arête supérieure d'origine.

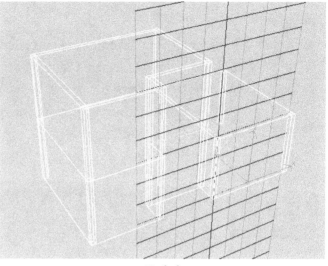

Fig.6.16

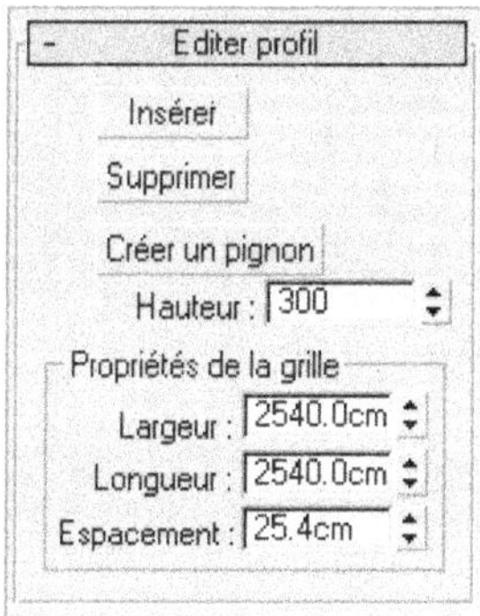

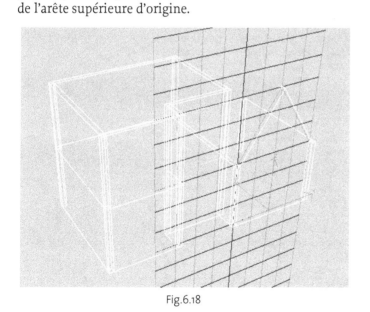

Fig.6.18

Fig.6.17

Pour appliquer une texture à un mur, la procédure est la suivante :

Les murs sont créés avec cinq **ID de matériau** différents, correspondant à leurs différentes parties. Dans la bibliothèque de matériaux **Aec Templates** de 3ds max, vous trouverez **Wall-Template**, il s'agit d'un matériau multi/sous-objet conçu pour être utilisé sur les murs. La procédure d'accès est la suivante (voir aussi chapitre 9 pour plus de détails) :

1. Dans le menu **Rendu**, cliquez sur **Editeur de matériaux**.

2. Dans la boîte de dialogue **Editeur de matériaux**, cliquez sur le bouton **Standard**.

3. Dans la zone **Parcourir**, cochez le champ **Bibliothèque matér**.

4. Dans la zone **Fichier**, cliquez sur **Ouvrir**.

5. Sélectionnez **Aec Templates** (fig.6.19) dans la boîte de dialogue **Ouvrir bibliothèque de matériaux**.

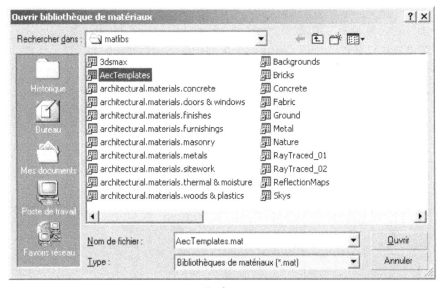

Fig.6.19

6. Les différents matériaux de cette bibliothèque de matériaux sont affichés dans l'explorateur de matériaux (fig.6.20).

7. Sélectionnez **Wall-Template** et cochez **Supprimer ancien matériau** dans la boîte de dialogue **Remplacer matériau**. L'éditeur de matériaux affiche les détails de ce matériau multi/sous-objet (fig.6.21).

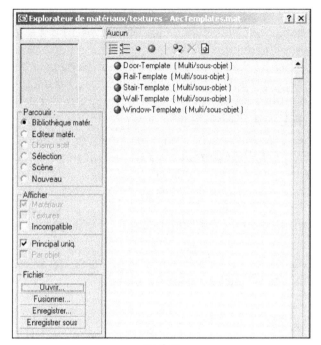

Fig.6.20

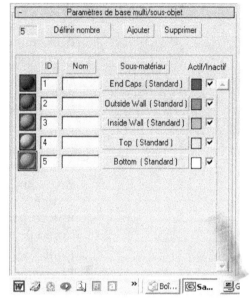

Fig.6.21

Vous pouvez ensuite copier et/ou modifier ce modèle ou créer votre propre matériau, comme suit :

1. Créez un matériau multi/sous-objet en utilisant cinq textures pour les ID de matériau suivants :

   ▸ Champ 1 est le matériau destiné aux extrémités verticales du mur.

   ▸ Champ 2 est le matériau destiné à la surface extérieure du mur.

   ▸ Champ 3 est le matériau destiné à la surface intérieure du mur.

   ▸ Champ 4 est le matériau destiné au haut du mur, ainsi qu'aux arêtes intérieures résultant de l'insertion d'une porte ou d'une fenêtre.

   ▸ Champ 5 est le matériau destiné au bas du mur.

REMARQUE

Les définitions des champs 2 et 3 sont interchangeables ; l'intérieur et l'extérieur dépendent du point de vue où l'on se place et de la façon dont le mur a été créé.

Fig.6.22

② Vous pouvez utiliser un matériau à trois côtés si le haut et le bas des murs ne sont pas visibles dans le rendu de projet. L'intérieur et l'extérieur du mur sont fonction du sens dans lequel le mur a été créé. Pour intervertir les textures entre champs, dans l'Editeur de matériaux, faites glisser une des textures sur l'autre champ dans le panneau **Paramètres de base du matériau multi/sous-objet**, puis sélectionnez **Permuter** dans le fenêtre **Instance matériau**. (fig.6.22).

③ Pour mieux contrôler le recouvrement d'un mur, appliquez un modificateur espace universel **Echelle texture au mur**. Ce modificateur permet de conserver l'échelle d'une texture appliquée à un objet. Grâce à lui, vous pouvez changer les dimensions de l'objet sans altérer l'échelle de la texture. En général, vous l'utiliserez pour conserver la taille d'une texture, quel que soit le redimensionnement appliqué à la géométrie (fig.6.23).

④ Réglez ensuite l'échelle de la texture dans le panneau déroulant **Paramètres** du modificateur **Echelle texture** (fig.6.24).

Fig.6.23

Fig.6.24

REMARQUE

Pour habiller correctement les murs consultez également les rubriques Mapping réaliste et Matériau architectural.

2.2. Les portes et les fenêtres

3ds max prend en charge plusieurs objets portes et fenêtres paramétriques, que vous pouvez intégrer à des ouvertures de murs pour ajouter du réalisme à un modèle architectural. Ces objets vous permettent de contrôler des détails tels que la découpe et le remplissage des panneaux dans votre modèle. De plus, lorsqu'une porte ou une fenêtre est liée à un mur, une opération booléenne se produit automatiquement, créant l'ouverture exacte requise pour l'insertion.

Il existe trois types de portes. La porte pivot est un type de porte courant qui n'est articulé que d'un côté. La porte accordéon est articulée au centre, ainsi que sur le côté, comme c'est le cas pour la plupart des portes de placards. Ce type de porte peut également devenir un ensemble de portes à deux battants. La porte coulissante présente une moitié fixe et une moitié coulissante.

Il existe six sortes de fenêtres. La fenêtre Croisée comporte un ou deux cadres ressemblant à des portes qui s'ouvrent vers l'intérieur ou l'extérieur. La Pivotante pivote au centre de son cadre, verticalement ou horizontalement. La fenêtre Canadienne comporte trois cadres, dont deux s'ouvrent comme des auvents dans des directions opposées. Les portes coulissantes comportent deux cadres dont l'un coulisse verticalement ou horizontalement. Les fenêtres fixes ne s'ouvrent pas. Les fenêtres Auvent comportent un cadre articulé dans la partie supérieure.

Lorsque vous créez une porte ou une fenêtre, vous devez indiquer quatre points de la conception pour définir la taille et l'orientation du rectangle qui constituera la porte ou la fenêtre. Vous trouverez peut-être plus facile de sélectionner ces points dans un ordre donné, en fonction de votre scène et de ses vues. Si une ouverture rectangulaire à remplir existe déjà, vous pouvez tout de même créer une porte ou une fenêtre selon vos spécifications, grâce à la procédure suivante :

1. Définissez une vue utilisateur en angle afin que vous puissiez voir le bas et une arête verticale de l'ouverture sur toute sa hauteur.

2. Définissez les accrochages appropriés de l'objet, tels que le sommet et le point final. Ceci permet de rendre le modèle plus précis.

3. Dans le menu **Créer**, sélectionnez **Géométrie** puis dans la liste déroulante **Portes** ou **Fenêtres**. Par exemple **Portes**.

4. Sélectionnez le type de porte. Par exemple : Pivot.

5. Choisissez une des deux méthodes de création disponibles : **Largeur/Profondeur/ Hauteur** ou Largeur/Hauteur /Profondeur. Par exemple pour la première méthode, pointez 1, 2, 3 et 4 (fig.6.25-6.26).

6. Ajustez les paramètres nécessaires pour la porte.

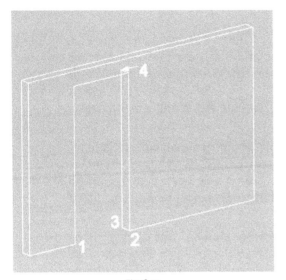

Fig.6.25

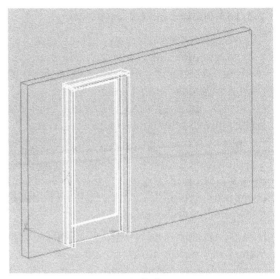

Fig.6.26

Les options sont les suivantes :

Panneau déroulant Paramètres (fig.6.27)

Cette zone définit les dimensions de la porte.

Fig.6.27

- ▶ **Hauteur** : définit la hauteur globale de la porte.
- ▶ **Largeur** : définit la largeur globale de la porte.
- ▶ **Profondeur** : définit la profondeur de la porte.
- ▶ **Portes à deux battants** : portes doubles.
- ▶ **Inverser sens d'ouverture** : permet d'ouvrir la porte vers l'intérieur ou l'extérieur.
- ▶ **Inverser côté d'ouverture** : permet de spécifier une ouverture à gauche ou à droite.
- ▶ **Ouverture** : spécifie le degré d'ouverture de la porte.

- ▶ **Zone Encadrement**

  Cette zone présente des options se rapportant au cadre de la porte. Bien qu'il s'agisse d'un élément de la porte, l'encadrement se comporte comme s'il était partie intégrante du mur. Il ne bouge pas lorsque vous ouvrez ou fermez la porte.
  - ■ **Créer encadrement :** ce paramètre est activé comme valeur par défaut pour l'affichage de l'encadrement. Désactivez-le pour désactiver l'affichage de l'encadrement.

- **Largeur :** définit la largeur du cadre parallèle au mur. Ce paramètre n'est disponible que lorsque l'option Créer encadrement est activée.

- **Profondeur :** définit la profondeur de l'encadrement projeté à partir du mur. Ce paramètre n'est disponible que lorsque l'option Créer encadrement est activée.

- **Décalage porte :** définit l'emplacement de la porte en fonction de l'encadrement. A o.o, la porte est au même niveau qu'un bord de l'ajustement. Il peut s'agir d'une valeur positive ou négative. Ce paramètre n'est disponible que lorsque l'option **Créer encadrement** est activée.

- **Générer coord. de mapping :** affecte des coordonnées de mapping à la porte.

Panneau déroulant Paramètres abattant (fig.6.28)

Fig.6.28

Ce panneau comprend les paramètres qui affectent la porte (par opposition à l'unité qui la constitue et qui comprend l'encadrement). Vous pouvez ajuster les dimensions de la porte, ajouter des panneaux et ajuster les dimensions et l'emplacement de ces panneaux. Le nombre total de panneaux pour chaque élément de porte est le nombre de divisions horizontales multiplié par le nombre de divisions verticales. Les portes de type pivot comportent un seul élément de porte, à moins qu'il ne s'agisse de portes à deux battants. Les portes en accordéon comportent deux éléments de porte ou quatre dans le cas de portes à deux battants. Les portes coulissantes ont deux éléments de porte.

- **Epaisseur** : définit l'épaisseur de la porte.

- **Tourniq./Trav. sup.** : définit la largeur du panneau d'encadrement se trouvant dans la partie supérieure et sur les côtés. Ce paramètre est apparent uniquement si la porte est composée de panneaux.

- **Trajectoire inférieure** : définit la largeur du panneau qui encadre la base de la porte. Ce paramètre n'est visible que si la porte est composée de panneaux.

- **Nbr. Pan. horiz.** : définit le nombre de divisions du panneau le long de l'axe horizontal.

- **Nbr. Pan. vert.** : définit le nombre de divisions du panneau le long de l'axe vertical.

- **Montant intermédiaire** : définit la largeur des séparations entre les panneaux.

- **Zone Panneaux**

Détermine la manière dont les panneaux sont créés dans la porte.

- **Aucun :** la porte ne comporte pas de panneau.

- **Verre :** crée des panneaux en verre sans biseau.

- **Epaisseur :** définit l'épaisseur des panneaux de verre.
- **Biseautés :** cette option permet de créer des panneaux biseautés.

Les autres champs à double flèche affectent le biseautage des panneaux.
- **Ang. biseau :** spécifie l'angle du biseau entre la surface extérieure de la porte et la surface du panneau.
- **Epaisseur 1 :** définit l'épaisseur extérieure du panneau.
- **Epaisseur 2 :** définit l'épaisseur de départ du biseau.
- **Epaisseur milieu :** définit l'épaisseur de la partie intérieure du panneau.
- **Largeur 1 :** définit la largeur de départ du biseau.
- **Largeur 2 :** définit la largeur de la partie intérieure du panneau.

Pour créer et placer une porte ou une fenêtre dans un mur, la procédure est la suivante :

1. Créez une fenêtre ou une porte directement dans un mur existant (fig.6.29). Par exemple une fenêtre fixe. Vous pouvez définir les dimensions exactes de la fenêtre après l'avoir insérée. Activez le mode d'accrochage **Sommet** afin de placer et d'aligner la fenêtre sur le mur et d'établir sa profondeur exacte. Dans le cas de la méthode de création **Largeur/Profondeur/Hauteur**, cliquez sur le sommet arrière gauche du mur pour commencer la création. Faites glisser le curseur vers le sommet arrière droit et relâchez la souris pour aligner la fenêtre sur le segment de mur et définir sa largeur. Effectuez un accrochage au sommet arrière gauche pour définir la profondeur requise et cliquez. Déplacez le curseur vers le bas et cliquez sur le sommet inférieur droit pour définir la hauteur de la fenêtre (fig.6.30).

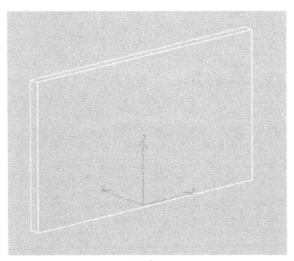

Fig.6.29

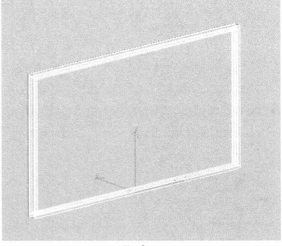

Fig.6.30

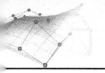

2. La fenêtre est maintenant placée dans le mur. Dans le panneau **Paramètres**, définissez la hauteur et la largeur requises. Modifiez la profondeur si elle est différente de celle définie par accrochage précédemment (fig.6.31).

3. Effectuez un accrochage au sommet pour déplacer la fenêtre ou la porte d'un point de référence vers un point connu du segment de mur (fig.6.32). Par exemple, le coin inférieur gauche. Utilisez ensuite les valeurs de décalage relatives par rapport à ce nouvel emplacement pour positionner avec précision la porte ou la fenêtre. A titre d'exemple, vous pouvez déplacer une fenêtre de son coin inférieur gauche vers le coin inférieur gauche du segment de mur pour ensuite pouvoir la décaler de 120 centimètres vers la droite et de 100 centimètres vers le haut (fig.6.33).

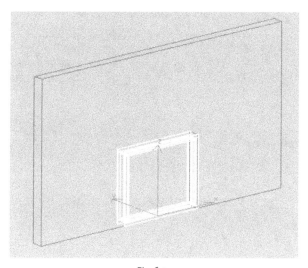

Fig.6.31

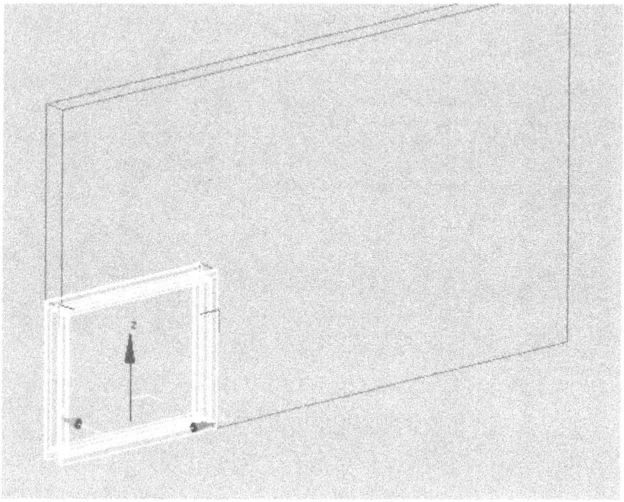

Fig.6.32

4. Pour effectuer cette opération, une fois la porte ou la fenêtre sélectionnée, réglez le système de coordonnées sur **Local** dans la barre d'outils principale.

5. Effectuez un clic droit sur le bouton **Sélection et Déplacement** et entrez les valeurs de décalage X et Y locales dans les champs **Décalage** : **Local**.

6. Pour lier la fenêtre au mur, cliquez sur le bouton **Sélection et liaison**, dans la barre d'outils principale, puis faites glisser la ligne de sélection entre la fenêtre (l'enfant) et le mur (le parent).

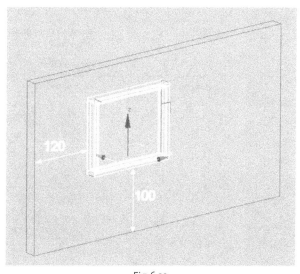

Fig.6.33

Les portes et les matériaux

Par défaut, 3ds max 8 attribue cinq ID de matériau différents aux portes. La bibliothèque de matériaux **Aec Templates** contient un objet modèle de porte **Door-Template** , à savoir un matériau multi/sous-objet spécialement conçu pour être utilisé avec les portes (la procédure d'accès à ce matériau est identique à celle des murs) (fig.6.34-6.35).

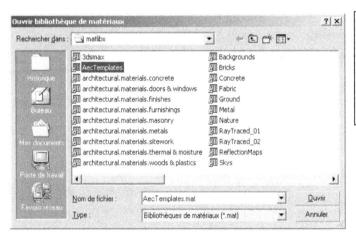

Fig.6.34

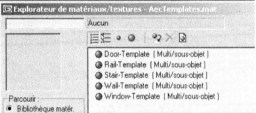

Fig.6.35

Chaque composant de la porte/du matériau est présenté ci-dessous avec l'ID de matériau correspondant (fig.6.36) :

ID matériau	Composant Porte/Matériau
1	Face
2	Arrière
3	Biseau intérieur (utilisé pour les vitres lorsque l'option Panneaux a la valeur Verre ou Biseauté).
4	Encadrement
5	Intérieur de la porte

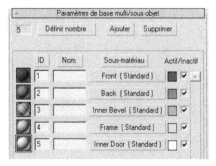

Fig.6.36

Les Fenêtres et les matériaux

Par défaut, 3ds max attribue cinq ID de matériau différents aux fenêtres, ainsi qu'un Matériau Multi/sous-objet à cinq parties appelé **Window-Template**. Chaque composant de la fenêtre/du matériau est présenté ci-dessous avec l'ID de matériau correspondant (fig.6.37) :

ID matériau	Composant Fenêtre/Matériau
1	Croisillons avant
2	Croisillons arrière
3	Panneaux (vitre), avec 50% d'opacité
4	Image avant
5	Image arrière

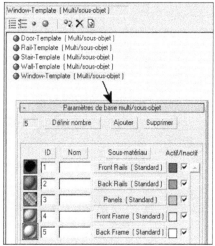

Fig.6.37

2.3. Les escaliers et les balustrades

3ds max contient quatre types d'escaliers : escaliers en colimaçon, escaliers en U avec palier intermédiaire, escaliers en L avec palier à l'angle de l'escalier, et escaliers droits sans palier intermédiaire. Un objet croisillon complémentaire peut être utilisé pour la création de croisillons suivant le chemin d'une spline.

Pour créer un escalier en colimaçon, la procédure est la suivante :

1. Dans le menu **Créer**, sélectionnez **Géométrie** puis dans la liste déroulante **Escaliers**.
2. Sélectionnez le type d'escalier. Par exemple : **Colimaçon**.

3. Cliquez dans une fenêtre pour placer le point de départ de l'escalier et faites glisser la souris pour spécifier le rayon souhaité.

4. Relâchez le bouton de la souris, déplacez le curseur vers le haut ou vers le bas pour spécifier l'élévation générale, puis cliquez pour terminer l'opération.

5. Ajustez l'escalier avec les options du panneau déroulant **Paramètres** (fig.6.38-6.39) :

- **Type** : Ouvert.
- **Générer géométrie** : cochez les champs Limons, Crémaillère, Pôle central, Main courante intérieure.
- **Disposition** : SAH, Rayon : 135, Tours : 2.09, Largeur : 100.
- **Augmenter** : Total : 270 cm, Hauteur : 20.77 (variable), Nombre : 13.
- **Pôle central** : Rayon : 25 cm, Hauteur : 380 cm, Segments : 20.
- **Croisillons** : Hauteur : 0, Décalage : 5cm, Segments : 10, Rayon : 3.
- **Marches** : Epaisseur : 4, Profondeur : 33.

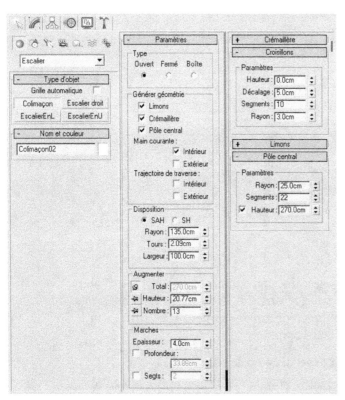

Fig.6.38

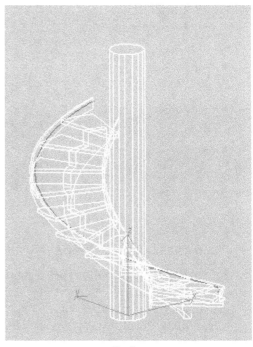

Fig.6.39

Les options sont les suivantes :

Panneau déroulant Paramètres

▶ **Zone Type (fig.6.40)**

- **Ouvert** : crée un escalier avec des contremarches ouvertes.
- **Fermé** : crée un escalier avec des contremarches fermées.
- **Boîte** : crée un escalier avec des contremarches fermées et des limons fermés sur les deux côtés.

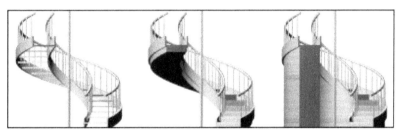

Fig.6.40

▶ **Zone Générer géométrie**

- **Limons** : crée des limons le long des extrémités des marches de l'escalier.
- **Crémaillère** : crée une poutre inclinée et encochée sous les marches, qui supporte celles-ci ou offre un support supplémentaire entre les limons. Cette pièce peut également porter le nom de limon à crémaillère.
- **Pôle central** : crée un pôle au centre de la spirale.
- **Main courante** : crée des mains courantes extérieure et intérieure.
- **Trajectoire de traverse** : crée des trajectoires intérieures et extérieures que vous pouvez utiliser pour installer des croisillons dans l'escalier.

▶ **Zone Disposition**

- **SAH** : oriente l'escalier en colimaçon vers la droite.
- **SH** : oriente l'escalier en colimaçon vers la gauche.
- **Rayon** : contrôle la taille du rayon de la spirale.
- **Tours** : contrôle le nombre de révolutions de la spirale.
- **Largeur** : contrôle la largeur de l'escalier en colimaçon.

▶ **Zone Augmenter**

3ds max conserve une des trois options verrouillées pendant que vous ajustez les deux autres. Pour verrouiller une option, cliquez sur un bouton d'épingle. Pour déverrouiller une option, cliquez sur une épingle relevée. 3ds max verrouille la valeur de la double flèche du paramètre désigné par une épingle fermée et permet la modification des valeurs de la double flèche du paramètre désigné par des épingles relevées.

- **Total** : contrôle la hauteur de la série de marches.
- **Hauteur** : contrôle la hauteur des contremarches.
- **Nombre** : contrôle le nombre de contremarches. Le nombre de contremarches sera toujours supérieur d'une unité au nombre de marches.

▸ **Zone Marches**

- **Epaisseur** : contrôle l'épaisseur des marches.
- **Profondeur** : contrôle la profondeur des marches.
- **Segts** : contrôle le nombre de segments utilisés par 3ds max pour construire les marches.
- **Générer coord. de mapping** : applique des coordonnées de mapping par défaut à l'escalier.

Panneau déroulant Limons

Ces paramètres ne sont disponibles que si l'option Limons est activée dans la zone Générer géométrie du panneau déroulant Paramètres

▸ **Profondeur** : contrôle la profondeur des limons vers le sol.

▸ **Largeur** : contrôle la largeur des limons.

▸ **Décalage** : contrôle la distance verticale entre les limons et le sol.

Panneau déroulant Crémaillère

Ces paramètres ne sont disponibles que si l'option Crémaillère est activée dans la zone Générer géométrie du panneau déroulant Paramètres.

▸ **Profondeur** : contrôle la distance vers le bas jusqu'à laquelle la crémaillère s'étend, en direction du sol.

▸ **Largeur** : définit la largeur de la crémaillère.

▸ **Espacement de la crémaillère** : définit l'espacement de la crémaillère. Lorsque vous cliquez sur ce bouton, la boîte de dialogue Espacement de la crémaillère s'affiche. Indiquez le nombre de crémaillères souhaitées à l'aide de l'option Nombre.

▸ **Suspension** : permet de définir si la crémaillère commence au niveau du sol, au même niveau que le début de la première contremarche, ou si la crémaillère s'étend au-dessous du sol. Il est possible de contrôler la distance à laquelle la crémaillère s'étend au-dessous du sol grâce à l'option Décalage.

Panneau déroulant Pôle central (fig.6.41)

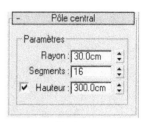

Fig.6.41

Ces paramètres ne sont disponibles que si l'option Pôle central est activée dans la zone Générer géométrie du panneau déroulant **Paramètres**.

▸ **Rayon** : contrôle la taille du rayon du pôle central.

▸ **Segments** : contrôle le nombre de segments du pôle central. Des valeurs élevées permettent l'affichage d'un pôle plus lisse.

▸ **Hauteur** : la double flèche contrôle la hauteur du pôle central. En activant l'option Hauteur, vous pouvez ajuster la hauteur du pôle indépendamment des escaliers. En la désactivant, vous désactivez la double flèche et verrouillez la partie supérieure du pôle à la partie supérieure du pôle de la dernière contremarche suggérée. Généralement, cette contremarche est attachée au panneau du palier.

Panneau déroulant Croisillons

Ces paramètres ne sont disponibles que si une des valeurs des options Main courante ou Trajectoire de traverse est activée. Les options Segments et Rayon ne sont pas disponibles si aucune valeur de l'option Main courante n'est activée.

▸ **Hauteur** : contrôle la hauteur des croisillons à partir des marches.

▸ **Décalage** : contrôle le décalage des croisillons à partir des extrémités des marches.

▸ **Segments** : contrôle le nombre de segments dans les croisillons. Des valeurs élevées permettent l'affichage de croisillons plus lisses.

▸ **Rayon** : contrôle l'épaisseur des croisillons.

Pour créer des croisillons dans l'escalier, la procédure est la suivante :

① Dans la zone **Générer géométrie**, activez **Trajectoire de traverse** puis Intérieur ou Extérieur. 3ds max place les croisillons gauche et droit au-dessus de l'escalier.

② Dans le panneau déroulant **Croisillons**, attribuez à l'option **Hauteur** une valeur de 0.

③ Cliquez sur le panneau **Créer** puis dans la liste **AEC étendu**, ensuite **Croisillon** pour créer le premier croisillon.

④ Cliquez sur le panneau déroulant **Croisillon** puis **Choisir trajectoire du croisillon** et sélectionnez une trajectoire dans l'escalier.

⑤ Ajustez les paramètres du croisillon (fig.6.42) :

   ▪ Segments : 30

   ▪ Traverse supérieure : Rond

- Traverse inférieure : Rond
- Espacement de la traverse inférieure : Nombre : 2 (fig.6.43)
- Générer coordonnées de Mapping
- Poteaux : Profil : rond
- Espacement des poteaux : Nombre 2 (fig.6.44).
- Clôture : Type : Piquets, Profil : rond, Espacement des piquets : Nombre 5 (fig.6.45)

6 Cliquez avec le bouton droit de la souris pour finaliser la création du croisillon (fig.6.46).

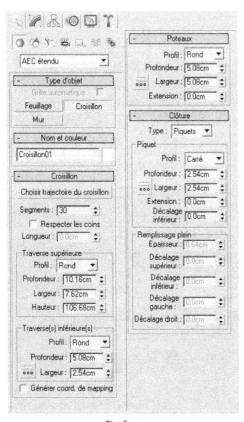

Fig.6.42

Fig.6.43

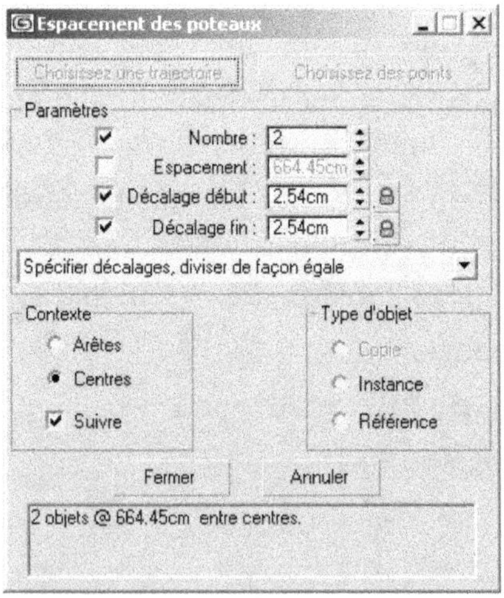

Fig.6.44

Fig.6.45

Fig.6.46

Les options sont les suivantes :

Panneau déroulant Railing (Croisillon)

▸ **Choisir trajectoire du croisillon** : cliquez sur ce bouton, puis sélectionnez dans la fenêtre la spline devant être utilisée comme trajectoire du croisillon.

▸ **Segments** : définit le nombre de segments de l'objet croisillon. Cette option n'est disponible que lorsque vous utilisez une trajectoire de croisillon.

▸ **Respecter les coins** : applique des coins au croisillon pour respecter les coins de la trajectoire du croisillon.

▸ **Longueur** : définit la longueur de l'objet croisillon. Lorsque vous faites glisser la souris, la longueur s'affiche dans la zone d'édition.

▸ **Zone Traverse supérieure**

Les valeurs par défaut produisent un composant de traverse supérieure, composé d'un segment de la longueur spécifiée, d'un profil carré, d'une profondeur de quatre unités, d'une largeur de trois unités et d'une hauteur spécifiée.

- **Profil** : définit la forme de coupe de la traverse supérieure.
- **Profondeur** : définit la profondeur de la traverse supérieure.
- **Largeur** : définit la largeur de la traverse supérieure.

- **Hauteur** : définit la hauteur de la traverse supérieure. Au cours de la procédure de création, vous pouvez faire glisser le rail supérieur à la hauteur de votre choix en faisant glisser la souris dans la fenêtre. Vous pouvez également spécifier une hauteur au clavier ou utiliser les doubles flèches à cet effet.

- ▶ **Zone traverse(s) inférieure(s)**

Contrôle le profil, la profondeur, la largeur et l'espacement séparant les rails inférieurs. Vous pouvez spécifier le nombre de traverses inférieures souhaitées à l'aide du bouton Espacement de la traverse inférieure.

- **Profil** : définit la forme de coupe des traverses inférieurs.
- **Profondeur** : définit la profondeur des traverses inférieures.
- **Largeur** : définit la largeur des traverses inférieures.
- **Espacement de la traverse inférieure** : définit l'espacement des traverses inférieures. Lorsque vous cliquez sur ce bouton, la boîte de dialogue Espacement de la traverse inférieure) s'affiche. Spécifiez le nombre de traverses inférieures qui vous convient à l'aide de l'option Nombre.
- **Générer coord. de mapping** : attribue des coordonnées de mapping à l'objet croisillon.

Panneau déroulant Poteaux

Contrôle le profil, la profondeur, la largeur, l'extension et l'espacement entre les poteaux. Vous spécifiez le nombre de poteaux souhaité à l'aide du bouton Espacement des poteaux.

- ▶ **Profil** : définit la forme de coupe des poteaux (aucune, Carré ou Rond).
- ▶ **Profondeur** : définit la profondeur des poteaux.
- ▶ **Largeur** : définit la largeur des poteaux.
- ▶ **Extension** : définit le dépassement des poteaux par rapport au bas de la traverse supérieure.
- ▶ **Espacement du poteau** : définit l'espacement des poteaux. Lorsque vous cliquez sur ce bouton, la boîte de dialogue **Espacement des poteaux** s'affiche. Spécifiez le nombre de poteaux à utiliser à l'aide de l'option Nombre.

Panneau déroulant Clôture

- ▶ **Type** : définit le type de clôture reliant les poteaux : aucune, Piquets ou Remplissage plein.

▸ **Zone Piquet**

Contrôle le profil, la profondeur, la largeur et l'espacement entre les piquets. Spécifiez le nombre de piquets à utiliser à l'aide de l'option Espacement du piquet. Cette option n'est disponible que lorsque vous attribuez la valeur Piquets à Type.

- **Profil** : définit la forme de coupe des piquets.
- **Profondeur** : définit la profondeur des piquets.
- **Largeur** : définit la largeur des piquets.
- **Extension** : définit le dépassement des piquets par rapport au bas de la traverse supérieure.
- **Décalage inférieur** : définit le nombre de piquets décalés à partir de la partie inférieure de l'objet croisillon.
- **Espacement du piquet** : définit l'espacement des piquets. Lorsque vous cliquez sur ce bouton, la boîte de dialogue Espacement des piquets s'affiche. Spécifiez le nombre de piquets de votre choix à l'aide de l'option Nombre.

▸ **Zone Remplissage plein**

Contrôle l'épaisseur et les décalages entre les remplissages pleins et les poteaux. Cette option n'est disponible que lorsque vous attribuez la valeur Remplissage plein à Type.

- **Epaisseur** : définit l'épaisseur du remplissage plein.
- **Décalage supérieur** : définit le décalage du remplissage plein par rapport au bas de la traverse supérieure.
- **Décalage inférieur** : définit le décalage du remplissage plein par rapport au bas de l'objet croisillon.
- **Décalage gauche** : définit le décalage entre le remplissage plein et le poteau gauche adjacent.
- **Décalage droit** : définit le décalage entre le remplissage plein et le poteau droit adjacent.

3. La création d'un terrain

La fonction Terrain permet de produire des objets terrain. 3ds max génère ces objets à partir des données de lignes de contour. Il vous suffit de sélectionner des splines éditables représentant des contours d'élévation et de créer une surface maillée sur les contours. Vous pouvez également créer une représentation « en terrasses » de l'objet terrain de façon à ce que chaque niveau de données de contour soit une terrasse, comme dans les modèles d'étude traditionnels de terrains.

Pour créer un terrain, la procédure est la suivante :

1. Importez ou créez des données de contour (fig.6.47).

2. Sélectionnez les données de contour.

3. Dans le menu **Créer**, sélectionnez **Géométrie** puis dans la liste déroulante sélectionnez **Objets composés** et cliquez sur le bouton **Terrain**. Le logiciel crée un objet de maillage rendu triangulaire sur la base des données de contour.

Fig.6.47

Fig.6.48

4. Dans le panneau déroulant **Couleur par élévation**, entrez les valeurs des zones d'élévation dans le champ **Elév.de base**. Elles doivent être comprises entre les élévations maximale et minimale (fig.6.48-6.49). Cliquez sur **Ajouter zone** après avoir entré une valeur. Vous pouvez aussi cliquer sur **Créer valeurs par défaut** pour laisser 3ds max les définir.

5. Cliquez sur l'indicateur **Couleur de base** pour modifier la couleur de chaque zone d'élévation. Par exemple, choisissez un bleu foncé pour les élévations basses, un bleu clair pour les élévations intermédiaires et des tons de vert pour les élévations les plus hautes.

6. Cliquez sur **Solide jusqu'au somm. zone** pour visualiser les changements avec un effet de bandes de couleurs.

7. Cliquez sur **Fusion à couleur au-dessus** pour visualiser les changements d'élévation en mode de fondu des couleurs.

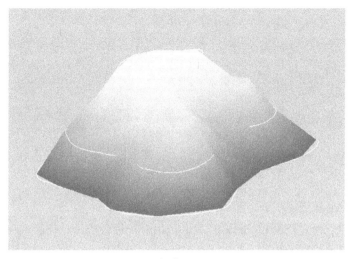

Fig.6.49

Les options sont les suivantes (fig.6.50) :

Panneau déroulant Choisir opérande

▸ **Choisir opérande** : ajoute des splines à l'objet terrain. Vous pouvez appliquer cette méthode si vous n'avez pas sélectionné tous les objets avant de générer l'objet terrain ou si certains objets parmi les données importées n'étaient pas inclus dans l'objet terrain. Vous pouvez également utiliser cette option pour ajouter des splines existantes à l'objet terrain de la conception courante. Lorsque vous cliquez sur Choisir opérande, la façon dont les opérandes sont utilisés dépend de la méthode de copie. Lorsque la méthode est Déplacement, les données de contour d'origine sont déplacées de la scène et dans les opérandes du nouvel objet terrain. Les méthodes Copie, Référence et Instance conservent les données de contour d'origine dans la scène et créent des copies, références ou instances des données de contour en tant qu'opérandes dans l'objet terrain.

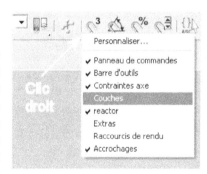

Fig.6.49

Panneau déroulant Paramètres

▸ **Zone Opérandes**

   ▪ **Opérandes** : affiche les opérandes. Chaque opérande est répertorié en tant que « Op » suivi d'un nombre et du nom de l'objet utilisé comme opérande.

   ▪ **Supprimer opérande** : supprime l'opérande sélectionné de la liste Opérandes.

▸ **Zone Forme**

- **Surface progressive** : crée une surface progressive du maillage sur les contours.

- **Solide progressif** : crée une surface progressive avec des contours sur les côtés et une surface inférieure. Cette option permet de créer un solide visible depuis toutes les directions.

- **Solide en couches** : crée une « pièce montée » ou un solide stratifié similaire aux modèles en carton des architectes.

- **Lier bordure** : supprime la création de nouveaux triangles autour des arêtes des objets terrain lorsque les conditions d'arête sont définies par des splines non fermées. L'affichage de la plupart des modèles de terrain est supérieur lorsque cette option est désactivée.

- **Effectuer nouvelle triangulation** : L'algorithme de terrain de base tend à aplatir ou à entailler les contours lorsque ceux-ci sont fortement recourbés sur eux-mêmes. Lorsque cette option est activée, un algorithme légèrement plus lent est utilisé pour suivre les lignes de contour de manière plus rapprochée. Ceci peut être particulièrement évident dans le mode d'affichage Solide en couches.

▸ **Zone Affichage**

- **Terrain** : affiche uniquement le maillage rendu triangulaire sur les données de ligne de contour.

- **Contours** : affiche uniquement les données de ligne de contour de l'objet terrain.

- **Les deux** : affiche à la fois le maillage triangulé et les données de ligne de contour de l'objet terrain. Vous pouvez sélectionner l'objet terrain en cliquant sur sa surface mais vous ne pouvez pas le faire en cliquant sur une ligne de contour.

▸ **Zone Mise à jour**

Les éléments de cette zone déterminent à quel moment 3ds max recalcule la projection de l'objet terrain. Ces options vous permettent d'éviter des mises à jour trop fréquentes dans le cas d'objets composés complexes.

- **Toujours** : met à jour l'objet terrain immédiatement après la modification d'un opérande, ainsi que l'objet original lorsque vous avez sélectionné Instance ou Référence pour un opérande.

- **Pendant rendu** : met à jour l'objet terrain lorsque vous effectuez le rendu de la conception.

- **Manuellement** : met à jour l'objet terrain lorsque vous cliquez sur Mettre à jour.

- **Mettre à jour** : met à jour l'objet terrain. Le bouton Mettre à jour ne peut être sélectionné que lorsque l'option active est Toujours.

Panneau déroulant Simplification

▸ **Zone Horizontale et Verticale**

   ▪ **Pas de simplification** : Utilise tous les sommets d'opérande pour créer un maillage complexe. Cette option restitue plus de détails et génère un fichier plus grand que les deux autres options.

   ▪ **Autres options** : Utilise la moitié, le quart... des sommets des opérandes pour créer un maillage moins complexe.

Panneau déroulant Couleur par élévation

▸ **Elév. maximale** : affiche l'élévation maximale sur l'axe Z de l'objet terrain. 3ds max calcule cette donnée à partir des données de contour.

▸ **Elév. minimale** : affiche l'élévation minimale sur l'axe Z de l'objet terrain. 3ds max calcule cette donnée à partir des données de contour.

▸ **Elév. de référence** : élévation ou donnée de référence utilisée par 3ds max comme guide pour l'attribution des couleurs aux zones d'élévation.

▸ **Zones Par élévation de base**

   ▪ **Créer valeurs par défaut** : crée des zones d'élévation. 3ds max indique, en bas de chaque zone, l'élévation par rapport aux données (élévation de référence). 3ds max applique la couleur de la zone à l'élévation de base. Le fondu des couleurs entre les zones est appliqué si vous avez sélectionné Fusion à couleur au-dessus et il n'est pas appliqué si vous avez choisi Solide jusqu'au sommet de la zone.

▸ **Zone de couleur**

Les éléments de cette zone permettent d'attribuer des couleurs aux zones d'élévation. Par exemple, vous pouvez modifier les niveaux de bleu pour indiquer la profondeur de l'eau. Les changements que vous apportez dans Zone de couleur sont appliqués à l'objet terrain uniquement lorsque vous cliquez sur le bouton Modifier zone ou Ajouter zone.

   ▪ **Elév. de base** : élévation de base d'une zone à laquelle vous attribuez une couleur. Après avoir entré une valeur, cliquez sur **Ajouter zone** pour afficher l'élévation dans la liste **Créer valeurs par défaut**.

   ▪ **Couleur de base** : cliquez sur l'indicateur de couleur pour modifier la couleur de la zone.

   ▪ **Fusion à couleur au-dessus** : crée un fondu entre la couleur de la zone courante et celle de la zone située au-dessus.

   ▪ **Solide jusqu'au sommet de zone** : crée une couleur pleine au sommet de la zone sans créer de fondu avec la couleur de la zone située au-dessus.

   ▪ **Modifier zone** : modifie les options sélectionnées d'une zone.

- **Ajouter zone** : ajoute les valeurs et les options sélectionnées pour une nouvelle zone.
- **Supprimer zone** : supprime une zone sélectionnée.

4. La création de feuillages

La fonction **Feuillage** permet de créer divers types de plantes et d'espèces d'arbres. 3ds max génère des représentations de maillage pour créer rapidement et efficacement des variétés de plantes. Vous pouvez contrôler la hauteur, la densité, l'élagage, la valeur de départ, l'affichage en baldaquin et le niveau de détail. Vous pouvez créer des millions de variations d'une même espèce de façon à ce que chaque objet soit unique.

Pour ajouter des plantes à une scène, la procédure est la suivante :

1. Dans l'onglet **Créer**, sélectionnez **AEC étendu** puis cliquez sur **Feuillage**.

2. Cliquez sur le panneau déroulant **Plantes favorites** puis sur le bouton **Bibliothèque de plantes** pour afficher la boîte de dialogue **Configurer la palette** qui contient 12 types de plantes.

3. Cliquez deux fois sur la ligne correspondant à chaque plante que vous souhaitez ajouter ou supprimer de la palette et cliquez sur OK.

4. Dans le panneau déroulant **Plantes favorites**, sélectionnez une plante et faites-la glisser vers un endroit de la fenêtre. Vous pouvez également sélectionner une plante dans le panneau déroulant et la placer dans une fenêtre en cliquant dessus fig.6.50-6.51).

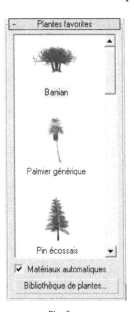

5. Dans le panneau déroulant **Paramètres**, cliquez sur le bouton **Nouveau** pour afficher diverses variations du champ « valeurs départ » de la plante.

6. Ajustez les autres paramètres pour afficher les parties d'une plante, comme les feuilles, les fruits, les branches et pour définir le niveau de détail souhaité.

Fig.6.51

Les options sont les suivantes :

Panneau déroulant Nom et couleur

Ce panneau déroulant vous permet de définir le nom, la couleur et le matériau par défaut de l'objet feuillage. Lorsque l'option Matériaux automatiques du panneau déroulant Plantes favorites est activée, chaque plante se voit attribuée son propre matériau par défaut.

Panneau déroulant Plantes favorites

La palette affiche les plantes chargées à partir de la Bibliothèque de plantes.

▸ **Matériaux automatiques** : affecte des matériaux par défaut à une plante.

▸ **Bibliothèque de plantes** : affiche la boîte de dialogue Configurer la palette.

Panneau déroulant Paramètres (fig.6.52)

▸ **Hauteur** : contrôle la hauteur approximative de la plante. 3ds max applique un facteur de bruit aléatoire à la hauteur de toutes les plantes. Ainsi, la hauteur réelle d'une plante, comme elle est mesurée dans les fenêtres, ne correspond pas nécessairement au paramètre spécifié par l'option Hauteur.

▸ **Densité** : contrôle la quantité de feuilles/ou de fleurs présentes sur la plante. Une valeur égale à 1 affiche une plante avec toutes ses feuilles et fleurs, une valeur de 0.5 affiche la moitié des feuilles et des fleurs d'une plante et une valeur nulle affiche une plante sans feuilles ni fleurs.

▸ **Elagage** : ne s'applique qu'aux plantes avec des branches. Supprime les branches se trouvant sous un plan invisible parallèle au plan de construction. Une valeur nulle n'élague rien, une valeur de 0.5 élague la plante sur un plan se trouvant au milieu de sa hauteur à partir du plan de construction et une valeur de 1 permet d'élaguer toutes les branches de la plante.

▸ **Nouveau/Valeur de départ** : affiche une variation aléatoire de la plante courante. 3ds max affiche la valeur de départ dans le champ numérique se trouvant en regard du bouton.

▸ **Générer coord. de mapping** : applique des coordonnées de mapping par défaut à la plante. Cette option est activée par défaut.

Fig.6.52

▸ **Zone Afficher**

Contrôle l'affichage des feuilles, des fruits, des fleurs, du tronc, des branches et de la racine des plantes. Les options disponibles dépendent du type de plante sélectionné.

▸ **Zone Fenêtre Mode Voûte**

Dans 3ds max, la voûte d'une plante correspond à l'enveloppe de la plante qui englobe les feuilles ou les extrémités des branches et du tronc. Ce terme fait référence à la voûte de la forêt. Utilisez des paramètres raisonnables lorsque vous créez plusieurs plantes et que vous souhaitez optimiser les performances d'affichage (fig.6.53).

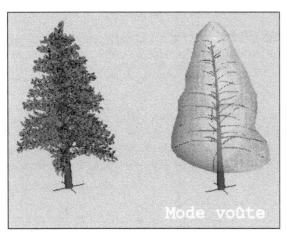

Fig.6.53

- **Non sélectionné** : affiche la plante en mode Voûte lorsque ce paramètre n'est pas sélectionné.
- **Toujours** : affiche toujours la plante en mode Voûte.
- **Jamais** : n'affiche jamais la plante en mode Voûte. 3ds max affiche tous les composants de la plante.

▸ **Zone Niveau de détail**

Contrôle le rendu de la plante effectué par 3ds max.

- **Faible** : rend la voûte de la plante avec le niveau de détail le plus faible.
- **Moyen** : rend une version réduite du nombre de faces de la plante. La réduction du nombre de faces implique généralement la suppression de petits éléments de la plante et/ou la réduction du nombre de faces dans les branches et le tronc.
- **Elevé** : rend toutes les faces de la plante avec le niveau de détail le plus élevé.

5. La création de plantes avec EASYnat

EASYnat est un outil complémentaire (plugin) livré gratuitement avec 3ds max. Il permet à l'utilisateur de facilement modéliser de la végétation en 2D/3D dans une scène 3ds max 8 avec une parfaite cohérence botanique. EASYnat simule la croissance des plantes et les changements de saisons. Des plantes complémentaires peuvent être achetées en ligne sur le site de Bionatics (*www.bionatics.com*) qui propose plus de

300 graines virtuelles à télécharger (fig.6.54). Chaque graine virtuelle comporte une expression du code génétique de la plante. Cette technologie garantie ainsi un grand réalisme et une grande flexibilité d'utilisation car une seule graine génère une infinité d'individus différents... une véritable pépinière virtuelle !

Le programme d'installation de EASYnat se trouve sur le DVD de 3ds max dans la section Partenaires et échantillons.

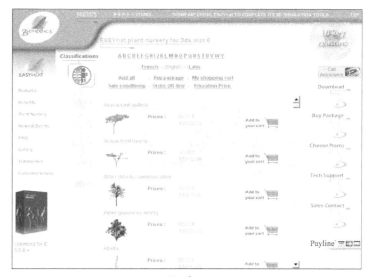

Fig.6.54

Pour créer une plante, la procédure est la suivante :

1. Cliquez sur l'onglet **Créer** puis sur le bouton **Géométrie**.

2. Dans la liste déroulante, sélectionnez **Bionatics**.

3. Cliquez sur le bouton **EASYnat**. Le panneau des paramètres s'affiche à l'écran.

4. Sélectionnez la langue : Français. Cela permet d'afficher le nom des plantes en français.

5. Cliquez sur **Nursery**, pour ouvrir la fenêtre **Nursery** (fig.6.55).

6. Cliquez deux fois sur la plante souhaitée et pointez l'emplacement dans une des fenêtres de 3ds max. Il est aussi possible de glisser une plante de la liste **Plant Information** et de la placer dans une fenêtre (fig.6.56).

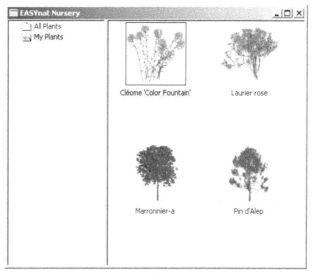

Fig.6.55

7. Modifier les paramètres d'âge, de diamètre et de hauteur (fig.6.57).

8. Sélectionnez la saison. Par exemple : Printemps (**Spring**).

9. Dans le champ **Plant Tuning**, sélectionnez la qualité.

10. Définissez les niveaux de détail Organ LOD et Wood LOD.

11. Cliquez sur **Apply** pour appliquer les modifications (fig.6.58).

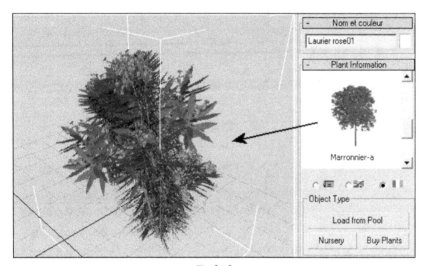

Fig.6.56

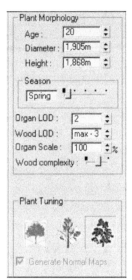

Fig.6.57

Fig.6.58

6. La création de panoramas

Le panorama Exporter est un utilitaire de rendu sphérique que vous pouvez utiliser pour créer et afficher des panoramas sphériques de 360 degrés. De plus, vous pouvez créer et placer des liens dynamiques dans les panoramas de manière à ce qu'ils deviennent interactifs. Pour fonctionner correctement, il convient d'avoir au moins une caméra dans la scène et de sélectionner comme résolution de rendu de 2048 x 1024.

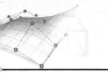

La procédure est la suivante :

1. Ouvrez la scène que vous souhaitez transformer en panorama.

2. Placez une caméra au centre de la scène (fig.6.59).

3. Affichez la fenêtre Caméra. Par exemple Caméra01.

4. Sélectionnez l'onglet **Utilitaires** et cliquez sur **Autres**.

5. Sélectionnez **Exportation de panorama**.

6. Dans le panneau déroulant qui s'ouvre à droite, cliquez sur **Rendu**.

7. Dans la boîte de dialogue **Configuration de Rendu**, sélectionnez le format de sortie. Par exemple 2048 x 1024. Il est conseillé de travailler avec une haute résolution.

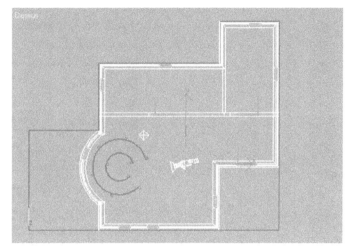

Fig.6.59

8. Dans le champ **Fenêtre** (tout en bas de la boîte de dialogue), sélectionnez la bonne vue. Par exemple Caméra01.

9. Cliquez sur **Rendu**. Les différentes vues sont calculées et le résultat s'affiche dans le **Visualiseur d'exploration de panorama** (fig.6.60).

10. Pour sauver le panorama, cliquez sur **Fichier** puis **Exporter** et sélectionnez le format souhaité selon le type de vue panoramique souhaité : cylindrique, sphérique, Quicktime VR. Par exemple Quicktime VR. Il convient pour cela que la version Quicktime 5 ou supérieure soit installée sur votre machine.

Fig.6.60

11 Entrez un nom dans le champ **Nom de fichier** de la boîte de dialogue **Fichier de sortie Quicktime VR**.

12 Cliquez sur **Enregistrer**. Le fichier QTVR peut à présent être inséré dans une page Web (fig.6.61).

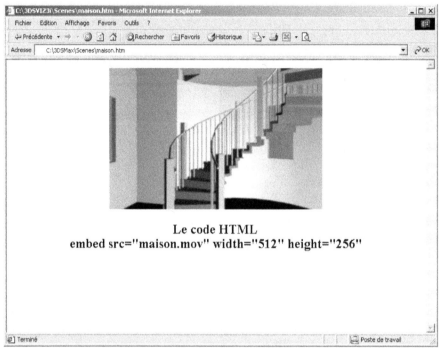

Fig.6.61

7. La perspective à deux points de fuite

Le modificateur Camera correction applique une perspective à deux points de fuite à la vue caméra qui en utilise par défaut trois (fig.6.62). Dans une perspective à deux points de fuite, les lignes verticales restent verticales. La valeur de la correction dépend du niveau de déformation générée par la caméra.

Pour appliquer une perspective à deux points de fuite, la procédure est la suivante :

1 Sélectionnez une caméra.

2 Effectuez un clic droit et dans la section **Outils 1** du menu **Quadr.** sélectionnez **Appliquer modificateur correction Caméra**.

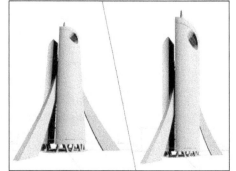

Fig.6.62

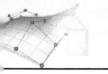

③ Cliquez sur l'onglet **Modifier**.

④ Dans le panneau déroulant **Correction perspective à 2 points**, cliquer sur **Deviner**, qui engendre une première correction des valeurs.

⑤ Adaptez les paramètres **Quantité** (valeur par défaut 0) et **Direction** (valeur par défaut 90) pour obtenir l'effet souhaité (fig.6.63).

⑥ Effectuez le rendu de la vue.

8. Introduction de données AutoCAD vers 3ds max

8.1. Méthodes de transfert

Fig.6.63

Le transfert des données AutoCAD vers 3ds max 8 peut s'effectuer de deux manières principales :

▸ **Par lien DWG** : permet d'importer des géométries à partir de fichiers DWG et de manipuler les données dans 3ds max. Si des modifications sont alors apportées au fichier d'origine, 3ds max peut « recharger » ce fichier, et toutes les modifications apportées aux données sont reflétées avec précision. Les deux logiciels peuvent être ouverts en même temps.

▸ **Par importation de fichiers au format DWG, DXF ou 3DS** : dans ce cas, les objets sont importés dans 3ds max 8 sans liens avec le dessin d'origine AutoCAD. Le choix du format a son importance car le comportement dans 3ds max peut être différent. Le tableau qui suit établit la correspondance générale entre les objets 3D AutoCAD et les objets 3ds max 8 dans lesquels ils sont convertis après leur importation, en fonction du format :

Format	AutoCAD	3ds max
DWG	Entité 2D (un cercle, une polyligne...) extrudée	Spline éditable + Modificateur Extruder. Cela signifie qu'il est possible de modifier la spline de base et la hauteur d'extrusion.
	Surface maillée (surface de révolution, gauche, réglée...).	Maillage éditable
	Solide ACIS	Maillage éditable
DXF	Entité 2D extrudée	Maillage éditable
	Surface Maillée	Maillage éditable
	Solide ACIS	Non importé

Format	AutoCAD	3ds max	(suite)
3DS	Entité 2D extrudée	Maillage éditable	
	Surface Maillée	Maillage éditable	
	Solide ACIS	Maillage éditable	

REMARQUE

Il est conseillé d'utiliser l'option « Dessin AutoCAD (*.DWG, *.DXF) » plutôt que « AutoCAD hérité (*.DWG) » pour l'importation de fichiers AutoCAD, car elle offre beaucoup plus de possibilités au niveau du paramétrage et au niveau des types d'objets à importer.

8.2. Comment lier un fichier DWG AutoCAD, ADT ou Revit dans 3ds max 8

Prenons l'exemple d'une habitation créée dans AutoCAD que l'on souhaite compléter dans 3ds max.

La procédure de liaison est la suivante :

1. Dans le menu **Fichier** sélectionnez **Gestionnaire de liaisons de fichier**.

2. Activez l'onglet **Attacher** dans la boîte de dialogue **Gestionnaire de liaison de fichiers** et cliquez sur **Fichier** pour sélectionner le fichier à lier (fig.6.64). Par exemple : habitation.dwg. L'exemple illustre une habitation créée avec des solides 3D dans AutoCAD.

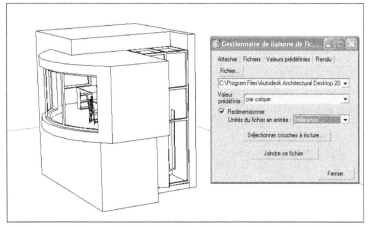

Fig.6.64

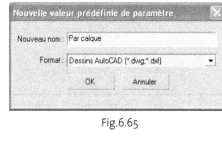

Fig.6.65

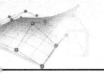

3 Dans l'onglet **Valeurs prédéfinies**, cliquez sur **Nouveau** et entrez un nom. Par exemple : **Par calque** (fig.6.65). Cliquez sur **OK**.

4 Sélectionnez le nouveau nom et cliquer sur **Modifier**.

5 Cliquez sur l'onglet **Avancé** et dans la liste **Dériver primitives AutoCAD par :** sélectionnez le tri souhaité. Par exemple **Couche**, pour convertir chaque calque AutoCAD en objet 3ds max (fig.6.66).

6 Cliquez sur **Enregistrer**.

7 Sélectionnez à nouveau l'onglet **Attacher** et dans le champ **Valeur prédéfinie** sélectionnez la configuration créée dans l'onglet **Valeurs prédéfinies**, à savoir **Par calque**.

8 Cliquez sur **Redimensionner** et entrez l'unité du dessin AutoCAD. Par exemple Millimètres.

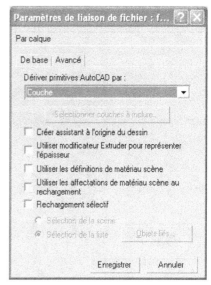

Fig.6.66

9 Cliquez sur le bouton **Joindre ce fichier** puis sur **Fermer**. Le fichier s'affiche à l'écran (fig.6.67). Les différents calques d'AutoCAD sont intégrés dans 3ds max (fig.6.68) et les différentes vues sauvegardées dans AutoCAD sont transformées en Caméras (fig.6.69).

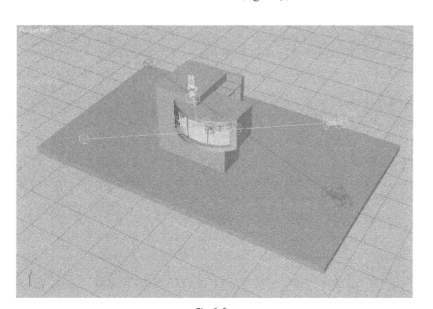

Fig.6.67

Fig.6.68

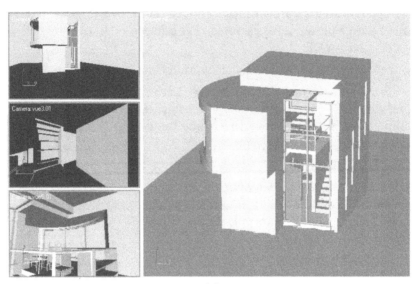

Fig.6.69

Les options de la boîte de dialogue Paramètres de liaison de fichier sont les suivantes :

Options de base (fig.6.70)

▶ **Souder :** stipule si les sommets coïncidents des objets convertis sont soudés en fonction du paramètre Seuil soudage. Le soudage lisse les raccords et unifie les normales des objets ayant des sommets coïncidents. Il faut d'abord sélectionner Convertir en objets uniques, car le soudage ne peut avoir lieu que si les sommets appartiennent à un même objet.

▶ **Seuil de soudage :** définit la distance qui détermine si les sommets coïncident. Si la distance entre deux sommets est inférieure ou égale au seuil de soudage, cela signifie que les sommets sont soudés.

▶ **Lissage auto :** affecte des groupes de lissage en fonction de la valeur de l'angle de lissage. Les groupes de lissage déterminent si les faces d'un objet doivent être rendues en tant que surfaces lisses ou affichent un raccord à leur angle, ce qui crée une apparence de facettes.

▶ **Angle de lissage :** détermine si le lissage se produit entre deux faces adjacentes. Les faces sont lissées si l'angle formé par les normales est inférieur ou égal à la valeur de la zone **Angle lissage**.

▶ **Unifier les normales :** analyse les normales des faces des objets et les fait éventuellement basculer de façon à ce qu'elles soient toutes orientées vers l'extérieur. Si la géométrie importée n'est pas correctement soudée ou si VIZ ne peut déterminer le

centre de l'objet, les normales risquent de ne pas être orientées dans la bonne direction. Pour faire basculer les normales, utilisez les modificateurs Editer maille ou Normales. Lorsque la case Unifier les normales est désactivée, les normales sont calculées en fonction de l'ordre des sommets des faces dans le fichier DWG. Les normales de face des solides AutoCAD ACIS sont déjà unifiées. Désactiver Unifier les normales lors de l'importation des modèles de volume ACIS à partir d'AutoCAD.

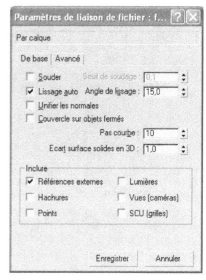

Fig.6.70

▸ **Couvercle sur objets fermés :** applique un modificateur Extruder à toutes les entités fermées, et active les options Début couv. et Fin couv. correspondantes. La valeur du modificateur Extruder pour une entité fermée sans épaisseur est de 0. Le couvercle fait que les entités avec épaisseur apparaissent solides et les entités fermées sans épaisseur apparaissent plates. Lorsque l'option Couvercle sur entités fermées est désactivée, les options Début couv. et Fin couv. des entités fermées dotées d'une épaisseur sont également désactivées. Aucun modificateur n'est appliqué aux entités fermées sans épaisseur, à l'exception de Cercle, Lancer et Solide.

▸ **Pas courbe :** détermine le nombre de points nœud sur la courbe. Plus le nombre est élevé plus la courbe est précise.

▸ **Ecart surface solides en 3D :** indique l'écart maximal autorisé entre le maillage VIZ et la surface ACIS paramétrique. Les valeurs basses produisent des surfaces plus précises ayant un nombre de faces plus élevé. Les valeurs élevées produisent des surfaces moins précises comprenant moins de faces.

▸ **Inclure :** permet de sélectionner des entités spécifiques à inclure dans 3ds max : les références externes, les hachures, les points, les lumières, les vues, le repère UCS.

Options avancées (fig.6.71)

▸ **Dériver primitives AutoCAD par :**

- **Couche :** attribue à chaque objet 3ds max un nom fondé sur la couche de l'objet AutoCAD. Le nom de couche est précédé du nom Layer. Ainsi, un objet AutoCAD situé dans la couche BASE devient Layer :BASE.

- **Couleur :** attribue à chaque objet 3ds max un nom fondé sur la couleur de l'objet AutoCAD. Le numéro de couleur AutoCAD est précédé du terme Color. Par exemple, un objet AutoCAD rouge (numéro de couleur 001) devient Color.001. Les objets d'une même couleur sont regroupés en un seul objet.

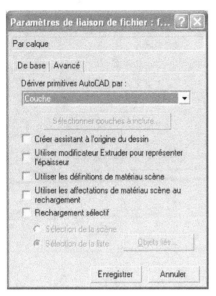

Fig.6.71

- **Entité :** attribue à chaque objet 3ds max un nom fondé sur le type de l'objet AutoCAD. Ainsi, un objet AutoCAD Solide devient 3dSolid. Les dessins AutoCAD peuvent contenir des milliers d'entités. Si l'on adopte cette méthode, il y a risque d'obtenir un très grand nombre d'objets dans 3ds max.

- **Un Objet :** tous les objets liés sont regroupés en un seul objet dans 3ds max.

- **Couches et blocs comme hiérarchie de nœuds :** les objets liés sont combinés dans 3ds max en fonction de leur calque ou bloc.

- **Entité et blocs comme hiérarchie de nœuds :** chaque objet lié est représenté comme un objet unique dans 3ds max et cela également pour les objets intégrés dans des xrefs ou des blocs.

- ▸ **Créer assistant à l'origine du dessin :** lorsque l'on attache un fichier lié, 3ds max insère l'icône du système de coordonnées de l'utilisateur comme assistant du point d'origine. 3ds max place cet assistant à l'origine universelle du fichier lié. Il s'agit d'un point de référence pour toute la géométrie du fichier lié. Une fois le fichier attaché, l'assistant est sélectionné, ce qui permet de déplacer, faire pivoter ou dimensionner facilement toute la géométrie venant juste d'être ajoutée à la conception.

- ▸ **Utiliser modificateur Extruder pour représenter l'épaisseur :** permet d'appliquer un modificateur Extrusion à tout objet lié ayant une valeur d'épaisseur.

- ▸ **Utiliser les définitions de matériau scène :** si cette option est activée, 3ds max contrôle la scène 3ds max à la recherche de tout matériau ayant exactement le même nom q'un matériau inclus dans le fichier lié. Si une correspondance est trouvée 3ds max utilise le matériau de la scène et non celui du fichier dwg. Si l'option est désactivée le File link manager utilise le matériau contenu dans le fichier dwg lié et écrase tout matériau de la scène ayant le même nom. Dans ce cas, toute modification au matériau lié sera perdue lors de la mise à jour. L'attribution de matériau ne peut se faire que dans des fichiers Architectural Desktop.

- ▸ **Utiliser les affectations de matériau scène au rechargement :** lorsque cette option est activée, tout matériau attribué dans une scène 3ds max ne sera pas modifiée lors d'une mise à jour du fichier lié.

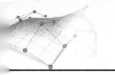

▸ **Rechargement sélectif :** permet d'effectuer une mise à jour partielle du fichier lié. Cette option est utile si vous savez quels objets ont été modifiés. Elle permet d'accélérer la procédure. Deux options sont disponibles :

■ **Sélection de la scène :** recharge uniquement les objets sélectionnés dans la scène.

■ **Sélection de la liste :** recharge uniquement les objets sélectionnés dans la liste des objets.

Pour mettre à jour les modifications, la procédure est la suivante :

1. Effectuez les modifications dans AutoCAD. Par exemple ajoutez des arbres.

2. Sauvegardez le fichier dans AutoCAD.

3. Dans 3ds max, sélectionner le Menu **Fichier** puis **Gestionnaire de liaisons de fichier**.

4. Activez l'onglet **Fichiers** dans la boîte de dialogue **Gestionnaire de liaisons de fichier** et cliquez sur le fichier à mettre à jour (fig.6.72).

5. Cliquez sur **Recharger** puis sur **Fermer** pour terminer. Le fichier mis à jour s'affiche à l'écran (fig.6.73).

Fig.6.72

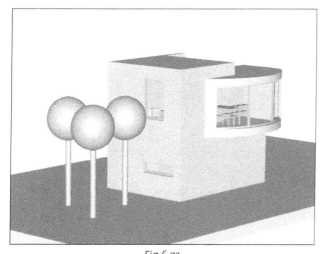

Fig.6.73

8.3. Comment importer des fichiers DWG dans 3ds max 8

Lorsque l'on importe un fichier de dessin AutoCAD, le logiciel convertit un sous-ensemble d'objets AutoCAD en objets 3ds max équivalents. Après avoir sélectionné un fichier DWG à importer, la boîte de dialogue Options d'importation AutoCAD DWG/DXF s'affiche. Après l'importation, des maillages éditables, des splines éditables et des contrôleurs PRS apparaissent. Les blocs imbriqués conservent leur hiérarchie parent-enfant et sont importés en tant que « Parent Bloc/Style ». De plus, si un objet dessin unique crée à la fois des maillages et des splines, vous trouverez des objets catégorisés comme « Géométrie liée » dans la scène. Le parent Bloc/Style ou les objets de Géométrie liée apparaissent dans la pile de modificateurs du panneau Modifier.

Pour importer un fichier DWG la procédure est la suivante :

1. Dans le menu **Fichier** sélectionnez **Importer**.

2. Choisissez AutoCAD (*.dwg) dans la liste des types de fichiers.

3. Indiquez le nom du fichier à importer.

4. Définissez les options dans la boîte de dialogue **Options d'importation AutoCAD DWG/DXF** (voir chapitre 1 pour les détails).

Dans le cas, d'ADT, l'importation de dessins DWG est identique aux dessins provenant d'AutoCAD (fig.6.74). Il suffit simplement de ne pas oublier l'installation de l'utilitaire Object Enabler. Une fois importés, les objets ADT (mur, porte, fenêtre, etc.) se comportent de deux manières différentes dans 3ds max 8 :

▸ **L'objet complet** : comme Bloc/Parent. La sélection de l'objet doit se faire en tenant la touche Page Up enfoncée (fig.6.75).

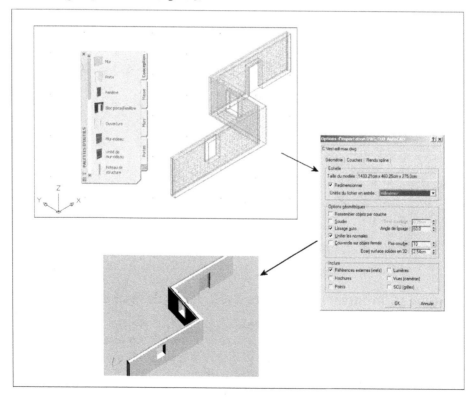

Fig.6.74

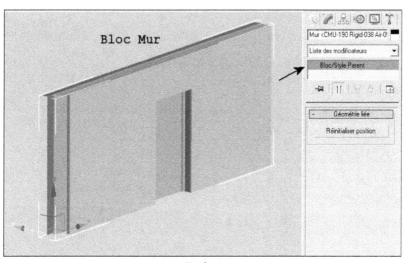

Fig.6.75

▸ **Les composants** : comme Maillage éditable. La sélection s'effectue en cliquant simplement sur le composant (fig.6.76).

La sélection des objets ou composants peut se faire également via la boîte de dialogue **Sélectionner objets** (fig.6.77).

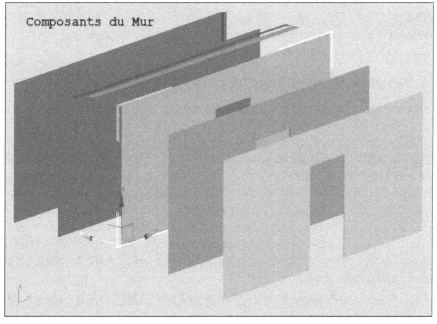

Fig.6.76

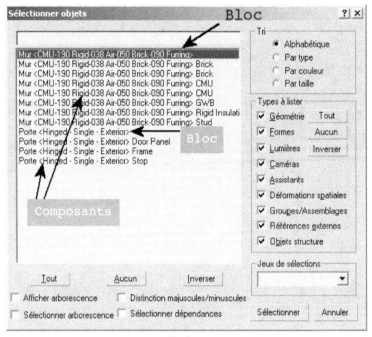

Fig.6.77

REMARQUE

La subdivision et la sélection des objets sont identiques dans le cas d'Autodesk Revit.

8.4. Le problème des faces invisibles

Dans 3ds max, chaque face possède un avant et un arrière qui correspondent à la surface intérieure ou extérieure d'un objet solide. Dans un cube, par exemple, il est rarement besoin de visualiser la surface intérieure des six carrés composant le cube. Ainsi, dans plusieurs opérations de visualisation et de rendu, 3ds max ignore une face si elle est orientée vers l'extérieur (en d'autres termes, sa normale de face est dirigée vers l'extérieur) à partir d'un point de vue. Lorsque l'on crée des objets dans 3ds max, le programme comprend l'orientation nécessaire des faces et gère les normales de face en conséquence. Toutefois, il se peut que les données d'un dessin AutoCAD lié ou importé ne respectent pas les conventions de normales de face. Il peut donc sembler que des éléments visibles dans AutoCAD manquent dans le fichier lié ou importé. Dans ce cas, il existe plusieurs moyens pour remédier à ce problème :

▸ Activez les options **Lissage auto** et **Unifier les normales** dans la boîte de dialogue d'importation ou de liaison.

- Utilisez le modificateur **Normale**. Pour cela :
  - Affichez le panneau **Modifier** et ouvrez la liste des modificateurs.
  - Faites défiler la liste vers la bas et choisissez le modificateur **Normale**.
  - Dans le panneau déroulant **Paramètres**, activez **Unifier normales** et désactivez **Basculer normales**. Les normales de l'objet sont toutes orientées dans la direction appropriée.
- Utilisez des **matériaux double face** pour avoir un rendu complet et sélectionnez l'option **Forcer 2 faces** de la configuration de fenêtre pour avoir un affichage correct à l'écran.

8.5. Convertir des objets 2D AutoCAD en objets 3D dans 3ds max 8

Pour les utilisateurs d'AutoCAD LT, 3ds max est également une solution intéressante pour faire le saut vers la 3D. L'importation ou le Lien DWG permettent en effet d'utiliser AutoCAD LT pour la conception 2D et 3ds max pour le passage en 3D, le tout de façon interactive. Il est ainsi par exemple très facile de concevoir un projet d'habitation dans LT et de générer la volumétrie dans 3ds max. La procédure est la suivante :

1. Etablissez le projet dans AutoCAD. Par exemple : 2 élévations d'une habitation. Il est conseillé d'utiliser des polylignes et de placer les entités sur des calques distincts (fig.6.78). Les murs et ouvertures sont sur les calques MUR1 et MUR2, les portes et fenêtres sur les calques PORTE1 et PORTE2, les encadrements sur les calques ENCADRE1 et ENCADRE2, les toitures sur les calques TOITURE1 et TOITURE2.

2. Dans le Menu **Fichier** sélectionnez **Importer**.

3. Dans la boîte de dialogue d'importation, sélectionnez le fichier à importer : facade.dwg.

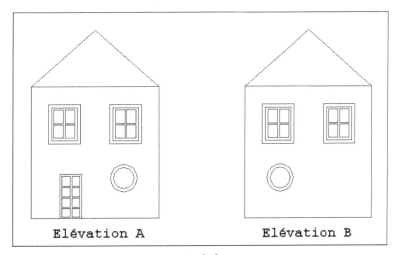

Fig.6.78

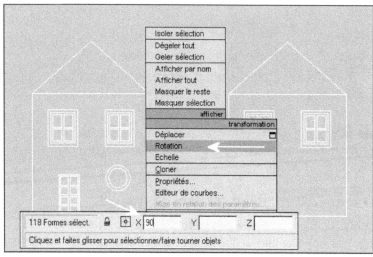

Fig.6.79

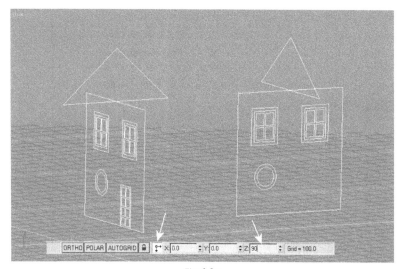

Fig.6.80

4. Dans le champ **Unités du fichier en entrée**, sélectionnez **Centimeters**.

5. Pour placer les deux élévations dans l'espace, il convient d'effectuer une rotation de 90° autour de l'axe X Pour cela, sélectionnez les deux élévations puis effectuer un clic droit sur la souris. Le menu **Quad** (Quadr) s'affiche à l'écran. C'est un menu à quatre quadrants qui permet de sélectionner facilement une option et dont le contenu dépend de l'objet sélectionné. Cliquez sur **Rotation** dans ce menu.

6. Dans la zone des coordonnées située en bas de l'écran, entrez **90** dans le champ **X** (fig.6.79). Les deux élévations sont à présent placées verticalement.

7. Sélectionnez l'élévation de gauche, activez le mode **Relatif** et entrez **90** dans le champ **Z**. L'élévation A est à présent perpendiculaire à l'élévation B. Faites de même pour la toiture de droite (fig.6.80).

8. Il convient de déplacer les toitures et l'élévation de gauche. Pour effectuer cette opération avec précision, il faut effectuer un clic droit sur le bouton **Bascule accrochage** et activer le champ **Sommet**. Ensuite à l'aide de la fonction **Sélection et déplacement**, déplacez les objets (fig.6.81).

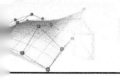

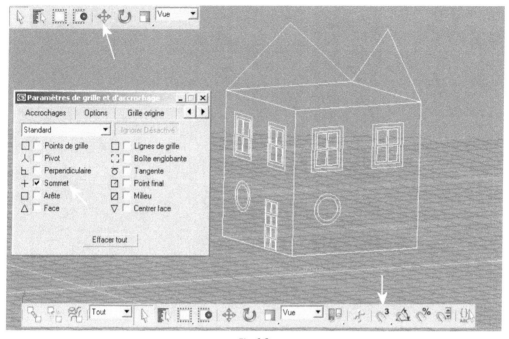

Fig.6.81

⑨ Les éléments 2D étant en place, il est temps d'extruder les objets en 3D. Sélectionnez l'élévation A et cliquez sur l'onglet **Modifier** à droite.

⑩ Dans la liste des **Modificateurs** sélectionnez **Extruder** et entrer la valeur −20 dans le champ **Quantité**. Activez aussi les champs **Début couv.** et **Fin couv.** Faites de même pour l'élévation B, les encadrements (valeur 10) et les toitures (valeur 600) (fig.6.82).

⑪ Pour terminer la toiture, il convient de déplacer les points A et B vers le point C (fig.6.83). Cela est possible à l'aide du modificateur **Editer Maillage** qu'il faut appliquer à chaque partie de la toiture. Il doit être sélectionné dans la liste des **Modificateurs**.

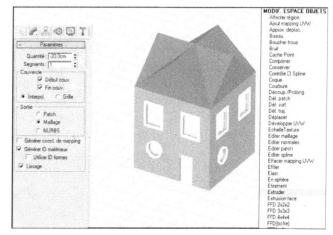

Fig.6.82

Fig.6.83

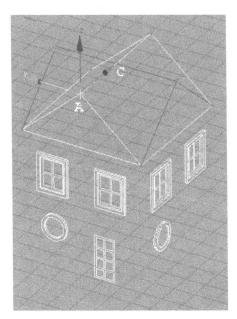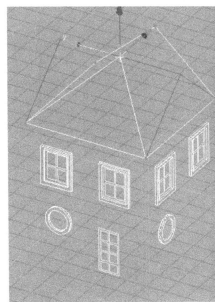

Fig.6.84

12 Cliquez sur le signe + placé à gauche du modificateur **Editer Maillage** et sélectionnez le sous-objet **Sommet**.

13 Pointez le vertex situé en A et déplacez celui-ci en C (fig.6.84).

14 Faites de même pour l'autre toiture et déplacez le point B en C.

8.6. VIZ Render et 3ds max 8

Le format DRF (Discreet Render Format) est le format de fichier associé à l'outil de rendu VIZ Render intégré à Autodesk Architectural Desktop. Dans 3ds max 7, vous pouvez ouvrir des fichiers DRF à l'aide de la commande **Ouvrir** du menu **Fichier**. Dans l'ensemble, 3ds max traite un fichier DRF exactement comme un fichier MAX ; néanmoins, vous ne pouvez pas enregistrer une scène en tant que fichier DRF, mais uniquement en tant que fichier MAX. Par conséquent, dès que vous avez modifié votre fichier DRF, vous devez l'enregistrer en tant que fichier MAX et vous ne pouvez plus l'ouvrir dans VIZ Render comme fichier DRF. Seule la fonction **Fusionner** du menu Fichier permet d'ouvrir à nouveau le fichier modifié dans VIZ Render.

Plusieurs éléments sont à prendre en compte avant d'utiliser les fichiers VIZ Render :

▶ Les paramètres par défaut

▶ Les unités

▶ Les fichiers manquants

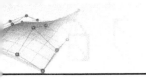

Paramètres par défaut

3ds max est employé dans de nombreux secteurs professionnels, notamment dans les domaines de l'audio-visuel (cinéma, télévision...), de la visualisation graphique (architecture, design...) et des jeux. Les besoins des différents utilisateurs en matière de flux de travail et de performances varient considérablement en fonction du domaine. Par conséquent, des jeux de paramètres, par défaut, distincts destinés à différents types de scènes peuvent présenter des avantages appréciables.

Une scène d'animation typique, par exemple, comporte un nombre de lumières réduit ; dans ce cas, l'utilisation des **ombres texture** offrent par exemple une méthode rapide et précise de création des ombres. En revanche, une scène de visualisation graphique comme un projet d'architecture peut comporter des centaines de lumières ; dans ce cas, les ombres texture entraîneront des problèmes de mémoire. Les ombres par **lancer de rayon** conviennent dans ce cas mieux à ce type de scène.

Afin d'offrir un environnement de travail efficace pour ces deux types de projets, 3ds max propose quatre jeux de paramètres par défaut, l'un spécialement adapté aux besoins des scènes d'animation générales et l'autre aux projets de visualisation (tous deux avec ou sans utilisation du rendu mental ray). Ces jeux sont situés dans leurs propres sous-répertoires dans le répertoire **\Defaults.** Chacun de ces répertoires contient un fichier INI (CurrentDefaults.ini), qui comprend les paramètres globaux par défaut, une bibliothèque de matériaux par défaut (medit.mat), qui charge les matériaux dans l'éditeur de matériaux au démarrage, et un fichier de démarrage (maxstart.max), qui s'ouvre lorsque vous lancez ou que vous réinitialisez 3ds max. Vous pouvez modifier ces fichiers, mais également créer vos propres jeux. Cependant, chaque jeu doit figurer dans un sous-répertoire différent de \Defaults. En outre, les fichiers de chaque répertoire doivent posséder les mêmes noms (CurrentDefaults.ini, medit.mat et maxstart.max). Si l'un de ces trois fichiers est absent d'un répertoire de valeurs par défaut personnalisées que vous avez créé, 3ds max utilise à la place le fichier correspondant du répertoire \Defaults\MAX.

A titre d'exemple, les paramètres initiaux de DesignVIZ sont configurés pour offrir les meilleures performances de rendu possibles avec des scènes de grande taille comprenant de nombreuses lumières. Le paramétrage est le suivant :

- **Couches** : tous les objets sont créés « par couche ».
- **Editeur de matériaux** : inclut les matériaux de type Architectural et affiche les informations de réflectance et de transmission (autres informations plus bas).
- **Lumières** : toutes les lumières projettent des ombres par lancer de rayon.
- **Lumière du jour** : définie par défaut sur Soleil IES et Ciel IES.
- **Rendu** : rendu Lignes de balayage par défaut, avec radiosité et contrôle d'exposition pré-affectés.

- **Clonage** : par défaut, les objets sont instanciés.
- **Sélectionner par nom** : les options Afficher arborescence et Sélectionner dépendances sont activées.
- **i-drop** : les textures sont copiées de la source i-drop dans le dossier /downloads/.
- **Cinématique inverse** : optimisée pour la manipulation interactive.
- **Ombrage fenêtre** : optimisé pour la prise en charge de nombreuses sources lumineuses.

Pour modifier le jeu de paramètres par défaut courant, la procédure est la suivante :

1. Choisissez **Changeur d'IU personnalisée et de paramètres par défaut** dans le menu déroulant **Personnaliser**.
2. Sélectionnez l'un des jeux par défaut dans la liste **Paramètres initiaux des options d'outils** et cliquez sur **Définir (fig.6.85)**.
3. Redémarrez 3ds max pour charger les nouveaux paramètres par défaut.

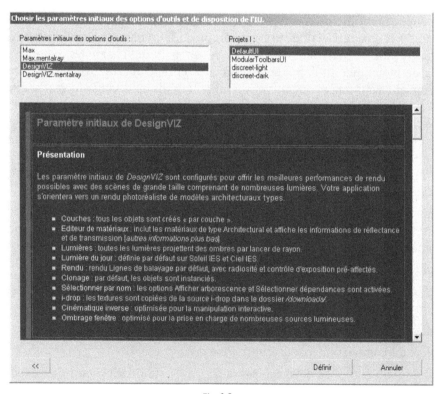

Fig.6.85

Les unités

Dans VIZ Render, seul le mètre peut être utilisé comme unité système. 3ds max vous permet par contre de définir votre propre unité système ainsi que les caractéristiques d'affichage des unités. Une boîte de dialogue (fig.6.86) s'affiche chaque fois que vous ouvrez un fichier DRF, sauf si vous utilisez les mètres comme unité système. Vous pouvez adopter les mètres comme unité système ou vous pouvez redimensionner la géométrie de votre fichier DRF de façon à l'harmoniser avec vos paramètres d'unité actuels.

Les fichiers manquants

Vous verrez parfois apparaître une boîte de dialogue **Fichiers externes manquants** lors de l'ouverture de fichiers DRF. Elle répertorie les bitmaps ou les fichiers photométriques introuvables, ainsi que leur chemin. Pour trouver les fichiers manquants, utilisez la boîte de dialogue **Configurer chemins** (Sélectionnez le menu Personnaliser puis Configurer chemins) afin d'ajouter les répertoires VIZ Render appropriés dans l'onglet **Fichiers externes** de la boîte de dialogue (fig.6.87).

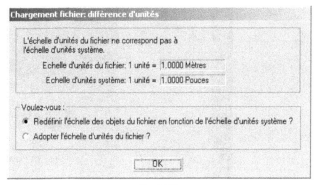

Fig.6.86

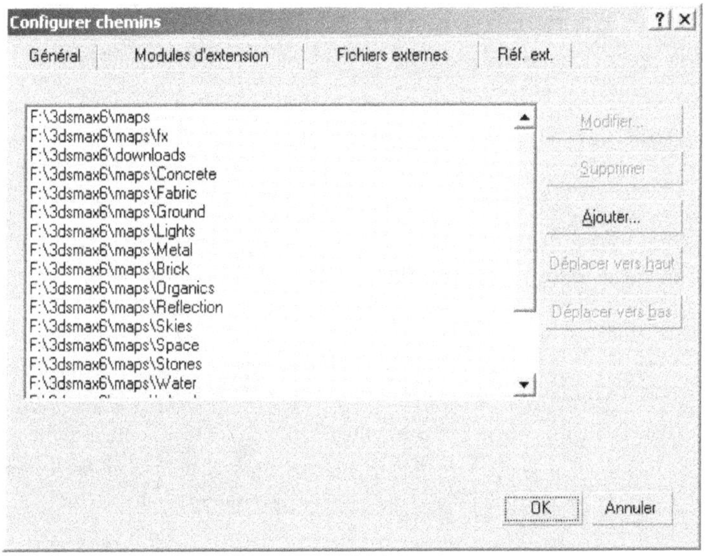

Fig.6.87

Le flux de travail entre Architectural Desktop et 3ds max 8

Le processus de travail avec les outils Architectural Desktop (ADT), VIZ Render et 3ds max 8 peut se résumer de la manière suivante :

1. Modélisation du projet dans Architectural Desktop (fig.6.88) avec autant que possible ajout de matériaux aux styles des objets.

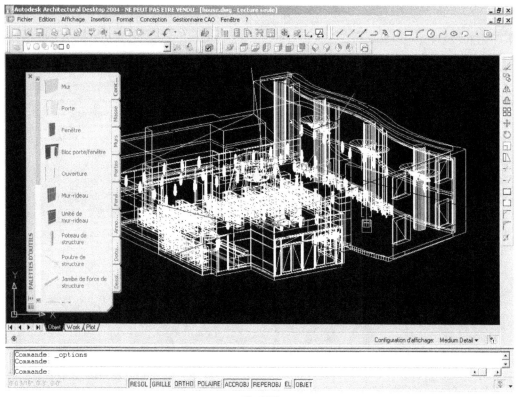

Fig.6.88

2. Liaison du projet ADT à VIZ Render. Cliquez pour cela sur le bouton inférieur gauche de l'interface d'ADT (fig.6.89).

3. Ajout de l'éclairage et de matériaux (non assignés dans ADT) dans VIZ Render (fig.6.90). Sauvegarde au format DRF.

Fig.6.89

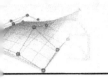

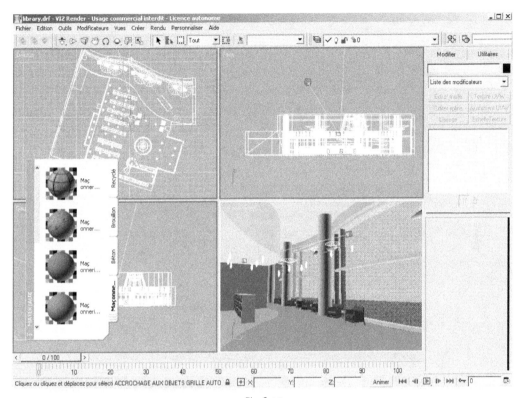

Fig.6.90

4. Ouverture du fichier DRF dans 3ds max. Suivez pour cela la procédure suivante :

> Sélectionnez le menu **Fichier** puis l'option **Ouvrir**.

> Dans cette boîte de dialogue **Ouvrir fichier**, sélectionnez VIZ Render (∗.drf) comme type de fichiers (fig.6.91).

> Sélectionnez le fichier souhaité et cliquez sur **Ouvrir**.

> La boîte de dialogue **Chargement fichier : différences d'unités** apparaît. Vous pouvez adopter les mètres comme unité système ou vous pouvez redimensionner la géométrie de votre fichier DRF de façon à l'harmoniser avec vos paramètres d'unité actuels.

> Dans la boîte de dialogue **Chargement fichier : différences d'unités**, assurez-vous que l'option **Redéfinir l'échelle des objets du fichier en fonction de l'échelle d'unités système** est sélectionnée et cliquez sur OK.

▸ Souvent, lorsque vous redimensionnez un fichier, le redimensionnement des fenêtres ne s'effectue pas correctement. Vous pouvez constater que (à l'exception de la fenêtre Caméra), la scène ne s'affiche pas du tout dans les fenêtres. Pour remédier à cela, dans la zone des commandes de la fenêtre, cliquez sur **Cadrer tout**. Les fenêtres affichent maintenant la géométrie de la scène (fig.6.92).

▸ Sélectionnez le menu **Fichier** puis **Enregistrer**. Lors du premier enregistrement du fichier DRF en tant que fichier MAX, vous devez lui attribuer un nom.

▸ Continuez le travail avec le fichier en question : animation, rendu...

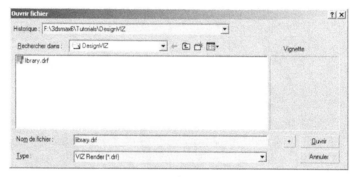

Fig.6.91

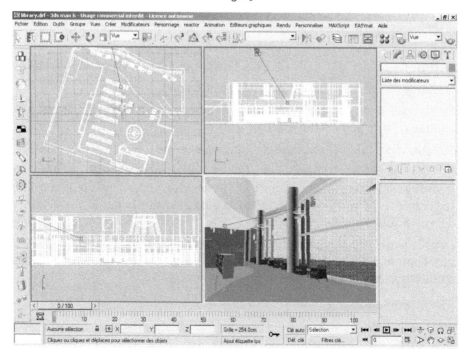

Fig.6.92

CHAPITRE 7
LA SIMULATION
DE CHEVEUX ET DE TISSUS

Ce chapitre porte sur l'étude des modules Hair-Fur et Cloth. Le module Hair and Fur permet la création de la chevelure d'un personnage ou du pelage d'un animal ainsi que des effets de rendu associés. Le module Cloth est un jeu d'outils de simulation permettant de refléter la façon dont le tissu, et en particulier les vêtements, se comportent dans la réalité.

1. La simulation de chevelures (Hair) et de pelages (Fur)

1.1. Introduction

Vous pouvez faire pousser une chevelure/un pelage à partir d'un maillage ou à partir d'une série de splines regroupées en un objet spline. Le modificateur Hair and Fur reconnaît le type d'objet auquel il s'applique et agit donc en conséquence. Sur un maillage, une chevelure (ou un pelage) pousse par défaut sur toute la surface, mais vous pouvez restreindre la surface de la chevelure/du pelage à l'aide d'une sélection de sous-objets. Dans le cas d'un objet spline, les cheveux (ou poils) sont créés par interpolation entre les sous-objets splines selon l'ordre de fixation utilisé au moment de la création de l'objet spline.

La simulation d'une chevelure ou d'un pelage dynamique est un processus assez complexe. Des « guides » servent donc à définir la forme et le comportement de la chevelure ou du pelage, tout comme la modélisation 3D standard utilise des limites telles que des surfaces pour définir des objets solides.

Gérer des milliers de cheveux (ou de poils) de manière interactive est une tâche impossible. Par conséquent, vous ne verrez dans votre scène que quelques cheveux/(ou poils) rouges qui vous donneront une idée de l'apparence finale de la chevelure/du pelage, ainsi qu'un ensemble de lignes, appelées guides, qui vous permettront de définir le style de la chevelure/du pelage. Le reste des cheveux (ou poils) est ajouté au moment du rendu, par interpolation à travers les guides (fig.7.1).

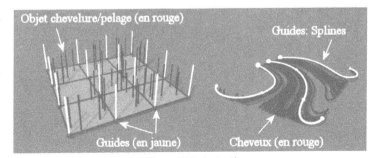

Fig.7.1 (© Autodesk)

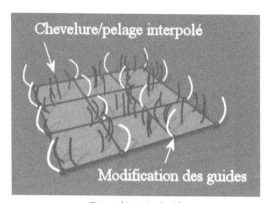

Fig.7.2 (© Autodesk)

Les simulations dynamiques s'effectuent au niveau des guides (fig.7.2), alors que le déplacement et la coloration s'effectuent au niveau du rendu de l'objet chevelure/pelage interpolé. Le traitement du rendu est ainsi optimisé : bien que cette méthode empêche un contrôle direct de chaque chevelure/pelage, seule l'abstraction permet d'obtenir un résultat réaliste.

1.2. La création d'une chevelure à partir de splines

Certains styles de coiffures, et notamment ceux pour les longues chevelures, se prêtent plus naturellement à la méthode d'interpolation des splines qu'à la méthode de croissance à la surface. Les chevelures basées sur des splines offrent un contrôle explicite dans 3ds Max sur un ensemble fini de cheveux guides. Lorsque vous créez une chevelure en utilisant un objet spline comme source de croissance, le modificateur Hair and Fur génère un guide à partir de chaque spline dans l'objet. Il se sert ensuite de ces guides comme sections croisées pour faire pousser les cheveux. Cela revient, en fait, à produire une feuille en trois dimensions d'une chevelure sous la forme de sections croisées de splines.

Pour que la chevelure basée sur des splines vous donne entièrement satisfaction, gardez à l'esprit les points suivants :

▸ La pilosité est interpolée entre chaque paire de splines numérotées. Le meilleur moyen de s'en assurer est de créer des splines délimitant le contour des cheveux en tant qu'objets distincts, puis de les attacher dans l'ordre correct.

▸ L'interpolation entre des paires de splines est linéaire. Vous pouvez donc créer autant de splines que nécessaire pour donner un aspect plus harmonieux aux cheveux.

▸ Le premier sommet de chaque spline correspond à la racine du cheveu. Aussi, lorsque vous commencez à tracer des splines, démarrez-les à partir de la base de chaque cheveu.

La procédure est la suivante :

1. Ouvrez le fichier cheveux-spline.max. Il s'agit d'une scène constituée d'un simple maillage de la tête (fig.7.3). Le but est de dessiner le contour de la chevelure (sa forme générale) à l'aide de splines.

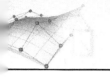

2. Sélectionnez la tête dans la scène, puis cliquez dessus avec le bouton droit de la souris. Choisissez **Geler sélection** dans le menu **Quadr.** qui apparaît.

3. Dans la barre d'outils principale, cliquez sur le bouton **Bascule Accrochages** avec le bouton droit de la souris pour afficher la boîte de dialogue **Paramètres de grille et d'accrochage.**

4. La seule option d'accrochage qu'il est nécessaire d'activer est l'option **Face**. Veuillez donc activer Face et désactiver toutes les autres options.

5. Dans la boîte de dialogue Paramètres de grille et d'accrochage, cliquez sur le panneau Options et activez Aligner sur objets gelés.

6. Cliquez sur le bouton X situé dans le coin supérieur droit pour quitter la boîte de dialogue, puis cliquez sur le bouton Bascule Accrochages pour activer l'accrochage aux faces.

7. Pour tracer les splines représentant la chevelure, cliquez sur **Splines** puis sur **Ligne** dans le panneau **Créer**. Assurez-vous que les options **Mode cliquer** et **Mode cliquer/glisser** sont toutes les deux définies sur la valeur **Lissage**.

8. Dans la fenêtre Perspective, placez le curseur à l'avant de la tête et cliquez pour commencer à tracer la première spline. Déplacez le curseur vers le bas sur le côté gauche de la tête et cliquez à nouveau. Toujours en descendant, infléchissez légèrement la spline vers l'arrière du crâne et cliquez à nouveau. Poursuivez le tracé vers le bas, mais cette fois en vous rapprochant de l'avant afin de créer une courbe harmonieuse. Cliquez avec le bouton droit de la souris pour terminer le dessin de la spline (fig.7.4).

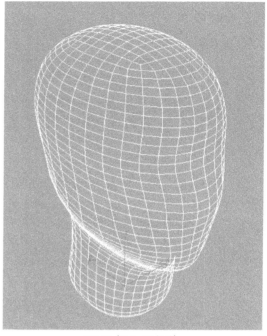

Fig.7.3 (© Autodesk)

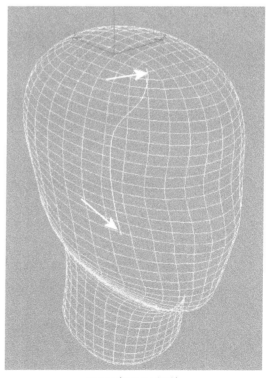

Fig.7.4 (© Autodesk)

Fig.7.5 (© Autodesk)

9. Continuez d'ajouter des splines. Démarrez la spline suivante légèrement en retrait de la première. Faites de même pour la troisième et la quatrième spline. Procédez de la même façon pour tracer les autres splines sur l'arrière puis sur le devant du crâne, en partant à chaque fois de la raie (fig.7.5).

10. Pour mieux visualiser les cheveux, ouvrez le panneau **Affichage**. Dans le panneau déroulant **Masquer**, cochez la case **Masquer objets gelés**. Cela a pour effet de masquer l'objet tête dans la scène.

11. Avant d'appliquer le modificateur Hair and Fur pour créer la chevelure, il faut regrouper les splines en un objet. Pour cela, sélectionnez la première spline que vous avez tracée, puis accédez au panneau **Modifier**.

12. Dans le panneau déroulant **Géométrie**, cliquez sur le bouton **Attacher**.

13. Attachez les splines les unes après les autres autour de la tête, en allant dans le sens des aiguilles d'une montre. La numérotation séquentielle des splines dans la cage de splines est essentielle pour que le modificateur Hair and Fur fonctionne correctement.

14. Revenez au panneau **Affichage** et désélectionnez l'option **Masquer objets gelés**.

15. La cage de splines étant sélectionnée, accédez au panneau **Modifier** et renommez l'objet Chevelure.

16. Activez le niveau sous-objet **Sommet**. En observant la tête de dessus, sélectionnez tous les premiers sommets représentant les racines des cheveux (fig.7.6).

17. Appuyez sur CTRL+I pour inverser la sélection.

18. Dans la barre d'outils principale, sélectionnez l'outil **Echelle** et configurez le pivot de l'échelle sur **Utiliser centre sélection**.

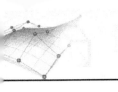

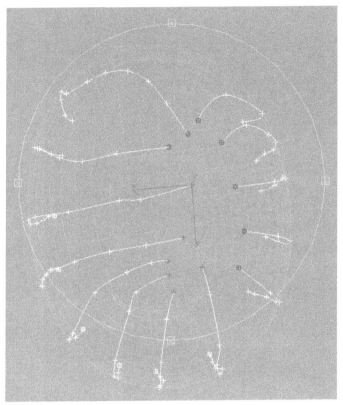

Fig.7.6 (© Autodesk)

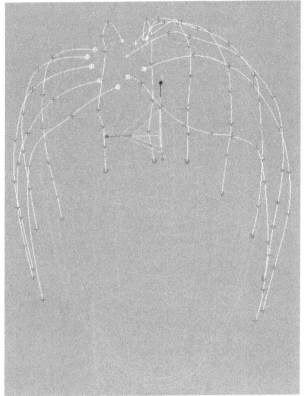

Fig.7.7 (© Autodesk)

19 Augmentez l'échelle de la sélection de façon à ce que les splines forment une ondulation plus naturelle autour de la tête (fig.7.7).

20 Ajustez chacun des sommets de sorte qu'ils épousent la forme de la tête et qu'ils flottent juste au-dessus du maillage. Effectuez les réglages nécessaires pour respecter le style de coiffure que vous avez vous-même conçu. Si nécessaire, affinez les splines pour ajouter la fonction de contrôle des sommets et remodeler la cage de splines avec une plus grande précision.

21 En ayant l'objet **Chevelure** toujours activé, appliquez un modificateur **Hair and Fur** (WSM).

22 Pour avoir une meilleure visibilité de la chevelure, allez dans la section **Afficher chevelure/pelage** du modificateur **Hair and Fur** et augmentez la valeur **Pourcentage** à 10,0 (fig.7.8).

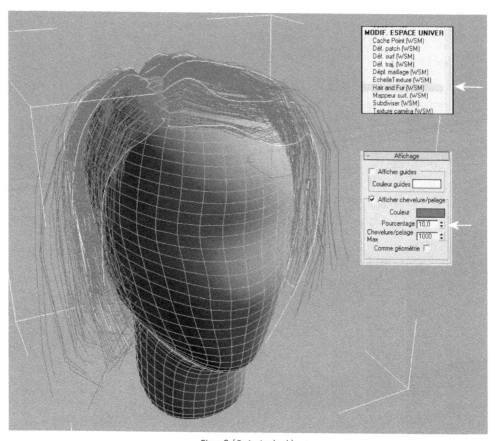

Fig.7.8 (© Autodesk)

23 Définissez les paramètres de la façon suivante :

Panneau déroulant Paramètres généraux : permet de définir le nombre de cheveux, leur courbure et leur taille.

▸ Qté chevelure/pelage = **1500**

▸ Segments chevelure/pelage = **25** (nombre de segments par cheveux – un nombre supérieur de segments rend les boucles plus naturelles – intervalle de 1 à 150)

▸ Passes chevelure/pelage = **4** (règle la transparence ou la finesse de mèche de la chevelure – intervalle de 1 à 20)

▸ Epaisseur racine = **0,6**

▸ Epaisseur pointe = **0,4**

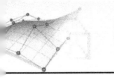

Panneau déroulant Paramètres de matériau : permet de définir les propriétés de matériau de la chevelure, comme la couleur et les valeurs spéculaires du matériau.

- ▸ Amb. occluse = **0,0** (détermine l'importance des effets de lumière sur la chevelure – une valeur 100 donne un éclairage plat – une valeur 0,0 donne un résultat plus contrasté)
- ▸ Couleur racine = Brun foncé **RVB [80,65,29]**
- ▸ Couleur pointe = Brun moins foncé **RVB [124,101,46]**
- ▸ Variation teinte = **30** (détermine la variation de la couleur de la chevelure – la valeur par défaut 30 entraîne une apparence plus naturelle)

Panneau déroulant Paramètres de frisure : permet d'ajouter une certaine quantité de bruit à la racine des cheveux, pour leur donner un peu plus de volume et un aspect plus naturel

- ▸ Racine frisée = **80** (définit le déplacement de la chevelure à sa racine – intervalle 0,0 à 360,0 – valeur par défaut 15)

Panneau déroulant Paramètres multimèches : permet d'augmenter la masse de cheveux autour de la tête rendue.

- ▸ Nombre = **5** (quantité de cheveux par touffe)
- ▸ Tourner racine = **0,3** (définit le décalage aléatoire pour chaque élément d'un groupe, à la racine)
- ▸ Randomiser = **15** (permet de rendre aléatoire la taille de chaque élément d'un groupe)

24. Effectuez un rendu de la chevelure (fig.7.9) sous différents angles puis redéfinissez les sommets des splines et les paramètres qui conviennent pour augmenter le réalisme du résultat.

25. Pour pouvoir réutiliser ultérieurement les paramètres de la chevelure, accédez au panneau **Modifier** et développez le panneau déroulant **Outils**.

26. Dans la zone **Valeurs prédéfinies**, cliquez sur le bouton **Enregistrer**.

27. Dans la boîte de dialogue qui apparaît, nommez la valeur prédéfinie Cheveux_Bruns, puis cliquez sur OK.

28. Cliquez sur le bouton **Charger** pour afficher une liste des valeurs prédéfinies disponibles (fig.7.10).

29. Cliquez deux fois sur la valeur prédéfinie *platnumBlond.shp* (Blonde_Platine.shp) pour la charger.

30. Effectuez le rendu de la scène pour observer les résultats. Les cheveux du personnage sont maintenant blond clair.

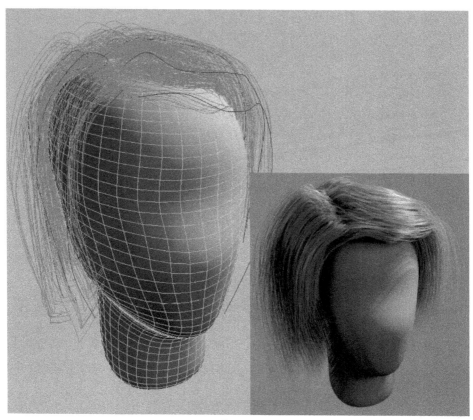

Fig.7.9 (© Autodesk)

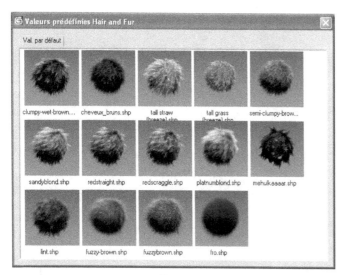

Fig.7.10

1.3. La création d'une chevelure à partir d'un maillage

Dans le cas d'un objet maillage, la pousse des cheveux s'effectue depuis toute la surface, sauf si vous sélectionnez un sous-objet. Dans le cas de l'exemple qui suit deux parties du maillage du personnage (un Gnome) sont sélectionnées pour créer des cheveux et une barbe. La procédure est la suivante :

1. Chargez le fichier Gnome1.max (fig.7.11).

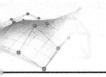

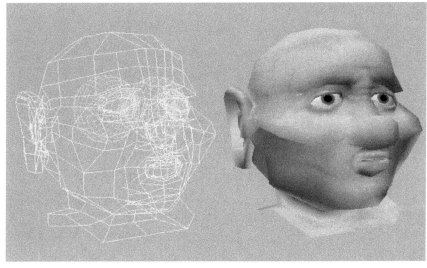

Fig.7.11 (© Autodesk)

[2] Sélectionnez le personnage et affichez le sous-objet **Polygone**. Vous devez sélectionner les surfaces que vous souhaitez habiller avec des cheveux.

[3] Après la sélection cliquez sur **Détacher** dans la section **Editer géométrie** et entrez Cheveux comme nom. Cochez **Détacher comme clone** (fig.7.12).

[4] Sélectionnez l'objet Cheveux et appliquez le modificateur Hair and Fur.

[5] Effectuez un rendu (fig.7.13).

[6] Pour modifier l'aspect des cheveux, il convient de modifier les paramètres du modificateur :

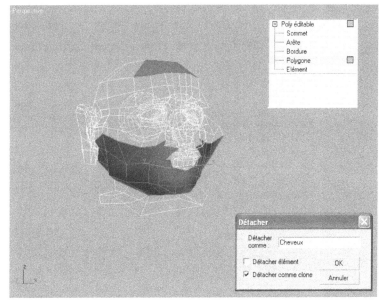

Fig.7.12 (© Autodesk)

▸ Dans la section **Paramètres généraux**, entrez **250** dans le champ **Qté chevelure/pelage**.

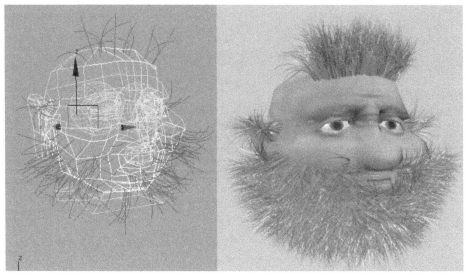

Fig.7.13 (© Autodesk)

▸ Dans la section **Affichage**, entrez 25 dans le champ **Pourcentage**.

▸ Dans la section **Paramètres de frisure**, entrez 0 dans **Racine frisée** et 0 dans **Pointe frisée**.

7 Effectuez un rendu (fig.7.14).

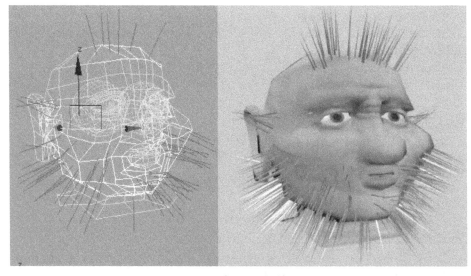

Fig.7.14 (© Autodesk)

⑧ Pour modifier interactivement l'aspect des cheveux, sélectionnez l'objet cheveux et cliquez sur le bouton **Style chevelure/pelage** qui ouvre la boîte de dialogue **Style** (fig.7.15). L'affichage du personnage peut être réglé par les touches :

▸ Pour zoomer : Alt + appuyer sur la roulette

▸ Pour la rotation : Ctrl + Alt + appuyer sur la roulette

▸ Pour modifier la taille de la brosse : touche B + déplacer la souris avec la touche gauche.

⑨ Pour modifier l'aspect des cheveux, la première étape est de faire tomber les cheveux selon la gravité. Cliquez pour cela sur le bouton **Shake mode** (fig.7.16). Appuyez sur Echap (Esc) pour sortir de la commande.

⑩ Pour modifier la moustache, utilisez les outils **Brush mode** et **Hair Root** et tirez les poils de la moustache vers la droite et la gauche (fig.7.17).

⑪ Tournez la tête vers la droite, cliquez sur l'outil **Hair Ends** et tirez l'extrémité des poils vers la gauche. Faites de même pour les cheveux vers le haut (fig.7.18).

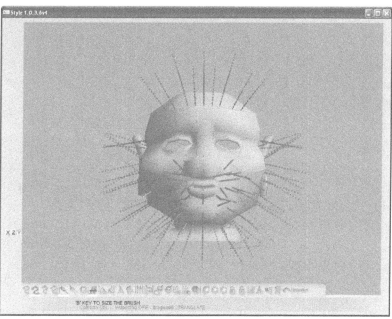

Fig.7.15 (© Autodesk)

Fig.7.16 (© Autodesk)

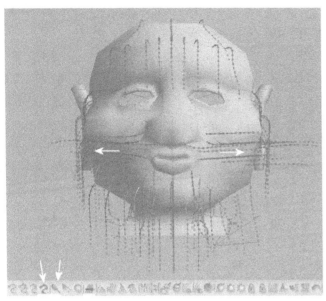

Fig.7.17 (© Autodesk)

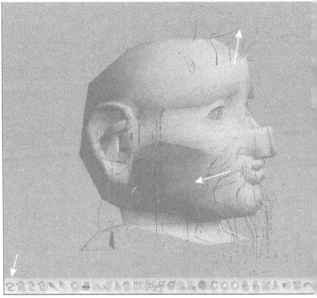

Fig.7.18 (© Autodesk)

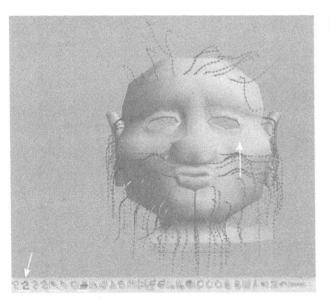

Fig.7.19 (© Autodesk)

12. Activez l'outil **Whole Strand** et déplacez les poils de la moustache vers le haut (fig.7.19).

13. Effectuez le rendu (fig.7.20).

14. Pour ajouter du volume aux cheveux et à la moustache, modifiez les paramètres suivants :

- Dans la section **Paramètres généraux**, entrez **350** dans le champ **Qté chevelure/pelage**. Entrez **8** dans le champ **Epaisseur racine** et **2** dans le champ **Passes chevelure/pelage**.

- Dans la section **Paramètres multi-mèches**, entrez **25** dans le champ **Nombre**. Cela aura pour effet de multiplier le nombre de cheveux par 25. Modifiez **Tourner racine** = **0.5** et **Tourner pointe** = **0.25**.

15. Effectuez le rendu (fig.7.21).

16. Pour augmenter le réalisme de la scène, il convient d'ajuster l'éclairage. Cliquez à cet effet sur l'option **Liste de lumières** dans le menu **Outils**.

17. Dans la boîte de dialogue **Liste de lumières**, activez le champ **Ombres** en regard de Spot01 et cliquez sur **Actualiser** (fig.7.22).

18. Effectuez le rendu. L'ombre s'ajoute au personnage et le rendu est plus réaliste (fig.7.23).

Fig.7.20 (© Autodesk)

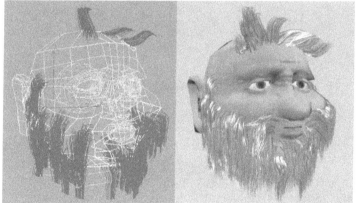

Fig.7.21 (© Autodesk)

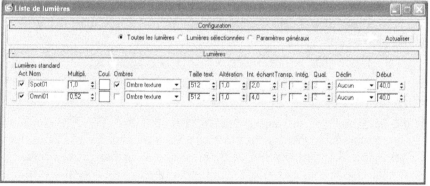

Fig.7.22 (© Autodesk)

Fig.7.23 (© Autodesk)

2. La simulation de vêtements (module Cloth)

2.1. Introduction

3ds max 8 permet la création et l'animation de vêtements sur mesure destinés aux personnages et créatures grâce au module Cloth. Celui-ci comprend deux modificateurs :

▸ **Le modificateur Cloth** : il gère la simulation du mouvement des tissus dans leur inter-action avec l'environnement, ce qui peut englober des objets collision (un personnage ou une table, par exemple) et des forces externes, telles que le vent ou la gravité.

▸ **Le modificateur Garment Maker** : il s'agit d'un outil spécialisé pour la création de vêtements 3D à partir de splines 2D, selon un processus similaire à celui de la réalité, en assemblant des pièces planes de tissu.

La modélisation des vêtements peut se faire de deux manières différentes :

▸ En créant les tissus avec les méthodes de modélisation standard de 3ds Max et en leur appliquant le modificateur Cloth.

▸ En concevant des patrons (modèles) de vêtements virtuels à base de splines et en assemblant ces divers panneaux virtuels pour former un vêtement complet à l'aide du modificateur Garment Maker (Fabrication de vêtement). Ce dernier permet même d'importer des modèles de splines provenant d'applications externes et de les utiliser en tant que panneaux de patron.

La simulation de tissu est un processus consistant à répliquer le mouvement et la déformation d'une pièce de tissu ou d'un vêtement pour imiter sa réaction dans la réalité. Le fonctionnement de la simulation exige la création préalable d'un objet tissu, tel qu'une nappe ou un pantalon. Vous devez ensuite définir les éléments d'interaction du tissu. Il peut s'agir d'un objet collision comme le dessus d'une table ou la jambe d'un personnage, ou d'une force comme le vent ou la gravité.

2.2. La fabrication de patrons

Toute géométrie peut servir de tissu, mais il vaut mieux commencer avec le modificateur Garment Maker. Vous pouvez alors créer ou importer un patron (morceaux de tissu cousus ensemble) en tant qu'objet forme, en général avec des splines, puis combiner les morceaux pour créer un article vestimentaire, selon un procédé semblable à celui permettant de créer des vêtements réels. Une fois le vêtement obtenu, vous pouvez appliquer le modificateur Cloth puis l'utiliser pour habiller un personnage ou un autre objet susceptible d'utiliser une protection, par exemple une table ou un parapluie.

Lorsque vous appliquez le modificateur Garment Maker à une spline, il crée un maillage constitué de triangles irréguliers, appelé maillage Delaunay et destiné à recouvrir les surfaces. Vous pouvez définir la résolution (fine ou grossière) à l'aide du paramètre Densité du panneau Paramètres principaux. La valeur de densité par défaut calculée par le modificateur Garment Maker à partir de la taille de la spline constitue un bon point de départ.

Pour commencer la création d'un vêtement, il convient de dessiner un patron à l'aide de splines plates ou d'importer le patron à partir de programmes de création de patrons tel que PatternMaker (http://www.patternmaker.com) (fig.7.24 à 7.26). Tous les éléments du patron doivent faire partie d'un seul et unique objet spline. Il convient aussi de bien couper les splines au niveau des angles de manière à éviter que le modificateur Garment Maker ne les arrondisse.

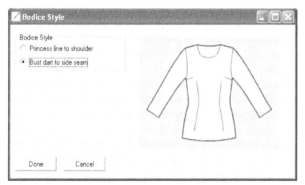

Fig.7.24

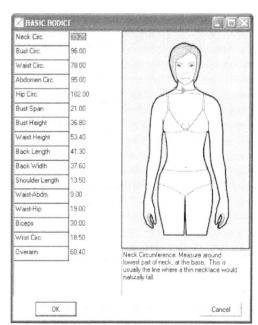

Fig.7.25

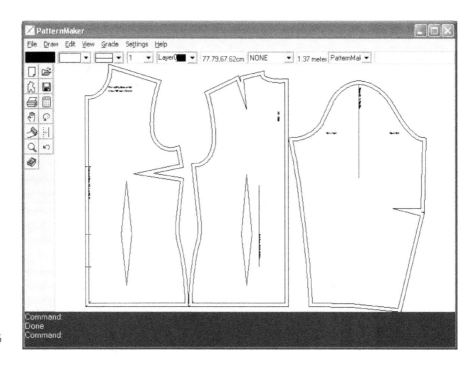

Fig.7.26

Application : la création du patron d'un Tee-shirt

1. Chargez le fichier Personnage.max. Cette scène contient le personnage pour lequel vous allez confectionner un Tee-shirt. Le modèle du personnage doit être vu de face dans la fenêtre Dessus car le modificateur Garment Maker implique la création de patrons dans la fenêtre Dessus. Lorsque l'étape de création est terminée, vous pourrez alors rétablir sa position initiale.

2. Vous allez commencer par réaliser les pièces du vêtement. Pour cela, vous allez d'abord créer les panneaux qui forment l'avant et le dos du Tee-shirt.

3. Dans le panneau **Créer**, cliquez sur **Formes** puis sur **Rectangle** et ensuite sur **Cercle** pour esquisser l'avant d'un Tee-shirt (fig.7.27). A l'aide des sous-objets et d'opérations booléennes (rectangle moins les trois cercles), le résultat doit correspondre à la figure 7.28.

4. Vous allez maintenant dessiner les manches du Tee-shirt. La manche correspond à une longue pièce de tissu enveloppant le bras, fermée par une couture située sous la manche. L'extrémité de la manche qui se fixe au corps du Tee-shirt doit être incurvée de manière à s'adapter à l'épaule du vêtement. Pour cela, dans la fenêtre **Dessus**, créez la spline correspondant à la manche ; celle-ci doit couvrir la longueur du bras et mesurer trois à quatre fois la largeur du bras (fig.7.29).

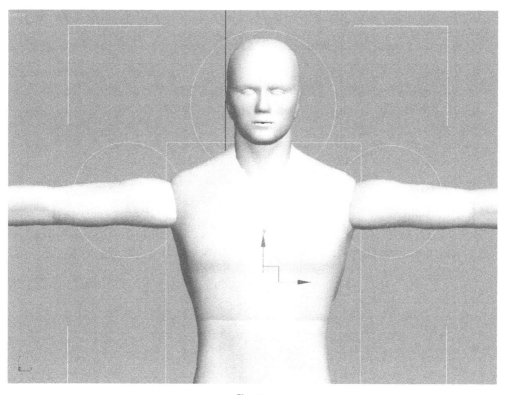

Fig.7.27

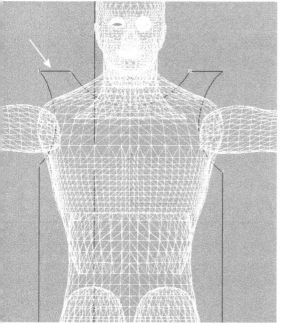

Fig.7.28

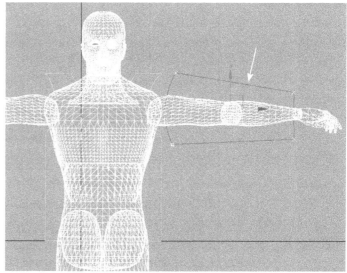

Fig.7.29

⑤ Complétez le patron en copiant les splines de la manche et de la partie avant du Tee-shirt pour obtenir l'avant et le dos, plus deux manches. Faites également pivoter la manche sur la gauche pour l'orienter correctement (fig.7.30).

⑥ Vous allez associer toutes les parties et les configurer de manière à ce qu'elles soient cousues ensemble. Utilisez pour cela la fonction **Attacher** pour joindre toutes les splines modifiables en un seul objet et appelez-le **Patron.** Pour que Garment Maker fonctionne, tous les panneaux constituant une partie du vêtement doivent former un seul objet. C'est la raison pour laquelle vous assemblez toutes les splines. Vous allez ensuite dissocier certains segments afin de coudre ces arêtes.

⑦ Au niveau sous-objet Sommet, sélectionnez les quatre sommets des angles des manches, puis cliquez sur **Rompre**. Vous obtenez ainsi quatre splines indépendantes, au lieu d'une, que vous pouvez sélectionner et coudre (fig.7.31). Lorsque vous utilisez Garment Maker, il est impératif de vous assurer que la forme contient des splines indépendantes afin de pouvoir les utiliser comme arêtes à coudre.

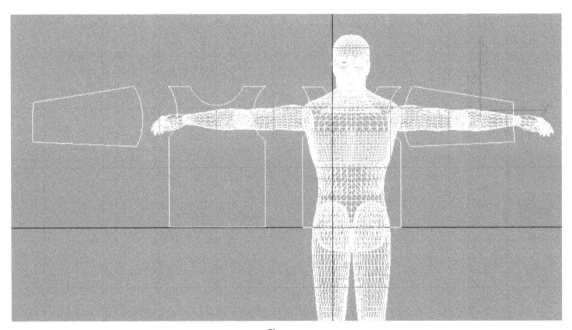

Fig.7.30

⑧ Sélectionnez les huits sommets à l'avant et au dos du polo et cliquez à nouveau sur **Rompre**.

⑨ Maintenant que le patron est prêt, vous allez appliquer le modificateur **Garment Maker** pour convertir cette spline 2D en un maillage 3D. La spline Patron étant sélectionnée, ouvrez le panneau **Modifier** et appliquez le modificateur **Garment Maker**.

Lorsque vous appliquez Garment Maker aux splines fermées, il les remplit par un maillage triangulaire irrégulier prévu pour prendre en compte la déformation du tissu (fig.7.32).

10 Après avoir réalisé l'étape préliminaire de création et de dimensionnement du patron ; vous allez replacer le personnage en position verticale. Dans la fenêtre **Face**, sélectionnez le personnage et faites-le pivoter d'environ 90 degrés par rapport à l'axe X.

11 L'étape suivante consiste à placer les panneaux du patron autour du personnage. Affichez pour cela le niveau sous-objet du modificateur Garment Maker et sélectionnez le panneau représentant l'avant du Tee-shirt.

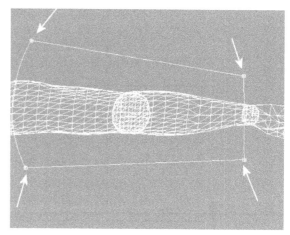

Fig.7.31

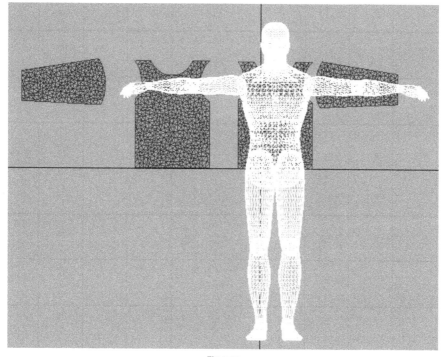

Fig.7.32

12. Mettez le panneau en place dans les quatre fenêtres de manière à l'aligner avec l'avant du personnage. Ce panneau devra être pivoté de 90 degrés par rapport à l'axe X et déplacé légèrement vers le haut et vers l'avant pour être correctement positionné devant le personnage (fig.7.33).

13. Toujours dans le niveau sous-objet **Panels** (Panneaux), sélectionnez le panneau du dos du Tee-shirt. Faites pivoter et placez ce panneau à l'endroit indiqué. Ce panneau devra être pivoté de 90 degrés par rapport à l'axe X et de 180 degrés par rapport à l'axe Z pour que le maillage soit tourné vers l'extérieur.

14. Placez les panneaux des manches au-dessus des bras (fig.7.34).

15. Vous allez maintenant corriger quelques paramètres avant d'appliquer les coutures aux panneaux du Tee-shirt. Dans le niveau sous-objet Panels, sélectionnez une des manches. Dans la zone **Deformation** (Déformation) du panneau déroulant **Panels**, choisissez **Curved** (Incurvé). Fixez la valeur **Curvature** (Courbure) à **-3,0** pour l'axe Y. Cela a pour effet d'arrondir la manche autour du bras (fig.7.35).

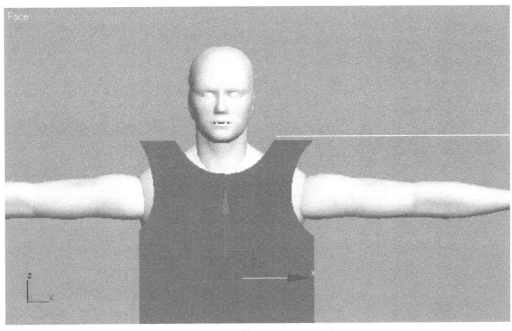

Fig.7.33

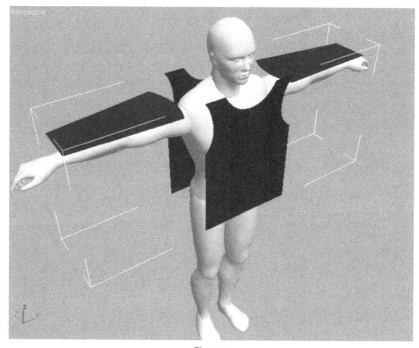

Fig.7.34

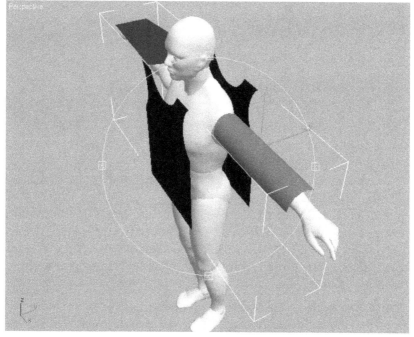

Fig.7.35

16. A l'aide des outils **Déplacement** et **Rotation**, repositionnez le panneau de la manche pour mieux l'ajuster au bras. Si les manches ne sont pas assez larges pour faire le tour du bras, revenez au niveau Spline éditable de la pile pour les élargir (fig.7.36). Pour que le modificateur Garment Maker prenne en compte cette modification, modifiez légèrement l'indicateur **Density** (Densité) dans **Garment Maker** > panneau déroulant **Object** après avoir modifié les splines.

17. Répétez la procédure pour arrondir l'autre manche.

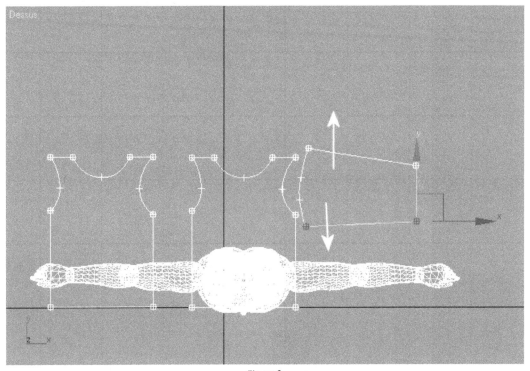

Fig.7.36

18. Tous les panneaux sont en place, vous allez maintenant les coudre ensemble. Il est possible d'appliquer des coutures au niveau sous-objet **Curves** (Courbes) ou au niveau sous-objet **Seams** (Coutures). Le niveau Curves permet de faire rapidement des coutures si vous ne savez pas exactement comment les relier entre elles. Cependant, cette méthode peut être un peu déroutante au premier abord. En conséquence, vous allez utiliser le niveau des coutures (Seams), car il offre une approche beaucoup plus visuelle.

19. Activez le niveau sous-objet **Seams** du modificateur **Garment Maker**. Sélectionnez le bord de l'avant du Tee-shirt au-dessus de l'épaule gauche. Il devient rouge pour indiquer qu'il est sélectionné.

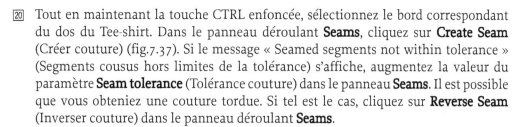

20 Tout en maintenant la touche CTRL enfoncée, sélectionnez le bord correspondant du dos du Tee-shirt. Dans le panneau déroulant **Seams**, cliquez sur **Create Seam** (Créer couture) (fig.7.37). Si le message « Seamed segments not within tolerance » (Segments cousus hors limites de la tolérance) s'affiche, augmentez la valeur du paramètre **Seam tolerance** (Tolérance couture) dans le panneau **Seams**. Il est possible que vous obteniez une couture tordue. Si tel est le cas, cliquez sur **Reverse Seam** (Inverser couture) dans le panneau déroulant **Seams**.

21 La plupart des coutures des vêtements sont aussi simples à réaliser : il suffit de sélectionner les deux arêtes et de cliquer sur **Make Seam** (Créer couture). Il existe une exception lorsque la couture joint la manche et la découpe du bras. En effet, cette opération implique trois coutures au lieu de deux : la partie avant de la découpe du bras sur le Tee-shirt, la partie arrière de la découpe du bras sur le Tee-shirt et l'ouverture de la manche. Vous devez d'abord rendre solidaires les découpes des bras sur l'avant et le dos du Tee-shirt pour qu'elles ne forment qu'un seul segment (l'emmanchure). Pour cela, vous allez faire une couture **MultiSegment** (Segment multiple).

22 Sélectionnez les deux segments de la découpe du bras de l'avant et du dos du Tee-shirt. Il est important de sélectionner les segments du même côté du corps que celui pour lequel vous avez fermé la couture de l'épaule. Lorsque les deux arêtes sont sélectionnées, cliquez sur **Make MultiSegment** (Créer segment multiple) dans le panneau déroulant **Seams**. A présent, si vous désélectionnez puis sélectionnez le segment de l'avant ou du dos, les deux segments sont sélectionnés ou désélectionnés, car Garment Maker les traite comme un même segment (fig.7.38).

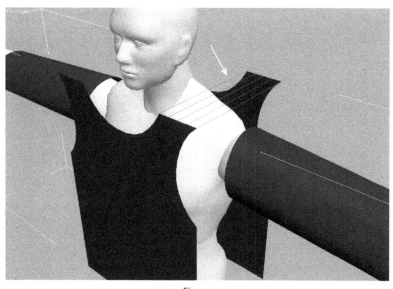

Fig.7.37

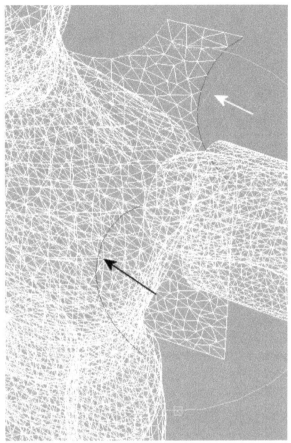

Fig.7.38

[23] Sélectionnez le segment multiple que vous venez de créer, puis sélectionnez l'ouverture de la manche. Cliquez sur **Create Seam** pour coudre la manche (fig.7.39).

[24] Créez les coutures des segments restants de ce côté du corps. N'oubliez pas la couture sous la manche (fig.7.40).

[25] Appliquez la même méthode pour créer les coutures pour l'autre côté du corps.

Fig.7.39

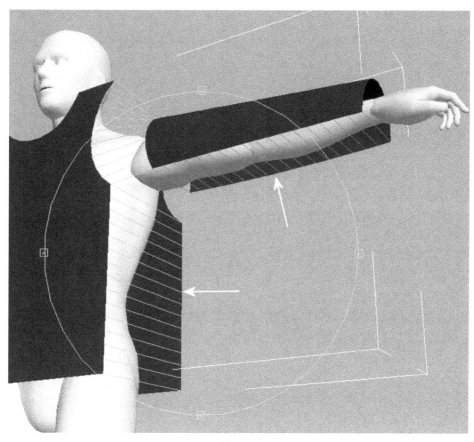

Fig.7.40

2.3. La transformation de patrons en tissus

Après avoir créé un patron, le modificateur Cloth permet de transformer celui-ci en tissu. Il vous permet de spécifier une large gamme d'attributs ; par exemple, les objets destinés à devenir des tissus, les objets qui doivent entrer en contact avec le tissu, le schéma de plis utilisé et les forces (déformations spatiales) qui affectent le tissu. Ce modificateur offre également des options de simulation, utilisables avec ou sans images clés. Pour commencer, il suffit d'appliquer le modificateur Cloth aux objets de votre scène. Vous pouvez sélectionner tous les objets qui participent à la simulation du tissu, puis appliquer le modificateur Cloth, ou bien simplement l'appliquer à un objet unique et ajouter les autres objets ultérieurement. La configuration de base des objets de type tissu s'effectue dans la boîte de dialogue Object Properties (Propriétés objet). Cette boîte de dialogue contient la plupart des paramètres de tissu les plus importants. La plupart de ces paramètres se retrouvent aux niveaux sous-objet Group (Groupe) et Panel (Panneau), de telle sorte que vous pouvez modifier les propriétés sur toute la surface d'un objet tissu.

Application : la transformation du patron d'un Tee-shirt en tissus

A partir des patrons créés au cours de l'exercice précédent vous allez appliquer le modificateur Cloth pour transformer les panneaux du Tee-shirt en tissus. La procédure est la suivante :

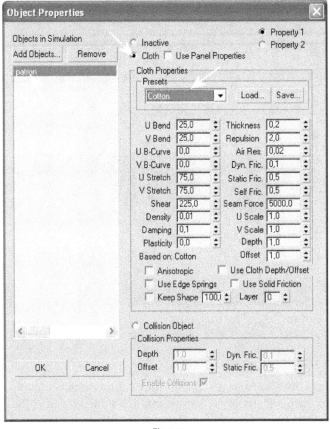

Fig.7.41

[1] Ouvrez le fichier Tee-shirt-3.max de l'exercice précédent. Cette scène représente le personnage et le modèle du Tee-shirt avec les coutures assemblées. Maintenant que toutes les coutures sont en place sur le vêtement, vous allez ajouter le modificateur **Cloth** afin de convertir les éléments du modèle en un véritable Tee-shirt.

[2] Sélectionnez l'objet Tee-shirt, accédez au panneau **Modifier** et appliquez-lui le modificateur **Cloth**.

[3] Cliquez sur le bouton **Object Properties** du panneau déroulant **Object**. Il ouvre la boîte de dialogue du même nom dans laquelle vous pouvez ajouter des objets à la simulation et leur attribuer diverses propriétés.

[4] Dans la colonne de gauche de la boîte de dialogue des propriétés de l'objet, cliquez sur l'entrée Patron, puis activez le bouton **Cloth** figurant à droite. Cette option permet de définir le Tee-shirt en tant que tissu dans la simulation.

[5] L'objet Patron étant en surbrillance dans la colonne de gauche, choisissez **Cotton** (Coton) dans la liste déroulante **Presets** (Valeurs prédéfinies). Cette option définit toutes les propriétés du tissu correspondant à la simulation du coton (fig.7.41).

⑥ Si vous deviez exécuter la simulation maintenant, le polo tomberait sur le sol, car il est le seul objet de la simulation. Vous allez ajouter un objet susceptible de créer des interactions et d'entrer en collision avec le vêtement. Pour cela, dans la boîte de dialogue des propriétés de l'objet, cliquez sur le bouton **Add Objects**. Cette option affiche la liste des objets contenus dans la scène.

⑦ Cliquez sur **Personnage**, puis sur **Add**. Lorsque vous ajoutez des objets à la simulation, cela revient à instancier le modificateur Cloth pour ces objets. Chaque objet faisant partie de la simulation Cloth a un modificateur Cloth qui lui est appliqué. Tenez-en compte lorsque vous configurez vos propres simulations.

⑧ Personnage étant toujours en surbrillance dans la colonne de gauche, cliquez sur le bouton **Collision Object** en bas à droite.

⑨ Définissez la valeur du paramètre **Offset** (Décalage) sur **0,75**, pour conserver un écart d'un quart d'unité 3ds max entre le vêtement et le corps (la valeur par défaut 1,0 est un peu trop élevée pour cette scène) (fig.7.42).

⑩ Cliquez sur **OK** pour valider les paramètres et fermer la boîte de dialogue des propriétés de l'objet. A ce stade, vous avez configuré le Tee-shirt de manière à ce qu'il se comporte comme un habit et le corps du personnage de manière à interagir avec le Tee-shirt. Tout est maintenant prêt pour convertir les panneaux en tissus. Pour cela, vous allez faire appel à une simulation locale.

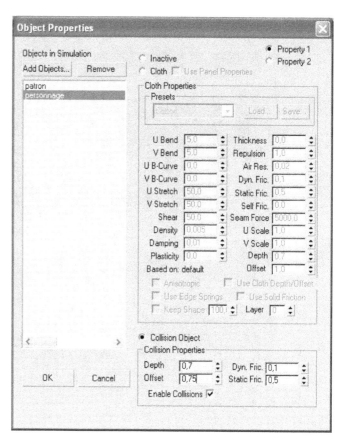

Fig.7.42

11. Avant de lancer la simulation de l'assemblage du vêtement, vous allez désactiver la gravité. Pour cela, faites défiler le panneau déroulant **Simulation Parameters** et cliquez sur le bouton **Gravity** : il ne s'affiche plus en surbrillance et n'est donc plus actif.

12. Dans la fenêtre Perspective, effectuez un zoom avant pour mieux voir le Tee-shirt, puis toujours dans le modificateur **Cloth**, ouvrez le panneau déroulant **Object** et cliquez sur **Simulate Local** (Simuler localement). Lorsque les coutures ont pratiquement permis d'assembler le Tee-shirt, appuyez sur la touche ECHAP pour arrêter la simulation. Comme vous pouvez le constater sur l'image de la figure 7.43, les panneaux ont été joints pour habiller le personnage. Cependant, les coutures ne forment pas complètement un vêtement ; les ressorts de couture de couleur verte sont encore visibles. Pour fermer les coutures, vous devez procéder à une opération supplémentaire.

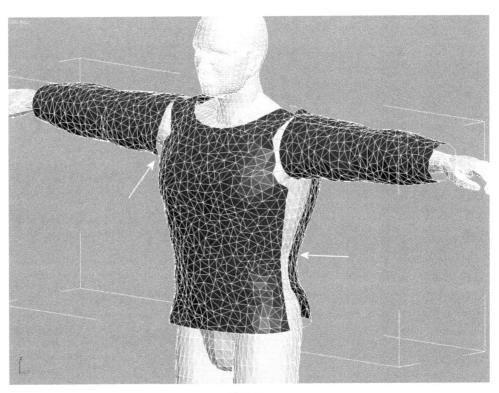

Fig.7.43

13. Dans le panneau déroulant **Simulation Parameters**, désactivez le bouton **Use Sewing Springs** (Utiliser ressorts de couture). Les lignes vertes disparaissent.

14. Activez le bouton **Gravity**, puis dans le panneau déroulant **Object**, cliquez à nouveau sur **Simulate Local**.

15. Lancez l'exécution de la simulation et, lorsque vous êtes satisfait du résultat, appuyez sur la touche ECHAP pour l'arrêter. Le Tee-shirt est maintenant terminé (fig.7.44).

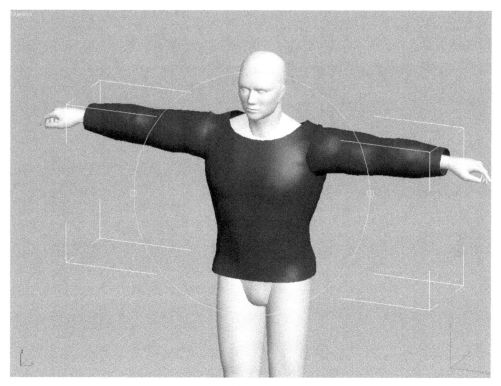

Fig.7.44

CHAPITRE 8
LES TRANSFORMATIONS ET LES MODIFICATEURS

1. Les principes de base

Une géométrie n'est jamais parfaite du premier coup. Il faut l'affiner et la positionner correctement dans l'espace. 3ds max propose deux formes d'éditions de base : les **transformations** et les **modificateurs**. Les transformations permettent de régler la position d'un objet, de le faire pivoter ou de le mettre à l'échelle (fig.8.1). Vous pouvez également utiliser les transformations pour copier des objets. Les outils de transformation offrent une combinaison de ces trois opérations : transformation des objets et, dans certains cas, duplication de ces derniers. Les modificateurs quant à eux agissent sur la structure interne d'une géométrie : tordre un cylindre en est un exemple (fig.8.2). Les modificateurs peuvent être classés de deux manières différentes : selon qu'ils fonctionnent sur une topologie explicite ou paramétrique et selon l'espace dans lequel ils fonctionnent. Le dernier groupe se divise en deux types de base : les modificateurs espace objet et les modificateurs espace univers.

Fig.8.1

1.1. La pile des modificateurs

Dès qu'un modificateur a été appliqué à un objet, il est placé dans la pile des modificateurs. Avec la fonctionnalité de pile, aucune modification effectuée n'est « ferme et définitive ». Vous pouvez cliquer sur une entrée quelconque de la pile pour revenir au point où vous avez effectué cette modification. Il est alors possible de supprimer la modification, d'en changer les paramètres, ou encore d'insérer un nouveau modificateur en ce point de la pile. Les modifications opérées se répercutent vers le haut de la pile en

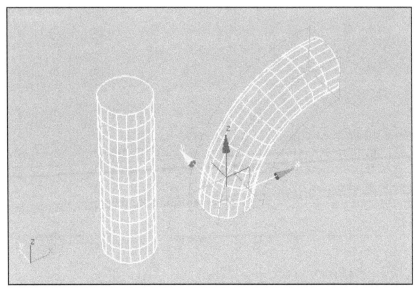

Fig.8.2

Fig.8.3

changeant l'apparence de l'objet. Pratiquement, la pile des modificateurs est une liste du panneau déroulant Pile des modificateurs du panneau Modifier. Elle contient l'historique d'un objet et les modificateurs que vous lui avez appliqués. Le logiciel « évalue » un objet en interne en commençant au bas de la pile et lui applique les modifications en remontant de manière séquentielle vers le sommet de la pile. Il convient par conséquent de « lire » la pile de bas en haut pour suivre l'ordre dans lequel le logiciel affiche ou rend l'objet final (fig.8.3). Dans le cas des figures 8.4 à 8.7 vous trouvez les modificateurs successifs suivants : Courbure, Effiler, Editer Maille.

Au bas de la pile, la première entrée correspond toujours au type d'objet (dans notre cas, Cylindre). Cliquez sur cette entrée si vous souhaitez afficher les paramètres de création de l'objet et les modifier. Si vous n'avez appliqué aucun modificateur, il s'agit de la seule entrée de la pile. Les modificateurs espace objet apparaissent au-dessus de l'objet. Cliquez sur un modificateur si vous souhaitez visualiser ses paramètres et les modifier, ou supprimer le modificateur. Les modificateurs qui sont précédés d'un signe plus ou moins disposent de niveaux sous-objet (ou sous-modificateur). La partie supérieure de la pile contient les modificateurs de l'espace univers et les déformations spatiales liées à l'objet.

Le panneau déroulant **Pile des modificateurs** comporte des boutons permettant de gérer la pile (fig.8.8) :

▸ **Attacher pile** : verrouille la pile et toutes les commandes du panneau Modifier à l'objet sélectionné. Vous pouvez alors poursuivre l'édition de l'objet même si vous sélectionnez un autre objet dans les fenêtres.

▸ **Afficher résultat final** : lorsque ce bouton est actif, l'objet sélectionné est affiché en tenant compte de l'effet produit par la totalité de la pile. Lorsqu'il est désactivé, l'objet sélectionné est affiché en tenant uniquement compte de l'effet produit par la pile jusqu'au modificateur courant.

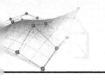
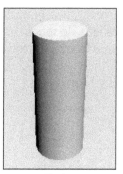

Fig.8.4

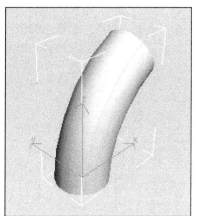

Fig.8.5

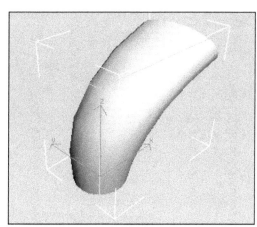

Fig.8.6

▸ **Rendre unique** : rend un objet instance ou un modificateur instancié unique à un objet sélectionné.

▸ **Supprimer modificateur de la pile** : supprime le
modificateur courant de la pile en annulant tous les
changements qu'il apporta.

▸ **Configurer les jeux de modificateurs** : cliquez pour
afficher un menu contextuel qui permet de configurer
l'affichage et la sélection des modificateurs à partir du
panneau Modifier.

Cette dernière option permet d'afficher les modificateurs
sous la forme de boutons directement accessibles. La
procédure est la suivante :

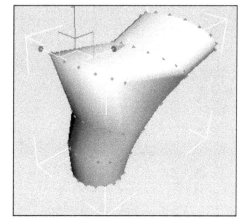

Fig.8.7

1. Cliquez sur le bouton **Configurer les jeux de modificateurs,** puis dans le menu contextuel à nouveau sur
Configurer les jeux de modificateurs. La boîte de
dialogue correspondante s'affiche à l'écran (fig.8.9).

Fig.8.8

2. Dans le champ **Nombre boutons**, indiquez le nombre
souhaité.

3. Dans la liste des modificateurs à gauche, cliquez sur le modificateur souhaité et
glissez le sur un des boutons à droite. Faites de même pour l'ensemble des boutons
(fig.8.10).

4. Pour enregistrer la configuration ainsi réalisée, tapez un nom dans le champ **Jeux** et
cliquez sur **Enregistrer**.

5. Cliquez sur OK.

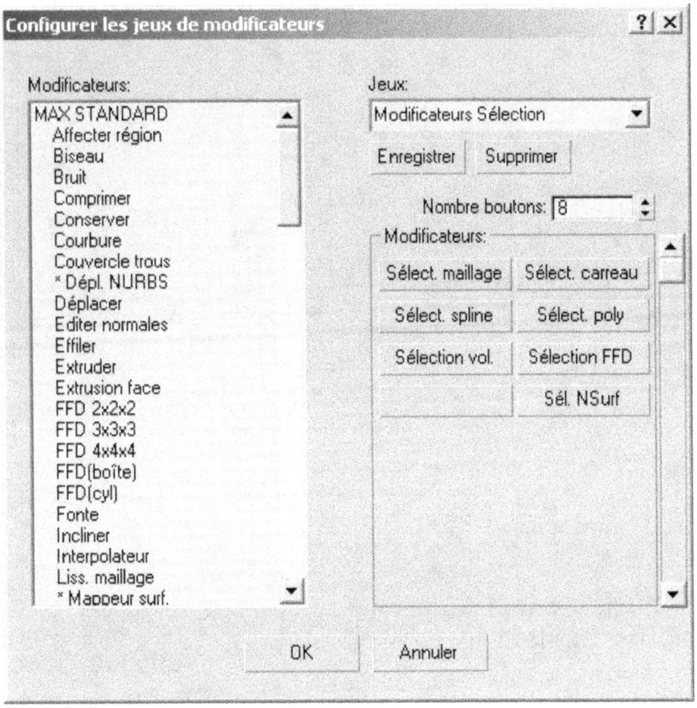

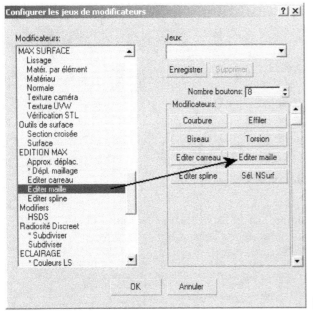

Fig.8.9

Fig.8.10

6 Cliquez à nouveau sur le bouton **Configurer les jeux de modificateurs** puis sur **Afficher boutons** pour avoir l'affichage à l'écran des boutons (fig.8.11).

Fig.8.11

1.2. Les copies, instances et références

Un grand nombre d'opérations d'édition et de création génèrent des types d'objets particuliers : les copies, les instances et les références. Ces trois types d'objets encore dénommés « clones » sont identiques à l'original d'un point de vue géométrique, mais ont des « statuts » différents par rapport à l'objet de base.

▸ **La copie** : crée un clone entièrement distinct de l'original. Toute modification de l'un est sans effet sur l'autre. Par exemple, si vous modifiez la colonne de base, les autres restent intactes (fig.8.12).

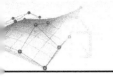

▸ **L'instance** : crée un clone de l'original entièrement interchangeable. Toute modification appliquée à une instance produit une modification identique sur l'objet original et ses autres instances. Par exemple, si vous modifiez la colonne de base, les instances se modifient également (fig.8.13).

▸ **La référence** : crée un clone dépendant de l'original. Toute modification appliquée à l'objet original produit la même modification sur l'objet qui lui est lié (la « référence »), mais une modification de l'objet lié est sans effet sur l'objet original (fig.8.14).

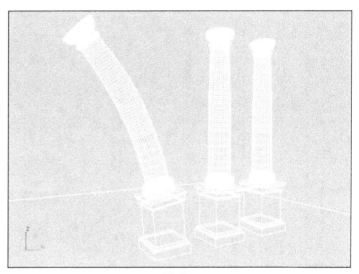

Fig.8.12

Fig.8.13

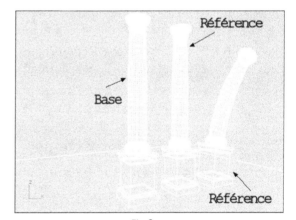

Fig.8.14

1.3. Le contrôle du centre de transformation

Lorsque vous exécutez une transformation de rotation ou d'échelle, le point de transformation apparaît sous la forme d'un symbole de type sphère ou pyramide orienté sur les trois axes, ce qui permet de savoir exactement où est le point (fig.8.15).

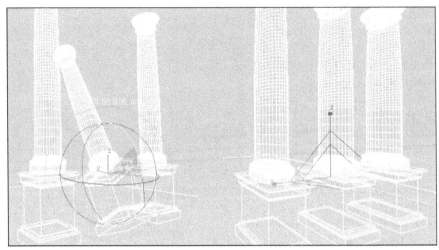

Fig.8.15

Un point de transformation peut se trouver, fondamentalement, en trois endroits différents (fig.8.16) :

- **Utiliser centre point de pivot** : cette option utilise le centre de chaque objet sélectionné comme centre de transformation de rotation ou d'échelle. Chaque objet tourne ainsi par exemple sur lui-même.
- **Utiliser centre sélection** : cette option utilise le centre du jeu de sélection des objets comme centre de transformation de rotation ou d'échelle.

Fig.8.16

- **Utiliser centre coordonnées transformation** : cette option utilise le centre du système de coordonnées actif dans la fenêtre (vue, écran, univers...).

2. Les transformations

Une transformation consiste à modifier la position, l'orientation ou l'échelle d'un objet dans l'espace 3D ou l'espace universel dans lequel vous travaillez. Vous pouvez appliquer à un objet trois types de transformations :

- Position
- Rotation
- Echelle

Pour utiliser une transformation, cliquez sur l'un des boutons de transformation situés dans la barre d'outils principale ou choisissez une transformation dans le menu Quadr. (fig.8.17). Après avoir activé une transformation, vous pouvez l'appliquer à l'objet sélectionné à l'aide de la souris, d'une boîte de dialogue de saisie ou des deux (fig.8.18).

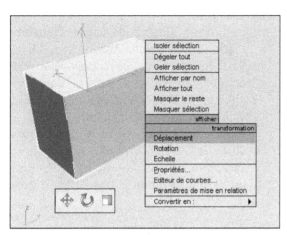

Fig.8.17

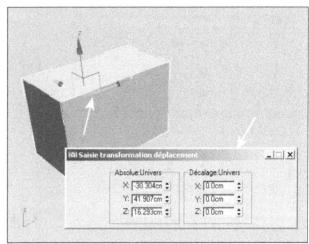

Fig.8.18

2.1. Le déplacement d'objets

La transformation Sélection et déplacement permet de déplacer un ou plusieurs objets dans une direction privilégiée ou de façon libre. La procédure est la suivante :

[1] Cliquez sur l'icône **Sélection et déplacement** dans la barre d'outils principale ou effectuez le même choix dans le menu Quadr.

[2] Sélectionnez le ou les objets à déplacer.

[3] Pour un déplacement interactif à l'écran, pointez un des axes (X, Y ou Z) ou un couple d'axes (XY, XZ, YZ) avec la souris et effectuez le déplacement qui suivra la direction sélectionnée. La sélection d'un axe modifie la couleur de l'axe qui devient jaune. La sélection d'un plan crée une surface carrée jaune (fig.8.19).

[4] Pour un déplacement avec des valeurs précises, deux options sont disponibles :

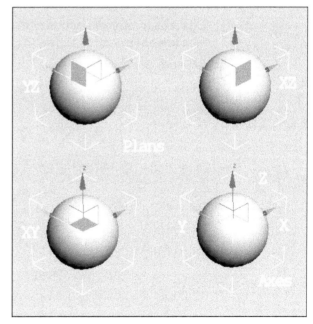

Fig.8.19

▸ La boîte de dialogue **Saisie transformation déplacement** : elle permet de déplacer le ou les objets à l'aide de valeurs absolues (par rapport à l'origine de la scène) ou relatives (par rapport à la position actuelle de l'objet). Un clic droit sur le bouton Sélection et déplacement permet de l'activer (fig.8.20).

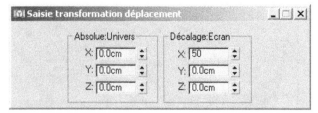

Fig.8.20

Fig.8.21

▸ Le bouton **Champ de saisie Transformation mode Relatif/Absolu** situé sur la barre d'état : lorsque cette option est activée, les valeurs entrées dans les champs X, Y et Z correspondent à des valeurs relatives. Lorsqu'elle est désactivée, elles correspondent à des valeurs absolues. Les champs **X, Y** et **Z** affichent et acceptent la saisie des valeurs de position ou de déplacement le long des trois axes (fig.8.21).

2.2. La rotation d'objets

La transformation **Sélection et rotation** permet de faire pivoter un ou plusieurs objets dans un sens privilégié ou de façon libre. La procédure est la suivante :

1. Cliquez sur l'icône **Sélection** et **rotation** dans la barre d'outils principale ou effectuez le même choix dans le menu Quadr.

2. Sélectionnez le ou les objets à faire pivoter.

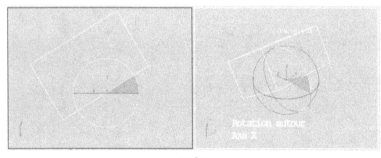

Fig.8.22

3. Pour une rotation interactive à l'écran, pointez une des circonférences centrée sur X, Y ou Z avec la souris et effectuez la rotation qui suivra la direction sélectionnée. La sélection d'une circonférence modifie sa couleur qui devient jaune. Une rotation libre peut être obtenue en pointant en dehors de l'une des circonférences (fig.8.22).

4. Pour une rotation avec des valeurs précises, deux options sont disponibles :

   ▸ La boîte de dialogue **Saisie transformation rotation** : elle permet de faire pivoter le ou les objets à l'aide de valeurs absolues (par rapport à l'angle 0 degré) ou relatives (par rapport à la valeur d'angle en cours) (fig.8.23 à 8.25). Un clic droit sur le bouton **Sélection et rotation** permet de l'activer.

   ▸ Le bouton **Champ de saisie Transformation mode Relatif/ Absolu** situé sur la barre d'état : lorsque cette option est activée, les valeurs entrées dans les champs X, Y et Z correspondent à des valeurs relatives. Lorsqu'elle est désactivée, elles

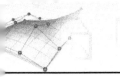

correspondent à des valeurs absolues. Les champs **X, Y et Z** affichent et acceptent la saisie des valeurs de rotation le long des trois axes.

2.3. La mise à l'échelle d'objets

La mise à l'échelle modifie la taille d'un objet. Le bouton de transformation Echelle est une icône déroulante qui propose trois types d'échelle. Le type d'échelle affiché dans la barre d'outils principale correspond aussi à celui figurant dans le menu Quadr. qui apparaît lorsque l'on clique sur l'objet sélectionné à l'aide du bouton droit de la souris. Trois options sont disponibles :

▸ L'option **Echelle uniforme** vous permet d'appliquer à la sélection la même échelle sur les trois axes. Au niveau graphique, cette option est représentée par un triangle placé sur le repère XYZ (fig.8.26).

▸ L'option **Echelle non uniforme** vous permet d'appliquer à la sélection une échelle différente sur les trois axes. Les boutons de contrainte des axes déterminent le ou les axes sur lesquels s'effectue la modification d'échelle. Le système des coordonnées de transformation détermine la direction de la modification d'échelle et le bouton Centre transformation détermine le centre qui sert de base au redimensionnement. Au niveau graphique, l'axe concerné est en jaune et la face concernée est représentée par un trapèze jaune (fig.8.27-8.28).

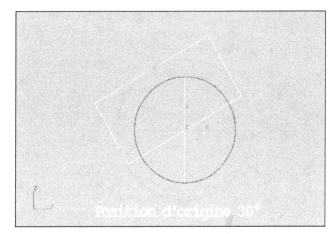

Fig.8.23

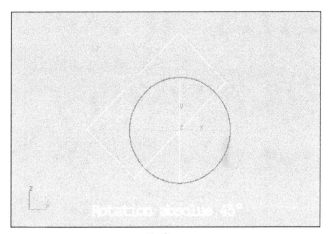

Fig.8.24

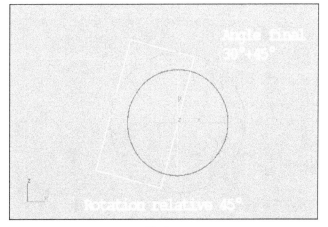

Fig.8.25

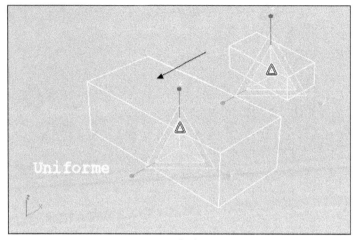

Fig.8.26

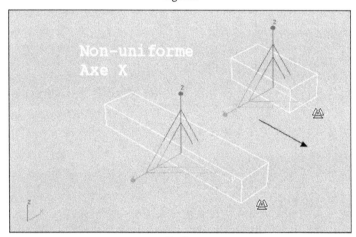

Fig.8.27

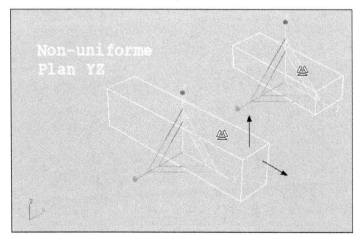

Fig.8.28

▸ L'option **Ecraser** vous permet de modifier l'échelle de la sélection dans une direction sur un axe et dans la direction opposée sur les autres axes. L'option **Ecraser** donne l'impression que le volume de la sélection est conservé. Les boutons de contrainte des axes spécifient l'axe de modification de l'échelle et l'échelle des axes restants est modifiée dans la direction opposée. Si vous utilisez une contrainte double axe, l'échelle de l'axe restant est modifiée dans la direction opposée (fig.8.29).

Pour modifier interactivement l'échelle d'un objet, il suffit de définir le type de changement d'échelle et de sélectionner correctement le bon axe ou plan de modification tel qu'illustré dans les figures précédentes. Pour modifier une échelle avec précision, la procédure est la suivante :

1. Sélectionnez le type de changement d'échelle dans la barre d'outils principale (fig.8.30).

2. Effectuez un clic droit sur l'icône sélectionnée. La boîte de dialogue **Saisie transformation échelle** s'affiche à l'écran.

3. Entrez les valeurs relatives ou absolues en fonction des effets souhaités. Par exemple un changement d'échelle non uniforme dans la direction des X (fig.8.31).

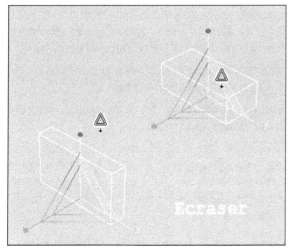

Fig.8.29

Fig.8.30

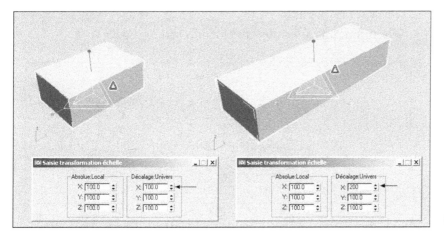

Fig.8.31

2.4. Le clonage des objets

Le clonage des objets tels que décrits au point 1.2, s'effectue en tenant la touche MAJ enfoncée lors de l'utilisation des trois fonctions précédentes (déplacement, rotation, changement d'échelle). La boîte de dialogue **Options de clonage** qui s'affichage après la manipulation laisse le choix entre **Copie**, **Instance**, **Référence** (fig.8.32).

La nouvelle fonction Cloner et aligner de 3ds max 8 permet de répartir des objets source basés sur la sélection courante vers une seconde sélection d'objets de destination. Il est pratique d'utiliser cet outil, par exemple, pour placer le même mobilier dans plusieurs pièces simultanément. De même, si l'on importe un fichier de CAO contenant des

Fig.8.32

symboles 2D représentant des chaises de salle de réunion, on peut utiliser l'outil Cloner et aligner pour remplacer ces symboles globalement par des objets chaise 3D. Cette fonction permet :

▸ de déterminer le nombre de clones ou de jeux de clones en spécifiant le nombre d'objets de destination souhaités.

▸ de préciser la position et l'orientation des clones sur un, deux ou trois axes, avec des décalages facultatifs.

▸ d'utiliser autant d'objets source et de destination que nécessaire. Lorsqu'il y a plusieurs objets source, l'outil Cloner et aligner conserve les relations positionnelles entre les membres de chaque groupe cloné et aligne le centre de la sélection sur le pivot de la destination.

Pour utiliser l'outil Cloner et aligner, la procédure est la suivante :

1. Créez ou chargez un ou plusieurs objets à cloner et un ou plusieurs objets de destination.

2. Sélectionnez le ou les objets à cloner (objet A) (fig.8.33).

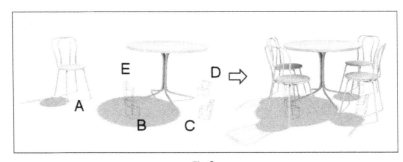

Fig.8.33

Fig.8.34

3. Ouvrez la boîte de dialogue **Cloner et aligner** via le menu **Outils**.

4. Effectuez l'une des opérations suivantes (fig.8.34) :

■ Cliquez sur **Choisir** une fois, puis cliquez tour à tour sur chaque objet de destination (objet B, C, D, E). Cliquez à nouveau sur le bouton **Choisir** pour le désactiver.

■ Cliquez sur **Liste de sélection**, puis utilisez la boîte de dialogue **Choisir les objets de destination** pour sélectionner simultanément tous les objets de destination.

5. Dans le panneau déroulant **Paramètres de clonage**, choisissez le type de clone (**Copie, Instance, Référence**).

6. Dans le panneau déroulant **Paramètres d'alignement**, définissez les options de position, d'orientation et d'échelle.

- **Position X, Y, Z :** indique l'axe ou les axes sur lesquels l'alignement doit être réalisé. Si vous activez les trois options, chaque jeu de clones est placé à la position de l'objet de destination correspondant.

- **Décalage X/Y/Z :** distance entre le pivot de l'objet de destination et le pivot de l'objet source (ou le centre de coordonnées de l'objet source). Pour qu'une valeur de décalage soit appliquée, il faut que la case à cocher Position correspondante soit activée.

- **Orientation X, Y, Z :** indique l'axe ou les axes sur lesquels l'orientation doit être alignée. Si vous activez les trois options, l'orientation de chaque jeu de clones est alignée sur celle de l'objet de destination correspondant.

- **Décalage X/Y/Z :** angle selon lequel les objets source sont pivotés par rapport à l'orientation de chaque objet de destination le long de chaque axe. Pour qu'une valeur de décalage soit appliquée, il faut que la case à cocher Orientation correspondante soit activée.

- **Respecter échelle :** utilisez les options Axe X, Axe Y et Axe Z pour faire correspondre les valeurs d'axe d'échelle source et de destination.

7. Vous pouvez modifier la sélection source dans une fenêtre à tout moment, après avoir désactivé l'option **Choisir**. Il vous faut alors cliquer à nouveau dans la boîte de dialogue pour la rendre active et rafraîchir l'aperçu de l'opération de clonage.

8. Pour rendre les clonages définitifs, cliquez sur **Appliquer**, puis sur **Annuler** ou sur la case de fermeture (X, dans l'angle supérieur droit) pour fermer la boîte de dialogue.

2.5. Les outils de transformation

Les outils de transformation permettent de transformer les objets en fonction de paramètres spécifiques. Certains, tels que Réseau, permettent également de créer des copies d'objets. Ces outils sont disponibles à partir de la barre d'outils principale **Défaut** et dans la barre d'outils **Extras** (fig.8.35).

Les options sont les suivantes :

▸ **1 : Réseau**, permet de créer un réseau d'objets basé sur la sélection courante.

▸ **2 : Capture**, permet de copier un objet animé dans le temps.

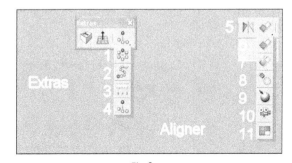

Fig.8.35

- ▶ **3 : Outil d'espacement**, permet de distribuer des objets sur une trajectoire définie par une spline ou une paire de points.

- ▶ **4 : Cloner et Aligner**, permet de répartir des objets source préalablement sélectionnés sur des objets de destination.

- ▶ **5 : Symétrie**, permet de déplacer un ou plusieurs objets par symétrie.

- ▶ **6 : Aligner**, permet d'aligner la sélection actuelle sur une sélection cible.

- ▶ **7 : Alignement rapide**, permet d'aligner instantanément la position de la sélection courante sur celle d'un objet cible.

- ▶ **8 : Aligner les normales**, permet d'aligner les normales de deux objets

- ▶ **9 : Placer reflet**, permet d'aligner une lumière (ou un objet) sur un autre objet de manière à pouvoir positionner avec précision son reflet (ou sa réflexion).

- ▶ **10 : Aligner caméra**, permet d'aligner une caméra sur la normale de face de votre choix.

- ▶ **11 : Aligner sur vue**, permet d'aligner l'axe local d'une sélection au niveau objet ou sous-objet sur la fenêtre courante.

a) La création d'un réseau

La boîte de dialogue Réseau vous permet de créer un réseau d'objets basé sur la sélection courante. Les options que contient la zone **Dimensions réseau** vous permettent de créer des réseaux à une, deux ou trois dimensions. Dans ce cas, le terme dimension fait référence à la dimension du réseau d'objets. Ainsi, une rangée de cinq objets correspond à un réseau à une dimension, bien qu'elle occupe un espace en trois dimensions dans la scène. Un réseau comportant cinq rangées et trois colonnes d'objets est un réseau bidimensionnel tandis qu'un réseau comportant cinq rangées et trois colonnes sur deux niveaux est un réseau tridimensionnel.

Pour créer un réseau, la procédure est la suivante :

1. Sélectionnez les objets que vous voulez inclure au réseau.

2. Cliquez sur le bouton **Réseau** de la barre d'outils **Extras**.

3. Dans la boîte de dialogue **Réseau** (fig.8.36), sélectionnez le type d'objet requis (Copie, Instance ou Référence).

4. Cliquez sur la flèche pour activer le paramètre requis (Incrémentiel ou Totaux par Déplacement, Rotation et/ou Echelle). Par exemple : Incrémental et Déplacement.

5. Entrez des coordonnées pour les paramètres de la zone **Transformation réseau**. Par exemple : X=80.

6. Indiquez le type de réseau requis (1D, 2D ou 3D). Par exemple : 2D.

7. Indiquez le nombre de copies souhaitées dans **Nombre**. Par exemple : 4 dans 1D et 3 dans 2D.

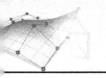

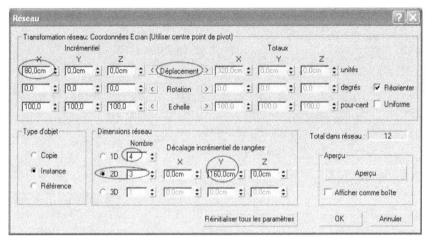

Fig.8.36

8 Entrez les valeurs appropriées dans les champs numériques de la zone **Décalage incrémentiel de rangées**. Par exemple : Y=180.

9 Cliquez sur **Aperçu** pour contrôler le réseau. Lorsque cet aperçu est activé, les modifications apportées aux paramètres mettent à jour le réseau de manière interactive.

10 Cliquez sur **OK**. On obtient un réseau de 4 colonnes et 3 rangées (fig.8.37).

Pour un réseau polaire (création d'un escalier par exemple) les paramètres sont les suivants (fig.8.38-8.39) :

▸ Zone transformation réseau

   ■ Déplacement Z = 25

   ■ Rotation Z = 30

▸ Zone Dimensions réseau

   ■ Type : 3D

   ■ Nombre : 1D=10, 2D=1, 3D=1

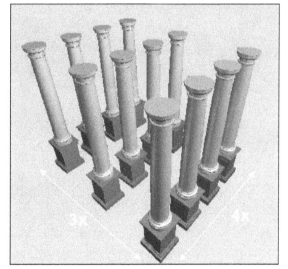

Fig.8.37

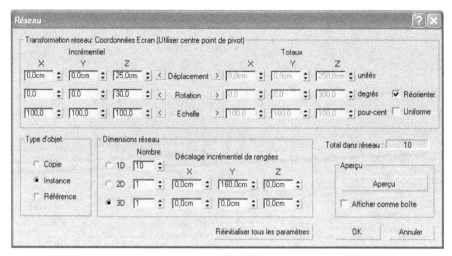

Fig.8.38

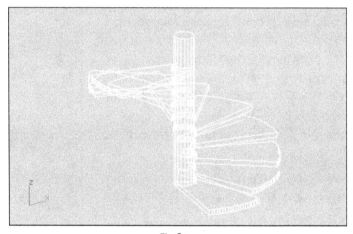

Fig.8.39

b) L'alignement d'objets

La boîte de dialogue **Alignement** vous permet d'aligner la sélection courante à une sélection cible. Le nom de l'objet cible s'affiche dans la barre de titre de la boîte de dialogue **Alignement**. La procédure est la suivante :

1. Sélectionnez un objet source (l'objet que vous voulez aligner sur l'objet cible). Exemple : l'hémisphère.

2. Cliquez sur **Aligner** dans la barre d'outils principale. Le curseur d'alignement est associé à un viseur.

3. Déplacez le curseur sur l'objet cible et cliquez. Par exemple : la boîte (fig.8.40). La boîte de dialogue **Alignement** apparaît. Par défaut, toutes les options sont désactivées.

4. Dans les zones **Objet courant** et **Objet cible**, cliquez sur **Minimum**, **Centre**, **Point de pivot** ou **Maximum**. Par exemple : Minimum (objet courant) et Maximum (objet cible). Ces options créent des points sur chaque objet qui deviennent les centres d'alignement.

5. Débutez l'alignement en cliquant sur les positions X, Y et Z. Par exemple : Z (fig.8.41).

L'objet source se déplace en fonction de l'objet cible, le long des axes du système de coordonnées de référence. La sélection des trois axes rapproche les objets au maximum, compte tenu des options Objet courant et Objet cible. Pour notre exemple, la base de l'hémisphère s'aligne avec le sommet de la boîte.

6. Cliquez sur **Appliquer** pour activer les premiers paramètres.

7. Pour centrer l'hémisphère sur la boîte, vous devez encore sélectionner les paramètres suivants (fig.8.42) :

- Objet courant : Centre.
- Objet cible : Centre.
- Position d'alignement : Position X et Position Y.

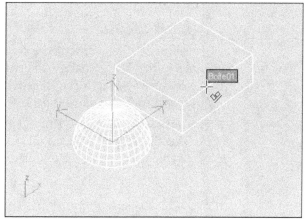

Fig.8.40

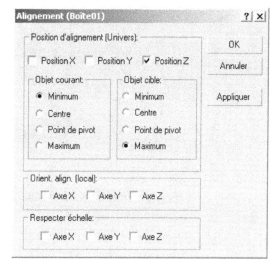

Fig.8.41

c) La symétrie (Miroir)

La boîte de dialogue **Miroir** vous permet de déplacer un ou plusieurs objets tout en mettant en symétrie leur orientation. Elle vous permet également d'opérer une symétrie sur la sélection courante par rapport au centre du système de coordonnées courant. Vous pouvez également créer une copie d'un objet dans la boîte de dialogue Symétrie. La procédure est la suivante :

1. Sélectionnez un objet. Par exemple une chaise.

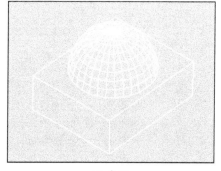

Fig.8.42

[2] Cliquez sur le bouton **Miroir** dans la barre d'outils principale. La boîte de dialogue **Miroir** s'affiche.

[3] Définissez les paramètres de la symétrie dans la boîte de dialogue. Par exemple : **Axe du miroir Y** et **Décalage 100 cm**. L'effet produit par chaque nouveau réglage d'un paramètre apparaît dans la fenêtre de visualisation. Lorsque vous cliquez sur OK, le programme applique les paramètres de symétrie à l'objet sélectionné.

[4] Pour créer une copie à l'aide de la boîte de dialogue **Miroir**, vous devez dans la zone **Sélection clone**, sélectionner l'option de copie appropriée, par exemple **Copie** (fig.8.43). Le résultat affiche deux chaises dos à dos (fig.8.44).

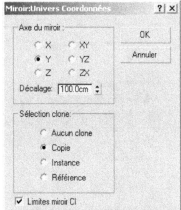

Fig.8.43

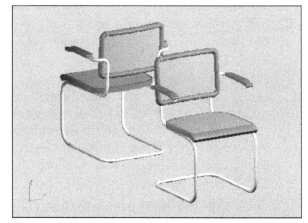

Fig.8.44

3. Les modificateurs

Comme déjà signalé précédemment, les modificateurs changent la structure de la géométrie d'un objet. Il existe plusieurs dizaines de modificateurs dont les plus couramment utilisés en modélisation sont les modificateurs paramétriques (Courber, Effiler, Incliner, Torsion, etc) et les modificateurs d'édition sous-objet (Editer spline, Editer Maille, Editer Carreaux, etc.). D'autres modificateurs sont orientés vers l'animation ou l'habillage des objets par texture, nous y reviendrons dans les chapitres appropriés.

3.1. Les modificateurs paramétriques

Si les modificateurs paramétriques sont très variés, un grand nombre d'entre eux ont pour effet d'exécuter des déformations axiales. C'est-à-dire qu'ils affectent les objets le long de leur axe courant. Toutes les déformations axiales ont un « gizmo » (forme qui englobe l'objet) et un centre qui influence les résultats. Le centre est utilisé pour localiser le point de départ de l'effet du modificateur (fig.8.45). Le résultat d'une déformation axiale dépend aussi largement du nombre de segments dans les différentes directions de l'objet (fig.8.46).

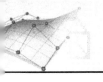

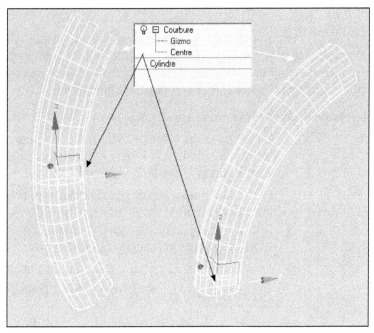

Fig.8.45

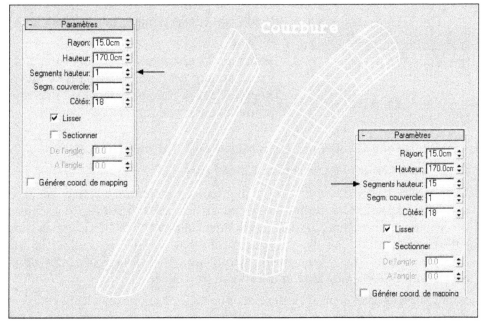

Fig.8.46

a) Le modificateur Courber

Ce modificateur vous permet d'incurver la sélection courante d'une valeur pouvant aller jusqu'à 360 degrés sur un seul axe, ce qui produit une courbure uniforme dans la géométrie d'un objet. Vous pouvez contrôler l'angle et la direction de la courbure sur chacun des trois axes. Vous pouvez également limiter la courbure à une section de la géométrie.

Pour incurver un objet, la procédure est la suivante (fig.8.47) :

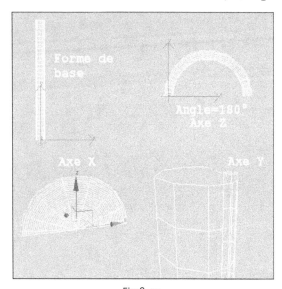

Fig.8.47

1. Sélectionnez un objet (le cylindre) et cliquez sur **Courbure** dans la liste déroulante des **Modificateurs**.

2. Dans le panneau déroulant **Paramètres**, sélectionnez l'axe (X, Y ou Z) par rapport auquel la courbure sera exécutée. Il s'agit de l'axe du gizmo Courbure et non de l'axe de l'objet sélectionné.

3. Vous pouvez changer d'axe à tout moment, mais le modificateur ne vous permet de choisir qu'un seul axe.

4. Définissez l'angle de courbure le long de l'axe choisi. Par exemple : 180°. L'objet s'incurve selon cet angle à partir de la limite inférieure qui, par défaut, est définie comme le centre du modificateur.

5. Définissez la direction de la courbure. L'objet pivote autour de l'axe. Vous pouvez inverser l'angle et la direction en remplaçant une valeur positive par une valeur négative.

Pour limiter la zone de courbure, la procédure est la suivante (fig.8.48) :

1. Dans la zone **Limites**, activez l'option **Limiter effet**.

2. Définissez les limites supérieure et inférieure. Ces limites correspondent aux distances (exprimées en unités courantes) au-dessous et au-dessus du centre du modificateur qui est situé, par défaut, à la valeur zéro sur l'axe Z du gizmo. La limite supérieure peut être positive ou égale à zéro (par exemple : 30cm), et la limite inférieure, négative ou égale à zéro. Si les limites ont une valeur égale, l'effet produit est le même que si la case **Limiter effet** n'était pas cochée.

3. Au niveau sous-objet du modificateur, vous pouvez sélectionner et déplacer le centre du modificateur. Les limites, qui sont des distances par rapport au centre, conservent les mêmes valeurs au cours du déplacement du centre. Il est ainsi possible de changer la zone de l'objet qui est affectée par la courbure.

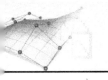

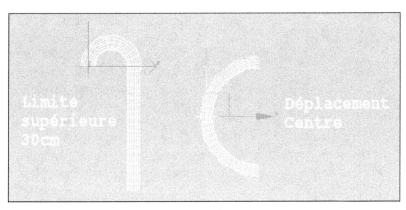

Fig.8.48

b) Le modificateur Effiler

Ce modificateur vous permet de produire un contour effilé en mettant à l'échelle les deux extrémités de la géométrie d'un objet, l'une étant agrandie et l'autre réduite. Vous pouvez contrôler le volume et la courbe de l'effilement sur deux jeux d'axes. Vous pouvez également limiter l'effilement à une partie de la géométrie.

Pour effiler un objet, la procédure est la suivante :

1. Sélectionnez un objet (le cylindre) et cliquez sur **Effiler** dans le panneau déroulant Modificateurs.

2. Dans le panneau déroulant **Paramètres**, sélectionnez l'axe primaire (X, Y ou Z) et l'effet par rapport auquel la courbure sera exécutée. Par exemple le long de l'axe Z avec un effet dans les directions XY (fig.8.49) ou le long de l'axe Z et un effet dans la direction X (fig.8.50).

3.

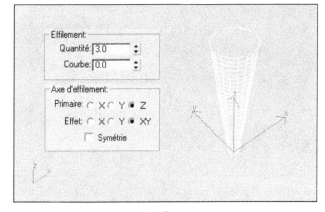

Fig.8.49

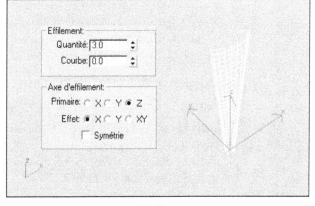

Fig.8.50

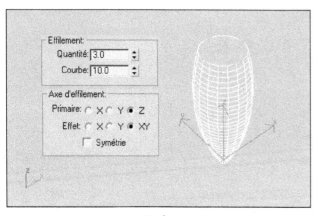

Fig.8.51

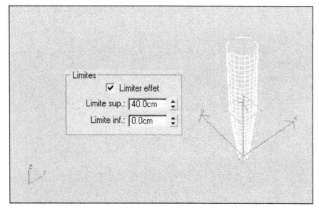

Fig.8.52

Dans la zone **Effilement**, entrez la quantité d'effilement et éventuellement la courbure. Par exemple : 3 et 0 (fig.8.50) ou 3 et 10 (fig.8.51). La valeur du champ **Quantité** est relative et inférieure ou égale à 10. Les valeurs positives du champ **Courbe** produisent un évasement des côtés de l'objet (courbe concave) et les valeurs négatives un resserrement (courbe convexe). Lorsque la valeur est de 0, les côtés demeurent inchangés.

4. Activez ou non le champ **Limiter effet**. L'effet d'effilement est appliqué entre les limites supérieure et inférieure (fig.8.52) :

> ▸ **Limite sup.** : définit les limites supérieures (exprimées en unités univers) à partir du point central d'effilement, au-delà desquelles l'effilement n'affecte plus la géométrie. Par exemple : 40cm.

> ▸ **Limite inf.** : définit les limites inférieures (exprimées en unités univers) à partir du point central d'effilement, au-delà desquelles l'effilement n'affecte plus la géométrie. Par exemple : 0 cm.

c) Le modificateur Torsion

Ce modificateur applique une torsion (telle que l'essorage d'un chiffon mouillé) aux formes géométriques d'un objet. Vous pouvez contrôler l'angle de torsion sur l'un des trois axes et définir une altération qui a pour effet de comprimer l'effet de torsion par rapport au point de pivot. Vous pouvez également limiter la torsion à une partie de la géométrie.

Pour appliquer une torsion à un objet, la procédure est la suivante :

1. Sélectionnez un objet et appliquez le modificateur **Torsion**.

2. Dans le panneau déroulant **Paramètres**, sélectionnez l'axe de torsion X, Y ou Z. Il s'agit de l'axe du gizmo Torsion et non de l'axe de l'objet sélectionné. Vous pouvez changer d'axe à tout moment, mais le modificateur ne vous permet de choisir qu'un seul axe. Par exemple l'axe Z.

3. Définissez l'angle de torsion. Les valeurs positives produisent une torsion dans le sens des aiguilles d'une montre, et les valeurs négatives une torsion dans le sens contraire. Un angle de 360 degrés produit une révolution complète (fig.8.53). L'objet subit une torsion proportionnelle à la valeur fixée, débutant à la limite inférieure qui, par défaut, se trouve au centre du modificateur.

4. Définissez l'altération de la torsion. Une valeur positive comprime la torsion vers l'extrémité opposée au point de pivot, tandis qu'une valeur négative la comprime vers le point de pivot.

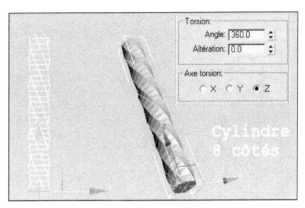

Fig.8.53

Pour limiter la torsion, la procédure est la suivante :

1. Activez dans la zone **Limites**, le champ **Limiter Effet**.

2. Définissez les limites supérieure et inférieure. Ces limites correspondent aux distances (exprimées en unités courantes) au-dessous et au-dessus du centre du modificateur, qui a la valeur zéro sur l'axe Z du gizmo. La limite supérieure peut être positive ou égale à zéro, et la limite inférieure, négative ou égale à zéro. Si les limites ont une valeur égale, l'effet produit est le même que si la case Limiter effet n'était pas cochée. L'effet de torsion est appliqué entre ces limites. Par exemple : Limite sup. de 15 cm (fig.8.54).

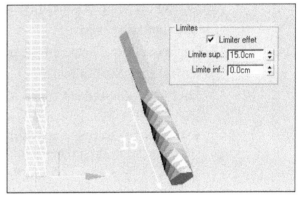

Fig.8.54

3. Au niveau sous-objet, vous pouvez sélectionner et déplacer le centre du modificateur. Les limites, qui sont des distances par rapport au centre, conservent les mêmes valeurs au cours du déplacement du centre. Il est ainsi possible de changer la position de l'effet de torsion.

d) Le modificateur Etirement

Le modificateur étirement simule l'effet traditionnel d'étirement et d'écrasement couramment utilisé en animation. Ce modificateur applique une mise à l'échelle le long d'un axe d'étirement sélectionné et

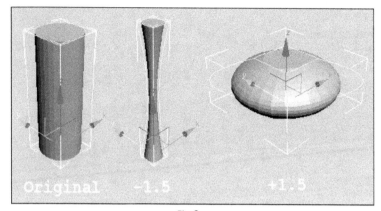

Fig.8.55

une mise à l'échelle contraire le long des deux autres axes secondaires. La valeur du changement d'échelle sur les axes secondaires varie selon la distance par rapport au centre de l'effet de l'échelle. Le changement est maximal au centre et s'atténue à mesure que l'on s'en éloigne.

Pour étirer un objet, la procédure est la suivante :

1. Sélectionnez un objet.

2. Appliquez le modificateur **Etirement**.

3. Dans la zone **Axe d'étirement**, choisissez X, Y ou Z. Par exemple Z.

4. Dans la zone **Etirement**, entrez une valeur dans le champ **Etirement**. Les valeurs peuvent être positives ou négatives (fig.8.55) :

   ▸ Les valeurs d'étirement positives définissent un facteur d'échelle égal à l'étirement + 1. Par exemple, une valeur d'étirement de 1.5 produit un facteur d'échelle de 1.5 + 1 = 2.5 ou 250 % .

   ▸ Si la valeur d'étirement est négative, le facteur d'échelle est égal à -1 / (Etirement - 1). Par exemple, une valeur d'étirement de -1.5 produit un facteur d'échelle de -1 / (-1.5 - 1) = 0.4 (soit 40 %).

5. Dans la zone **Etirement**, réglez le paramètre amplification pour modifier la mise à l'échelle le long des axes secondaires. Ce paramètre génère un multiplicateur à l'aide de la même technique que celle utilisée pour l'étirement. La valeur 0 n'a aucun effet. Les valeurs positives accentuent l'effet. Les valeurs négatives diminuent l'effet (fig.8.56).

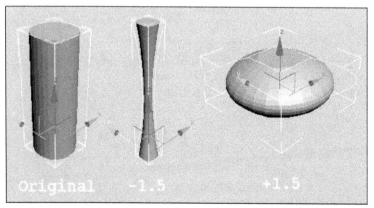

Fig.8.56

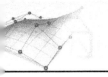

Pour limiter un étirement, la procédure est la suivante :

1. Appliquez le modificateur **Etirement** à un objet, puis indiquez les valeurs et l'axe d'étirement.

2. Dans la zone **Limites**, activez **Limiter effet**.

3. Attribuez une valeur aux zones **Limite sup**. et **Limite inf**. pour définir les limites de l'effet d'étirement de part et d'autre de son centre. Par exemple : limite sup. de 100 (fig.8.57).

4. Dans l'affichage pile, sélectionnez le niveau sous-objet centre puis déplacez le centre afin de localiser l'effet d'étirement limité (fig.8.58).

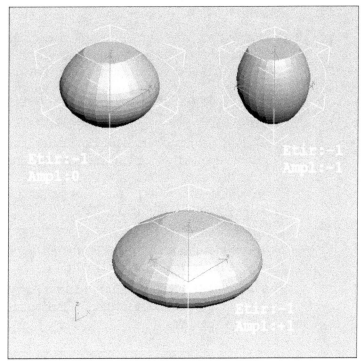

Fig.8.57

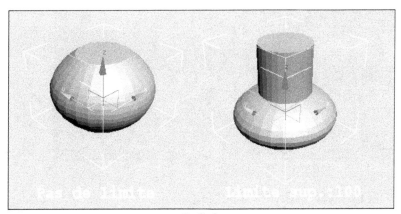

Fig.8.58

e) Le modificateur Incliner

Ce modificateur vous permet de produire un décalage uniforme de la géométrie d'un objet. Vous pouvez contrôler la quantité et la direction de l'inclinaison sur chacun des trois axes. Vous pouvez également limiter l'inclinaison à une partie de la géométrie.

Pour incliner un objet, la procédure est la suivante :

1. Sélectionnez un objet et choisissez **Incliner** dans la liste des modificateurs.

2. Dans le panneau déroulant **Paramètres**, choisissez l'axe (X, Y ou Z) par rapport auquel doit s'effectuer l'inclinaison. Il s'agit de l'axe du gizmo Incliner, et non de l'axe de l'objet sélectionné. Vous pouvez changer d'axe à tout moment, mais le modificateur ne vous permet de choisir qu'un seul axe. Par exemple : Z.

3. Définissez la valeur de l'inclinaison. Il s'agit d'une valeur relative, exprimée en unités courantes, parallèlement à l'axe. L'objet s'incline de cette valeur en commençant à la limite inférieure qui, par défaut, se trouve au centre du modificateur. Par exemple : 70 (le cylindre à 170 cm de haut) (fig.8.59).

4. Définissez la direction de l'inclinaison. L'objet pivote autour de l'axe. Vous pouvez inverser les valeurs **Quantité** et **Direction** en transformant les valeurs positives en valeurs négatives.

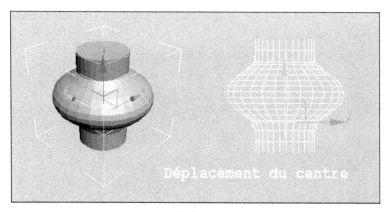

Fig.8.59

Pour limiter l'inclinaison, la procédure est la suivante :

1. Activez dans la zone **Limites**, le champ **Limiter effet**.

2. Définissez les limites supérieure et inférieure. Ces limites correspondent aux distances (exprimées en unités courantes) au-dessous et au-dessus du centre du modificateur, qui a la valeur zéro sur l'axe Z du gizmo. La limite supérieure peut être

positive (fig.8.60) ou égale à zéro, et la limite inférieure, négative ou égale à zéro. Si les limites ont une valeur égale, l'effet produit est le même que si la case Limiter effet n'était pas cochée.

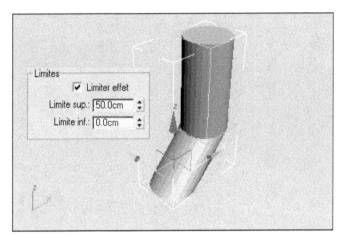

③ Au niveau sous-objet, vous pouvez sélectionner et déplacer le centre du modificateur. Les limites, qui sont des distances par rapport au centre, conservent les mêmes valeurs au cours du déplacement du centre. Il est ainsi possible de changer la zone de l'objet qui est affectée par l'inclinaison.

Fig.8.60

3.2. Les modificateurs d'édition sous-objet

Les modificateurs d'édition sous-objet sont très utiles dès que vous souhaitez manipuler des zones bien définies appartenant à un objet. Vous pouvez ainsi intervenir en fonction du type d'objet au niveau sommet, arête, face, spline, segment, carreau, etc. Comme déjà abordé dans les chapitres portant sur la modélisation, l'accès aux sous-objets se fait principalement à l'aide des fonctions :

▸ **Editer spline** : pour les formes avec un accès aux sommets, segments et splines.

▸ **Editer maillage** : pour les surfaces maillées avec un accès aux sommets, arêtes, faces, polygones et éléments.

▸ **Editer Patch** : pour les carreaux de Bézier avec un accès aux sommets, arêtes, carreaux et éléments.

▸ **Editer Poly :** pour modifier les sous-objets sommet, arête, bordure, polygone et élément selon deux modes de fonctionnement : Modèle et Animer. Cet éditeur est très utile pour ajouter des détails sur un maillage.

Par rapport aux fonctions de conversion (spline éditable, maillage éditable, polygone éditable et patch éditable) permettant également d'intervenir au niveau sous-objet, les modificateurs **Editer** s'ajoutent à la pile des modificateurs en laissant un accès à l'objet de base qui peut encore être modifié. En contrepartie ils surchargent la RAM et gonflent les fichiers. Outre les options existants au sein même des modificateurs Editer, la sélection de sous-objets peut également servir pour d'autres modificateurs ou pour des transformations. Vous pouvez ainsi sélectionner une série de sommets d'un cylindre et effectuer un changement d'échelle ou appliquer un modificateur Courbure (fig.8.61).

Parmi ces différentes fonctions, la conversion en polygone éditable est certainement une des plus utiles et qui a d'ailleurs été largement améliorée depuis la version 5 de 3ds max. Elle mérite donc toute notre attention. Après avoir effectué la conversion d'un objet 3D à l'aide la fonction **Convertir en polygone éditable** accessible à partir du menu Quadr. (fig.8.62), vous avez accès aux différents sous-objets : sommet, arête, bordure, polygone et élément.

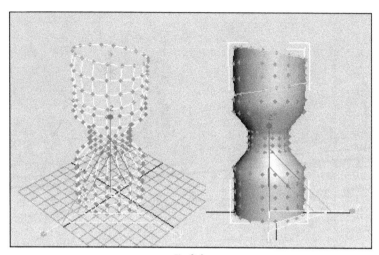

Fig.8.61

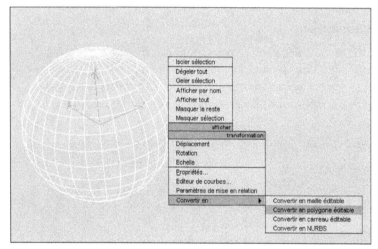

Fig.8.62

Plusieurs outils permettent de rendre la sélection des sous-objets plus performante. Ainsi après avoir effectué une sélection, les options suivantes sont disponibles (fig.8.63 et 8.64) :

▶ **Rétrécir et Agrandir** : permettent d'ajouter ou d'enlever automatiquement des sous-objets autour de ceux déjà sélectionnés.

▶ **Anneau** : permet d'ajouter automatiquement les arêtes parallèles à celles déjà sélectionnées.

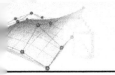

▸ **Boucle** : prolonge la sélection des arêtes dans les différentes directions.

▸ **Sélection adoucie** : applique une atténuation lissée entre les sous-objets sélectionnés et ceux qui ne sont pas sélectionnés (fig.8.65).

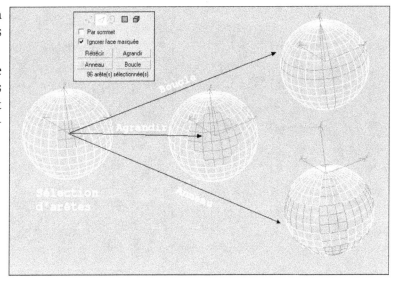

Fig.8.63

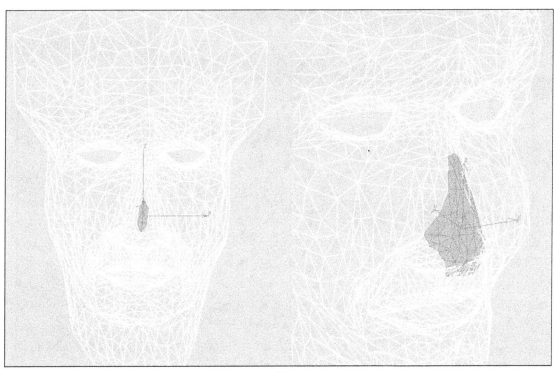

Fig.8.64

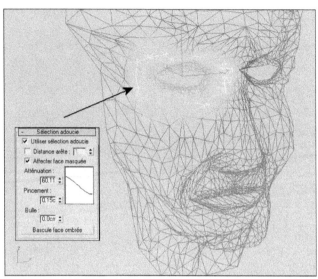

Fig.8.65

En fonction du type de sous-objet sélectionné, une série d'outils d'édition sont disponibles. Ainsi pour la sélection d'un ou plusieurs polygones, vous avez les options suivantes :

▶ **Extruder**

En cliquant sur le bouton **Paramètres** situé à droite de **Extruder**, la boîte de dialogue Extruder polygones permet de définir un type d'extrusion (**Grouper**, **Normale locale**, **Par polygone**) et une hauteur d'extrusion (fig.8.66).

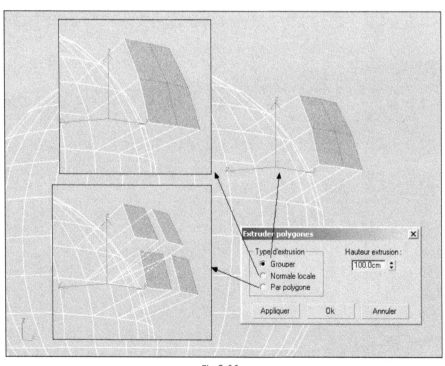

Fig.8.66

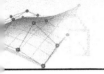

▶ **Contour**

En cliquant sur le bouton **Paramètres** situé à droite de **Contour**, la boîte de dialogue **Contour polygones** permet de décaler les arêtes d'un polygone (fig.8.67). Une valeur positive va agrandir le polygone et une valeur négative va le rétrécir.

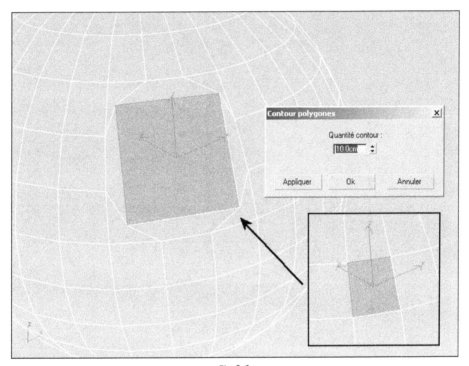

Fig.8.67

▶ **Biseau**

En cliquant sur le bouton **Paramètres** situé à droite de **Biseau**, la boîte de dialogue **Biseauter polygones** permet d'extruder et de biseauter un polygone (fig.8.68). Une valeur positive du champ **Quantité contour** va biseauter le polygone vers l'extérieur et une valeur négative va le biseauter vers l'intérieur.

▶ **Insertion**

En cliquant sur le bouton **Paramètres** situé à droite de **Insertion**, la boîte de dialogue **Insertion polygones** permet de créer de nouveaux polygones à partir de la sélection courante en décalant les arêtes vers l'intérieur (fig.8.69).

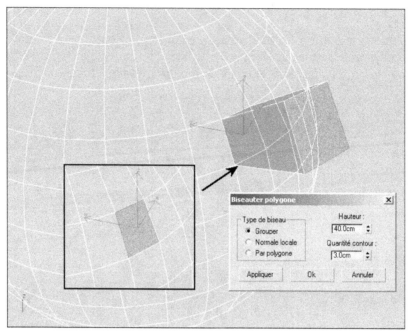

Fig.8.68

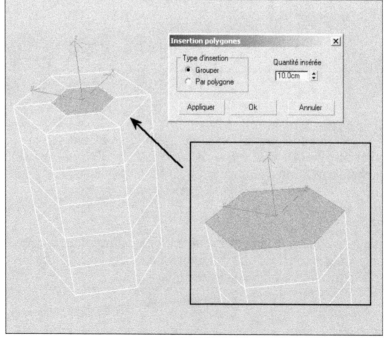

Fig.8.69

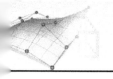

▶ **Charnière polygone depuis l'arête**

En cliquant sur le bouton **Paramètres** situé à droite de **Charnière à partir de l'arête**, la boîte de dialogue **Charnière polygones depuis l'arête** permet d'extruder les faces en les faisant pivoter autour de l'arête sélectionnée. Cette dernière peut être quelconque et ne doit pas nécessairement faire partie du polygone sélectionné (fig.8.70).

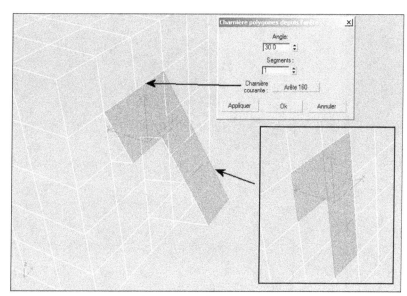

Fig.8.70

▶ **Extruder le long de la spline**

En cliquant sur le bouton **Paramètres** situé à droite de **Extruder le long de la spline**, la boîte de dialogue **Extruder polygone le long de la spline** permet d'extruder les faces le long d'une spline qu'il convient de sélectionner en cliquant sur le bouton **Choisir spline**. Pour affiner l'extrusion vous pouvez augmenter le nombre de segments et pour ajouter des effets vous pouvez en plus effiler, courber ou tordre la partie extrudée (fig.8.71). En cliquant plusieurs fois sur **Appliquer** vous pouvez obtenir des résultats très divers (fig.8.72).

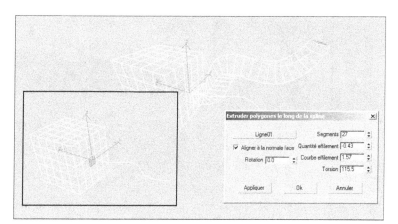

Fig.8.71

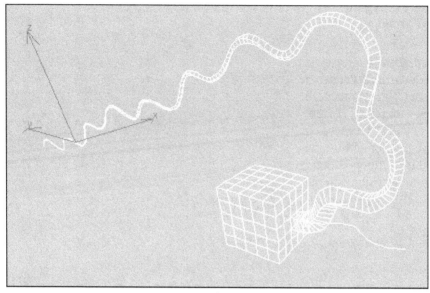

Fig.8.72

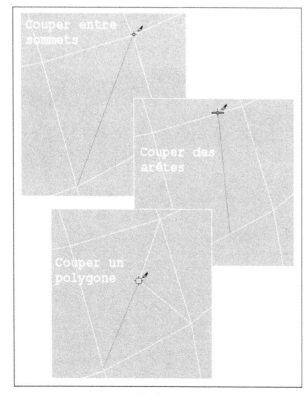

Fig.8.73

▶ **Couper**

Dans la section **Editer géométrie**, le bouton **Couper** permet de couper la géométrie en pointant des sommets, des arêtes ou des polygones (fig.8.73).

▶ **Plan de section**

Le plan de section permet de définir un plan en 2D de forme rectangulaire qui peut être déplacé ou incliné pour définir avec précision le lieu de section de l'objet. Après avoir défini ce plan à l'aide du bouton **Plan de section**, vous devez cocher le champ **Fractionner** puis cliquer sur **Sectionner**. L'intersection du plan de section avec l'objet peut ensuite être sélectionné avec le sous-objet **Bordure** (fig.8.74). Vous pouvez ensuite appliquer une modification comme un changement d'échelle, par exemple (fig.8.75).

▸ **Créer une forme à partir d'une sélection**

L'option **Créer une forme de la sélection** de la section **Editer bordures**, permet de créer une nouvelle forme à partir de la bordure sélectionnée. Vous devez donc utiliser le sous-objet **Bordures** pour la sélection du contour (fig.8.76).

3.3. Le Modificateur Editer poly

Le modificateur Editer poly est un nouveau modificateur depuis 3ds max 7. Il contient presque tous les outils disponibles dans les objets Poly éditable de base et est conçu principalement pour permettre de mieux animer les modifications.

Contrairement au Poly éditable, Editer poly est un modificateur, avec toutes les propriétés associées à cette caractéristique. Ces propriétés incluent la possibilité de placer Editer poly au-dessus d'un objet de base et des autres modificateurs de la pile, de déplacer le modificateur vers différents emplacements dans la pile et d'appliquer plusieurs modificateurs Editer poly au

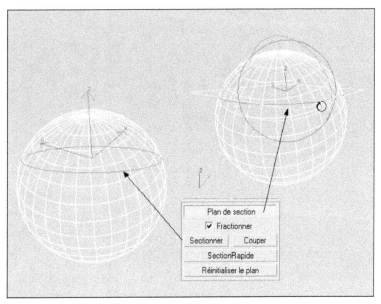

Fig.8.74

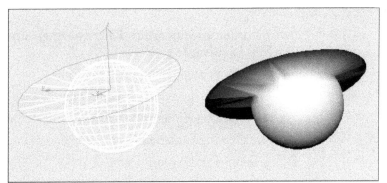

Fig.8.75

même objet, chacun contenant différentes opérations de modélisation ou d'animation.

Editer poly diffère des autres modificateurs Editer de 3ds max en ce sens qu'il offre deux modes différents, disponibles sur le panneau déroulant Mode Editer poly : un mode de modélisation et un mode d'animation. Par défaut, Editer poly fonctionne en mode Modèle, dont la fonctionnalité est pour l'essentiel identique à celle de l'objet Poly éditable. Il est également possible de travailler en mode Animer, mode dans lequel seules les fonctions pouvant être animées sont disponibles.

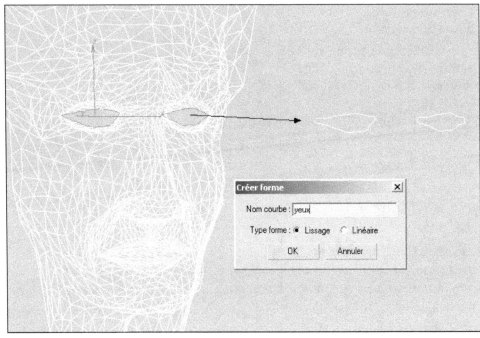

Fig.8.76

Pour animer une opération Editer poly sur une sélection de sous-objets, la procédure est la suivante :

☐1 Sélectionnez un objet.

☐2 Appliquez le modificateur **Editer poly**.

☐3 Accédez à la première image sur laquelle définir une clé et activez **Clé auto**.

☐4 Dans le panneau **Modifier** et le panneau déroulant **Editer poly**, choisissez **Animer**.

☐5 Sélectionnez des sous-objets.

☐6 Effectuez une opération sur la sélection, telle qu'une transformation ou une extrusion.

☐7 Accédez à l'image clé suivante et continuez à modifier les paramètres de l'opération courante sur la sélection sous-objet (fig.8.77).

Si vous modifiez la sélection, l'animation existante est appliquée à la nouvelle sélection, mais pas à la précédente. Si vous changez d'opération, toute modification de l'animation précédente est gelée (c'est-à-dire « ancrée » dans le modèle) à l'image courante, et seules les nouvelles images sont enregistrées dans le modificateur Editer poly courant.

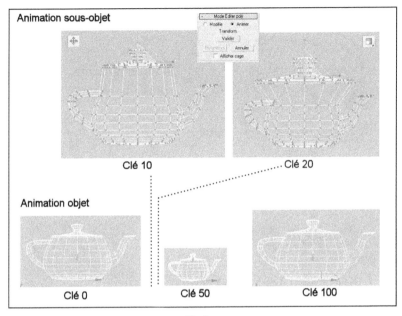

Fig.8.77

3.4. Les modificateurs FFD (Free Form Deformation)

FFD est l'abréviation de l'anglais Free Form Deformation (déformation de formes libres). Ils sont très utiles pour les effets d'animation et pour la modélisation de formes rondes comme des chaises ou des sculptures. Le modificateur FFD entoure la forme géométrique sélectionnée dans une boîte à treillis. La déformation de la forme géométrique sélectionnée s'effectue par réglage des points de contrôle du treillis. Trois modificateurs FFD, fournissant chacun une résolution de treillis différente, sont disponibles : 2 x 2, 3 x 3 et 4 x 4. Le modificateur 3 x 3, par exemple, fournit un treillis doté de trois points de contrôle sur chacune de ses dimensions, soit neuf points sur chaque côté du treillis. Il existe également deux modificateurs FFD qui procurent des sous-ensembles des modificateurs d'origine, il s'agit des modificateurs FFD(boîte/cyl). Ils permettent de définir un nombre quelconque de points dans le treillis et sont par conséquent plus puissants que le modificateur FFD de base.

Pour utiliser un modificateur FFD, la procédure est la suivante :

1. Sélectionnez une forme géométrique. Vous pouvez sélectionner un objet entier ou utiliser un modificateur **Sélection maillage** pour sélectionner une partie des sommets de l'objet.

2. Cliquez sur l'onglet **Modifier** puis dans la **liste des modificateurs**, sélectionnez FFD 2 x 2 x 2, FFD 3 x 3 x 3 ou FFD 4 x 4 x 4, selon la résolution de treillis souhaitée. Un gizmo de treillis orange englobe la forme géométrique sélectionnée.

3. Dans la pile, choisissez le niveau sous-objet **Points de contrôle**, puis déplacez les points de contrôle du treillis pour déformer la géométrie sous-jacente. La figure 7.78 illustre la transformation d'une sphère en œuf.

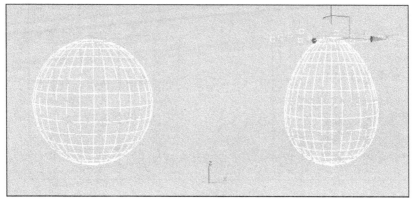

Fig.8.78

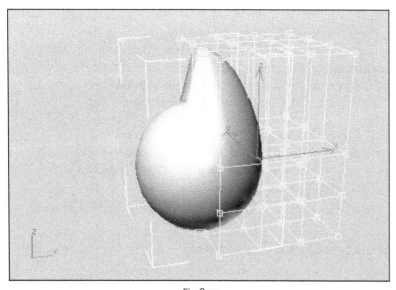

Fig.8.79

Par défaut, le volume du treillis est égal à celui de la boîte englobante de la géométrie sélectionnée. Vous pouvez cependant positionner, faire pivoter et/ou redimensionner la boîte du treillis de façon à ce qu'elle modifie uniquement un sous-ensemble de sommets (fig.8.79). Choisissez le niveau sous-objet **Treillis**, puis utilisez l'un des outils de transformation pour ajuster le volume du treillis par rapport à la forme géométrique.

L'option **Définir volume** vous permet de définir l'état initial du treillis. A ce niveau sous-objet, les points de contrôle du treillis de déformation deviennent verts, et vous pouvez les sélectionner et les manipuler sans pour autant affecter l'objet modifié. Vous pouvez ainsi ajuster le treillis de façon plus précise aux objets dont la forme est irrégulière, ce qui vous permet de disposer d'un meilleur contrôle lors des déformations.

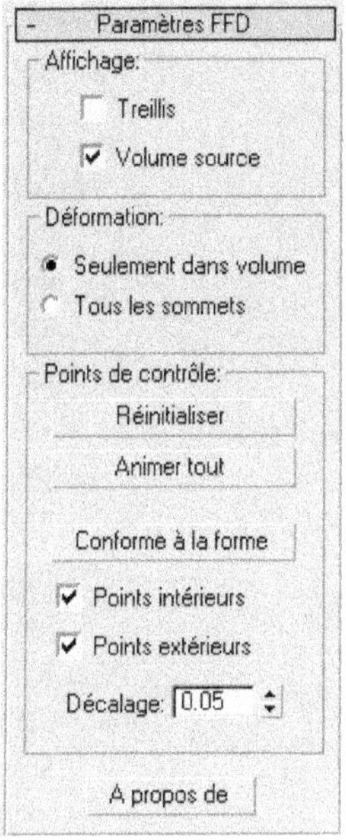

Les paramètres du panneau de contrôle sont les suivants (fig.8.80) :

Zone Affichage : Contrôle l'affichage de la déformation de formes libres dans les fenêtres.

▸ **Treillis** : lorsque cet élément est sélectionné, des lignes relient les points de contrôle afin de former une grille.

▸ **Volume source** : lorsque cet élément est sélectionné, les points de contrôle et le treillis sont affichés dans leur état d'origine. Lorsque vous vous trouvez dans le niveau de sélection du treillis, cela vous aide à positionner le volume source.

Zone Déformation : contrôle la zone de déformation (fig.8.81).

▸ **Seulement dans volume** : déforme les sommets situés à l'intérieur du volume source. Cette option est activée par défaut.

▸ **Tous les sommets** : activez cette option pour déformer tous les sommets, qu'ils se trouvent à l'intérieur ou à l'extérieur du volume source. La déformation à l'extérieur du volume est une extrapolation continue de la déformation à l'intérieur du volume. La déformation peut être extrême pour les points très éloignés du treillis source.

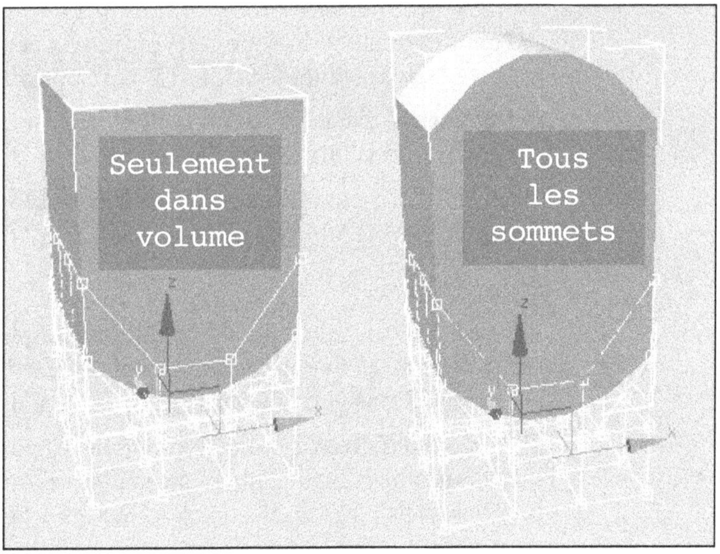

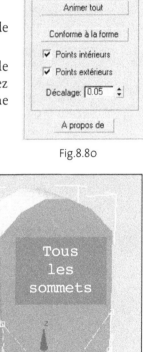

Fig.8.80

Fig.8.81

Zone Points de contrôle

▸ **Réinitialiser** : cliquez sur cette option pour redonner leur position initiale à tous les points de contrôle.

▸ **Animer tout** : affecte des contrôleurs Point3 à tous les points de contrôle de telle sorte qu'ils soient immédiatement visibles en vue Piste. Par défaut, les points de contrôle d'un treillis FFD n'apparaissent pas en vue Piste, puisque aucun contrôleur ne leur est affecté. Mais lorsqu'un point de contrôle est animé, un contrôleur lui est affecté et devient visible en vue Piste. Avec cette option, vous pouvez ajouter et supprimer des clés et réaliser d'autres opérations sur les clés.

▸ **Conforme à la forme** : déplace chacun des points de contrôle FFD au point situé à l'intersection de l'objet modifié avec une droite reliant le centre de l'objet et la position initiale du point de contrôle, à laquelle est ajoutée une distance de décalage spécifiée par le champ à double flèche Décalage. Cette option fonctionne mieux avec les formes régulières, telles que les primitives. Elle est moins efficace lorsque l'objet est doté de faces dégénérées (longues ou étroites) ou d'angles aigus. Tous les contrôles sont désactivés avec les formes, étant donné que celles-ci ne disposent pas de faces avec lesquelles trouver une intersection.

▸ **Points intérieurs** : lorsque cette option est activée, seuls les points de contrôle situés à l'intérieur de l'objet sont affectés par l'option Conforme à la forme.

▸ **Points extérieurs** : lorsque cette option est activée, seuls les points de contrôle situés à l'extérieur de l'objet sont affectés par l'option Conforme à la forme.

▸ **Décalage** : distance selon laquelle les points de contrôle affectés par l'option Conforme à la forme sont décalés par rapport à la surface de l'objet.

Dans le cas du modificateur FFD (Boîte/Cyl.) les paramètres suivants sont également disponibles :

Zone Sélection

Les boutons fournissent des méthodes supplémentaires de sélection des points de contrôle. Vous pouvez sélectionner ou désélectionner n'importe quelle combinaison de ces trois boutons pour choisir une, deux ou trois dimensions simultanément.

Tout X, Tout Y, Tout Z : sélectionne tous les points de contrôle le long de la dimension locale spécifiée lorsque vous sélectionnez un point de contrôle. En activant deux boutons, vous pouvez sélectionner tous les points de contrôle dans deux dimensions.

Exemple : la création d'un livre

L'utilisation du modificateur FFD est multiple, dans l'exemple qui suit il sert à donner la forme à un livre ouvert. La procédure est la suivante :

1. Créez un boîte avec les dimensions suivantes : Longueur 160, largeur 120 et hauteur 30 (fig.8.82).

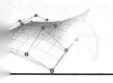

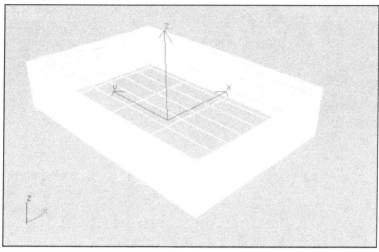

Fig.8.82

2. Spécifiez les hauteurs suivantes : segments hauteur 120 et segments largeur 10.

3. Pour modifier la forme du côté gauche du livre, appliquez un modificateur FFD 2 x 2. (fig.8.83).

4. Sélectionnez le sous-objet **Points de contrôle**.

5. Dans la vue de face, sélectionnez les points inférieurs gauches et déplacez-les vers la gauche.

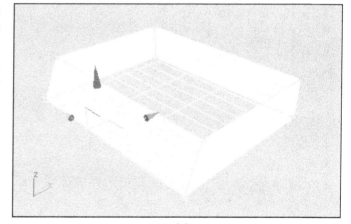

Fig.8.83

6. Pour donner un aspect plus réel aux pages du livre, il suffit d'appliquer le modificateur **Bruit** avec les paramètres suivants (fig.8.84) :
   - Valeur de départ : 0
   - Echelle : 0.5
   - Cochez Fractale
   - Dureté : 0.5
   - Itérations : 6
   - Portée X : 2, Y : 0.2, Z : 0

7. Pour courber le livre, appliquez de nouveau un modificateur FFD mais de type 4 x 4 x 4.

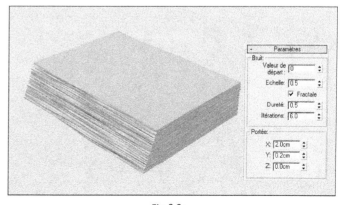

Fig.8.84

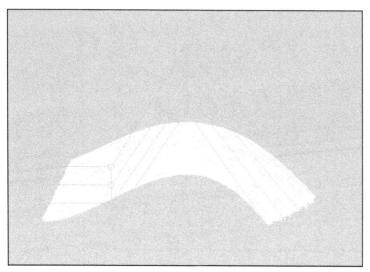

Fig.8.85

8. Déplacez la deuxième rangée de points de contrôle vers le haut et inclinez la quatrième rangée. Ajustez certains points pour rendre l'effet plus réaliste (fig.8.85-7.86).

9. Effectuez un miroir de l'objet pour avoir un livre complet (fig.8.87).

10. Pour terminer vous pouvez effectuer une opération booléenne de soustraction avec un cylindre (fig.8.88) pour achever la partie centrale du livre et extruder une forme 2D pour ajouter la couverture.

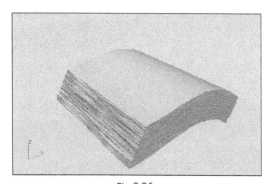

Fig.8.86

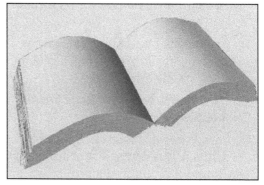

Fig.8.87

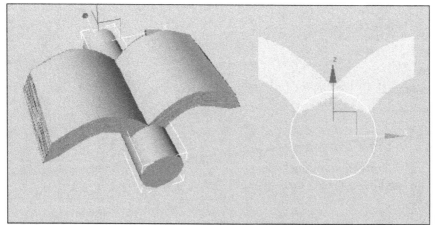

Fig.8.88

3.5. Le modificateur Coque

Le modificateur Coque « solidifie » ou donne plus d'épaisseur à un objet en ajoutant un ensemble de faces supplémentaires orientées vers la direction opposée aux faces existantes, ainsi que des arêtes reliant les surfaces internes et externes aux emplacements où des faces sont manquantes dans l'objet d'origine. Coque est généralement utilisé sur un objet dont une partie de la surface est supprimée, tel qu'une sphère ayant plusieurs sommets ou faces manquants (fig. 8.89).

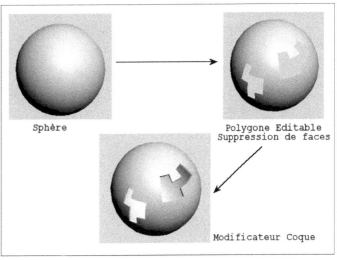

Fig.8.89

Le modificateur Coque a de multiples usages. Il peut ainsi être utilisé par exemple pour la modélisation de véhicules tel qu'une voiture, un tank ou un hélicoptère. Dans ce dernier exemple, le concepteur construit une coque externe solide pour créer le fuselage de l'hélicoptère. Une fois cela fait, il décompose son modèle : il sélectionne les zones des hublots et les détache en tant que nouveaux objets, puis il fait de même pour les portières (qu'il détache également en tant que nouveaux objets). Le concepteur dispose à présent d'objets ouverts représentant le fuselage, les hublots et les portières. Il applique le modificateur Coque au fuselage, puis le définit pour qu'il soit extrudé à la fois vers l'extérieur et vers l'intérieur d'un nombre défini d'unités, l'extrusion vers l'intérieur devant être plus grande que celle vers l'extérieur. Coque est ensuite appliqué aux fenêtres et aux portes avec des valeurs d'extrusion différentes. Il en résulte un corps solide avec un intérieur qui peut accepter une modélisation supplémentaire, des fenêtres et des portes qui sont légèrement moins épaisses que la coque de l'hélicoptère (fig.8.90).

La procédure de solidification d'un objet est la suivante :

1. Créez un objet à solidifier. Cet objet doit comporter quelques trous dans sa surface. Par exemple, le fuselage d'un hélicoptère (fichier : hélicoptère1.max).

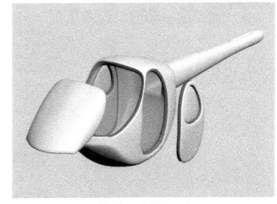

Fig.8.90 © Discreet

[2] Sélectionnez la carcasse de l'hélicoptère, à savoir l'objet « Corps ».

[3] Cliquez avec le bouton droit de la souris et sélectionnez **Isoler sélection** dans le menu **Quadr**. La carcasse de l'hélicoptère est désormais le seul objet visible (fig.8.91).

[4] Ouvrez le panneau **Modifier** et cliquez sur la flèche de la liste des modificateurs.

[5] Faites défiler la liste et sélectionnez **Coque**.

[6] Dans le panneau déroulant **Paramètres**, définissez **Qté. extérieure** sur **5**. Cette valeur définira la principale épaisseur du fuselage (fig.8.92).

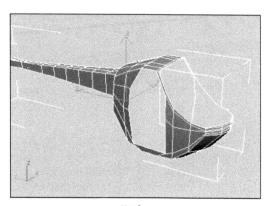

Fig.8.91

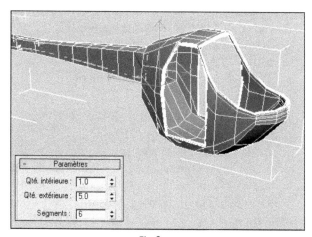

Fig.8.92

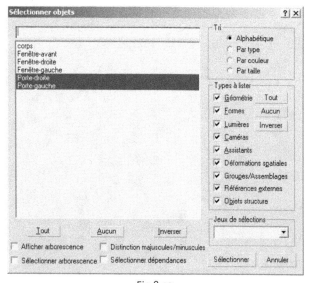

Fig.8.93

[7] Désactivez le mode isolement pour visualiser à nouveau tous les composants.

[8] Appuyez sur la touche **H** pour ouvrir la boîte de dialogue **Sélectionner objets** et sélectionnez l'objet **Porte-gauche**. Maintenez la touche **CTRL** enfoncée et sélectionnez également l'objet **Porte-droite**. Cliquez sur **Sélectionner** (fig.8.93).

[9] Ouvrez à nouveau le panneau Modifier et appliquez le modificateur Coque à ces deux objets.

[10] Définissez le paramètre **Qté. extérieure** sur **4** (fig.8.94).

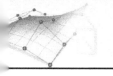

11. Appuyez sur la touche H pour ouvrir de nouveau la boîte de dialogue **Sélectionner objets**. Sélectionnez l'objet Fenêtre-avant, puis maintenez la touche **CTRL** enfoncée pendant que vous sélectionnez les objets Fenêtre-gauche et Fenêtre-droite. Cliquez sur **Sélectionner**. Les trois objets sont maintenant sélectionnés.

12. Ouvrez à nouveau le panneau Modifier et appliquez le modificateur Coque aux fenêtres. Toutes ces surfaces utiliseront, elles aussi, les mêmes paramètres de coquille.

13. Pour toutes les fenêtres, remplacez les valeurs des paramètres **Qté. intérieure** et **Qté. extérieure** par **3**.

14. Lors de l'application du modificateur Coque aux objets composés de plusieurs segments, vous constaterez parfois des écartements au niveau de certaines arêtes ou des rétrécissements au niveau des coins. Pour rectifier ce phénomène, sélectionnez pour l'exemple en cours, l'objet Fenêtre-avant, faites défiler le panneau déroulant Paramètres jusqu'en bas et activez l'option **Redresser coins**. L'objet d'origine présente une arête plus large à l'endroit où la fenêtre avant rejoint la carcasse. Dans l'objet rectifié, le coin est déplacé pour redresser l'arête (fig.8.95).

15. Faites de même pour l'objet Corps. L'arête supérieure, le long de la fenêtre avant et au-dessus de la porte, se présente à présent beaucoup mieux (fig.8.96).

Le modèle peut être affiné par la procédure suivante :

1. Sélectionnez le modèle entier.

2. Dans le panneau **Modifier**, ouvrez la **Liste des modificateurs** et sélectionnez **Liss. maillage**. Les modificateurs appliqués après le modificateur **Coque** n'affectent en rien les paramètres définis pour ce dernier.

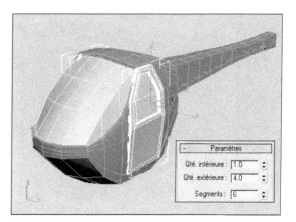

Fig.8.94

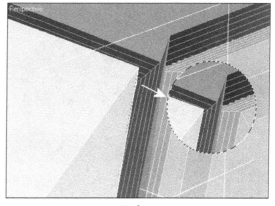

Fig.8.95

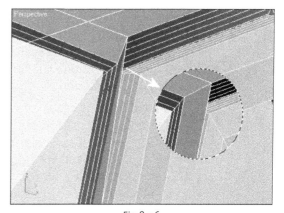

Fig.8.96

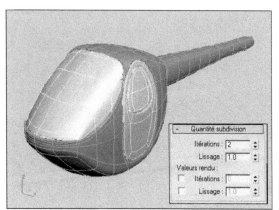

Fig.8.97

3. A partir du panneau déroulant Quantité subdivision, affectez au paramètre **Itérations** la valeur **2**. Ceci a pour effet de lisser la carcasse de l'hélicoptère (fig.8.97).

4. Pour rendre le projet plus explicite, vous pouvez créer une vue éclatée de tous les composants de l'hélicoptère en utilisant simplement la fonction **Sélection et Déplacement** (fig.8.98).

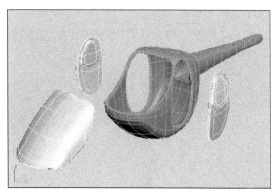

Fig.8.98

Les options du modificateur Coque sont les suivantes (fig.8.99) :

▶ **Qté. intérieure/extérieure** : distance en unités 3ds max génériques dont la surface interne est déplacée vers l'intérieur et la surface externe vers l'extérieur à partir de leur position initiale. Valeur par défaut = 0.0 ; 1.0. La somme des deux paramètres de quantité détermine l'épaisseur de la coque de l'objet, ainsi que la largeur des arêtes par défaut.

▶ **Segments** : nombre de subdivisions sur chaque arête. Valeur par défaut = 1. Modifiez ce paramètre si vous avez besoin d'une plus grande résolution sur l'arête pour des tâches de modélisation ou des modificateurs ultérieurs.

▶ **Biseauter arêtes** : lorsque cette option est activée et que vous spécifiez une spline de biseau, le logiciel utilise la spline pour définir le profil et la résolution des arêtes. Cette option est désactivée par défaut. Lorsque vous avez défini une spline de biseau, utilisez Biseauter arêtes pour passer d'une arête plate dont la résolution est définie par le paramètre Segments à un profil personnalisé défini par la spline de biseau.

Fig.8.99

- **Spline de biseau** : cliquez sur ce bouton, puis sélectionnez une spline ouverte pour définir la forme et la résolution des arêtes. Les formes fermées, telles qu'un cercle ou une étoile, ne peuvent pas être utilisées.

- **Remplacer ID matériau int.** : activez cette option pour spécifier un ID de matériau pour tous les polygones de surface interne utilisant le paramètre ID matériau int. Cette option est désactivée par défaut. Si vous ne spécifiez pas d'ID de matériau, la surface utilise le ou les mêmes ID de matériaux que les faces d'origine.

- **ID matériau int.** : spécifie l'ID de matériau des faces internes. Cette option est uniquement disponible lorsque l'option Remplacer ID matériau int. est activée.

- **Remplacer ID matériau ext.** : activez cette option pour spécifier un ID de matériau pour tous les polygones de surface externe utilisant le paramètre ID matériau ext. Cette option est désactivée par défaut. Si vous ne spécifiez pas d'ID de matériau, la surface utilise le ou les mêmes ID de matériau que les faces d'origine.

- **ID matériau ext.** : spécifie l'ID de matériau des faces externes. Cette option est uniquement disponible lorsque l'option Remplacer ID matériau ext. est activée.

- **Remplacer ID mat. arête** : activez cette option pour spécifier un ID de matériau pour tous les nouveaux polygones d'arête utilisant le paramètre ID mat. arête. Cette option est désactivée par défaut. Si vous ne spécifiez pas d'ID de matériau, la surface utilise le ou les mêmes ID de matériaux que les faces d'origine dont les arêtes sont dérivées.

- **ID mat. arête** : spécifie l'ID de matériau des faces d'arêtes. Cette option est uniquement disponible lorsque l'option Remplacer ID mat. arête est activée.

- **Lissage arête auto.** : applique un lissage en angle automatique sur les faces des arêtes utilisant le paramètre Angle. Lorsque cette option est désactivée, aucun lissage n'est appliqué. Cette option est activée par défaut. Cette option n'applique pas de lissage à la jonction entre les faces d'arêtes et les faces des surfaces extérieure/intérieure.

- **Angle** : spécifie l'angle maximal entre les faces des arêtes qui seront lissées par Lissage arête auto. Cette option est uniquement disponible lorsque Lissage arête auto. est activé. Valeur par défaut = 45,0. Les faces qui se rejoignent à un angle supérieur à cette valeur ne sont pas lissées.

- **Remplacer groupe de lissage arête** : permet de spécifier un groupe de lissage pour les nouveaux polygones d'arête à l'aide du paramètre Groupe de liss. Cette option est uniquement disponible lorsque Lissage arête auto. est désactivé. Cette option est désactivée par défaut.

- **Groupe de liss.** : définit le groupe de lissage pour les polygones d'arêtes. Cette option est uniquement disponible lorsque l'option Remplacer groupe de lissage est activée. Valeur par défaut = 0. Lorsque Groupe de liss. est défini sur la valeur 0 par défaut, aucun groupe de lissage n'est affecté aux polygones d'arêtes. Pour spécifier un groupe de lissage, définissez cette valeur sur un nombre compris entre 1 et 32.

- **Mapping arête** : spécifie le type de mapping de texture appliqué aux nouvelles arêtes. Choisissez un type de mapping dans la liste déroulante :
  - **Copie** : chaque face d'arête utilise les mêmes coordonnées UVW que la face d'origine dont elle est dérivée.
  - **Aucun** : chaque face d'arête se voit affecter une valeur U de 0 et une valeur V de 1. Par conséquent, si une texture est affectée, les arêtes prennent la couleur du pixel supérieur gauche.
  - **Bande** : les arêtes sont mappées dans une bande continue.
  - **Interpoler** : le mapping d'arête est interpolé à partir du mapping des polygones de surface interne et externe adjacents.
- **Décalage ST** : détermine l'espacement des sommets de texture sur les arêtes. Cette option est uniquement disponible avec les mapping d'arête Bande et Interpoler. Valeur par défaut = 0.05.
  L'augmentation de cette valeur accroît la répétition de la texture sur les polygones d'arêtes.
- **Sélectionner arêtes** : sélectionne les faces d'arêtes. Cette sélection est transmise aux modificateurs situés plus haut dans la pile. Cette option est désactivée par défaut.
- **Sélectionner faces internes** : sélectionne les faces internes. Cette sélection est transmise aux modificateurs situés plus haut dans la pile. Cette option est désactivée par défaut.
- **Sélectionner faces externes** : sélectionne les faces externes. Cette sélection est transmise aux modificateurs situés plus haut dans la pile. Cette option est désactivée par défaut.
- **Redresser coins** : ajuste les sommets de coins pour maintenir des arêtes en ligne droite. Si vous appliquez Coque à un objet subdivisé contenant des arêtes droites, tel qu'une boîte définie sur 3 x 3 x 3 segments, il est possible que les sommets de coins ne restent pas en ligne droite avec les autres sommets d'arêtes. Les arêtes prennent alors un aspect bombé. Pour résoudre ce problème, activez **Redresser coins**.

3.6. Les déformations spatiales

Les déformations spatiales sont des objets indépendant qui affectent l'apparence d'autres objets, mais qui n'apparaissent pas dans un rendu. Elles créent des « champs de force » qui déforment d'autres objets et permettent ainsi de créer des effets de rides, d'ondes, de vent, etc. Les déformations spatiales agissent d'une manière similaire aux modificateurs, mais elles ont une incidence sur l'espace univers alors que les modificateurs géométriques agissent sur l'espace de l'objet.

Une déformation spatiale apparaît en mode filaire dans les fenêtres de visualisation. Elle peut être transformée comme tout autre objet de 3ds max. La position, la rotation et l'échelle de la déformation spatiale influent sur l'effet qu'elle produit.

Une déformation spatiale n'affecte que les objets qui lui sont liés. La liaison apparaît en haut de la pile du modificateur de l'objet. Une déformation spatiale est toujours appliquée après une transformation ou des modificateurs.

Certains types de déformations spatiales sont conçus pour agir sur des objets déformables tels que des primitives géométriques, des maillages, des carreaux et des splines. D'autres (par exemple, Gouttelettes et Neige) opèrent sur des systèmes de particules.

Cinq déformations spatiales (Gravité, BombeP, Vent, Poussée et Moteur) peuvent opérer sur des systèmes de particules et jouer un rôle spécifique dans une simulation dynamique. Dans ce dernier cas, vous ne liez pas les déformations à des objets, mais vous les attribuez comme effets dans la simulation.

Il existe cinq catégories de déformations spatiales qui sont présentées dans la liste des catégories Déformations spatiales du panneau Créer :

- **Forces** : Ces déformations spatiales s'appliquent aux systèmes de particules et aux systèmes de dynamiques. Elles peuvent toutes être utilisées avec des particules, et certaines, également avec des dynamiques.

- **Déflecteurs** : Ces déformations spatiales dévient les particules ou influent sur les systèmes dynamiques. Elles peuvent toutes être utilisées avec des particules et des dynamiques.

- **Géométrique/Déformable** : Les déformations spatiales suivantes sont utilisées pour déformer des formes géométriques.

- **Basé sur modificateur** : Il s'agit des versions de déformations spatiales des modificateurs d'objets.

Pour créer une déformation spatiale, la procédure est la suivante :

1. Dans le panneau **Créer**, cliquez sur **Déformations spatiales**. Le panneau **Déformations spatiales** s'affiche.

2. Choisissez une catégorie de déformation dans la liste proposée. Par exemple : **Géométrique/Déformable**.

3. Dans le panneau déroulant **Type d'objet**, cliquez sur le bouton d'une déformation spatiale. Par exemple : **Onde** (fig.8.100). Utilisez éventuellement la fonction **Grille automatique** pour orienter et positionner les nouvelles déformations spatiales par rapport à un objet existant.

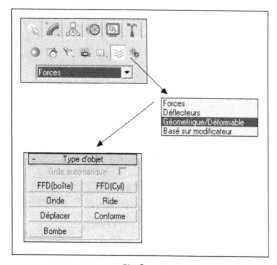

Fig.8.100

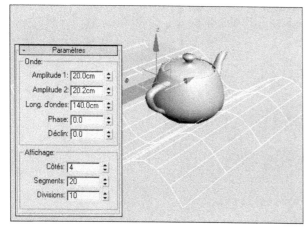

Fig.8.101

4. Faites glisser la souris dans une fenêtre de visualisation pour définir la taille initiale de l'icône de l'objet Onde. Cette icône ressemble à une grille plate en mode filaire.

5. Relâchez le bouton de la souris pour définir la taille de l'icône, puis déplacez la souris pour définir l'amplitude initiale de l'onde.

6. Dans la zone **Onde** définissez l'effet d'onde. Les paramètres sont les suivants (fig.8.101) :

   ▸ **Amplitude 1** : définit l'amplitude de l'onde le long de l'axe X local.

   ▸ **Amplitude 2** : définit l'amplitude de la ride le long de l'axe Y local. L'amplitude est exprimée en unités. L'onde est sinusoïdale sur son axe Y et parabolique sur son axe X. Une autre façon de se représenter la différence entre les deux amplitudes est d'envisager Amplitude 1 comme l'amplitude au centre du gizmo Onde et Amplitude 2 comme l'amplitude au bord dudit gizmo.

   ▸ **Long. d'ondes** : définit, en unités courantes, la longueur de chaque onde le long de son axe Y local.

   ▸ **Phase** : décale la phase d'une onde par rapport à son origine au niveau du centre de l'objet Onde. Seules les valeurs fractionnaires ont un effet et non les valeurs entières. L'animation de ce paramètre donne l'impression que cette onde voyage à travers l'espace.

   ▸ **Déclin** : lorsque ce paramètre a la valeur 0.0, l'onde présente la même amplitude ou les mêmes amplitudes dans tout l'espace univers. Lorsqu'il a une valeur supérieure à zéro, l'amplitude diminue au fur et à mesure que la distance entre l'objet lié et l'objet de déformation Onde croît. Valeur par défaut = 0.0.

7. Pour lier les objets à la déformation spatiale, cliquez sur le bouton **Lier à déformation spatiale** puis sélectionnez un objet et cliquez ensuite sur l'icône de la déformation (fig.8.102). Les objets suivent directement la forme de l'onde. Il reste à modifier les paramètres pour obtenir un résultat plus approprié.

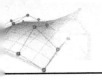

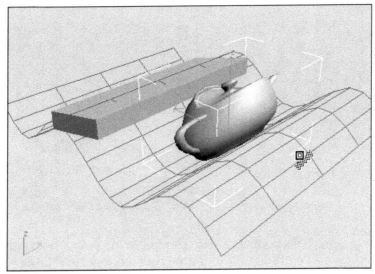

Fig.8.102

Pour créer une déformation spatiale illustrant le passage d'une bille dans un tube, la procédure est la suivante :

1. Créez la bille avec la fonction sphère (rayon 150, par exemple) (fig.8.103).

2. Dans le panneau **Créer**, cliquez sur le bouton **Déformations spatiales**.

3. Dans la liste déroulante, sélectionnez **Géométrique/Déformable**.

4. Dans le panneau déroulant **Type d'objet**, cliquez sur **FFD (boîte)**.

5. Pointez dans une fenêtre pour générer la boîte FFD.

6. Entrez une valeur identique pour la longueur, la largeur et la hauteur. Par exemple : 350.

7. Alignez le centre de la boîte FFD avec le centre de la sphère à l'aide de l'outil Aligner (fig.8.104).

8. Sélectionnez la boîte FFD et activez le sous-objet **Points de contrôle** (fig.8.105).

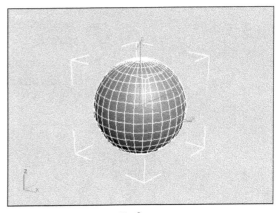

Fig.8.103

Fig.8.104

Fig.8.105

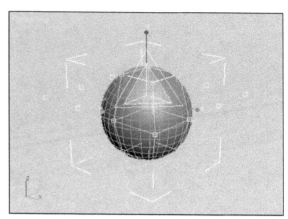

Fig.8.106

⑨ Sélectionnez la deuxième ligne de points de contrôle et utilisez l'outils **Echelle uniforme** pour déformer le FFD (fig.8.106).

⑩ Faites de même avec la troisième ligne.

⑪ Tracez le cylindre et centrez-le sur la sphère (fig.8.107).

⑫ Sélectionnez le tuyau et cliquez sur le bouton **Lier à déformation spatiale**.

⑬ Sélectionnez la boîte FFD. Le tuyau est à présent lié au FFD et subira les déformations lors du passage du FFD à l'intérieur du tuyau (fig.8.108).

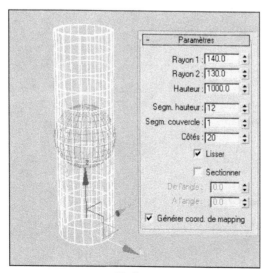

Fig.8.107

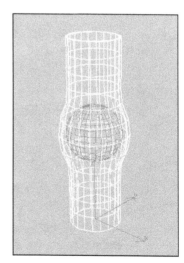

Fig.8.108

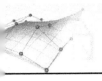

14 Cliquez sur le bouton **Sélection et Liaison** de la barre d'outil principale pour lier physiquement la boîte FFD à la sphère.

15 Pointez la boîte FFD et ensuite la sphère. En déplaçant ensuite la bille dans le tuyau, celui-ci se déforme (fig.8.109).

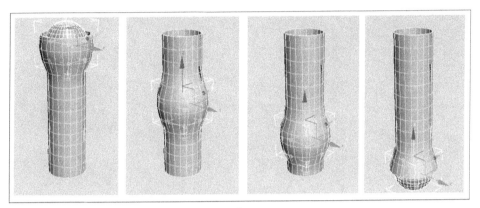

Fig.8.109

GALERIE 3DS MAX 8

**ETUDES
ARCHITECTURALES
INTERIEURS**

**ETUDES
ARCHITECTURALES
EXTERIEURS**

**ANIMATION
DE PERSONNAGES**

JEUX VIDEO

ETUDES ARCHITECTURALES - INTERIEURS

Conception Appartements – Italie
(© Dionissios Tsangaropoulos – Delta Tracing)

Conception Appartements – Italie
(© Dionissios Tsangaropoulos – Delta Tracing)

Conception Appartements – Italie
(© Dionissios Tsangaropoulos – Delta Tracing)

Banque Unicrédit – Italie
(© Dionissios Tsangaropoulos – Delta Tracing)

Centre de congrès – Italie
(© Dionissios Tsangaropoulos – Delta Tracing)

Centre de congrès – Italie
(© Dionissios Tsangaropoulos – Delta Tracing)

Projet de logements – Bruxelles

(© Bureau d'architecure A2RC / Soficom
Designed by hooox 3D and Interactivity
www.hooox.com)

ANIMATION DE PERSONNAGES

Backlit Girl
(© Arild Wiro Anfinnsen - www.secondreality.ch)

Rumble Roses XX (© Konami of America - www.konami.com)

Suikoden V   (© Konami of America - www.konami.com)

Make my day

(© Alessandro Baldasseroni -
www.eklettica.com)

Prince of Persia : Les deux royaumes (© Ubisoft)

Prince of Persia : Les deux royaumes (© Ubisoft)

Heroes of Might & Magic V (© Ubisoft)

JEUX VIDEO

Ghost Recon (© Ubisoft)

Ghost Recon (© Ubisoft)

Les Experts
(© Ubisoft)

ECLAIRAGE DE SCENES

Eclairage par défaut
(© Discreet - J.-P. Couwenbergh)

Eclairage naturel et radiosité
(© Discreet - J.-P. Couwenbergh)

Lumières Omni et Projecteur
(© Discreet - J.-P. Couwenbergh)

Lumières Omni et Projecteur
(© Discreet - J.-P. Couwenbergh)

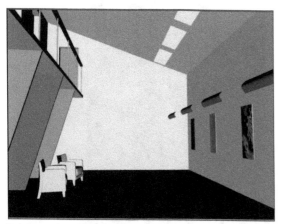

Eclairage par défaut (© Discreet - J.-P. Couwenbergh)

Eclairage photométrique (© Discreet - J.-P. Couwenbergh)

ECLAIRAGE PHOTOMETRIQUE ET RADIOSITE

Point Light   Linear Light   Area Light

Types de lumières photométriques
(© Autodesk)

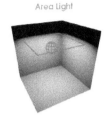

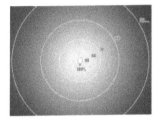
Isotropic

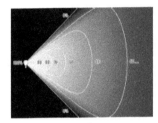
Spotlight

Web

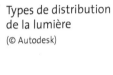

Types de distribution de la lumière
(© Autodesk)

Principe du « lancer de rayon »   (© Autodesk)

Principe de la « radiosité »   (© Autodesk)

Contrôle du niveau d'éclairement des surfaces (utilisation des pseudo-couleurs)
(© Autodesk)

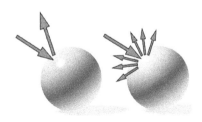
Réflexion spéculaire   Réflexion diffuse
(© Autodesk)

Rendu mental ray sans effet de réverbération
(© Discreet - J.-P. Couwenbergh)

Rendu mental ray avec effet de réverbération
(© Discreet - J.-P. Couwenbergh)

Animation d'un logo (© J.-P. Couwenbergh)

Banc de montage
(© J.-P. Couwenbergh)

CHAPITRE 9
L'HABILLAGE DE LA SCÈNE

1. Les principes de base

Après la modélisation des différents objets d'une scène ou d'un projet, il importe d'habiller ceux-ci pour les rendre le plus réaliste possible. Il s'agit donc essentiellement de définir et d'appliquer des matériaux aux objets. Trois notions sont importantes à prendre en compte à ce stade : les matériaux, les textures (qui sont une composante des matériaux) et les coordonnées de mapping (qui indiquent comment appliquer des matériaux texturés sur un objet).

1.1. Les matériaux

Les matériaux permettent d'obtenir un plus grand réalisme des scènes. Ils déterminent la façon dont les objets reflètent ou transmettent la lumière. Les matériaux sont affectés à des objets distincts ou à des jeux de sélection ; une scène peut comprendre de nombreux matériaux différents. Ils peuvent être regroupés en deux catégories : les matériaux simples et les matériaux composés. Parmi les matériaux simples on trouve :

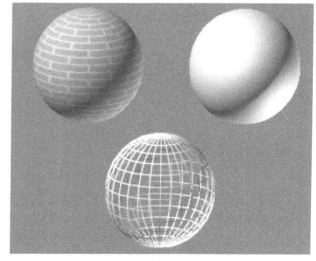

Fig.9.1

- ▸ Le matériau **Standard** est le matériau par défaut. Il s'agit d'un modèle de surface polyvalente offrant un grand nombre d'options. Il peut être coloré, avoir des propriétés de transparence et de brillance, comporter des textures, etc (fig.9.1).

- ▸ Le matériau **Lancer de rayon (Raytrace)** permet de créer des réfractions et des réflexions définies intégralement par lancer de rayons. Il prend aussi en charge les effets de brouillard, de densité de couleur, de translucidité, de fluorescence, ainsi que d'autres effets spéciaux.

▸ Le matériau **Architectural** donne un matériau physiquement réaliste. Il a été prévu spécialement pour être utilisé avec le rendu par lignes de balayage par défaut et la radiosité.

▸ Les matériaux **Mental ray** sont prévus pour être utilisés avec le rendu mental ray.

▸ Le matériau **Mat/ombre** est un matériau spécifiquement conçu pour transformer un objet en un objet mat permettant de visualiser la texture d'environnement située à l'arrière. En effet, les objets mats sont invisibles dans une scène, mais peuvent recevoir des ombres projetées par d'autres objets.

▸ Le matériau **Ombrage DirectX 9** permet d'ombrer des objets dans les fenêtres avec des ombrages DirectX 9 (DX9). Pour utiliser ce matériau, il faut posséder un pilote d'affichage qui prend en charge DirectX 9 et utiliser le pilote d'affichage Direct3D.

Les matériaux composés combinent d'autres matériaux. On y trouve :

▸ Le matériau **Fusion** mélange deux matériaux sur une seule face d'une surface.

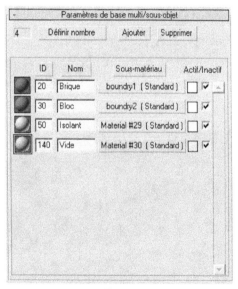

Fig.9.2

▸ Un matériau **composé** combine jusqu'à 10 matériaux, utilisant des couleurs additives, soustractives ou une combinaison d'opacité.

▸ Le matériau **Deux faces** permet d'affecter des matériaux différents aux faces avant et masquées d'un objet.

▸ Le matériau **Radiosité** permet d'augmenter le réalisme des objets lors du calcul de rendu avec radiosité.

▸ Le matériau **Multi/sous-objet** utilise le niveau sous-objet pour affecter plusieurs matériaux à un seul objet, en fonction des valeurs d'ID des matériaux (fig.9.2).

▸ Le matériau **Shellac** superpose un matériau sur un autre en utilisant la composition additive.

▸ Le matériau **Dessus/dessous** permet d'affecter deux matériaux différents aux faces du dessus et du dessous d'un objet.

▸ Le matériau **Ecrasement éclairage avancé** permet de contrôler directement les propriétés de radiosité d'un matériau. Ce type de matériau est un complément à un matériau de base. Il a un effet uniquement lors de l'utilisation d'une solution de radiosité.

▸ Le matériau **Encre et peinture** : permet de créer des effets similaires à ceux utilisés dans le dessin animé. Il permet d'obtenir un effet d'ombrage plat et des contours tracés à l'encre plutôt que des effets tridimensionnels réalistes.

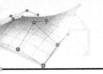

- ▸ Le matériau **Interpolateur** : permet de créer une interpolation entre des matériaux à l'aide du modificateur Système d'interpolation.
- ▸ Le matériaux **Coque** : permet d'ancrer des textures lors de l'utilisation de la fonction Rendu en texture. Un matériau Coque contient deux matériaux : le matériau d'origine utilisé dans le rendu et le matériau ancré.

1.2. Les textures

Les textures sont surtout utilisées pour améliorer l'aspect et le réalisme des matériaux. Ellespeuvent aussi être utilisées pour créer des environnements ou des projections à partir de lumières. Les textures sont divisées en deux catégories : les textures 2D et 3D.

Les Textures 2D

Les textures 2D sont des images en deux dimensions qui sont le plus souvent appliquées à la surface d'objets géométriques ou utilisées comme texture d'environnement pour créer l'arrière-plan de la scène. Les bitmaps sont les textures 2D les plus simples ; d'autres types de texture 2D sont générés de manière procédurale. 3ds max dispose des textures 2D suivantes :

- ▸ **Bitmap** : image enregistrée sous forme d'une matrice de pixels dans un format de fichier image (.tga, .bmp, etc.) ou d'animation (.avi, .flc ou .ifl). Les animations sont essentiellement des séquences d'images fixes. Tous les types de fichiers bitmap ou d'animation pris en charge par VIZ peuvent être utilisés comme bitmap dans un matériau (fig.9.3).

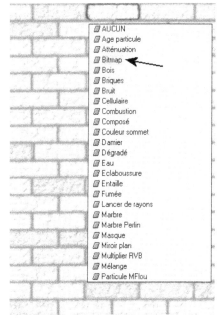

- ▸ **Recouvrement** : crée des briques ou autres matériaux carrelés à l'aide de couleurs ou de plaquages de texture. Inclut les modèles de briques communément définis en architecture ; il est toutefois également possible de person- naliser des modèles.

- ▸ **Damier** : combine deux couleurs pour générer un motif de damier. On peut remplacer une couleur par une texture.

- ▸ **Combustion** : fonctionne avec le programme Combustion de Discreet.

- ▸ **Dégradé** : crée un dégradé linéaire ou radial de trois couleurs.

- ▸ **Rampe dégradé** : crée des effets très variés, au moyen de nombreuses couleurs, textures et fusions de votre choix.

- ▸ **Tourbillon** : crée des motifs tourbillonnés (spirales) de deux couleurs ou textures.

Fig.9.3

Textures 3D

Les textures 3D sont des motifs en trois dimensions générés de manière procédurale. Exemple : la veine de la texture Marbre traverse la géométrie à laquelle elle est appliquée. Si l'on découpe un objet doté d'une texture marbrée, la veine de la portion découpée est identique à celle qui se trouve sur la face extérieure de l'objet. 3ds max disposent des textures 3D suivantes :

- **Cellulaire** : génère un motif cellulaire qui permet de créer des effets variés : recouvrement par répétition, surfaces mouchetées, surfaces océanes, etc.
- **Entaille** : génère des reliefs tridimensionnels sur une surface.
- **Atténuation** : génère une valeur située entre blanc et noir, fondée sur l'atténuation de l'angle des normales de la face sur la surface de la géométrie. La texture Atténuation offre une plus grande souplesse lors de la création d'effets d'atténuation d'opacité. Les autres effets existants sont Ombre/Lumière, Fusion d'après la distance et Noyau.
- **Marbre** : simule les veines du marbre à l'aide de deux couleurs franches et d'une couleur intermédiaire (fig.9.4).

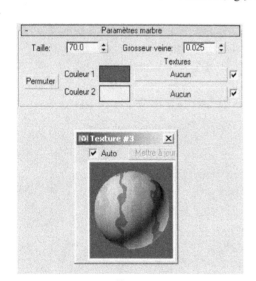

Fig.9.4

- **Bruit** : motif de turbulences en trois dimensions. Comme Damier en 2D, il est basé sur deux couleurs que vous pouvez remplacer par des textures.
- **Age particule** : modifie la couleur (ou la texture) d'une particule suivant l'âge de celle-ci.
- **Particule Mflou** (Mouvement de flou) : détermine l'opacité de la tête et de la queue d'une particule, en fonction de sa vitesse de déplacement.
- **Marbre Perlin** : autre texture marbre procédurale comportant un motif de turbulence.
- **Planète** : simule les contours d'une planète vue de l'espace.
- **Fumée** : génère, à l'aide d'un algorithme fractal, des motifs de turbulence simulant des volutes de fumée dans un faisceau lumineux ou d'autres effets brumeux mouvants.
- **Tacheté** : génère une surface tachetée simulant l'aspect grenu du granit ou de matériaux similaires.
- **Eclaboussure** : génère un motif fractal similaire à des éclaboussures de peinture.
- **Stuc** : génère un motif fractal similaire au stuc.

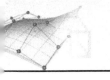

- **Eau** : génère des modèles d'ondes sphériques, réparties de façon arbitraire, pour simuler une masse d'eau ou des vagues.
- **Bois** : reproduit en trois dimensions le motif du grain du bois.

1.3. Les Coordonnées de mapping

Un objet auquel un matériau 2D a été mappé (ou un matériau contenant des textures 2D) doit avoir des coordonnées de mapping. Ces coordonnées spécifient comment le mapping est projeté sur le matériau, notamment sous la forme d'une « décalcomanie », d'une mosaïque ou d'une symétrie. Les coordonnées de mapping sont également appelées coordonnées UV ou UVW. Ces lettres désignent les coordonnées de l'espace occupé par l'objet lui-même, contrairement aux coordonnées XYZ qui désignent la totalité de la scène (fig.9.5). La plupart des objets pouvant être rendus possèdent dans leur propriété un champ dénommé « Générer coordonnées de mapping ». Si l'on ne l'active pas mais que l'on affecte un matériau mappé à un objet, un message d'avertissement apparaît lors du calcul rendu indiquant qu'il manque les coordonnées de mapping. Certains types d'objets, comme les maillages éditables, n'ont pas de coordonnées de mapping automatiques. Pour ce type d'objets, il faut spécifier des coordonnées en appliquant un modificateur Texture UVW. Il n'est pas nécessaire de régler finement le mapping si le matériau apparaît correctement avec le mapping par défaut.

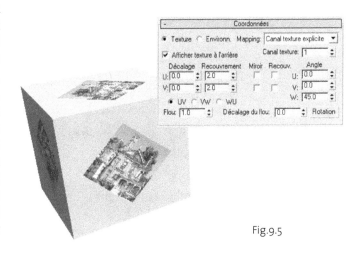

Fig.9.5

2. La création et l'application d'un matériau standard

Tant que les objets ne sont pas habillés de matériaux, leur couleur d'affichage dépend des deux cas suivants (voir aussi le chapitre traitant des couches) :

- **Les objets créés sur la couche « 0 »** : ils reçoivent automatiquement une couleur aléatoire, si le champ **Affecter couleurs aléatoires** est activé dans la boîte de dialogue **Couleur objet** (fig.9.6). Si le champ n'est pas activé, chaque objet reçoit la couleur courante.

▶ **Les objets créés sur une couche différente de « 0 » :** ils prennent la couleur de la couche, si le champ **Valeur par défaut définie sur Par couche** de la boîte de dialogue **Préférences** est cochée (fig.9.7). Dans le cas contraire la couleur est distribuée comme pour la couche « 0 ».

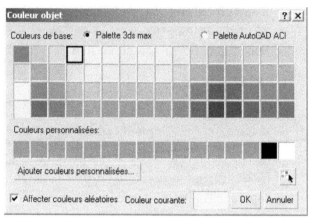

Fig.9.6

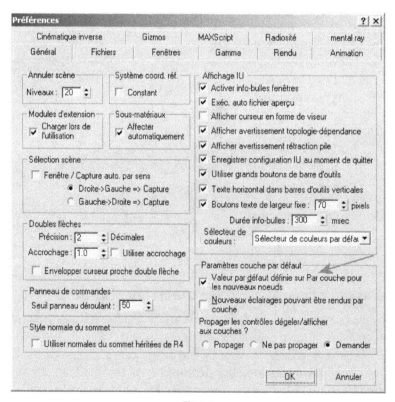

Fig.9.7

2.1. La création d'un matériau standard sans texture

Un matériau standard sans texture est habituellement un matériau plein comme une boule de billard. Il est défini par des propriétés de surface comme la couleur, la brillance, la transparence, etc. La procédure de création est la suivante :

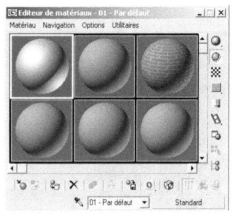

Fig.9.8

1. Dans le menu **Rendu** sélectionner l'option **Editeur de matériaux** ou taper la lettre **M** au clavier (fig.9.8).

2. Sélectionner le premier échantillon de contrôle. Un cadre blanc signale que l'échantillon est courant.

3. Entrer le nom du matériau. Par exemple : plastique-rouge.

4. Sélectionner une méthode de calcul de l'ombrage. Pour un matériau standard, huit méthodes sont disponibles. Blinn (valeur par défaut) fait partie des ombrages les plus utilisés. Les autres sont utilisés dans des cas particuliers, notamment pour déterminer la manière dont le matériau crée des reflets.

   - **Anisotrope** : crée des surfaces à reflets « anisotropes » non circulaires. Ce type d'ombrage convient pour la modélisation des cheveux, du verre ou du métal.

   - **Blinn** : crée des surfaces lisses, dotées d'une certaine brillance. Ce type d'ombrage convient à de nombreuses utilisations.

   - **Métallique (Metal)** : crée un effet métallique lustré.

   - **Multicouches** : crée des reflets plus complexes que l'ombrage Anisotrope, en superposant deux reflets anisotropiques.

   - **Oren-Nayar-Blinn** : crée des surfaces mates de bonne qualité, par exemple le tissu ou la terre cuite. Cet ombrage est similaire à l'ombrage de type Blinn.

   - **Phong** : crée des surfaces lisses dotées d'une certaine brillance. Cet ombrage est similaire à l'ombrage de type Blinn, mais il ne gère pas aussi bien les reflets (en particulier les reflets étincelants).

   - **Strauss** : crée à la fois des surfaces métalliques et non métalliques. Il comporte un jeu simple de commandes.

   - **Ombrage Translucide** : identique à Blinn mais permet de définir un taux de translucidité pour le passage de la lumière.

5. Définir les paramètres de propriété de surface du matériau (aspects visuels et optiques). Les composants d'un matériau standard incluent la couleur, les reflets, l'auto-illumination et son opacité. Les composants d'un matériau standard varient

selon l'ombrage utilisé. En général, une surface de couleur « unique » réfléchit de nombreuses couleurs. La plupart des matériaux standard utilisent un modèle composé de quatre couleurs permettant de moduler cet effet.

▸ La couleur **ambiante** est la couleur de l'objet placé dans l'ombre.

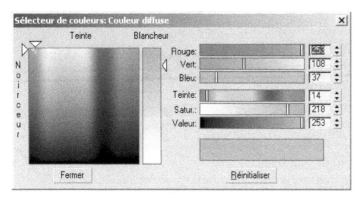

Fig.9.9

▸ La couleur **diffuse** est la couleur de l'objet placé dans l'éclairage direct et « de bonne qualité ». La couleur diffuse produit l'effet le plus marquant sur l'apparence du matériau. C'est aussi la seule couleur à laquelle vous vous référez lorsque vous décrivez un matériau dans le monde réel.

▸ La couleur **spéculaire** est la couleur des reflets brillants. L'influence de cette couleur sur un matériau est directement liée à sa brillance et à la valeur de l'intensité de brillance.

▸ La couleur **filtre** est la couleur transmise par la lumière qui brille à travers l'objet. Elle est invisible sauf si l'opacité du matériau est inférieure à 100 %.

Pour le choix de la couleur, cliquez dans le champ situé à droite du type de couleur. Sélectionnez la couleur dans la boîte de sélection de couleur (fig.9.9).

6 Dans le champ **Reflets spéculaires**, définir les paramètres de reflets. Les reflets spéculaires apparaissent lorsque l'angle de visualisation de l'objet est égal à l'angle d'incidence (angle situé entre un rayon de lumière et la normale Face d'une surface). Trois paramètres sont disponibles (fig.9.10) :

▸ **Niveau spéculaire** : définit l'intensité des reflets spéculaires. Une valeur élevée permet d'obtenir des reflets particulièrement intenses.

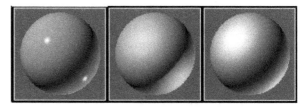

Fig.9.10

▸ **Lustre** : influe sur la taille du reflet spéculaire. Plus on augmente la valeur, plus le reflet devient petit et plus le matériau donne l'impression d'être brillant. Valeur par défaut = 25.

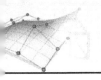

- ▸ **Adoucir** : comme dans les matériaux standard avec l'ombrage Blinn ou Phong, ce champ permet d'adoucir l'effet des reflets formés par les lumières rasantes. Il est très utile car les algorithmes de génération de reflets spéculaires ne gèrent pas les angles étincelants élevés.

7. Pour enregistrer le nouveau matériau dans une bibliothèque, il faut d'abord ouvrir la bibliothèque en cliquant sur le bouton **Importer Matériau** puis cocher le champ **Bibliothèque de matériaux**, puis **Ouvrir** et effectuer le choix parmi les bibliothèques disponibles. Refermez la boîte de dialogue **Explorateurs de matériaux/textures** et sélectionnez le bouton **Exporter vers bibliothèque** pour envoyer le nouveau matériau dans la bibliothèque (fig.9.11).

8. Retournez dans la boîte de dialogue **Explorateurs de matériaux/textures** et cliquez sur **Enregistrer sous** pour enregistrer la bibliothèque mise à jour (fig.9.12).

2.2. Autres paramètres de base d'un matériau standard

Les autres paramètres de base d'un matériau standard sont les suivants :

- ▸ **Fil de fer** : effectue un rendu du matériau en mode filaire. Vous pouvez définir la taille du fil de fer dans le panneau déroulant **Paramètres étendus** (fig.9.13). Vous avez le choix entre deux sortes de rendus pour les matériaux filaires :

  - ■ **Pixels** : dans ce cas, l'épaisseur des fils est constante, quelle que soit l'échelle de la géométrie ou sa position. En d'autres termes, la taille d'affichage des fils de fer exprimés en pixels reste constante, comme si les fils de fer étaient tracés sur une image.

  - ■ **Unités** : dans ce cas, les fils semblent modelés dans la géométrie. Lorsqu'ils sont éloignés, ils semblent se rétrécir ; inversement, ils semblent s'épaissir lorsqu'ils se rapprochent. L'échelle d'un objet filaire conditionne la largeur du fil de fer.

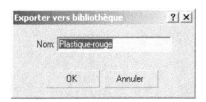

Fig.9.11

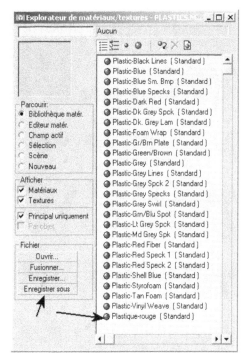

Fig.9.12

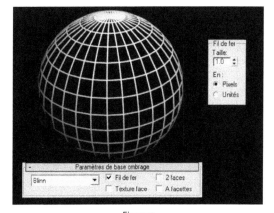

Fig.9.13

Fig.9.14

▸ **2 faces** : transforme le matériau en un matériau à 2 faces. Applique le matériau aux deux côtés des faces sélectionnées. En combinant Fil de fer et 2 faces vous pouvez créer un objet sous la forme d'un grillage transparent (fig.9.14).

▸ **Texture face** : applique le matériau aux faces de la géométrie. S'il s'agit d'un matériau mappé, les coordonnées de mapping ne sont pas nécessaires. La texture est automatiquement appliquée à chaque facette de l'objet (fig.9.15).

▸ **A facettes** : effectue le rendu de chaque face d'une surface comme s'il s'agissait d'une surface plane (fig.9.16).

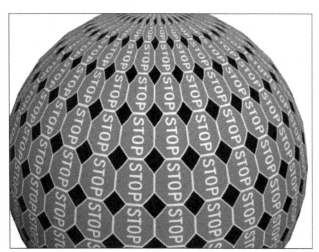

Fig.9.15

Fig.9.16

▸ **Opacité** : par défaut, tous les matériaux ont 100% d'opacité. En diminuant la valeur l'objet devient de plus en plus transparent. Pour avoir un aperçu de la transparence dans les champs échantillon, visualisez l'objet sur un arrière-plan. Cliquez pour cela sur le bouton **Arrière-plan en damier** situé à droite des champs échantillon (fig.9.17). D'autre part, les matériaux transparents sont rendus de façon plus réaliste lorsque vous activez la case 2 faces dans le panneau déroulant **Paramètres de base ombrage du matériau**.

Le panneau **Paramètres étendus** permet d'affiner l'effet de la transparence. Il existe trois types de transparence pour un matériau standard :

▸ **L'opacité Filtre** : elle affecte la couleur du filtre aux zones transparentes de la surface et en multiplie les valeurs par celles des couleurs des objets situés derrière la transparence.

▸ **L'opacité additive** : elle éclaircit les couleurs à l'arrière du matériau en ajoutant les couleurs du matériau aux couleurs de l'arrière-plan. La sphère de droite utilise par exemple l'opacité additive (fig.9.18). L'opacité additive convient particulièrement aux effets spéciaux, tels que les rayons de lumière ou la fumée.

▸ **L'opacité soustractive** : elle assombrit les couleurs à l'arrière du matériau en soustrayant les couleurs du matériau aux couleurs de l'arrière-plan. La sphère de droite utilise par exemple une opacité soustractive (fig.9.19). Si vous souhaitez uniquement réduire l'opacité apparente d'un matériau, tout en gardant les valeurs des couleurs de ses propriétés diffuses (ou appliquées), utilisez l'opacité soustractive.

Le paramètre d'atténuation, contrôle la façon dont l'opacité du matériau est distribuée. Vous avez le choix entre Intérieur et Extérieur (fig.9.20) :

▸ **Intérieur** : la transparence du matériau s'accroît vers le centre de l'objet, comme ce serait le cas pour du verre.

▸ **Extérieur** : la transparence augmente vers les bords, comme pour les nuages ou la fumée.

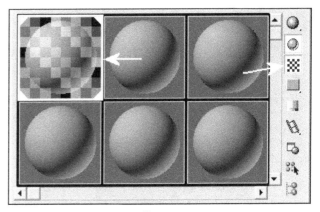

Fig.9.17

Fig.9.18

Fig.9.19

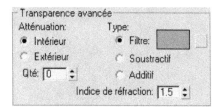

Fig.9.20

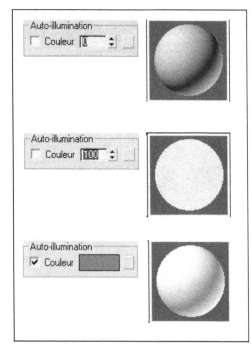

Fig.9.21

Le champ **Qté** détermine la quantité de transparence de l'objet aux bords intérieurs et extérieurs.

La **réfraction** est le phénomène physique qui dévie la lumière lorsqu'elle passe d'un milieu à un autre, de l'air à l'eau par exemple. Lorsque vous plongez une paille dans un verre d'eau par exemple, elle semble se plier là où elle touche le liquide. C'est ainsi que se manifeste la réfraction. Certains matériaux, comme les matériaux transparents ou les textures de réfraction simulent cet effet. Le champ de saisie **Indice de réfraction** permet d'entrer la valeur pour le matériau utilisé. L'air à un indice de 1, alors que celui du verre est de 1.5. Plus le chiffre est élevé, plus la réfraction est forte.

Les propriétés d'**Auto-illumination** donnent l'illusion d'une luminescence en éliminant la composante d'ombrage Ambiant du matériau. Si le matériau est pleinement auto-illuminé avec une valeur de 100, aucun ombrage n'est fait sur la surface (fig.9.21). Vous pouvez aussi cocher le champ **Couleur**. Dans ce cas, la couleur d'auto-illumination est mélangée à la couleur diffuse du matériau. Plus la couleur d'auto-illumination se rapproche du noir, plus la quantité de couleur diffuse utilisée est grande.

2.3. La création d'un matériau standard avec une texture 2D

Les textures permettent d'améliorer l'apparence d'un matériau. Vous pouvez manipuler, combiner, appliquer les textures de diverses manières, et faire en sorte que la surface la plus modeste apparaisse riche et complexe.

Douze canaux de textures sont disponibles pour créer un matériau texturé réaliste (fig.9.22). Il s'agit de :

▸ **Couleur ambiante** : permet d'appliquer une texture à la couleur ambiante d'un matériau. En général, ce réglage est verrouillé à la couleur diffuse. Si vous voulez appliquer une texture ambiante distincte, désactivez le bouton de verrouillage à droite des boutons allongés de textures dans le panneau déroulant Textures. La texture ambiante et diffuse est alors déverrouillée.

▸ **Couleur diffuse :** permet d'appliquer une texture en tant que couleur diffuse. Cela équivaut à peindre une image sur la surface de l'objet. Ainsi, pour créer un mur en briques, vous pouvez choisir une texture comportant une image de briques (fig.9.23). C'est le type de texture le plus courant.

▸ **Couleur spéculaire** : permet d'appliquer une texture aux reflets spéculaires d'un matériau. La texture spéculaire est utilisée principalement pour les effets spéciaux tels que le placement d'une image dans une réflexion (fig.9.24). Le point important à retenir est que, à la différence de la texture Niveau spéculaire ou Lustre qui modifie l'intensité et l'emplacement des reflets spéculaires, la texture spéculaire modifie la couleur des reflets spéculaires.

▸ **Niveau spéculaire** : permet d'appliquer une texture pour affecter l'intensité des reflets. Le niveau spéculaire est différent de la couleur spéculaire. Il modifie l'intensité et l'emplacement des reflets, tandis que la couleur spéculaire modifie la couleur des reflets. Les pixels blancs de la texture produisent des reflets spéculaires complets. Les pixels noirs suppriment complètement les reflets spéculaires et les valeurs intermédiaires réduisent les reflets spéculaires en conséquence (fig.9.25).

▸ **Lustre** : permet d'appliquer une texture aux zones brillantes de l'objet. La texture affectée au lustre détermine les zones de la surface totale plus brillantes et moins brillantes, en fonction de l'intensité des couleurs de la texture. Les pixels noirs de la texture peuvent produire un lustre total, tandis que les pixels blancs le suppriment complètement. Les valeurs intermédiaires réduisent la taille du reflet. La texture Lustre est généralement plus efficace lorsque vous affectez la même texture aux paramètres Lustre et Niveau spéculaire (fig.9.26).

▸ **Auto-illumination** : permet d'appliquer une texture afin de contrôler où un objet est auto-illuminé, et où il ne l'est pas. Lors du rendu, les zones blanches de la texture sont entièrement auto-illuminées, contrairement aux zones noires. Les zones grises sont partiellement auto-illuminées, en fonction de la valeur de l'échelle de gris (fig.9.27).

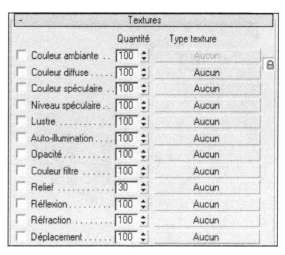

Fig.9.22

Fig.9.23

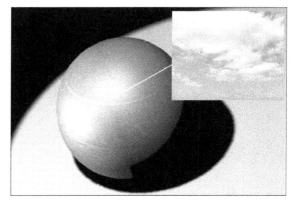

Fig.9.24

Fig.9.25

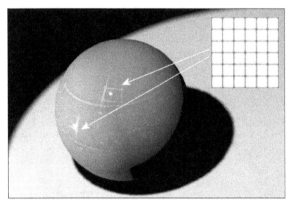

Fig.9.26

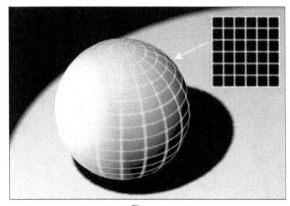

Fig.9.27

▸ **Opacité** : permet de contrôler où un objet est opaque, et où il ne l'est pas. Lors du rendu de la texture, les zones les plus éclairées (valeur élevée) sont opaques, les plus sombres sont transparentes et les valeurs intermédiaires sont semi-transparentes (fig.9.28). Lorsque la valeur de Quantité de la texture opacité est de 100, la totalité de la texture est appliquée. Les zones transparentes sont alors entièrement transparentes. Le réglage de la valeur sur 0 revient à désactiver la texture. Les valeurs intermédiaires sont fusionnées avec la valeur Opacité du panneau déroulant Paramètres de base. Les zones transparentes de la texture deviennent alors plus opaques.

▸ **Couleur filtre** : pour rappel, le filtre, ou couleur transmissive, est la couleur transmise à travers des matériaux transparents ou semi-transparents tels que le verre. Cette texture permet d'appliquer un effet de couleur transparente en fonction de l'intensité des pixels de la texture.

▸ **Relief** : permet d'appliquer une texture donnant l'illusion d'avoir une surface en relief. L'exemple typique est le mur en brique avec les joints en mortier, légèrement creux, qui séparent les briques en relief. Pour créer cet effet, vous devez utiliser une texture qui représente le mur pour la couleur diffuse et une texture identique mais en niveau de gris pour le relief. Le paramètre quantité permet de définir l'ampleur du relief (fig.9.29).

▸ **Réflexion** : permet de simuler la réflexion de l'environnement sur un objet brillant ou réfléchissant pour le rendre plus réaliste. La réflexion peut se baser sur une image bitmap de référence ou être générée

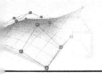

par elle-même à l'aide des types de texture Réflexion/ réfraction ou Miroir plan. Pour avoir un effet de réflexion maximal, il est conseillé d'avoir les couleurs Ambiant et Diffus en noir (fig.9.30).

▸ **Réfraction** : permet d'appliquer une texture contrôlant la réfraction de la lumière dans un objet transparent. Bien que vous puissiez utiliser n'importe quelle texture comme texture de réfraction, elle est en général utilisée avec le type Réflexion/réfraction (fig.9.31).

▸ **Déplacement** : ce type de texture déplace la géométrie des surfaces. Contrairement à la texture relief qui simule visuellement un relief sur la surface, la texture Déplacement modifie la géométrie de la surface ou la polygonalisation du carreau. Les textures de déplacement appliquent l'échelle des gris de la texture pour générer le déplacement. Les nuances plus claires de l'image 2D produisent une poussée plus forte vers l'extérieur sur la géométrie 3D que les nuances plus foncées. Vous pouvez appliquer une texture de déplacement directement aux types d'objets suivants : Carreaux de Bézier, Maillages éditables et surfaces NURBS (fig.9.32).

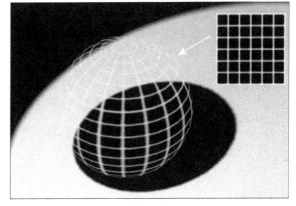

Fig.9.28

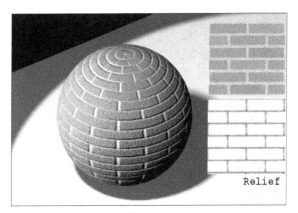

Fig.9.29

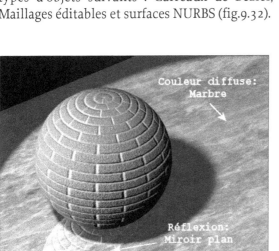

Fig.9.30

Fig.9.31

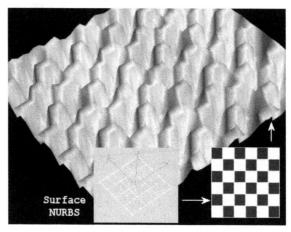

Fig.9.32

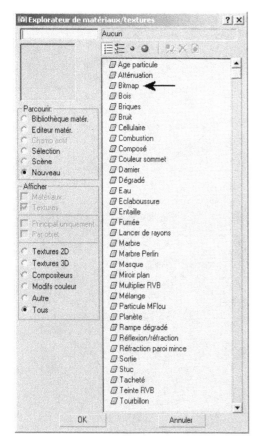

Fig.9.33

Pour créer un matériau standard texturé, la procédure est la suivante :

1. Appliquez les points 1 à 6 de la procédure de création d'un matériau sans texture.

2. Cliquez sur la section **Textures** qui donne accès à plusieurs types d'applications de textures.

3. Pour appliquer par exemple une texture de brique sur l'ensemble de l'objet, activer **Couleur diffuse** et cliquer sur **Aucun**.

4. Dans la fenêtre **Explorateur de matériaux/ textures** sélectionnez le type de texture souhaitée. Par exemple Bitmap (pour utiliser une image représentant des briques) ou Bricks (pour utiliser une fonction qui va générer des briques) (fig.9.33).

5. Dans le répertoire **Maps** de 3ds max, sélectionnez le répertoire **Brick** puis le fichier Brkwea. Il s'agit d'un fichier bitmap qui représente le motif brique.

6. Pour donner plus de relief au matériau il est possible de combiner une autre texture à celle déjà sélectionnée. Cliquez sur le bouton **Atteindre Parent** et activez l'option **Relief**.

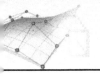

7 Entrez 100% et cliquez sur le bouton **Aucun** puis Bitmap.

8 Dans le répertoire **Maps** de 3ds max, sélectionnez de nouveau le répertoire Brick puis le fichier Brkwea_B. Il s'agit d'un fichier bitmap identique au précédent mais en N&B. La couleur blanche va donner du relief et la couleur noire un renfoncement (fig.9.34). La texture combinée et en relief apparaît dans la fenêtre de contrôle.

9 Cliquez sur le bouton **Atteindre Parent** pour revenir à la fenêtre principale et entrez un nom pour le matériau. Par exemple Brique_relief.

10 Sauvegardez le matériau dans la bibliothèque des briques selon la procédure abordée précédemment.

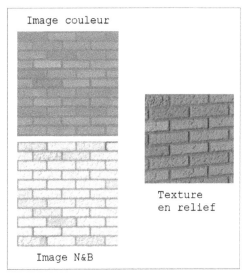

Fig.9.34

Pour appliquer un matériau sur un objet, la procédure est la suivante :

1 Sélectionnez l'objet dans la scène.

2 Dans l'éditeur de matériaux, sélectionnez l'échantillon représentant le bon matériau et cliquez sur l'icône **Affecter matériau à la sélection** pour établir un lien avec l'objet de la scène.

3 Cliquez sur l'icône **Afficher texture dans fenêtre** pour visualiser la texture sur l'objet (fig.9.35). Si la texture n'apparaît c'est que les coordonnées de mapping n'ont pas été appliquées à l'objet (voir le paragraphe concernant ce sujet).

Il est possible que l'affichage des textures soit déformé dans la fenêtre écran. Pour remédier à ce problème, il suffit d'effectuer un clic droit sur le nom de la fenêtre (ex : Perspective) puis de sélectionner **Correction de texture**.

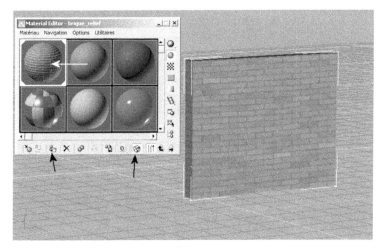

Fig.9.35

2.4. Les paramètres de la texture de type bitmap

Plusieurs panneaux permettent d'affiner l'application d'une texture de type bitmap. Il s'agit des panneaux Coordonnées, Bruit, Paramètres bitmap, Durée et Sortie.

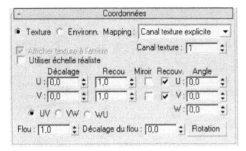

Fig.9.36

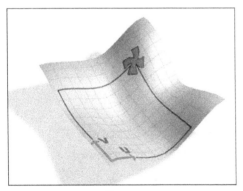

Fig.9.37

Le panneau Coordonnées

Le panneau **Coordonnées** (fig.9.36) gère la façon dont un bitmap est appliqué aux coordonnées de mapping. En ajustant les paramètres des coordonnées, vous pouvez déplacer une texture par rapport à la surface de l'objet auquel elle est appliquée et obtenir d'autres effets. Vous avez le choix entre deux types de coordonnées : texture et environnement. Les coordonnées de texture sont appliquées sur tous les types de matériaux. Les coordonnées d'environnement ne sont utilisées que si le matériau est appelé à reproduire des effets environnementaux, comme un fond réaliste représentant un ciel par exemple.

La plupart des textures de matériaux sont un plan 2D affecté à une surface 3D. Par conséquent, le système de coordonnées utilisé pour décrire l'emplacement et la transformation des textures est différent des coordonnées des axes X, Y et Z utilisées dans l'espace 3D. Les coordonnées de texture utilisent ainsi lettres U, V et W pour la description de leur propre système (fig.9.37).

Lorsque l'option Utiliser l'échelle réaliste est activée, la texture est appliquée aux objets à l'aide des valeurs réalistes de hauteur et de largeur au lieu des valeurs UV. Cette option est désactivée par défaut. Lorsque l'option est activée, le placement de la texture dépend du coin de la texture. C'est pourquoi l'alignement avec des objets architecturaux tels que des murs est plus efficace. Lorsque cette option est désactivée, le placement de la texture dépend du centre de la texture. (voir le point 4.2 portant sur le mapping réaliste).

Les autres paramètres sont les suivants :

▶ **Décalage :** modifie la position de la texture dans les coordonnées UV. La texture se déplace en relation avec sa taille. En effet, le décalage n'est pas exprimé en distance, mais en unité de bitmap. Par exemple, si vous voulez décaler la texture de la moitié de sa largeur sur la droite et de la moitié de sa largeur vers le haut par rapport à sa position initiale, entrez **0.5** dans le champ **Décalage U** et **0.5** dans le champ **Décalage V**. Dans le cas de l'exemple de la figure 9.38, le champ **Recouv.** (répétition) est inactif et **Recouvrement** est mis à 1.

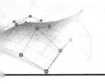

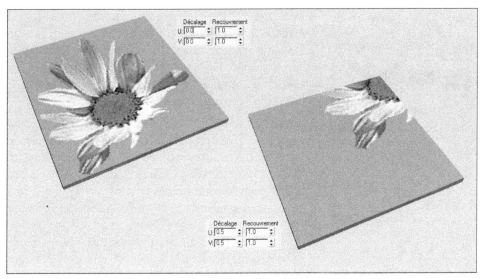

Fig.9.38

- **Recouvrement** : détermine le nombre de fois où le dégradé est recouvert (c'est-à-dire répété) le long de chaque axe. Par exemple : 2 et 2 (fig.9.39). Le champ Recouv. doit être actif. Vous pouvez utiliser le paramètre Décalage pour positionner le bitmap. Par exemple : 0.25 et 0.25 (fig.9.40).

- **Miroir** : reproduit la texture symétriquement de gauche à droite (axe U) et/ou de haut en bas (axe V).

- **Recouv.** : permet d'activer et de désactiver le recouvrement sur l'axe U ou V.

- **Angle U/V/W** : fait pivoter la texture autour des axes U, V ou W (exprimé en degrés).

- **UV/VW/WU** : modifie le système de coordonnées de mapping utilisé pour la texture. Les coordonnées UV par défaut projettent la texture sur la surface comme un projecteur de diapositives. Les coordonnées VW et WU font pivoter la texture pour la placer perpendiculairement à la surface.

- **Flou** : détermine la netteté ou le flou de la texture en fonction de sa distance de la vue. Plus la texture est éloignée, plus le flou est intense. La valeur de Flou affecte les textures dans l'espace universel. Le flou est surtout utilisé pour éviter le crénelage.

Fig.9.39

Fig.9.40

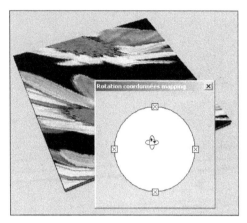

Fig.9.41

▶ **Décalage du flou** : détermine la netteté ou le flou de la texture indépendamment de sa distance de la vue. Le Décalage du flou intervient sur l'image elle-même dans l'espace objet. Utilisez cette option lorsque vous désirez adoucir ou atténuer les détails d'une texture pour donner l'effet d'une image floue.

▶ **Rotation** : affiche une boîte de dialogue Rotation coordonnées mapping schématique qui vous permet de faire pivoter la texture en la faisant glisser sur un diagramme Arcball (similaire au diagramme arcball utilisé pour la rotation des fenêtres, excepté que lorsque vous faites glisser la texture à l'intérieur du cercle, la texture pivote le long des trois axes, et lorsque vous la faites glisser vers l'extérieur, la texture pivote autour de l'axe W uniquement). Les valeurs d'angle UVW changent au fur et à mesure que vous faites glisser le curseur dans la boîte de dialogue (fig.9.41).

Le panneau Bruit

Vous pouvez ajouter un bruit aléatoire à l'aspect du matériau (c'est-à-dire des imperfections). Le bruit applique une fonction de bruit fractal qui perturbe le mapping UV des pixels. Les motifs de bruit, quoique pouvant être très complexes, permettent de créer avec souplesse des motifs apparemment aléatoires. Ils constituent également un bon moyen de simuler des surfaces trouvées dans la nature, ce qui est la caractéristique des images fractales. Les paramètres relatifs au bruit sont en interaction les uns avec les autres (fig.9.42). Une variation infime d'un paramètre peut produire des effets nettement différents. Les paramètres relatifs au bruit ne s'affichent pas dans les fenêtres de visualisation. Il faut effectuer le calcul du rendu pour voir l'effet

Fig.9.42

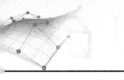

Les options du panneau Bruit sont les suivantes :

▸ **Actif** : détermine si les paramètres de bruit ont une incidence sur la texture.

▸ **Quantité** : détermine la portée de la fonction fractale, exprimée sous forme de pourcentage. Si la quantité correspond à 0, le bruit est nul. Si la quantité est 100, la texture est uniquement constituée de bruit. Par défaut, la valeur est 1.0.

▸ **Niveaux** : (ou itérations) fréquence d'application de la fonction. L'effet du niveau est étroitement lié à la valeur du champ Quantité. Plus la quantité est élevée, plus vous obtenez d'effets lorsque vous augmentez la valeur du champ Niveaux. Intervalle = 0 à 10. Valeur par défaut = 1.

▸ **Taille** : échelle de la fonction de bruit par rapport à la géométrie. Avec des valeurs très faibles, l'effet de bruit se traduit par un son blanc. Lorsque les valeurs sont élevées, l'échelle peut excéder celle de la forme géométrique, auquel cas l'effet est faible ou inexistant. Intervalle = 0 à 100. Valeur par défaut = 1.0.

▸ **Animer** : détermine si l'animation est active sur l'effet de bruit. Activez ce paramètre si vous avez l'intention d'animer le bruit.

▸ **Phase** : détermine la vitesse de l'animation de la fonction de bruit

Le panneau Paramètres bitmap

Ce panneau comprend différents paramètres qui permettent de contrôler l'image bitmap utilisée comme texture. Ils sont regroupés en cinq catégories :

Section Filtrage

Les options de filtrage vous permettent de sélectionner la méthode d'évaluation des pixels utilisée pour l'anti-crénelage (fig.9.43) du bitmap.

▸ **Pyramidal** : requiert moins de mémoire et peut être utilisé pour la plupart des besoins.

▸ **Zone de total** : requiert beaucoup plus de mémoire mais permet d'obtenir générale-ment de bien meilleurs résultats.

▸ **Aucun** : désactive le filtrage.

Section Sortie canal mono

Certains paramètres, tels que l'opacité et le niveau spéculaire, ont une valeur unique contrairement aux compo-sants de couleur à trois valeurs d'un matériau. Les commandes de cette section déterminent la source du canal mono de sortie en termes de bitmap d'entrée.

Fig.9.43

▸ **Intensité RVB** : utilise l'intensité des canaux rouge, vert et bleu pour le mapping. La couleur des pixels est ignorée et seule la valeur ou la luminance des pixels est utilisée. Les couleurs sont calculées comme des valeurs de gris variant de 0 (noir) à 255 (blanc).

▸ **Alpha** : utilise l'intensité du canal alpha pour le mapping.

Section Sortie canal RVB

La sortie canal RVB détermine la provenance de la partie RVB de la sortie. Les commandes de cette section n'ont d'incidence que sur les textures appliquées à des composantes du matériau qui affichent de la couleur : Ambiant, Diffus, Spéculaire, Couleur filtre, Réflexion et Réfraction.

▸ **RVB** : affiche les valeurs de couleur unie des pixels. (Par défaut)

▸ **Alpha en tant que gris** : affiche les tons de gris en fonction des niveaux du canal alpha.

Section Découpage/Position

Les commandes de cette section vous permettent de découper ou de réduire le bitmap de façon à le repositionner (fig.9.44). L'option de découpage vous permet de redimensionner un bitmap de façon à ce qu'il occupe une zone rectangulaire plus petite qu'à l'origine. Cette opération n'a aucune incidence sur l'échelle du bitmap.

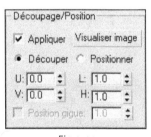

Fig.9.44

L'option de positionnement vous permet de modifier l'échelle de la texture en vue de la positionner à l'emplacement de votre choix au sein de la zone rectangulaire qui lui est allouée. Cette opération a une incidence sur l'échelle du bitmap, celui-ci étant toutefois affiché dans son intégralité. Il est possible d'animer les quatre valeurs qui déterminent la position et la taille de la zone de découpage ou de positionnement.

Les paramètres de découpage et de positionnement affectent le bitmap uniquement lorsqu'il est utilisé dans cette texture et ses instances. Ils n'ont aucune incidence sur le fichier bitmap en tant que tel.

Les paramètres sont les suivants :

▸ **Appliquer** : activez cette option pour utiliser les paramètres de découpage ou de position.

▸ **Visualiser image** : affiche une fenêtre qui montre le bitmap entouré d'un cadre de région (fig.9.45). Des poignées figurent sur le pourtour et aux angles du cadre. Lorsque l'option de découpage est activée, la taille de la zone de découpage est modifiée lorsque vous faites glisser les poignées. Vous pouvez aussi déplacer le bitmap à l'intérieur du cadre. La barre d'outils de la boîte de dialogue Spécifier Détourage/Positionnement comporte les champs à double flèche U/V et W/H (largeur/hauteur). Utilisez ces champs pour ajuster l'emplacement et la taille de l'image ou couper la zone (fig.9.46-9.47). Si vous faites glisser les poignées alors que

l'option Positionner est activée, l'échelle du bitmap est modifiée (maintenez la touche MAJ enfoncée pour conserver le rapport aspect du bitmap). Vous pouvez aussi faire glisser l'image pour la changer de place dans le cadre. Lorsque l'option Découper est activée, cochez la case UV ou XY, à droite de la barre d'outils, selon que vous souhaitez utiliser les coordonnées UV ou XY dans les champs à double flèche de la barre d'outils. Vous pouvez également effectuer un zoom arrière en appuyant sur **MAJ+Z** et un zoom avant en appuyant sur **Z**.

- **Découper** : active la fonction de découpage.
- **Positionner** : active la fonction de positionnement.
- **U/V** : permet d'ajuster la position du bitmap.
- **L/H** : permet d'ajuster la largeur et la hauteur du bitmap ou de la zone de découpage.
- **Position gigue** : spécifie la valeur du décalage aléatoire. A 0, il n'y a pas de décalage aléatoire. La valeur peut être comprise entre 0 et 99.999. Par défaut, la valeur est 1.0.

Section Source Alpha

Les commandes de cette zone déterminent la source du canal alpha de sortie en termes de bitmap d'entrée.

- **Image alpha** : utilise le canal alpha de l'image (cette option est désactivée si l'image ne comporte pas de canal alpha).
- **Intensité RVB** : convertit les couleurs d'un bitmap en valeurs tonales de l'échelle de gris et les utilise pour la transparence. Noir est transparent et blanc est opaque.
- **Aucun (opaque)** : n'utilise pas la transparence.
- **Alpha prémultiplié** : détermine la façon dont alpha est traité dans le bitmap. Lorsque cette option est activée, le fichier doit contenir l'alpha prémultiplié par défaut. Lorsqu'elle est désactivée, le canal alpha n'est pas prémultiplié et les valeurs RVB ne sont pas prises en compte.

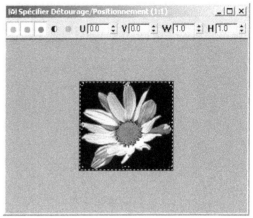

Fig.9.45

Fig.9.46

Fig.9.47

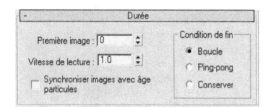

Fig.9.48

Le panneau Durée

Les commandes de ce panneau vous permettent de modifier l'heure de début ainsi que la vitesse des fichiers FLIC et AVI utilisés comme textures animées. Elles simplifient grandement l'utilisation des séquences d'images dans les scènes, car elles vous permettent de contrôler la synchronisation avec précision (fig.9.48).

- **Première image** : indique l'image marquant le début de l'animation appliquée à la texture.
- **Vitesse de lecture** : permet de ralentir ou d'accélérer l'animation appliquée à la texture (par exemple, 1.0 représente la vitesse normale, 2.0 double la vitesse, 0.333 représente un tiers de la vitesse).

Les commandes suivantes stipulent l'action à effectuer après la dernière image de l'animation :

- **Boucle** : l'animation exécute une boucle sans fin.
- **Ping-Pong** : l'animation est effectuée en sens inverse, chaque séquence animée effectuant une « boucle lisse ».
- **Conserver** : « fige » la dernière image de l'animation sur la surface jusqu'à la fin de la scène.

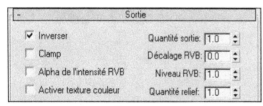

Fig.9.49

Le panneau Sortie

Après avoir appliqué une texture, puis configuré ses paramètres internes, vous pouvez ajuster ses paramètres de sortie pour déterminer l'apparence finale de la texture (fig.9.49).

Les paramètres sont les suivants :

- **Inverser** : inverse les teintes de la texture, comme le négatif d'une photo couleur. Cette option est désactivée par défaut (fig.9.50).
- **Clamp** : lorsque ce paramètre est activé, les valeurs des couleurs sont limitées à 1.0. Activez ce paramètre lorsque vous augmentez le niveau RVB mais que vous ne voulez pas que la texture semble auto-illuminée. Cette option est désactivée par défaut.

Fig.9.50

- ▶ **Alpha de l'intensité RVB** : activez cette option pour générer un canal alpha fondé sur l'intensité des canaux RVB de la texture. Noir devient transparent et blanc opaque. Les valeurs intermédiaires se traduisent par un effet translucide, qui est fonction de leur intensité. Cette option est désactivée par défaut.

- ▶ **Activer texture couleur** : activez cette option pour pouvoir utiliser une texture couleur. Reportez-vous à la rubrique « Zone Texture couleur ». Cette option est désactivée par défaut.

- ▶ **Quantité sortie** : détermine la quantité de texture à mélanger à un matériau composé. Influe sur la saturation et la valeur alpha de la texture. Par défaut, la valeur est 1.0.

- ▶ **Décalage RVB** : ajoute aux valeurs RVB des couleurs de la texture la quantité indiquée dans le champ à double flèche, ce qui a une incidence sur la valeur tonale des couleurs. A terme, la texture devient blanche et auto-illuminée. Réduire la valeur entraîne une diminution de la valeur tonale qui tend vers le noir. Valeur par défaut = 0.0.

- ▶ **Niveau RVB** : multiplie les valeurs RVB des couleurs de la texture par la valeur indiquée dans le champ à double flèche, ce qui a une incidence sur la saturation de la couleur. La texture devient totalement saturée et auto-illuminée. Réduire la valeur entraîne une diminution de la saturation ; les couleurs de la texture ont alors un aspect grisé. Par défaut, la valeur est 1.0.

- ▶ **Quantité relief** : ajuste le niveau de relief. Ce paramètre n'a d'effet que lorsque la texture est utilisée en tant que texture relief. Par défaut, la valeur est 1.0.

2.5. La création d'un matériau standard avec une texture 3D

Pour rappel, les textures 3D sont des motifs en trois dimensions générés de manière procédurale. Un exemple typique est le marbre ou le bois. La veine de la texture Marbre ou Bois traverse la géométrie à laquelle vous l'appliquez. Si vous découpez un objet doté d'une texture marbrée ou en bois, la veine de la portion découpée est identique à celle qui se trouve sur la face extérieure de l'objet.

Pour créer une texture Marbre, la procédure est la suivante :

1. Dans le panneau **Texture**, cochez le champ **Couleur Diffuse** et cliquez sur le bouton **Aucun**.

2. Choisissez **Marbre** dans l'explorateur de matériaux/textures, puis cliquez sur **OK**.

3. Définissez les paramètres du panneau **Paramètres Marbre**, à savoir (fig.9.51-9.52) :

   - ▶ **Taille** : définit l'espacement entre les veines.

   - ▶ **Grosseur veine** : définit la largeur des veines.

   - ▶ **Permuter** : permute la position des deux couleurs ou textures.

- **Couleur 1 et Couleur 2** : affiche le Sélecteur de couleurs. Sélectionnez une couleur des veines (couleur 1) et une autre pour l'arrière-plan (couleur 2). Une troisième couleur est générée à partir des deux couleurs sélectionnées.

- **Textures** : permet de sélectionner les bitmaps ou les textures procédurales qui apparaissent dans les veines ou dans la couleur d'arrière-plan. Cochez les cases pour activer les textures.

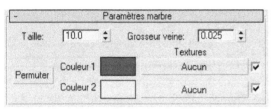

Fig.9.51

Fig.9.52

4 Définissez les paramètres du panneau **Coordonnées** pour contrôler la manière dont le marbre est appliqué. Les paramètres sont les suivants (fig.9.53) :

- **Source** : permet de choisir le système de coordonnées désiré. Elle comporte quatre options.

  - **Objet XYZ** : utilise le système des coordonnées locales de l'objet. Vous pouvez dans ce cas appliquer une soustraction booléenne à l'objet, et le rendu se fera comme si vous avez réellement taillé dans un bloc de marbre (fig.9.54).

  - **Univers XYZ** : utilise le système des coordonnées universelles de la scène.

  - **Canal texture explicite** : active le champ Canal texture. Vous pouvez choisir n'importe quel canal entre 1 et 99.

  - **Canal couleur sommet** : attribue les couleurs du sommet comme canal.

- **Canal de texture** : champ grisé à moins que la source ne soit définie à Canal de texture explicite. Lorsque cette option est active, vous pouvez choisir n'importe quel canal entre 1 et 99.

- **Décalage** : déplace le motif de texture le long d'un axe donné.

- **Recouvrement** : juxtapose le motif de la texture le long d'un axe donné et rétrécit le motif.

- **Angle** : fait pivoter le motif de texture le long d'un axe donné.

- **Flou** : détermine la netteté ou le flou de la texture en fonction de sa distance de la vue. Plus la texture est éloignée, plus le flou est intense. La valeur de Flou affecte

les textures dans l'espace universel. Le flou est surtout utilisé pour éviter le crénelage.

▸ **Décalage du flou** : détermine la netteté ou le flou de la texture indépendamment de sa distance de la vue. Le Décalage du flou intervient sur l'image elle-même dans l'espace objet. Utilisez cette option si vous souhaitez adoucir ou perdre la mise au point sur les détails d'une texture et obtenir ainsi une image floue.

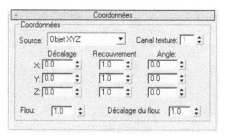

Fig.9.53

Pour créer une texture Bois, la procédure est la suivante :

Le Bois est une texture 3D procédurale qui, lors du rendu, produit un motif présentant l'aspect grenu du bois dans le volume d'un objet. Ses paramètres vous permettent de déterminer le sens, l'épaisseur et la complexité du grain. La texture Bois peut être avant tout considérée comme une texture de type couleur diffuse. Le grain résulte du mélange de deux couleurs attribuées au bois. Chacune des deux couleurs peut être remplacée par une autre texture.

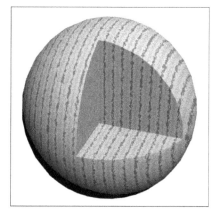

Fig.9.54

1. Dans le panneau **Texture**, cochez le champ **Couleur Diffuse** et cliquez sur le bouton **Aucun**.

2. Choisissez **Bois** dans l'explorateur de matériaux/textures, puis cliquez sur **OK**.

3. Définissez les paramètres du panneau **Paramètres bois**, à savoir (fig.9.55) :

▸ **Grosseur du grain** : définit l'épaisseur relative des bandes de couleur qui composent le grain. Valeur par défaut = 7. Son effet dépend de l'objet. En effet, un grain qui semblera démesurément gros sur une petite table sera tout à fait acceptable sur une grosse poutre (fig.9.56).

▸ **Réduction de la grosseur du grain** : crée des lignes de grain plus rapprochées. Simule le grain fin du bois d'un arbre à croissance lente. Avec une valeur de 0, le grain disparaît et le bois présente l'aspect du contreplaqué.

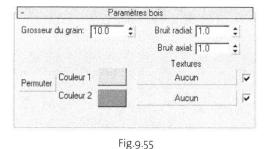

Fig.9.55

Fig.9.56

▸ **Augmentation de la grosseur du grain** : crée des lignes de grain plus éloignées. Simule le bois d'un arbre tropical à croissance continue.

▸ **Bruit radial** : définit le caractère aléatoire relatif du motif sur un plan perpendiculaire au grain. Par défaut, la valeur est 1.0.

▸ **Bruit axial** : définit le caractère aléatoire relatif du motif sur un plan parallèle au grain, sur toute la longueur du grain. Par défaut, la valeur est 1.0. Les paramètres de Bruit permettent de définir le caractère aléatoire, c'est-à-dire l'« irrégularité », du grain dans deux directions. En l'absence de bruit, les sillons du bois sont uniformes et inorganiques. En attribuant aux deux paramètres leur valeur par défaut, vous obtenez des irrégularités modérées (fig.9.57).

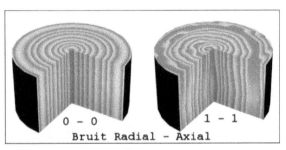

Fig.9.57

▸ **Permuter** : intervertit la position des couleurs.

▸ **Couleurs** : permet de choisir deux couleurs pour le motif du grain. Valeurs par défaut = ocre pour la couleur 1 et marron foncé pour la couleur 2. Elles peuvent être remplacées ou interverties. La représentation de différents types de bois repose principalement sur le choix des couleurs, avec celui du motif du grain. Pour les bois de texture assez uniforme, comme le pin ou le séquoia, les deux couleurs doivent être très peu contrastées.

▸ **Textures** : remplace les couleurs par des textures. Les cases à cocher permettent d'activer ou de désactiver les textures qui leur sont associées. Vous pouvez remplacer par une texture l'une des couleurs du bois ou les deux.

4. Définissez les paramètres du panneau **Coordonnées**. Les deux principaux paramètres sont **Recouvrement** et **Angle** (fig.9.58) :

▸ **Recouvrement** : permet de contrôler la complexité, ou « distorsion », du grain (fig.9.59). Lorsque vous augmentez la valeur de ce paramètre pour un axe donné, le grain se comprime et ondule davantage le long de cet axe. Valeur par défaut = 1.0 (axes des X, des Y et des Z).

▸ **Angle** : contrôle l'orientation du grain. L'angle par défaut est de 0 pour les axes des X, des Y et des Z. En modifiant l'orientation du grain par une rotation autour d'un axe donné, vous obtenez un effet de rendu différent. Dans le cylindre de la figure 9.60, l'axe des Y est défini à 90. Le grain pivote de 90 degrés autour de l'axe des Y de façon à ce qu'il soit le long de l'axe des Z.

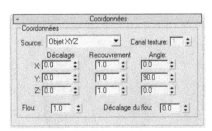

Fig.9.58

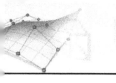

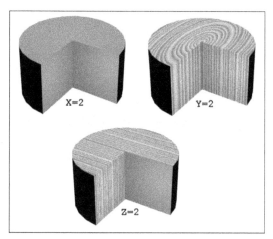

Fig.9.59

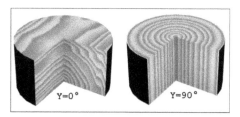

Fig.9.60

3. La création et l'application d'un matériau composé

Les matériaux composés sont constitués de plusieurs sous-matériaux. Ils sont similaires aux textures composées, mais ils sont situés au niveau matériau. L'application d'un matériau composé à un objet crée un effet composé faisant souvent appel au mapping. Les matériaux composés sont créés ou chargés dans l'explorateur de matériaux/textures. L'exemple le plus typique de cette catégorie est le matériau **Multi/Sous-objet** (fig.9.61).

Fig.9.61 (© Autodesk)

3.1. La création d'un matériau Multi/Sous-objet

Le matériau Multi/sous-objet permet d'affecter différents matériaux au niveau des sous-objets de la géométrie à habiller. Par exemple un matériau différent par face d'un cube. Il permet également d'habiller automatiquement des objets provenant d'autres applications comme Autocad et ses applicatifs Architectural Desktop et Mechanical Desktop. La procédure de création est la suivante :

1. Activez un champ échantillon dans l'éditeur de matériaux.

2. Cliquez sur le bouton **Type**.

Fig.9.62

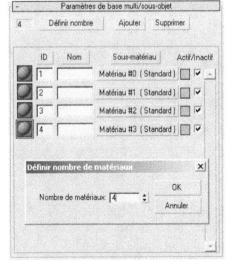

Fig.9.63

[3] Dans l'explorateur de matériaux/textures, choisissez **Multi/sous-objet** (fig.9.62), puis cliquez sur **OK**. La boîte de dialogue **Remplacer texture** s'affiche. Elle permet de spécifier si l'on souhaite supprimer le matériau d'origine ou le conserver en tant que sous-matériau. Faites votre choix et cliquez sur **OK**.

[4] Dans le panneau déroulant **Paramètres de base multi/sous-objet**, cliquez sur **Définir nombre** pour indiquer le nombre de sous-matériaux souhaités. Par exemple 4 (fig.9.63).

[5] Pour donner une couleur unie à un sous-matériau, cliquez sur l'indicateur de couleur en regard du bouton du sous-matériau et sélectionner une couleur dans la boîte de dialogue **Sélecteur de couleurs**. Par exemple : rouge.

[6] Entrez un nom dans le champ **Nom**. Par exemple : rouge.

[7] Pour créer l'un des sous-matériaux, cliquez sur l'un des boutons **Matériau**. Chacun des sous-matériaux est un matériau complet à part entière, avec autant de types de textures souhaitées. Créez par exemple un matériau avec une texture de type bitmap représentant des briques comme vue précédemment (fig.9.64-9.65).

[8] Après la création du sous-matériau brique, cliquez deux fois sur **Atteindre Parent** pour revenir à la fenêtre de définition des sous-matériaux.

[9] Entrez le nom Brique dans le champ **Nom**.

[10] Cliquez sur le bouton du sous-matériau suivant et créez un matériau avec une texture bitmap représentant du bois (fichier Cedfence.jpg dans le répertoire Wood).

[11] Cliquez deux fois sur **Atteindre Parent** pour revenir à la fenêtre de définition des sous-matériaux

[12] Entrez le nom Bois dans le champ **Nom**.

[13] Cliquez sur le bouton du sous-matériau suivant et créez un dernier matériau avec une texture bitmap représentant de la pierre (fichier Whithrock.jpg dans le répertoire Stones).

14. Cliquez deux fois sur **Atteindre Parent** pour revenir à la fenêtre de définition des sous-matériaux

15. Entrez le nom Pierre dans le champ **Nom**.

16. Entrez un nom pour le matériau multi/sous-objet et le sauver dans la bibliothèque.

Chaque sous-matériau possède un numéro ID qui servira lors de l'application du matériau aux différentes parties de l'objet à habiller (fig.9.66).

3.2. L'application d'un matériau Multi/Sous-objet

1. A partir de l'éditeur de matériaux, affectez le matériau Multi/sous-objet à l'objet à habiller, par exemple un cube.

2. Dans la liste des Modificateurs, appliquez le modificateur **Editer Maillage** à l'objet (le cube).

3. Cliquez sur **Sous-objet**, puis choisissez **Polygone** comme catégorie de sous-objet.

4. Sélectionnez le polygone auquel vous souhaitez affecter un sous-matériau (fig.9.67).

5. Entrez le numéro du sous-matériau voulu dans le champ **Matériau Définir ID** ou sélectionnez le nom dans la liste déroulante.

6. Cliquez sur l'icône **Rendu rapide** pour visualiser le résultat (fig.9.68).

D'autres méthodes sont disponibles pour appliquer des matériaux Multi/Sous-objet à un objet. En premier lieu, vous pouvez utiliser le modificateur **Sélect. maillage** pour sélectionner les faces et choisir quels sous-matériaux du multi-matériau sont affectés aux faces sélectionnées. Si l'objet est un **maillage éditable**, vous pouvez faire glisser les matériaux pour les placer sur différentes sélections de faces, construisant ainsi un matériau multi/sous-objet à la volée.

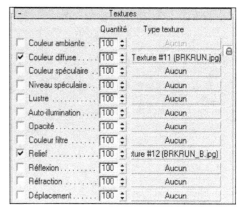

Fig.9.64

Fig.9.65

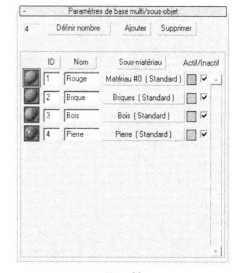

Fig.9.66

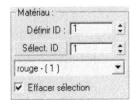

Fig.9.67

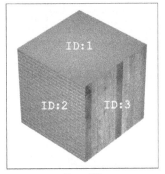

Fig.9.68

Pour glisser-déplacer des matériaux vers les sélections de faces sous-objet, la procédure est la suivante :

1. Sur le panneau déroulant **Pile de modificateurs** du panneau **Modifier**, choisissez le niveau de sous-objet **Face** ou **Polygone**.

2. Sélectionnez les faces ou les polygones d'un objet Maillage éditable (fig.9.69).

3. Faites glisser un matériau d'un champ échantillon de l'**Editeur de matériaux** vers les faces sélectionnées (fig.9.70).

4. Dans le panneau déroulant **Pile de modificateurs**, cliquez pour désactiver Sous-objet et revenir au niveau objet.

5. Dans l'Editeur de matériaux, cliquez sur l'option **Choisir matériau à partir de l'objet**, puis utilisez le compte-gouttes pour importer le matériau de la sphère. Un nouveau matériau multi/sous-objet est créé automatiquement et apparaît dans le champ échantillon actif (fig.9.71).

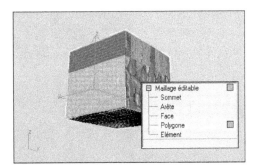

Fig.9.69

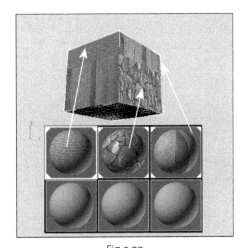

Fig.9.70

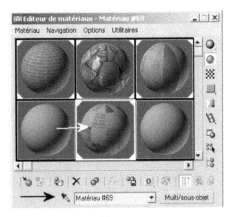

Fig.9.71

3.3. La création et l'application d'un matériau Fusion

Parmi les matériaux permettant un mélange, Fusion est en particulier intéressant car il permet de combiner tous les paramètres de deux définitions de matériaux et pas seulement des textures et il utilise également un masque permettant de définir le pourcentage de fusion.

Pour créer un matériau fusionné, la procédure est la suivante :

1. Activez un champ échantillon dans l'éditeur de matériaux.

2. Cliquez sur le bouton **Type**.

3. Dans l'explorateur de matériaux/textures, choisissez **Fusion**, puis cliquez sur **OK**.

4. La boîte de dialogue **Remplacer texture** s'affiche. Elle vous permet de spécifier si vous voulez supprimer le matériau d'origine ou le conserver en tant que sous-matériau.

5. Dans le panneau déroulant des paramètres de base de fusion, cliquez sur l'un des boutons de matériau. Les paramètres du sous-matériau s'affichent. Par défaut, un sous-matériau est un matériau standard doté d'un ombrage Blinn. Sélectionnez par exemple un premier matériau bitmap de type brique et un second de type crépis (fig.9.72).

6. Pour contrôler le taux de mélange à l'aide d'une texture, cliquez sur le bouton de texture situé en regard de Masque. L'explorateur s'affiche pour vous permettre de sélectionner un type de texture. Par exemple, une texture de couleur blanche avec des taches noires (fig.9.73). C'est l'intensité des pixels de cette texture qui contrôle le mélange. Lorsqu'elle est proche de zéro, l'une des couleurs ou sous-textures est visible ; lorsqu'elle est maximale, c'est l'autre composante qui est visible (fig.9.74 et 9.75).

Les paramètres sont les suivants :

▸ **Matériau 1 et Matériau 2** : permet de sélectionner ou créer les deux matériaux à fusionner. Activez ou désactivez un matériau à l'aide de la case à cocher correspondante.

▸ **Interactif** : sélectionne celui des deux matériaux qui sera affiché sur les surfaces de l'objet dans l'outil de rendu interactif.

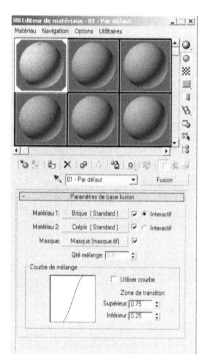

Fig.9.72

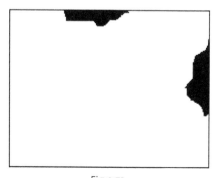

Fig.9.73

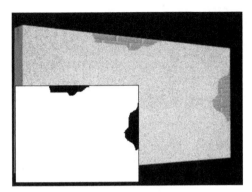

Fig.9.74

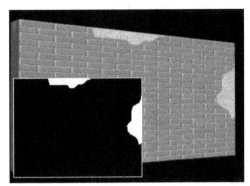

Fig.9.75

- **Masque** : permet de sélectionner ou de créer la texture à utiliser comme masque. Les deux matériaux fusionneront à un degré plus ou moins élevé selon l'intensité de la texture. Les zones plus claires (plus blanches) du masque affichent le Matériau 1, tandis que les zones plus sombres (plus noires) affichent le Matériau 2. Utilisez la case à cocher pour activer ou désactiver la texture.

- **Qté mélange** : détermine la proportion de la fusion (pourcentage). 0 signifie que seul le Matériau 1 est visible sur la surface ; 100 signifie que seul le Matériau 2 est visible.

Section Courbe de mélange

La courbe de mélange détermine le niveau de gradualité ou d'aspérité de la transition entre les deux couleurs fusionnées. Elle affecte la fusion uniquement lorsque vous avez affecté une texture de masque. Une astuce est d'essayer de fusionner deux matériaux standard à l'aide d'une texture bruit servant de masque pour obtenir des effets chinés.

- **Utiliser courbe** : détermine si la courbe de mélange a une incidence sur le mélange. Cette option n'est pas disponible si aucun masque n'a été affecté ou si le masque est désactivé.

- **Zone de transition** : ajuste le niveau des limites supérieure et inférieure. Si les deux valeurs sont identiques, les deux matériaux se mélangeront à une position définie. Une fourchette plus large donne une fusion plus progressive d'un sous-matériau à un autre. La courbe de fusion reflète les modifications apportées à ces valeurs.

4. Les coordonnées de mapping

4.1. L'utilité du mapping

Un objet auquel un matériau 2D a été mappé (ou un matériau contenant des textures 2D) doit avoir des coordonnées de mapping. Ces coordonnées spécifient comment le mapping est projeté sur le matériau, notamment sous la forme d'une « décalcomanie », d'une mosaïque ou d'une symétrie. Les coordonnées de mapping sont également appelées coordonnées UV ou UVW. Ces lettres désignent les coordonnées de l'espace occupé par l'objet lui-même, contrairement aux coordonnées XYZ qui désignent la totalité de la scène (fig.9.76).

La plupart des objets pouvant être rendus possèdent une bascule **Générer coord. de mapping** (fig.9.77). Si vous ne l'activez pas mais que vous affectez un matériau mappé à un objet, un message d'avertissement apparaît lorsque vous essayez d'effectuer un rendu.

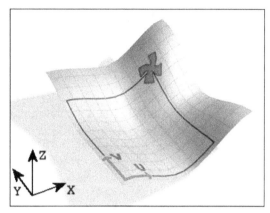

Fig.9.76

Certains types d'objets, comme les maillages éditables, n'ont pas de coordonnées de mapping automatiques. Pour ce type d'objets, vous pouvez spécifier des coordonnées en appliquant un modificateur Texture UVW. Il n'est pas nécessaire de régler le mapping si le matériau apparaît comme vous le souhaitez avec le mapping par défaut. Si vous devez l'ajuster, utilisez le panneau déroulant Coordonnées de la texture. Il existe deux jeux de paramètres pour les coordonnées, un jeu pour les textures en 2D telles que les Bitmaps et un autre jeu pour les textures 3D telles que Bruit. Consultez à cet effet le Panneau déroulant Coordonnées (2D) et le Panneau déroulant Coordonnées (3D) au point 2.4 de ce chapitre (fig.9.78).

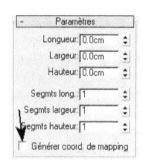

Fig.9.77

Les coordonnées de mapping peuvent être appliquées, soit paramétriquement, soit à l'aide du modificateur Texture UVW. Le mapping paramétrique est appliqué lors de la création de l'objet en cochant le champ Générer coordonnées de mapping. On peut trouver ce type de mapping dans les primitives 3D, les objets extrudés (Elévation) et avec quelques modificateurs dont Extruder, Tour ou Biseau. Quand le mapping est appliqué paramétriquement, vous ne pouvez ajuster le recouvrement et l'orientation de la texture qu'au travers du paramétrage du matériau lui-même. Par contre, dans le cas de l'utilisation du modificateur Texture UVW, vous pouvez contrôler indépendamment le type de projection, le positionnement, l'orientation et le recouvrement.

Fig.9.78

4.2. Le mapping réaliste

Le mapping réaliste est un modèle de mapping alternatif dans 3ds max, désactivé par défaut. Le concept de mapping réaliste consiste à simplifier la mise à l'échelle des matériaux dotés de texture appliqués à la géométrie dans la scène. Cette fonctionnalité permet de créer un matériau et de spécifier la largeur et la hauteur réelles d'une texture 2D dans l'Editeur de matériaux. Lorsque l'on affecte ce matériau à un objet de la scène, la texture apparaît dans la scène à l'échelle appropriée.

Pour que le mapping réaliste fonctionne, deux conditions doivent être remplies. Tout d'abord, le style de coordonnées de texture UV correct doit être affecté à la géométrie. Fondamentalement, la taille de l'espace UV doit correspondre à la taille de la géométrie. C'est pourquoi l'option Taille de texture réaliste a été ajoutée à plusieurs boîtes de dialogue et panneaux déroulants.

La seconde condition figure dans l'Editeur de matériaux. Toutes les textures 2D, comme le format bitmap, comportent la case à cocher Utiliser échelle réaliste dans le panneau déroulant Coordonnées. Tout comme Taille de texture réaliste, cette case à cocher est désactivée par défaut. Lorsqu'elle est activée, les noms de paramètres UV sont remplacés par Largeur/Hauteur et le libellé Recouvrement est remplacé par Taille. Il est alors possible de spécifier les décalages horizontal/vertical et la taille de la texture avec les unités système sélectionnées.

A titre d'exemple nous allons appliquer l'image d'un mur de brique comme texture bitmap à une boîte qui symbolise un mur. Les paramètres de base sont les suivants :

▸ L'image utilisée (fig.9.79) représente dans la réalité un mur de 100 cm (1 m) de largeur sur 68 cm (0.68 m) de hauteur.

▸ La boîte dessinée a une dimension de 2 m de largeur sur 2.04 m de hauteur.

Pour avoir un mapping réaliste il faut répondre aux deux exigences :

▸ Lors de la création de la boîte, il faut cocher le champ **Taille de texture réaliste**.

▸ Lors de la création du matériau texturé, il faut cocher le champ **Utiliser échelle réaliste** dans la section **Coordonnées** et indiquer dans la colonne **Taille** les bonnes dimensions **Largeur** = 1 m et **Hauteur** = 0.68 m (fig.9.80).

Fig.9.79

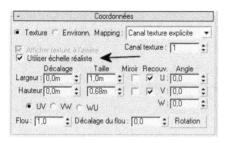

Fig.9.80

Après l'application du matériau sur la boîte on constate que le résultat est correct (fig.9.81).

Par contre en n'utilisant pas cette procédure, on constate que le résultat n'est pas correct. L'image a été étirée sur l'objet et les briques n'ont pas une dimension correcte (fig.9.82-9.83).

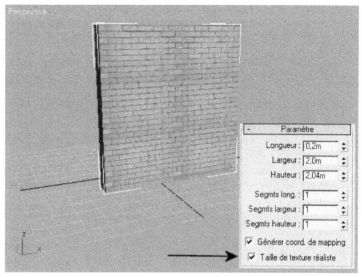

Fig.9.81

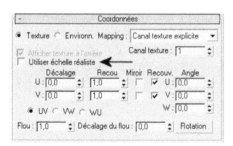

Fig.9.82

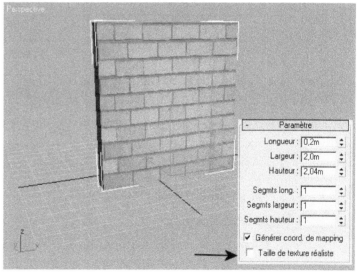

Fig.9.83

4.3. Le modificateur Texture UVW

Quand le mapping paramétrique n'est plus approprié, ou plus disponible, vous devez affecter les coordonnées de mapping manuellement avec le modificateur Texture UVW. Celui-ci est utilisé pour :

▸ appliquer un des sept types de coordonnées de mapping à un objet sur un canal de texture spécifié. Une texture diffuse sur le canal de texture 1 et une texture relief sur le canal de texture 2 peuvent par exemple avoir des coordonnées de mapping diffé-rentes et être contrôlées séparément en utilisant deux modificateurs de texture UVW dans la pile des modificateurs.

- transformer le gizmo de mapping et ajuster la position de la texture. Les objets possédant des coordonnées de mapping intégrées n'ont pas de gizmo.
- appliquer des coordonnées de mapping à un objet qui n'en a pas (un maillage importé, par exemple).
- appliquer le mapping au niveau du sous-objet.

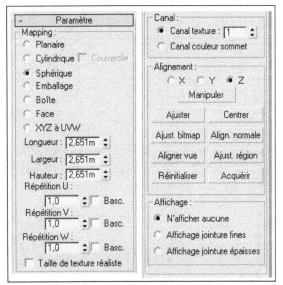

Fig.9.84

Pour appliquer le modificateur Texture UVW, la procédure est la suivante :

1. Affectez un matériau mappé à un objet.
2. Dans le panneau **Modifier**, choisissez dans la liste des modificateurs, Texture UVW.
3. Ajustez les paramètres de mapping (fig.9.84). Par défaut, le modificateur de texture UVW utilise un mapping planaire sur le canal de texture 1. Vous pouvez changer de type de mapping et de canal de texture selon vos besoins. Il existe sept types de coordonnées de mapping, quatre-vingt-dix-neuf canaux de texture, des contrôles de recouvrement et des contrôles permettant de dimensionner et d'orienter le gizmo de mapping dans le modificateur de texture UVW.

Les paramètres sont les suivants :

Section Mapping

Détermine le type de coordonnées de mapping utilisées. On distingue différents types de mapping, selon la manière dont la texture est projetée géométriquement sur l'objet et selon l'interaction entre la projection et les surfaces de l'objet.

- **Planaire** : projette la texture contre l'objet depuis un seul plan, à la façon d'une diapositive (fig.9.85). La projection planaire est utile lorsqu'un côté seulement d'un objet doit être mappé. Elle permet également d'effectuer le mapping oblique de plusieurs côtés et d'effectuer le mapping de deux côtés d'un objet symétrique.
- **Cylindrique** : projette la texture depuis un cylindre en l'enveloppant autour d'un objet (fig.9.86). Les jointures où se réunissent les bords du bitmap sont visibles sauf si

vous utilisez une texture sans jointure. La projection cylindrique est utile pour des objets de forme quasi cylindrique.

▸ **Couvercle** : applique des coordonnées de mapping planaire aux couvercles du cylindre. Si les extrémités de la géométrie de l'objet ne sont pas à angle droit avec les côtés, la projection Couvercle « déborde » sur les côtés de l'objet.

▸ **Sphérique** : entoure l'objet en projetant la texture depuis une sphère. Une jointure et des singularités de mapping apparaissent dans les parties inférieure et supérieure de la sphère où les bords du bitmap se rejoignent aux pôles de la sphère. Le mapping sphérique est utile lorsqu'il s'agit d'objets dont la forme s'apparente globalement à une sphère (fig.9.87).

Fig.9.85

Fig.9.86

Fig.9.87

Fig.9.88

▸ **Emballage** : utilise le mapping sphérique, mais les coins de la texture sont tronqués et se rejoignent en un seul pôle, créant une seule singularité. L'option Emballage est utile lorsque vous souhaitez masquer les raccords du mapping (fig.9.88).

▸ **Boîte** : projette la texture depuis les six côtés d'une boîte. Chaque côté est projeté en tant que texture planaire et l'effet sur la surface est fonction de la normale de cette surface. Chaque face est mappée à partir de la surface de la boîte la plus proche, dont la direction de la normale se rapproche le plus de celle de sa propre normale (fig.9.89).

▸ **Face** : applique une copie de la texture à chaque face d'un objet. Des paires de faces partageant un bord masqué sont mappées à la texture rectangulaire entière. Les faces simples ne comportant pas d'arêtes masquées reçoivent une partie triangulaire de la texture (fig.9.90).

Fig.9.89

- **XYZ à UVW** : mappe des coordonnées de traitement 3D à des coordonnées UVW. Ainsi, la texture de traitement « adhère » à la surface. Si la surface est étirée, la texture de traitement 3D l'est également.

- **Longueur, Largeur et Hauteur** : permettent de spécifier les dimensions du gizmo de texture UVW (fig.9.91). L'échelle par défaut de l'icône de mapping est définie par la plus grande dimension de l'objet lorsque vous appliquez le modificateur. La projection peut être animée au niveau du gizmo. A propos de ces champs à double flèche, mémorisez les points suivants :

  - Les dimensions sont basées sur une boîte englobante du gizmo.

  - La dimension Hauteur n'est pas disponible pour le gizmo Planaire car il n'a pas de profondeur. De même, les dimensions des mappings Cylindrique, Sphérique et Emballage affichent les dimensions de leur boîte englobante et non leurs rayons. Aucune dimension n'est disponible pour la texture Face car chaque face de la géométrie contient la texture entière.

  - Les dimensions deviennent pour la plupart des facteurs d'échelle plutôt que des mesures. Vous pouvez réinitialiser les valeurs des dimensions en cliquant sur les boutons Ajuster ou Réinitialiser, ce qui a pour effet d'annuler la mise à l'échelle non uniforme d'origine.

Fig.9.90

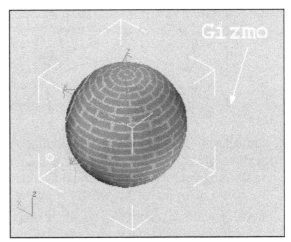

Fig.9.91

- **Répétition U, Répétition V, Répétition W** : permettent de spécifier les dimensions de la texture UVW pour le recouvrement de l'image (fig.9.92).

- **Basc.** : fait basculer l'image autour d'un axe donné.

- **Taille de texture réaliste :** contrôle la méthode de mise à l'échelle utilisée pour les matériaux dotés de textures qui sont appliqués à l'objet. Les valeurs de mise à l'échelle sont contrôlées par les paramètres Utiliser échelle réaliste du panneau déroulant

Coordonnées du matériau appliqué. Cette option est désactivée par défaut. Lorsque cette option est activée, les doubles flèches intitulées Longueur, Largeur et Hauteur ne sont pas disponibles.

▸ **Manipuler :** lorsque cette option est activée, un gizmo apparaît sur l'objet permettant de modifier les paramètres de la fenêtre. Lorsque l'option Taille de texture réaliste est activée, l'option Manipuler est disponible uniquement avec les types de mapping Planaire et Boîte.

Fig.9.92

Section Canal

Chaque objet peut avoir jusqu'à 99 canaux de coordonnées de mapping UVW. Le mapping par défaut (issu de la bascule Générer coord. de mapping) est toujours le canal 1. Le modificateur de texture UVW peut envoyer des coordonnées à n'importe quel canal. Ainsi, vous pouvez avoir simultanément plusieurs jeux de coordonnées différents sur la même face.

▸ **Canal texture :** fournit les coordonnées de mapping qui sont attribuées lorsque vous activez la case Générer coord. de mapping dans les paramètres de création d'un objet. Le modificateur Texture UVW utilise par défaut le canal 1. Ainsi, à moins que vous ne sélectionniez un autre canal de manière explicite, le mapping sera effectué conformément aux paramètres par défaut (comme dans les précédentes versions de l'application). Valeur par défaut=1. Intervalle=1 à 99. Pour utiliser les autres canaux, vous devez non seulement choisir un canal dans le modificateur Texture UVW, mais également affecter un canal de texture explicite au niveau texture du matériau affecté à l'objet. Vous pouvez utiliser de nombreux modificateurs Texture UVW dans la pile de modificateurs, chacun contrôlant les coordonnées de mapping de différentes textures d'un matériau.

▸ **Canal couleur sommet :** cette option définit le canal en tant que canal de couleur du sommet. Veillez à bien faire correspondre tout mapping de matériau dans le panneau déroulant de coordonnées à la couleur du sommet également ou en utilisant l'utilitaire Attribuer couleur de sommet.

Section Alignement

Cette section permet de définir la position et la taille du Gizmo.

▸ **X/Y/Z :** sélectionnez l'un de ces axes pour basculer l'alignement du gizmo de mapping. Chaque option définit l'axe du gizmo aligné par rapport à l'axe des Z local de l'objet.

- **Ajuster** : ajuste le gizmo aux dimensions de l'objet puis le centre de sorte qu'il soit fixé sur ces dimensions.

- **Centrer** : déplace le gizmo de sorte que son centre corresponde à celui de l'objet.

- **Ajustage bitmap** : affiche l'explorateur de fichiers bitmap standard de sorte que vous puissiez choisir une image. Pour les mappings planaires, l'icône de texture est définie au rapport hauteur/largeur de l'image. Pour le mapping cylindrique, l'échelle de hauteur est modifiée en fonction de l'image bitmap, et non du rayon du gizmo. Pour obtenir des résultats optimaux, utilisez tout d'abord le bouton Ajuster pour adapter les rayons de l'objet et le gizmo, puis le bouton Ajuster bitmap. Cette option permet d'éviter toute déformation de l'image d'origine (fig.9.93).

- **Aligner normale** : cliquez et déplacez la souris sur la surface de l'objet auquel est appliqué le modificateur. L'origine du gizmo est placée à l'endroit de la surface désigné par le pointeur de la souris et le plan XY du gizmo s'aligne sur la face. L'axe des X du gizmo se trouve sur le plan XY de l'objet.

  Aligner normale respecte les groupes de lissage et utilise la normale interpolée basée sur le lissage de face. Par conséquent, vous pouvez orienter l'icône de mapping vers une partie quelconque de la surface, plutôt que de « accrocher » aux normales des faces.

Fig.9.93

- **Aligner vue** : réoriente le gizmo face à la fenêtre active. La taille de l'icône reste inchangée.

- **Ajustage région** : active un mode qui permet de se déplacer dans les fenêtres pour définir la région de l'icône de mapping. L'orientation du gizmo n'est pas modifiée.

- **Réinitialiser** : supprime le contrôleur courant qui contrôle le gizmo et en connecte un autre initialisé avec la fonction Ajuster. Toute animation du gizmo sera perdue. Toutefois, comme toutes les options d'alignement, la réinitialisation ne peut pas être annulée.

▸ **Acquérir** : copie les coordonnées UVW d'autres objets. Lorsque vous choisissez un objet dont vous souhaitez acquérir les coordonnées UVW, une boîte de dialogue vous demande si l'acquisition doit être effectuée de façon absolue ou relative. Si vous choisissez Absolu, le gizmo de mapping acquis sera positionné exactement au-dessus du gizmo de mapping que vous avez choisi. Si vous choisissez Relatif, le gizmo de mapping acquis sera positionné au-dessus de l'objet sélectionné.

Fig.9.94

Section Affichage

Cette section permet de déterminer la manière et les conditions dans lesquelles les discontinuités, également appelées jointures, apparaissent dans les fenêtres. Les jointures apparaissent uniquement lorsque le niveau Sous-objet Gizmo est actif. Par défaut, les jointures sont de couleur verte. Les options disponibles sont les suivantes :

▸ **N'afficher aucune couture :** les limites du mapping n'apparaissent pas dans les fenêtres. Il s'agit de l'option par défaut.

▸ **Affichage coutures fines :** affiche les limites du mapping sur les surfaces des objets avec des lignes relativement fines dans les fenêtres. L'épaisseur des lignes reste constante lorsque l'on fait un zoom avant ou arrière sur la fenêtre.

▸ **Affichage coutures épaisses :** affiche les limites du mapping sur les surfaces des objets avec des lignes relativement épaisses dans les fenêtres. L'épaisseur des lignes augmente lorsque l'on faite un zoom avant sur la fenêtre et diminue lorsque l'on fait un zoom arrière.

4.4. L'utilisation du modificateur Texture UVW en pratique

Vous venez d'aménager un nouvel appartement et vous souhaitez simuler la finition des surfaces et du mobilier grâce à 3ds max (fig.9.94). Dans le cas du carrelage et de l'habillage du divan, par exemple, l'utilisation du modificateur Texture UVW est un passage obligé.

Pour habiller votre sol d'un carrelage, la procédure est la suivante :

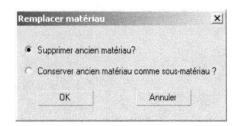

Fig.9.95

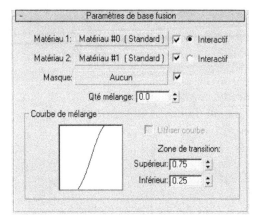

Fig.9.96

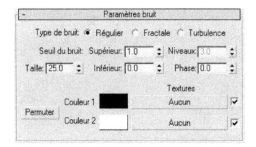

Fig.9.97

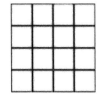

Fig.9.98

1. Dans l'éditeur de matériaux, sélectionnez la première fenêtre de contrôle et renommez ce matériau par Carrelage sol.

2. Cliquez sur le bouton **Type de matériau** et sélectionnez **Fusion**.

3. Cliquez sur **OK**.

4. Dans la boîte de dialogue **Remplacer matériau**, sélectionnez **Supprimer ancien matériau ?** (fig.9.95).

5. Cliquez sur **OK**.

6. Dans le panneau **Paramètres de base fusion**, cliquez sur **Matériau 1** (fig.9.96).

7. Dans l'éditeur de matériaux, renommez ce matériau par Enduit joints.

8. Sélectionnez **Blinn** comme paramètre de base ombrage.

9. Dans la zone **Texture**, activez le champ **Couleur Diffuse** et cliquez sur le bouton **Aucun**.

10. Dans l'explorateur de Matériaux/textures, sélectionnez **Bruit** dans la liste des textures.

11. Cliquez sur **OK**.

12. Dans le panneau déroulant **Paramètres bruit** (fig.9.97), cliquez sur l'échantillon **Couleur 1**, puis dans le Sélecteur de couleurs, définissez la couleur R=232, V=219, B=197.

13. Faites de même pour la couleur 2 avec les paramètres R=196, V=170, B=159.

14. Refermez le sélecteur de couleurs.

15. Cliquez sur **Atteindre Parents** pour revenir au Panneau des textures.

16. Activez le champ **Relief** et définissez une valeur de 50.

17. Cliquez sur le bouton **Aucun** et sélectionnez le type de texture Bitmap.

18. Sélectionnez le fichier Glassblkb.gif livré avec 3ds max (fig.9.98).

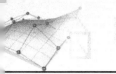

19. Retournez au panneau **Paramètres de base fusion** en cliquant sur le bouton **Atteindre Parent**.

20. Cliquez sur Matériau 2.

21. Dans l'éditeur de matériaux, renommez ce matériau par Carreaux.

22. Dans la zone **Texture**, activez le champ **Couleur Diffuse** et cliquez sur le bouton **Aucun**.

23. Dans l'explorateur de **Matériaux/textures**, sélectionnez **Bruit** dans la liste des textures.

24. Cliquez sur **OK**.

25. Dans le panneau déroulant **Paramètres bruit**, cliquez sur l'échantillon Couleur 1, puis dans le Sélecteur de couleurs, définissez la couleur R=220, V=197, B=181.

26. Faites de même pour la couleur 2 avec les paramètres R=162, V=132, B=111.

27. Refermez le sélecteur de couleurs.

28. Cochez le champ **Relief** et cliquez sur le bouton **Aucun**.

29. Dans l'explorateur de **Matériaux/ textures**, sélectionnez **Bruit** dans la liste des textures.

30. Cliquez sur OK.

31. Dans le panneau déroulant **Paramètres bruit**, définissez le paramètre **Taille** sur 1.

32. Cliquez sur **Atteindre Parents** pour revenir au panneau précédent.

33. Dans le panneau **Paramètres de base Blinn**, définissez le paramètre **Niveau spéculaire** sur 15 et le paramètre **Lustre** sur 10.

34. Cliquez sur **Atteindre Parents** pour revenir au Panneau Paramètres de base fusion.

35. Cliquez sur le bouton situé à côté de Masque et sélectionnez à nouveau le fichier bitmap Glasblkb.gif.

36. Renommez ce matériau par Joints. Le matériau est ainsi créé. Il faut à présent le lier à l'objet « sol » et définir les coordonnées de mapping.

37. Sélectionnez l'objet « sol » et cliquez sur l'icône Affecter matériau à la sélection pour l'habiller.

38. Dans le panneau **Modifier**, sélectionnez dans la liste des modificateurs **Texture UVW**.

39. Dans la section **Mapping**, activez **Planaire** et dans longueur et largeur entrez les valeurs 100 et 100 (fig.9.99).

40. Pour voir le résultat, cliquez sur **Rendu rapide** dans la barre d'outils principale (fig.9.100).

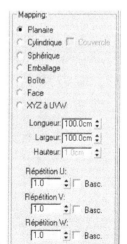

Fig.9.99

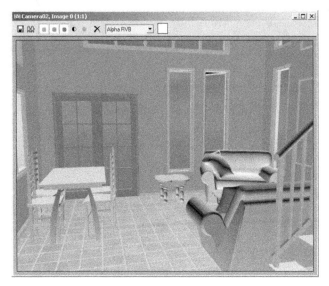

Fig.9.100

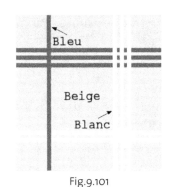

Fig.9.101

Après le carrelage, nous allons créer un tissu écossais beige et bleu pour habiller les fauteuils du salon. La procédure est la suivante :

1. Pour commencer, ouvrez votre logiciel de traitement d'images préféré (Photoshop, Paint Shop Pro, etc) et créez une image de 320 x 320 pixels avec une couleur de fond beige (R :230, G :220, B :205).

2. Dessinez les lignes de couleur bleue et blanche (fig.9.101).

3. Sauvegardez le fichier sous le nom Tissus-écossais.gif.

4. Le fauteuil à habiller est conçu à partir de splines extrudées puis modifiées pour biseauter ou arrondir les angles (fig.9.102). L'ensemble est ensuite regroupé en un maillage éditable.

5. Ouvrez l'éditeur de matériau et activez la première fenêtre.

6. Sélectionnez le panneau **Textures** et activez le champ **Couleur Diffuse**.

7. Cliquez sur **Aucun** et sélectionnez l'image bitmap Tissus-écossais.gif.

8. Sélectionnez le fauteuil dans la scène et cliquez sur les boutons **Affecter matériau à la sélection** et **Afficher texture dans fenêtre**. Comme aucune texture ne s'affiche sur l'objet, vous devez appliquer un modificateur Texture UVW.

9. Dans le panneau **Modifier**, sélectionnez **Texture UVW** dans la liste des modificateurs. Le matériau texturé apparaît sur le fauteuil mais de façon encore incorrecte (fig.9.103).

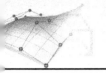

10 Dans la zone **Mapping** du panneau **Paramètres**, sélectionnez le type **Boîte** et entrez les valeurs 10.0 10.0 10.0 dans les champs Longueur, Largeur, Hauteur (fig.9.104).

11 Pour obtenir un matériau ressemblant davantage à du tissu, effectuez les paramétrages suivants dans l'éditeur de matériau :

▸ Dans la liste des méthodes d'ombrage, sélectionnez **Oren-Nayer-Blinn**.

▸ Définissez le paramètre **Dureté** sur 30, le paramètre **Niveau spéculaire** sur 15 et le paramètre **Lustre** sur 5 (fig.9.105).

▸ Dans le panneau des textures, cochez le champ **Relief** et entrez une valeur de 20. Sélectionnez **Bruit** comme type de texture et entrez 7 comme valeur du paramètre **Taille**.

12 Dans la barre d'outils principale, cliquez sur **Rendu rapide** pour afficher le résultat (fig.9.106).

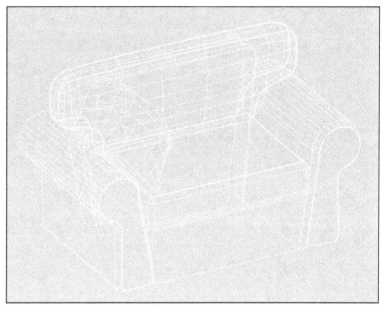

Fig.9.102

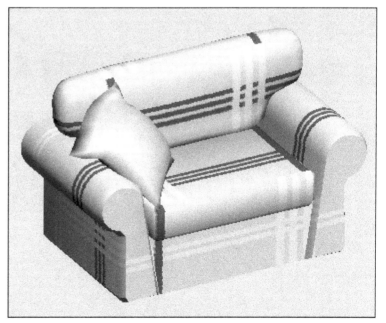

Fig.9.103

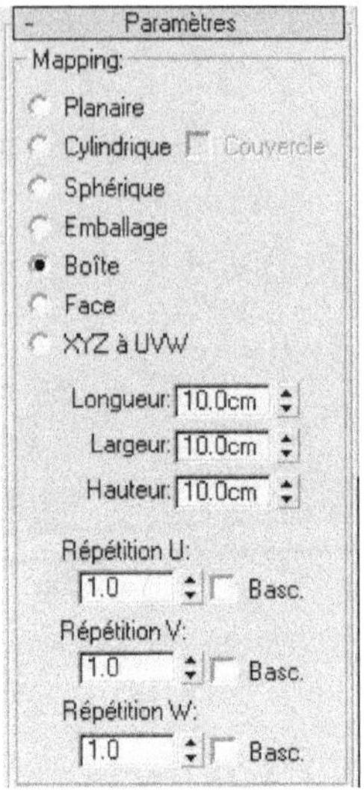

Fig.9.104

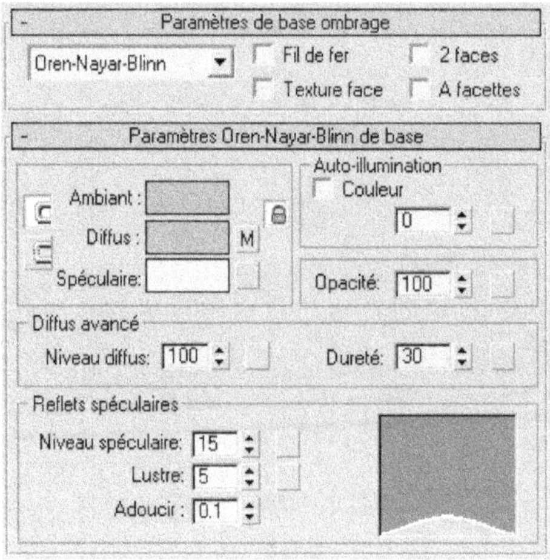

Fig.9.105

Fig.9.106

L'habillage du divan peut également se faire en utilisant la nouvelle fonction Mapping réaliste. Il suffit d'indiquer la taille réelle du tissu représentée par l'image, à savoir 5 x 5 cm et de cocher le champ Taille de texture réaliste dans le Mapping UVW de l'objet (fig.9.107).

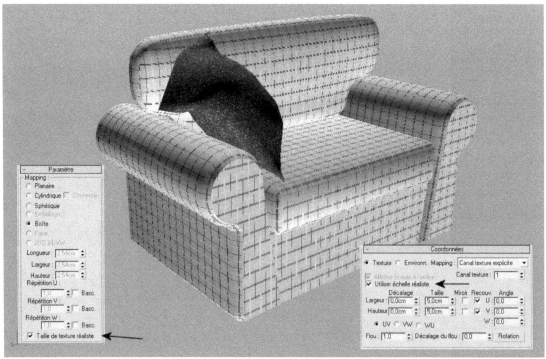

Fig.9.107

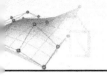

4.5. Le modificateur Développer UVW

Le modificateur Dével. UVW sert à assigner des textures planaires à des sélections de sous-objets et à éditer les coordonnées UVW de ces sélections. Les coordonnées UVW existantes d'un objet peuvent être également développées et éditées. Les textures peuvent être ajustées comme à des modèles de type Maille, Carreau, Polygone, HSDS ou NURBS.

Le modificateur Dével. UVW peut être utilisé comme mappeur UVW autonome ou comme éditeur de coordonnées UVW. Il est particulièrement utile si vous devez appliquer plusieurs types de mapping sur un même objet. Bien que vous pouvez obtenir un résultat similaire par l'application multiple du modificateur Texture UVW, l'approche est beaucoup plus simple avec le modificateur **Développer UVW**.

Pour comprendre ce modificateur très performant, rien de tel qu'un exemple concret comme l'habillage d'un avion par exemple. La première étape consiste à assembler les différentes images constituant l'habillage de l'avion en une image unique (fig.9.108 et 9.109).

Fig.9.108 © Discreet

L'avion à habiller a été construit à partir d'un simple cylindre en utilisant les techniques de modélisation polygonale (fig.9.110).

La procédure d'habillage est la suivante :

Fig.9.109 © Discreet

1. Créez ou chargez le modèle dans 3ds max. Par exemple : avion.max.

2. Dans l'éditeur de matériaux, créez un matériau avec comme texture l'image bitmap (avion.jpg) qui reprend les différentes vues de l'avion.

3. Liez ce matériau à l'avion (fig.9.111).

4. Sélectionnez l'avion et appliquez le modificateur **Développer UVW**.

5. Déroulez le modificateur et cliquez sur **Selectionner face** (fig.9.112).

6. Dans la section **Paramètres**, cliquez sur le bouton **Editer** pour ouvrir la boîte de dialogue **Editer UVW** (fig.9.113).

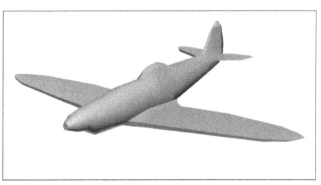

Fig.9.110

Fig.9.111

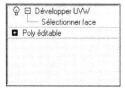

Fig.9.112

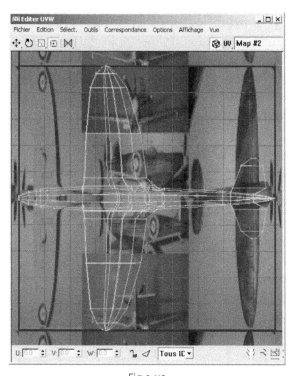

Fig.9.113

7. Dans le menu **Options**, sélectionnez **Options avancées**. Désactivez le champ **Afficher grille** et entrez la valeur de 0.75 dans le champ **Luminosité du recouvrement**, pour rendre l'image bitmap plus lisible (fig.9.114). Cliquez sur OK.

8. Dans le menu déroulant **Correspondance**, sélectionnez **Aplatir correspondance**.

9. Dans la boîte de dialogue qui apparaît, entrez la valeur 60 dans le champ **Seuil angle face** et désélectionnez **Rotation des clusters** et **Remplir les trous** (fig.9.115). Cliquez sur **OK** pour terminer.

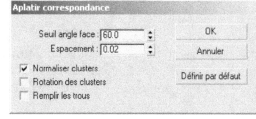

Fig.9.115

Fig.9.114

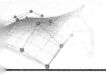

⑩ Comme les différentes parties de l'avion recouvrent l'image bitmap, il faut les placer correctement à la bonne place et adapter leur taille (fig.9.116).

Fig.9.116

⑪ Dans le panneau inférieur, vérifiez que **Sélectionner élément** est actif et que **Sélection adoucie** est inactif. Désactivez aussi les champs **Utiliser taille Bitmap pers.** et **Recouv. Bitmap** (fig.9.117).

⑫ Utilisez les outils **Déplacer**, **Rotation** et **Echelle** pour placer correctement la vue du dessous de l'avion sur le bitmap (fig.9.118 et 9.119). Pour déplacer plus facilement des sommets individuels, décochez le champ **Sélectionner élément**.

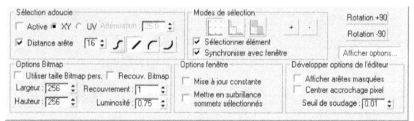

Fig.9.117

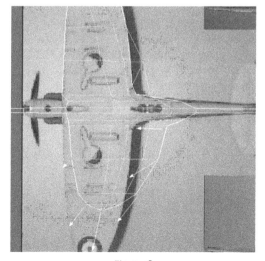

Fig.9.118

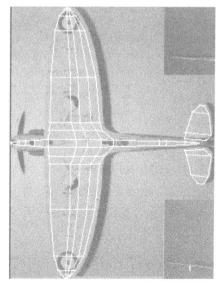

Fig.9.119

13 Faites de même pour les vues gauche, droite, avant et arrière de l'avion (fig.9.120).

14 Pour affiner la forme de l'avion, vous pouvez appliquer le modificateur Lissage maillage avec une valeur d'itération égale à 1.

15 Effectuez un rendu rapide pour afficher le résultat (fig.9.121).

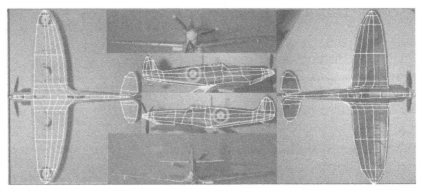

Fig.9.120

Fig.9.121

REMARQUE

Il peut arriver que certaines zones soient étirées ou se chevauchent dans le mapping du modèle. Pour remédier à ces problèmes, l'outil **Relâchement** (Boîte de dialogue Editer UVW > Menu déroulant Outils > Boîte de dialogue Relâchement) permet de corriger des zones spécifiques ou l'ensemble du modèle en redistribuant les distances entre les sommets de manière plus uniforme.

4.6 . Le mapping Peau

La fonction **Texture peau** s'avère utile pour le mapping des modèles de type organique, tels que les personnages et les créatures. Cette fonction fournit un éditeur spécial incorporant un cadre d'étirement virtuel et des ressorts permettant d'étirer facilement un plan de texture UVW complexe. Le résultat ressemble plus à la forme réelle de l'objet que ceux obtenus avec d'autres méthodes de mapping.

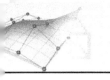

Le principe d'utilisation est simple. Il faut d'abord définir les jointures (ou coutures) sur la peau, ensuite l'aplatir en l'étirant si nécessaire et enfin modifier les tensions là où elles sont trop fortes afin d'affiner le mapping UV.

Pour illustrer cette nouvelle fonction, nous allons l'appliquer à l'habillage d'un gnome (petit personnage de Star Wars) (fig.9.122). La procédure est la suivante :

1. Ouvrez le fichier Gnome1.max ou tout autre fichier que vous souhaitez utiliser.

2. Sélectionnez le gnome.

3. Appliquez le modificateur **Développer UVW**. Vous pouvez constater que la texture Damier appliquée à l'objet n'est pas répartie correctement (fig.9.123).

4. Désactivez l'option **Ignorer les faces masquées**. Cela permet lors d'une sélection par région d'éviter de sélectionner des faces non visibles dans la fenêtre.

5. Pour une utilisation correcte de la texture peau, il faut au préalable préparer la découpe de la peau. Pour cela il faut passer en sous-objet **Arête**.

6. Passez en mode **Perspective** pour mieux voir les arêtes et les sommets du maillage. Tournez le gnome afin de voir la partie arrière.

7. Dans la section Paramètres de texture, cliquez sur Jointure point à point.

8. Pointez les différents sommets en suivant les arêtes de la jambe droite puis dans la jambe gauche. Pour stopper la découpe, il suffit de cliquer avec le bouton droit de la souris.

9. Poursuivez le long de la colonne vertébrale, puis les bras et enfin la tête jusqu'au milieu du front (fig.9.124).

Fig.9.122 (© Autodesk)

Fig.9.123 (© Autodesk)

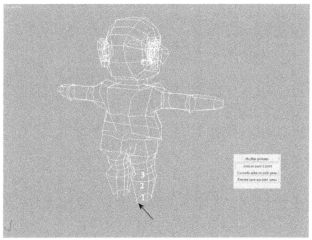

Fig.9.124 (© Autodesk)

10.   Sélectionnez le sous-objet **Face** et sélectionnez toutes les faces du Gnome.

11.   Cliquez sur l'outil Peau dans la section Paramètres de texture. Le gizmo s'affiche horizontalement (fig.9.125).

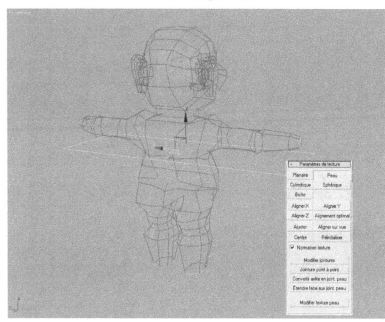

Fig.9.125 (© Autodesk)

12.   Cliquez sur **Aligner Y** et puis sur **Ajuster** pour placer le gizmo dans l'alignement le plus judicieux par rapport au développement de la peau (fig.9.126).

13.   Passez en mode d'affiche **Lissage plus reflet** afin de visualiser la texture.

14.   Cliquez sur **Modifier texture peau** qui affiche les fenêtres **Editer UVW** et **Paramètres de texture peau**.

15.   L'affichage du développement de la peau n'est pas parfait (fig.9.127). Vous pouvez l'améliorer en utilisant le bouton **Rotation** et en tournant le cercle extérieur (fig.9.128).

16.   Dans la boîte de dialogue **Paramètres de texture peau**, cliquez sur **Simuler traction peau** afin d'activer le processus d'étirement (fig.9.129-9.130).

17.   Le résultat est visible dans la scène également (fig.9.131). Cliquez à nouveau sur le bouton **Simuler traction peau** afin d'accentuer l'effet.

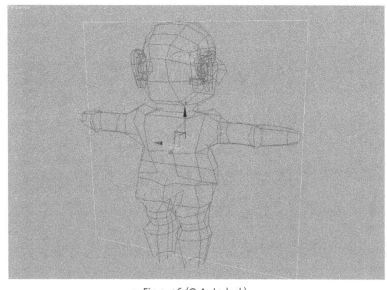

Fig.9.126 (© Autodesk)

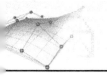

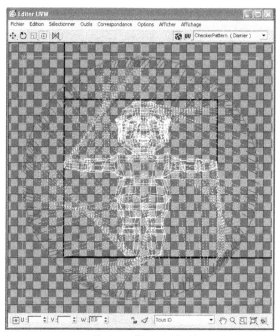

Fig.9.127 (© Autodesk)

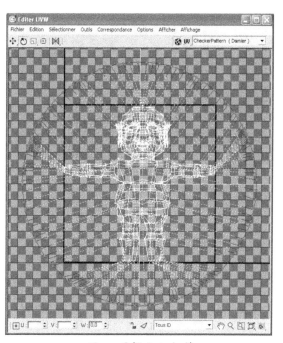

Fig.9.128 (© Autodesk)

Fig.9.129
(© Autodesk)

18   Fermez les fenêtres et retournez à la vue perspective. Pour supprimer certaines distorsions vous pouvez sélectionner à nouveau l'ensemble des faces ou certaines comme les yeux et la bouche puis cliquez sur le bouton **Editer** de la section **Paramètres**.

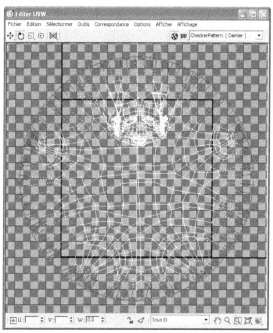

Fig.9.130 (© Autodesk)

Fig.9.131 (© Autodesk)

⑲ Dans la boîte de dialogue **Editer UVW**, sélectionnez **Boîte de dialogue Relâchement** dans le menu **Outils**. Cette opération permet de changer la tension de surface apparente dans une sélection de sommets de texture en rapprochant ou en éloignant les sommets de leurs voisins. Le relâchement des sommets de texture permet de les placer à distance égale les uns des autres et de simplifier ainsi le mapping de texture. Cette option est disponible à tous les niveaux de sous-objets.

⑳ Sélectionnez **Relâchement par angle de face** puis **Appliquer**. Cette méthode relâche les sommets en fonction de la forme des faces. Elle tente d'aligner la forme géométrique de la face sur la face UV. Cet algorithme est principalement utilisé pour supprimer la distorsion (et à un moindre niveau, pour supprimer un chevauchement) (fig.9.132-9.133).

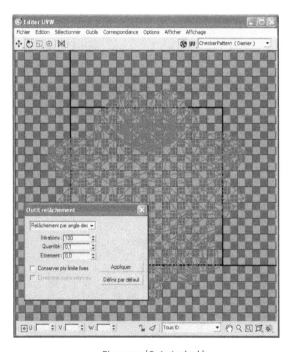

Fig.9.132 (© Autodesk)

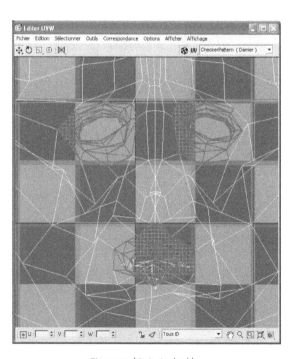

Fig.9.133 (© Autodesk)

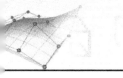
5. Le rendu en textures

Le rendu en texture ou « ancrage des textures » vous permet de créer des textures basées sur l'apparence d'un objet dans un rendu de scène et de sauvegarder celles-ci dans des fichiers distincts. Ces textures sont ensuite réaffectées à l'objet pour en devenir partie intégrante par le biais du mapping. L'objectif de ce processus consiste à pouvoir exporter ces informations ou à économiser le temps de rendu en évitant de recalculer les informations des objets statiques d'une animation. Le processus classique est le suivant :

Fig.9.134   © Discreet

1. Configurez une scène comportant un éclairage.

2. Sélectionnez les objets dont vous voulez ancrer les textures.

3. Choisissez ensuite les types de textures qui vous intéressent : TextureComplète, TextureOMbres, TextureLumière, etc.

4. Lancez la procédure de **Rendu en texture**. Les coordonnées UV de l'objet sont automatiquement aplaties, en ajoutant un modificateur à la pile de l'objet. Les textures demandées au point 3 sont alors rendues sous forme de fichiers distincts.

5. Un nouveau matériau, appelé Coque, est créé et attribué à l'objet. Ce matériau comporte deux sous-matériaux : celui d'origine et celui ancré, avec les nouvelles textures.

6. Un nouveau rendu peut être calculé en désactivant au préalable toute lumière et la radiosité. Il sera rapide et de qualité proche du rendu classique.

Pour illustrer ce processus, prenons un projet composé d'une série de volumes (10), d'une image de fond et d'un éclairage naturel (fig.9.134-9.135).

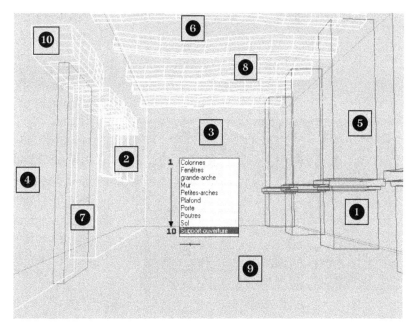

Fig.9.135

Pour générer en final un rendu rapide de cette scène, nous allons appliquer la méthode du rendu en texture selon la procédure suivante :

1. Ouvrez la scène habillée et éclairée (par exemple : galerie.max).

2. Nous allons appliquer une solution de radiosité (voir chapitre 10).

3. Dans le menu déroulant **Rendu**, sélectionnez l'option **Eclairage avancé** puis **Radiosité**.

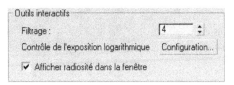

Fig.9.136

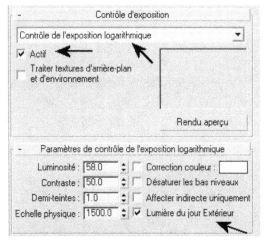

Fig.9.137

Fig.9.138

4. Dans l'onglet **Eclairage avancé** et dans la section **Outils interactifs** cliquez sur le bouton **Configuration** (fig.9.136).

5. Sélectionnez **Contrôle de l'exposition logarithmique** et cochez les champs **Actif** et **Lumière du jour Extérieur**. Diminuez la luminosité sur 58 (fig.9.137).

6. Refermez la boîte de dialogue et cliquez sur **Démarrer** dans l'onglet **Eclairage avancé**, pour démarrer le processus de calcul de la radiosité.

7. Quand le calcul est terminé (fig.9.138), refermez la boîte de dialogue.

8. Effectuez un rendu de la scène pour voir le résultat et évaluer le temps de calcul (fig.9.139).

9. Nous allons extraire toute l'information de radiosité, de couleur et d'ombrage sous la forme de textures. Pour cela sélectionnez tous les objets de la scène en appuyant sur la touche H et en cliquant sur le bouton **Tout** (fig.9.140).

10. A partir du menu déroulant **Rendu**, sélectionnez **Rendu en texture**.

11. Dans la section **Objets à ancrer**, activez le champ **Objets sélec.** (fig.9.141).

12. Dans le champ **Chemin** de la section **Sortie**, spécifiez le répertoire pour l'enregistrement des fichiers bitmaps. Le mieux est d'utiliser le même chemin que le fichier du projet.

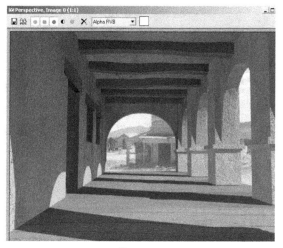

Fig.9.139

Fig.9.140

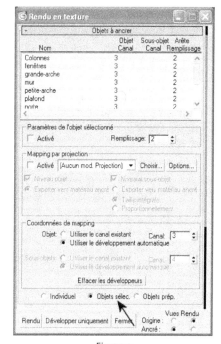

Fig.9.141

13 Ouvrez le panneau déroulant **Sortie** et cliquez sur **Ajouter**.

14 Dans la boîte de dialogue **Ajouter éléments de texture**, sélectionnez TextureComplète et cliquez sur **Ajouter élément** (fig.9.142).

15 Dans la zone **Paramètres communs de l'élément sélectionné**, cliquez sur la liste déroulante à côté de **Emplac. texture cible** et sélectionnez **Couleur diffuse**.

16 Dans la section **Paramètres communs de l'élément sélectionné**, spécifiez la taille du fichier de sortie. Par exemple 256 x 256 (fig.9.143).

17 Cliquez sur **Rendu**. Les textures sont calculées, sauvegardées sur le disque (fig.9.144) et affichées dans la fenêtre (fig.9.145).

18 Il convient à présent dans l'éditeur de matériaux de créer une fenêtre de contrôle pour chacune des dix textures générées. Pour cela, placez-vous dans une fenêtre, cliquez ensuite sur la pipette, appuyez sur la touche H et sélectionnez le premier objet de la liste (par exemple Colonne). Un nouveau matériau dénommé Colonnes_Matériau_ Coque est créé (fig.9.146). Cliquez sur **Affecter matériau à la sélection**.

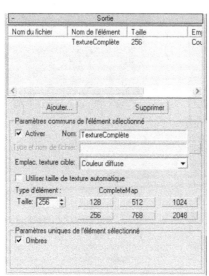

Fig.9.142

Fig.9.143

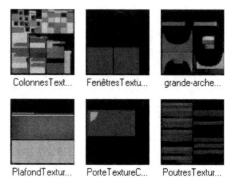

Fig.9.144

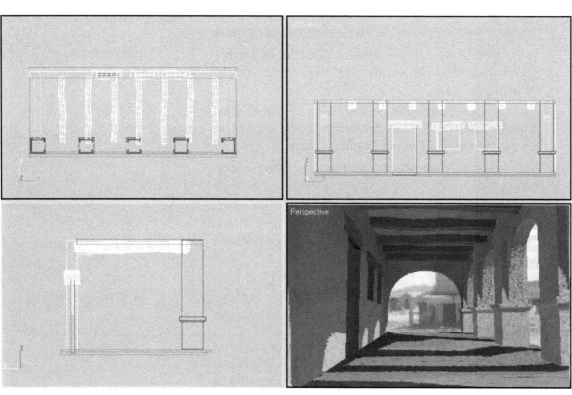

Fig.9.145

19. Par défaut ce nouveau matériau est configuré de telle sorte, que la texture d'origine est utilisée dans le rendu et la texture ancrée dans la fenêtre écran. Il convient donc d'activer le champ **Rendu** aussi pour le matériau ancré, pour arriver à un résultat identique sans calcul d'éclairage et de radiosité.

20. Effectuez la procédure 17 et 18 pour les différents composants de la scène.

21. Effectuez un clic droit dans la scène et cliquez sur **Afficher tout** dans le menu Quadr.

22. Sélectionnez et supprimer la lumière du jour.

23. Dans le menu déroulant **Rendu**, sélectionnez **Eclairage avancé** puis **Radiosité**.

24. Désactivez le champ **Actif** dans la section **Sélectionner éclairage avancé**.

25. Cliquez sur **Configuration** dans la zone **Outils interactifs**.

26. Désactivez le champ **Actif** dans la zone **Contrôle d'exposition**.

27. Fermez les différentes boîtes de dialogue.

28. Effectuez le rendu de la scène. Vous pouvez constater que même sans éclairage et sans radiosité, la scène est rendue correctement et très rapidement (fig.9.147). Ce qui était le but recherché.

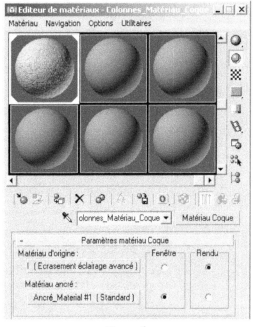

Fig.9.146

Fig.9.147

6. Les textures normales

6.1. Principe

La texture Relief normal permet d'ajouter des détails de haute résolution aux objets à faible résolution. Contrairement aux textures en échelle de gris utilisées pour les textures Relief classiques, une texture Normales est une texture à trois couleurs. Le canal rouge contient le code représentant l'axe gauche-droit de l'orientation de la normale, le canal vert contient le code représentant l'axe haut-bas de l'orientation de la normale et le canal bleu contient le code représentant la profondeur verticale.

Ce type de texture est très utile pour les périphériques d'affichage en temps réel, tels que les moteurs de jeux et peut également être utilisée dans le rendu de scènes et d'animations.

REMARQUE

Si votre pilote d'affichage utilise DirectX 8, vous pouvez afficher les textures Normales dans les fenêtres en utilisant l'ombrage Relief métal. Si votre pilote d'affichage utilise DirectX 9, vous pouvez afficher les textures Normales dans n'importe quelle fenêtre ombrée. Par contre, si vous utilisez un pilote d'affichage logiciel ou OpenGL, vous ne pouvez pas afficher les textures Normales dans les fenêtres. Cependant, il est tout de même possible de les restituer et de les utiliser dans les rendus.

6.2. Création d'une texture normale

3ds max 8 permet de créer et d'utiliser des textures Relief normal de différentes façons, mais la méthode la plus simple est la suivante :

1. Créez un modèle de haute résolution détaillé. Par exemple une boîte surmontée de pyramides.

2. Créez un modèle de faible résolution, plus simple. Par exemple une simple grille surfacique. Le modèle de faible résolution doit avoir à peu près la même forme et les mêmes contours que le modèle de haute résolution et doit généralement être plus petit de façon à donner l'impression que les détails projetés du modèle de haute résolution apparaissent au-dessus de sa surface.

3. Les deux modèles doivent en principe être placés l'un dans l'autre. Dans notre exemple, placez le modèle faible résolution au-dessus du modèle haute résolution (fig.9.148).

4. Sélectionnez le modèle de faible résolution.

5. Choisissez **Rendu** puis **Rendu en texture**. La boîte de dialogue **Rendu en texture** s'affiche.

6. Dans la zone **Mapping par projection** du panneau déroulant **Objets à ancrer**, cliquez sur **Choisir**. Une boîte de dialogue de sélection apparaît.

7. Sélectionnez l'objet de haute résolution, puis cliquez sur Ajouter. 3ds max applique un modificateur **Projection** à l'objet de faible résolution.

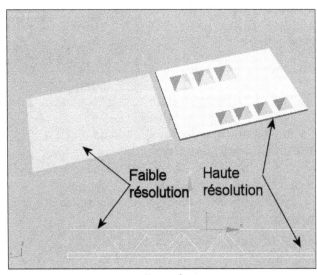

Fig.9.148

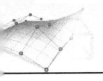

8. Dans la zone **Mapping par projection**, sélectionnez l'option **Activer**.

9. Cliquer sur **Options** pour afficher la boîte de dialogue **Options de projection** qui contient de nombreux paramètres permettant de définir la façon dont la projection doit être réalisée. Dans la zone **Espace de texture normale**, sélectionnez **XYZ local**, puis refermez la boîte.

10. Dans la zone **Coordonnées de mapping**, activez **Utiliser le canal existant pour Objet et Sous-objets**.

11. Dans le panneau déroulant **Sortie**, cliquez sur **Ajouter** et sélectionnez **TextureNormales**.

12. Affectez une texture **Relief** en tant qu'emplacement de texture cible.

13. Dans la zone **Paramètres uniques de l'élément sélectionné**, activez l'option **Sortie vers relief normal** (fig.9.149).

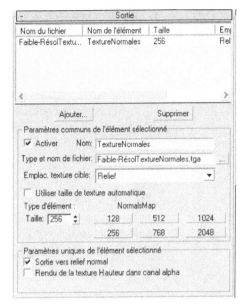

Fig.9.149

14. Cliquez sur **Rendu**. 3ds max génère le rendu de la texture Normales qui contient les données des normales de l'objet de haute résolution (fig.9.150).

15. Ouvrez l'éditeur de matériaux et cliquez sur **Importer matériaux**.

16. En mode scène, sélectionnez le matériau Faible-Résol_mtl.

17. Dans le panneau **Paramètres matériau Coque**, activez **Rendu pour Matériau ancré**.

18. Dans la scène déplacez l'objet Faible résolution et effectuez un rendu. Il a à présent le même aspect que l'objet Haute définition (fig.9.151).

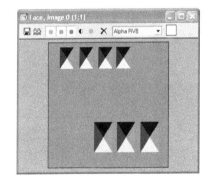

Fig.9.150

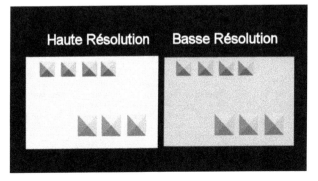

Fig.9.151

7. Les matériaux pour l'architecture

7.1. Principe

3ds max contient un type de matériau particulier dénommé Architectural spécialement conçu pour les projets d'architecture et les objets issus d'Autodesk Architectural Desktop de Revit ou de VIZ Render. Ce matériau repose sur une base physique et permet, à l'aide d'un nombre réduit de paramètres, d'obtenir des résultats extrêmement réalistes dans les études architecturales. Il produit des réflexions par lancer de rayons automatiques et applique l'atténuation correcte aux réflexions et aux réfractions.

Les paramètres d'un matériau Architectural sont des propriétés physiques ; ce matériau offre par conséquent un réalisme optimal lorsqu'il est utilisé avec des lumières photométriques et la radiosité. Cette combinaison de fonctionnalités permet de créer des études d'éclairage avec un haut niveau de précision. Il est par conséquent déconseillé d'utiliser le matériau Architectural avec les lumières 3ds max standard dans la scène.

Lorsque vous créez un nouveau matériau de type Architectural, on dispose d'un choix entre différents modèles. Un modèle n'est rien d'autre qu'un ensemble de paramètres de matériau prédéfinis qui se rapproche du type de matériau à créer et qui peut servir de point de départ. Les principaux modèles sont les suivants :

Modèle	Remarque
Céramique - Brillant	
Tissu	
Verre - Clair	
Verre - Translucide	
Diffus idéal	Matériau blanc neutre
Briques	Excellente base pour une texture diffuse
Métal	Brillant et réfléchissant
Métal - Brossé	Moins brillant
Métal - Mat	Encore moins brillant
Métal - Poli	Très brillant
Miroir	Totalement brillant
Peinture mate	Autre matériau blanc neutre
Peinture brillante	Egalement blanc, mais brillant
Peinture semi-brillante	Egalement blanc, mais légèrement brillant
Papier	

Modèle	Remarque	(Suite)
Papier - Translucide		
Plastique		
Pierre	Excellente base pour une texture diffuse	
Pierre polie	Possède un peu de brillance ; excellente base, également, pour une texture diffuse	
Défini par l'utilisateur	Neutre ; excellente base pour une texture diffuse	
Métal défini par l'utilisateur	Relativement brillant ; excellente base, également, pour une texture diffuse	
Eau	Totalement clair et brillant	
Bois brut	Neutre excellente base pour une texture	
Bois verni		

7.2. Création de matériaux architecturaux

La création du matériau Architectural s'effectue également via l'éditeur de matériaux. La procédure est la suivante :

1. Ouvrez le fichier de votre projet d'architecture (par exemple : mat-archi1.max) (fig.9.152).

2. Ouvrez l'éditeur de matériaux et sélectionnez la première fenêtre de contrôle.

3. Cliquez sur le bouton **Standard** et sélectionnez **Architectural** dans l'explorateur de matériaux/-textures.

4. Renommez ce matériau : Sol.

5. Dans la zone modèle sélectionnez Bois verni.

6. Appliquez ce matériau au sol de la pièce.

7. Cliquez sur le bouton **Aucun** situé à côté de **Texture diffuse**.

8. Sélectionnez **Bitmap** puis le fichier cedfence.jpg situé dans le répertoire Maps/ Wood de 3ds max.

9. Dans la zone **Coordonnées** indiquez 4 dans le champ **Recouvrement U** (fig.9.153).

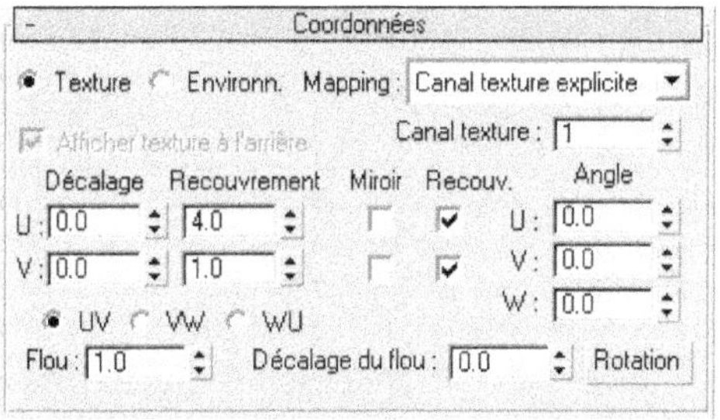

Fig.9.152

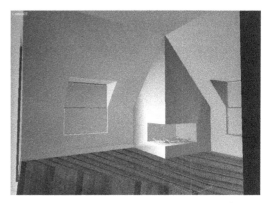

Fig.9.153

10 Cliquez sur le bouton **Afficher texture dans fenêtre**.

11 Cliquez sur le bouton **Atteindre parent** pour revenir à la fenêtre précédente.

12 Déroulez le panneau **Effets spéciaux** et glissez comme Instance, le matériau de texture diffuse dans le champ **Aucun** en regard de **Relief** (fig.9.154).

13 Effectuez un Rendu. On assiste à une réflexion automatique sur le sol (fig.9.155).

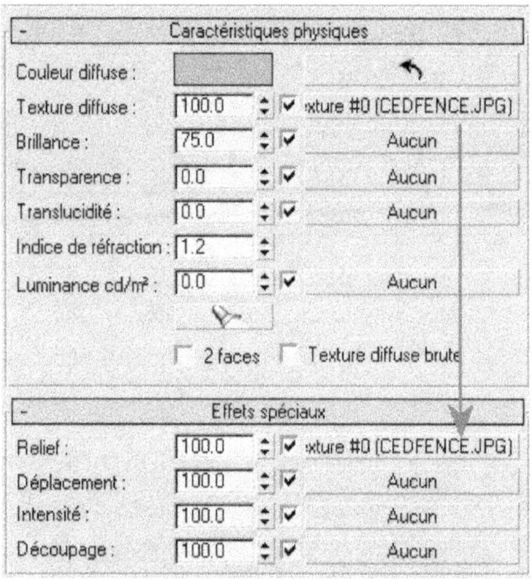

Fig.9.154

Fig.9.155

14 Procédez de façon identique pour les matériaux suivants :

Objets	Modèles	Couleur/Texture
Feu ouvert	Maçonnerie	Texture diffuse : Brkwea.jpg Relief : Brkwea_B.gif (valeur : 200)
Vitrage	Verre-clair	Couleur diffuse : 228/235/236
Fenêtres	Métal-Mat	Couleur diffuse : 56/37/13
Murs	Peinture lustrée	Couleur diffuse : 193/172/150
Plafond	Peinture mate	Couleur diffuse : 233/233/233
Grille	Métal-Brossé	Couleur diffuse : 60/60/60
Plinthe	Plastique	Couleur diffuse : 136/120/109

15 Pour ajouter une image de fond, cliquez sur **Environnement** dans le menu **Rendu**.

16 Au-dessous de **Texture environnement**, cliquez sur **Aucun** et sélectionnez le fichier Duskcld1.jpg dans le répertoire Skies de 3ds max.

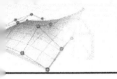

[17] Effectuez un rendu pour voir le résultat (fig.9.156).

[18] A l'aide du panneau **Ecrasement éclairage avancé**, vous pouvez régler éventuellement le comportement du matériau dans le cas d'une solution de radiosité (voir chapitre 12).

Fig.9.156

REMARQUE

Pour assurer une meilleure correspondance entre les textures utilisées et la réalité, il est conseillé d'utiliser le mapping réaliste. Ainsi dans le cas du plancher en bois, il convient d'entrer les paramètres suivants :

Dans l'éditeur de matériaux – Section Coordonnées – Texture Cedfence

• Cocher Utiliser échelle réaliste

• Taille : L = 1m et H = 0.68 m

En modification de l'objet Sol

• Appliquer le modificateur Mapping UVW et cocher le champ Taille de texture réaliste.

7.3. L'interface utilisateur

L'interface du matériau Architectural permet de paramétrer très rapidement les caractéristiques d'un matériau grâce à l'utilisation de modèles et à la simplification des options. Il comprend une série de panneaux dont les principaux sont (fig.9.157) :

▸ **Modèle** : le panneau déroulant Modèles contient la liste des types de matériaux que vous pouvez choisir. Un modèle n'est rien d'autre qu'un ensemble de paramètres prédéfinis pour le panneau déroulant Caractéristiques physiques, qui se rapproche du type de matériau à créer et qui peut vous servir de point de départ.

▸ **Caractéristiques physiques** : le panneau déroulant Caractéristiques physiques contient une série de paramètres prédéfinis en fonction du modèle sélectionné. Ils peuvent être ajustés manuellement.

▸ **Effets spéciaux** : les paramètres du panneau déroulant Effets spéciaux vous permettent d'affecter des textures qui créent des reliefs ou des déplacements, ajustent l'intensité de la lumière ou contrôlent la transparence.

▸ **Ecrasement éclairage avancé** : les paramètres du panneau déroulant Ecrasement éclairage avancé vous permettent de régler le comportement du matériau dans une solution de radiosité.

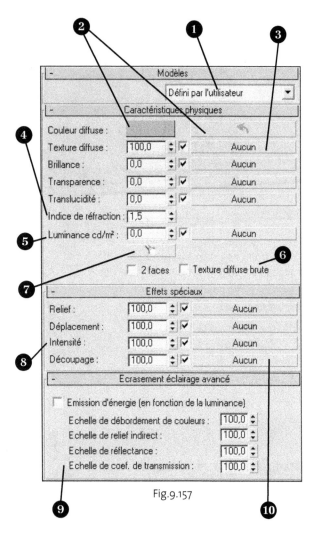

Fig.9.157

❶ Vous pouvez sélectionner un modèle dans cette liste déroulante. La liste complète figure à gauche. Chaque modèle définit les propriétés de base du matériau. Vous pouvez ensuite ajouter des textures et affiner les paramètres afin de personnaliser le matériau.

❷ La couleur diffuse est spécifiée ici. Si le matériau possède une texture diffuse, vous pouvez calculer automatiquement une couleur moyenne basée sur la texture en cliquant sur le bouton fléché.

❸ Comme pour les matériaux standard, vous pouvez utiliser des textures pour un grand nombre de paramètres de matériau.

❹ L'indice de réfraction, la transparence, la translucidité et la brillance sont définis par le modèle mais peuvent être ajustés manuellement.

❺ Définissez une valeur de luminance si vous voulez que le matériau émette de la lumière.

❻ L'option Texture diffuse brute exclut le matériau de l'illumination et du traitement de contrôle de l'exposition. La texture correspondra à l'image ou à la couleur d'origine. Cette option est utile, par exemple, si vous voulez que les matériaux auto-illuminés restent entièrement blancs lors de l'utilisation de l'option Contrôle d'exposition logarithmique.

❼ Cliquez sur ce bouton, puis sélectionnez une lumière photométrique pour fixer la luminance au même niveau que cette lumière. C'est un moyen rapide pour faire émettre à un objet la même quantité de lumière qu'une lumière connue.

❽ L'option Intensité permet de moduler la luminosité d'un matériau. L'utilisation d'une texture Bruit permet d'accroître le réalisme et d'éviter l'aspect plat généré par un ordinateur.

❾ Les paramètres de ce panneau déroulant sont similaires à ceux du matériau Ecrasement éclairage avancé et sont inclus dans le matériau Architectural de base pour des raisons pratiques.

❿ L'effet de l'option Découpage est similaire à celui de la texture d'opacité standard, à la différence qu'aux endroits où le matériau est transparent, aucune réflexion, réflexion ni brillance n'est visible. Cette option ne se contente pas de rendre le matériau transparent, elle le « découpe ».

8. La peinture sur objet

3ds max 8 contient un outil de peinture qui vous permet de peintre directement sur le modèle à l'aide d'un pinceau. Il s'agit en fait d'un modificateur dénommé Peinture Sommet qui a été conçu pour mieux répondre spécifiquement aux besoins des développeurs de jeux. Il propose une série de fonctions pour appliquer et gérer la couleur sur les sommets, avec prise en charge de 99 canaux de textures en couches (maximum). Une boîte à outils flottante permet d'accéder rapidement et en permanence aux outils et aux couches de peinture, ainsi qu'à 16 opérateurs de couches de peinture différents. La procédure de peinture s'effectue de la manière suivante :

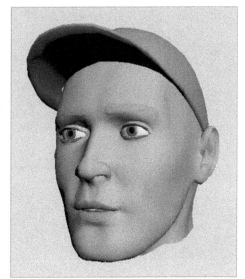

Fig.9.158 © Dicreet

1. Ouvrez le fichier contenant les objets à peindre (par exemple : Baseball.max). Il s'agit dans notre exemple de la tête d'un joueur de baseball (fig.9.158).

2. Sélectionnez la tête du joueur et appliquez le modificateur **PeintureSommet** à partir de la liste des modificateurs (onglet Modifier). La boîte de dialogue **PeintureSommet** s'affiche à l'écran (fig.9.159).

3. Dans la zone supérieure, cliquez sur le bouton **Affichage couleur sommet-ombré**. La tête prend la couleur gris clair.

4. Cliquez sur le sélectionneur de couleur (en noir) et entrez les valeurs R :233, V :161, B :129 pour avoir une couleur peau.

5. Cliquez sur le bouton **Peindre tout** (à gauche de la brosse) pour changer la couleur de la tête.

6. Par le sélecteur de couleurs, entrez une couleur gris foncé (80, 80, 80) pour les sourcils.

7. Tout en bas de la boîte de dialogue, cliquez sur le bouton **Nouvelle couche**, puis cliquez sur **OK** pour accepter le canal **Couleur sommet** (fig.9.160). Cette nouvelle couche permettra de peindre les sourcils.

8. Cliquez sur le bouton **Options de pinceau** pour afficher la boîte de dialogue **Options de peinture** (fig.9.161).

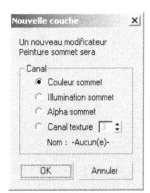

Fig.9.160

Fig.9.159

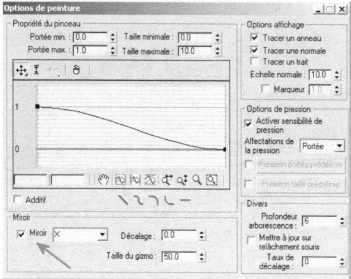

Fig.9.161

9 Cochez le champ **Miroir** situé en bas à droite dans l'interface. Cela permettra de peindre les sourcils de façon symérique.

10 Définissez la taille de la brosse sur 2 et activez le bouton **Peinture** (fig.9.162).

11 Peignez un des deux sourcils. Les deux seront peints grâce à l'effet miroir (fig.9.163).

12 Modifiez éventuellement l'opacité grâce à la réglette **Opacité** (en bas de l'interface).

Fig.9.162

13 Créez un nouveau calque (voir point 7) pour dessiner l'ombre de la casquette.

14 Changez la taille du pinceau en 15 et peignez l'ombre au-dessous de la casquette (fig.9.164).

15 Utilisez le bouton **Rendre tout flou** pour avoir une ombre plus réaliste (fig.9.165).

16 Créez une nouvelle couche pour les lèvres et sélectionnez la couleur rouge/rose (210, 100, 100).

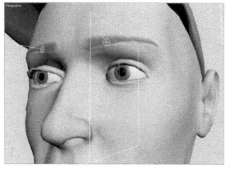

Fig.9.163

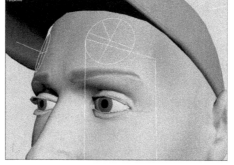

Fig.9.164

Fig.9.165

17 Peignez les lèvres avec un pinceau de faible épaisseur. Utilisez l'outil **Effacer** pour corriger les éventuelles erreurs (fig.9.166).

18 Effectuez un rendu pour voir le résultat. Vous pouvez constater que le résultat de vos modifications n'est pas affiché dans le rendu.

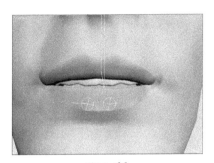

Fig.9.166

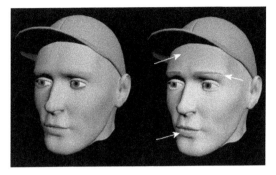

Fig.9.167

19. Ouvrez l'éditeur de matériaux et sélectionnez une fenêtre de contrôle non utilisée.

20. Dans la zone des textures, activez **Couleur diffuse** et cliquez sur **Aucun**.

21. Sélectionnez **Couleur sommet**.

22. Appliquez ce nouveau matériau à la tête et effectuez un nouveau rendu. Les modifications sont prises en compte (fig.9.167).

L'interface de peinture sommet comprend toutes les fonctions nécessaires dans un environnement de travail unique (fig.9.168).

❶ Ces boutons contrôlent l'affichage des objets : Affichage couleur sommet - non ombré, Affichage couleur sommet - ombré, Désactiver affichage couleur sommet et activer/désactiver affichage couleur sommet.

❷ Définition du canal à afficher. Les trois premières icônes déroulantes correspondent aux options par défaut (Couleurs sommet, Illumination sommet, Alpha sommet). La quatrième option vous permet de spécifier à la place l'un des 99 canaux de texture. Le bouton Verrouiller verrouille l'affichage et les canaux de peinture de façon à ce que le canal que vous regardez soit bien celui sur lequel vous peignez.

❸ Cliquez ici pour activer le pinceau et commencer à peindre. Cliquez sur l'icône représentant un seau sur la gauche pour tout peindre (ou uniquement la sélection, si vous êtes en mode sous-objet). Le seau est utile pour définir la couleur d'arrière-plan de départ.

❹ Cliquez ici pour commencer à effacer les couleurs du sommet. Cet outil utilise le même pinceau que pour la peinture. Cliquez sur le bouton de gauche pour tout effacer (ou uniquement la sélection, si vous êtes en mode sélection sous-objet).

❺ Choisissez la couleur de peinture à l'aide du sélecteur de couleurs, ou choisissez Sélecteur de couleurs lorsque vous cliquez sur l'échantillon de couleur.

❻ Définit l'opacité et la taille du pinceau.

❼ Cliquez ici pour ouvrir la boîte de dialogue Options de peinture mentionnée plus haut.

❽ Ici, vous pouvez activer le mode sous-objet et sélectionner des sommets, des faces ou des éléments afin de limiter la zone de peinture. Pour une fusion lisse, la sélection adoucie est également prise en charge.

❾ Ouvre la boîte de dialogue Réglage couleur (ci-après), qui vous permet de modifier la teinte, la saturation, la valeur ou l'intensité RVB.

❿ Le flou s'obtient par le mélange des couleurs des sommets adjacents en coups de pinceau lisses et irréguliers (ou des contours contrastés, si vous êtes en mode sélection sous-objet). Le flou est appliqué à l'ensemble de l'objet ou de la sélection sous-objet courante.

Fig.9.168

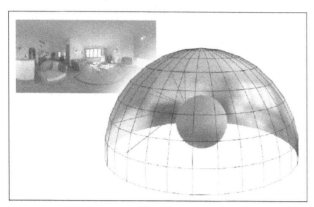

Fig.9.169

Fig.9.170

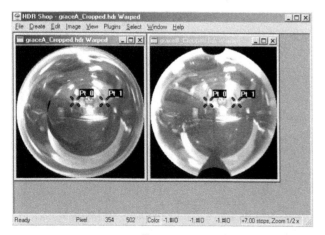

Fig.9.171

9. Les textures HDRI

9.1. Principe

Les images HDRI sont des images à plage dynamique (rapport entre régions sombres et régions lumineuses) extrêmement élevée (High Dynamic Range Image) qui contiennent un éventail de valeurs RGB bien plus important que les images actuelles codées sur 24 bits (ou 32 bits avec la couche Alpha pour la transparence). La plupart des caméras ne peuvent pas capturer la plage dynamique présente dans le monde réel. Toutefois, cette plage peut être récupérée en prenant une série d'images du même sujet suivant des paramètres d'exposition différents et en les combinant dans un seul fichier d'images. Il en résulte que chaque composante n'est plus codée sur 8 bits (256 valeurs), mais avec un nombre réel (en virgule flottante), ce qui permet d'avoir des intervalles allant de 0 à plus d'un million. Les fichiers HDRI (extension *.hdr) peuvent être lus comme tout autre format bitmap et utilisés pour les textures d'environnement et de réflexion, mais vous profiterez pleinement de leur gamme de lumière complète en les utilisant comme textures d'éclat pour les dômes de lumière (fig.9.169). Dans ce dernier cas, la scène peut être éclairée par la texture seule. Les lumières de la texture HDRI agissent comme des lumières réelles et projettent des ombres.

Les images HDRI sont moins courantes sur le marché que les images classiques car elles nécessitent des techniques particulières pour être élaborées. La principale ressource est la société Sachform Technology (*www. sachform.de*) qui a publié une série de cd-rom de ± 80 images chacun (fig.9.170).

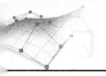
Une autre solution consiste à créer soi-même ses propres images. Dans ce cas, l'outil le plus approprié est HDR Shop (*www.debevec.org/hdrshop*) développé par Paul Debevec, le maître en la matière. Ce logiciel vous permet de créer des images HDRI et de les travailler selon vos besoins (fig.9.171).

9.2. Utilisation des images HDRI

Les images HDRI peuvent être utilisées de différentes façons dans 3ds max. On peut ainsi citer par exemple les cas suivants :

- Simple texture bitmap de type diffuse ou de réflexion
- Arrière-plan
- Matériau Lancer de rayon avec texture d'environnement (HDRI)
- Matériau Lancer de rayon avec texture d'environnement (HDRI) et texture de réflexion de type atténuation
- Habillage bitmap d'une hémisphère (avec inversion des normales des faces) englobant la scène.
- Dôme de lumière (Skylight) avec texture HDRI pour l'aspect du ciel

Pour utiliser une image HDR en tant que texture d'environnement dans un matériau Lancer de rayon, la procédure est la suivante :

1. Ouvrez ou créez une scène (exemple : une bille de billard).
2. Sélectionnez la sphère et ouvrez l'éditeur de matériaux.
3. Sélectionnez la première fenêtre de contrôle et faites le lien avec la sphère.
4. Cliquez sur **Standard** et sélectionnez **Lancer de rayons** comme type de matériaux.
5. Déroulez le panneau **Textures** et dans **Diffuse** cliquez sur **Aucun**.

Fig.9.172

6. Sélectionnez **Bitmap** comme type de texture pour la sphère et sélectionnez une image (ex : balle.jpg) dans la boîte de dialogue **Sélectionner fichier image bitmap**.
7. Effectuez un rendu pour voir l'effet (fig.9.172).
8. Pour créer un certain effet de translucidité, cliquez sur **Aucun** en regard de la texture de réflexion et sélectionnez **Atténuation** comme type de texture.
9. Effectuez un rendu pour voir l'effet (fig.9.173).

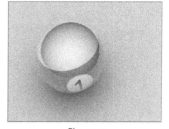

Fig.9.173

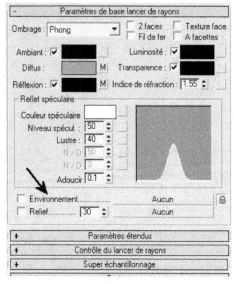

Fig.9.174

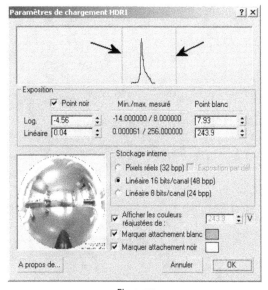

Fig.9.175

[10] Pour rendre l'effet encore plus réaliste, nous allons ajouter une texture d'environnement de type HDRI.

[11] Dans le panneau **Paramètres de base lancer de rayon**, activez le champ **Environnement** et cliquez sur **Aucun** (fig.9.174).

[12] Sélectionnez **Bitmap** puis dans la boîte de dialogue **Sélectionner fichier image bitmap**, déroulez la liste **Type** et sélectionnez **Fichier d'image Radiance HDRI**.

[13] Sélectionnez un fichier HDRI (Par exemple Cuisine.hdr) et cliquez sur **Ouvrir**.

[14] La boîte de dialogue **Paramètres de chargement HDRI** s'affiche et l'image apparaît dans la fenêtre **Aperçu**. Il convient de rechercher les valeurs min./max. mesurées pour voir la plage de luminance de l'image.

[15] Activez **Point noir**.

[16] Réglez les valeurs **Point noir** et **Point blanc** jusqu'à ce que les lignes rouges de l'histogramme englobent la majorité du graphique et que l'image d'aperçu soit satisfaisante (fig.9.175).

[17] Une fois les valeurs réglées, notez la valeur Point blanc linéaire et cliquez sur **OK** pour valider les paramètres.

[18] Dans l'éditeur de matériaux, ouvrez le panneau déroulant **Sortie**. Définissez le niveau RVB sur la même valeur que la valeur du Point blanc linéaire dans la boîte de dialogue **Paramètres de chargement HDRI** (fig.9.176).

[19] Effectuez un rendu pour voir le résultat final (fig.9.177).

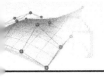

Fig.9.176

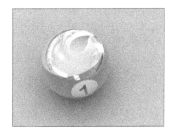

Fig.9.177

9.3. Contenu de la boîte de dialogue Paramètres de chargement HDR

Lorsque vous ouvrez un fichier HDR en tant que bitmap, la boîte de dialogue Paramètres de chargement HDR apparaît. Cette boîte de dialogue vous permet de préciser l'intervalle de luminance à utiliser à partir de l'image et la méthode de stockage des données. Les options sont les suivantes (fig.9.178) :

▸ **Histogramme** : ce graphique affiche les valeurs de luminance de l'image dans une échelle logarithmique. Les lignes rouges indiquent les valeurs courantes Point noir et Point blanc. Le graphique est visible uniquement pour les niveaux de luminance ayant une représentation importante dans l'image. En d'autres termes, si un niveau de luminance s'applique uniquement à un ou deux pixels de l'image, il n'y aura aucune ligne graphique correspondante sur l'histogramme. En général, l'image obtenue produira un effet des plus spectaculaires lorsque l'histogramme est utilisé pour définir les valeurs d'intervalle Point noir et Point blanc, plutôt que lors de l'utilisation de l'intervalle complet exprimé par les valeurs min./max. mesurées.

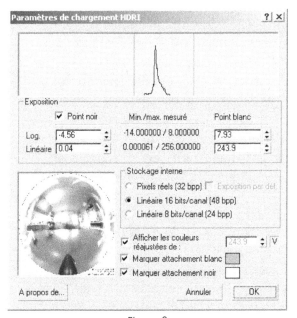

Fig.9.178

▶ **Point noir** : lorsque cette option est activée, vous pouvez définir la valeur de luminance que vous souhaitez utiliser comme couleur la plus sombre, ou « noir ». La valeur peut être définie en tant que logarithme (Log) ou en tant que valeur linéaire (Linéaire). Toutes les valeurs inférieures à cette valeur seront bloquées sur noir. Lorsque cette option est désactivée, la plus petite valeur est utilisée en tant que Point noir.

▶ **Min./max. mesuré** : affiche les valeurs de luminance minimum et maximum réelles de l'image, exprimées à la fois en tant que valeurs logarithmiques et valeurs linéaires. L'utilisation de ces valeurs pour le Point noir et le Point blanc résulte dans la plage de luminance complète de l'image utilisée. Toutefois, l'histogramme peut indiquer que la majorité des niveaux de luminance font partie d'un intervalle plus petit.

▶ **Point blanc** : définit la valeur de luminance que vous souhaiteriez voir définir comme couleur la plus, lumineuse ou « blanc », sous la forme d'une valeur logarithmique (Log) ou linéaire (Linéaire). Toutes les valeurs de luminance de l'image supérieures à cette valeur seront bloquées sur blanc. Les valeurs en pixels du blanc à l'intérieur des fichiers HDR peuvent être beaucoup plus importantes que la valeur linéaire 1. La plage de luminance étendue de l'image sert uniquement lorsque la valeur linéaire du Point blanc est définie comme étant supérieure à 1.0. En d'autres termes, la définition de Point blanc sur une valeur linéaire de 1.0 ou en dessous de celle-ci n'utilise aucune des propriétés de luminance spéciales de l'image HDR et donne des résultats semblables aux autres formats bitmap tels que TIF et JPG.

▶ **Log** : définit Point noir ou Point blanc comme valeur logarithmique comprise entre −128 et 127. La modification de cette valeur modifie le paramètre Linéaire en le définissant sur la valeur correspondante.

▶ **Linéaire** : définit Point noir ou Point blanc en tant que valeur linéaire comprise entre 0 et plus de 1 trillion. La modification de cette valeur modifie le paramètre Log en le définissant sur la valeur correspondante.

▶ **Fenêtre d'aperçu** : affiche l'image HDR sélectionnée.

▶ **Pixels réels (32 bpp)** : comprime les sélections de luminance dans un espace colorimétrique de 32 bits par pixel. Les options Prémultiplier Alpha et Mouvement flou ne fonctionnent pas avec cette option.

▶ **Exposition par déf.** : lorsque cette option est activée, l'image se charge en l'état, sans aucun changement appliqué aux couleurs. Lorsqu'elle est désactivée, vous pouvez utiliser les paramètres de la zone Exposition pour effectuer un mapping des couleurs.

▶ **Linéaire 16 bits/canal (48 bpp)** : comprime les sélections de luminance dans un espace colorimétrique 16 bits, à 48 bits par pixel. Il s'agit du paramètre recommandé. Pour décompresser la luminance en vue de l'utiliser dans la scène, définissez le niveau RVB dans le panneau déroulant Sortie de l'image sur la même valeur que la valeur de blanc linéaire de cette boîte de dialogue.

▸ **Linéaire 8 bits/canal (24 bpp)** : comprime les sélections de luminance dans un espace colorimétrique 8 bits, à 24 bits par pixel. Cette méthode de compression utilise moins de mémoire que les autres méthodes, mais est généralement non adaptée pour afficher la plage de luminance dans une image HDR et peut provoquer des effets de bande ou d'autres artéfacts.

▸ **Afficher les couleurs réajustées de** : lorsque cette option est activée, cette valeur réajuste la valeur de luminance de l'aperçu d'image par la quantité indiquée.

▸ **Marquer attachement blanc** : permet de marquer les valeurs bloquées sur blanc dans la fenêtre d'aperçu avec la couleur indiquée par l'échantillon de couleur.

▸ **Marquer attachement noir** : lorsque l'option Point noir est activée, permet de marquer les valeurs bloquées sur noir dans la fenêtre d'aperçu avec la couleur indiquée par l'échantillon de couleur.

CHAPITRE 10
LES CAMÉRAS ET LUMIÈRES

Après avoir créé le contenu d'une scène et habillé les différents composants, la qualité de la mise en scène finale dépend largement du positionnement adéquat de la caméra, auquel s'ajoute un éclairage bien étudié. La caméra est aussi la clé de voûte de l'animation. Sans elle, vous ne pourriez pas animer les objets dans la scène, ni rendre l'animation sous un certain angle. Si 3ds max permet aussi de visualiser une scène en projection parallèle et en perspective, c'est la caméra qui permet d'obtenir les effets les plus élaborés. Si le cadrage d'une scène est important, son éclairage l'est encore davantage. En effet, l'éclairage est probablement l'aspect le plus important du réalisme dans le rendu d'une scène (fig.10.1-10.2). Sans un éclairage adéquat, vous n'obtiendrez pas un bon rendu.

Fig.10.1 © Autodesk

Fig.10.2 © Discreet

1. Les caméras

1.1. L'objet Caméra

Les caméras permettent de voir la scène sous un angle ou point de vue particulier. Les objets caméras simulent des caméras réelles utilisées pour la création de clips vidéo, de films ou de plans fixes. Les fenêtres Caméra vous permettent d'ajuster la caméra comme si vous regardiez par son objectif. Elles sont très utiles pour modifier la géométrie d'une scène et la préparer en vue du rendu. Vous pouvez utiliser plusieurs caméras pour

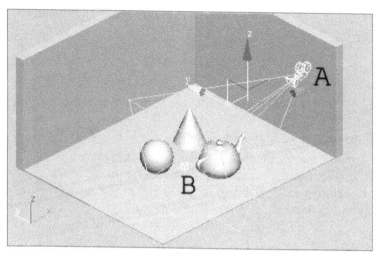

Fig.10.3

obtenir différents points de vue de la même scène. Pour animer le point de vue, créez une caméra, puis animez sa position. Vous pouvez par exemple survoler un paysage ou traverser un bâtiment. Vous pouvez également animer les autres paramètres de la caméra. Vous pouvez ainsi animer sa focale pour faire un gros plan (effet de zoom) sur la scène.

La caméra de 3ds max est basée sur des principes empruntés à la photographie. Un appareil photo de type 35 mm, par exemple, peut prendre une scène avec différents cadrages grâce aux différents objectifs dont il est équipé. Deux points demeurent toujours associés à l'appareil photo : l'endroit où il se trouve, appelé « point caméra » (A) et le point vers lequel il est orienté, appelé « point cible » (B) (fig.10.3).

Vous pouvez créer des caméras en cliquant sur le bouton **Caméra** de l'onglet **Créer**.

Après avoir créé une caméra, vous pouvez changer de fenêtre pour afficher le point de vue de la caméra. Lorsqu'une fenêtre Caméra est active, les boutons de navigation deviennent des boutons de navigation de caméra. Vous pouvez utiliser simultanément le panneau **Modifier** et une fenêtre Caméra pour modifier les paramètres de la caméra. Lorsque vous utilisez les commandes de navigation d'une fenêtre Caméra, vous pouvez forcer le mouvement Pan et Orbite à être vertical ou horizontal uniquement.

Un outil particulier dénommé **Camera Match** permet de démarrer avec une photographie d'arrière-plan et de créer une caméra dotée du même point de vue. Cet utilitaire est utile dans la conception et la planification d'un site spécifique.

Il existe deux types d'objets caméras dans 3ds max :

▸ **Les caméras cibles** : elles permettent de visualiser la zone autour d'un objet cible que vous créez en même temps que la caméra. Les caméras cibles sont plus faciles à utiliser lorsque la caméra reste immobile sur une trajectoire.

▸ **Les caméras libres** : elles permettent de visualiser la zone comprise dans le champ de la caméra. Ce type de caméra est plus facile à utiliser lorsque la caméra est animée sur une trajectoire. La caméra est capable de tourner sur elle-même lors du déplacement, ce qui n'est pas le cas des caméras cibles.

1.2. Les caméras cibles

Une caméra cible comprend un point caméra et un point cible, qui peuvent chacun recevoir un nom afin de les identifier et de les sélectionner plus facilement. Lorsqu'une caméra est visible à l'écran elle apparaît sous la forme d'une icône dans toutes les vues sauf la vue caméra (fig.10.4). Cette icône se compose de trois parties : la caméra, la cible et le cône. Ce dernier matérialise la largeur du champ de vision de la caméra.

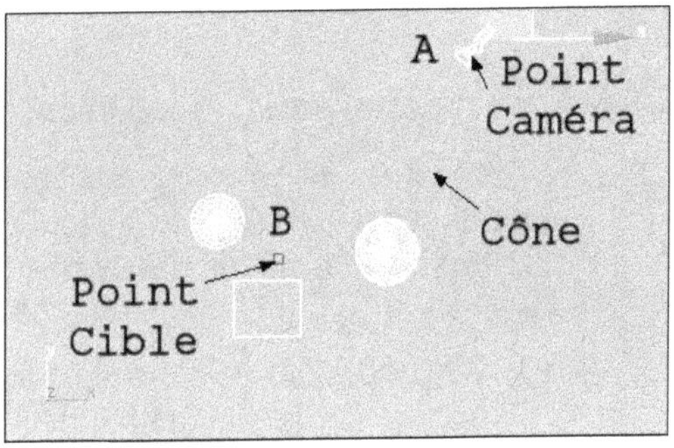

Fig.10.4

Pour créer une caméra cible, la procédure est la suivante :

1. Effectuez une des étapes suivantes :

▶ Cliquez sur **Caméras** dans le panneau de commandes **Créer**, puis cliquez sur **Cible** dans le panneau déroulant **Type d'objet**.

▶ Cliquez sur le bouton **Caméra cible** dans le panneau **Lumières & caméras** de la tablette.

2. Faites glisser la souris dans une fenêtre. Le point de départ du glissement constitue l'emplacement de la caméra (point A) et le point où vous relâchez le bouton de la souris, l'emplacement de la cible (point B). La caméra fait à présent partie de la scène. Elle pointe toujours vers la cible, qui est un objet distinct.

3. Définissez les paramètres de création.

Quelques remarques s'imposent avant de définir plus finement les paramètres :

▶ La distance entre la caméra et la cible est affichée au bas du panneau déroulant Paramètres, dans le champ Distance cible. Ce paramètre ne peut pas être animé (vous pouvez néanmoins animer la position de l'objet cible).

▶ Lorsque vous cliquez sur la ligne reliant la caméra à sa cible, les deux objets sont sélectionnés. Néanmoins, la sélection par région ne reconnaît pas la ligne de liaison.

▶ Lorsque vous renommez une caméra cible, la cible est automatiquement renommée en conséquence. Par exemple, si vous renommez Caméra01 en Survol, Caméra01.Cible devient Survol.Cible. Le nom de la cible doit porter l'extension .Cible. L'objet caméra n'est pas renommé lorsque vous renommez l'objet cible.

▶ Vous pouvez sélectionner la cible en cliquant avec le bouton droit de la souris sur la caméra, puis en choisissant Sélectionner cible dans le menu contextuel.

▶ Si la caméra est déjà sélectionnée, vous pouvez également maintenir la touche CTRL enfoncée et cliquer sur la cible pour l'ajouter au jeu de sélection.

▶ Pour afficher la fenêtre Caméra, activez la fenêtre puis appuyez sur la touche C. La vue disponible à partir de la caméra sera affichée.

4 Utilisez la fonction Déplacer dans les différentes fenêtres pour sélectionner le bon point de vue. Les déplacements sont directement visibles dans la fenêtre Caméra.

1.3. Les paramètres de la caméra

Pour définir avec précision le comportement d'une caméra et s'approcher de la sorte le plus fidèlement possible de la réalité, il importe de définir une série de paramètres qui sont les suivants (fig.10.5) :

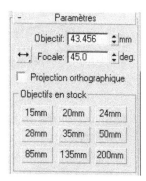

▸ **Objectif** : définit la distance focale de la caméra en millimètres. Utilisez la double flèche Objectif pour donner à la distance focale une valeur autre que les valeurs prédéfinies, c'est-à-dire les valeurs « en stock » indiquées sur les boutons du groupe Objectifs en stock.

Icône déroulante Directions de la focale : vous permet de choisir comment appliquer la valeur de la focale.

Fig.10.5

■ **Horizontal** : (valeur par défaut) Applique la focale horizontalement. Il s'agit de la façon normale de définir et de mesurer la focale.

■ **Vertical** : applique la focale verticalement.

■ **Diagonale** : applique la focale en diagonale, d'un coin de la fenêtre à l'autre.

▸ **Focale** : détermine la largeur de vue d'une caméra (champ de vue). L'effet produit par la modification de Focale est similaire à un changement d'objectif sur une caméra. Lorsque la focale s'agrandit, vous voyez une plus grande partie de la scène et la perspective est déformée, de même que lors de l'utilisation d'un objectif grand angle. Lorsque la focale rétrécit, vous voyez une plus petite partie de la scène et la perspective s'aplatit, de même que lors de l'utilisation d'un téléobjectif (fig.10.6).

Lorsque l'orientation de la focale est horizontale (par défaut), le paramètre de la focale règle directement l'arc de l'horizon de la caméra en degrés. Vous pouvez également définir l'orientation de la focale de façon à la mesurer verticalement ou horizontalement.

Vous pouvez également régler le champ de vision de façon interactive dans une fenêtre caméra, à l'aide du bouton Focale.

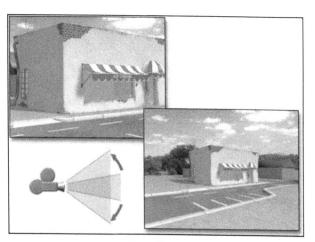

Fig.10.6

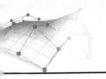

▸ **Projection orthographique** : lorsque cette option est activée, la vue Caméra est identique à la vue Utilisateur. Lorsqu'elle est désactivée, elle se présente comme une vue perspective normale. Lorsque la Projection orthographique est sélectionnée, les boutons de navigation de la fenêtre fonctionnent comme d'habitude, hormis pour la fonction Perspective. La fonction Perspective déplace la caméra et change la focale mais la Projection orthographique annule ces deux actions, si bien qu'aucun changement n'est visible tant que vous ne désactivez pas la projection orthographique.

▸ **Objectifs en stock** : permet de sélectionner le type d'objectif dans la liste **15 mm, 20 mm, 24 mm, 28 mm, 35 mm, 50 mm, 85 mm, 135 mm, 200 mm.** Ces valeurs prédéfinies définissent la longueur focale de la caméra en millimètres (fig.10.7 à 10.9).

▸ **Type** : permet de passer d'une caméra cible à une caméra libre et inversement. Lorsque vous passez d'une caméra cible à une caméra libre, toutes les animations appliquées à une caméra libre sont perdues, car l'objet cible disparaît.

▸ **Afficher cône** : affiche le cône (en fait une pyramide) défini par la focale de la caméra. Le cône apparaît dans les autres fenêtres mais n'apparaît pas dans une fenêtre Caméra.

▸ **Afficher horizon** : affiche la ligne de l'horizon. Une ligne gris foncé représente l'horizon de la fenêtre Caméra.

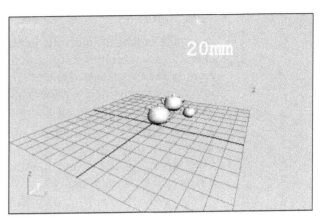

Fig.10.7

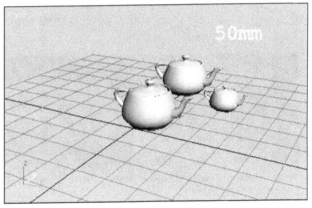

Fig.10.8

Fig.10.9

Section *Intervalles environnement*

▸ **Intervalle proche et Intervalle lointain** : détermine les zones proche et lointaine des effets atmosphériques définis dans la boîte de dialogue Environnement (Menu Rendu). Les objets entre les deux limites apparaissent en fondu entre les valeurs % loin et % proche de cette boîte de dialogue. Par défaut, le seuil proche est égal à 0.0 et le seuil lointain correspond à la valeur du plan de détourage lointain.

▸ **Afficher** : affiche des rectangles jaunes dans le cône de la caméra pour indiquer les paramètres Intervalle proche et Intervalle lointain. Le plan le plus proche de la caméra correspond à l'intervalle situé le plus près et le plan le plus éloigné correspond à l'intervalle le plus éloigné.

Section *Plans de détourage*

Permet de définir des plans de détourage. Dans les fenêtres, les plans de détourage sont affichés sous forme de rectangles rouges (comportant des diagonales) dans le cône de la caméra.

Fig.10.10

▸ **Détourage manuel** : activez cette option pour définir des plans de détourage. Lorsque l'option Détourage manuel est désactivée, la géométrie située à moins de 3 unités de la caméra n'est pas affichée. Pour résoudre ce problème, utilisez l'option Détourage manuel.

▸ **Plan proche et plan lointain** : définit les plans proche et lointain. Les objets plus proches que le plan de détourage proche ou plus éloignés que le plan de détourage lointain ne sont pas visibles par la caméra. La limite de la valeur du Plan lointain est 10 à la puissance 32. Si le plan de détourage traverse un objet, vous obtenez une vue en coupe de ce dernier (fig.10.10).

Groupe *Effet passage multiple*

Les commandes disponibles dans ce groupe permettent d'affecter un effet de profondeur de champ ou de mouvement flou à une caméra. Lorsqu'ils sont générés par une caméra, ces effets entraînent le rendu de la scène en plusieurs passages et avec décalage afin de créer une impression de flou. Ils prolongent la durée du processus de rendu.

▸ **Activer** : lorsque cette option est activée, l'effet est utilisé au cours de l'aperçu ou du rendu. Lorsqu'elle ne l'est pas, l'effet n'est pas rendu.

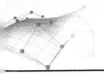

- **Aperçu** : cliquez sur ce bouton pour afficher un aperçu de l'effet dans la fenêtre de caméra active. Ce bouton n'est pas appliqué si la fenêtre active ne correspond pas à une fenêtre de caméra.

- **Liste déroulante des effets** : permet de choisir l'effet passage multiple à créer, Profondeur de champ ou Mouvement flou. Ces effets s'excluent mutuellement. L'effet Profondeur de champ est activé par défaut. L'effet mouvement flou fonctionne selon le principe suivant : les passages effectués au cours du rendu sont décalés en fonction du mouvement dans la scène (fig.10.11).

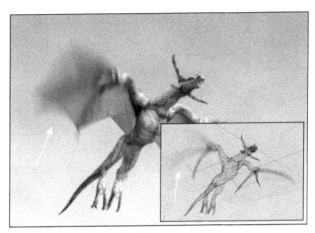

Fig.10.11

- **Effets de rendu par passage** : lorsque cette option est activée, les effets de rendu sont appliqués à chaque passage de l'effet Profondeur de champ ou Mouvement flou. Lorsqu'elle est désactivée, les effets de rendu sont appliqués uniquement après les passages ayant permis la création de l'effet passages multiples. Cette option est désactivée par défaut. Il est conseillé de ne pas l'activer pour ne pas accroître la durée du processus de rendu des effets à passages multiples.

1.4. Les boutons de navigation de la vue Caméra

Une façon rapide d'ajuster la vue Caméra consiste à utiliser les différentes options du panneau de contrôle situé en bas à droite de l'écran (fig.10.12) comme suit :

Fig.10.12

- **Travelling caméra** : permet de rapprocher ou d'éloigner la caméra de la cible sans changer de focale ou d'objectif. Pour l'utiliser, il suffit de cliquer et de glisser verticalement le curseur dans la fenêtre Caméra.

- **Perspective** : permet de modifier la distance entre la caméra et la cible sans changer l'emplacement de la cible. La focale change en conséquence. Il en résulte un maintien du cadrage et un effet parfois exagéré des lignes de fuite. Pour l'utiliser, il suffit de cliquer et de glisser le curseur verticalement dans la fenêtre Caméra.

- **Roulis caméra** : permet de pivoter la caméra sur son axe de visée selon que l'on déplace la souris vers la droite ou vers la gauche (fig.10.13).

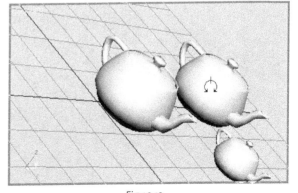

Fig.10.13

▸ **Cadrer tout** : permet de cadrer la scène au plus serré dans toutes les vues, sauf la vue Caméra.

▸ **Focale** : permet de changer le champ de vision de la caméra sans modifier l'emplacement de la caméra ou de la cible. Il convient de tirer vers le bas pour l'élargir et vers le haut pour le rétrécir.

▸ **Translation caméra** : permet de déplacer la caméra et sa cible perpendiculairement à la ligne de visée. Cela correspond au déplacement de la caméra et de sa cible sur le plan local XY de la caméra.

▸ **Orbite et Pan caméra** : ces deux icônes déroulantes déterminent la façon dont la caméra tourne dans la scène. Pan fait faire un panoramique, alors que Orbite fait tourner la caméra autour de la cible.

▸ **Walkthrough :** active la navigation virtuelle permettant de vous déplacer dans une fenêtre en appuyant sur une série de raccourcis, y compris les touches de direction (Exemples : Avancer : flèche Haut, Reculer : flèche Bas), de manière comparable à un univers 3D de jeu vidéo.

1.5. Les caméras libres

Une caméra libre est semblable à une caméra cible, sauf qu'elle n'a pas de cible. Elle a été conçue principalement pour être utilisée dans des animations dans lesquelles la caméra est attachée à un chemin de déplacement ou à une trajectoire comme dans une galerie de bâtiment ou bien fixée à un véhicule en mouvement. Les caméras libres peuvent s'incliner lorsqu'elles se déplacent sur la trajectoire. Ce type de caméra convient également si vous avez besoin d'une caméra verticale, vers le haut ou vers le bas.

Pour créer une caméra libre :

1. Cliquez sur le bouton **Caméra libre** de l'onglet **Lumières et caméras** de la tablette, ou cliquez sur **Caméras** dans l'onglet **Créer**, puis cliquez sur **Libre** dans le panneau déroulant **Type d'objet**.

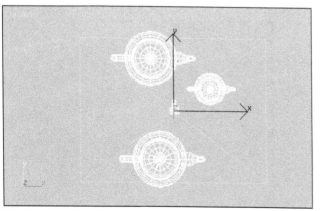

2. Dans la fenêtre, cliquez à l'endroit où vous voulez placer la caméra. Le type de fenêtre dans laquelle vous cliquez détermine la direction initiale de la caméra libre (fig.10.14).

3. Définissez les paramètres de création (voir Caméra cible).

4. Faites pivoter et déplacez la caméra pour régler le point de vue.

Fig.10.14

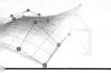
1.6. La zone de sécurité

La zone de sécurité est une fonction très utile qui permet de visualiser comment l'image sera recadrée au moment du rendu. Elle est composée de trois rectangles (fig.10.15) :

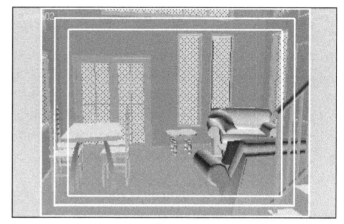

Fig.10.15

▸ **Cadre extérieur (jaune)** : il s'agit de la zone active qui montre la zone qui sera réellement rendue, quelles que soient la taille ou la proportion de la vue.

▸ **Cadre du milieu (bleu)** : il s'agit de la zone de sécurité qui montre la zone où l'on peut inclure une action en étant sûr qu'elle ne sera pas coupée par le bord de la plupart des écrans de télévision.

▸ **Cadre intérieur (orange)** : il s'agit de la zone de sécurité titre à l'intérieur de laquelle les titres peuvent être affichés sans risque.

Vous pouvez définir la taille de la zone de sécurité en tant que pourcentage du rectangle extérieur affiché au moyen des options **Zones de sécurité** de la boîte de dialogue **Configuration fenêtre** accessible à partir du menu **Personnaliser** (fig.10.16). En fonction de sa taille, la zone de sécurité peut être utilisée comme l'équivalent d'une zone de sécurité de titre ou d'une zone de sécurité d'action.

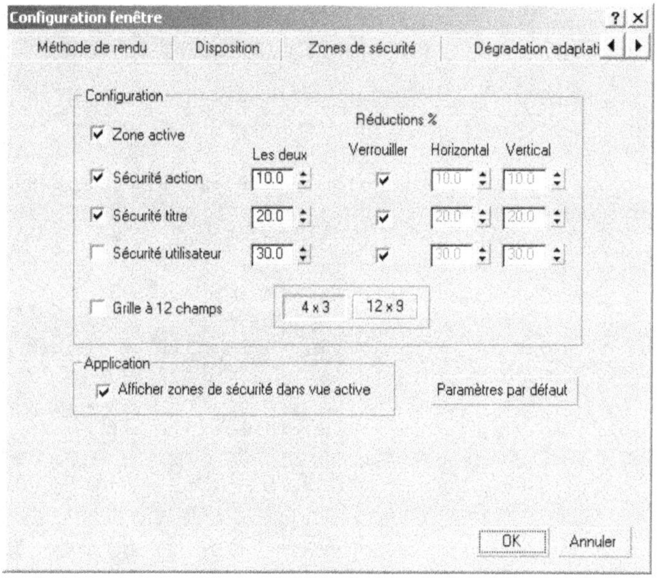

Pour visualiser les zones, sélectionnez l'option **Afficher zone de sécurité**, dans le menu contextuel de la fenêtre souhaitée en cliquant avec le bouton

Fig.10.16

droit de la souris sur l'étiquette de la fenêtre (fig.10.17). Trois rectangles s'affichent dans la fenêtre. Sélectionnez à nouveau **Afficher zone de sécurité** pour désactiver l'affichage.

Fig.10.17

1.7. L'utilitaire Caméra Match

L'utilitaire Camera Match utilise une photo d'arrière-plan bitmap et au moins cinq objets « Point caméra » spéciaux (relevé sur site) pour créer ou modifier une caméra de façon à ce que sa position, son orientation et sa focale correspondent à celles de la caméra à l'origine de la photo. L'utilisation de Camera Match nécessite un minimum de planification et de préparation. Trois étapes sont nécessaires :

▸ La préparation de la scène.

▸ Définition de l'arrière-plan.

▸ Placement de la caméra.

Etape 1 : préparation de la scène

Sur le terrain, vous devez prendre une photo du site et identifiez un minimum de cinq points de référence bien répartis et éloignés les uns des autres. L'illustration de la figure 9.18 indique huit points de référence numérotés.

Fig.10.18

Le point ❶, sur le trottoir, représente le point de référence avec une coordonnée 0, 0, 0. Les autres points sont calculés (en centimètre) par rapport à ce point. Ce qui donne :

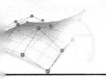

❶ : Fissure du trottoir 1	0, 0, 0
❷ : Fissure du trottoir 2	-116, 0, 0
❸ : Bordure gauche de l'entrée	464, 0, 0
❹ : Muret 1	466, 183, 65
❺ : Muret 2	570, 183, 65
❻ : Poteau	-90, 103, 220
❼ : Fondation	91, 663, 104
❽ : Coin fenêtre	865, 836, 213

Ces différents points de référence mesurés sur le site doivent ensuite être introduits dans 3ds max sous la forme d'objets assistants spéciaux appelés « points caméra ». Pour cela, la procédure est la suivante :

1. Ouvrez le fichier contenant le modèle à positionner sur le site.
2. Dans le panneau **Créer**, cliquez sur **Assistant**.
3. Dans la liste déroulante sélectionnez **Caméra Match**.
4. Cliquez sur le bouton **Point caméra** pour l'activer.
5. Désactivez la case **Afficher repère trois axes**.
6. Déroulez le panneau **Entrée au clavier**. Acceptez les valeurs zéro par défaut et cliquez sur le bouton **Créer**. Ce processus crée le premier point caméra aux coordonnées universelles 0.0.0. Généralement, le premier point est toujours placé à cet endroit (fig.10.19).
7. Sur le panneau déroulant **Nom et couleur**, entrez le nouveau nom : Fissure du trottoir 1 et appuyez sur Entrée.
8. La fonction **Point caméra** est toujours activée. Créez le deuxième point caméra, toujours à l'aide de l'option Entrée au clavier. Définissez les paramètres comme suit, puis appuyez sur Créer : X= -116, Y= 0, Z= 0.
9. Entrez le nom suivant : Fissure du trottoir 2 et appuyez sur Entrée.
10. Répétez cette procédure pour tous les autres points indiqués dans le tableau situé plus haut (fig.10.20).
11. Cliquez avec le bouton droit de la souris dans la fenêtre pour désactiver la fonction **Point caméra**.

Fig.10.19

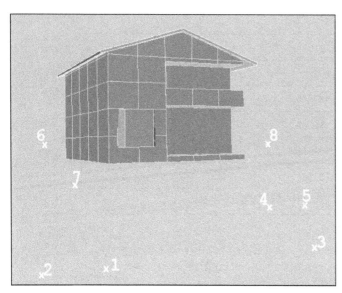

Fig.10.20

Le dernier point de cette étape consiste à accrocher le modèle (la maison) au point caméra approprié, en le repérant de façon précise sur le site. La procédure est la suivante :

1. Sur la barre d'outils principale, cliquez sur le bouton d'accrochage 3D pour l'activer, puis cliquez avec le bouton droit de la souris pour afficher la boîte de dialogue **Paramètres de grille et d'accrochage**.

2. Sur le panneau **Accrochages**, sélectionnez **Pivot** et **Point final**, puis fermez la boîte de dialogue (fig.10.21).

3. Dans la barre d'outils principale, cliquez sur **Déplacement**.

4. Cliquez sur l'angle inférieur gauche du modèle et faites-le glisser vers le point caméra 7.

5. Cliquez à l'emplacement du point 7 pour déposer le modèle.

Les points caméra sont à présent placés à des emplacements réels et précis et le modèle est correctement positionné (fig.10.22).

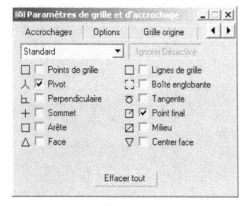

Fig.10.21

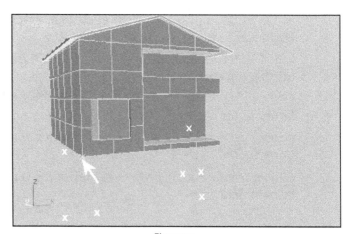

Fig.10.22

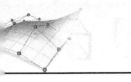

Etape 2 : Définition de l'arrière-plan

Dans cette étape nous allons ajouter à la scène l'image photographique du site, d'abord sous la forme d'un arrière-plan de rendu, puis d'un arrière-plan de fenêtre.

Avant d'utiliser une image comme arrière-plan de rendu, il est conseillé de définir d'abord cette image comme type de texture dans l'éditeur de matériaux. La procédure est la suivante :

① Selon la procédure habituelle, créez un nouveau matériau avec une texture de type bitmap et sélectionnez le fichier de l'image photographique représentant le site (maison.jpg). Celle-ci apparaît dans le champ échantillon (fig.10.23).

Fig.10.23

② Dans le panneau déroulant **Coordonnées**, effectuez les opérations suivantes :

  ▸ Sélectionnez l'option **Environn. Mapping**.

  ▸ Dans la liste **Mapping**, sélectionnez **Ecran** comme type de coordonnées de texture d'environnement (fig.10.24).

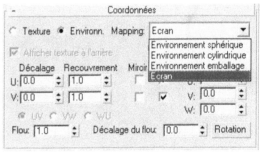

Fig.10.24

③ Dans la zone de saisie du nom, tapez Texture d'arrière-plan et refermez l'explorateur de matériaux.

④ Sélectionnez le menu **Rendu** dans la barre d'outils principale et cliquez sur **Environnement** pour afficher la boîte de dialogue **Environnement**.

⑤ Dans le panneau déroulant **Paramètres communs**, cliquez sur le bouton **Texture environnement** indiquant **Aucune** (fig.10.25). L'explorateur de matériaux/ textures s'affiche.

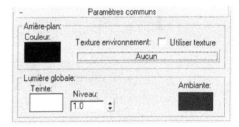

Fig.10.25

⑥ Effectuez les opérations suivantes dans l'explorateur :

▸ Dans la zone **Parcourir**, cliquez sur **Editeur matér**.

▸ Sélectionnez **Texture d'arrière-plan** dans la liste et cliquez sur **OK**.

▸ Dans la boîte de dialogue **Instance ou copie ?**, sélectionnez **Instance** et cliquez sur **OK** (fig.10.26).

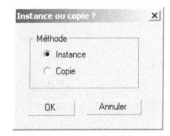

Fig.10.26

☐ Fermez la boîte de dialogue **Environnement**. L'image d'arrière-plan est à présent configurée comme arrière-plan de rendu.

Il reste à définir la résolution de rendu et à afficher l'image dans une fenêtre avant de pouvoir utiliser la fonction Camera Match. Cette dernière requiert en effet une synchronisation parfaite entre la résolution de l'arrière-plan de rendu, la résolution de rendu final et l'arrière-plan de la fenêtre. Sans cette synchronisation, Camera Match produira des résultats incorrects. La procédure est la suivante :

☐ Dans la barre de menus, sélectionnez le menu **Fichier** puis l'option **Afficher fichier image**.

☐ Sélectionnez le fichier de l'image photo (maison.jpg).

☐ Cliquez sur le bouton **Info** dans la boîte de dialogue **Visualiser Fichier**.

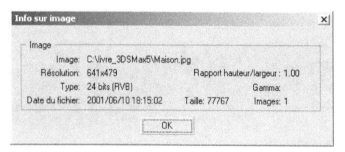

Fig.10.27

☐ La boîte de dialogue **Info sur image** affiche la résolution 641 x 479 (fig.10.27).

☐ Cliquez sur **Annuler** pour fermer la boîte de dialogue.

☐ Il convient de définir la résolution de rendu sur la base des valeurs de l'image. Pour cela, cliquez sur **Rendu** dans la barre d'outils principale, puis sélectionnez la fonction Rendu.

☐ Dans la zone **Taille sortie**, définissez les paramètres suivants :

▸ Largeur = 641

▸ Hauteur = 479

☐ Cliquez sur **Fermer**.

☐ Pour afficher l'image d'arrière-plan dans la fenêtre, cliquez avec le bouton droit de la souris dans la fenêtre Perspective pour l'activer.

☐ Sur la barre de menus, sélectionnez le menu **Vue** puis **Arrière-plan fenêtre** pour afficher la boîte de dialogue **Arrière-plan fenêtre** (fig.10.28).

☐ Dans la boîte de dialogue, effectuez les opérations suivantes :

▸ Cliquez si nécessaire sur **Fichiers** et sélectionnez le fichier Maison.jpg.

▸ Cochez le champ **Utiliser arrière-plan environnement**.

▸ Cochez le champ **Afficher arrière-plan**.

▸ Cliquez sur **OK**.

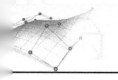

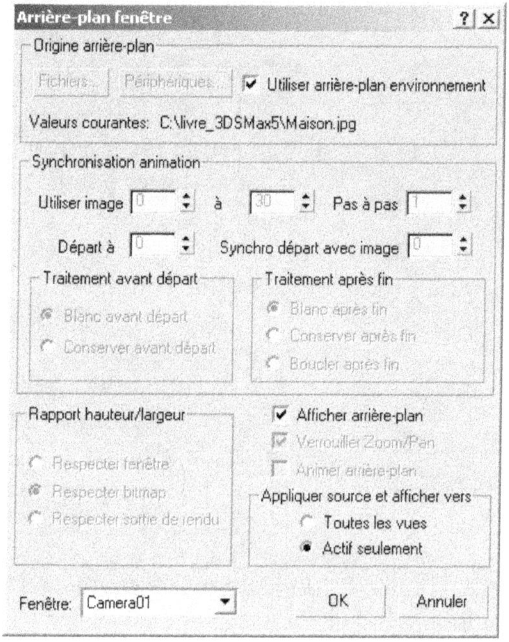

Fig.10.29

Fig.10.28

L'image d'arrière-plan de la photographie s'affiche dans la fenêtre Perspective (fig.10.29).

Etape 3 : Définition de l'arrière-plan

La dernière étape consiste à utiliser la fonction Caméra Match pour créer et aligner une caméra sur le point de vue de l'image d'arrière-plan. La procédure est la suivante :

1. Activez la fenêtre **Perspective** et affichez la pleine écran.

2. Ouvrez le panneau **Utilitaires** et cliquez sur **Camera Match**.

3. Sur le panneau Info point caméra, cliquez sur l'option **Affecter position**.

Fig.10.30

4. Sélectionnez le premier point du relevé dans la liste. A savoir dans notre cas « Fissure du trottoir 1 ».

5. Pointez sur la photo le point correspondant. Une petite croix rouge s'affiche.

6. Si le point n'est pas correctement positionné, vous pouvez cliquer de nouveau avec la souris ou modifier ses coordonnées écran, à l'aide des doubles flèches X et Y pour ajuster sa position (fig.10.30).

Fig.10.31

7. Sélectionnez le deuxième point du relevé dans la liste et répétez les étapes 6 et 7.

8. Répétez ces opérations pour tous les points. Lors du placement de ces petites croix rouges, les positions en x et en y de l'image sont indiquées et l'image est corrélée avec chacun des points caméra existants dans l'espace 3D.

9. Une fois que tous les points sont définis, cliquez sur le bouton **Créer caméra**. Une caméra est alors créée dans la scène en fonction de l'emplacement des objets Point caméra et des points de coordonnées écran spécifiés.

10. Activez la vue Caméra dans la fenêtre en cours en appuyant sur la touche « C ». Voilà votre projet ce trouve parfaitement intégré dans la scène au bon endroit (fig.10.31).

2. L'éclairage

2.1. Les bases de l'éclairage

L'éclairage est un composant essentiel pour le rendu d'une scène. Une scène peut avoir des modèles très élaborés, des textures photoréalistes et une animation spectaculaire et donner finalement un résultat décevant simplement par un éclairage inadéquat. L'éclairage doit donc être paramétré avec autant de soin que la modélisation, l'habillage et l'animation. Les lumières sont des objets qui permettent d'imiter un éclairage réel, tel que les lampes d'intérieur ou de bureau, l'équipement d'éclairage utilisé sur les scènes de théâtre et sur les plateaux de tournage, voire le soleil. Il existe plusieurs types d'objets d'éclairage qui projettent chacun une lumière différente, en imitant les différentes sources de lumière qui existent dans le monde réel. Même si aucun éclairage n'est défini dans une scène, 3ds max fournit une illumination par défaut permettant de voir la scène. Cet éclairage par défaut est matérialisé par deux lumières omnidirectionnelle placées aux coins opposés de la scène. Partant du principe que la scène est centrée sur l'origine, l'une se trouve devant à la position –X, -Y, +Z et l'autre à l'arrière à la position +X, +Y, -Z (fig.10.32).

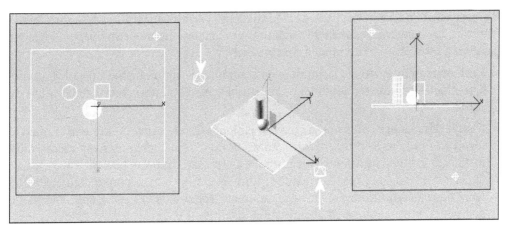

Fig.10.32

Lorsque vous ajoutez votre propre éclairage à la scène, 3ds max enlève l'éclairage par défaut pour qu'il n'interfère pas avec le vôtre. La scène sera dans un premier temps plus sombre car une seule lumière en remplace deux et la position de celle-ci se fait sur le plan horizontal ou vertical lors de l'insertion. Il convient donc de positionner correctement la lumière et d'en ajouter d'autres.

Vous pouvez commencer à travailler sur l'éclairage d'une scène en convertissant l'éclairage par défaut en objets lumière à l'aide de la procédure suivante :

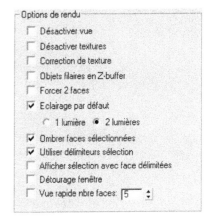

1. Cliquez avec le bouton droit de la souris sur le titre de la fenêtre.

2. Cliquez sur **Configurer**.

3. Dans la boîte de dialogue Configuration fenêtre, sélectionnez l'onglet **Méthodes de rendu**.

4. Dans la zone **Options de rendu**, activez **Eclairage par défaut** et **2 lumières** (pour activer l'option de menu Ajouter éclairage par défaut à la scène) (fig.10.33). Cliquez sur OK.

Fig.10.33

5. Dans le menu **Vues**, cliquez sur **Ajouter éclairage par défaut à la scène**.

L'éclairage par défaut comprend une lumière **principale** positionnée devant et à gauche de la scène et une lumière **de remplissage** positionnée derrière et à droite de la scène. Ces deux lumières par défaut fonctionnent comme des lumières omnidirectionnelles et sont ajoutées à la scène en tant que tel lorsque vous utilisez cette commande.

L'apparence d'une surface dépend de la lumière qui l'éclaire, mais aussi des propriétés du matériau de la surface, comme sa couleur, son caractère lissé et son opacité. Plusieurs paramètres sont ainsi à prendre en compte dont :

- **L'intensité** : l'intensité de la lumière en son point d'origine influe sur l'illumination d'un objet. Une lumière faible éclairant un objet aux couleurs vives ne renvoie que des couleurs ternes.

- **L'angle d'incidence** : plus une surface est éloignée d'une source de lumière, moins elle reçoit de lumière et plus elle est sombre. L'angle d'incidence correspond à l'angle formé par le rayon lumineux et la normale à la surface frappée. Lorsque l'angle d'incidence est de 0 degré (c'est-à-dire que la lumière frappe la face perpendiculairement), la surface est illuminée avec une intensité maximale. Plus l'angle d'incidence augmente, plus l'intensité d'illumination diminue.

- **L'atténuation** : dans le monde réel, la lumière décroît avec la distance. Plus les objets sont éloignés de la source de lumière, plus ils paraissent sombres ; inversement, ils paraissent brillants lorsqu'ils sont proches de la source de lumière. Cet effet est désigné par le terme d'atténuation. Dans la nature, la lumière s'atténue à un taux de carré inverse. C'est-à-dire que son intensité diminue proportionnellement au carré de la distance à partir de la source lumineuse. Souvent, l'atténuation est encore plus grande lorsque la lumière est dispersée par l'atmosphère, notamment lorsque celle-ci comporte des particules de poussière, du brouillard ou des nuages.

- **La couleur** : la couleur de la lumière est en partie fonction du processus qui la génère. Par exemple, une lampe au tungstène projette une lumière jaune orangé, une lampe à vapeur de mercure projette une lumière froide variant entre le bleu et le blanc et le soleil génère une lumière variant entre le jaune et le blanc. La couleur de la lumière dépend également de la matière traversée. Par exemple, les nuages dans l'atmosphère teintent la lumière du jour en bleu et les vitraux peuvent créer une couleur plus saturée.

Les instructions relatives à l'éclairage employé par les photographes, les cinéastes et les créateurs de décors de théâtres peuvent également vous aider à configurer l'éclairage des scènes dans 3ds max. Selon que la scène imite une illumination naturelle ou artificielle, votre choix d'éclairage ne sera pas le même. Dans les scènes qui comportent un éclairage naturel, tel que la lumière du jour ou le clair de lune, l'illumination provient essentiellement d'une source d'éclairage unique. D'autre part, les scènes qui sont éclairées artificiellement comportent souvent plusieurs sources de lumière d'intensité équivalente.

2.2. Les catégories de lumières

Il existe trois catégories de lumières dans 3ds max 8 : les lumières standards, les lumières photométriques et la lumière du jour.

- **Les lumières standard** : c'est l'éclairage de base qui permet de placer des spots, des ampoules ou une lumière directionnelle avec des paramètres divers comme la couleur ou l'intensité.

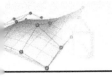

▸ **Les lumières photométriques** : au lieu de spécifier l'intensité d'une lumière à l'aide de valeurs arbitraires, on peut la définir avec des unités photométriques plus significatives (lumens et candelas par exemple). 3ds max 8 prend également en charge le format de données standard IES (*Illuminating Engineering Society*) pour décrire les performances des appareils d'éclairage du marché. Il s'agit donc d'un éclairage plus scientifique et donc plus conforme à la réalité.

▸ **La lumière du jour** : la lumière du jour est faite de deux composants, le soleil et le ciel. Ce système permet de sélectionner des positions géographiques ainsi que la date et l'heure. Ce type de lumière est donc tout indiqué pour l'éclairage naturel.

Dans le cas des lumières standard, il existe cinq types d'objets lumière (fig.10.34) :

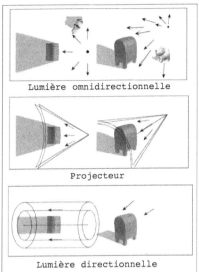

Fig.10.34

▸ **Le projecteur** : il projette un rayon de lumière concentré comme une torche électrique, un spot de théâtre ou un phare. Un projecteur cible se sert d'un objet cible pour orienter la caméra. A la différence d'un projecteur cible, un projecteur libre n'a pas d'objet cible. Il faut le déplacer et le faire pivoter pour qu'il pointe dans la direction requise. Dans le cas de l'utilisation du rendu mental ray (voir chapitre 12), on parlera de « projecteur de zone » qui émet une lumière à partir d'une zone rectangulaire ou discoïde, plutôt qu'à partir d'une source ponctuelle.

▸ **La lumière directionnelle** : elle projette des rayons lumineux parallèles dans une seule direction, de la même façon que le soleil (pratiquement) éclaire la surface de la terre. Les lumières directionnelles sont surtout utilisées pour simuler la lumière du soleil. On peut régler la couleur de l'éclairage, positionner et faire pivoter la lumière dans l'espace en 3D. Dans la mesure où les rayons directionnels sont parallèles, le faisceau d'une lumière directionnelle a la forme d'un prisme circulaire ou rectangulaire et non celle d'un « cône ». La lumière directionnelle existe avec ou sans cible.

▸ **L'éclairage omnidirectionnel** : il projette des rayons dans toutes les directions à partir d'une source unique. Ce type d'éclairage permet d'ajouter un éclairage d'appoint à une conception ou de simuler des sources lumineuses ponctuelles. Les lumières omnidirectionnelles peuvent projeter des ombres et créer des projections. Dans le cas de l'utilisation du rendu mental ray, on parlera de « lumière omnidirectionnelle de zone » qui émet une lumière à partir d'une zone sphérique ou cylindrique, plutôt qu'à partir d'une source ponctuelle.

▸ **Le dôme de lumière** : il simule la lumière du jour. Il est conçu pour être utilisé avec le traceur de lumière. Il est possible de définir la couleur du ciel ou lui affecter une texture. Le ciel est modélisé sous forme d'un dôme au-dessus de la scène.

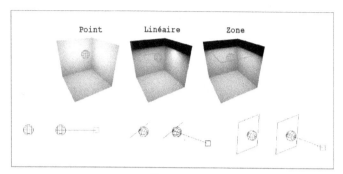

Fig.10.35

▸ **Les lumières photométriques** : Les lumières photométriques utilisent des valeurs photométriques (énergie lumineuse) qui permettent de définir plus exactement des lumières comme elles seraient dans le monde réel. Vous pouvez créer des lumières avec diverses caractéristiques de distribution et de couleur, ou importer des fichiers photométriques spécifiques fournis par des fabricants d'éclairage.

Il y a huit types de lumières photométriques : lumière ponctuelle (mode libre ou avec cible), lumière linéaire (mode libre ou avec cible), lumière Zone (mode libre ou avec cible), Soleil IES et lumière ciel IES (fig.10.35).

Chaque type de lumière possède également des propriétés de distribution de la lumière :

▸ **Isotrope/Diffus** : type de distribution par défaut pour toute nouvelle lumière. Pour la lumière ponctuelle (Isotrope), elle est distribuée de façon identique dans toutes les directions. Pour les autres lumières (diffuse), l'émission la plus forte est dans la direction de la lumière et elle devient plus faible avec l'élargissement de l'angle et zéro à 90 degrés (fig.10.36).

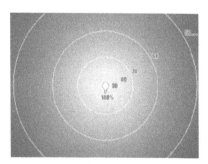

Fig.10.36

▸ **Projecteur** : seule la lumière ponctuelle peut avoir ce type de distribution qui ressemble à un faisceau de lumière comme une lampe-torche ou un spot de théâtre. Les angles Impact lumineux et Atténuation peuvent être définis comme dans le cas d'une lumière Spot standard (fig.10.37).

▸ **Toile** : ce type de distribution permet de personnaliser l'intensité de l'émission. Il est nécessaire d'avoir un fichier de définition (∗.IES) qui est habituellement fourni par les fournisseurs d'appareils d'éclairage (fig.10.38).

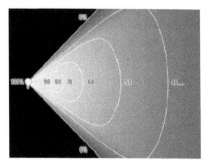

Fig.10.37

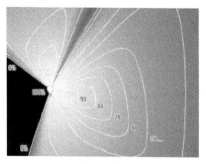

Fig.10.38

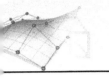
2.3. La lumière ambiante

La lumière ambiante est la lumière générale qui éclaire la totalité de la scène. Son intensité uniforme est diffusée de manière égale. On ne peut discerner ni sa source ni son orientation.

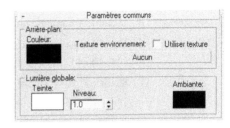

Fig.10.39

Par défaut, la lumière ambiante de chaque scène est très faible. Si vous examinez les ombres les plus sombres sur votre modèle avec la lumière ambiante définie par défaut, vous pouvez tout de même distinguer sa surface car elle est éclairée par la lumière ambiante.

Souvent, la meilleure méthode d'éclairage consiste à sélectionner une lumière ambiante noire et à définir toutes vos lumières. Vous déciderez ensuite si la lumière ambiante est nécessaire.

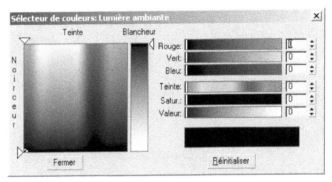

Fig.10.40

Pour modifier la lumière ambiante, la procédure est la suivante :

1. Sélectionnez **Environnement** dans le menu **Rendu**. La boîte de dialogue **Environnement** s'affiche à l'écran (fig.10.39).

2. Cliquez sur l'indicateur de couleur situé sous le texte **Ambiante**.

3. Sélectionnez la couleur souhaitée (fig.10.40) et cliquez sur **Fermer**.

4. Faites varier la valeur du champ **Niveau**. Plus la valeur de champ est élevée, plus les ombres sont claires et plus la scène semble décolorée.

5. Modifiez éventuellement la couleur des différentes lumières de la scène en cliquant sur l'indicateur de couleur situé sous le texte **Teinte**.

2.4. L'éclairage omnidirectionnel

Un éclairage omnidirectionnel projette des rayons dans toutes les directions à partir d'une source unique. Ce type d'éclairage permet d'ajouter un éclairage d'appoint à une conception ou de simuler des sources lumineuses ponctuelles. Les lumières omnidirectionnelles peuvent projeter des ombres et créer des projections. Une lumière omnidirectionnelle générant une ombre est équivalente à un projecteur projetant six ombres, pointant vers l'extérieur depuis le centre.

Pour créer un éclairage omnidirectionnel, la procédure est la suivante :

1. Dans le panneau **Créer**, cliquez sur **Lumières**.

2. Dans le panneau déroulant **Type d'objet**, cliquez sur **Omnidir** (fig.10.41).

3. Cliquez sur l'emplacement de la fenêtre où vous souhaitez placer l'éclairage. Si vous faites glisser la souris, vous pouvez déplacer l'éclairage avant de relâcher la souris pour fixer sa position. A présent, l'éclairage est intégré à la conception. Vous pouvez ajuster l'effet de l'éclairage en le déplaçant comme n'importe quel autre objet (fig.10.42).

4. Définissez les paramètres de création.

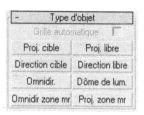

Fig.10.41

Fig.10.42

Les paramètres principaux sont les suivants :

Zone Paramètres généraux

▸ **Actif :** active et désactive la lumière.

▸ **Liste de types de lumières :** permet de modifier le type de lumière.

Section Ombre

▸ **Actif :** détermine si l'éclairage courant projette ou non des ombres.

▸ **Utiliser les paramètres globaux :** activez cette option si vous souhaitez utiliser les paramètres globaux pour les ombres projetées par cet éclairage. Désactivez-la pour permettre un contrôle individuel des ombres. Si vous choisissez de ne pas utiliser les paramètres globaux, vous devez choisir la méthode utilisée par le rendu pour générer des ombres pour cet éclairage particulier (ombre douce, ombre texture, ombre par lancer de rayon). Cette option est désactivée par défaut. Dans le premier cas toutes les lumières de type omnidirectionnel ont les mêmes paramètres. Dans le second cas, chaque lumière peut être paramétrée individuellement.

Zone Paramètres ombre

Section Ombres objet

▶ **Coul. (Couleur)** : affiche un sélecteur de couleurs pour vous permettre de choisir une couleur pour les ombres projetées par cette lumière. La valeur par défaut est noir.

▶ **Dens. (densité)** : règle la densité des ombres. Si vous augmentez la valeur de la Densité, vous augmentez la densité (obscurité) des ombres. Plus vous diminuez la valeur de la Densité, moins les ombres seront denses. Par défaut, la valeur est 1.0 (fig.10.43-10.44).

Fig.10.43

Fig.10.44

▶ **Texture** : affecte une texture aux ombres. Les couleurs de la texture fusionnent avec la couleur de l'ombre. Par défaut, l'option est définie sur Aucun.

▶ **Lumière affecte coul. ombre** : activez cette option pour fusionner la couleur de l'éclairage avec la couleur des ombres (ou les couleurs des ombres si celles-ci sont mappées). Cette option est désactivée par défaut.

Zone Intensité/Couleur/Atténuation

Section Intensité/Couleur

▶ **Multiplicateur** : amplifie la puissance de l'éclairage à l'aide d'une quantité positive ou négative. Par exemple, si le multiplicateur a pour valeur 2, l'éclairage sera deux fois plus puissant. Les multiplicateurs sont également utiles pour diminuer l'éclairage et placer de façon sélective des zones sombres dans la scène. Par défaut, la valeur est 1.0.

▶ **Indicateur couleur** : affiche la couleur de l'éclairage. Lorsque vous cliquez sur l'indicateur de couleur, le Sélecteur de couleurs s'affiche pour vous permettre de choisir la couleur de la lumière.

Section Déclin

Cette option offre une autre manière de réduire l'intensité de la lumière en fonction de la distance.

- **Type** : définit le type de déclin à utiliser. Vous avez le choix entre trois types de déclin.

    - **Aucun** : (valeur par défaut). Tous les panneaux sont désactivés. La lumière conserve une portée maximum, de sa source à l'infini, à moins que vous n'activiez l'option Atténuation lointaine.

    - **Inverse** : permet d'appliquer un déclin inverse. La formule est la suivante : intensité = Ro/R, où Ro correspond à la source radiale de la lumière si aucune atténuation n'est utilisée ou à la valeur Fin proche de la lumière dans le cas contraire. R est la distance radiale de la surface éclairée à partir de Ro.

    - **Inverser le carré** : permet d'appliquer un déclin carré inversé. La formule dans ce cas est (Ro/R)2. Ceci est en fait le déclin de lumière du « monde réel », mais vous la trouverez peut-être trop faible lorsqu'il s'agit de graphiques sur ordinateur.

- **Afficher** : affiche sous la forme d'une section de cône le début de l'effet de déclin, dans le cas de projecteurs ou de lumières directionnelles.

- **Début** : définit la distance à laquelle l'éclairage commence à décliner.

Section Atténuation proche

- **Utiliser** : active l'atténuation proche pour l'éclairage (fig.10.45).

Fig.10.45

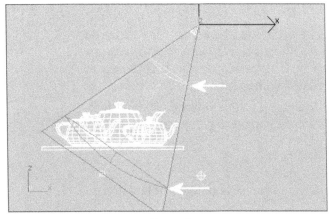

Fig.10.46

- **Afficher** : affiche les paramètres des intervalles d'atténuation proche dans les fenêtres. Dans le cas de projecteurs, les intervalles d'atténuation s'affichent sous forme de sections du cône dotées d'une forme d'objectif (fig.10.46). Pour les lumières directionnelles, les intervalles s'affichent comme des sections circulaires du cône. Lorsque la commande Dépassement est activée, les intervalles s'affichent sous forme de sphères pour les lumières omnidirectionnelles, les projecteurs ou les lumières directionnelles. Par défaut, Début d'atténuation proche est bleu foncé et Fin d'atténuation proche bleu clair.

- **Début** : définit la distance à laquelle l'éclairage commence à apparaître en fondu.

- **Fin** : définit la distance à laquelle l'éclairage atteint son intensité maximale.

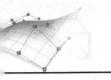

Section Atténuation lointaine

▶ **Utiliser** : active l'atténuation lointaine pour l'éclairage.

▶ **Afficher** : affiche les paramètres des intervalles d'atténuation lointaine dans les fenêtres. Dans le cas de projecteurs, les intervalles d'atténuation s'affichent sous forme de sections du cône dotées d'une forme d'objectif. Pour les lumières directionnelles, les intervalles s'affichent comme des sections circulaires du cône. Lorsque la commande Dépassement est activée, les intervalles s'affichent sous forme de sphères pour les lumières omnidirectionnelles, les projecteurs ou les lumières directionnelles. Par défaut, Début d'atténuation lointaine est marron clair et Fin d'atténuation lointaine marron foncé.

▶ **Début** : définit la distance à laquelle l'éclairage commence à disparaître en fondu.

▶ **Fin** : définit la distance à laquelle l'éclairage a diminué jusqu'à l'intensité zéro.

2.5. L'éclairage projecteur (spot)

Un projecteur projette un rayon de lumière concentré comme une lampe électrique, un spot de théâtre ou un phare. Un projecteur cible se sert d'un objet cible pour orienter la caméra. La distance entre le projecteur et la cible n'a aucune importance sur la brillance ou sur l'atténuation. Le projecteur est le type d'éclairage le plus polyvalent dans 3ds max. Ils projettent de la lumière, leur faisceau peut être de forme rectangulaire ou circulaire, et ils peuvent même projeter une image bitmap. Le projecteur libre possède les mêmes fonctionnalités qu'un processeur cible, sauf qu'au lieu de placer une cible pour positionner le cône de la lumière, le projecteur libre est orienté librement. Il est surtout utilisé en animation dans le cas où il doit suivre une trajectoire de déplacement.

Pour créer un projecteur cible, la procédure est la suivante :

1. Dans le panneau **Créer**, cliquez sur **Lumières**.

2. Dans le panneau déroulant **Type d'objet**, cliquez sur **Projecteur cible**.

3. Faites glisser la souris dans une fenêtre. Le point à partir duquel vous faites glisser la souris correspond à l'emplacement du projecteur et le point sur lequel vous relâchez le bouton de la souris correspond à l'emplacement de la cible. L'éclairage est à présent intégré à la conception.

4. Définissez les paramètres de création (voir plus loin dans le texte).

Pour ajuster un projecteur cible, la procédure est la suivante :

1. Sélectionnez l'éclairage.

2. Sélectionnez **Déplacement** dans la barre d'outils principale pour régler la position de l'éclairage (fig.10.47). Vous pouvez également cliquer avec le bouton droit de la souris sur l'éclairage, puis choisir **Déplacement** dans le menu contextuel. Le

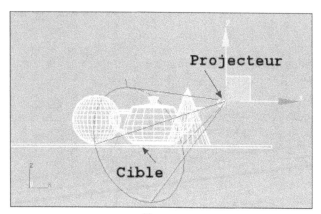

Fig.10.47

projecteur est toujours dirigé vers sa cible et vous ne pouvez donc pas le faire pivoter autour de ses axes locaux des X ou des Y. Cependant, vous pouvez sélectionner et déplacer l'objet cible, de même que l'éclairage proprement dit. Lorsque vous déplacez l'éclairage ou la cible, l'éclairage change d'orientation de façon à rester dirigé vers la cible.

Pour sélectionner la cible, plusieurs méthodes sont disponibles :

La cible est affichée sous la forme d'un petit carré et se trouve souvent dans la même zone que les objets que vous souhaitez illuminer. Il peut s'avérer difficile de la sélectionner en cliquant simplement dessus. D'autres solutions sont ainsi disponibles. Ainsi, une autre méthode consiste à sélectionner le projecteur puis en cliquant avec le bouton droit de la souris sur l'éclairage, à sélectionner cible dans le menu contextuel. Enfin, une troisième méthode consiste à sélectionner la cible par son nom en tapant H au clavier puis il reste à cliquer sur la cible dans la liste (fig.10.48).

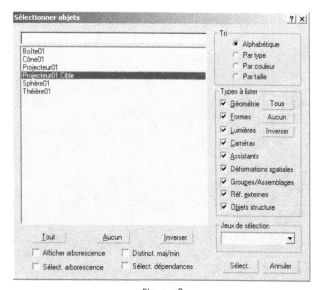

Fig.10.48

Pour transformer une fenêtre en vue lumière, la procédure est la suivante :

1. Cliquez avec le bouton droit de la souris sur un nom de fenêtre. Le menu contextuel Fenêtre s'affiche.

2. Choisissez **Vues**. Le nom de chaque projecteur ou lumière directionnelle s'affiche dans la liste Vues.

3. Choisissez le nom de la lumière. La fenêtre affiche à présent le point de vue de la lumière. Vous pouvez utiliser les commandes de la fenêtre Lumière pour régler la lumière (fig.10.49). On y trouve en particulier :

   ▸ **Travelling lumière** : déplace le projecteur le long de l'axe le reliant à la cible.

   ▸ **Impact lumineux** : impact lumineux vous permet de régler l'angle de l'impact d'une lumière.

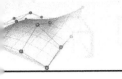

- **Roulis lumière** : fait pivoter la caméra autour de sa ligne de visée (son axe Z local). Bien qu'il modifie la vue de la lumière, le roulis n'influe sur l'objet lumière que lorsque celui-ci projette un faisceau rectangulaire ou est un projecteur.

- **Atténuation lumière** : atténuation lumière ajuste l'angle de l'atténuation d'une lumière.

- **Translation lumière** : cette option déplace une lumière et sa cible parallèlement à eux-mêmes.

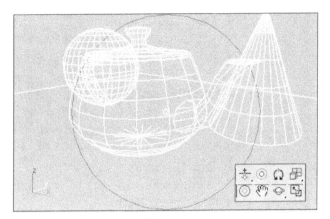

Fig.10.49

- **Orbite lumière** : la fonction d'orbite fait tourner une lumière autour de la cible. La fonction de panoramique fait tourner la cible autour de la lumière (fig.10.50).

Les paramètres du projecteur

Outre les paramètres communs à la lumière directionnelle, le projecteur comprend certains paramètres spécifiques dont :

Fig.10.50

Section Cône de lumière (Zone Paramètres projecteur)

Ces paramètres contrôlent les impacts lumineux et l'atténuation des projecteurs (fig.10.51).

- **Afficher cône** : active ou désactive l'affichage du cône. Il convient de souligner qu'un cône est toujours visible quand un éclairage est sélectionné. Aussi, le fait de ne pas cocher cette case n'aura pas d'effet apparent tant que vous ne désélectionnez pas l'éclairage.

- **Dépassement** : lorsque l'option Dépassement est définie, l'éclairage projette de la lumière dans toutes les directions, un peu comme la lumière omnidirectionnelle. Elle ne projette toutefois les projections et les ombres que dans son cône d'atténuation.

- **Impact lumineux** : ajuste l'angle du cône de la lumière (zone de lumière intense). La valeur de l'impact lumineux est mesurée en degrés. La valeur par défaut est 43.0.

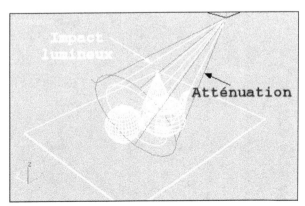

Fig.10.51

- **Atténuation** : ajuste l'angle de l'atténuation de la lumière (zone de lumière atténuée ou pénombre). La valeur de l'Atténuation est mesurée en degrés. Valeur par défaut = 45.0. Vous pouvez manipuler l'impact lumineux et l'atténuation en faisant glisser les manipulateurs dans les fenêtres.

- **Cercle/Rectangle** : détermine la forme des zones d'atténuation et d'impact lumineux. Activez l'option Cercle si vous souhaitez un éclairage standard, circulaire. Activez Rectangle quand vous voulez un rayon de lumière rectangulaire, comme la lumière qui se projette à travers une fenêtre ou une porte.

- **Aspect** : définit le rapport aspect du rayon lumineux rectangulaire. Par défaut, la valeur est 1.0. Une valeur plus importante augmente la longueur du rectangle par rapport à la largeur.

- **Ajustage bitmap** : si le rapport aspect de la projection lumineuse est rectangulaire, cette option définit le rapport hauteur/largeur sur la base d'un bitmap spécifique. Cette fonction se révèle utile lorsque vous utilisez la lumière comme projecteur d'une image.

Section Texture projecteur (Zone Effets avancés)

Ces commandes transforment l'éclairage du projecteur en appareil de projection (fig.10.52-10.53).

- **Case à cocher** : sélectionnez cette option pour projeter la texture choisie par le biais du bouton Texture. Désélectionnez-la pour désactiver la projection.

- **Texture** : permet de définir la texture de la projection. Vous pouvez faire glisser n'importe quelle texture sélectionnée à partir de l'éditeur de matériaux et la placer sur le bouton Texture Aucun. Vous pouvez également cliquer sur le bouton Texture Aucun pour afficher l'explorateur matériaux/textures qui vous permet de choisir un type de texture.

Fig.10.52

Fig.10.53

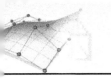

2.6. L'éclairage combiné : omni et projecteur

Pour arriver à créer un éclairage correct avec les lumières standard, il faut la plupart du temps combiner plusieurs lumières. L'exemple suivant, illustre l'éclairage engendré par une simple et unique lampe de salon. La scène est constituée de 4 murs, d'un plancher, d'une petite table et d'une lampe (fig.10.54).

Etape 1 : création de la lumière de base

Cette étape consiste à créer un projecteur cible pour éclairer le dessus de la table et le pied de la lampe. La procédure est la suivante :

1. Créez un projecteur cible n'importe ou dans la fenêtre de face.

2. Renommez cette lumière « Eclairage principal ».

3. A l'aide de la fonction **Sélection et déplacement**, placez le projecteur au-dessus et centré sur l'abat-jour. Vous pouvez aussi effectuer un clic droit sur la fonction et placer le projecteur avec les coordonnées (fig.10.55).

4. Faites de même pour placer la cible du projecteur (fig.10.56).

5. Sélectionnez le projecteur pour adapter les paramètres et cliquez sur le panneau Modifier.

6. Dans la section **Intensité/Couleur/Atténuation**, cliquez sur le sélecteur de couleurs et entrez les valeurs suivantes : **Teinte** (26), **Saturation** (10), **Valeur** (255) (fig.10.57).

7. Dans le champ **Multipli.**, entrez la valeur 1.75.

8. Dans la section **Paramètres généraux**, cochez le champs **Ombres Actif**.

9. Dans la section **Paramètres projecteur**, entrez les valeurs 38 dans le champ **Impact lumin**. et 46 dans le champ **Atténuation** (fig.10.58).

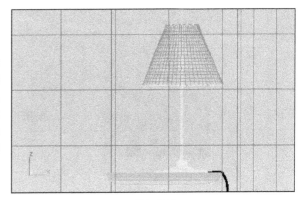

Fig.10.54

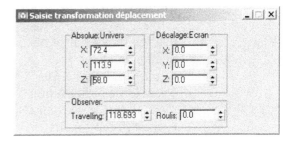

Fig.10.55

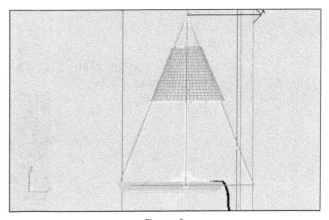

Fig.10.56

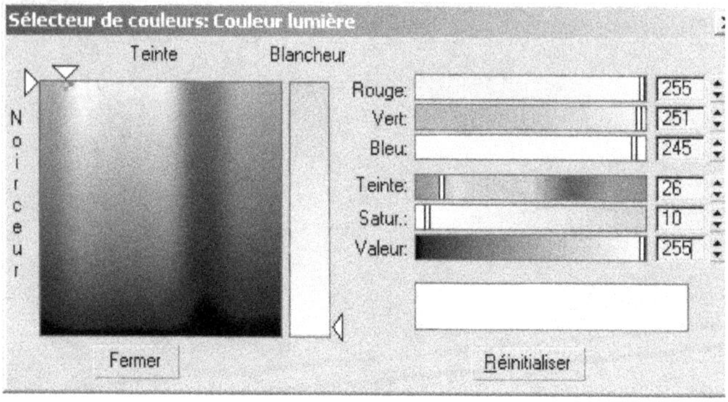

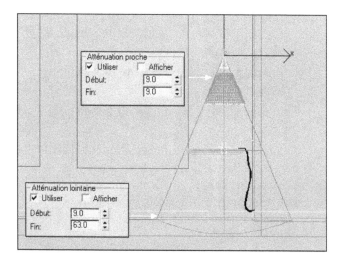

Fig.10.57

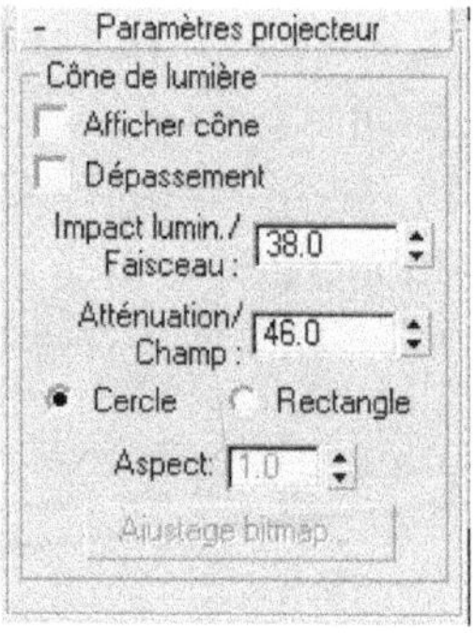

Fig.10.58

10   Pour définir la zone d'influence de l'éclairage, activez les champ **Atténuation proche** et **Atténuation lointaine** avec les paramètres **Début** et **Fin** à 9 pour le premier champ et 9 et 63 pour le deuxième champ (fig.10.59). L'atténuation permet d'activer l'effet du projecteur à l'intérieur de l'abat-jour tout en le plaçant à l'extérieur.

11   Cliquez sur le bouton **Rendu rapide** pour afficher le résultat (fig.10.60).

Fig.10.59

Fig.10.60

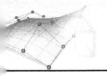

Etape 2 : création de la lumière projetée par le haut sur le mur

Le second projecteur a pour effet de simuler l'effet de la lumière vers le haut sur le mur. La procédure est la suivante :

1. Créez un projecteur cible dans la fenêtre Face.

2. Renommer cette lumière « Eclairage haut ».

3. A l'aide de la fonction **Sélection et déplacement**, placez le projecteur vers le bas et centrez sur l'abatjour. Vous pouvez aussi effectuer un clic droit sur la fonction et placer le projecteur avec les coordonnées.

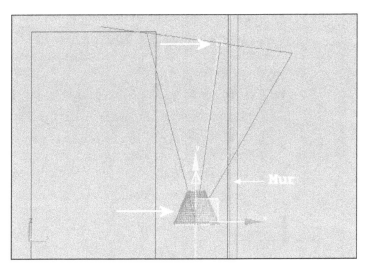

Fig.10.61

4. Faites de même pour placer la cible du projecteur, au-dessus et prêt du mur (fig.10.61).

5. Sélectionnez le projecteur pour adapter les paramètres et cliquez sur le panneau Modifier.

6. Comme pour le premier projecteur, les paramètres sont les suivants :

   ▸ Couleur : Teinte (26), Saturation (10), Valeur (255)

   ▸ Multipli. : 0.9

   ▸ Impact lumineux : 59.5

   ▸ Atténuation : 64

   ▸ Ombres sur Actif

Fig.10.62

7. Pour éviter une interférence entre le faisceau lumineux du projecteur et l'abat-jour, vous devez exclure ce dernier en cliquant sur le bouton **Exclure** dans la section **Paramètres généraux**.

8. Dans la boîte de dialogue **Exclure/Inclure**, sélectionnez dans la colonne de gauche l'abat-jour et cliquez sur le bouton de la double flèche pour l'envoyer dans la colonne de droite. Cochez aussi le champ **Illumination** pour exclure l'abat-jour de l'effet d'illumination mais pas de l'effet d'ombre (fig.10.62).

9. Cliquez sur le bouton **Rendu rapide** pour afficher le résultat (fig.10.63).

Fig.10.63

Etape 3 : création de la lumière réfléchie sur le mur

La lumière émise par le bord extérieur de la lampe se réfléchit sur le mur en créant des bandes étroites de lumière au-dessus et au-dessous de l'abat-jour. La procédure est la suivante :

1. Créez un projecteur cible dans la fenêtre Face.

2. Renommez cette lumière « Eclairage abat-jour bas ».

3. A l'aide de la fonction **Sélection et déplacement**, placez le projecteur vers le bas et centrez sur l'abat-jour. Vous pouvez aussi effectuer un clic droit sur la fonction et placez le projecteur avec les coordonnées.

4. Faites de même pour placer la cible du projecteur, au-dessous et prêt du mur (fig.10.64).

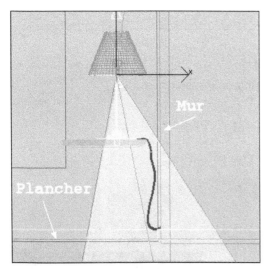

Fig.10.64

5. Sélectionnez le projecteur pour adapter les paramètres et cliquez sur le panneau Modifier.

6. Comme pour les autres projecteurs, les paramètres sont les suivants :
   - **Couleur :** Teinte (0), Saturation (0), Valeur (255)
   - **Multipli. :** 1
   - **Impact lumineux :** 134.5
   - **Atténuation :** 145.5
   - **Ombres** sur Actif
   - **Déclin – Type : Inverser et Début :** 17

7. Cliquez sur le bouton **Rendu rapide** pour afficher le résultat (fig.10.65).

8. Créez un autre projecteur cible dans la fenêtre Face.

9. Renommez cette lumière « Eclairage abat-jour haut ».

10. A l'aide de la fonction Sélection et déplacement, placez le projecteur vers le bas et centrez sur l'abat-jour. Vous pouvez aussi effectuer un clic droit sur la fonction et placer le projecteur avec les coordonnées.

11. Faites de même pour placer la cible du projecteur, au-dessous et près du mur.

Fig.10.65

⑫ Sélectionnez le projecteur pour adapter les paramètres et cliquez sur le panneau **Modifier**.

⑬ Comme pour les autres projecteurs, les paramètres sont les suivants :

- **Couleur :** Teinte (0), Saturation (0), Valeur (255)
- **Multipli. :** 0.6
- **Impact lumineux :** 123
- **Atténuation :** 143 (fig.10.66)
- **Ombres** sur Actif
- **Déclin – Type :** Inverser et Début : 20

⑭ Cliquez sur le bouton **Rendu rapide** pour afficher le résultat (fig.10.67).

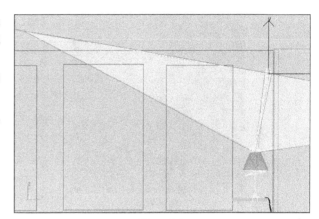

Fig.10.66

Etape 4 : création de la lumière omni de l'ampoule

Cette lumière simule l'ampoule et la lumière passant au travers du matériau de l'abat-jour. La procédure est la suivante :

① Créez une lumière omni dans la vue de face.

② Renommez cette lumière « Eclairage omni ampoule ».

③ A l'aide de la fonction **Sélection et déplacement**, placez la lumière omni à l'intérieure de l'objet représentant l'ampoule (fig.10.68).

④ Définissez les paramètres suivants :

- **Couleur :** Teinte (30), Saturation (69), Valeur (255)
- **Multipli. :** 1.35
- **Ombres** sur Inactif
- **Déclin – Type :** Inverser et Début : 10

⑤ Cliquez sur le bouton **Rendu rapide** pour afficher le résultat (fig.10.69).

Fig.10.67

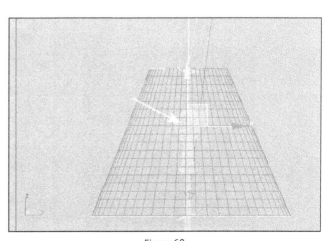

Fig.10.68

Fig.10.69

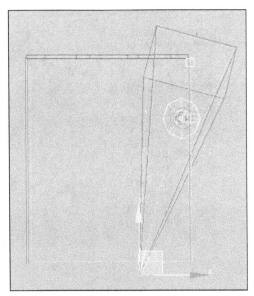

Fig.10.70

Fig.10.71

Etape 5 : création d'une lumière d'arrière-plan

Pour donner un peu de relief aux murs et relier l'éclairage principal de la lampe de salon avec le reste de la scène, il peut être utile de créer une ou deux lumières complémentaires. La procédure est la suivante :

1. Créez un projecteur cible dans la fenêtre Face.

2. Renommez cette lumière « Eclairage arrière-plan 1 ».

3. A l'aide de la fonction **Sélection et déplacement**, placez le projecteur correctement au début de la pièce et la cible au fond derrière la lampe de salon (fig.10.70).

4. Sélectionnez le projecteur pour adapter les paramètres et cliquez sur le panneau Modifier :

   ▸ **Couleur :** Teinte (43), Saturation (4), Valeur (255)

   ▸ **Multipli. :** 0.4

   ▸ **Impact lumineux :** 28

   ▸ **Atténuation :** 30

   ▸ **Ombres** sur Inactif

   ▸ **Forme du projecteur :** Rectangle

   ▸ **Aspect :** 0.5

5. Cliquez sur le bouton **Rendu rapide** pour afficher le résultat (fig.10.71).

6. Effectuez une copie du projecteur par l'option **Cloner** du menu **Edition**.

7. Sélectionnez **Instance** dans la boîte de dialogue **Options de clonage** (fig.10.72).

8. A l'aide de la fonction **Sélection et déplacement**, placez le projecteur correctement de façon symétrique par rapport au premier projecteur (fig.10.73).

9. Cliquez sur le bouton **Rendu rapide** pour afficher le résultat (fig.10.74).

Ces différentes étapes montrent que la réalisation d'un éclairage adéquat demande l'insertion de plusieurs types de lumières accompagné d'un paramétrage élaboré.

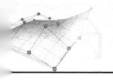

Fig.10.72

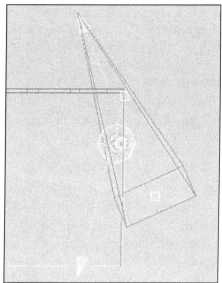

Fig.10.73

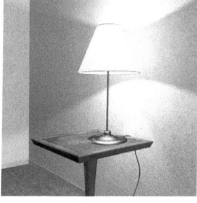

Fig.10.74

2.7. L'éclairage photométrique

Pour l'éclairage intérieur, il est conseillé d'utiliser les lumières photométriques pour avoir un éclairage le plus fidèle possible à la réalité. Au lieu de spécifier l'intensité d'une lumière à l'aide de valeurs arbitraires, on peut la définir avec des unités photométriques plus significatives (lumens et candelas par exemple). Avant de détailler la procédure, il peut être utile de rappeler la signification de ces unités de mesure. Les sources émettrices de lumière sont des sources primaires. Le soleil, la flamme d'un bougie, une ampoule électrique sont des sources primaires. Elles émettent de la lumière dans toutes les directions. Leur intensité se mesure en candelas (cd). La source rayonne un flux lumineux dont l'intensité se mesure en lumen (lm). Une surface placée à une certaine distance de la source lumineuse reçoit un éclairement exprimé en lux (lx) (fig.10.75).

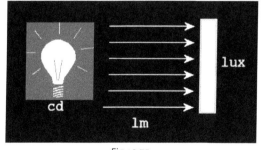

Fig.10.75

D'un point de vue plus scientifique, ces notions peuvent se définir de la manière suivante :

▶ **L'intensité lumineuse (Iv)** – dont l'unité est la candela (cd) – indique le flux lumineux émis par unité d'angle solide w (oméga) dans une direction donnée (L'angle solide est l'angle au sommet d'un cône). Iv est le rapport de la surface S du segment sphérique que le cône découpe sur une sphère de rayon r, au carré du rayon de cette sphère. L'intensité lumineuse, d'une lampe ou d'un luminaire, varie dans les diverses direc-

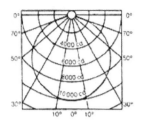

Fig.10.76

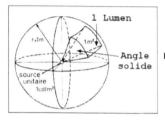

Fig.10.77

tions et peut être représentée par un diagramme polaire (fig.10.76-10.77). Ce diagramme indique les valeurs d'intensité lumineuse en (cd) de la lampe ou du luminaire dans diverses directions. La longueur du vecteur issu de la source représente (en degrés par rapport à l'axe) l'intensité dans la direction considérée.

▸ **Le flux lumineux** – exprimé en lumens (lm) – indique la quantité globale de lumière qu'une lampe émet dans toutes les directions. Telle lampe halogène de 2000 watts (2 kW) émet, par exemple un flux de 52000 lm. La comparaison de distribution en intensité de deux luminaires A et B peut être représentée par un diagramme. Le luminaire A offre un flux lumineux de 50% plus élevé que le luminaire B. Il couvre en effet une plus grande surface sur le diagramme (fig.10.78).

▸ **L'éclairement (Ev),** dont l'unité est le lux (lx), indique le flux lumineux (lm) reçu par une surface d'un mètre carré. Connaissant l'intensité lumineuse Iv (cd) et distance (d) d'un luminaire à la surface éclairée, on peut calculer l'éclairement en divisant l'intensité lumineuse Iv par le carré de la distance d (en mètres).

$$Ev\ (lx) = Iv\ (cd)\ /\ d\_\ (m)$$

▸ **La luminance visuelle (Lv)** est le quotient de l'intensité lumineuse d'une surface, par l'aire apparente de cette surface, pour un observateur lointain. En termes plus simples, c'est la « brillance » d'une surface réfléchissante éclairée, telle qu'elle est vue par l'oeil ou l'objectif de la caméra. Son unité légale est la candela par mètre carré (cd/m^2).

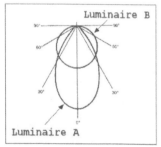

Fig.10.78

Ces différentes informations peuvent être obtenues dans les catalogues de luminaires. Elles sont également incluses dans les luminaires que vous téléchargez à partir d'Internet selon la technologie i-drop (voir point 2.8). Pour visualiser le résultat avec ce type d'éclairage il est important d'effectuer le rendu avec le calcul de la radiosité (voir point 2.10 et chapitre 12).

Pour insérer une lumière photométrique, la procédure est la suivante :

1. Ouvrez la scène à éclairer. Par exemple une galerie d'art avec des luminaires rectangulaires au plafond pour éclairer la salle et des lumières placées dans des supports pour éclairer les œuvres d'art (fig.10.79).

2. Dans l'onglet **Créer**, sélectionnez l'icône **Lumières** et le type **Photométrique**.

3. Sélectionnez **Zone libre** et placez la lumière dans la vue **Dessus** dans le luminaire rectangulaire (fig.10.80).

4. Dans la zone **Ombres** activez le champ **Active** et sélectionnez le type **Ombre texture**.

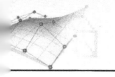

5. Dans la zone **Intensité/Couleur/Distribution**, entrez les paramètres suivants (fig.10.81) :

   ▸ Dans le champ **Distribution**, sélectionnez **Diffus**.

   ▸ Dans le champ **Couleur**, sélectionnez **D65White**.

   ▸ Dans le champ **Intensité** cochez le champ **cd** et entrez 500 cd (candelas).

6. Dans la vue **Gauche** placez la lumière correctement alignée avec son support (fig.10.82).

7. Dans le champ **Paramètres d'éclairage de la zone** modifiez les dimensions en 1500 x 500.

8. Effectuez les copies de la lampe en mode Instance.

Fig.10.79

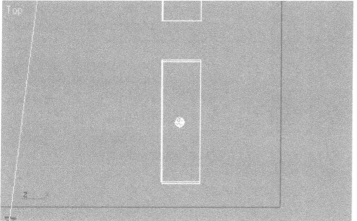

Fig.10.80

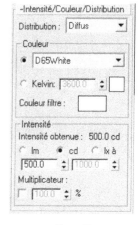

Fig.10.81

9. Sélectionnez la lumière suivante de type **Linéaire cible** et placez-la dans le support avec comme cible le cadre (fig.10.83 et 10.84).

10. Indiquez une intensité de 200 cd (zone intensité) et une longueur de 1000 (zone dimensions).

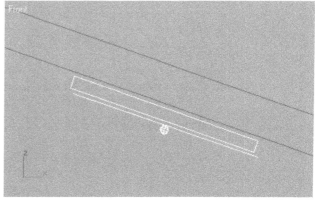

Fig.10.82

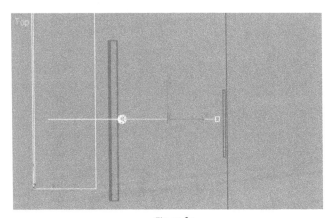

Fig.10.83

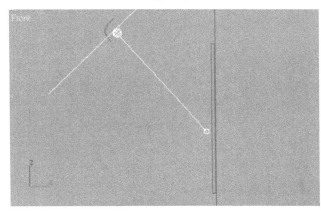

Fig.10.84

11 Effectuez les copies de la lampe en mode Instance.

12 Pour visualiser le résultat de l'éclairage, il est important d'effectuer le rendu avec la méthode de radiosité. Pour cela, sélectionnez l'option **Eclairage avancé** du menu **Rendu,** puis **Radiosité**.

13 Dans la zone **Sélectionner éclairage avancé** de l'onglet **Eclairage avancé**, sélectionnez **Radiosité** et cochez le champ **Actif** (fig.10.85).

14 Cliquez sur le bouton **Configuration** dans la section **Outils interactifs** (fig.10.86), qui va afficher la boîte de dialogue **Environnement.**

15 Dans **Contrôle d'exposition** sélectionnez **Contrôle d'exposition automatique** et refermez la boîte (fig.10.87).

16 Dans la zone **Traitement**, entrez 90% dans le champ **Qualité Initiale** et 10% dans le champ **Affiner les itérations – tous les objets**.

17 Cliquez sur **Démarrer** pour lancer le calcul de la radiosité.

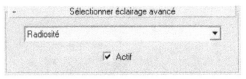

Fig.10.85

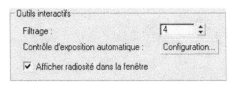

Fig.10.86

18 Cliquez sur **Rendu** dans le menu **Rendu**. Assurez-vous que les champs **Utiliser éclairage avancé** et **Calculer éclairage avancé si besoin est**, sont bien activés (fig.10.88).

19 Cliquez sur **Rendu** pour lancer le calcul (fig.10.89).

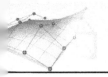

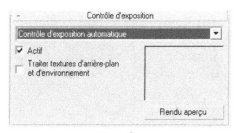

Fig.10.87

Fig.10.88

Fig.10.88

2.8. La technologie i-drop

La technologie « i-drop » permet d'insérer directement dans son projet des entités en provenance du Web. Cela peut être des objets comme du mobilier et des informations. Dans le cas particulier de l'éclairage photométrique, cette technique permet d'insérer des luminaires avec toutes les informations techniques, à partir de site Web de fabricants. La procédure est la suivante :

1. Ouvrez la scène concernée dans 3ds max.

2. Sélectionnez l'onglet **Utilitaires** puis cliquez sur **Navigateur d'archivage**.

3. Dans le champ **Adresse** taper l'url du fournisseur. Par exemple : http://www.erco.com

4. Une fois le site affiché dans le navigateur, sélectionnez la langue et cliquez sur **Produit**.

5. Consultez la gamme de produits et notez le numéro de référence. Par exemple le spot numéro 73220-000.

6. Entrez le numéro de référence dans le champ **Numéro de référence** et cliquez sur **Afficher produit** (fig.10.90).

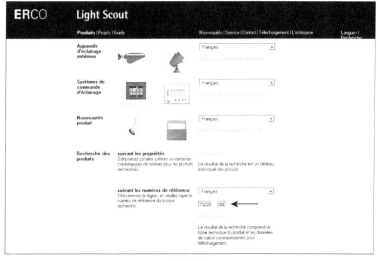

Fig.10.90

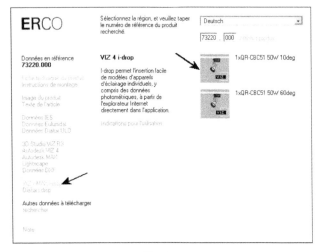

Fig.10.91

7. Dans le menu de gauche cliquez sur VIZ/Max i-drop.

8. Cliquez sur le luminaire une fois affiché et glissez-le dans la scène (fig.10.91).

9. Sélectionnez l'option **Fusionner fichier** et placez le luminaire dans la scène (fig.10.92).

Les fichiers ainsi chargés comprennent plusieurs éléments dont le luminaire et le fichier IES de description photométrique. Un luminaire est la combinaison d'une source de lumière et de la géométrie de son support. Ces différents éléments sont regroupés dans un assemblage (fig.10.93).

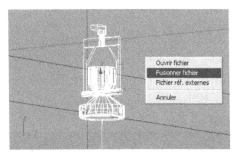

Fig.10.92

Fig.10.93

2.9. L'éclairage naturel

L'éclairage naturel, d'un paysage ou d'une habitation par exemple, simule l'éclairage produit naturellement par le soleil et le ciel. Ces deux sources sont basées sur des données physiques et se trouvent donc dans la catégorie des lumières photométriques sous les dénominations Soleil IES et Ciel IES. Elles peuvent être utilisées séparément ou dans le cadre du système « Lumière du jour » qui les combine dans une interface unique. La mise en place de ce système s'effectue de la façon suivante :

1. Ouvrez la scène à éclairer. Par exemple une habitation.

2. Dans l'onglet **Créer**, cliquez sur l'icône Systèmes puis sur le bouton **Lumière du jour**.

③ Cliquez dans la scène pour placer l'icône d'orientation du Nord, en gardant la touche enfoncée. Déplacez le pointeur de la souris pour dimensionner la taille de l'icône, relâchez et déplacez la souris pour indiquer la position du soleil (fig.10.94).

④ Cliquez sur **Afficher carte** pour sélectionner l'emplacement géographique. Par exemple : Europe, France, Nice (fig.10.95). Cliquez sur OK.

⑤ Dans la zone **Durée** sélectionnez l'heure du jour et la date (fig.10.96).

⑥ Dans la zone **Site**, modifiez éventuellement la direction du Nord et l'emplacement de l'éclairage (fig.10.97).

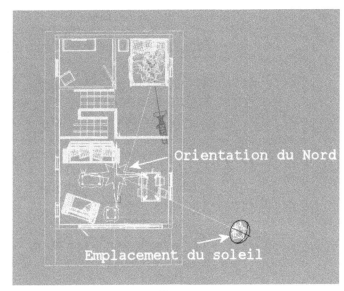

Fig.10.94

⑦ Tout en gardant le système Lumière du jour sélectionné, cliquez sur l'onglet Modifier. Dans la zone **Paramètres Lumière du jour**, activez le type d'éclairage souhaité : Système solaire et/ou Eclairage céleste. Par exemple Système solaire. Il n'est pas utile de sélectionner Eclairage céleste en même temps pour simuler un temps ensoleillé. Ce dernier convient plutôt pour un temps nuageux.

⑧ Sélectionnez **Soleil IES** dans la liste déroulante.

⑨ Modifiez éventuellement l'intensité de l'éclairage et le type d'ombrage dans la zone **Paramètres du soleil** (fig.10.98).

⑩ Pour effectuer le calcul du rendu, il est conseillé comme pour l'éclairage artificiel d'utiliser la technique de radiosité. Pour cela, sélectionnez **Eclairage avancé** dans le menu **Rendu** puis **Radiosité** (fig.10.99).

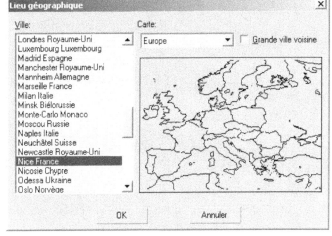

Fig.10.95

Fig.10.96

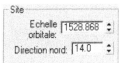

Fig.10.97

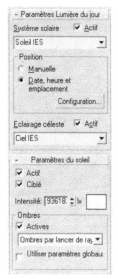

Fig.10.98

11 Dans le champ **Outils Interactif**, cliquez sur **Configuration**. La boîte de dialogue **Environnement** s'affiche.

12 Dans **Contrôle d'exposition** sélectionnez **Contrôle d'exposition automatique** et refermer la boîte. Cette méthode convient bien pour une scène intérieure. La méthode Contrôle de l'exposition logarithmique est plus appropriée pour une scène extérieure avec éclairage naturel.

13 Dans la zone **Traitement**, entrez 90 % dans le champ **Qualité Initiale** et 10 % dans le champ **Affiner les itérations – tous les objets**.

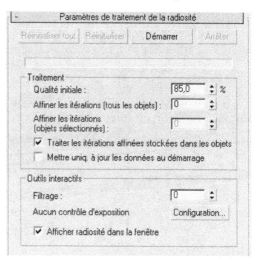

Fig.10.99

14 Cliquez sur **Démarrer** pour lancer le calcul de la radiosité.

15 Cliquez sur le bouton **Rendu** de la barre d'outils principale pour lancer le calcul de Rendu. La figure 10.100 illustre le rendu de base sans éclairage naturel et radiosité, c'est-à-dire avec l'éclairage par défaut, et la figure 10.101 avec éclairage naturel et radiosité.

Fig.10.100

Fig.10.101

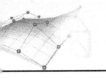

2.10. Le principe de la radiosité

Pour modéliser l'illumination d'une scène, il faut tenir compte de plusieurs aspects dont les sources lumineuses, la position de la caméra, la propriété des surfaces et le comportement des rayons lumineux sur ces surfaces. Dans cette optique on appelle modèle d'illumination toute méthode algorithmique permettant de simuler les effets de la lumière dans une scène tridimensionnelle de synthèse. Deux catégories de modèles sont habituellement utilisées :

- **Les modèles « locaux »** : ils ne traitent que les effets directs de la lumière sur les objets et ne gèrent donc pas les effets des objets les uns sur les autres.

- **Les modèles « globaux »** : ils tiennent compte de tous les phénomènes en présence. Les deux principales méthodes dans cette catégorie sont le « lancer de rayons » (raytracing) et la « radiosité ».

Issu des recherches faites dans le domaine des radiations nucléaires, le « lancer de rayon » part de la constatation que l'image qui arrive à la caméra ou à l'œil de l'observateur est la somme des rayons en provenance des diverses sources lumineuses et le résultat de leurs multiples rebords sur les objets et de leurs transformations en fonction des caractéristiques de ces objets. Le principe de cette méthode consiste en fait à analyser le trajet inverse des rayons lumineux atteignant l'observateur. Comme le nombre de rayons qui illuminent une scène est pratiquement infini, on limite le calcul aux rayons qui interceptent la matrice de « pixels » de l'écran qui constitue en fait le plan de projection de la scène en perspective (fig.10.102). Cette méthode donne les meilleurs résultats quand les surfaces réfléchissent beaucoup de lumière, par contre elle prend moins bien en compte l'interaction des réflexions diffuses entre les objets (fig.10.103).

Fig.10.102 (© Autodesk)

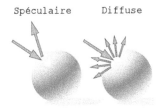

Spéculaire   Diffuse

Fig.10.103

Quant à la méthode de la « radiosité », elle est dérivée de techniques utilisées en thermodynamique et a été mise au point à l'université Cornell en 1984. Elle calcule la somme des rayons lumineux frappant un point d'une surface en fonction de l'intensité issue de chaque autre élément de la scène. La radiosité résout le point faible du ray-tracing au niveau de l'interaction des reflexions diffuses entre les objets. Elle permet aussi un traitement plus réaliste des ombres. Dans le cas de

surfaces importantes, la radiosité subdivise ces dernières en petites facettes triangulaires pour obtenir un résultat plus précis. La radiosité est aussi indépendante du point de vue. Une fois le calcul effectué, la même scène pourra être visualisée et rendue sous n'importe quel angle. Le résultat du calcul de radiosité est en effet sauvegardée dans la géométrie elle-même (fig.10.104).

Fig.10.104 (© Autodesk)

2.11. Le processus de la radiosité

Le processus de radiosité consiste en une série d'étapes qui doivent être abordées pour tirer le meilleur parti de la radiosité dans 3ds max. Le cheminement est le suivant :

1. Assurez-vous d'utiliser les unités correctes dans votre scène. Une lumière ponctuelle placée dans une pièce de 270 centimètres de hauteur aura un effet différent si vous avez paramétré 270 mètres de haut. Pour cela, utilisez la boîte de dialogue **Définir unité**. L'unité de la scène (bouton Configuration de l'unité système) est l'élément le plus important dans cette boîte de dialogue. C'est l'unité utilisée par 3ds max pour ses calculs. L'unité d'affichage constitue simplement un outil vous permettant de personnaliser le mode d'affichage dans l'interface utilisateur.

2. Placez exclusivement des lumières photométriques dans votre scène pour avoir un résultat physique correct.

3. Pour l'éclairage naturel, utilisez le système Lumière du jour avec les éclairages Soleil IES et Ciel IES.

4. Vérifiez que le facteur de réflectance (pourcentage d'énergie diffuse que réfléchit un matériau) des matériaux soit correct. Par exemple, un mur peint en blanc a un facteur de reflectance de 80%, alors qu'une couleur blanche pure (RGB : 255,255,255) a une reflectance de 100%. Cela signifie que le matériau renvoie 100% de l'énergie reçue.

5. Le contrôle d'exposition est semblable au contrôle de l'ouverture du diaphragme d'une caméra. Vérifiez que ce contrôle est bien actif et sélectionnez la valeur qui vous donne le meilleurs résultat.

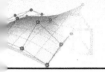

Après avoir contrôlé ces différents points, le calcul de la radiosité fonctionne de la manière suivante :

1. Objet par objet, 3ds max charge une copie de la scène dans le moteur de radiosité.

2. 3ds max subdivise chaque objet en fonction des Paramètres de subdivision globale du panneau déroulant Paramètres de maillage de la radiosité.

3. 3ds max émet une certaine quantité de rayons en fonction de la réflectance de scène moyenne et du nombre de polygones. La source lumineuse la plus forte aura davantage de rayons à émettre que la source lumineuse la plus faible.

4. Ces rayons rebondissent de manière aléatoire dans la scène et déposent de l'énergie sur les faces.

5. 3ds max met à jour les fenêtres en prenant toute l'énergie des faces et en la dispersant vers le sommet le plus proche.

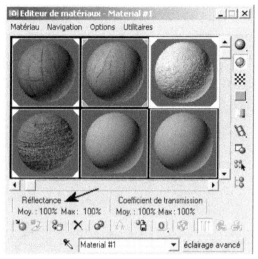

Fig.10.105

2.12. La réflectance des matériaux

Dans l'éditeur de matériaux, vous pouvez contrôler la réflectance d'un matériau grâce à deux champs situés en dessous des champs échantillons (fig.10.105). Les valeurs minimales et maximales y sont indiquées. Ces zones s'affichent uniquement si vous avez activé l'option **Afficher les informations de réflectance et de coef. de transmission** dans le panneau **Radiosité** de la boîte de dialogue **Préférences** (Menu Personnaliser) (fig.10.106).

En règle générale, la réflectance d'un matériau ne doit pas dépasser 85 % car cette valeur anormalement élevée donnera des rendus de qualité médiocre. Dans la réalité, le mur le plus blanc qui soit ne réfléchit pas plus de 80 % de la lumière qu'il reçoit.

Une texture assignée au composant diffus du matériau peut être une source de réflectance élevée. Par exemple, une bitmap de céramique blanche peut créer une réflectance élevée.

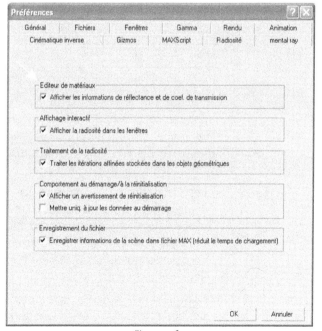

Fig.10.106

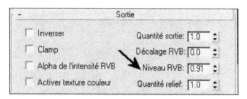

Fig.10.107

Dans ce cas, il est possible de réduire la réflectance en réduisant le niveau RVB à partir du panneau déroulant **Sortie** de la bitmap (fig.10.107). Une autre manière de réduire la réflectance d'un matériau de bitmap consiste à définir la couleur diffuse du matériau sur noir, puis à réduire la Quantité de la texture diffuse (dans le panneau déroulant Texture du matériau parent).

Voici quelques plages de réflectance type pour divers matériaux courants :

Matériau	Minimum	Maximum
Céramique	20%	70%
Tissu	20%	70%
Briques	20%	50%
Métal	30%	90%
Peinture	30%	80%
Papier	30%	70%
Plastique	20%	80%
Pierre	20%	70%
Bois	20%	50%

Pour réduire la réflectance d'un matériau, il existe encore une autre méthode dénommée « Matériau écrasement éclairage avancé », qui est un type de matériau qui vient en complément d'un matériau de base et qui n'a aucun effet sur les rendus ordinaires. Par rapport aux deux premières solutions, cette technique permet d'améliorer l'aspect de la solution de radiosité. On peut citer les cas d'utilisation suivants :

▶ Lorsque vous voulez réduire les valeurs Echelle de réflectance et Débordement couleur dans les situations où une grande zone de couleur (par exemple, un tapis rouge dans une pièce aux murs blancs) crée un débordement excessif des couleurs. Celles-ci peuvent être physiquement correctes mais requièrent une adaptation de l'œil ; en outre, le résultat peut être meilleur avec moins de réflectance et de débordement de couleur.

▶ Lorsque vous souhaitez augmenter la valeur Echelle de réflectance dans les situations où la scène inclut une grande zone sombre (par exemple, un sol noir), ce qui peut résulter en une radiosité très sombre. Vous pouvez conserver la couleur du sol et augmenter la réflectance, ce qui vous permet de conserver les couleurs de votre choix tout en augmentant la luminosité de la solution.

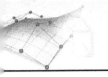

Pour régler la réflectance et le coefficient de transmission d'un matériau :

1. Créez un matériau pour votre scène.

2. Cliquez sur le bouton **Type**, puis choisissez **Ecrasement éclairage avancé**.

3. Dans la boîte de dialogue **Remplacer matériau**, choisissez **Conserver ancien matériau comme sous-matériau**, puis cliquez sur **OK**.

4. Réglez les paramètres **Echelle de réflectance** et **Echelle coeff. de transmission** (fig.10.108). A mesure que vous modifiez ces paramètres, observez l'affichage des informations de réflectance et de coefficient de transmission et assurez-vous que les valeurs sont adaptées à la solution de radiosité. Par exemple, une réflectance de 85 pour cent est la valeur la plus élevée pouvant

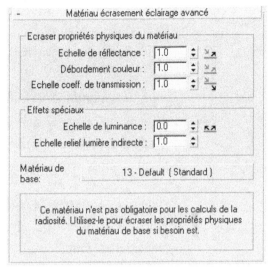

Fig.10.108

fonctionner avec la radiosité. La plupart des matériaux réels ont une réflectance beaucoup plus basse. Les paramètres sont les suivants :

- **Echelle de réflectance** : augmente ou réduit la quantité d'énergie reflétée par le matériau. Cette valeur est comprise entre 0 et 5.0. Valeur par défaut = 1.0 (fig.10.109).

- **Débordement couleur** : augmente ou réduit la saturation de la couleur reflétée. Cette valeur est comprise entre 0 et 1. Valeur par défaut = 1.0.

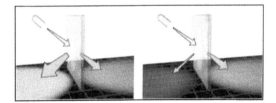

Fig.10.109 (© Autodesk)

- **Echelle coeff. de transmission** : augmente ou réduit la quantité d'énergie transmise par le matériau. Cette valeur est comprise entre 0 et 5.0. Valeur par défaut = 1.0.

REMARQUE

Dans le cas d'un matériau de type **Architectural**, les paramètres à modifier se trouvent dans le panneau déroulant **Ecrasement éclairage avancé** de l'éditeur de matériaux.

2.13. Le calcul de la radiosité : l'interface utilisateur

Les contrôles de radiosité apparaissent sous la forme de panneaux déroulants dans l'onglet **Eclairage avancé** de la boîte de dialogue **Rendu scène**. Les éléments principaux sont les suivants :

Panneau Sélectionner éclairage avancé (fig.10.110)

Permet d'activer la radiosité

Fig.10.110

▸ **Radiosité** : pour sélectionner le type de calcul

▸ **Actif** : pour activer la radiosité

Panneau Paramètres de traitement de la radiosité (fig.10.111)

Permet de contrôler le traitement de la radiosité.

▸ **Réinitialiser tout** : lorsque vous cliquez sur Démarrer, une copie de la scène 3ds max est chargée dans le moteur de radiosité. Cliquez sur Réinitialiser tout pour effacer toute la géométrie du moteur.

▸ **Réinitialiser** : efface les niveaux d'éclairage du moteur de radiosité, sans effacer la géométrie.

▸ **Début** : démarre le traitement de la radiosité.

▸ **Arrêt** : arrête le traitement de la radiosité.

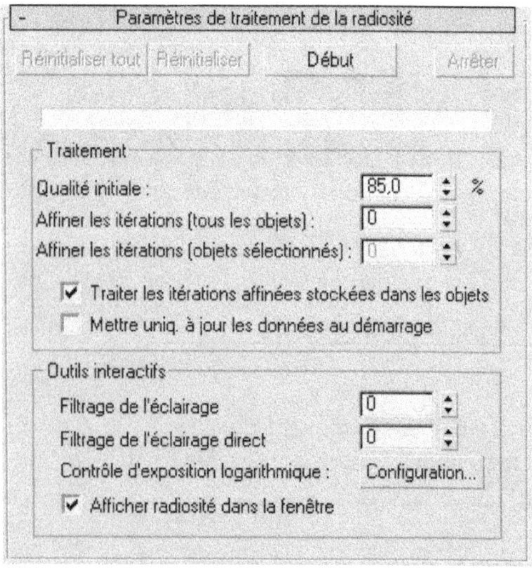

Zone Traitement

Les options de cette zone définissent le comportement des deux premières étapes de la solution de radiosité à savoir, Qualité initiale et Affiner.

▸ **Qualité initiale** : définit le pourcentage de qualité auquel il convient d'arrêter l'étape « Qualité initiale » du calcul de la radiosité. Par exemple, si vous indiquez 80 %, vous obtiendrez une solution de radiosité précise à 80 % dans la distribution d'énergie. Un objectif de 80 à 85 % est généralement suffisant pour de bons résultats. Durant l'étape « Qualité initiale », le moteur de radiosité fait rebondir des rayons autour de la scène et distribue de l'énergie sur les surfaces.

Fig.10.111

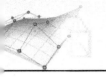

- **Affiner les itérations (tous les objets)** : définit le nombre d'itérations Affiner à effectuer pour la scène dans son ensemble. L'étape « Affiner les itérations » augmente la qualité du traitement de la radiosité sur tous les objets de la scène. Si vous n'obtenez pas un résultat acceptable après avoir traité un certain nombre d'itérations Affiner, vous pouvez augmenter la valeur et poursuivre le traitement.

- **Affiner les itérations (objets sélectionnés)** : définit le nombre d'itérations « Affiner à exécuter pour les objets sélectionnés », à l'aide de la même méthode qu'Affiner les itérations (tous les objets). Effectuez une sélection d'objets, puis définissez le nombre d'itérations requises. L'affinement d'objets sélectionnés à la place de l'ensemble de la scène peut raccourcir considérablement le traitement. Cette option s'avère particulièrement utile pour les objets comportant un grand nombre de petites surfaces et montrant une variance élevée, comme des grilles, des chaises ou des murs fortement subdivisés.

- **Traiter les itérations affinées stockées dans les objets** : chaque objet possède une propriété de radiosité appelée « Affiner les itérations ». Chaque fois que vous affinez une sélection d'objets, le nombre d'étapes stockées avec ces objets est incrémenté. Lorsque vous réinitialisez la solution de radiosité puis la redémarrez, les étapes de chaque objet sont affinées automatiquement, pourvu que cette bascule soit activée. Ceci est utile lorsque vous créez des animations, quand la radiosité doit être traitée à chaque image et que le même niveau de qualité entre les images doit être conservé.

- **Mettre uniqu. à jour les données au démarrage** : lorsque cette option est activée, le moteur de radiosité doit être réinitialisé, puis recalculé, si la solution est invalidée. Dans ce cas, le libellé du bouton Démarrer est remplacé par le libellé Mettre à jour et démarrer. Lorsque vous appuyez sur ce bouton, la solution de radiosité est réinitialisée et recalculée. Lorsque cette option est désactivée, il n'est pas nécessaire de réinitialiser la solution de radiosité si elle est invalidée. Vous pouvez poursuivre le traitement de la scène avec la solution invalidée.

REMARQUE

La solution de radiosité est invalidée chaque fois qu'un objet ou un éclairage est ajouté, supprimé ou modifié de quelque façon que ce soit.

Zone Outils interactifs

Les options de cette zone vous aident à ajuster l'affichage de la solution de radiosité dans la fenêtre et la sortie rendue. Ces contrôles prennent effet immédiatement sur une solution de radiosité existante et n'exigent aucun traitement supplémentaire pour que vous puissiez visualiser leurs effets.

▸ **Filtrage de l'éclairage** : réduit la quantité de bruit entre les éléments de surface, en calculant la moyenne des niveaux d'éclairage indirect avec les éléments environnants. Une valeur de 3 ou 4 est généralement suffisante. Si vous utilisez une valeur trop élevée, vous risquez de perdre des détails de la scène. L'option Filtrage de l'éclairage indirect étant interactive, vous pouvez facilement évaluer le résultat et l'ajuster si nécessaire.

▸ **Filtrage de l'éclairage direct** : réduit la quantité de bruit entre les éléments de surface, en calculant la moyenne des niveaux d'éclairage direct avec les éléments environnants. Une valeur de 3 ou 4 est généralement suffisante. Si vous utilisez une valeur trop élevée, vous risquez de perdre des détails de la scène. L'option Filtrage de l'éclairage direct étant interactive, vous pouvez facilement évaluer le résultat et l'ajuster si nécessaire.

REMARQUE

Le Filtrage de l'éclairage direct ne fonctionne pas si vous avez activé l'option **Utiliser lumières directes** dans le panneau **Paramètres de maillage de la radiosité**. Si vous n'utilisez pas cette option, tous les types d'éclairages sont considérés comme éclairage indirect.

Pour une solution de qualité 65 %, l'augmentation du filtre de 0 à 3 crée une lumière diffuse beaucoup plus homogène. Les résultats sont comparables à une solution de qualité beaucoup plus élevée (fig.10.112).

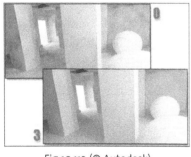

Fig.10.112 (© Autodesk)

▸ **Contrôle d'exposition logarithmique** : affiche le nom du contrôle d'exposition courant. (Quand vous changez le contrôle d'exposition en accédant à l'option Environnement depuis le menu Rendu, l'affichage du nom dans la boîte de dialogue Radiosité est mis à jour automatiquement.)

▸ **Configuration** : affiche la boîte de dialogue Environnement, dans laquelle vous accédez au panneau déroulant Contrôle d'exposition ; vous pouvez y sélectionner le contrôle courant et le panneau déroulant de paramètres pour un contrôle d'exposition donné (voir ci-dessous).

▸ **Afficher radiosité dans la fenêtre** : bascule l'affichage dans les fenêtres entre la radiosité et l'ombrage 3ds max standard. Ceci peut accroître les performances de l'affichage.

Le contrôle d'exposition (boîte de dialogue Environnement et effets)

Les contrôles d'exposition sont des fonctions qui permettent de régler les niveaux de sortie et la gamme de couleurs du processus de rendu, à l'instar des réglages d'exposition

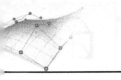

d'un appareil photographique. La fonction **Contrôle d'exposition** compense la plage dynamique (gamme maximale des tons, des plus clairs aux plus foncés) limitée des moniteurs. Elle permet de régler les couleurs de manière à mieux simuler la plage dynamique perçue par l'œil, tout en demeurant dans la gamme des couleurs pouvant être restituées. Quatre types de contrôleurs sont disponibles :

▸ **Contrôle d'exposition automatique** permet d'effectuer un échantillonnage (découpage en un nombre fini de valeurs) de l'image rendue et de créer un histogramme (répartition des couleurs sur l'ensemble de l'image) pour faciliter la distinction des couleurs au cours du processus de rendu. Il peut faciliter la visualisation d'effets d'éclairage qui, sans cela, seraient trop sombres pour être visibles. Il est conseillé d'utiliser le contrôle d'exposition automatique pour générer le rendu d'images fixes et non pour les animations dans la mesure où dans ce cas chaque image aura un histogramme différent, ce qui aura pour effet de faire trembler l'animation.

▸ **Contrôle d'exposition logarithmique** : après avoir analysé la scène pour savoir s'il s'agit d'une scène extérieure exposée à la lumière du jour et connaître le niveau de luminosité et de contraste, le **contrôle d'exposition logarithmique** associe des valeurs physiques à des valeurs RVB. Le contrôle de l'exposition logarithmique est davantage adapté aux scènes dotées d'une plage dynamique extrêmement élevée. Il est aussi conseillé pour les animations effectuées à l'aide d'une caméra mobile.

▸ **Contrôle d'exposition linéaire** : il échantillonne le rendu et utilise la luminosité moyenne de la scène pour associer des valeurs physiques à des valeurs RVB. Ce type de contrôle d'exposition est particulièrement adapté aux scènes dotées d'une plage dynamique relativement faible. Le contrôle d'exposition automatique ne doit pas être utilisé dans les animations dans la mesure où chaque image aura un histogramme différent, ce qui aura pour effet de faire trembler l'animation.

▸ **Contrôle d'exposition des pseudo couleurs** : il s'agit en fait d'un outil d'analyse de l'éclairage qui vous permet de visualiser et d'évaluer de manière intuitive les différents niveaux d'éclairage de vos scènes. Cet outil associe des valeurs de luminance ou d'éclairement à des pseudo-couleurs qui affichent la luminosité des valeurs qui sont converties. Des valeurs les plus sombres au plus claires, le rendu affiche du bleu, du cyan, du vert, du jaune, du orange et du rouge. (Vous pouvez également choisir une échelle de gris dans laquelle les valeurs les plus claires sont blanches et les valeurs les plus sombres sont noires.)

L'interface de base comprend les champs suivants :

▸ **Liste déroulante** : permet de choisir le contrôle d'exposition à utiliser.

▸ **Actif** : lorsque cette option est activée, le contrôle d'exposition est utilisé dans les rendus. Dans le cas contraire, il n'est pas utilisé.

▸ **Traiter textures d'arrière-plan et d'environnement** : lorsque cette option est activée, les textures d'arrière-plan et d'environnement de la scène sont soumises à un contrôle de l'exposition. Dans le cas contraire, elles ne le sont pas.

▸ **Vignette d'aperçu** : la vignette affiche un aperçu du rendu de la scène avec le contrôle d'exposition actif appliqué. Une fois qu'un aperçu a été rendu, il est mis à jour de manière interactive lorsque vous modifiez les paramètres de contrôle d'exposition.

▸ **Rendu aperçu** : cliquez ici pour effectuer le rendu de la vignette d'aperçu.

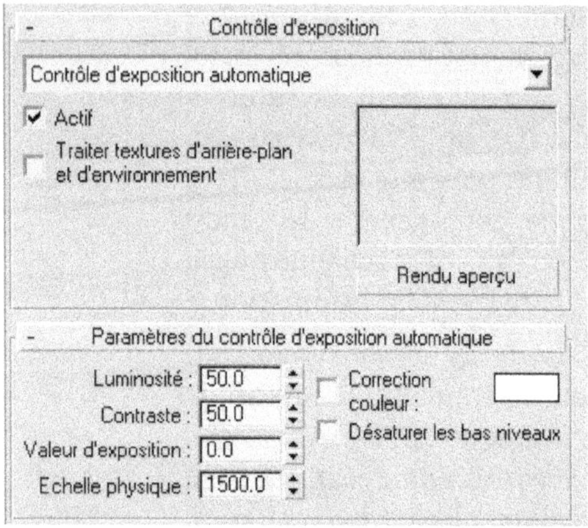

Fig.10.113

L'interface Contrôle d'exposition automatique, comprend les champs suivants (fig.10.113) :

▸ **Luminosité** : permet de régler la luminosité des couleurs converties. Plage = de 0 à 200. Valeur par défaut = 50.

▸ **Contraste** : permet de régler le contraste des couleurs converties. Plage = de 0 à 100. Valeur par défaut = 50.

▸ **Valeur d'exposition** : permet de régler la luminosité globale du rendu. Plage = de -5 à 5. Les valeurs négatives permettent d'obscurcir l'image et les valeurs positives, de l'éclaircir. Valeur par défaut = 0.0.

▸ **Echelle physique** : définit une échelle physique pour le contrôle d'exposition qui pourra être utilisée avec les lumières qui ne sont pas basées sur des lois physiques. Chaque valeur du paramètre Multiplicateur de lumière standard est multiplié par la valeur du paramètre Echelle physique afin d'obtenir une valeur d'intensité lumineuse en candelas. Par exemple, une lumière omnidirectionnelle standard dotée d'une Echelle physique de 1500 est traitée par le rendu et la radiosité comme une lumière isotropique photométrique de 1500 candelas.

▸ **Correction couleur** : lorsque cette case à cocher est activée, les couleurs sont modifiées de façon à ce que la couleur affichée dans l'échantillon apparaisse blanche. Cette option est désactivée par défaut.

▸ **Désaturer les bas niveaux** : lorsque cette option est activée, les couleurs peu éclairées sont restituées comme si l'éclairage était trop sombre pour les distinguer clairement. Même les couleurs les moins faciles à discerner sont rendues. Cette option est désactivée par défaut.

L'interface Contrôle d'exposition logarithmique, comprend les champs suivants (fig.10.114) :

▸ **Luminosité** : permet de régler la luminosité des couleurs converties. Plage = de 0 à 200. Valeur par défaut = 50.

▸ **Contraste** : permet de régler le contraste des couleurs converties. Plage = de 0 à 100. Valeur par défaut = 50.

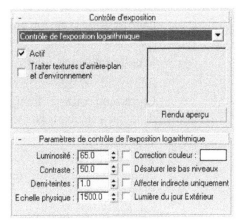

- **Demi-teintes** : permet de régler les valeurs de demi-teintes des couleurs converties. Cette valeur est comprise entre 0.01 et 20.0. Par défaut, la valeur est 1.0.

- **Echelle physique** : définit une échelle physique pour le contrôle d'exposition qui pourra être utilisée avec les lumières qui ne sont pas basées sur des lois physiques.

- **Echantillon de couleur** et case à cocher **Correction couleur** : lorsque cette case à cocher est activée, les couleurs sont modifiées de façon à ce que la couleur affichée dans l'échantillon apparaisse blanche. Cette option est désactivée par défaut. Elle permet en particulier de supprimer « l'ombre » de couleur qui émane d'une source de lumière.

Fig.10.114

- **Désaturer les bas niveaux** : lorsque cette option est activée, les couleurs peu éclairées sont restituées comme si l'éclairage était trop sombre pour les distinguer clairement. Même les couleurs les moins faciles à discerner sont rendues. Cette option est désactivée par défaut.

- **Affecter indirecte uniquement** : lorsque cette option est activée, le contrôle d'exposition logarithmique est appliqué uniquement aux zones éclairées par un éclairage indirect. Cette option est désactivée par défaut. Activez cette option lorsque l'éclairage principal de votre scène provient de lumières standard et non de lumières photométriques. En général, il n'est pas nécessaire d'activer l'option Affecter indirecte lorsque l'éclairage principal de votre scène provient de lumières photométriques.

- **Lumière du jour Extérieur** : lorsque cette option est activée, les couleurs sont converties pour correspondre aux couleurs d'une scène extérieure. Cette option est désactivée par défaut.

L'interface Contrôle d'exposition linéaire, comprend les champs suivants (fig.10.115) :

- **Luminosité** : permet de régler la luminosité des couleurs converties. Plage = de 0 à 200. Valeur par défaut = 50.

- **Contraste** : permet de régler le contraste des couleurs converties. Plage = de 0 à 100. Valeur par défaut = 50.

- **Valeur d'exposition** : permet de régler la luminosité globale du rendu. Les valeurs vont de -5.0 à 5.0. Les valeurs négatives permettent d'obscurcir l'image et les valeurs positives, de l'éclaircir. Valeur par

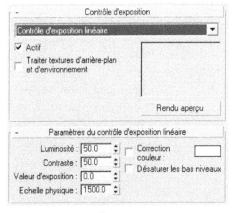

Fig.10.115

défaut = 0.0. La valeur d'exposition peut être considérée comme l'équivalent du paramètre de compensation de l'exposition des caméras dotées d'un contrôle d'exposition automatique.

▸ **Echelle physique** : définit une échelle physique pour le contrôle d'exposition qui pourra être utilisée avec les lumières qui ne sont pas basées sur des lois physiques.

▸ **Correction couleur** : lorsque cette case à cocher est activée, les couleurs sont modifiées de façon à ce que la couleur affichée dans l'échantillon apparaisse blanche.

▸ **Désaturer les bas niveaux** : lorsque cette option est activée, les couleurs peu éclairées sont restituées comme si l'éclairage était trop sombre pour les distinguer clairement. Même les couleurs les moins faciles à discerner sont rendues. Cette option est désactivée par défaut.

L'interface Contrôle d'exposition des pseudo-couleurs, comprend les champs suivants (fig.10.116) :

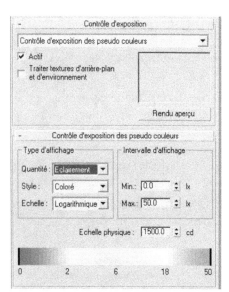

Fig.10.116

▸ **Quantité** : permet de sélectionner la valeur qui doit être mesurée.

■ L'option **Eclairement** (valeur par défaut) affiche les valeurs de l'incidence de la lumière sur les surfaces.

■ L'option **Luminance** affiche les valeurs de la lumière réfléchie sur les surfaces.

▸ **Style** : permet de sélectionner la façon dont les valeurs sont affichées.

■ L'option **Coloré** (valeur par défaut) affiche le spectre de couleurs.

■ L'option **Echelle de gris** affiche des tons gris compris entre le blanc et le noir.

▸ **Echelle** : permet de sélectionner la technique utilise pour associer les valeurs.

■ L'option **Logarithmique** (valeur par défaut) utilise une échelle logarithmique.

■ L'option **Linéaire** utilise une échelle linéaire.

L'échelle logarithmique est utile notamment lorsque l'illumination des surfaces désirées est faible comparée à l'illumination maximum de la scène.

▸ **Minimum (Min.)** : définit la valeur la plus basse à mesurer et à représenter dans le rendu. Les valeurs inférieures ou égales à ce minimum seront associées à la couleur d'affichage (ou au niveau de gris) la plus à gauche.

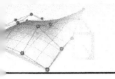

- **Maximum (Max.)** : définit la valeur la plus élevée à mesurer et à représenter dans le rendu. Les valeurs supérieures ou égales à ce maximum seront associées à la couleur d'affichage (ou au niveau de gris) la plus à droite.

- **Echelle physique** : définit une échelle physique pour le contrôle d'exposition qui pourra être utilisée avec les lumières qui ne sont pas basées sur des lois physiques.

- **La barre du spectre** : affiche les associations spectre-intensité. Les nombres figurant sous le spectre sont compris entre la valeur minimum et la valeur maximum définies.

Panneau déroulant Paramètre de maillage de la radiosité (fig.10.117)

Pour créer l'éclairage d'une scène, le logiciel calcule l'intensité de points discrets de l'environnement en subdivisant les surfaces d'origine en éléments faisant partie d'un maillage de radiosité (fig.10.118). Ce panneau déroulant vous permet de déterminer si vous voulez un maillage ou pas, et de spécifier la taille des éléments de maillage en unités universelles. Pour des tests rapides, vous pouvez désactiver le maillage globalement. La scène paraîtra plate, mais la solution vous donnera tout de même un aperçu de la luminosité globale. Plus la résolution du maillage est fine, plus le détail de l'éclairage sera précis.

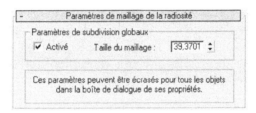

Fig.10.117

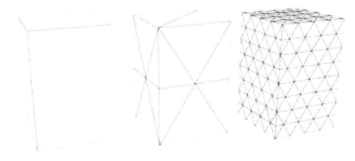

Fig.10.118

Zone Paramètres de subdivision globaux

▶ **Activé :** active le maillage de radiosité pour l'ensemble de la scène. Désactivez le maillage lorsque vous souhaitez effectuer des tests rapides.

▶ **Utiliser subdivision adaptative :** cette option permet d'activer ou de désactiver la subdivision adaptative. Les options de la zone Paramètres de maille (Taille de maille minimale, Contraste seuil et Taille de maille initiale) sont disponibles uniquement lorsque l'option Utiliser subdivision adaptative est activée. La figure 10.119 illustre l'utilisation de la subdivision globale et la figure 10.120 la subdivision adaptative. La subdivision adaptative est basée sur les valeurs de Taille maximale et minimale et une valeur Contraste seuil utilisée en tant que niveau de sensibilité aux variations de la lumière. Elle permet de mieux prendre en compte les changements d'intensité lumineuse sur les surfaces.

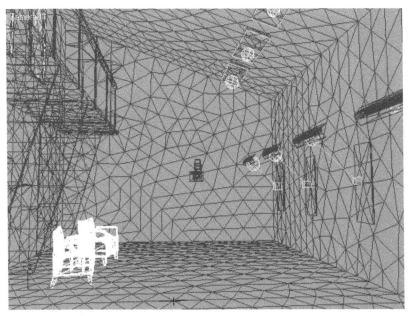

Fig.10.119

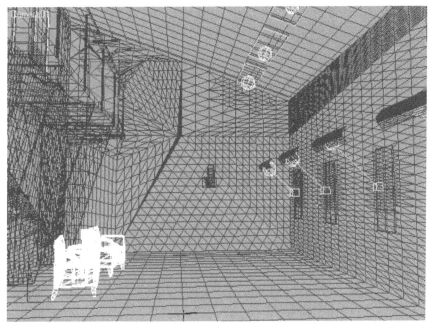

Fig.10.120

Zone Paramètres de maille

▸ **Taille de maille maximale :** taille des faces les plus grandes après la subdivision adaptative. Valeur par défaut = 100 cm avec le système métrique.

▸ **Taille de maille minimale :** les faces ne sont pas divisées en sections inférieures à la taille de maille minimale. Valeur par défaut = 10 cm avec le système métrique.

   ■ **Contraste seuil :** les faces possédant des illuminations de sommet qui différent d'une valeur supérieure aux paramètres Contraste seuil sont subdivisées. Valeur par défaut = 75,0.

   ■ **Taille de maille initiale :** lors de l'amélioration de la forme des faces, les faces plus petites que la taille de maille initiale ne sont pas subdivisées. La valeur de seuil déterminant si la forme d'une face est incorrecte augmente si la taille de la face se rapproche de la taille de maille initiale. Valeur par défaut = 30 cm avec le système métrique.

Zone Paramètres de lumière

▸ **Utiliser lumières directes :** lorsque la subdivision adaptative ou les lumières directes sont activées, l'éclairage direct de tous les objets de la scène est calculé de manière analytique, en fonction des options suivantes. L'éclairage est calculé de manière analytique, sans modification du maillage de l'objet, produisant un éclairage dont le bruit est réduit et qui est plus agréable à l'œil. Cette option est implicitement activée avec la subdivision adaptative. Cette option est activée par défaut. Cette option est disponible lorsque le paramètre Utiliser subdivision adaptative est désactivé. La fig.10.121 illustre la subdivision adaptative avec les paramètres de maille et de lumière par défaut et la figure 10.122 illustre la subdivision adaptative avec les paramètres de lumière désactivés.

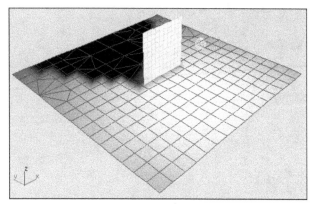

Fig.10.121 (© Autodesk)

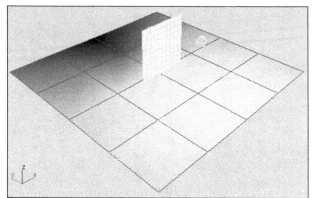

Fig.10.122 (© Autodesk)

REMARQUE

L'éclairage émis par des lumières non incluses lors de l'utilisation de lumières directes est calculé à l'aide d'un échantillonnage aléatoire. Ces lumières ne peuvent pas non plus influer sur la subdivision adaptative des objets.

- **Inclure les éclairages point dans la subdivision :** indique si les éclairages point sont utilisés avec les lumières directes. Si ce paramètre est désactivé, les éclairages point ne sont pas inclus dans l'illumination calculée directement aux sommets. Cette option est activée par défaut.

- **Inclure les éclairages linéaires dans la subdivision :** indique si les éclairages linéaires sont utilisés avec les lumières directes. Si ce paramètre est désactivé, les éclairages linéaires ne sont pas inclus dans le calcul de l'illumination aux sommets. Cette option est activée par défaut.

- **Inclure les éclairages de zone dans la subdivision :** indique si les éclairages de zone sont utilisés avec les lumières directes. Si ce paramètre est désactivé, les éclairages de zone ne sont pas utilisés dans l'illumination calculée directement aux sommets. Cette option est activée par défaut.

▸ **Inclure le dôme de lumière :** lorsque cette option est activée, le dôme de lumière est utilisé avec les lumières directes. Si ce paramètre est désactivé, le dôme de lumière n'est pas utilisé dans l'illumination calculée directement aux sommets. Cette option est désactivée par défaut.

▸ **Inclure les faces à autoémission dans la subdivision :** ce paramètre détermine l'utilisation des faces à autoémission lors de l'utilisation de lumières directes. Si ce paramètre est désactivé, les faces à autoémission ne sont pas utilisées dans l'illumination calculée directement aux sommets. Cette option est désactivée par défaut.

▸ **Taille d'autoémission minimale :** taille de subdivision minimale des faces à autoémission lors du calcul de l'illumination correspondante. La taille minimale est préférée au nombre d'échantillons, afin de pouvoir échantillonner les grandes faces davantage par rapport aux petites. Valeur par défaut = 6,0.

3. Le dôme de lumière et le traceur de lumière

3.1. Principe

Le dôme de lumière simule la lumière du jour. Il est conçu pour être utilisé avec le **traceur de lumière**. Vous pouvez définir la couleur du ciel ou lui affecter une texture. Le ciel est modélisé sous forme d'un dôme au-dessus de la scène (fig.10.123).

Quant au traceur de lumière, il fournit un bon effet d'illumination globale mais n'est pas physiquement précis. En général, le traçage de lumière est plus simple à configurer que la radiosité et ne nécessite pas de lumière photométrique.

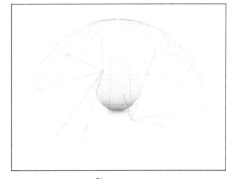

Fig.10.123

3.2. Etapes de création

Ouverture d'une scène et calcul de rendu

1. Ouvrez la scène (dômes.max).

2. Dans la barre d'outils, cliquez sur **Rendu rapide**, pour effectuer un rendu classique. Le rendu de la scène est bon mais l'éclairage uniforme et le manque d'ombres lui donne une apparence plate, comme si les objets flottaient dans l'espace (fig.10.124).

Fig.10.124

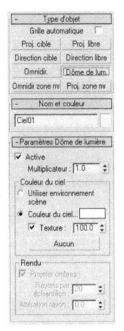

Fig.10.125

Ajout d'un éclairage céleste à la scène

1. Dans le panneau **Créer**, cliquez sur **Lumières**.

2. Choisissez le type d'éclairage **Standard** (au lieu de Photométrique) et cliquez sur **Dôme de lumière** (fig.10.125).

3. Cliquez dans la fenêtre **Dessus**, de sorte que l'éclairage céleste se situe au-dessus de la scène à éclairer.

Ajout du traçage de lumière

1. Choisissez **Rendu** puis **Eclairage avancé** et **Traceur de lumière**. La boîte de dialogue **Rendu scène** apparaît avec le panneau **Eclairage avancé** ouvert. Comme vous pouvez le remarquer, **Traceur de lumière** est automatiquement sélectionné dans le panneau déroulant **Sélectionner éclairage avancé**.

2. Le panneau déroulant **Paramètres pour le traceur de lumière** s'affiche. Ces paramètres vous permettent d'accélérer le traçage de lumière pour obtenir un aperçu de l'effet ou pour affiner les effets du traçage de lumière. Pour l'instant, utilisez les paramètres par défaut.

3. Dans la barre d'outils, cliquez sur **Rendu rapide**. Le rendu de cette scène avec le traceur de lumière dure quelques minutes. En général, l'Eclairage avancé prend plus de temps que le rendu avec un éclairage standard. Grâce aux ombres et aux lumières plus contrastées, le modèle ressemble davantage à une scène d'extérieur (fig.10.126).

4. Le panneau **Paramètres du traceur de lumière** permet de modifier le résultat du rendu. Ainsi en particulier, les valeurs faibles du paramètre **Rebonds** donnent des résultats plus rapides avec moins de précision, et génèrent en principe des images plus sombres. Par contre les valeurs élevées (valeur 2, par exemple) laissent davantage de lumière pénétrer la scène, ce qui entraîne des images plus claires et plus précises, mais augmente le délai de rendu (fig.10.127).

Fig.10.126

Fig.10.127

3.3. Les paramètres du Dôme de lumière

Le dôme de lumière peut être défini à l'aide des paramètres suivants (fig.10.128) :

- **Active** : allume et éteint la lumière. Lorsque la case Active est activée, l'ombrage et le rendu utilisent la lumière pour l'illumination de la scène. Lorsqu'elle est désactivée, la lumière n'intervient pas dans l'ombrage ni dans le rendu. Cette option est activée par défaut.

- **Multiplicateur** : amplifie la puissance de l'éclairage à l'aide d'une quantité positive ou négative. Par exemple, si le multiplicateur a pour valeur 2, l'éclairage sera deux fois plus puissant. Valeur par défaut = 1.0.

Zone Couleur du ciel

Fig.10.128

- **Utiliser environnement scène** : donne une couleur à la lumière en utilisant l'environnement défini dans la boîte de dialogue **Environnement**. Ce paramètre n'a aucun effet si le traceur de lumière n'est pas activé.

- **Couleur du ciel** : cliquez sur l'échantillon de couleur pour afficher le sélecteur de couleurs et choisir une teinte pour le dôme de lumière.

- **Texture** : cette commande vous permet d'utiliser une texture à affecter à la couleur du dôme de lumière. Le bouton affecte une texture, la bascule définit si la texture est active et la double flèche définit le pourcentage de la texture à utiliser (lorsque cette valeur est inférieure à 100 %, les couleurs de texture sont mélangées à la couleur du ciel).

Zone Rendu

Les options suivantes sont désactivées si le rendu n'est pas défini sur Lignes balayage par défaut ou si le traceur de lumière est actif.

- **Projeter ombres** : le dôme de lumière projette des ombres. Cette option est désactivée par défaut. Elle n'a aucun effet lors de l'utilisation de la radiosité ou du traceur de lumière.

- **Rayons par échantillon** : nombre de rayons utilisés pour calculer l'éclairage céleste sur un point donné de la scène. Pour l'animation, il est recommandé de définir ce paramètre sur une valeur élevée afin d'éliminer le scintillement. Une valeur d'environ 30 permet d'éliminer le scintillement.

- **Altération rayon** : distance la plus proche à laquelle les objets peuvent projeter des ombres sur un point donné de la scène. La définition de cette valeur sur 0 peut engendrer une projection d'ombres du point sur lui-même, et l'utilisation d'une valeur élevée peut empêcher les objets à proximité d'un point de projeter des ombres sur ce point.

Fig.10.129

3.4. Les paramètres du Traceur de lumière

Le traceur de lumière peut être défini à l'aide des paramètres suivants (fig.10.129) :

Zone Paramètres généraux

▸ **Multiplicateur global** : contrôle le niveau d'éclairage global. Valeur par défaut = 1.0.

▸ **Multiplicateur objet** : contrôle le niveau de lumière reflétée par les objets de la scène. Valeur par défaut = 1.0. Ce paramètre a peu d'effet, sauf si le paramètre Rebonds est supérieur ou égal à 2.

▸ **Case Dômes de lumière** : lorsque cette option est activée, elle permet un regroupement à partir des dômes de lumière de la scène. (Une scène peut comporter plusieurs dômes de lumière.) Cette option est activée par défaut.

▸ **Valeur Dômes de lumière** : permet de moduler l'intensité des dômes de lumière. Valeur par défaut = 1.0.

▸ **Débordement couleur** : détermine la force de débordement de la couleur. Le débordement de couleur résulte de l'inter-réflexion de la lumière entre les objets de la scène. Valeur par défaut = 1.0. Ce paramètre a peu d'effet, sauf si le paramètre Rebonds est supérieur ou égal à 2.

▸ **Rayons/Echantillon** : nombre de rayons projetés par échantillon (ou pixel). Augmentez cette valeur pour accroître la régularité de l'effet, mais également le délai de rendu. Diminuez cette valeur pour obtenir un effet plus granuleux, mais accélérer le rendu. Valeur par défaut = 250.

▸ **Filtre couleur** : filtre toutes les lumières venant frapper les objets. Définissez une couleur autre que le blanc pour teinter l'effet global. Valeur par défaut = blanc.

▸ **Taille filtre** : taille, en pixels, du filtre utilisé pour réduire le bruit dans l'effet. Valeur par défaut = 0.5.

▸ **Ambiante suppl.** : lorsque cette option est définie sur une couleur différente du noir, cette couleur est ajoutée en tant que lumière ambiante supplémentaire sur les objets. Valeur par défaut = noir.

▸ **Altération rayon** : tout comme l'option Altération de lancer de rayons pour les ombres, cette option ajuste le positionnement des effets de lumière réfléchie. Utilisez-la pour corriger les objets indésirables générés lors du rendu, comme les bandes pouvant apparaître quand un objet projette des ombres sur lui-même. Valeur par défaut = 0.03.

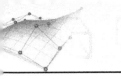

- **Rebonds** : nombre de rebonds de rayons de lumière tracés. Augmentez cette valeur pour augmenter la quantité de débordement de couleur. Les valeurs faibles donnent des résultats plus rapides avec moins de précision, et génèrent en principe des images plus sombres. Les valeurs élevées laissent davantage de lumière pénétrer la scène, ce qui entraîne des images plus claires et plus précises, mais augmente le délai de rendu. Valeur par défaut = 0. Lorsque l'option Rebonds est définie à 0, le traceur de lumière ne prend pas en compte l'éclairage volumétrique.

- **Angle cône** : contrôle l'angle utilisé pour le regroupement. La réduction de cette valeur peut engendrer un contraste légèrement supérieur, en particulier dans les zones où un grand nombre de formes géométriques de petite taille projettent des ombres sur une structure plus grande. Cette valeur est comprise entre 33.0 et 90.0. Valeur par défaut = 88.0.

- **Bascule Volumes** : lorsque cette option est activée, le traceur de lumière regroupe la lumière à partir d'effets d'éclairage volumétrique tels que Eclairage volumétrique et Brouillard volumétrique. Cette option est activée par défaut. Pour que l'éclairage volumétrique fonctionne avec le traçage de lumière, la valeur de l'option Rebonds doit être supérieure à 0.

- **Quantité Volumes** : multiplie la quantité de lumière regroupée à partir d'effets d'éclairage volumétrique. Augmentez cette valeur pour augmenter leur impact sur la scène rendue ; diminuez-la pour diminuer leur effet. Valeur par défaut = 1.0.

Zone Sous-échantillonnage adaptatif

Ces commandes peuvent vous aider à accélérer le temps de rendu. Elles réduisent le nombre d'échantillons de lumière prélevés. Les meilleurs paramètres de sous-échantillonnage varient considérablement d'une scène à l'autre. Le sous-échantillonnage prélève initialement des échantillons à partir d'une grille super-posée aux pixels de la scène (fig.10.130). Quand le contraste est suffisant entre les échantillons,

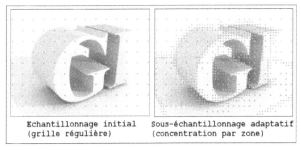

Echantillonnage initial (grille régulière)   Sous-échantillonnage adaptatif (concentration par zone)

Fig.10.130

il subdivise cette zone et prélève de nouveaux échantillons, jusqu'à la zone minimale spécifiée par la valeur Subdiviser jusqu'à. L'éclairage des zones non échantillonnées directement est interpolé.

- **Sous-échantillonnage adaptatif** : lorsque cette option est activée, le traceur de lumière utilise le sous-échantillonnage. Lorsqu'elle est désactivée, il échantillonne chaque pixel. La désactivation du sous-échantillonnage peut augmenter les détails du rendu final, mais prolonge le temps de rendu. Cette option est activée par défaut.

> ▸ **Espacement échantillon initial** : espacement de grille des échantillons initiaux de l'image. Cette valeur est mesurée en pixels. Valeur par défaut = 16 x 16.

> ▸ **Contraste subdivision** : seuil de contraste déterminant quand une zone doit être à nouveau subdivisée. L'augmentation de cette valeur diminue les subdivisions. Une valeur trop faible peut entraîner des subdivisions superflues. La valeur par défaut est 5.0.

> ▸ **Subdiviser jusqu'à** : espacement minimal d'une subdivision. L'augmentation de cette valeur améliore le temps de rendu, au détriment de la précision. Valeur par défaut = 1x1. Selon la géométrie de la scène, les grilles supérieures à 1x1 peuvent encore être subdivisées en dessous de ce seuil spécifié.

> ▸ **Afficher échantillons** : lorsque cette option est activée, les emplacements d'échantillons sont rendus sous la forme de points rouges. Ceci montre l'endroit ayant subi le plus d'échantillonnage, ce qui peut faciliter le choix des paramètres optimaux pour le sous-échantillonnage. Cette option est désactivée par défaut.

4. L'éclairage volumétrique et les effets spéciaux

Considérons la vue intérieure d'une pièce avec un simple divan et un projecteur cible (fig.10.131). L'effet de ce projecteur peut être modifié de diverses manières, soit avec l'ajout d'une image bitmap pour le transformer en appareil de projection comme abordé plus haut dans le texte (fig.10.132), soit comme lumière volumétrique, soit avec l'ajout d'effets de type halos, anneau, rayon, etc.

Fig.10.131

4.1. L'éclairage volumétrique

L'éclairage volumétrique fournit des effets de lumière fondés sur l'interaction de lumières avec l'atmosphère environnante comme du brouillard ou de la fumée par exemple. Pour transformer une lumière existante en éclairage volumétrique, la procédure est la suivante :

☐ Ouvrez la scène (par exemple : lum-volum-effet.max)

Fig.10.132

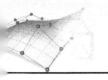

2. Sélectionnez la lumière, par exemple le projecteur.

3. Sélectionnez l'onglet **Modifier**.

4. Déroulez la section **Atmosphères et effets**, et cliquez sur le bouton **Ajouter**.

5. Dans la boîte de dialogue **Ajouter atmosphère ou effet**, sélectionnez **Eclairage volumétrique** et cliquez sur OK (fig.10.133).

6. Dans le panneau **Atmosphères et effets**, cliquez sur **Eclairage volumétrique** puis sur **Configuration** (fig.10.134).

7. La boîte de dialogue **Environnement** s'affiche (fig.10.135) et permet de modifier les paramètres de l'éclairage. Effectuez d'abord un rendu rapide avant d'effectuer les modifications (fig.10.136).

8. Modifiez quelques paramètres pour voir les effets produits :

   ▸ Changez la **Densité** à 15 (fig.10.137).

   ▸ Activez le champ **Bruit actif**, **Quantité** sur 0.5. **Lier à lumière** et **Turbulence** (fig.10.138).

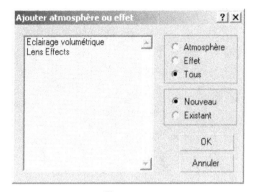

Fig.10.133

Fig.10.134

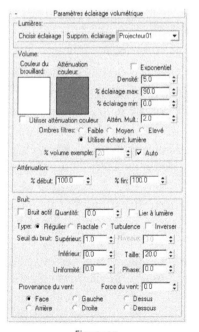

Fig.10.135

Fig.10.136

Fig.10.137

Fig.10.138

Les paramètres sont les suivants :

Zone Volume

Les paramètres de cette zone permettent de contrôler la façon dont l'éclairage volumétrique est créé.

▸ **Couleur du brouillard** : définit la couleur du brouillard qui compose le volume de l'éclairage.

▸ **Atténuation couleur** : atténue la lumière volumétrique en fonction de la distance. L'éclairage volumétrique progresse de la couleur du brouillard à l'atténuation de couleur sur les distances d'atténuation Proche et Lointaine de l'éclairage.

▸ **Utiliser atténuation couleur** : active l'atténuation de couleur.

▸ **Exponentiel** : augmente la densité selon un facteur exponentiel de la distance. Dans le cas contraire, elle augmente de manière linéaire.

▸ **Densité** : définit la densité du brouillard. Plus le brouillard est dense, plus l'éclairage se reflète en dehors depuis l'intérieur du volume. Les densités comprises entre 2 % et 6 % produisent probablement les effets les plus réalistes.

▸ **% éclairage max.** et **% éclairage min.** : contrôlent la dissipation de la lumière.

▸ **Attén.Mult. (Multiplicateur d'atténuation)** : ajuste l'effet de la couleur d'atténuation.

▸ **Ombres filtres** : permet d'obtenir un rendu d'éclairage volumétrique de meilleure qualité en augmentant le taux d'échantillonnage (mais avec un temps de rendu plus long). Les options suivantes sont disponibles :

  ▪ **Utiliser échant. lumière** : applique un effet de flou sur l'ombre projetée dans le volume en fonction d'une valeur d'échantillon dans les paramètres d'ombre de la lumière.

  ▪ **% volume exemple** : contrôle la vitesse d'échantillonnage du volume. La valeur est comprise entre 1 et 10 000 (1 correspond à la qualité la plus basse, 10 000 à la qualité la plus élevée).

  ▪ **Auto** : contrôle le paramètre % volume exemple automatiquement et désactive les doubles flèches (par défaut). Les vitesses d'échantillonnage prédéfinies sont les suivantes : basse = 8, moyenne = 25, haute = 50.

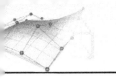

Zone Atténuation

Les commandes de cette zone dépendent des paramètres d'atténuation définis dans les paramètres de base de l'éclairage.

▸ **% début** : définit la valeur de début de l'atténuation de l'effet d'éclairage par rapport à la valeur d'atténuation actuelle de la lumière elle-même. Toute valeur inférieure à 100% rapproche le plan d'atténuation de la source lumineuse.

▸ **% fin** : définit la valeur de fin d'atténuation de l'effet d'éclairage par rapport à la valeur d'atténuation actuelle de la lumière elle-même. Toute valeur inférieure à 100 % projette la lumière beaucoup plus loin que sa lueur réelle.

Zone Bruit

Les paramètres de cette zone permettent d'ajouter un bruit à l'éclairage volumétrique, c'est-à-dire une variation aléatoire afin de briser son uniformité.

▸ **Bruit actif** : active ou désactive le bruit.

▸ **Quantité** : pourcentage de bruit affecté au brouillard. Si la quantité correspond à 0, le bruit est nul. Si la quantité est 1, le brouillard devient pur bruit.

▸ **Lier à lumière** : lie l'effet de bruit à l'objet lumière connexe plutôt qu'aux coordonnées universelles.

▸ **Type** : permet de choisir entre trois types de bruit.

  ▪ **Régulier** : motif de bruit standard.

  ▪ **Fractal** : motif de bruit fractal itératif.

  ▪ **Turbulence** : motif de turbulence itératif.

  ▪ **Inverser** : inverse l'effet de bruit. Le brouillard épais devient translucide et inversement.

▸ **Seuil de bruit** : limite l'effet de bruit entre un seuil supérieur et inférieur.

▸ **Uniformité** : contrôle la transparence du brouillard. Plus la valeur est réduite, plus le volume est transparent et contient de discrets nuages de fumée. Lorsque la valeur approche ou est égale à -0.3, le brouillard commence à prendre l'aspect de grains de poussière.

▸ **Niveaux** : définit la fréquence d'application de l'algorithme de turbulence. Ce paramètre peut être animé. Réservé à Bruit fractal et à Turbulence. Cette valeur est comprise entre 1 et 6.

▸ **Taille** : détermine la taille des tourbillons de fumée ou de brouillard. Des valeurs plus petites génèrent des vrilles plus petites.

▸ **Phase** : contrôle la vitesse du vent. Si l'option Force du vent est également supérieure à 0, le volume de brouillard s'anime en fonction de la direction du vent. Si Force du vent est nulle, le brouillard ne se déplace pas.

▸ **Force du vent** : contrôle la vitesse de déplacement de la fumée dans la direction du vent, par rapport à la phase. Comme spécifié précédemment, si la phase n'est pas animée, la fumée ne se déplace pas, quelle que soit la force du vent.

▸ **Provenance du vent** : définit la direction d'où vient le vent.

4.2. Les effets de rendu d'éclairage

Plusieurs effets peuvent être ajoutés à un éclairage dont :

▸ **Glow** : ajoute un effet de luisance autour de la lumière sélectionnée.

▸ **Ring** : ajoute un anneau de couleur autour de la lumière.

▸ **Ray** : ajoute une série de rayons lumineux autour de la lumière.

▸ **Auto Secondary** : ajoute une série de petits anneaux autour de la lumière simulant un effet de réfraction.

▸ **Manual Secondary** : ajoute manuellement des effets d'éclats.

▸ **Star** : ajoute un effet d'étoile.

▸ **Streak** : ajoute une bande horizontale.

Pour ajouter un de ces effets, comme Glow par exemple, la procédure est la suivante :

1. Sélectionnez la lumière, à savoir le projecteur.

2. Sélectionnez l'onglet **Modifier**.

3. Déroulez la section **Atmosphères et effets**, et cliquez sur le bouton **Ajouter**.

4. Dans la boîte de dialogue **Ajouter atmosphère ou effet**, sélectionnez **Lens Effects** et cliquez sur **OK**.

5. Dans le panneau **Atmosphères et effets**, cliquez sur **Lens Effects** puis sur **Configuration** (fig.10.139).

Fig.10.139

6. La boîte de dialogue **Effets** s'affiche et permet de modifier les paramètres de l'éclairage.

7. Dans le panneau **Effets**, activez les champs suivants (fig.10.140) :

    a. **Actif** : pour activer l'effet.

    b. **Aperçu Effets – Tous ou Courant** : pour donner un aperçu de tous les effets ou de l'effet courant seulement.

    c. **Aperçu Effets – Interactif** : pour afficher l'effet ou la modification de l'effet en temps réel.

8. Dans le panneau **Paramètres Lens Effects**, sélectionnez l'effet **Glow** dans la colonne de gauche et cliquez sur la flèche droite pour rendre l'effet opérationnel (fig.10.141).

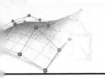
[9] Effectuez un rendu pour afficher le résultat (fig.10.142).

[10] En gardant la fenêtre du rendu affichée, vous pouvez modifier des paramètres et voir en temps réel le résultat s'afficher. Par exemple, dans le panneau **Paramètres globaux Lens Effects**, augmentez la taille de l'effet via le champ **Taille** et l'intensité via le champ **Intensité** (fig.10.143).

Fig.10.140

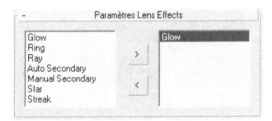

Fig.10.141

Fig.10.142

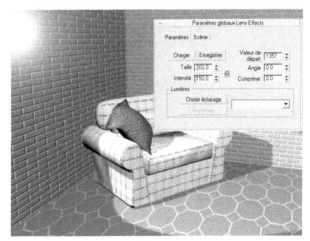

Fig.10.143

[11] En plus de l'effet **Glow**, vous pouvez combiner d'autres effets comme **Ring**, **Ray**, **Auto Secondary** ou **Star**, par exemples (fig.10.144).

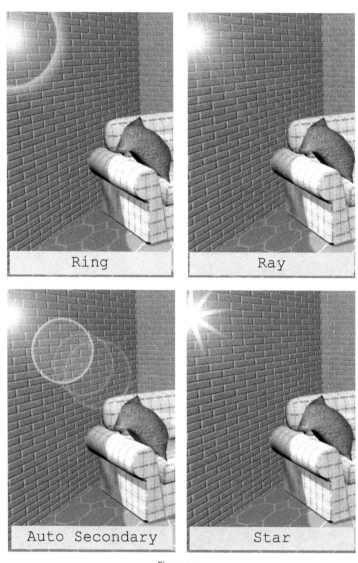

Fig.10.144

CHAPITRE 11
L'ANIMATION

1. Principe de l'animation : l'illusion du mouvement

D'une manière générale, l'animation est un procédé permettant la représentation d'un mouvement subi ou réalisé par un objet quelconque. Elle peut être réalisée dans une optique de divertissement, de clarté scientifique ou de persuasion commerciale. Le but est de présenter une séquence d'images à une allure suffisamment rapide pour que l'observateur perçoive cette succession d'images isolées comme un mouvement continu.

L'animation repose sur une singularité des capacités du système visuel. Si nous visualisons une série d'images fixes liées à un rythme rapide, notre cerveau les perçoit comme constituant un mouvement continu. Celui-ci reçoit l'information issue de l'extérieur par l'intermédiaire des organes des sens, grâce à la propagation de signaux d'influx nerveux. Le système perceptif est surtout sensible à des changements qui peuvent être définis par leur durée, le temps séparant deux stimuli successifs et leur ordre de succession. Les stimulations visuelles successives sont ainsi perçues différemment suivant leurs fréquences. A ce sujet, il existe un seuil critique, en deçà duquel les éléments sont perçus individuellement et au-delà duquel ils sont perçus comme un stimulus unique (fig.11.1). Ce seuil se situe habituellement au niveau de 0.1 seconde. Ainsi, deux stimuli successifs séparés par 0.2 seconde paraissent se succéder (1). Ce phénomène est exploité au niveau du cinéma. En effet, lors de la projection successive de chacune des images fixes, la rétine est à chaque fois éclairée par un bref éclair lumineux générant une image qui parvient dans les centres nerveux avec un certain retard (de l'ordre de 0.15 seconde). Ce retard, et la réception des éclairs suivants ont pour effet de générer un éclairement continu chez le spectateur.

Depuis toujours, le principal problème que pose la création d'animations réside dans la difficulté à produire un nombre important d'images. Une minute d'animation requiert en effet entre 720 et 1 800 images distinctes, selon la qualité de l'animation. Or, la création d'images à la main représente un travail considérable. C'est là qu'intervient la technique des images clés.

En fait, la plupart des images qui composent l'animation ne présentent que de légères modifications par rapport à l'image qui les précède, modifications orientées vers un objectif donné. Aussi, les studios d'animation traditionnels se sont aperçus qu'ils pouvaient augmenter la productivité de leurs créateurs en leur demandant de dessiner uniquement les images les plus importantes, ou **images clés**. Des assistants pouvaient ensuite reproduire les détails des images situées entre les images clés (fig.11.2). Les images situées entre les images clés étaient appelées **images intermédiaires**.

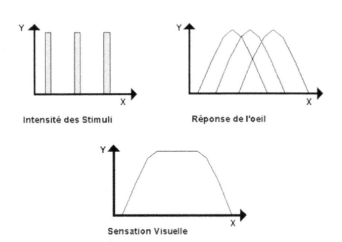

Fig.11.1 (Doc. B. Peroche)

Une fois dessinées, les images clés et les images intermédiaires devaient être ancrées ou rendues, de manière à produire les images finales. Aujourd'hui encore, la production des quelques milliers d'images nécessaires à la réalisation d'animations classiques requiert souvent des centaines de créateurs (fig.11.2).

L'animation par ordinateur peut être considéré comme un nouvel outil d'expression artistique à part entière. Elle apparaît réellement au grand public dans des génériques, des vidéoclips, des séquences de films et des jeux. Pour assurer un résultat de qualité, il est essentiel de construire celle-ci sur la base d'une histoire ou d'un message à transmettre. A ce propos, il n'y a pas à proprement parler de recettes pour écrire une bonne histoire. Il importe avant tout d'établir un cadre de référence correct selon le type de produit à concevoir et ensuite de faire jouer sa créativité. Le résultat de cette première phase est ensuite traduit dans un « story-board ». Ce terme anglo-saxon correspond à ce que l'on désigne par « découpage » dans l'univers cinématographique. Il constitue la première étape pratique de toute réalisation. Il est habituellement constitué d'une séquence de figures illustrant les moments clés dans un scénario. S'il permet à l'auteur de transposer ses idées sous la forme d'images concrètes, il constitue également un document de base facilement communicable aux personnes concernées (fig.11.3, 11.4 et 11.5). L'analyse du story-board permet ensuite d'apporter des

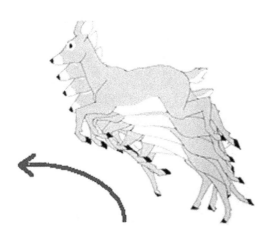

Fig.11.2 (Doc. New York Institute of Technology)

modifications esthétiques, d'envisager les conséquences techniques et d'évaluer les coûts en termes financiers et en temps de calcul. Il arrive aussi parfois que la réalisation s'arrête au niveau du story-board, le client décidant de ne pas poursuivre la production. Ainsi, en précisant ses besoins à l'aide du story-board, il peut en effet découvrir qu'il résoudra mieux son problème en recourant aux techniques traditionnelles plutôt qu'à l'image de synthèse.

Avec l'utilisation des images de synthèse, l'information contenue habituellement dans un story-board classique doit être élargie pour pouvoir être utilisée efficacement dans les phases de modélisation, de rendu et d'animation. Il est en effet essentiel de préciser, et de préférence en 3D à l'aide de perspectives travaillées, les détails du décor et l'agencement de la scène, les indications d'éclairage, les trajectoires des personnages et des objets, les mouvements de caméra, etc. Le story-board ainsi élargi porte parfois le nom de « Concept-board ».

2. Les outils d'animation dans 3ds max

Les principaux outils d'animation sont disponibles dans les zones suivantes de l'interface (fig.11.6) :

▶ **Vue piste (1)** : permet d'éditer de façon précise l'animation dans une fenêtre flottante (fig.11.7).

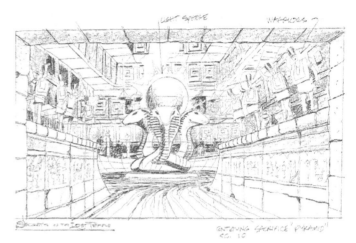

Fig.11.3 (© Trix/New Wave International)

Fig.11.4 (© Trix/New Wave International)

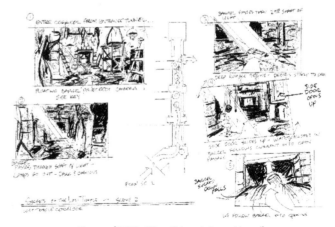

Fig.11.5 (© Trix/New Wave International)

▸ **Barre de piste (2)** : permet d'accéder rapidement aux images clés et aux commandes d'interpolation (fig.11.8).

▸ **Panneau Animation (3)** : ce panneau permet d'ajuster les contrôleurs de transformation qui ont une incidence sur les animations de position, de rotation et d'échelle (fig.11.9).

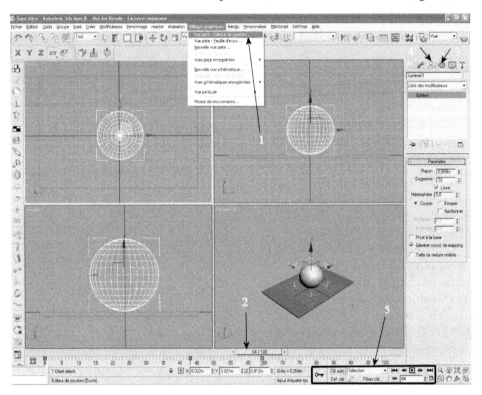

Fig.11.6

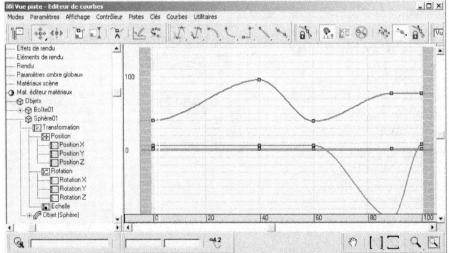

Fig.11.7

Fig.11.8

- ▶ **Panneau Hiérarchie (4)** : ce panneau permet d'ajuster tous les paramètres qui régissent la liaison entre deux objets ou plus. Il s'agit notamment des paramètres de cinématique inverse et des ajustements faisant intervenir le point de pivot (fig.11.10).
- ▶ **Commandes de temps (5)** : ces commandes vous permettent de vous déplacer dans le temps à l'intérieur des fenêtres. Vous pouvez vous déplacer vers n'importe quel point dans le temps et jouer des animations dans les fenêtres (fig.11.11).

Ces différents outils permettent de mettre en pratique les techniques d'animations suivantes :

L'animation par scènes clés

L'animation par scènes clés sur ordinateur constitue une extension de la méthode traditionnelle. Dans ce cas, c'est l'utilisateur qui fait office d'animateur principal et le programme d'animation, celui d'assistant. Chaque image ou scène clé est définie par l'utilisateur qui positionne non seulement les différents objets de la scène mais aussi les lumières, les caméras, etc. Le programme se charge ensuite de calculer l'ensemble des images intermédiaires en tenant compte de ces différents paramètres.

Fig.11.9   Fig.11.10

Fig.11.11

L'animation par scènes clés paramétrisées

Ce type d'animation est également basé sur l'interpolation de scènes clés, mais la nature des informations stockées pour chacune de celles-ci est différente. Grâce à l'utilisation de paramètres, il est ainsi possible de définir, par exemple, les limites du mouvement ou de décrire la géométrie des objets. Ce qui en particulier permet de générer des modifications de forme des objets (aplatissement, étirement, rotation, etc.). Les valeurs de ces paramètres sont définies comme valeurs clés et également interpolées, ce qui fournit les paramètres des positions intermédiaires.

L'animation par trajectoire

Certains mouvements sont difficilement contrôlables en se servant uniquement de la méthode par scènes clés. C'est le cas, par exemple, du vol d'un oiseau ou d'un avion. Dans ces cas, on utilise des trajectoires qui simplifient largement la réalisation de telles anima-

tions. Une trajectoire est en fait un chemin qui représente le parcours à suivre par un objet déterminé qui lui est attaché. Il s'agit en général également d'une courbe Spline, dont chaque point représente une position dans l'espace et le temps. Outre les objets, il est également possible de lier une trajectoire à une caméra ou à une source lumineuse.

L'animation avec liens hiérarchiques

Cette technique, qui peut être couplée avec les autres méthodes d'animation, permet de lier des objets d'une scène de façon à ce qu'un objet contrôle un ou plusieurs autres objets. Le lien ainsi établi est dit « hiérarchique » dans la mesure où le premier objet contrôle le second et non l'inverse. Il est courant d'utiliser l'image d'un arbre généalogique pour décrire ce type de lien. Le premier objet (encore dénommé objet contrôlant) s'appelle le « parent ». Le second objet (ou objet contrôlé) s'appelle « l'enfant ». Tous les enfants d'un parent, auxquels s'ajoutent les enfants des enfants, leurs enfants et ainsi de suite, sont désignés par le terme « sous-arborescence » du parent.

L'animation à base de scripts

Historiquement, les premiers systèmes de contrôle du mouvement furent conçus à base de scripts. Mais avec le développement de l'interactivité dans la production d'animations, ces systèmes ont diminué quelque peu en popularité. Un système à base de scripts se présente sous la forme d'un éditeur utilisant un langage de programmation spécialisé. Ce langage permet de décrire à la fois les objets géométriques, les conditions de visualisation et l'animation d'une scène. Il est aussi possible de réaliser des bibliothèques d'objets et de mouvements pouvant être réutilisés à tout moment. La qualité de l'animation produite par un tel système, dépend de l'habileté de l'animateur-programmeur à combler mentalement le décalage entre la construction du programme et l'effet visuel produit.

L'animation par cinématique directe ou inverse

La cinématique peut être considérée comme la spécification ou l'étude du mouvement indépendamment des forces sous-jacentes qui produisent ce mouvement. Particulièrement efficace dans le cas de l'animation de structures articulées (ensemble de joints et de liens), le contrôle du mouvement peut s'utiliser de deux manières différentes, à savoir la cinématique directe et la cinématique inverse. Dans le premier cas, le contrôle du mouvement de tous les joints (rotation, translation...) est spécifié explicitement par l'animateur. Le mouvement du composant final (par exemple : une main ou un pied) est ainsi déterminé indirectement par l'accumulation de toutes les transformations conduisant à ce composant final. Ainsi le mouvement d'un pied peut être considéré comme la combinaison des effets résultant des transformations portées à la hanche, au genou et à la cheville. La cinématique inverse, quant à elle, permet à l'animateur de spécifier directement les positions et les mouvements des composants finaux d'une structure arborescente. Le système se charge de calculer automatiquement et en sens inverse les paramètres des joints et des liens non terminaux pour que les sommets désignés par l'animateur se trouvent dans les positions souhaitées.

L'animation contrôlée par la dynamique

Dans le cas de l'animation contrôlée par la cinématique, les problèmes liés au mouvement sont résolus sans tenir compte des phénomènes physiques auxquels les objets sont habituellement soumis (masse, inertie, etc.). Il en résulte parfois un manque de réalisme du fait que les objets n'ont pas de masse. Avec la technique dynamique, les objets sont animés automatiquement à partir de données physiques. Ainsi, gravité, force, masse et contraintes éventuelles liées à un objet sont gérées par l'ordinateur et les mouvements calculés sont particulièrement réalistes. Il n'est plus nécessaire de décrire chaque mouvement indépendamment comme dans le cas de la cinématique.

L'animation procédurale

L'animation procédurale est un champ d'application où l'utilisation de l'ordinateur se justifie certainement mieux que partout ailleurs. La forme la plus simple de ce type d'animation se rencontre quand un modèle mathématique définit la géométrie d'un objet aussi bien que son mouvement ou sa modification de forme et cela en fonction du temps. Les exemples classiques sont la modélisation et l'animation d'objets « flous » (nuages, flammes, fumée...) et le mouvement des vagues.

3. Les bases de l'animation dans 3ds max

3.1. La notion de temps

La notion de temps est certainement l'élément le plus important d'une animation créée par ordinateur. Comme signalée plus haut, l'animation est composée d'une série d'images indépendantes affichées à une cadence suffisamment élevée pour suggérer l'illusion du mouvement. Pour cela, une cadence d'au moins 10-12 images par seconde est indispensable. Des vitesses plus élevées créent l'illusion d'un mouvement plus régulier et des vitesses inférieures engendrent un mouvement saccadé ou des images tremblotantes. D'un point de vue pratique, la vitesse réelle à laquelle sera exécutée votre animation dépend du média sur lequel vous l'aurez enregistrée. Les catégories de vitesses d'images, ci-après, sont ainsi couramment employées :

- le dessin animé : 12 ou 24 images par seconde ;
- les films : 24 images par seconde ;
- la télévision PAL : 25 images par seconde ;
- la télévision NTSC (USA) : 30 images par seconde ;
- les films ShowScan : 60 images par seconde.

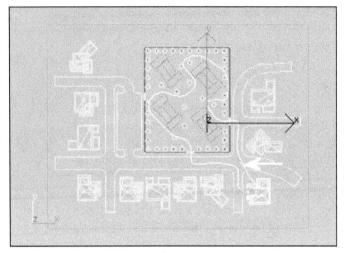

Fig.11.12

3ds max permet de configurer la vitesse de lecture de l'animation pour chacun de ces standards et d'ailleurs pour n'importe quel taux d'affichage souhaité, à l'aide de la boîte de dialogue Configuration temps (voir plus loin dans ce chapitre).

Une fois ce premier facteur déterminé, il convient de prendre en compte la durée de l'animation pour répondre à des besoins de réalisme ou d'effet souhaité. Ainsi si vous voulez simuler le déplacement d'une personne dans son quartier, vous devrez prendre en compte les paramètres suivants (fig.11.12) :

▸ La longueur du chemin à parcourir : par exemple 350 mètres.

▸ La vitesse du déplacement de la personne : par exemple 1.5 mètres par seconde.

Ces deux premiers paramètres permettent de calculer la durée du déplacement, à savoir : 350/1.5 = 233 secondes (3.88 minutes).

Si la vitesse d'enregistrement est de 25 images par seconde, il faudra créer une animation de 233 x 25 = 5825 images.

3.2. Les contrôleurs d'animation

Chaque fois que vous animez un objet dans votre scène, 3ds max sauvegarde les données nécessaires pour produire l'animation. Comme vous n'avez pas dû spécifier comment l'objet doit être animé à chaque image, le logiciel doit calculer les données d'animation pour les différentes images intermédiaires. Toutes ces données sont gérées par des modules particuliers appelés « contrôleurs ». Ils stockent les valeurs d'animation et prennent en charge les interpolations d'une valeur à une autre. Différents types de contrôleurs existent, adaptés aux différents types d'animations. Normalement, ces contrôleurs s'appliquent automatiquement, sans que vous ne le remarquiez. Certains effets nécessitent néanmoins l'application volontaire de certains contrôleurs spécifiques. C'est par exemple le cas du contrôleur d'expressions qui utilise des expressions mathématiques pour contrôler les mouvements et les autres données d'animation.

Les contrôleurs sont regroupés au sein de deux catégories principales. Ces catégories sont faciles à identifier lors de la visualisation de la liste hiérarchique de la vue piste.

▸ **Contrôleurs à paramètre unique** : contrôlent les valeurs d'animation d'un seul paramètre 3ds max. Le contrôleur traite un seul paramètre, que celui-ci ait un seul

composant, comme le nombre de côtés d'un cylindre ou bien plusieurs composants, comme les valeurs RVB d'une couleur.

▸ **Contrôleurs composés** : combinent ou gèrent plusieurs contrôleurs. Ils incluent les contrôleurs de transformation évolués tels que PRS, le contrôleur de rotation Euler XYZ, le contrôleur de script de transformation et le contrôleur de liste. Les contrôleurs composés s'affichent dans la liste hiérarchique sous forme d'icône de contrôleur avec des branches de contrôleurs de niveau inférieur.

Les contrôleurs à paramètre unique peuvent être classés en contrôleurs paramétriques, ou en contrôleurs basés sur des clés :

▸ **Contrôleurs paramétriques** : ils reçoivent des valeurs d'entrée spécifiées par l'utilisateur puis fournissent en retour des valeurs basées sur l'équation que le contrôleur implémente ainsi que sur les valeurs des données d'entrée. Les données d'entrée ne sont spécifiées qu'une seule fois et ne change plus durant l'animation. Aucune clé n'est associée à ce type de contrôleur. Il est matérialisé dans la vue piste par une barre d'intervalle (fig.11.13). Le contrôleur de bruit est un exemple de contrôleur paramétrique. Il génère une animation aléatoire et fractale sur un intervalle d'images. Il fonctionne sur un intervalle d'images mais n'utilise pas de clés.

Fig.11.13

▸ **Contrôleurs basé sur des clés** : ils prennent comme entrée les valeurs indiquées par l'utilisateur à des instants spécifiques, et retourne des valeurs de sortie interpolées pour n'importe quel point. Le contrôleur TCA (Tension/Continuité/Altération) est un exemple de contrôleur basé sur des clés. Son entrée est constituée par la rotation de l'objet à des instants spécifiques. Chaque fois que vous faites pivoter un objet à une image différente, un nouveau point de données est généré. Ces points de données sont considérés comme des **clés**, et les données indiquant la quantité de la rotation sont appelées **valeurs de clés**. La présence d'une clé est représentée par un point dans la piste des paramètres de la Vue piste (fig.11.14).

Fig.11.14

Outre des contrôleurs, 3ds max offre également la possibilité d'utiliser des contraintes pour animer des scènes. Les contraintes d'animation permettent d'automatiser d'avantage le processus d'animation. Vous pouvez les utiliser pour contrôler la rotation ou l'échelle d'un objet en définissant les liens qui unissent les objets entre eux. Pour définir une contrainte, vous devez disposer d'un objet et d'au moins un objet cible. La cible impose des limites spécifiques à l'objet contraint. Par exemple, pour animer rapidement un avion qui suit une trajectoire de vol donnée, utilisez une contrainte Trajectoire pour que l'avion adopte une trajectoire en forme de spline. La liaison entre la contrainte et ses cibles peut être activée ou désactivée pendant une certaine période. Les contraintes couramment utilisées permettent d'effectuer les opérations suivantes :

▸ Lier un objet à un autre pendant une durée donnée, tel qu'un personnage saisissant une batte de base-ball.

▸ Lier la position ou la rotation d'un objet à un ou plusieurs objets.

▸ Conserver la position d'un objet entre plusieurs objets.

▸ Contraindre un objet le long d'une ou plusieurs trajectoires.

▸ Contraindre un objet le long d'une surface.

▸ Diriger un objet vers le point de pivot d'un autre objet.

▸ Contrôler la direction d'observation d'un personnage.

▸ Orienter un objet en fonction d'un autre.

Il existe 7 types de contraintes (Menu **Animation – Contraintes**) :

▸ La contrainte **Attachement** permet d'attacher la position d'un objet à la face d'un autre objet.

▸ La contrainte **Surface** permet de restreindre la position d'un objet à la surface d'un autre objet.

▸ La contrainte **Trajectoire** contraint le mouvement d'un objet à une trajectoire donnée.

▸ La contrainte **Position** force l'objet à suivre la position d'un autre objet.

▸ La contrainte **Lier** permet de lier l'objet contraint d'un objet à un autre.

▸ La contrainte **Observer** oriente un objet de telle sorte qu'il fasse toujours face à un autre objet.

▸ La contrainte **Orientation** force la rotation de l'objet contraint à suivre la rotation d'un autre objet.

3.3. Les techniques de base de l'animation

Pour comprendre les techniques de base de l'animation, rien de tel que de démarrer avec une application simple, comme l'animation d'une balle de ping-pong. Cet exemple classique va vous permettre de découvrir ce que sont les clés de transformation, les trajectoires, les images fantômes et les contrôleurs.

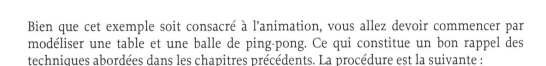

Bien que cet exemple soit consacré à l'animation, vous allez devoir commencer par modéliser une table et une balle de ping-pong. Ce qui constitue un bon rappel des techniques abordées dans les chapitres précédents. La procédure est la suivante :

Etape 1 : Création de la table et de la balle de ping-pong

1. Dans la barre de menus, sélectionnez **Fichier** puis **Réinitialiser** pour réinitialiser 3ds max.
2. Dans la barre de menus, sélectionnez **Personnaliser** puis **Définir unités**.
3. Dans la boîte de dialogue **Définir unités**, dans **Métrique**, sélectionnez **Centimètres** et cliquez sur OK.
4. Cliquez sur le panneau **Créer**, puis sur **Géométrie** et sélectionnez **Boîte**.
5. Créez une boîte dans la fenêtre Perspective. Cette boîte représentera la table de ping-pong.
6. Vous devez à présent modifier la taille de la boîte. Pour cela, dans la section **Paramètres**, définissez la **Longueur** sur 152 cm, la **Largeur** sur 273 cm et la **Hauteur** sur 4 cm.
7. Dans la zone **Nom**, tapez Table de ping-pong.
8. Dans la barre d'outils principale, sélectionnez le bouton **Sélection et déplacement**, puis cliquez dessus avec le bouton droit de la souris.
9. La boîte de dialogue **Saisie déplacement apparaît**.
10. Dans la section Absolu : Univers de la boîte de dialogue Saisie déplacement, définissez X et Y sur 0.
11. La table apparaît à présent au niveau de l'origine du système de coordonnées universelles.
12. Fermez la boîte de dialogue Saisie déplacement.

Etape 2 : Affectation d'un matériau à la table de ping-pong

1. Dans la fenêtre Perspective masquez la grille et sélectionnez la table de ping-pong.
2. Appuyez sur M pour ouvrir l'éditeur de matériaux.
3. Dans l'éditeur de matériaux, renommez le premier matériau figurant dans la fenêtre de contrôle du haut par **Table de ping-pong**.
4. Cliquez sur le bouton **Affecter matériau à la sélection** pour établir le lien entre la fenêtre de contrôle et l'objet à habiller.
5. Dans le panneau déroulant **Textures**, cliquez sur le bouton **Aucun** en regard de la texture Couleur diffuse. L'explorateur de matériaux/textures s'affiche. Vous pouvez sélectionner dans cet explorateur, le type de texture que vous voulez utiliser.

6. Dans l'explorateur de matériaux/textures, cliquez sur Bitmap, puis sur OK.

7. La boîte de dialogue **Sélectionner fichier image Bitmap** s'affiche.

8. Dans la boîte de dialogue **Sélectionner fichier image Bitmap**, mettez en surbrillance le fichier ping-pong.jpg que vous avez préalablement créé dans votre logiciel de traitement d'images (fig.11.15). Le bitmap apparaît dans la sphère échantillon de l'éditeur de matériaux.

9. Cliquez sur le bouton **Afficher texture dans fenêtre**.

Fig.11.15

10. Le bitmap apparaît à présent sur la table. Vous allez devoir effectuer quelques ajustements pour que la texture s'affiche correctement sur la table. Si vous utilisez un pilote Software Z Buffer et non un pilote Open GL, vous devez activer l'option **Correction de texture**. Activez également cette option si votre texture semble déformée. Pour cela, cliquez avec le bouton droit de la souris sur l'étiquette de la fenêtre Perspective, puis choisissez **Correction de texture**. Cela a pour effet d'aplatir la texture de la table et de faire disparaître la déformation (fig.11.16 et 11.17).

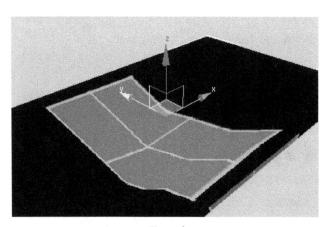

Fig.11.16

11. Dans l'éditeur de matériaux sélectionnez le panneau déroulant **Coordonnées**, puis dans la zone Angle, entrez **90** pour la valeur d'angle W. Ceci a pour effet de faire pivoter la texture sur la table.

12. Dans l'éditeur de matériaux sélectionnez le panneau déroulant **Coordonnées** et dans la zone **Recouvrement**, définissez les valeurs U et V (par exemple U : **0.33** et V : **0.89**). La fenêtre est mise à jour. Le fait de définir le recouvrement sur une valeur inférieure à 1 a pour effet d'étirer le bitmap sur l'objet.

13. Dans le panneau déroulant **Coordonnées** et dans la zone **Décalage**, définissez le paramètre **Décalage V** sur **0.01**. La texture a été légèrement décalée sur la table (fig.11.18 et 11.19).

14. Fermez l'éditeur de matériaux.

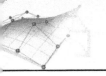

Etape 3 : Modélisation de la balle de ping-pong

1. Cliquez sur le panneau **Créer** puis sélectionnez **Géométrie** et **Sphère**.

2. Dans la section **Paramètres**, activez l'option **Pivot à la base** et **Générer coordonnées de mapping**.

3. Dans la section **Type d'objet**, activez l'option **Grille automatique**. Elle vous permet de créer un objet directement sur la surface d'un autre objet.

4. Dans la fenêtre **Perspective**, créez une sphère sur le dessus de la table de ping-pong (fig.11.20).

5. Dans le panneau déroulant **Nom et couleur**, renommez la sphère par **Balle de ping-pong**.

Fig.11.17

Fig.11.18

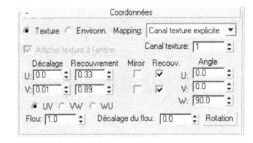

Fig.11.19

6. Dans le panneau déroulant **Paramètres**, définissez le paramètre **Rayon** sur 3 et le paramètre **Segments** sur **18**. Avec ces valeurs, la sphère sera plus grande qu'une balle de ping-pong réelle, mais cela vous permettra de facilement voir comment la balle se déplace.

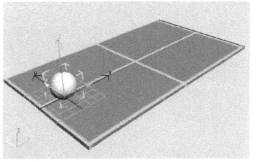

Fig.11.20

Fig.11.21

7. Dans la barre d'outils principale, sélectionnez le bouton **Sélection et déplacement**, puis cliquez dessus avec le bouton droit de la souris.

8. Dans la section **Absolu :Univers** de la boîte de dialogue **Saisie déplacement**, définissez la valeur X sur **-42** et la valeur Y sur **-20**.

9. Fermez la boîte de dialogue **Saisie déplacement**. La table et la balle sont ainsi créées (fig.11.21).

Etape 4 : Création et alignement du filet

1. Cliquez sur le panneau **Créer**, puis sélectionnez **Géométrie** et **Boîte**.

2. Dans la fenêtre **Perspective**, créez une boîte au milieu de la table (dans le sens de la largeur) pour créer un filet.

3. Dans le panneau déroulant **Paramètres**, définissez la **Longueur** sur 152 cm, la **Largeur** sur 0.6 cm et la **Hauteur** sur 12.7 cm.

4. Dans le panneau déroulant **Nom et couleur**, remplacez le nom de la boîte par **Filet**.

5. Dans la zone **Type d'objet**, désactivez l'option **Grille automatique**.

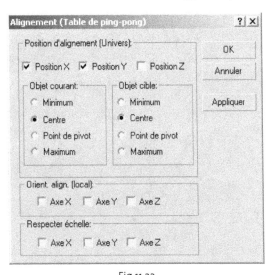

Fig.11.22

6. Assurez-vous que le filet est toujours sélectionné.

7. Dans la barre d'outils principale, sélectionnez **Aligner**. Le curseur d'alignement est à présent activé.

8. Dans la fenêtre **Perspective**, sélectionnez la table de ping-pong. La boîte de dialogue **Alignement** apparaît.

9. Dans la boîte de dialogue **Alignement**, activez les options **Position X** et **Position Y**.

10. Cliquez sur OK pour fermer la boîte de dialogue (fig.11.22-11.23).

Etape 5 : Création et application d'un matériau filaire au filet

1. Dans la fenêtre **Perspective**, appuyez sur la touche F3 pour passer en mode filaire.

2. Sélectionnez le filet et cliquez sur le panneau **Modifier**.

3. Dans le panneau déroulant **Paramètres**, définissez le paramètre **Segments longueur** sur **30**, le paramètre **Segments largeur** sur **1** et le paramètre **Segments hauteur** sur **4**.

4. Appuyez sur la touche **F3** pour repasser en mode ombré.

Fig.11.23

5. Assurez-vous que le filet est toujours sélectionné.

6. Appuyez sur la touche **M** pour ouvrir l'éditeur de matériaux.

7. Dans l'éditeur de matériaux, sélectionnez le deuxième matériau échantillon.

8. Renommez le matériau par **Filet**.

9. Dans le panneau déroulant **Paramètres de base ombrage**, sélectionnez **Fil de fer** et **Anisotrope** comme type d'ombrage.

10. Cliquez sur **Affecter matériau à la sélection**. Le matériau « filet » est à présent affecté à l'objet « filet ».

11. Dans le panneau déroulant **Paramètres de base Anisotrope**, cliquez sur l'échantillon de couleurs en regard de l'option **Diffuse**.

12. Dans la boîte de dialogue **Sélecteur de couleurs**, définissez le paramètre Rouge sur **240**, le paramètre Vert sur **230** et le paramètre Bleu sur **60**.

13. Fermez la boîte de dialogue **Sélecteur de couleurs**.

14. Pour augmenter la visibilité du filet, vous allez attribuer une valeur plus élevée au paramètre **Auto-illumination**. Par exemple 20.

15. Fermez l'éditeur de matériaux. Le filet est à présent habillé (fig.11.24).

Fig.11.24

Etape 6 : Animation à l'aide de clés

Dans cette étape vous allez créer une animation simple, puis utiliser les différents éléments permettant de la contrôler.

1. Cliquez sur le bouton **Clé auto** pour l'activer. Ce bouton et la glissière temps deviennent rouges en mode animation. Désormais, lorsque vous déplacez, faites pivoter ou modifiez l'échelle d'un objet, cela a pour effet de créer une clé.

2. Cliquez sur la balle de ping-pong dans la fenêtre. La balle devient blanche, ce qui indique qu'elle est sélectionnée.

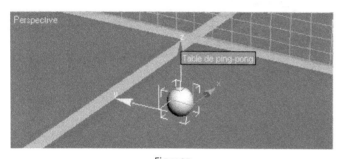

Fig.11.25

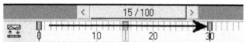

Fig.11.26

3. Dans la barre d'outils principale, cliquez sur le bouton **Sélection et déplacement**. Le gizmo (icône) de transformation apparaît dans la fenêtre. Le gizmo de transformation vous permet d'effectuer des déplacements contraints en toute facilité (fig.11.25).

4. Placez le curseur sur l'axe Z pour l'afficher en surbrillance, puis cliquez dessus et déplacez le curseur vers le haut pour faire voler la balle de ping-pong. La position initiale de la balle de ping-pong est ainsi définie à l'image 0.

5. Placez la glissière temps sur l'image 15 et déplacez la balle de façon à ce qu'elle retombe sur la table. Vous remarquerez qu'il est difficile de savoir quand la balle atteint la table. Pour positionner avec précision la balle sur la table, vous devez utiliser la boîte de dialogue **Saisie transformation**.

6. Cliquez avec le bouton droit de la souris sur le bouton **Sélection et déplacement**, puis réglez la valeur Z sur 4 dans la zone Absolu : Univers du panneau **Saisie de transformation**. La balle retombe avec précision sur la table, car la table a une hauteur de 4 cm. Le déplacement de la balle sur l'image 15 alors que le bouton Clé auto est activé permet de définir des clés au niveau des images 0 et 15. La première clé indique que la balle doit se trouver en l'air au niveau de l'image 0, et la deuxième, que la balle doit toucher la table dans l'image 15. Le programme calcule automatiquement les positions intermédiaires.

7. La balle doit de nouveau s'élever jusqu'à sa position d'origine. Pour ce faire, copiez les clés de la barre de piste de l'image 0 à l'image 30.

8. Assurez-vous que la balle est toujours sélectionnée. Appuyez sur la touche MAJ et maintenez-la enfoncée. Faites glisser la clé de l'image 0 à l'image 30. Une fois la clé copiée, relâchez le bouton de la souris. L'utilisation de la touche MAJ permet de créer et de déplacer une copie de la clé d'origine et non cette dernière (fig.11.26).

⑨ Cliquez à nouveau sur le bouton **Clé auto** pour le désactiver.

⑩ Cliquez sur le bouton **Jouer animation** ou effectuez un mouvement de va-et-vient sur la glissière temps.

⑪ Si vous utilisez le bouton **Jouer animation**, cliquez à nouveau dessus pour interrompre l'animation. Vous devez ensuite régler la longueur du segment de temps actif sur 30 images.

⑫ Dans la zone des contrôles temporels, cliquez sur **Configuration durée**.

⑬ Dans la boîte de dialogue **Configuration durée**, dans la zone **Animation**, réglez le paramètre **Fin** sur **30** puis cliquez sur **OK** (fig.11.27-11.28).

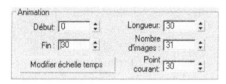

Fig.11.27

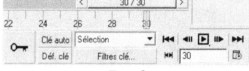

Fig.11.28

⑭ Exécutez l'animation. La balle se déplace vers le haut, puis vers le bas.

La balle se déplace, mais elle n'a pas encore rebondi. La distribution des positions intermédiaires a été gérée par 3ds max. Les positions intermédiaires sont réparties de façon égale de manière à ce que la balle n'accélère pas le long de sa trajectoire. La balle ne fait que flotter le long de sa trajectoire, sans accélérer ni ralentir. L'objectif consiste à simuler l'effet de la gravité de sorte que la balle s'arrête au sommet de sa trajectoire, accélère en approchant de la table et rebondisse à nouveau. Pour cela, vous devez utiliser les contrôles d'interpolation des clés disponibles dans la barre de piste.

Etape 7 : *Contrôle des positions intermédiaires*

Pour ralentir la balle de ping-pong jusqu'à son arrêt total au sommet de son arc, réglez l'interpolation sur les première et troisième clés sur « ralentissement amont » et « ralentissement aval ». Avec ce type d'interpolation, la balle ralentit progressivement au fur et à mesure qu'elle s'approche de la position clé, où elle s'arrête. La gravité augmente l'accélération de la balle au fur et à mesure qu'elle s'approche de la deuxième clé. Une fois qu'elle a atteint ce point, elle doit lutter contre la gravité et ralentit en conséquence. Vous commencerez à travailler sur la deuxième clé.

① Dans le menu **Vues**, cliquez sur **Afficher image dédoublée**. Cette fonction permet d'afficher les images clés qui se trouvent avant celle en cours dans un ton bleu vert et celles qui se trouvent après, dans un ton vert olive.

② Affichez le menu **Personnaliser** puis sélectionnez **Préférences** et cliquez sur l'onglet **Fenêtres**, et assurez-vous que l'option Images fantôme est réglée sur **4** ; si ce n'est pas le cas, modifiez la valeur indiquée. Cliquez sur OK pour fermer la boîte de dialogue.

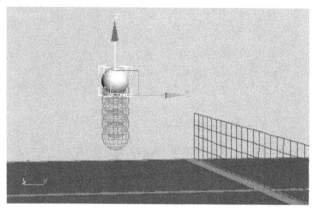

Fig.11.29

Fig.11.30

Fig.11.31

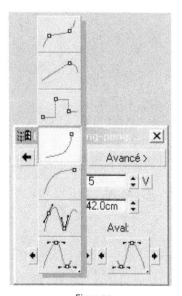

Fig.11.32

③ Sélectionnez la balle et placez la glissière temps au niveau de l'image 15.

④ Exécutez l'animation, puis arrêtez-la (fig.11.29).

⑤ A présent, pour contrôler les positions intermédiaires, cliquez avec le bouton droit de la souris sur la clé de l'image 15 dans la barre de piste. Dans le menu contextuel qui s'affiche, sélectionnez **Balle de ping-pong : Position X** (fig.11.30). Au bas de cette boîte de dialogue figurent deux boutons qui comportent des icônes représentant les courbes d'interpolation des positions intermédiaires en amont et en aval de l'image clé actuelle (fig.11.31). Pour accéder à d'autres courbes, cliquez sur l'un de ces boutons et en gardant la touche de la souris enfoncée déplacez-vous sur une nouvelle valeur (fig.11.32).

⑥ Réglez le paramètre **Amont** sur rapide (4e icône en partant du haut). Observez les changements expérimentés dans l'image dédoublée : la balle accélère au fur et à mesure qu'elle se rapproche de la position clé sur le dessus de la table. Essayez les différentes courbes d'interpolation et observez ce qui se passe dans les images dédoublées.

⑦ Réglez le paramètre **Aval** de la clé 2 sur rapide. La balle quitte la table à la même vitesse et commence à freiner lors de son ascension (fig.11.33).

⑧ A l'aide des boutons fléchés de la boîte de dialogue **Position**, passez de la clé 2 à la clé 1.

⑨ Réglez le paramètre **Aval** de la clé 1 sur lent (5e icône en partant du haut). La balle s'arrête momentanément au sommet de sa trajectoire avant de redescendre.

⑩ Réglez le paramètre **Amont** de la clé 1 sur lent (fig.11.34).

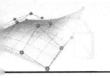

11. Placez-vous au niveau de la clé 3 et réglez son paramètre amont sur lent.

12. Réglez le paramètre aval de la clé 3 sur lent.

13. Faites de même pour les positions Y et Z.

14. Exécutez l'animation, puis arrêtez-la. La balle rebondit à présent. Les effets de la force de gravité sont ainsi recréés.

15. Dans le menu **Vues**, cliquez de nouveau sur **Afficher image** dédoublée pour désactiver cette fonction.

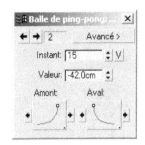

Fig.11.33

Etape 8 : Animation avec des objets factices

Le rebondissement de la balle semble assez réaliste mais celle-ci doit rebondir à travers la table. Pour cela, vous devez d'abord créer un objet assistant (ou objet factice) que vous lierez à la balle avant de l'animer, plutôt que d'animer la balle elle-même. De cette manière, vous pouvez contrôler les mouvements verticaux et horizontaux des objets indépendamment.

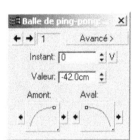

Fig.11.34

1. Allez à l'image 0.

2. Rétablissez l'affichage des quatre fenêtres standard de 3ds max.

3. Cliquez avec le bouton droit de la souris sur la fenêtre **Dessus** pour l'activer et effectuez un zoom sur la balle de ping-pong.

4. Activez l'option **Accrochage 3D** dans la barre d'outils principale, puis cliquez sur le bouton **Accrochage** avec le bouton droit de la souris pour afficher la boîte de dialogue **Paramètre grille et accrochage**.

5. Désactivez l'option **Points de grille** et activez l'option **Pivot**, puis fermez la boîte de dialogue.

6. Cliquez sur le panneau **Créer**, puis sélectionnez **Assistants** et ensuite **Factice**.

7. Dans la fenêtre **Dessus**, placez le curseur sur la balle de ping-pong.

8. Appuyez sur le bouton de la souris. Vous venez de déclencher la création d'un objet factice dont le pivot est accroché au pivot de la balle de ping-pong.

9. Maintenez le bouton de la souris enfoncé et appuyez sur la touche **S** pour désactiver les accrochages. Vous pouvez ainsi définir la taille de l'objet factice sans accrochages, même si vous avez utilisé des accrochages au début de sa création (fig.11.35-11.36).

10. Agrandissez l'objet factice à l'aide de la souris afin qu'il soit légèrement plus grand que la sphère, puis relâchez le bouton de la souris. Bien que l'objet factice soit centré sur la balle de ping-pong dans la fenêtre Dessus, il n'en est pas de même dans la fenêtre Face. Cela est dû au fait que le point de pivot de l'objet factice correspond à son centre alors que celui de la balle figure à la base.

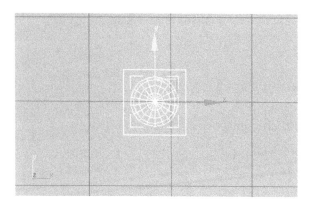

Fig.11.35

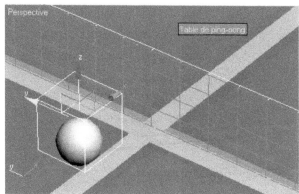

Fig.11.36

⑪ Dans la fenêtre **Face**, déplacez l'objet factice de façon à ce que le bas de l'objet factice soit aligné sur le bas de la sphère. Utilisez l'outil **Aligne**r pour aligner avec précision l'objet factice sur la balle de ping-pong.

⑫ Sélectionnez l'objet factice et cliquez sur le panneau **Hiérarchie**.

⑬ Dans le panneau déroulant **Ajuster pivot**, sélectionnez l'option **Modifier pivot** seulement. L'icône du pivot est affichée dans la fenêtre. Vous pouvez à présent placer le point de pivot de l'objet factice sur sa base.

⑭ Cliquez sur le bouton **Sélection et déplacement**, puis placez le point de pivot sur la base de l'objet factice. Utilisez le gizmo de transformation pour contraindre le point de pivot à se déplacer uniquement vers le bas. Cela vous permet d'éviter de déplacer le point de pivot le long des autres axes par rapport auxquels il est déjà correctement centré.

⑮ Désactivez la fonction **Modifier pivot** seulement.

⑯ Dans la fenêtre **Face**, effectuez un zoom avant afin de pouvoir voir l'objet factice et la balle de ping-pong (fig.11.37).

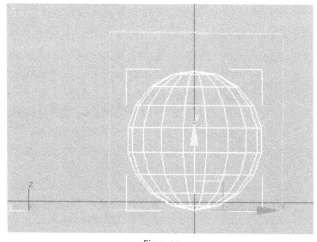

Fig.11.37

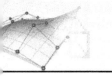
17. Dans la barre d'outils principale, cliquez sur **Sélection et liaison**.

18. Placez le curseur sur la balle de ping-pong puis appuyez sur le bouton de la souris et maintenez-le enfoncé. Le curseur prend la forme de deux boîtes reliées par une chaîne.

19. Déplacez le curseur sur l'objet factice. Une ligne élastique suit les mouvements du curseur. Lorsque le curseur passe sur l'objet factice, il change à nouveau de forme. La boîte du haut est blanche, indiquant que cet objet (objet factice) correspond au parent du premier objet (la balle). Relâchez alors le bouton de la souris. La balle est à présent liée à l'objet factice (fig.11.38).

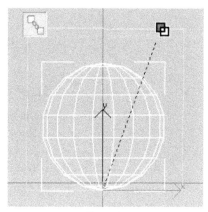

Fig.11.38

20. Réduisez légèrement la taille d'affichage de la fenêtre **Perspective**.

21. Activez l'option **Clé auto**.

22. Utilisez la glissière temps pour vous placer au niveau de l'image 15 ou tapez directement **15** dans le champ **Atteindre l'image**.

23. Dans la barre d'outils principale, cliquez sur le bouton **Sélection et déplacement**.

24. Déplacez l'objet factice à l'aide du gizmo de transformation de façon à ce que la balle rebondisse environ à 20 cm du filet dans l'image 15 (fig.11.39-11.40). Vous venez de définir 2 clés pour l'objet factice : la première sur l'image 0 et la seconde sur l'image 15.

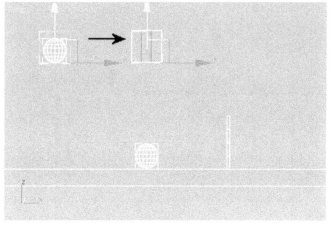

Fig.11.39

25. Placez-vous au niveau de l'image 30 et déplacez l'objet factice de façon à ce que la balle poursuive sa montée et passe par-dessus le filet

26. Sélectionnez la balle de ping-pong, puis cliquez dessus avec le bouton droit de la souris.

27. Sélectionnez **Propriétés** dans le menu quadr. qui s'affiche.

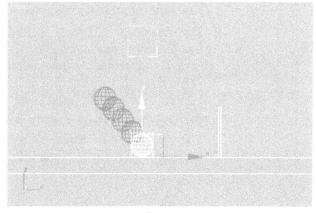

Fig.11.40

Fig.11.41

28. Dans la zone **Propriétés affichage** de la boîte de dialogue **Propriétés objet**, activez l'option **Trajectoire** (fig.11.41).

29. Exécutez l'animation.

Etape 9 : Utilisation de courbes dans la Vue piste

Dans 3ds max, vous pouvez utiliser plusieurs méthodes pour exécuter des tâches d'animation comme celle d'une balle. Par exemple, vous pouvez utiliser les courbes de fonction de la Vue piste pour déplacer la balle d'un côté à l'autre du filet. La procédure est la suivante :

1. Supprimez l'objet Factice utilisé dans l'étape 8.

2. Cliquez dans la fenêtre **Perspective** pour sélectionner la balle de ping-pong.

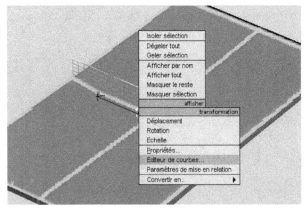

Fig.11.42

3. Exécutez l'animation. La balle rebondit.

4. Cliquez avec le bouton droit de la souris sur la balle de ping-pong. Dans le menu quadr. qui s'affiche, choisissez **Editeur de courbes** (fig.11.42). La fenêtre **Vue piste-Editeur de courbes** s'affiche.

5. Développez à gauche la piste ping-pong en cliquant sur le signe plus.

6. Développez la piste **Transformation**, puis la piste **Position**.

7. Sélectionnez **Position X**, **Position Y** et **Position Z** dans la liste.

8. Dans la partie droite, utilisez les fonctions **Cadrer horizontalement** et **Cadrer valeurs** pour afficher rapidement toutes les courbes dans la fenêtre.

9. Les courbes de fonction sont affichées. Il y a trois courbes : une rouge, une verte et une bleue. La courbe rouge représente le mouvement le long de l'axe X, la courbe verte le mouvement le long de l'axe Y et la courbe bleue le mouvement le long de l'axe Z. Dans la mesure où la balle se déplace uniquement de haut en bas le long de l'axe Z, la seule courbe dont la valeur change est la courbe bleue (fig.11.43).

10. Exécutez l'animation dans la fenêtre perspective. Pendant l'exécution de l'animation, déplacez le troisième point vers le haut (en partant de la gauche) sur la courbe rouge. Lorsqu'elle retombe, la balle se déplace vers le filet (fig.11.44).

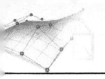

Il vous a probablement semblé plus facile d'animer la balle à l'aide d'un objet factice. Cependant, l'utilisation des courbes de fonction est dans certains cas plus adaptée. Il est donc important que vous sachiez comment les utiliser.

Etape 10 : Animation à l'aide des contraintes trajectoire

Il existe une autre méthode permettant d'animer une balle et de faire en sorte qu'elle traverse la table en passant au-dessus du filet. Cette méthode consiste à indiquer une trajectoire explicite. Vous allez donc tracer une ligne (une spline) qui représentera la trajectoire que doit suivre la balle.

1. Supprimez l'animation de l'étape précédente. Pour cela, sélectionnez d'abord par une fenêtre l'ensemble des clés situées dans la barre piste, effectuez un clic droit et sélectionnez l'option **Supprimer les clés sélectionnées** dans le menu contextuel (fig.11.45).

2. Activez la fenêtre **Droite** et affichez-la en mode plein écran.

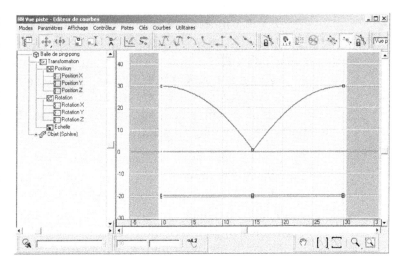

Fig.11.43

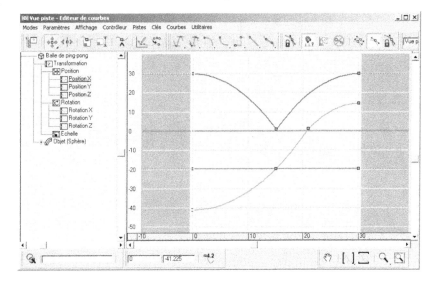

Fig.11.44

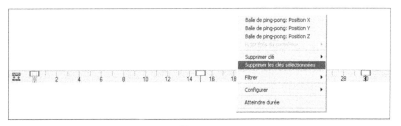

Fig.11.45

③ Dans le panneau **Créer** cliquez sur le bouton **Formes**, puis sur **Ligne**.

④ Tracez une ligne dans la fenêtre droite. Placez le curseur sur la balle et faites glisser la souris vers la droite. Lorsque le curseur se trouve au-dessus du filet, relâchez le bouton de la souris et continuez à déplacer celle-ci de façon à tracer une courbe orientée vers le bas, en direction de l'autre côté de la table. Cliquez alors pour définir l'emplacement où vous souhaitez que la balle tombe sur la table.

⑤ Déplacez à présent la souris vers le haut et la droite. Tracez une autre courbe.

⑥ Déplacez de nouveau la souris vers le haut et la droite. Cliquez sur la souris pour définir le point où vous souhaitez que la balle entre en contact avec la raquette et cliquez avec le bouton droit de la souris pour mettre fin à la création de ligne.

⑦ Vous pouvez régler la position des points afin de modifier la trajectoire. Pour cela, assurez-vous que le bouton **Ligne** est sélectionné, affichez le panneau **Modifier**, puis activez le niveau de sous-objet **Sommet** dans la pile de modificateurs ou le panneau déroulant **Sélection**. Si vous choisissez d'activer ce mode à partir de la pile de modificateurs, cliquez sur l'icône « plus » (+) à gauche de l'élément Ligne afin d'afficher sa hiérarchie, puis cliquez sur Sommet. Au niveau Sommet, vous pouvez sélectionner n'importe quel point et le déplacer (fig.11.46).

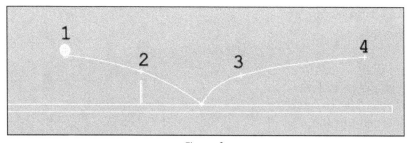

Fig.11.46

⑧ Après avoir redéfini la position des points de la ligne, rétablissez le mode objet en choisissant **Ligne** dans la pile de modificateurs.

⑨ Pour déplacer les points de la trajectoire de façon à ce que la balle traverse diagonalement la table, vous pouvez faire pivoter la ligne ou déplacer ses sommets. Pour cet exemple, vous allez utiliser la première méthode.

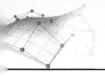

10. Dans la barre d'outils principale, cliquez sur **Sélection et rotation**.

11. Dans la fenêtre **Dessus**, faites pivoter la ligne autour de l'axe des Z, en utilisant le gizmo de transformation. Faites pivoter la ligne de façon à ce qu'elle traverse la table en diagonale (fig.11.47).

12. Lorsque la trajectoire est correctement définie, vous pouvez affecter une contrainte de trajectoire à la balle. Vous pouvez l'ajouter dans la **Vue piste** ou du panneau **Animation** Dans cet exemple, vous allez utiliser le panneau **Animation**.

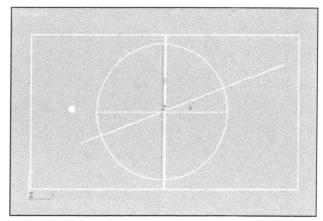

Fig.11.47

13. Sélectionnez la balle de ping-pong dans la fenêtre **Perspective**.

14. Dans le panneau **Mouvement**, affichez le panneau déroulant **Affecter contrôleur**, puis développez la piste **Position**.

15. Choisissez **Position** dans la liste (fig.11.48).

16. Cliquez sur le bouton **Affecter contrôleur**. La boîte de dialogue **Affecter contrôleur** s'affiche.

17. Sélectionnez **Contrainte trajectoire** dans la liste des contrôleurs de position et cliquez sur **OK** (fig.11.49).

18. Cliquez sur le bouton **Ajouter trajectoire** du panneau déroulant **Paramètres trajectoire**.

19. Cliquez sur l'objet **Ligne01** dans la fenêtre active. La ligne apparaît dans la liste de trajectoires (fig.11.50).

20. Exécutez l'animation. Dans l'animation qui comporte 30 images, vous pouvez voir la balle qui se déplace d'une extrémité à l'autre de la trajectoire (fig.11.51). Il convient ensuite de prévoir le retour de la balle le long de la trajectoire.

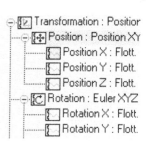

Fig.11.48

Fig.11.49

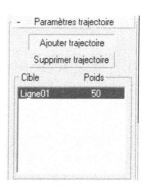

Fig.11.50

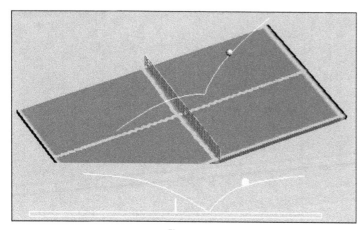

Fig.11.51

21 Activez le bouton **Clé auto** et positionnez la glissière temps sur l'image 15.

22 Dans la zone **Options trajectoire** du Panneau **Mouvement**, réglez le paramètre **% le long de la trajectoire** de manière que la balle soit en l'air, à l'autre extrémité de la table. Par exemple : 200 (fig.11.52).

23 Placez-vous dans l'image 50 et ajustez le champ de façon à ce que la balle soit pratiquement à la fin de sa trajectoire.

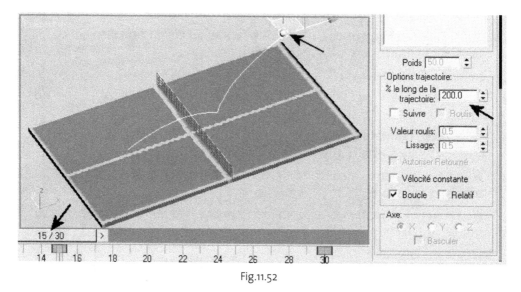

Fig.11.52

24 Lancez l'animation de la balle de façon à ce qu'elle fasse des allers-retours le long de la trajectoire. Vous pouvez rencontrer certains problèmes car le contrôleur trajectoire utilise l'interpolation Bézier pour calculer les changements à chaque clé. Vous allez donc suivre les étapes décrites ci-après pour corriger ce problème.

25 Si la **Vue piste** n'est pas affichée, sélectionnez la balle et cliquez dessus avec le bouton droit de la souris et choisissez **Editeur de courbes** dans le menu contextuel qui s'affiche.

26 Développez **Transformer et Position** de manière à afficher le paramètre **Pour-cent** puis sélectionnez ce dernier.

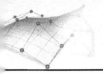

27 Effectuez un clic droit et sélectionnez Affecter contrôleur.

28 Choisissez **Flott. linéaire** dans la liste puis cliquez sur OK (fig.11.53).

29 Fermez la fenêtre **Vue piste**.

30 Placez-vous au niveau de l'image o pour replacer la balle à sa position d'origine puis sélectionnez toutes les clés sur la barre de piste en les englobant dans une zone de sélection.

31 Supprimez toutes les clés sélectionnées pour effacer l'animation.

32 Au niveau de l'image 15, réglez la variable % le long de la trajectoire sur **100**.

33 Placez-vous au niveau de l'image 24 et réglez le paramètre % le long de la trajectoire de façon à ce que la balle se trouve à peu près au milieu de la trajectoire.

34 Placez-vous au niveau de l'image 30 et réglez le paramètre % le long de la trajectoire de façon à ce que la balle se trouve au début de la trajectoire. Exécutez l'animation. La balle fait correctement des allers-retours au-dessus du filet.

Fig.11.53

4. L'utilisation de la Vue piste

La Vue piste permet de visualiser et d'éditer toutes les clés que vous créez manuellement ou automatiquement (via les contrôleurs) dans votre animation. Deux modes d'affichage et d'édition sont disponibles :

▸ **Le mode Editeur de courbes** : permet d'afficher l'animation sous la forme de courbes de fonction. Ce mode permet de visualiser rapidement les anomalies de l'animation via la courbe et aussi de modifier son profil via les tangentes associées aux clés présentes sur la courbe.

▸ **Le mode Feuille d'exposition** : permet d'afficher l'animation sous la forme d'une feuille de calcul de clés et d'intervalles. Des couleurs sont associées aux différents types de clés pour mieux les distinguer visuellement.

Pour comprendre son fonctionnement, considérons une simple animation composée d'une boîte et d'une sphère qui se déplacent horizontalement et verticalement (fig.11.54). Le menu déroulant **Editeurs graphiques** vous permet de sélectionner l'un ou l'autre mode.

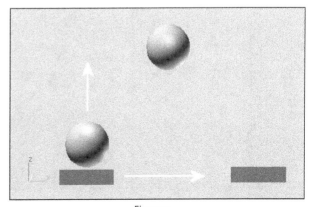

Fig.11.54

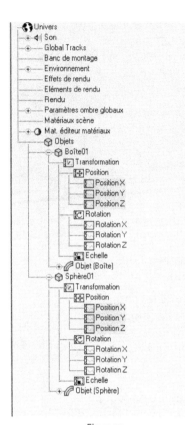

Fig.11.55

4.1. Le mode Editeur de courbes

Le mode Editeur de courbes permet comme son nom l'indique d'afficher l'animation sous la forme de courbes de fonction. L'interface contient une barre de menus déroulants, une barre d'outils, une fenêtre Contrôleur située à gauche et une barre d'outils d'affichage en bas de la fenêtre.

La fenêtre Contrôleur

La fenêtre Contrôleur affiche les noms des objets et les pistes du contrôleur ; elle détermine également les courbes et pistes disponibles pour l'affichage et l'édition. Il est possible de développer et de réorganiser selon les besoins les éléments de la hiérarchie de la fenêtre Contrôleur à l'aide du menu contextuel de la liste hiérarchique. Le menu Paramètres de la vue piste permet également l'accès aux outils de navigation. Par défaut, seules les pistes des objets sélectionnés sont affichées. Utilisez le mode Navigation manuelle pour développer ou réduire les pistes individuellement. Ainsi dans le cas de notre exemple, il suffit de dérouler les objets Boîte01 et Sphère01 pour voir afficher le détail des paramètres pouvant être animés. Les paramètres affichés en jaune sont ceux qui sont actuellement animés, ils concernent les changements de position (fig.11.55).

Les Courbes de fonction

Les courbes de fonction situées à droite, permettent d'afficher les valeurs des clés et les valeurs interpolées sous la forme de courbes. Ces courbes décrivent la variation d'un paramètre dans le temps. Seules les pistes d'animation peuvent afficher des courbes de fonction. Vous pouvez modifier les courbes à l'aide des poignées de tangentes associées aux clés pour changer la forme de la courbe. Dans le cas de notre exemple, la courbe bleue représente l'animation de la sphère qui monte et qui descend (Position Z) et la courbe rouge représente l'animation de la boîte (Position X) qui se déplace vers la gauche, puis vers la droite et revient au point de départ (fig.11.56).

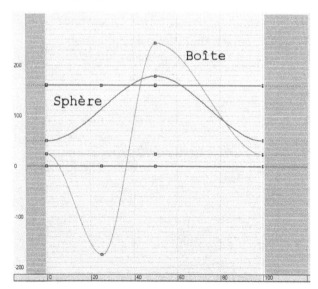

Fig.11.56

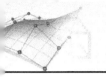

La barre des menus déroulants

Cette barre est composée des menus suivants :

▸ **Modes** : permet de choisir entre le mode Editeur de courbes et le mode Feuille d'expo.

▸ **Paramètres** : contrôle le développement de la fenêtre de liste hiérarchique et contient des contrôles qui permettent d'améliorer les performances.

▸ **Affichage** : affecte l'affichage des courbes, des icônes et des tangentes.

▸ **Contrôleur** : permet d'affecter, de copier et de coller des contrôleurs, mais aussi de les rendre uniques. Permet en outre d'ajouter des boucles.

▸ **Pistes** : permet d'ajouter des pistes Note et Visibilité.

▸ **Clés** : permet d'ajouter, supprimer, faire glisser et mettre à l'échelle des clés. Intègre en outre la sélection adoucie, l'alignement avec le curseur et l'accrochage aux images.

▸ **Courbes** : permet d'appliquer ou de supprimer des courbes d'ajustement ou multiplicateur.

▸ **Utilitaires** : permet de créer des clés hors intervalle ou à une position aléatoire. Permet en outre de sélectionner les clés en fonction du temps et de l'éditeur de la valeur courante..

Les barres d'outils

La plupart des fonctions disponibles dans les menus le sont également à l'aide d'icônes situées dans la barre d'outils. Il s'agit en particulier de :

La barre d'outils Clés (fig.11.57)

▸ **Filtre** : permet de déterminer le contenu affiché dans les fenêtres Contrôleur et Clé.

Fig.11.57

▸ **Déplacer clés** : permet de déplacer librement les clés horizontalement et verticalement sur le graphique de la courbe de fonction.

▸ **Déplacer clés horizontalement** : permet le déplacement horizontal uniquement des clés sur le graphique de la courbe de fonction.

▸ **Déplacer clés verticalement** : permet le déplacement vertical uniquement des clés sur le graphique de la courbe de fonction.

▸ **Glisser clés** : permet de déplacer un groupe de clés et de faire glisser les clés adjacentes afin de les écarter pendant le déplacement.

▸ **Echelle clés** : permet de réduire ou d'augmenter la durée entre les images clés.

▸ **Echelle valeurs** : augmente ou réduit de façon proportionnelle les valeurs des clés au lieu de déplacer les clés dans le temps.

▸ **Ajouter clés** : permet de créer des clés sur des courbes existantes sur le graphique de la courbe de fonction.

▸ **Tracer des courbes** : permet de tracer de nouvelles courbes ou de modifier des courbes existantes en dessinant directement sur le graphique des courbes de fonction.

▸ **Réduire clés** : permet de réduire la quantité de clés d'une piste.

Fig.11.58

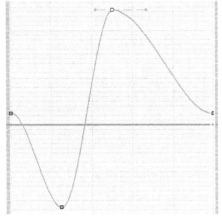

Fig.11.59

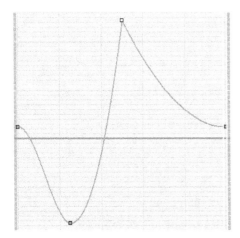

Fig.11.60

La barre d'outils Tangentes clé (fig.11.58)

▸ **Définir tangentes sur automatique** : permet après avoir sélectionné des clés, de régler automatiquement les tangentes sur Tangente auto. Une icône déroulante permet en outre de définir des tangentes individuelles automatiques en amont et en aval (fig. 11.59).

▸ **Définir tangentes sur personnalisé** : permet après avoir sélectionné une clé, d'afficher ses poignées et d'autoriser la modification. L'icône déroulante permet de définir des tangentes en amont et en aval individuellement.

▸ **Définir tangentes sur rapide** : permet de définir des tangentes clé en amont rapides, en aval rapides ou les deux, suivant l'option choisie dans l'icône déroulante (fig.11.60).

▸ **Définir tangentes sur lent** : permet de définir des tangentes clé en amont lentes, en aval lentes ou les deux, suivant l'option choisie dans l'icône déroulante.

▸ **Définir tangentes sur étape** : permet la définition de tangentes clé en amont sur étape, en aval sur étape ou les deux, en fonction de l'option choisie dans l'icône déroulante. Utilisez cette option pour geler l'animation d'une clé à la clé suivante (fig.11.61).

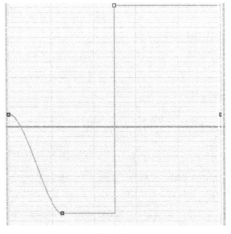

Fig.11.61

▸ **Définir tangentes sur linéaire** : permet de définir des tangentes clé en amont linéaires, en aval linéaires ou les deux, suivant l'option choisie dans l'icône déroulante.

▸ **Définir tangentes sur lissage** : permet de définir des tangentes clé avec lissage.

La barre d'outils Courbes (fig.11.62)

▸ **Verrouillage sélection** : verrouille les clés sélectionnées. Une fois la sélection effectuée, activez cette option pour éviter la sélection accidentelle d'un autre élément.

Fig.11.62

▸ **Accrochage images** : limite le mouvement des clés aux images. Les clés déplacées s'accrochent toujours aux images lorsque cette option est activée. Lorsqu'elle est désactivée, vous pouvez amener une clé entre deux images et en faire une clé de sous-image. Cette option est activée par défaut.

▸ **Types hors intervalles courbes param.** : permet de répéter l'animation marquée par des clés au-delà de l'intervalle des clés. Les options **Boucle**, **Ping-pong**, **Cycle** ou **Répétition relative** sont disponibles, de même que **Constant** et **Linéaire** (fig.11.63 – 11.64).

▸ **Afficher icônes marquées** : affiche une icône qui définit une piste comme étant ou non marquée. Utilisez cette option pour définir des clés uniquement sur les pistes à animer. La désactivation d'une piste dans la vue piste limite également le mouvement dans la fenêtre. Les clés rouges indiquent les clés marquées et les clés noires celles qui ne le sont pas.

▸ **Afficher tangentes** : masque ou affiche les poignées de tangentes sur les courbes.

▸ **Afficher toutes les tangentes** : masque ou affiche toutes les poignées de tangentes sur les courbes.

▸ **Verrouillage tangentes** : verrouille la sélection de plusieurs tangentes de façon à pouvoir manipuler simultanément plusieurs poignées.

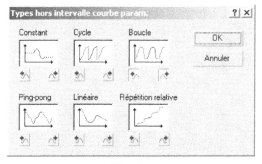

Fig.11.63

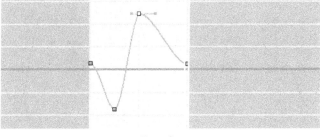

Fig.11.64

L'éditeur de courbes permet donc d'animer directement des objets en ajoutant des clés et en les modifiant ensuite. Ainsi dans le cas de notre exemple, il est ainsi possible de faire tourner la boîte de 45° à la position 50. La procédure est la suivante :

[1] Dans la zone **Contrôle**, déroulez les paramètres de **Boîte** et activez la ligne **Rotation Y** (fig.11.65). Une droite horizontale est affichée dans la zone des courbes de fonction.

[2] Activez l'icône **Ajouter clés** dans la barre d'outils et pointez la droite aux positions 0. 50 et 100.

[3] Pour faire tourner la boîte en position 50, activez l'icône **Déplacer clés verticalement** qui se trouve dans l'icône déroulante **Déplacer clé** et déplacez la clé jusqu'à la ligne 45 (pour 45°). Il est aussi possible de rentrer la valeur dans le troisième champ de données en bas à gauche de l'écran (fig.11.66).

[4] Lancez l'animation pour vérifier l'effet produit (fig.11.67).

Fig.11.65

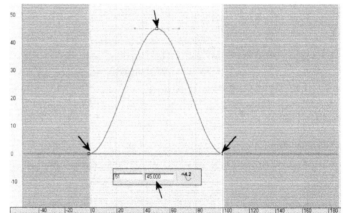

Fig.11.66

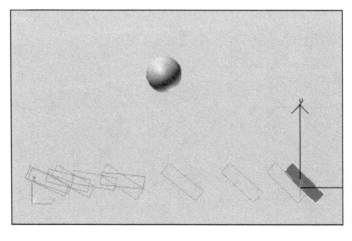

Fig.11.67

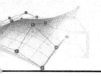

4.2. Le mode Feuille d'exposition

L'éditeur Feuille d'exposition affiche les images clés dans le temps en utilisant simplement un graphe horizontal avec en complément une série d'outils pour le réglage de la synchronisation de votre animation. Toutes les clés apparaissent dans une interface de type feuille de calcul. Vous pouvez sélectionner une clé ou toutes les clés d'une scène, les mettre à l'échelle, les déplacer, les copier et les coller ou effectuer une autre opération directement dans cette interface plutôt que dans la fenêtre. La Feuille d'exposition est en particulier couramment employée pour échelonner les mouvements des membres d'un personnage afin qu'ils ne soient pas simultanés. Si vous avez une foule de personnages, vous pouvez utiliser la Feuille d'exposition pour décaler les mouvements afin qu'ils ne se produisent pas à l'unisson.

Comme l'Editeur de courbes, la Feuille d'exposition possède également une barre de menus et des barres d'outils qui vous permettent d'accéder rapidement aux outils.

La Feuille d'exposition dispose de deux modes : Editer clés et Editer intervalles. L'affichage de la fenêtre Clé change selon le

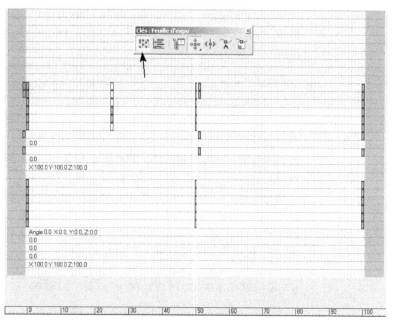

Fig.11.68

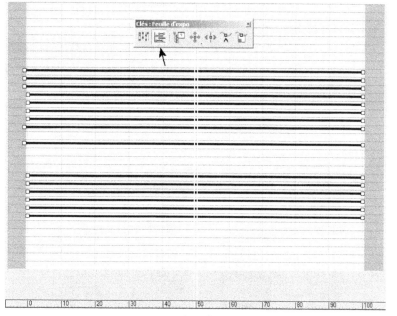

Fig.11.69

mode utilisé. Lorsque le mode Editer clés est activé (fig.11.68), les images clés apparaissent sous la forme de carrés à l'intérieur de rectangles sur une grille. Des couleurs sont appliquées aux clés pour indiquer ce qui a été animé (rouge pour la position, jaune pour l'échelle, vert pour la rotation, etc.). Lorsque le mode Editer intervalles est activé (fig.11.69), les pistes de l'animation apparaissent sous la forme de barres de temps. Aucune clé individuelle n'est visible. Utilisez des intervalles lorsque vous souhaitez seulement modifier la durée d'un événement ou déplacer son heure de début ou de fin, et non lorsque vous devez manipuler des clés particulières d'une action.

5. L'animation avec images clés : un logo tournant

L'animation avec images clés correspond à la méthode traditionnelle de l'animation. Il suffit de créer deux, trois événements dans le temps et le logiciel calcule les étapes intermédiaires. Pour illustrer cette méthode, prenons l'exemple classique du logo volant et en particulier d'un texte qui tourne autour d'une sphère comme c'est le cas dans les génériques d'émissions de télévision.

5.1. Création d'une sphère et d'un texte

La première étape consiste à créer une sphère pour simuler la terre et un texte pour créer le logo.

La procédure est la suivante :

1. Créez une sphère de rayon 80 cm.

2. Ouvrez l'éditeur de matériaux et activez la première fenêtre de contrôle.

3. Cliquez sur le bouton **Affecter matériau à la sélection** pour établir un lien avec l'objet.

4. Ouvrez le panneau déroulant **Texture**, activez le champ **Diffus** et cliquez sur **Aucune.**

5. Dans l'explorateur de matériaux, cliquez deux fois sur **Bitmap.**

6. Sélectionnez un fichier représentant la terre. Vous pouvez en trouver dans le répertoire Maps/Space ou effectuer une recherche sur Internet avec le mot-clé « earthmap » (fig.11.70).

Fig.11.70

7. Cliquez sur le bouton **Afficher texture dans fenêtre** pour afficher la texture sur la sphère (fig.11.71).

8. Activez la fenêtre Face et affichez-la en mode ombré.

9. Pour créer le logo, ouvrez le panneau **Créer** puis cliquez sur **Formes** puis sur **Texte**.

10. Dans le champ **Texte**, tapez « TV News » (fig.11.72).

11. Dans le champ **Taille**, entrez 60 cm.

12. Sélectionnez la police SansSerif Bold.

13. Cliquez dans la fenêtre Face pour y placer le texte (fig.11.73).

14. Pour donner du relief au texte, nous allons lui appliquer le modificateur **Extruder**. Pour cela, activez le panneau **Modifier** et sélectionnez **Extruder** dans la liste des modificateurs. Dans le champ **Quantité**, entrez 5 cm.

15. Pour courber le texte, sélectionnez **Courbure** dans la liste des modificateurs.

16. Entrez 130 dans le champ **Angle** et cochez le champ X dans **Axe de courbure**.

17. Déplacez éventuellement le texte par rapport à la sphère (fig.11.74).

Fig.11.71

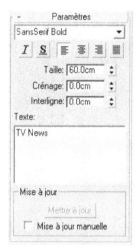

Fig.11.72

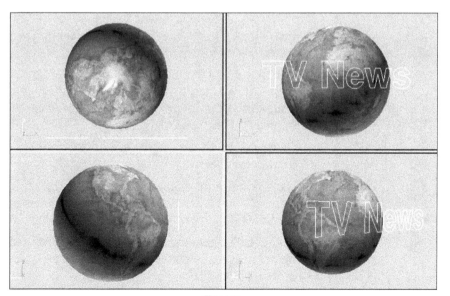

Fig.11.73

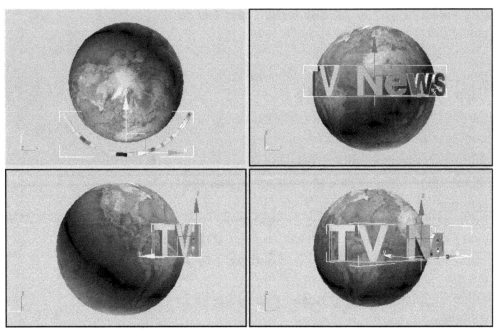

Fig.11.74

Fig.11.75

18 Pour faire tourner par la suite le texte autour de la sphère, il convient de modifier son point pivot. Pour cela, activez la fenêtre Dessus et sélectionnez le texte.

19 Sélectionnez l'onglet **Hiérarchie**, puis dans le panneau **Ajuster pivot**, activez **Modifier pivot seulement**. Ce point pivot affiché sous la forme d'un trépied doit être centré sur la sphère.

20 Dans le menu **Outils**, cliquez sur **Aligner** puis sélectionnez la sphère.

21 Dans la boîte de dialogue **Alignement** (fig.11.75), activez X, Y et Z dans la zone **Position d'alignement (Ecran)**.

22 Réglez **Objet courant** et **Objet cible** sur **Point de pivot** et cliquez sur **OK**. Le point pivot du texte est à présent aligné sur la sphère.

23 Désactivez la fonction **Modifier pivot seulement**.

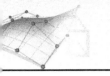

5.2. Animation de la terre et du logo

Après la création des composants de l'animation, il convient de les animer. La procédure est la suivante :

① Sélectionnez la sphère et cliquez sur l'onglet **Mouvement**.

② Ouvrez le panneau **Affecter contrôleur**.

③ Sélectionnez **Rotation** dans la liste **Transformation : Position**.

④ Cliquez sur le bouton **Affecter contrôleur** pour ouvrir la boîte de dialogue **Affecter contrôleur Rotation**.

⑤ Sélectionnez **Rotation TCA** dans la liste (fig.11.76). Cliquez sur **OK**.

⑥ Activez le bouton **Clé auto** pour activer l'animation.

⑦ Positionnez la glissière temps sur l'image 50.

⑧ Dans la barre d'outils principale, activez le bouton **Sélection et rotation**. La gizmo de rotation apparaît autour de la sphère.

⑨ Déplacez la souris sur l'anneau de l'axe Z et faites pivoter la sphère de –179 degrés.

⑩ Positionnez la glissière temps sur l'image 100.

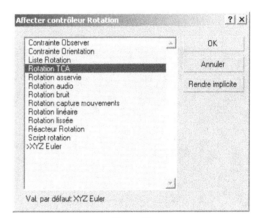

Fig.11.76

⑪ Faite de nouveau pivoter la sphère autour de l'axe Z de –179 degrés.

⑫ Désactivez le bouton **Clé auto**, puis exécutez l'animation. La sphère pivote régulièrement dans le sens des aiguilles d'une montre.

⑬ Pour rendre le mouvement de la terre plus réaliste, il convient de faire pivoter la sphère de –15 degrés autour de l'axe Y. Comme le bouton **Clé auto** est désactivé, la rotation aura un effet sur toute l'animation.

⑭ Pour animer le texte par une rotation autour de la sphère, sélectionnez le texte et cliquez sur l'onglet **Mouvement.**

⑮ Ouvrez le panneau **Affecter contrôleur**.

⑯ Sélectionnez **Rotation** dans la liste **Transformation : Position**.

⑰ Cliquez sur le bouton **Affecter contrôleur** pour ouvrir la boîte de dialogue **Affecter contrôleur Rotation.**

⑱ Sélectionnez **Rotation TCA** dans la liste. Cliquez sur **OK**.

⑲ Activez le bouton **Clé auto** pour activer l'animation.

Fig.11.77

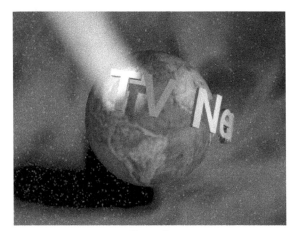

Fig.11.78

20 Positionnez la glissière temps sur l'image 50 et faites pivoter le texte de 179 degrés autour de l'axe Y dans le sens inverse de la sphère.

21 Positionnez la glissière temps sur l'image 100.

22 Faites de nouveau pivoter le texte autour de l'axe Z de 179 degrés.

23 Désactivez le bouton **Clé auto.**

24 Sélectionnez le texte et placez vous en position 0.

25 Faites tourner le texte de 15 degrés autour de l'axe des Y (fig.11.77).

26 Lancez l'animation.

27 Pour rendre l'animation plus spectaculaire vous pouvez bien sûr la compléter avec une image d'arrière-plan (fig.11.78) et des effets d'éclairage.

6. L'animation avec trajectoire : une balade architecturale

L'animation avec trajectoire est très utile pour animer le déplacement d'objets dans une scène et également pour simuler le déplacement d'un observateur de la scène via la caméra. Pour illustrer le principe, considérons un projet de lotissement qu'il convient de présenter au service d'urbanisme de la ville. La procédure est la suivante :

1 Affichez la scène dans 3ds max (fig.11.79).

2 Tracez le parcours de la promenade à l'aide d'une ligne lissée. Pour cela, cliquez sur l'onglet **Créer** puis sur le bouton **Formes** et sélectionnez la commande **Ligne**.

3 Dans la section **Méthode de création**, cochez le champ **Lisser**.

4 Tracez le parcours (fig.11.80) et déplacez-le à une hauteur de 1.6 m de haut.

5 Pour mesurer la longueur du parcours, cliquez sur l'onglet **Utilitaires** puis sur **Mesures**. Si la ligne est toujours sélectionnée, la longueur s'affiche dans la section **Longueur** (fig.11.81). Par exemple 308 m.

Fig.11.79

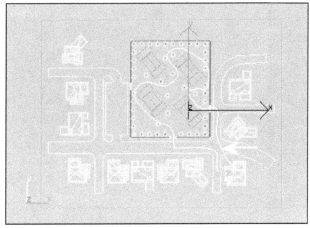

Fig.11.80

Fig.11.81

6. Calculez la durée de l'animation : 308 m (le parcours) / 1.5 m par seconde (vitesse du déplacement) = 205.33 secondes.

7. Calculez le nombre d'images : 25i/s (standard Pal) x 205.33s = 5133 images.

8. Cliquez sur le bouton **Configuration durée** pour ouvrir la boîte de dialogue correspondante.

9. Dans le champ **Images/Sec**. sélectionnez **Pal** et dans le champ **Longueur** entrez 5133.

10. Cliquez sur OK.

11. Activez la fenêtre Droite pour y placer une caméra libre. Pour cela activez l'onglet **Créer**, cliquez sur le bouton **Caméra** et le type **Libre**.

12. Cliquez dans la fenêtre **Droite** (fig.11.82).

13. Dans la fenêtre **Dessus**, placez la caméra au début du chemin (fig.11.83).

14. Activez la caméra et activez l'onglet **Mouvement**.

15. Déroulez le panneau **Affecter contrôleur** et cliquez sur **Position**.

16. Cliquez sur le bouton **Affecter contrôleur** pour afficher la boîte de dialogue **Affecter contrôleur Position**. Sélectionnez **Contrainte trajectoire** (fig.11.84).

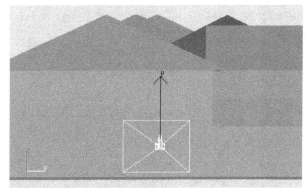

Fig.11.82

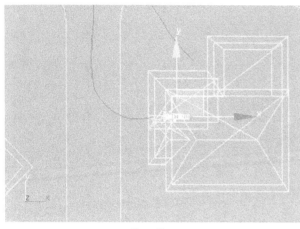

Fig.11.83

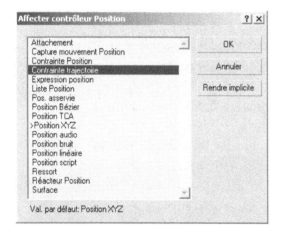

Fig.11.84

Fig.11.85

17 Dans le panneau **Paramètres trajectoire**, cliquez sur **Ajouter trajectoire** et sélectionnez la trajectoire dans la fenêtre.

18 Activez le champ **Suivre** (fig.11.85) pour que la caméra suive l'orientation du chemin et ne se déplace pas parallèlement à elle-même. Faites éventuellement tourner la caméra manuellement en cas de besoin avec le bouton **Sélection** et **Rotation** de la barre d'outils.

19 Créer une vue Caméra en tapant C au clavier et cliquer sur le bouton **Jouer animation** pour lancer l'animation (fig.11.86).

20 Pour lancer le calcul du rendu, cliquez sur le menu **Rendu** et sélectionnez l'option **Rendu**.

21 Dans la boîte de dialogue **Rendu Scène** entrez les paramètres suivants (fig.11.87) :

▶ Activez le champ Segment de temps actif.

▶ Sélectionnez la taille de sortie, par exemple 320 x 240.

▶ Activez ou non le champ Utiliser éclairage avancé en fonction du type d'éclairage utilisé.

Fig.11.86

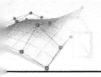

Fig.11.87

▸ Indiquez le nom du fichier de sauve-garde dans le champ **Fichier** et sélectionnez le format de sortie AVI. Sélectionnez le compresseur vidéo.

22 Cliquez sur **Rendu** pour lancer le calcul (fig.11.88).

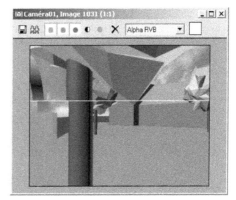

Fig.11.88

7. Les hiérarchies et la cinématique : l'animation de personnages

L'animation d'un mécanisme, comme un robot industriel ou un personnage ne sont pas des tâches faciles avec les outils traditionnels d'animation. Il faut en effet beaucoup de patience et de savoir-faire pour reproduire le mouvement d'un mécanisme, d'un être humain ou d'un animal. Grâce à une série d'outils dont la liaison hiérarchique, la cinématique directe et inverse, le système de structure, etc., il devient plus aisé avec 3ds max d'effectuer ce type d'animation. Trois étapes, outre la modélisation du personnage en lui-même, sont nécessaires pour mettre en place une animation de personnage :

▸ La création du squelette du personnage à l'aide du système de structures.

▸ Le contrôle du mouvement des éléments de structure à l'aide de chaînes combinées de cinématique inverse et directe.

▸ Le lien entre le squelette et la géométrie à l'aide des modificateurs Peau et Elasticité.

REMARQUE

L'intégration de Character studio dans 3ds max depuis la version 7 constitue bien sûr une avancée encore plus importante dans l'animation de personnages (voir chapitre 12).

Fig.11.89
(© Discreet)

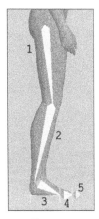

Fig.11.90

7.1. Le système de structure

Le système de structure disponible depuis 3ds max 4, permet de créer très rapidement le squelette d'un personnage (fig.11.89). Il s'agit essentiellement d'une hiérarchie de connexions liées. Ainsi dans le cas de la jambe du personnage, on trouve cinq structures pour la définir : les structures supérieure et inférieure de la jambe, une structure de pied, une structure d'orteils et la structure de la pointe de pied (fig.11.90). L'élément de base d'une structure est l'objet structure qui est en quelque sorte une connexion qui représente un point de pivot de l'objet. Il est important de souligner à ce stade, que la position et l'orientation des connexions sont plus importantes que l'aspect visuel de la structure.

Les objets structures sont de vraies géométries, vous pouvez ainsi changer leur aspect. Le panneau **Outils de réglage ailette** permet de modifier la taille de l'objet structure et d'ajouter des ailettes. Les paramètres sont les suivants (fig.11.91) :

Zone Objet structure

▸ **Largeur** : définit la largeur de la structure à créer.

▸ **Hauteur** : définit la hauteur de la structure à créer.

▸ **Effilement** : ajuste l'effilement de la forme de la structure. Un effilement de 0 produira une structure en forme de boîte.

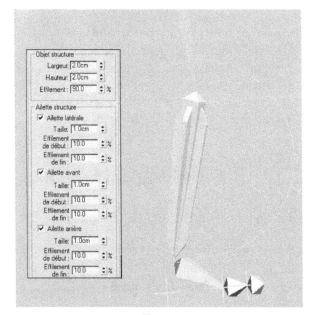

Fig.11.91

Zone Ailette

▸ **Ailette latérale** : vous permet d'ajouter un ensemble de marqueurs aux côtés de la structure créée.

  ▸ **Taille** : contrôle la taille du marqueur.

  ▸ **Effilement de début** : contrôle l'effilement de début du marqueur.

  ▸ **Effilement de fin** : contrôle l'effilement de fin du marqueur.

▸ **Ailette avant** : permet d'ajouter un marqueur à l'avant de la structure que vous créez.

  ▸ **Taille** : contrôle la taille du marqueur.

  ▸ **Effilement de début** : contrôle l'effilement de début du marqueur.

  ▸ **Effilement de fin** : contrôle l'effilement de fin du marqueur.

▸ **Ailette arrière** : vous permet d'ajouter un marqueur à l'arrière de la structure que vous créez.

  ▸ **Taille** : contrôle la taille du marqueur.

  ▸ **Effilement de début** : contrôle l'effilement de début du marqueur.

  ▸ **Effilement de fin** : contrôle l'effilement de fin du marqueur.

▸ **Générer coord. de mapping** : crée des coordonnées de mapping sur la structure. Puisqu'il est possible d'effectuer un rendu de la structure, celle-ci peut également se voir attribuer des matériaux qui peuvent utiliser ces coordonnées de mapping.

Pour créer une structure de jambe la procédure est la suivante :

1. Sélectionnez le menu **Personnage** et cliquez sur **Outils de structure** pour ouvrir la boîte de dialogue **Outils de structure**.

2. Dans la zone **Outils de structure** de la boîte de dialogue **Outils de structure**, cliquez sur **Créer structures**.

3. Dans la vue gauche, cliquez une fois en haut de la cuisse du personnage, une fois au niveau du genou, une fois au niveau de la cheville, une fois au milieu du pied et une fois au niveau de l'orteil. Cliquez avec le bouton droit de la souris pour quitter le mode de création des structures (fig.11.92).

4. Dans la vue Face, sélectionnez la structure racine (la structure de la cuisse) et déplacez-la vers pour la faire coïncider avec la cuisse gauche du maillage.

5. Pour travailler plus facilement avec la juxtaposition du maillage et de la structure, il est conseillé de rendre le maillage transparent et de le geler. Pour cela, effectuez un clic droit sur l'objet et dans le menu Quadr. sélectionnez **Propriétés**.

6. Dans la zone **Propriétés d'affichage** de la boîte de dialogue **Propriétés objet**, cochez les champs **Transparent** et **Geler**. Cliquez sur OK (fig.11.93).

7. Sélectionnez et faites pivoter éventuellement la structure d'orteils afin que cette structure soit à plat sur le sol.

8. Chaque structure peut être renommée afin de faciliter son identification. Sélectionnez la structure racine et renommez-la « Structure_Jambe_G_Supérieure » dans le panneau de commandes. Faites de même pour les autres éléments : Sructure_Jambe_G_Inférieure, Structure_Pied_G, Structure_Orteil_G, Structure_Bout_Orteil_G.

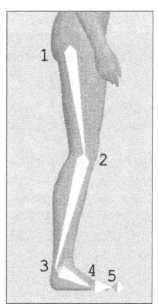

Fig.11.92

Fig.11.93

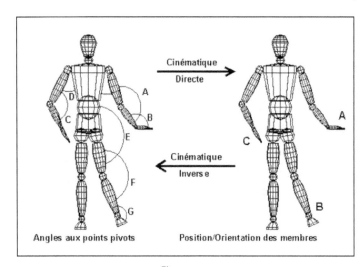

Fig.11.94

7.2. La cinématique directe ou inverse

Après la mise en place d'un système de structure qui sert à créer le squelette d'un personnage, l'animateur doit pouvoir diriger le mouvement de la structure. Il peut pour cela créer des chaînes cinématiques de type directe ou inverse (fig.11.94). La cinématique décrit le mouvement des chaînes de structures. Vous pouvez animer celles-ci en transformant l'objet parent (cinématique avant ou CA) ou en manipulant l'autre extrémité de la chaîne (cinématique inverse ou CI). En cinématique avant, lorsqu'un objet parent se déplace, ses enfants doivent le suivre. C'est l'inverse en cinématique inverse. Vous pouvez par exemple animer le mouvement d'un personnage à l'aide de la cinématique avant, en faisant pivoter chaque membre en position, de l'épaule aux doigts et des hanches aux orteils. Mais il est bien plus rapide et réaliste d'utiliser la cinématique inverse afin de simuler l'interaction du pied avec le sol. La cinématique inverse permet également un meilleur contrôle lorsque vous devez apporter des modifications à l'animation. Au lieu d'avoir des images clé sur chaque structure de la chaîne, vous devez apporter des modifications à un nœud seulement afin de modifier l'animation de la chaîne entière.

Depuis 3ds max 4, trois types de solutions CI sont disponibles :

▸ **La solution CI indépendante d'historique (IH)** : il s'agit de la méthode recommandée pour l'animation de personnages et pour toute animation CI dans le cas de longues séquences. Les solutions CI indépendante d'historique permettent de définir plusieurs chaînes dans une hiérarchie. Par exemple, la jambe d'un personnage peut contenir une chaîne allant de la hanche à la cheville et une autre allant du talon à l'orteil.

▸ **La solution CI dépendante d'historique (DH)** : elle correspond au système CI disponible dans les versions antérieures à 3ds max 4. Cette solution est recommandée pour les séquences courtes uniquement. Elle est adaptée à l'animation de machines, tout particulièrement celles contenant des pièces en translation.

▸ **La solution CI membre** : elle fonctionne sur deux structures d'une chaîne uniquement. Cette solution analytique est rapide d'emploi et peut animer les bras et jambes d'un personnage.

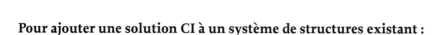

Pour ajouter une solution CI à un système de structures existant :

1. Sélectionnez une structure ou un objet là où vous souhaitez que la chaîne CI commence.

2. Choisissez le menu **Animation** puis l'option **Solutions CI** et sélectionnez la solution CI souhaitée :
   - Solution CI IH pour l'animation d'un personnage,
   - Solution CI dépendante d'historique pour les assemblages mécaniques avec connexions en translation,
   - Solution CI membre pour les chaînes à deux structures.

3. Cliquez à l'endroit où vous souhaitez que la chaîne CI se termine. La solution CI s'affiche dans la fenêtre.

Pour créer une structure utilisant directement une résolution CI :

1. Placez-vous dans le panneau **Créer**, choisissez **Systèmes** et cliquez sur **Structure**.

2. Dans le panneau déroulant **Attribution chaîne CI**, sélectionnez une solution CI à partir de la liste.

3. Activez l'option **Affecter à enfants**.

4. Cliquez sur la souris et faites-la glisser dans une fenêtre pour créer la structure. Cliquez avec le bouton droit de la souris pour mettre fin à la création de structures. La structure est dessinée avec la solution CI déjà appliquée.

Pour appliquer une solution de CI à l'exemple de la jambe, la procédure est la suivante :

1. Sélectionnez uniquement la Structure_Jambe_G_Supérieure.

2. Choisissez dans le menu **Animation**, l'option **Solutions CI** puis **Solution IH**. Ceci vous permet de créer une chaîne CI de base. Une ligne pointillée suit le mouvement du curseur.

3. Cliquez sur Structure_pied_G, l'os situé juste au-dessous de la cheville. Cela a pour effet d'attacher l'extrémité de la chaîne CI au début de cette structure, qui se trouve au niveau de la cheville. Une chaîne CI est créée. Elle est schématisée par une ligne qui rejoint le début de la chaîne CI et l'extrémité. La croix représente le viseur objectif CI (fig.11.95).

4. Pour visualiser rapidement le mode de fonctionnement de la CI, sélectionnez le viseur objectif CI (la croix) et déplacez-le. La jambe et le pied se déplacent (fig.11.96). Annulez tous les mouvements effectués, avant de poursuivre.

5. Renommez la chaîne CI « Objectif_cheville_G.

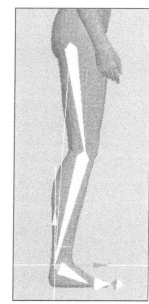

Fig.11.95

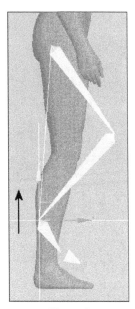

Fig.11.96

6 Sélectionnez la structure « Structure_pied_G ».

7 Créez une autre chaîne CI IH qui aboutit à « Structure_ Orteil_G », pour créer une chaîne CI à une seule structure. Nommez cette chaîne CI « Objectif_plante_G ».

8 Créez une troisième chaîne CI entre « Structure_Orteil_G » et « Structure_ Bout_Orteil_G ». Nommez-la « Objectif_orteil_G ». Ces chaînes CI supplémentaires comportent une seule structure vous permettant d'assurer une implantation des pieds, mais également de créer d'autres types de mouvement (lever de talon, rotation d'orteil, etc.).

7.3. L'application de la peau

Après avoir créé le maillage du personnage et son squelette, il est à présent temps de les connecter ensemble. Cette étape appelée application de peau, s'effectue par le biais du modificateur Peau. Pour appliquer ce modificateur, la procédure est la suivante :

1 Sélectionnez la partie du personnage à lier à la structure. Par exemple la cuisse.

2 Dans le panneau **Modifier**, sélectionnez le modificateur **Peau**.

3 Dans le panneau déroulant **Paramètres**, cliquez sur **Ajouter** et sélectionnez dans la liste, l'objet à utiliser comme structure pour la cuisse : « Structure_Jambe_G_ Supérieure ».

4 Pour plus de lisibilité, masquez toutes les structures à l'aide du panneau **Affichage**, **Masquer par catégories** et cochez le champ **Objets structure**.

5 Sélectionnez la cuisse et cliquez sur **Modifier**.

6 Dans le panneau **Paramètres**, cliquez sur le bouton **Editer enveloppes**. La cuisse s'affiche dans un dégradé de couleurs allant du rouge au jaune puis au bleu, comme un affichage thermique visualisant les surfaces chaudes et froides. Le rouge (chaud) signifie que la zone est sous influence maximale, alors que le bleu (froid) représente les zones qui ne sont pas influencées par l'enveloppe de la structure. Dans le cas de la cuisse, la partie gauche est rouge et la partie droite est bleue (fig.11.97).

7 Pour voir l'effet de ces différentes zones, déplacez la jambe à l'aide du point « Objectif_cheville_G ». Vous pouvez constater qu'il y a un problème, car le maillage de la cuisse ne suit pas correctement le déplacement (fig.11.98). Il faut donc modifier l'influence de l'enveloppe.

8 Sélectionnez la cuisse et cliquez sur **Modifier**.

9 Cliquez sur **Editer enveloppes** et sélectionnez les points de contrôle supérieurs.

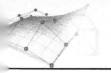

10 Dans la zone **Propriétés enveloppes** modifiez la valeur du rayon, jusqu'à ce que la zone rouge recouvre la cuisse (fig.11.99).

11 Pour vérifier l'impact de la modification, déplacez à nouveau le point de contrôle « Objectif_cheville_G ». Vous pouvez constater que la cuisse se déplace à présent correctement (fig.11.100).

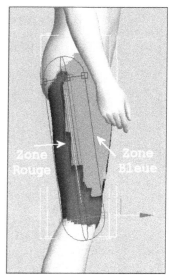

Fig.11.97

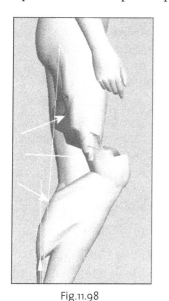

Fig.11.98

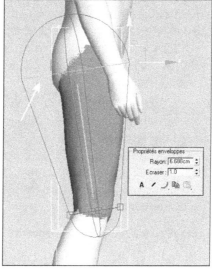
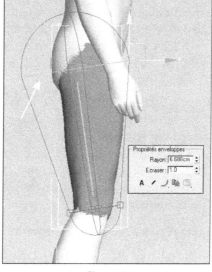

Fig.11.99

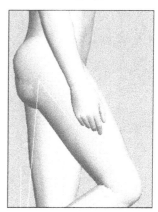

12 Effectuez la même procédure pour les autres parties de la jambe (fig.11.101). Le résultat donne un déplacement correct de celle-ci (fig.11.102).

13 Pour animer la jambe, cliquez sur le bouton Clé auto, et déplacez le point de contrôle « Objectif_cheville_G » vers le haut aux positions clés 0, 50 et 100 (fig.11.103).

14 Lancez l'animation.

Fig.11.100

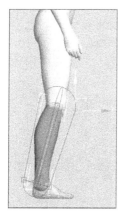

Fig.11.101

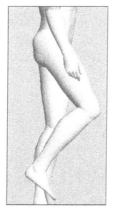

Fig.11.102

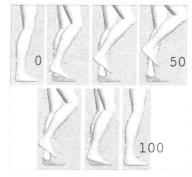

Fig.11.103

8. La vue schématique

La vue schématique vous offre un autre espace de travail pour créer des relations dans votre scène. Au lieu d'effectuer des opérations dans la fenêtre, vous pouvez utiliser la vue schématique. Ceci s'avère particulièrement utile pour les scènes complexes comprenant plusieurs personnages, et un grand nombre de lumières ou de matériaux avec de nombreuses textures. Même si toutes les opérations ne peuvent pas être effectuées dans la fenêtre de vue schématique, l'utilisation de cet éditeur accélère votre flux de travail. En particulier, l'outil de connexion permet de créer des hiérarchies, ainsi que des contrôleurs d'instance, modificateurs et matériaux entre les nœuds. Il est similaire à l'outil Sélection et liaison de 3ds max, si ce n'est que sa fonctionnalité est étendue dans la vue schématique.

Vous pouvez utiliser le flotteur d'affichage de la vue schématique pour contrôler les entités et relations que vous souhaitez voir et utiliser. Utilisez la vue schématique pour naviguer au travers de hiérarchies ou de scènes complexes possédant un nombre important d'objets. L'option Vue schématique permet également l'utilisation d'une image ou d'une grille en arrière-plan et un arrangement automatique des nœuds basé sur l'emplacement physique dans la scène. Ceci facilite la disposition des nœuds pour les caractéristiques d'un personnage.

Pour ajouter une image d'arrière-plan, la procédure est la suivante :

1. Pour créer l'image d'arrière-plan, effectuez le rendu de la scène souhaitée et enregistrez-la.

2. Dans le menu **Editeurs graphiques** sélectionnez **Nouvelle Vue Schématique** puis cliquez sur **OK**.

3. Dans le menu **Options** de la vue schématique, sélectionnez **Préférences**.

4. Dans la zone **Image d'arrière-plan**, cliquez sur le bouton **Fichier** : pour lancer le navigateur de fichiers.

5. Dans la boîte de dialogue **Parcourir images en entrée**, mettez en surbrillance le bitmap que vous souhaitez utiliser, puis cliquez sur **Ouvrir**.

6. Dans la boîte de dialogue **Préférences de la vue schématique**, dans la zone **Arrière-plan**, activez l'option **Afficher image**. Le bitmap d'arrière-plan apparaît dans la fenêtre Vue schématique (fig.11.104).

7. Vous pouvez déplacer manuellement les nœuds sur l'objet et cliquer sur l'un de ceux-ci pour sélectionner l'objet dans la scène (fig.11.105). Une méthode automatique d'organisation des nœuds est également disponible (fig.11.106) (voir description au point suivant).

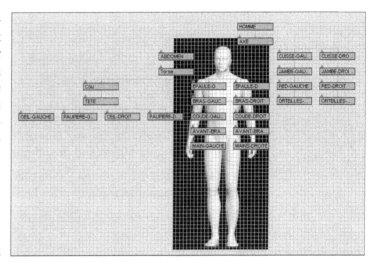

Fig.11.104

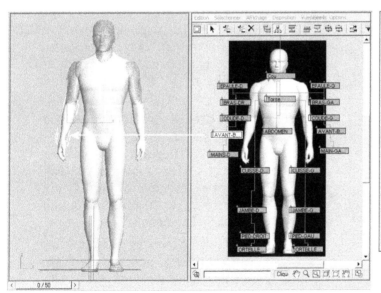

Fig.11.105

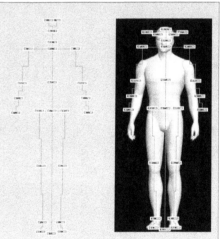

Fig.11.106

Pour organiser les noeuds dans la vue schématique afin qu'ils aient la même disposition que dans la fenêtre, la procédure est la suivante :

1. La première étape consiste à charger un script pour automatiser la procédure. A l'aide de l'Explorateur Windows (ou à partir de Poste de travail), accédez au répertoire :

   Samples > scripts >Maxscriptools, situé sur le DVD de 3ds max.

2. Copiez le fichier « Macro_Schematic ViewTools.mcr » dans le dossier ...\3ds max8\UI\MacroScripts.

3. Fermez l'Explorateur Windows (ou le Poste de travail).

4. Cliquez sur l'onglet **Utilitaires**. Dans la section **MAXScript**, choisissez **Exécuter script**.

5. Dans le répertoire UI, accédez au fichier **Macro_Schematic ViewTools.mcr**, mettez-le en surbrillance, puis cliquez sur **Ouvrir**. Ceci exécute le script, de sorte qu'il devient disponible pour être ajouté dans l'interface.

6. L'étape suivante consiste à ajouter des outils de script au menu Quadr. Pour cela, dans le menu **Personnaliser**, sélectionnez **Personnaliser interface utilisateur**.

7. Cliquez sur l'onglet **Quadr** (fig.11.107).

Fig.11.107

8. Cliquez sur la flèche déroulante en haut à droite et choisissez **Quadr. vue schématique**.

9. Cliquez sur chacun des quadrants jaunes pour voir les outils situés sur chaque quadrant. Mettez ensuite en surbrillance le quadrant d'édition, c'est-à-dire le quadrant inférieur droit.

10. Laissez **Groupe** sur **IU principale**, puis cliquez sur la flèche déroulante du champ **Catégorie**. Choisissez **Schematic View Tools** dans la liste **Catégorie**. Une liste d'outils de vue schématique est maintenant visible dans la fenêtre **Action**.

11. Localisez **Animate Project Into Schematic View**, puis faites-le glisser vers le quadrant d'édition, directement sous **Mise en relation des paramètres**.

12. Localisez **Project Into Schematic View** dans la fenêtre **Action**. Faites-le glisser vers le quadrant d'édition.

13. Localisez l'outil d'espacement **Schematic Spacing Tool** dans la liste, et faites-le également glisser sur le quadrant d'édition.

14. Cliquez sur **Enregistrer**, et enregistrez le fichier au format *.mnu*. Vous pouvez accepter le nom par défaut, ou en créer un nouveau.

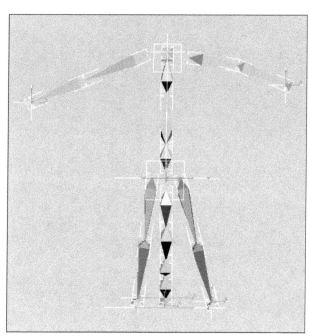

Fig.11.108

15 Fermez la boîte de dialogue à l'aide du bouton X en haut à droite. Les trois outils séquencés sont maintenant prêts à être utilisés. Vous y accéderez via le menu Quadr. de la vue schématique.

Pour utiliser les scripts, la procédure est la suivante :

1 Ouvrez la scène et activez la fenêtre **Face** (fig.11.108).

2 Dans la barre d'outils, cliquez sur le bouton **Ouvrir une vue schématique**.

3 Dans la barre d'outils de la vue schématique, cliquez sur **Mode hiérarchie** (fig.11.109).

Fig.11.109

4 Faites glisser un rectangle de sélection autour de tous les objets dans la fenêtre de vue schématique, puis cliquez à l'aide du bouton droit de la souris. Les nœuds sont sélectionnés et le menu Quadr. apparaît.

5 Dans le quadrant d'édition, choisissez **Project into Schematic View**. Une seconde fenêtre de vue schématique apparaît. Dans cette fenêtre, les nœuds sont organisés conformément à leur position dans la fenêtre Face (fig.11.110).

6 Certains nœuds sont trop rapprochés. Cliquez avec le bouton droit de la souris et choisissez l'outil d'espacement **Schematic spacing tool**.

7 Déplacez la glissière et regardez les nœuds s'écarter (fig.11.111 – 11.112).

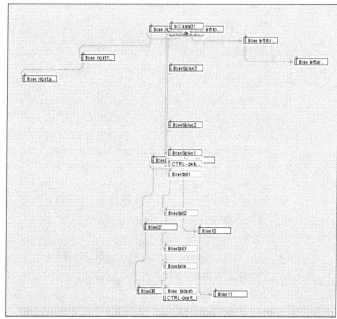

Fig.11.110

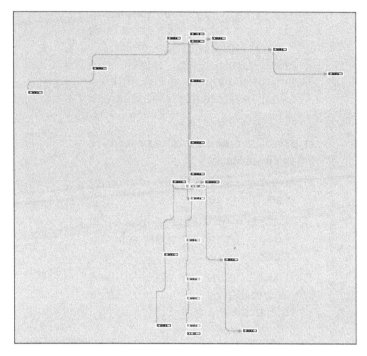

Fig.11.112

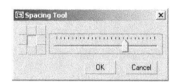

Fig.11.111

⑧   Fermez l'outil d'espacement.

⑨   Sélectionnez tous les objets de la fenêtre de vue schématique, puis cliquez avec le bouton droit de la souris.

⑩   Choisissez **Animate into Schematic View** dans le menu d'édition.

⑪   Cliquez sur le bouton **Jouer l'animation** dans les commandes de lecture de l'animation. Observez la fenêtre de vue schématique. Le diagramme de nœuds s'anime en fonction de l'animation dans la fenêtre.

9. L'animation de systèmes de particules

9.1. Principe

Les systèmes de particules sont employés pour de multiples tâches d'animation. Ils servent principalement à animer un grand nombre de petits objets faisant appel à des méthodes procédurales , par exemple, pour la création d'une tempête de neige, d'un cours d'eau ou d'une explosion. 3ds max fournit deux types de systèmes de particules : un système piloté par événements et un système non piloté par événements. Le système de particules piloté par événements, également appelé **Particle Flow**, permet de tester les propriétés des particules et, en fonction des résultats du test, de les envoyer à différents événements. Chaque événement affecte divers attributs et comportements aux particules pendant qu'elles se trouvent dans l'événement. Dans les systèmes de particules non pilotés par événements, les particules gardent généralement des propriétés similaires pendant toute l'animation.

En raison de la multiplicité des systèmes de particules à votre disposition dans 3ds max, un choix s'impose quant au système à utiliser pour telle ou telle application. En général, pour une animation simple (chute de neige ou eau coulant d'une fontaine, par exemple),

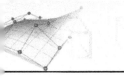

la configuration est plus rapide et plus facile avec un système de particules non piloté par événements. Pour les animations plus complexes, telles qu'une explosion qui génère au fil du temps différents types de particules (fragments, feu et fumée, par exemple), il est préférable d'utiliser Particle Flow pour obtenir davantage de flexibilité et de contrôle.

9.2. Les particules non pilotées par événements

Les systèmes de particules non pilotés par événements offrent des méthodes relativement simples et faciles de génération de sous-objets particules, afin de simuler la neige, la pluie, la poussière, etc. Ils sont essentiellement utilisés dans les animations.

Un système de particules est ainsi un ensemble de particules pouvant produire une diversité d'effets animés lorsqu'elles sont émises. Les systèmes de particules sont des objets et les particules émises des sous-objets. Vous pouvez ainsi animer le système dans sa totalité, ou seulement modifier les propriétés des particules afin de contrôler l'évolution de leur comportement. 3ds max propose six systèmes de particules intégrés :

- **Gouttelettes** : permet de simuler des gouttes d'eau (pluie, fontaine, jet d'un tuyau d'arrosage, etc.).
- **Neige** : permet de simuler de la neige ou des confettis. Le système neige est similaire à gouttelettes, mais possède des paramètres supplémentaires permettant de créer des flocons de neige tourbillonnants et des options de rendu différentes.
- **Super gouttelettes** : émet un nuage de particules contrôlé. Ce système est similaire au système de particules gouttelettes, auquel s'ajoutent des nouvelles fonctions plus élaborées.
- **Blizzard** : correspond à une version élaborée du système de particules neige d'origine.
- **RéseauP** : permet d'émettre des particules en utilisant un objet géométrique particulier comme modèle émetteur, ou motif, de l'émission. Il permet aussi de créer des explosions d'objets sophistiquées.
- **NuageP** : à utiliser lorsque vous voulez qu'un « nuage » de particules remplisse un volume déterminé.

Les systèmes de particules intégrés ont plusieurs commandes en commun :

- **Emetteur** : spécifie l'emplacement où les particules sont générées dans la scène. L'émetteur est le principal sous-objet du système de particules. Il ne fait pas l'objet d'un rendu. Les particules apparaissent à la surface de l'émetteur et sont projetées dans une direction donnée.
- **Synchro** : les paramètres de synchronisation contrôlent la dynamique des particules du système. Ils déterminent la fréquence d'émission et de disparition des particules, la constance de leur taux d'émission, etc.
- **Paramètres des particules** : ces paramètres sont propres au type du système de particules. Il s'agit, par exemple, de la taille et de la vitesse des particules.

▶ **Rendu** : ces paramètres sont également propres au système de particules. Il existe des options d'affichage des particules dans les fenêtres et de rendu dans les scènes et les animations. Les particules n'apparaissent pas nécessairement de la même façon dans les rendus que dans les fenêtres.

9.3. Exemple : La création d'une fontaine avec le système « gouttelettes »

Soit une simple fontaine constituée d'une cuvette (objet de révolution) et d'un disque percé pour simuler l'eau (fig.11.113).

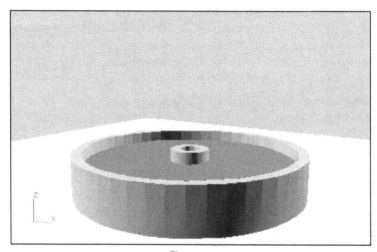

Fig.11.113

Le jet d'eau est simulé à l'aide du système de particule « gouttelettes » de la façon suivante :

1. Dans l'onglet **Créer**, cliquez sur **Géométrie** et sélectionnez **Systèmes de particules** dans la liste déroulante.

2. Sélectionnez **Gouttelettes**.

3. Dans la vue Dessus, pointez deux points pour représenter et dimensionner l'émetteur du système de particules. Il est représenté par un rectangle et un segment perpendiculaire en son centre.

4. Dans la fenêtre de Face, faites tourner l'émetteur de telle façon que le segment droit pointe vers le haut.

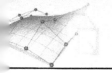

5 Dans le panneau **Paramètres**, entrez les données suivantes (fig.11.114) :

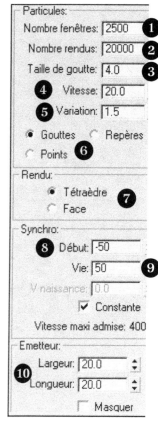

Fig.11.114

❶ **Nombre fenêtres** : 2500. Il s'agit du nombre de particules visibles par image dans la fenêtre d'affichage.

❷ **Nombre rendus** : 20000. Il s'agit du nombre de particules pouvant apparaître dans l'image lors du rendu.

❸ **Taille de goutte** : 4. Il s'agit de la taille des particules de goutte dans l'unité courante.

❹ **Vitesse** : 20. Il s'agit de la vitesse d'émission des particules.

❺ **Variation** : 1.5. Cette valeur permet de faire varier la vitesse et la direction initiales des particules. Plus cette valeur est grande, plus le jet sera puissant et la zone couverte étendue.

❻ **Gouttes**, **Points** ou **Repères** : Gouttes. Ces options indiquent le mode de représentation des particules dans les fenêtres.

❼ **Rendu - Tétraèdre** ou **Face** : les particules sont rendues sous forme de tétraèdres ou de faces carrées lors du rendu.

❽ **Début** : numéro de la première image d'apparition des particules. Si le jet d'eau doit être actif dés le début de l'animation, il convient d'entrer une valeur négative, comme –50, par exemple.

❾ **Vie** : durée de vie d'une particule, exprimée en nombre d'images. Par exemple : 50.

❿ **Largeur** et **Longueur** : dimensions de l'émetteur. Par exemple : 20 x 20 cm.

6 Le jet d'eau est à présent visible (fig.11.115) mais peu réaliste car l'eau ne retombe pas dans la fontaine. Nous allons ajouter une déformation spatiale pour remédier à ce problème.

7 Dans le panneau **Créer**, cliquez sur le bouton **Déformations spatiale** et sélectionnez le type **Gravité.**

Fig.11.115

Fig.11.116

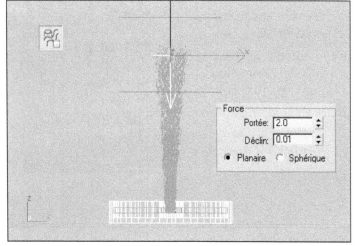

Fig.11.117

⑧ Cochez le champ **Planaire** et placez l'icône représentant la déformation spatiale dans la vue Dessus en pointant deux points. Veillez à ce que sa direction pointe vers le bas (fig.11.116).

⑨ Dans la barre d'outils principale, cliquez sur le bouton **Lier à déformation spatiale** pour attacher le jet d'eau à l'icône de gravité.

⑩ Ajustez sa force (**Portée**) à 2 et son atténuation (**Déclin**) à 0.01 (fig.11.117). Les particules retombent mais ne suivent pas une courbe réaliste. Il convient donc d'ajouter une gravité complémentaire de type sphérique.

⑪ Dans le panneau **Créer**, cliquez sur le bouton **Déformations spatiale** et sélectionnez le type **Gravité**.

⑫ Cochez le champ **Sphérique** et placez l'icône représentant la déformation spatiale dans la vue **Dessus** en pointant deux points.

⑬ Dans la barre d'outils principale, cliquez sur le bouton **Lier à déformation spatiale** pour attacher le jet d'eau à l'icône de la gravité sphérique.

⑭ Dans le vue de **Face** déplacez l'icône vers le bas pour ajuster l'effet de la courbe.

⑮ Dans le champ **Portée** de la zone **Force**, entrez la valeur –1.3 (fig.11.118).

⑯ Sélectionnez l'icône de la gravité **Planaire** et modifiez la valeur du champ **Portée** sur 5, pour que les particules retombent dans le bassin de la fontaine (fig.11.119).

⑰ Pour rendre la fontaine plus réaliste, vous pouvez habiller l'eau du bassin et le jet de la façon suivante :

Pour l'eau du bassin

- ▸ **Couleur Ambiante** : Noir
- ▸ **Couleur Diffuse** : Bleu (93, 124, 214)
- ▸ **Couleur Spéculaire** : Blanc cassé (249, 245, 229)
- ▸ **Lustre** : 65
- ▸ **Niveau spéculaire** : 90
- ▸ **Texture Opacité** : 90%, type Bruit, Régulier, Taille 5.
- ▸ **Texture Relief** : 45%, type Bruit, Régulier, Taille 5.
- ▸ **Texture Réflexion** : 85%, type Masque, Texture Miroir Plan et Masque Bruit.

Pour le jet d'eau

- ▸ **Couleur Ambiante** : Bleu foncé (72, 59, 121)
- ▸ **Couleur Diffuse** : Bleu (180, 174, 211)
- ▸ **Couleur spéculaire** : Blanc
- ▸ **Lustre** : 40
- ▸ **Niveau spéculaire** : 30
- ▸ **Auto-illumination** : 60
- ▸ **Texte Réflexion** : 20%, type Bitmap, fichier Sunset90.jpg

18 Lancer l'animation (fig.11.120).

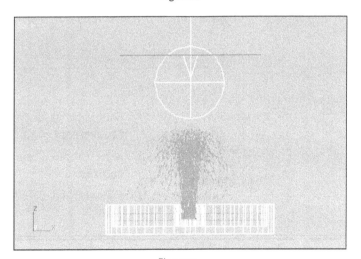

Fig.11.118

Fig.11.119

Fig.11.120

9.4. Une infinité de sphères animées à l'aide du système RéseauP

C'est un système de particules qui diffère des autres, dans le sens où il émet des particules à partir de la géométrie d'un objet, qui devient l'émetteur, et également pour son grand nombre d'options permettant de définir la composition des particules. La procédure de création est la suivante :

[1] Créez une sphère de 30 cm de rayon

[2] Tracez une courbe à l'aide de la forme **Ligne** (fig.11.121).

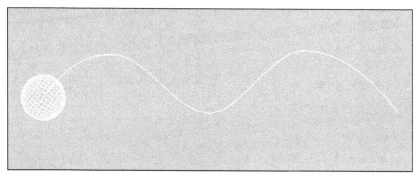

Fig.11.121

Fig.11.122

[3] Pour animer la sphère le long du chemin, cliquez sur l'onglet **Mouvement** et activez **Paramétres**.

[4] Sélectionnez **Position** et cliquez ensuite sur le bouton **Affecter contrôleur**.

[5] Dans la liste sélectionnez **Contrainte trajectoire** et cliquez sur OK.

[6] Dans la zone **Paramètres trajectoire**, cliquez sur **Ajouter trajectoire** et sélectionnez la courbe, qui s'ajoute dans la liste Cible.

[7] Dans la zone **Options trajectoire**, cochez le champ **Suivre** (fig.11.122).

[8] Cliquez sur l'onglet **Créer**, puis sur le bouton **Géométrie**.

[9] Dans la liste déroulante, sélectionnez **Systèmes de particules** et cliquez sur **Réseau P**.

[10] Dans la vue **Dessus**, cliquez et faites glisser le curseur de la souris pour créer une icône **RéseauP** (fig.11.123).

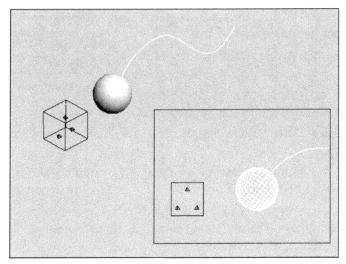

Fig.11.123

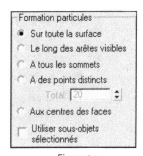

Fig.11.124

⑪ Dans le panneau déroulant **Paramètres de base**, cliquez sur **Choisir objet** et sélectionnez la sphère. Cette action permet de définir l'objet sélectionné en tant qu'émetteur.

⑫ Dans la zone **Formation particules**, cochez le champ **Sur toute la surface**. Cette option permet l'émission des particules de manière aléatoire sur toute la surface de l'émetteur basé sur l'objet. Il s'agit de l'option par défaut (fig.11.124).

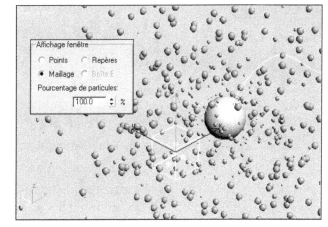

Fig.11.125

⑬ Dans la zone **Affichage** fenêtre, cochez l'option souhaitée pour l'affichage dans la fenêtre :

  ▸ **Points** : affiche les particules sous forme de points.

  ▸ **Repères** : affiche les particules sous forme de croix.

  ▸ **Maillage** : affiche les particules en tant qu'objets maillés. Les fenêtres sont alors plus lentes à se redessiner (fig.11.125).

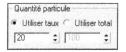

Fig.11.126

⑭ Dans la zone **Quantité particules** sélectionnez la méthode de définition du nombre de particules sur une période déterminée (fig.11.126) :

  ▸ **Utiliser taux** : spécifie un nombre fixe de particules émises par image. Par exemple 20.

- **Utiliser total** : spécifie le nombre total de particules formées pendant la durée de vie du système.

[15] Dans la zone **Mouvement particule** définissez les paramètres de vitesse (fig.11.127) :

Fig.11.127

- **Vitesse** : vélocité de la particule à sa naissance le long de la normale, exprimée en unités par image. Par exemple 10.

- **Variation** : applique un pourcentage de variation à la vitesse d'émission de chaque particule. Par exemple 25.

- **Divergence** : applique un angle (exprimé en degrés) de variation en fonction duquel la vélocité de chaque particule peut s'écarter de l'émetteur normal. Par exemple 10.

[16] Dans la zone **Temps particules** spécifiez le début et la fin de l'émission des particules, ainsi que la durée de vie des particules individuelles (fig.11.128) :

- **Début émission** : identifie l'image à laquelle les particules sont insérées dans la scène. Pour avoir un démarrage dès le début de l'animation, il convient de rentrer une valeur négative. Par exemple –50.

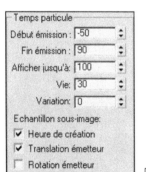

Fig.11.128

- **Fin émission** : définit la dernière image à laquelle les particules sont émises. Ce paramètre n'a aucun effet si vous choisissez le type de particules Fragments objet.

- **Afficher jusqu'à** : indique l'image où toutes les particules disparaîtront, quels que soient les autres paramètres activés. Par exemple 100.

- **Vie** : définit la durée de vie en nombre d'images de chaque particule à partir de l'image de création. Par exemple 30.

- **Variation** : indique de combien d'images la vie de chaque particule peut varier par rapport à la norme.

[17] Dans la zone **Taille particule** entrez les paramètres de taille (fig.11.129) :

- **Taille** : dimension standard des particules. Par exemple 10.

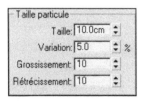

Fig.11.129

- **Variation** : pourcentage de variation par rapport à la norme de la taille de chaque particule. Ce paramètre se réfère à la valeur taille. Il vous permet d'obtenir un mélange réaliste de grandes et de petites particules. Par exemple 5.

- **Grossissement** : nombre d'intervalles sur lequel la particule passe d'une taille très limitée à la valeur Taille. Le résultat est limité par la valeur taille/variation, car Grossissement est activé après Variation. Utilisez ce paramètre pour simuler des effets tels que des bulles grossissant lorsqu'elles se rapprochent de la surface. Par exemple 10.

▸ **Rétrécissement** : nombre d'intervalles sur lesquels la particule rétrécit et atteint 1/10ᵉ de sa taille avant de mourir. Cette valeur est également appliquée après variation. Ce paramètre vous permet de simuler des effets naturels tels que la transformation de braises en cendres. Par exemple 10.

18 Dans la zone **Type de particules** sélectionnez une catégorie de type de particules parmi les quatre types disponibles (fig.11.130) :

Fig.11.130

▸ **Particules standard** : utilise l'un des types de particules standard (triangle, cube, tétra, etc.).

▸ **MétaParticules** : utilise des particules métaboules. Il s'agit de systèmes de particules dans lesquels les particules individuelles fusionnent pour former des taches ou des traînées.

▸ **Fragments objet** : cette option permet de créer des particules à partir de fragments de l'objet. Les particules créées à partir de fragments d'objets sont particulièrement utiles pour animer des explosions et des collisions.

▸ **Géométrie instanciée** : cette option permet de générer des particules correspondant à des instances d'un objet, d'une hiérarchie d'objets liée ou d'un groupe.

19 En fonction de type de particules, entrez les paramètres complémentaires dans les zones qui suivent. Par exemple pour le type Particules standard, vous pouvez choisir la géométrie de la particule : Triangle, Cube, sphère, etc. (fig.11.131).

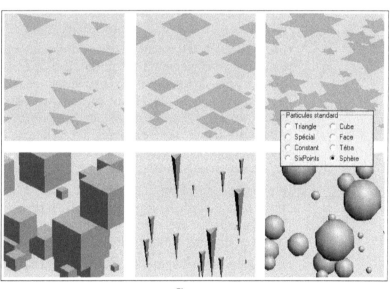

Fig.11.131

20 L'ensemble des paramètres peut être sauvegardé sous un nom à l'aide du panneau **Charger/enregistr. val. prédéf**. D'autre part, plusieurs valeurs prédéfinies sont également disponibles dans ce panneau et permettent de créer rapidement un effet comme Geyser, **Comète**, Explosion, etc. Il suffit de faire son choix et de cliquer sur **Charger** (fig.11.132).

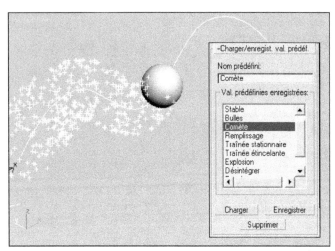

Fig.11.132

9.5. Les particules pilotées par événements : Particle Flow

Particle Flow est un nouveau système de particules extrêmement souple et puissant intégré à 3ds max. Il utilise un modèle piloté par événements, à l'aide d'une boîte de dialogue spéciale appelée **Vue particule**. Dans Vue particule, vous pouvez combiner des **opérateurs** individuels qui décrivent les propriétés des particules (forme, vitesse, direction, rotation...) sur une période de temps en les groupant dans des **événements**. Chaque opérateur fournit un ensemble de paramètres, dont beaucoup peuvent être animés pour changer le comportement des particules durant l'événement. A mesure que l'événement se produit, Particle Flow évalue continuellement chaque opérateur de la liste et met à jour le système de particules en conséquence.

Pour apporter des changements plus importants aux propriétés et au comportement des particules, vous pouvez créer un **flot**. Le flot envoie des particules d'un événement à l'autre à l'aide de **tests**, qui vous permettent de **relier** les événements en séries. Un test peut, par exemple, vérifier si une particule a dépassé un certain âge, à quelle vitesse elle se déplace ou si elle est entrée en collision avec un déflecteur. Les particules qui réussissent le test sont envoyées à l'événement suivant, tandis que celles qui ne répondent pas aux critères de test restent dans l'événement en cours pour être, éventuellement, soumises à d'autres tests.

Le premier événement du système est toujours un **événement global**, dont le contenu affecte toutes les particules du système. Il porte le même nom que l'icône source Particle Flow. Par défaut, l'événement global contient un seul opérateur Rendu qui spécifie les propriétés de rendu de toutes les particules du système.

Le deuxième événement est appelé **événement Naissance**, car il contient un opérateur Naissance. L'opérateur Naissance doit se situer en première place dans l'événement Naissance, et nulle part ailleurs. L'événement Naissance par défaut contient également un certain nombre d'opérateurs qui agissent localement pour spécifier les propriétés des particules lorsqu'elles se trouvent dans cet événement. Le système de particules par défaut comprend donc un événement global de base et un événement Naissance qui fournissent un point de départ utile pour la création de votre propre système.

Vous pouvez créer d'autres actions au diagramme de particules, en les faisant glisser vers l'affichage des événements à partir du **dépôt** (zone située au bas de la boîte de dialogue Vue particule).

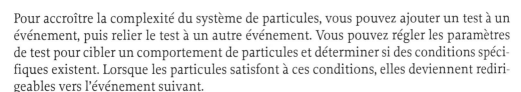

Pour accroître la complexité du système de particules, vous pouvez ajouter un test à un événement, puis relier le test à un autre événement. Vous pouvez régler les paramètres de test pour cibler un comportement de particules et déterminer si des conditions spécifiques existent. Lorsque les particules satisfont à ces conditions, elles deviennent redirigeables vers l'événement suivant.

Particle Flow fournit un certain nombre d'outils permettant de déterminer où résident les particules dans le système, ainsi que de modifier la couleur et la forme des particules pour chaque événement. Vous pouvez également facilement activer et désactiver des actions et des événements, ainsi que déterminer le nombre de particules contenues dans chaque événement. Pour accélérer la vérification de l'activité des particules à différents moments de l'animation, vous pouvez mettre le mouvement des particules en mémoire-cache. Ces outils, outre la capacité de créer des actions personnalisées à l'aide de scripts, vous permettent de créer des systèmes de particules atteignant un niveau de sophistication incomparable.

9.6. Une fontaine animée par de multiples événements

Pour illustrer l'utilisation de Particle Flow nous allons animer une fontaine. Cela nécessite la prise en compte d'une série d'étapes depuis l'émission du jet de la fontaine jusqu'à la retombée de l'eau et les effets d'éclaboussures. Pour ne pas rendre l'opération trop complexe certains effets comme le vent n'ont pas été pris en compte.

Création de la Source des particules

La première étape consiste à créer une source Particle Flow pour émettre les particules.

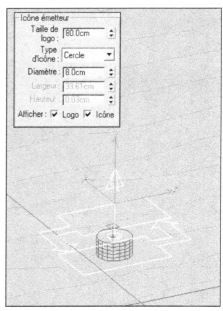

1. Dans le panneau **Créer**, sélectionnez **Systèmes de particules** dans la liste déroulante puis cliquez sur Source PF.

2. Pointez l'emplacement dans la vue Dessus et déplacez la souris pour dimensionner l'icône.

3. Orientez l'icône vers le haut (rotation 180°) et dans le panneau **Emission** de l'onglet **Modifier**, entrez **Taille de logo** : 80, **Type d'icône** : Cercle et **Diamètre** : 8 (fig.11.133).

4. Alignez l'icône Source PF avec la source de la fontaine à l'aide de la fonction **Aligner**.

Fig.11.133

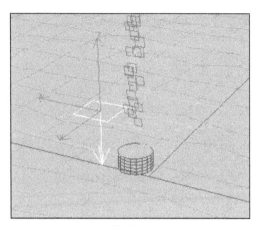

Fig.11.134

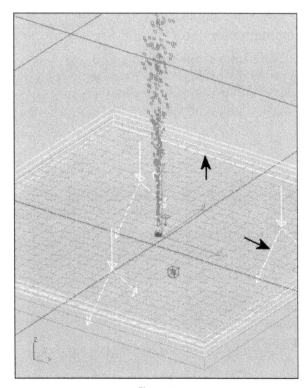

Fig.11.135

Ajout des composants complémentaires

Pour donner un effet réaliste à la fontaine il convient de définir la vitesse des particules dans l'air, la gravité des particules et l'impact des particules sur le sol ou l'eau. Nous allons ainsi ajouter les déformations spatiales Gravité et Déflecteur.

1. Dans l'onglet **Créer**, cliquez sur **Déformations spatiales** puis sélectionnez **Forces** dans la liste déroulante et cliquez sur **Gravité**.

2. Pointez dans la vue Dessus pour placer l'icône Gravité (fig.11.134).

3. Dans l'onglet **Créer**, cliquez sur **Déformations spatiales** puis sélectionnez **Déflecteurs** dans la liste déroulante et cliquez sur **POmniflecteur**. Un déflecteur est une déformation spatiale qui joue le rôle d'obstacle pour les particules. L'objectif dans le cas présent est de faire rebondir les particules vers le haut.

4. Dans la vue Dessus, placez le déflecteur au niveau de l'eau avec une taille proche de celle du bassin de la fontaine (fig.11.135).

5. Dans l'onglet **Modifier**, ouvrez le panneau **Paramètres** et entrez : **Durée d'inactivité** = 300 et **Rebond** = 0.

Animation de base des particules

1. Activez l'objet Source PF et cliquez sur Vue particule ou de façon plus rapide appuyez sur la touche 6 du clavier. Si vous jouez l'animation vous pouvez constater que la source émet des particules pour les 30 premières images et qu'ensuite elles disparaissent vers le haut de l'écran. Il faut donc modifier le flux des particules.

2. Dans la Vue particule, sélectionnez l'opérateur **Naissance** et à droite, entrez 300 dans le champ **Fin émission** (fig.11.136).

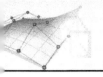

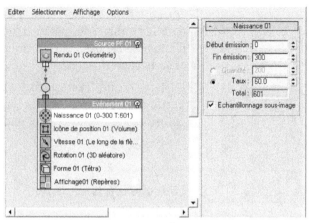

Fig.11.136

3 Activez le bouton radio à gauche du paramètre **Taux** et entrez 60 comme valeur. Cela force l'émetteur à émettre un taux de particules depuis la naissance de celles-ci plutôt qu'un nombre fixe sur la durée de l'animation. Jouez l'animation pour voir le résultat.

4 Il convient à présent de régler la vitesse et l'aspect aléatoire des particules.

5 Cliquez sur l'opérateur **Vitesse** et indiquez à droite : **Variation** sur **30.0** et **Divergence** sur **4.0**. Les particules se déplacent à présent à des vitesses différentes.

6 L'étape suivante consiste à ajouter de la gravité aux particules. Effectuez un clic droit sur le titre Evénement 01 (que vous pouvez préalablement renommer en Emission particules) et sélectionnez **Ajouter** › **Opérateur** › **Force** depuis le menu contextuel. Cela a pour effet d'ajouter un opérateur **Force** dans l'événement.

7 Sélectionnez l'opérateur **Force** dans le panneau des paramètres, puis cliquez sur le bouton **Par liste** et sélectionnez **Gravité01**. Cela a pour effet d'assigner la déformation spatiale **Gravité** à l'opérateur **Force** (fig.11.137).

8 Si la force de gravité est trop importante, il suffit de sélectionner la déformation spatiale Gravité puis dans le panneau **Paramètres** de l'onglet **Modifier** entrez 0.5 dans le champ **Portée**.

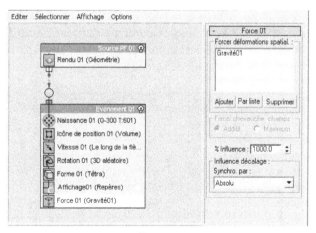

Fig.11.137

Configuration de la collision

Quand les particules retombent dans l'eau elles passent au-travers du bassin. Comme nous avons créé un déflecteur, il convient de l'assigner à l'événement.

1 Dans la **Vue particules**, effectuez un clic droit sur l'événement **Emissions particules** et sélectionnez **Insérer** › **Tester** › **Collision**. Cela a pour effet d'ajouter un test de collision à l'événement.

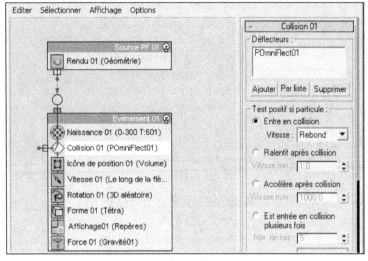

Fig.11.138

2. Sélectionnez le test Collision et dans le panneau des paramètres, cliquez sur **Par liste**. Sélectionnez ensuite POmniflecteur.

3. Dans la zone **Test positif si particule**, cochez **Entre en collision** et sélectionnez **Rebond** (fig.11.138).

Création des effets d'éclaboussures

Cette étape consiste à programmer l'interaction entre les particules et le plan de l'eau et en particulier les effets d'ondulations.

1. Dans la **Vue particule** ajoutez un opérateur **Marquer forme** et placez le à droite de l'événement **Emission particules**. Cela crée un nouvel événement avec son propre opérateur d'affichage.

2. Effectuez un clic droit sur le nouvel événement et renommer le en **Eclaboussures**.

3. Dans cet événement, cliquez sur **Affichage**, puis dans le panneau des paramètres, sélectionnez **Géométrie** dans le champ **Type**. Cliquez ensuite dans le champ couleur et sélectionnez une autre couleur afin de distinguer les nouvelles particules générées des autres.

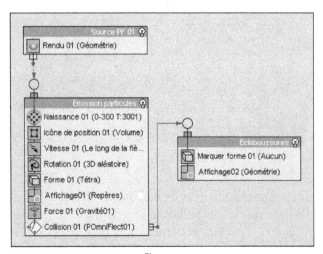

Fig.11.139

4. Connectez la sortie du test **Collision** de l'événement **Emission particules** à l'évènement **Eclaboussures** (fig.11.139).

5. Sélectionnez l'opérateur **Marquer forme**, puis dans la zone des paramètres cliquez sur le bouton **Objet de contact** et sélectionnez l'objet « eau » qui représente la modélisation de l'eau du bassin.

Modification de la taille des polygones d'ondulation

Si vous lancez l'animation vous pouvez voir apparaître une série de petits polygones lorsque les particules entrent en collision avec le déflecteur. Pour vraiment simuler les ondulations dans l'eau, il faut augmenter la taille de ces polygones.

1. Dans les paramètres de l'opérateur **Marquer Forme**, activez le champ **Dans l'espace de coordonnées Univers** et entrez la valeur 20 dans les champs **Largeur** et **Longueur**. Il reste cependant un problème. Au lieu de naître à pleine taille, les polygones devraient grandir dans le temps. Il est possible de réaliser cet effet en animant un facteur d'échelle pendant le déroulement de l'événement.

2. Ajoutez un opérateur **Echelle** à l'événement **Eclaboussures**, juste après l'opérateur **Marquer forme** (fig.11.140).

3. Sélectionnez l'opérateur **Echelle**, puis dans la section des paramètres, sélectionnez **Relative d'abord** dans le champ **Type** et entrez la valeur 10 dans les champs **Facteur Echelle X/Y/Z** et la valeur 5 dans les champs **Echelle Variation X/Y/Z**.

4. Placez la barre d'animation à l'image 30 et appuyez sur la touche **Clé Auto**.

5. Modifiez les champs **Facteur Echelle X/Y/Z** sur 100 et désactivez le bouton **Clé Auto**. Nous avons ainsi animé la taille des polygones de 10 à 100% entre l'image 0 et l'image 30.

6. Si vous lancez l'animation vous allez constater que rien ne change. Cela est dû au fait que Particle Flow anime par défaut les paramètres sur une durée absolue. Pour remédier à ce problème activez l'opérateur **Echelle** et dans le champ **Clés de décalage d'animation** sélectionnez **Durée événement**.

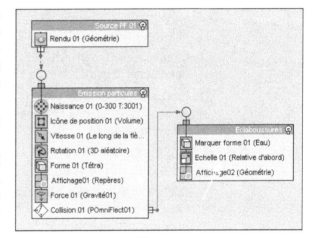

Fig.11.140

Création de particules d'éclaboussures

Le test « Génération » est idéal pour créer de nouvelles particules basées sur un événement.

1. Sélectionnez le test **Génération** dans la liste et glissez-le à droite de l'événement **Eclaboussures**.

2. Renommez cet événement **Génération de particules**.

3. Sélectionnez le test Génération et cochez le champ **Supprimer parent** dans la zone des paramètres.

④ Entrez 20 dans le champ **% Génération possible** et 10 dans le champ **% Variation**.

⑤ Dans la zone Vitesse, cochez **% Hérédité** et entrez 30 dans le champ **Variation** et 60 dans le champ **Divergence**.

⑥ Dans la zone Taille, entrez 50 dans le champ **% Facteur d'échelle** et 10 dans le champ **% Variation**.

Affinement du flux des particules et ajout de forces

Pour permettre aux particules de l'eau de se disperser lors de la retombée des particules de la fontaine, il convient de connecter l'événement Génération de particules à autre chose. D'autre part il faudra voir comment créer dans un même événement deux types de particules différentes. Un moyen est de diviser les particules en groupes à l'aide du test Fractionner quantité.

① Ajoutez le test **Fractionner quantité** en haut de l'événement **Eclaboussures**.

② Connectez la sortie du test **Fractionner quantité** à l'entrée de l'événement **Génération de particules** (fig.11.141).

③ Lancez l'animation. Deux effets se produisent lorsque chaque particule entre en contact avec le déflecteur : un polygone est créé sur l'eau lors de l'impact et des éclaboussures sont générées.

④ Ajoutez un opérateur **Force** dans l'événement **Génération de particules** juste au-dessous du test **Génération**.

⑤ Activez l'onglet **Créer** et sélectionnez **Déformations spatiales** > **Forces** > **Résistance**. Cette déformation a pour effet de simuler la résistance de l'air sur les particules projetées vers le haut.

⑥ Dans la vue **Dessus** ajoutez la déformation spatiale.

⑦ Dans la zone des paramètres, entrez 300 dans le champ **Durée inactivité** et 5 dans les champs **Amortissement linéaire** (X, Y ,Z).

⑧ Dans la Vue particules, sélectionnez le nouvel opérateur **Force** et dans la zone des paramètres cliquez sur **Par liste** et sélectionnez Gravité 01 et Résistance 01.

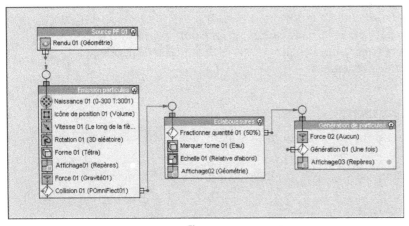

Fig.11.141

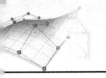

⑨ Ajoutez un opérateur **Supprimer** à la fin de l'événement **Génération de particules** et cochez le champ **Selon l'âge de la particule** avec les valeurs 20 pour **Durée de vie** et 10 pour **Variation**.

⑩ Sélectionnez l'opérateur **Affichage** et entrez **Géométrie** dans le champ **Type**.

Définition de la durée de vie de particules

Actuellement, les particules d'éclaboussures vivent infiniment parce que aucun opérateur d'effacement n'est prévu pour elles. L'opérateur d'effacement (Supprimer) travaille au choix sur, toutes les particules, les particules choisies seulement, ou l'âge des particules. C'est cette dernière option qui sera utilisée.

① Ajoutez un **Test âge** à la fin de l'événement **Eclaboussures**.

② Dans le panneau des propriétés à droite, activez Age événement et conservez les valeurs par défaut.

③ Ajoutez un événement **Supprimer** et placez-le au-dessous de l'événement **Eclaboussures**. Renommer l'événement **Supprimer**.

④ Connectez la sortie du **Test âge** à l'événement **Supprimer**. Cela a pour effet de supprimer les particules dans l'événement **Eclaboussures** une fois qu'elles ont vécu 30 images clés (fig.11.142).

Définition de l'aspect des particules

Il existe plusieurs méthodes pour donner un aspect plus réaliste aux particules. Parmi celles-ci l'opérateur Orientation forme crée des polygones rectan-

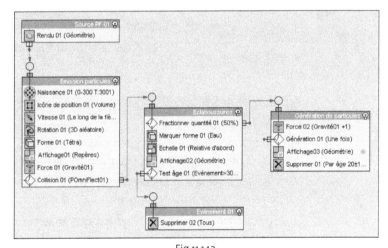

Fig.11.142

gulaires qui adaptent leur orientation en fonction de la position de la caméra. En habillant ces polygones avec une texture d'opacité en forme de gradient circulaire, il est possible d'arriver à un résultat réaliste.

① Dans l'événement **Emission particules**, remplacez l'opérateur **Forme** par l'opérateur **Orientation forme**.

② Dans la zone des paramètres, cliquez sur le bouton **Objet/caméra à observer**, appuyez sur la touche **H** et sélectionnez l'objet **Caméra01**.

Fig.11.143

③ Cochez le champ **Dans l'espace de coordonnées Univers** et entrez la valeur 10 dans le champ **Unités**.

④ Cliquez sur l'opérateur **Affichage** dans l'événement **Emission particules** et sélectionnez **Géométrie** dans le champ **Liste**.

⑤ Les particules ont à présent une taille unique. Il serait plus réaliste d'augmenter leur taille progressivement comme dans le cas de l'événement Eclaboussures. Pour cela ajoutez un opérateur **Echelle** juste après l'opérateur **Orientation forme**.

⑥ Sélectionnez l'opérateur **Echelle**, puis dans le panneau des propriétés choisissez **Relative d'abord** dans le champ **Type**.

⑦ Entrez 50 comme facteur d'échelle et 5 comme variation échelle pour les trois axes.

⑧ Sélectionnez **Synchroniser par Age particule** dans le champ **Clés de décalage d'anim.** (fig.11.143).

⑨ Dans la barre d'animation, activez l'image clé 70 et cliquez sur le bouton **Clé auto**.

⑩ Changez le facteur d'échelle sur 100% pour les trois axes.

⑪ Désactivez le bouton **Clé auto**. L'échelle des particules varie ainsi de 50 % à 100 % au cours des 70 premières images clé de leur vie.

Ajout de matériaux

Dans Particle Flow, il est possible d'appliquer des matériaux sur une base d'événement par événement. Le matériau dynamique est particulièrement utile pour habiller des particules qui changent d'aspect au cours de leur existence.

① Ajoutez l'opérateur **Dynamique matériau** à l'événement **Emission particules**. Placez-le en bas au-dessus de tout test.

② Sélectionnez l'opérateur **Dynamique matériau** et dans le panneau des paramètres cliquez sur le bouton situé au-dessous de **Affecter matériau**.

③ Dans l'explorateur de matériaux, activez le champ **Editeur matér.** dans la zone **Parcourir**. Double-cliquez ensuite sur Spray dans la liste.

④ Vérifiez que **Affecter ID matériau** est bien coché.

⑤ Il faut à présent copier cet opérateur dans les autres événements. Pour cela, effectuez un clic droit sur l'opérateur **Dynamique matériau,** et sélectionnez **Copier** dans le menu déroulant.

⑥ Collez cet opérateur en tant que instance dans le bas de l'événement **Génération de particules**.

7. Dans le cas de l'événement **Eclaboussures**, coller l'opérateur sans instance. Un autre matériau sera assigné (fig.11.144).

8. Sélectionnez l'opérateur **Dynamique matériau** et dans le panneau des paramètres remplacez le matériau Spray par le matériau Anneau-éclaboussure.

9. Sauvez la scène et lancez l'animation (fig.11.145).

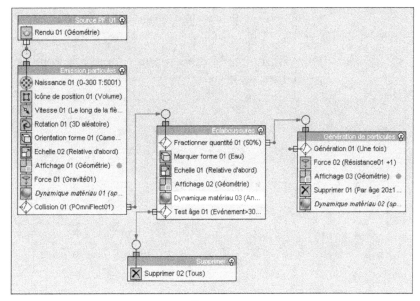

Fig.11.144

10. L'animation avec déformation spatiale

Pour rappel, les déformations spatiales sont des objets qui affectent l'apparence d'autres objets, mais qui n'apparaissent pas dans un rendu. Elles créent des « champs de force » qui déforment d'autres objets et permettent ainsi de créer des effets de rides, d'ondes, de vent, d'explosion, etc. Certains types de déformations spatiales sont conçus pour agir sur des objets déformables tels que des primitives géométriques, des maillages, des carreaux et des splines. D'autres (Gravité, BombeP, Vent, Poussée, Moteur) opèrent sur des systèmes de particules et peuvent jouer un rôle spécifique dans une simulation dynamique.

Fig.11.145

Pour illustrer l'application des déformations spatiales prenons l'exemple de la réalisation d'une explosion. Deux outils sont disponibles :

▸ **Bombe** : cette déformation spatiale fait éclater des objets (des formes géométriques) dans leur face.

▸ **BombeP** : cette déformation spatiale crée une onde d'impulsion pour faire exploser un système de particules.

Pour appliquer la déformation Bombe à la sphère créée au paragraphe 9.4, la procédure est la suivante :

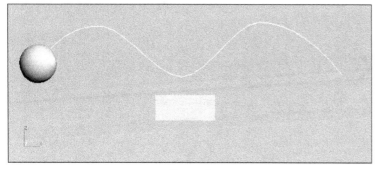

1. Supprimez le système de particules, pour garder l'animation composée d'une sphère et d'une trajectoire.

2. Ajoutez une boîte placée au creux de la trajectoire (fig.11.146).

Fig.11.146

3. Augmentez le nombre de segments en longueur, largeur et hauteur.

4. Dans le menu **Créer**, cliquez sur **Déformation spatiale** et sélectionnez **Géométrique/Déformable** dans la liste déroulante.

5. Cliquez sur **Bombe** et pointez dans la fenêtre Dessus pour placer l'icône de la bombe au centre de la boîte. La place de la bombe a son importance sur l'effet produit.

6. Dans la barre d'outils principale, cliquez sur le bouton **Lier à déformation spatiale**.

7. Sélectionnez la boîte puis l'icône de la bombe pour lier les deux.

8. Sélectionnez l'icône de la bombe et cliquez sur **Modifier.**

9. Dans la zone **Eclatement,** définissez les paramètres suivants (fig.11.147) :

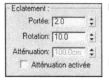

Fig.11.147

▸ **Portée** : définit la puissance de la bombe. Plus les valeurs définies pour ce paramètre sont élevées, plus les particules volent loin. L'impact de la bombe est plus fort sur les objets situés à proximité. Par exemple : 2.

▸ **Rotation** : définit la vitesse de rotation des fragments, en tours par seconde. La valeur de ce paramètre dépend également du paramètre Chaos (vitesses de rotation différentes selon les fragments) et du paramètre Atténuation (éclatement plus ou moins fort selon l'éloignement du fragment par rapport à la bombe). Par exemple : 10.

▸ **Atténuation** : distance de l'effet de la bombe par rapport à la bombe, en unités universelles. Les fragments se trouvant au-delà de cette distance ne sont pas affectés par les paramètres Portée ou Rotation, mais ils sont pris en compte par le paramètre Gravité. Cela peut être utile, par exemple, pour faire exploser la base d'un immeuble et voir s'effondrer la partie supérieure.

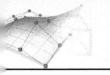

▸ **Atténuation activée** : cochez cette case pour utiliser le paramètre Atténuation. L'intervalle d'atténuation apparaît sous la forme d'une sphère jaune à trois cercles.

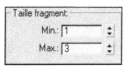

Fig.11.148

10. Dans la zone **Taille fragment**, définissez les paramètres **Min** et **Max** (fig.11.148). Ils définissent le nombre de faces par fragment. Tous les fragments ont un nombre de faces défini (de manière aléatoire) entre les valeurs Min. et Max.

▸ **Min.** : indique le nombre minimal de faces par fragment devant être générées de manière aléatoire par « l'explosion ». Par exemple : 1.

▸ **Max.** : indique le nombre maximal de faces par fragment devant être générées de manière aléatoire par « l'explosion ». Par exemple : 3

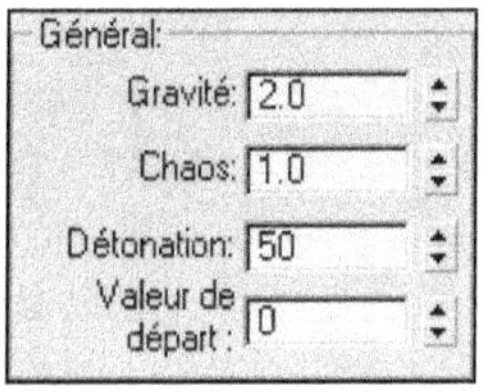

Fig.11.149

11. Dans la zone **Général,** définissez les paramètres suivants (fig.11.149) :

▸ **Gravité** : Indique la vitesse d'accélération résultant de la gravité. Notez que cette gravité suit toujours la direction de l'axe Z universel. La gravité peut être négative. Par exemple : 2.

▸ **Chaos** : ajoute une variation aléatoire à l'explosion de façon à la rendre moins uniforme. La valeur 0,0 donne une explosion entièrement uniforme ; la valeur 1.0 est plus réaliste et une valeur supérieure à 1.0 donne une explosion extrêmement chaotique. Cette valeur est comprise entre 0.0 et 1 000.0. Par exemple : 1.

▸ **Détonation** : indique l'image dans laquelle la bombe doit exploser. Les objets liés ne sont pas affectés jusqu'à ce point. Entrez 50 dans ce champ.

▸ **Valeur de départ** : modifiez ce paramètre pour modifier tous les nombres générés de manière aléatoire dans la bombe. Ainsi, vous pouvez obtenir un effet de bombe différent en modifiant la valeur de départ tout en préservant les autres paramètres.

12. Cliquez sur le bouton **Jouer animation** pour voir l'effet. La boîte explose à partir de l'image 50 (fig.11.150 à 11.152).

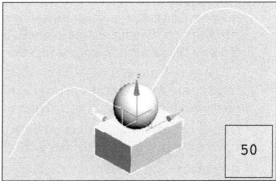

Fig.11.150

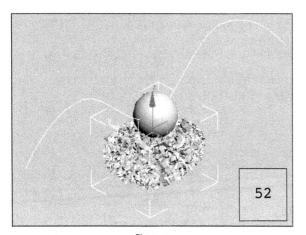

52

Fig.11.151

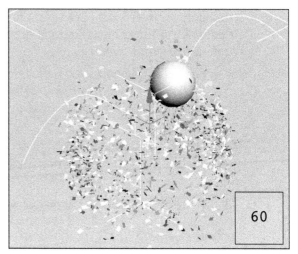

60

Fig.11.152

11. L'animation solaire

L'éclairage solaire abordé dans le cadre du chapitre 9 trouve également son intérêt en animation. En effet, dans le cadre d'un projet d'architecture par exemple, la simulation de l'éclairage au cours d'une journée peut influencer la conception en elle-même et cela tant au niveau de l'aménagement intérieur qu'extérieur (fig.11.153). La procédure d'animation est la suivante :

1. Ouvrez la scène à éclairer et animer. Par exemple un lotissement.

2. Dans l'onglet **Créer**, cliquez sur l'icône Systèmes puis sur le bouton **Lumière du jour**.

3. Cliquez dans la scène pour placer l'icône d'orientation du Nord, en gardant la touche enfoncée déplacez le pointeur de la souris pour dimensionner la taille de l'icône, relâchez et déplacez la souris pour indiquer la position du soleil (fig.11.154).

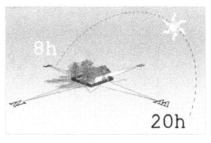

Fig.11.153

4. Cliquez sur **Afficher carte** pour sélectionner l'emplacement géographique. Par exemple : Europe, France, Nice. Cliquez sur OK.

5. Dans la zone **Durée** sélectionnez l'heure du jour et la date pour le début de l'animation. Par exemple : 5 septembre à 8h.

6. Dans la zone **Site**, modifiez éventuellement la direction du Nord et l'emplacement de l'éclairage.

7. Tout en gardant le système Lumière du jour sélectionné, cliquez sur l'onglet Modifier. Dans la zone **Paramètres Lumière du jour**, activez le type d'éclairage souhaité : Système solaire et/ou Eclairage céleste. Par exemple Système solaire. Il n'est pas utile de sélectionner Eclairage céleste en même temps pour simuler un temps ensoleillé. Ce dernier convient plutôt pour un temps nuageux.

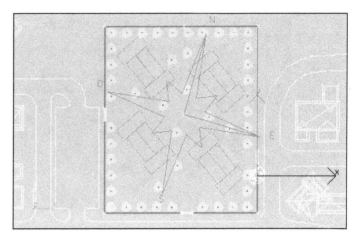

Fig.11.154

8. Modifiez éventuellement l'intensité de l'éclairage et le type d'ombrage dans la zone **Paramètres du soleil**.

9. Vérifiez que le soleil est toujours bien sélectionné et cliquez sur l'onglet **Mouvement.**

10. Cliquez sur le bouton **Clé auto**, dans la zone animation, et déplacez le curseur d'animation jusqu'à la dernière image, par exemple 100.

11. Dans la zone **Durée** modifiez l'heure, par exemple 20h (fig.11.155).

Fig.11.155

12. Cliquez à nouveau sur le bouton **Clé auto** pour terminer le paramétrage de l'animation.

13. Pour effectuer le calcul du rendu, il est conseillé d'utiliser la technique de radiosité. Pour cela sélectionnez **Eclairage avancé** puis **Radiosité** dans le menu **Rendu**.

14. Dans le champ **Outils Interactif**, cliquez sur **Configuration**. La boîte de dialogue **Environnement** s'affiche.

15. Dans **Contrôle d'exposition** sélectionnez **Contrôle de l'exposition logarithmique**, qui est appropriée pour une scène extérieure avec éclairage naturel. Refermez ensuite la fenêtre.

16. Dans la zone **Traitement**, entrer 90 % dans le champ **Qualité Initiale** et 10 % dans le champ **Affiner les itérations – tous les objets**.

17. Cliquez sur **Démarrer** pour lancer le calcul de la radiosité.

18. Cliquez sur le bouton **Rendu** de la barre d'outils principale pour lancer le calcul de Rendu (fig.11.156-11.157).

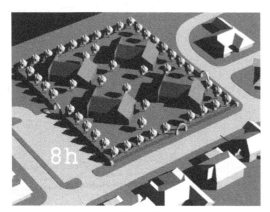

Fig.11.156

Fig.11.157

12. L'animation physique avec Reactor

12.1. Principes

Reactor est un module d'extension pour 3ds max permettant aux animateurs de contrôler et de simuler des scènes physiques complexes. Ce module permet la prise en compte de la dynamique intégrée dans certains objets ainsi que la simulation de tissus et de fluides. Les composants principaux d'une scène peuvent être divisés en deux catégories, les corps rigides et les corps souples :

▸ **Les corps rigides** : il s'agit d'objets dont la forme ne change pas. Ils sont utilisés pour représenter un large éventail de composants de la scène. Cela peut aller de la tasse de thé à une chaîne montagneuse en passant par la toiture d'une maison. Il est possible de regrouper plusieurs objets rigides à l'aide de la fonction Grouper pour obtenir un corps rigide composé. Une table composée d'une tablette (primitive Boîte) et de quatre pieds (primitive cylindre) en est un bon exemple.

▸ **Les corps souples** : il s'agit d'objets dont la géométrie se déforme lorsqu'elle est soumise à des interactions physiques. Ces objets peuvent se courber, fléchir, s'étirer, etc. Les corps souples ont une gamme de propriétés physiques plus étendue que celle des corps rigides pour décrire correctement leurs mouvements (amortissement, lissage, raideur, etc.). En général, la plupart des corps solides créés avec 3ds max utilisent un corps rigide comme point de départ.

Les corps rigides et les corps souples fonctionnent par collections. Une collection d'entités est un terme défini par 3ds max pour décrire les composants principaux intervenant dans une simulation. Il existe des collections de corps rigides comme de corps souples.

En plus des corps rigides et souples, 3ds max permet la simulation de deux autres types d'objets : l'eau et le vent.

▸ **Eau** (Water) : le réacteur Eau vous permet de simuler le comportement d'une surface d'eau. Des objets peuvent interagir avec de l'eau de manière physiquement réaliste. Il est possible de créer des vagues et des ondulations. Reactor calcule aussi la valeur de flottabilité pour tous les objets qui tombent dans l'eau en utilisant leur masse et leur taille. Ainsi certains objets descendront et d'autres flotteront. Vous pouvez aussi changer la densité d'un objet dans l'eau, ce qui affectera comment il flotte.

▸ **Vent** (Wind) : le réacteur Vent vous permet d'ajouter des effets de vent à vos scènes, pour simuler, par exemple, le mouvement de rideaux dans la brise. Une fois que vous avez ajouté l'objet Vent à votre scène, vous pouvez configurer les diverses propriétés telles que la vitesse, les rafales, et préciser si des objets doivent être abrités du vent. Vous pouvez animer la plupart de ces paramètres.

Les différents objets physiques peuvent en outre être limités dans leur mouvement à l'aide de contraintes. Celles-ci limitent le comportement des objets en les fixant à des points dans l'espace ou à des objets.

12.2. La simulation de corps rigides

Pour simuler le déplacement d'un corps solide, prenons l'exemple d'une bille qui se déplace le long d'un toboggan. La procédure est la suivante :

☐ Créez une scène comportant un sol, un toboggan (extrusion d'une forme le long d'un chemin), une table légèrement inclinée et une bille.

☐ Activez l'onglet **Créer** et cliquez sur **Assistants**.

☐ Dans la liste déroulante, sélectionnez **Reactor**.

☐ Pour que le simulateur reconnaisse quels objets sont à prendre en compte dans la scène, nous allons créer une collection d'objets rigides. Cliquez sur **RBCollection** (fig.11.158) et placez l'icône n'importe où dans la scène (fig.11.159).

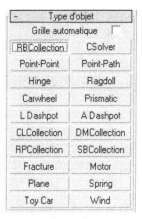

Fig.11.158

Fig.11.159

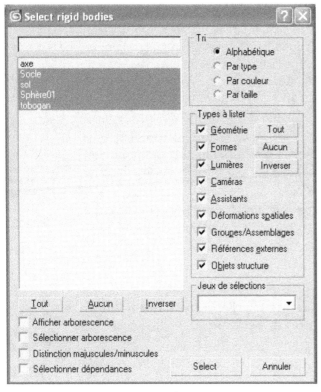

Fig.11.160

[5] Dans le panneau **RB Collection Properties**, cliquez sur **Add** et sélectionnez les objets dans la liste **Select rigid bodies** (fig.11.160).

[6] Cliquez sur **Select**.

[7] Pour ajoutez les propriétés physiques aux objets, activez l'onglet **Utilitaires** et cliquez sur **Reactor** (fig.11.161).

Fig.11.161

[8] Déroulez le panneau **Properties** et cliquez sur le sol. Pour que cet objet reste en place et ne subisse pas l'effet de la gravité, entrez o dans le champ **Mass**. Entrez également o dans les champs **Elasticity** et **Friction**.

[9] Dans la section **Simulation Geometry**. Cochez **Use Bounding Box**. Les différentes options servent à définir pour chaque objet, quelle forme (invisible) entourera l'objet pour interagir avec les autres.

[10] Pour la table, entrez les paramètres suivants :

- ▸ **Mass :** 20 kg
- ▸ **Elasticity :** o
- ▸ **Friction :** o
- ▸ **Geometry :** Use Mesh convex Hull

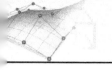

⑪ Pour le toboggan, entrez les paramètres suivants :

▸ **Mass :** 15 kg

▸ **Elasticity :** 0

▸ **Friction :** 0

▸ **Geometry :** Concave Use Mesh (la
forme de l'objet étant concave)

⑫ Pour la sphère, entrez les
paramètres suivants :

▸ **Mass :** 10 kg

▸ **Elasticity :** 1

▸ **Friction :** 0

▸ **Geometry :** Bounding sphere

⑬ Pour s'assurer que chacun des
objets (sauf la sphère) sont bien
stables, cochez le champ **Unyielding** dans la zone Physical properties.

⑭ Créez une caméra dans la scène pour mieux visualiser la scène lors de la
simulation.

⑮ Pour activer la caméra dans Reactor, déroulez le panneau **Display**.

⑯ Cliquez sur **Aucun**, situé à côté de Caméra et sélectionnez la caméra.

⑰ Pour visualiser la simulation, cliquez sur **Preview in Window** dans le
panneau déroulant **Preview et Animation**, la fenêtre Havok s'affiche avec la
vue Caméra (fig.11.162).

⑱ Dans le menu **Simulation**, cliquez sur **Play** pour lancer la simulation.

⑲ Pour transformer la simulation en animation avec images clés, déroulez le
panneau **Preview & Animation**, entrez les
paramètres de début et de fin et cliquez sur
Create Animation (fig.11.163).

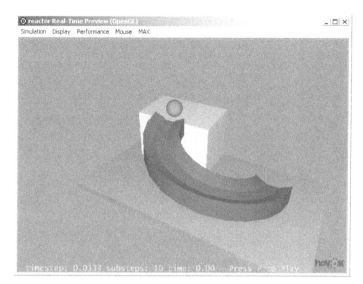

Fig.11.162

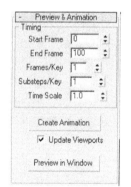

Fig.11.163

12.3. La simulation de corps souples

Pour simuler le déplacement d'un corps souple,
prenons l'exemple d'un cube qui se déplace le
long d'une série de volées d'escaliers. La
procédure est la suivante :

① Créez une scène comportant une boîte et
un escalier (fig.11.164).

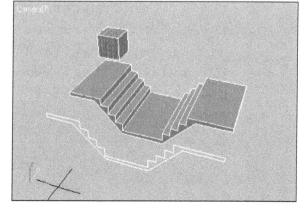

Fig.11.164

☐2 Activez l'onglet **Créer** et cliquez sur **Assistants**.

☐3 Dans la liste déroulante, sélectionnez **Reactor**.

☐4 Pour que le simulateur reconnaisse quels objets sont à prendre en compte dans la scène, nous allons créer d'abord une collection d'objets rigides. Cliquez sur **RBCollection** et placez l'icône n'importe où dans la scène.

☐5 Dans le panneau **RB Collection Properties**, cliquez sur **Add** et sélectionnez l'escalier dans la liste Select rigid bodies.

☐6 Cliquez sur **Select**.

☐7 Pour transformer la boîte en corps souple, sélectionnez la boîte puis cliquez sur **Modifier** et sélectionnez **Reactor SoftBody** dans la liste déroulante des modificateurs.

☐8 Modifiez les paramètres suivants dans le panneau Properties :

  ▸ **Mass** (Masse de l'objet) **:** 5 kg

  ▸ **Stiffness** (raideur de l'objet) **:** 0.2

  ▸ **Damping** (coefficient d'amortissement) **:** 0.2

  ▸ **Friction :** 0.7

☐9 Refermez le panneau et retournez aux outils Reactor.

☐10 Pour que le simulateur reconnaisse quels objets souples sont à prendre en compte dans la scène, cliquez sur **SBCollection** et placez l'icône n'importe où dans la scène.

☐11 Dans le panneau **SB Collection Properties**, cliquez sur **Add** et sélectionnez le cube dans la liste Select soft bodies.

☐12 Cliquez sur **Select**.

☐13 Pour ajouter les propriétés physiques aux objets, activez l'onglet **Utilitaires** et cliquez sur **Reactor**.

☐14 Déroulez le panneau **Properties** et cliquez sur l'escalier. Pour que cet objet reste en place et ne subisse pas l'effet de la gravité, entrez 0 dans le champ Mass. Entrez 0 et 0.5 dans les champs **Elasticity** et **Friction**.

☐15 Dans la section **Simulation Geometry**, cochez **Concave Use Mesh**.

☐16 Sélectionnez le cube et entrez 5 kg dans le champ **Mass** du panneau **Properties**.

☐17 Entrez 0.2 dans le champ **Elasticity** et 0.7 dans le champ **Friction**.

☐18 Dans la section Simulation **Geometry**, cochez **Convex Use Bounding Box**.

☐19 Créez une caméra dans la scène pour mieux visualiser la scène lors de la simulation.

☐20 Pour activer la caméra, déroulez le panneau **Display**.

☐21 Cliquez sur **Aucun**, situé à côté de Caméra et sélectionnez la caméra.

☐22 Cliquez sur **Preview & animation**, la fenêtre Havok s'affiche avec la vue Caméra (fig.11.165).

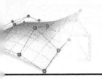

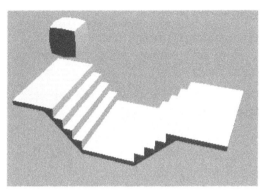

Fig.11.165

Fig.11.166

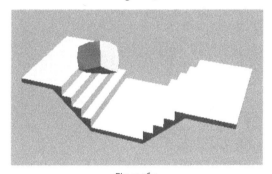

Fig.11.167

Fig.11.168

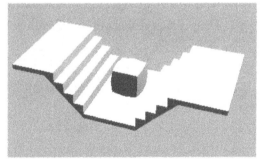

Fig.11.169

[24] Pour transformer la simulation en animation avec images clés, déroulez le panneau **Preview & Animation**, entrez les paramètres de début et de fin et cliquez sur **Create Simulation**.

12.4. La simulation de tissus

Un tissus ou une étoffe est un corps souple de type bidimensionnel, composé d'un maillage de triangles dotés de propriétés physiques. Pour simuler une nappe déposée sur une table, la procédure est la suivante :

[1] Créez une scène comportant un plancher, une table et une nappe (fig.11.170).

[2] Activez l'onglet **Créer** et cliquez sur **Assistants**.

Fig.11.170

③ Dans la liste déroulante, sélectionnez **Reactor**.

④ Pour que le simulateur reconnaisse quels objets sont à prendre en compte dans la scène, nous allons créer d'abord une collection d'objets rigides. Cliquez sur **RBCollection** et placez l'icône n'importe où dans la scène.

⑤ Dans le panneau **RB Collection Properties**, cliquez sur **Add** et sélectionnez le plancher et la table dans la liste **Select rigid bodies**.

⑥ Cliquez sur **Select**.

⑦ Pour transformer la nappe en corps de type **Etoffe**, sélectionnez la nappe puis cliquez sur **Modifier** et sélectionnez **Reactor Cloth** dans la liste déroulante.

⑧ Modifiez les paramètres suivants dans le panneau **Properties** :

- ▸ **Mass** (Masse de l'objet) : 1 kg
- ▸ **Friction** : 0.8
- ▸ **Rel.Density** (Densité relative) : 1
- ▸ **Air Resistance** (Résistance de l'air) : 0.01
- ▸ **Stiffness** (Raideur de l'étoffe) : 0.2
- ▸ **Damping** (coefficient d'amortissement) : 0.4

⑨ Refermez le panneau et retournez aux outils Reactor.

⑩ Pour que le simulateur reconnaisse quels objets souples sont à prendre en compte dans la scène, cliquez sur **CLCollection** et placez l'icône n'importe où dans la scène.

⑪ Dans le panneau **Cloth Entities**, cliquez sur **Add** et sélectionnez la nappe dans la liste **Select cloths**.

⑫ Cliquez sur **Select**.

⑬ Pour ajouter les propriétés physiques aux objets, activez l'onglet **Utilitaires** et cliquez sur **Reactor**.

⑭ Déroulez le panneau **Properties** et entrez les paramètres pour les différents objets.

⑮ Créez une caméra dans la scène pour mieux visualiser la scène lors de la simulation.

⑯ Pour activer la caméra, déroulez le panneau **Display**.

⑰ Cliquez sur **Aucun**, situé à côté de Caméra et sélectionnez la caméra.

⑱ Cliquez sur **Preview in Window** dans le panneau **Preview et Animation**, la fenêtre Havok s'affiche avec la vue Caméra (fig.11.171).

⑲ Dans le menu **Simulation**, cliquez sur **Play** pour lancer la simulation (fig.11.172-11.173 à 11.174).

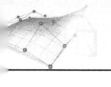

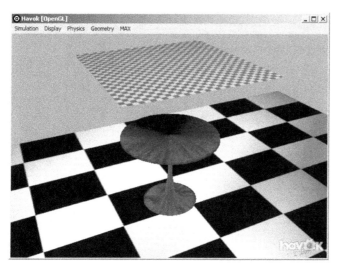

Fig.11.171

Fig.11.172

[20] Pour transformer la simulation en animation avec images clés, déroulez le panneau **Preview & Animation**, entrez les paramètres de début et de fin et cliquez sur **Create Simulation**.

Fig.11.173

Fig.11.174

CHAPITRE 12
L'ANIMATION DE PERSONNAGES AVEC CHARACTER STUDIO

1. Introduction

Le module **Character studio** fourni en standard depuis **3ds max 7**, offre un vaste éventail d'outils pour l'animation de personnages. Il permet de créer des hiérarchies de squelette pour des personnages à deux jambes (aussi appelés **bipèdes**), qui peuvent être très rapidement animées par le biais d'une variété de méthodes. Si le personnage marche sur deux jambes, le logiciel fournit une **animation de pas** unique qui crée automatiquement des mouvements en fonction de la gravité, de l'équilibre et autres facteurs. Pour créer manuellement les mouvements, il convient d'utiliser **l'animation libre**. Ce type d'animation convient aussi aux personnages qui possèdent un nombre supérieur de jambes, ainsi qu'à ceux qui volent ou nagent. Avec l'animation libre, vous pouvez animer le squelette au moyen de techniques traditionnelles de cinématique inverse.

Character studio offre l'avantage de pouvoir séparer le mouvement de l'animation de la structure du personnage. Autrement dit, vous pouvez animer un géant en train de marcher et appliquer ensuite ce mouvement à un nain. Grâce à une bibliothèque de mouvements, animer un personnage qui accomplit des centaines d'actions différentes est un jeu d'enfant : il vous suffit de charger un fichier.

Character Studio comprend également différentes options qui permettent de créer des **foules** de bipèdes ou autres objets à l'aide d'un système d'animation procédurale qui, en utilisant des forces et des comportements, commande les mouvements des personnages.

En résumé, **Character studio** se compose de trois modules principaux:

▸ **Biped :** fournit des outils pour créer et animer des squelettes.

▸ **Physique :** associe un squelette aux objets de maillage d'un personnage, ce qui permet de contrôler à la fois le maillage et le squelette.

▸ **Crowd :** fournit des outils permettant de créer et d'animer des foules d'objets animés, y compris des bipèdes.

2. Fonctionnement de Character Studio

Les modules Biped, Physique et Crowd de Character Studio fournissent un jeu complet d'outils d'animation de personnage (fig.12.1). Bien que ces modules d'extension puissent être utilisés de différentes manières, il est utile de connaître le principe de création d'une animation de personnage type pour mieux comprendre le fonctionnement de **character studio.**

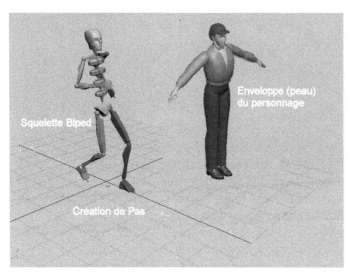

Fig.12.1

Fig.12.2 (© 3DM-MC)

Fig.12.3

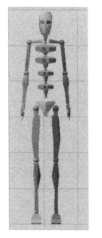

Fig.12.4

Création de l'enveloppe (ou peau) du personnage

Pour créer l'enveloppe ou en d'autres mots la forme de peau de base du personnage, il convient d'utiliser les différents outils de modélisation et de types de surface proposés dans 3ds max. Il est également possible de faire appel aux bibliothèques de personnages existantes (fig.12.2). L'essentiel est de donner une position naturelle à l'enveloppe du personnage, avec les jambes et les bras légèrement écartés (fig.12.3). Il est également conseillé de détailler suffisamment le maillage de la peau ou les points de contrôle autour des articulations pour faciliter la déformation liée au mouvement.

Création d'un squelette Biped

Le module Biped automatise la création de squelettes de personnages bipèdes (fig.12.4). Il permet également d'apporter des modifications importantes à la structure du squelette et à la taille de certaines parties pendant l'animation, sans affecter le mouvement du personnage. Il est donc possible d'animer le personnage sans savoir s'il sera grand ou petit, gros ou maigre. De plus, si le réalisateur décide de changer les proportions du personnage, cela n'affectera pas l'animation.

Liaison du squelette à la peau

L'objectif de cette étape est de placer le bipède dans sa peau modélisée. Il convient d'utiliser le mode **Personnage** pour régler la longueur des os et pour orienter le squelette de manière à ce

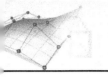
qu'il épouse le volume de la peau (fig.12.5). La peau est généralement attachée au nœud racine de la hiérarchie : au bassin d'un bipède ou au nœud racine d'un squelette et non au centre de gravité. Une fois attachée, la peau se déforme lorsque le bipède ou le squelette bouge. Il faut aussi définir l'épaisseur des os de manière appropriée pour obtenir une bonne base de départ. Cette première phase peut être enregistrée dans un fichier de personnage de façon à pouvoir facilement récupérer cette pose ultérieurement.

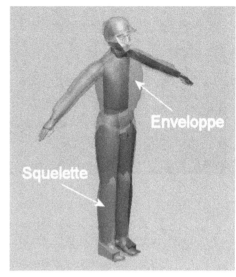

Fig.12.5

Ajustement du comportement de la peau

Les différents paramètres du module Physique permettent d'affiner les effets de peau correspondant au personnage (fig.12.6). Il est ainsi possible de :

- Définir des angles de renflement pour modifier la forme des muscles en fonction de l'angle d'une articulation.

- Créer des tendons pour simuler le mouvement de tendons sous la peau en fonction des mouvements des segments.

- Régler les paramètres de segments pour modifier les torsions, les glissements et les plissements de la peau du personnage en mouvement. Le glissement permet de comprimer la peau au niveau des biceps et de l'avant-bras lorsque le personnage plie le bras. La torsion contrôle le volume de peau qui se déplace sur une intersection d'articulation.

- D'ajouter des segments dans la région abdominale pour contrôler, par exemple, la compression ou animer les mouvements verticaux de la poitrine liés à la respiration du personnage.

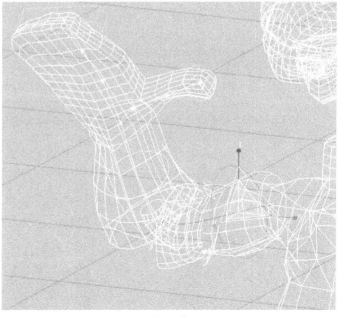

Fig.12.6

Fig.12.7

L'animation du squelette d'un bipède

Une fois la peau appliquée à la structure d'un bipède, il reste à animer le personnage. Biped permet de créer les mouvements d'un personnage de différentes manières. Vous pouvez adopter une méthode traditionnelle, qui consiste à créer manuellement des images clés libres correspondant à différentes poses et laisser l'ordinateur calculer l'interpolation entre la position des articulations et les cibles CI. Vous pouvez également opter pour une méthode partiellement assistée, en utilisant des pas et la dynamique bipède (simulation de la gravité et de l'équilibre) pour créer un cycle par défaut de marche, de course ou de saut, et ajuster les images clés et les pas du bipède individuellement (fig.12.7).

Une fois qu'une animation de type pas (et sa dynamique) vous convient, vous pouvez la convertir automatiquement en animation libre constituée d'une simple combinaison d'images clés et de cibles CI. Cette conversion intelligente vous permet de contrôler l'animation sur chaque image, sur chaque articulation du personnage.

Utilisation du système Crowd pour animer des groupes de personnages

Après avoir créé des séquences d'animation pour les personnages ou modèles (par exemple, un oiseau battant des ailes), il est possible de répliquer ces modèles ou personnages et animer ces groupes à l'aide du système **Crowd** (fig.12.8). De plus, il est également possible d'affecter à ces groupes différents comportements afin de simuler des activités propres aux foules et aux groupes pour représenter, par exemple, un flux de personnes entrant dans un endroit par une porte, une rue où des voitures circulent, ou bien des oiseaux ou des poissons se déplaçant en groupe en évitant des obstacles. On peut aussi utiliser le mode Séquence pour créer des réseaux de clips de séquence afin que le logiciel utilise les séquences appropriées au mouvement que le personnage est en train d'effectuer et crée des transitions adéquates entre les différentes séquences. De plus, les contrôleurs cognitifs du système Crowd permettent de créer des transitions entre les comportements en fonction de différents critères.

Fig.12.8 (© Discreet)

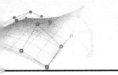

3. La création et l'animation d'un bipède

3.1. Principe

Un modèle de bipède est un personnage à deux jambes : un être humain, un animal ou une créature imaginaire (fig.12.9). Chaque bipède est constitué d'une charpente conçue pour l'animation, créée sous la forme d'une structure hiérarchique liée. Son squelette comporte des propriétés particulières qui permettent d'animer immédiatement le bipède. Comme les êtres humains, les bipèdes sont conçus pour marcher en position debout, même s'il est possible de les utiliser pour créer des créatures à plusieurs pattes. Les articulations du squelette se limitent à celles du corps humain. Le squelette du bipède est également étudié pour être animé avec le mode Pas de Character studio, ce qui permet de résoudre le problème bien connu de la fixation des pieds au sol.

Fig.12.9

La géométrie d'un bipède est une hiérarchie d'objets liés représentant par défaut un squelette humain (fig.12.10). Le parent, ou objet racine, du bipède est son centre de gravité (CDG). Cet objet s'affiche sous forme d'octaèdre bleu proche du centre du bassin du bipède. Lorsque le centre de gravité est déplacé, le bipède entier change de position. Vous pouvez sélectionner le centre de gravité en choisissant *Bipo1* dans la boîte de dialogue **Sélectionner par nom**.

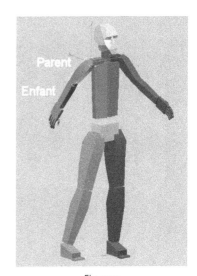

La structure hiérarchique du bipède diffère de la hiérarchie 3ds max standard dans la mesure où il n'est pas possible de supprimer un élément de squelette. Si vous tentez de supprimer une partie du squelette, vous supprimerez toute la structure. Si vous souhaitez créer un bipède auquel certaines parties manquent (par exemple, un bipède sans tête), il vous suffit de masquer ces parties.

Fig.12.10

De même que pour les autres objets 3ds max, vous pouvez, lors de la création, modifier les paramètres d'un bipède dans le panneau **Créer**. Ensuite, pour modifier à nouveau ou animer le bipède, il faut utiliser les paramètres du panneau **Mouvement.**

3.2. Création du bipède

Pour démarrer nous allons afficher un personnage (fichier Tom-a.max) (fig.12.11) et créer un bipède par défaut, c'est-à-dire un squelette simple constitué de segments connectés dans une hiérarchie.

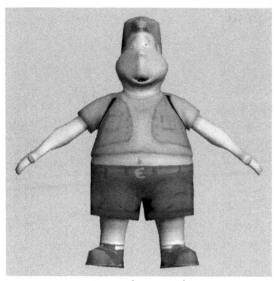

Fig.12.11 (© Discreet)

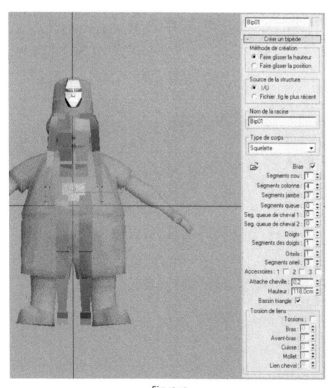

Fig.12.12

La procédure est la suivante :

1. Ouvrir le fichier Tom-a.max.

2. Pour rendre la manipulation plus simple, nous allons geler le personnage et l'afficher en mode transparent. Pour cela, effectuez les opérations suivantes :

   Onglet Afficher › Section Propriétés d'affichage › Transparent

   Onglet Afficher › Section Geler › Geler sélection

3. Pour créer le bipède, activez le panneau **Créer**, puis cliquez sur **Systèmes**.

4. Dans le panneau déroulant **Type d'objet**, cliquez sur le bouton **Bipède**.

5. Dans la fenêtre Face, placez votre curseur au niveau des pieds du personnage, enfoncez le bouton gauche de la souris et faites glisser la souris vers le haut. Un bipède apparaît et s'agrandit à mesure que vous déplacez le curseur.

6. Faites glisser la souris vers le haut jusqu'à ce que le champ **Hauteur** du panneau déroulant **Créer un bipède** indique environ 118 cm, puis relâchez le bouton de la souris.

7. Pour avoir une taille précise, vous pouvez entrer 118 dans le champ **Hauteur** (fig.12.12).

8. Vous pouvez modifier l'aspect du corps du bipède (fig.12.13) en effectuant un choix dans la liste **Type de corps**. Par exemple : classique

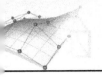
⑨ Lorsque vous créez votre premier bipède, il porte un nom de racine, à savoir *Bipo1*. Le nom de racine de chaque nouveau bipède est incrémenté ; ainsi, le prochain bipède que vous allez créer aura comme nom de racine *Bipo2*. Le nom de racine est utilisé comme préfixe pour toutes les parties du bipède de façon à les distinguer des parties des autres bipèdes de la scène. Vous pouvez changer le nom de la racine si vous avez beaucoup de personnages dans la scène.

⑩ En utilisant la commande **Fichier > Enregistrer sous**, enregistrez la scène sous le nom Tom-b.max.

3.3. Positionnement du bipède

Après avoir créé un bipède, vous devez le positionner et modifier la taille de façon à l'ajuster au modèle de personnage qu'il contrôlera. Pour cela, vous devez activer le mode Personnage afin de pouvoir courber, tourner ou dimensionner les différentes parties du bipède pour qu'elles correspondent au maillage du personnage. La procédure est la suivante :

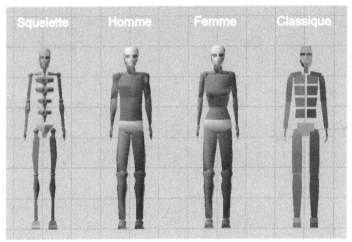

Fig.12.13

① Sélectionnez le bipède.

② Cliquez sur l'onglet du panneau **Mouvement**.

③ Activez le mode **Personnage** dans le panneau déroulant **Bipède** (fig.12.14). Toute modification de la pose de référence du bipède doit être faite en mode Personnage.

④ Sélectionnez l'élément **Bipo1 Bassin**.

⑤ Dans la barre d'outils principale, sélectionnez la fonction **Sélection et échelle non uniforme** pour augmenter la taille de l'élément (fig.12.15).

⑥ Tout en gardant Bipo1 Bassin actif, sélectionnez l'option **Vertical corps** dans la zone **Sélection de piste** et déplacer le bipède vers le bas pour ajuster le bassin avec le modèle.

Fig.12.14

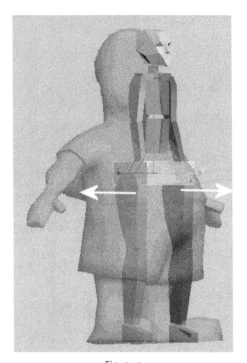

Fig.12.15

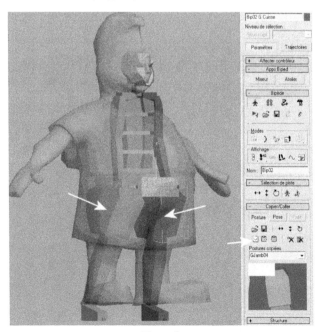

Fig.12.16

7. Sélectionnez ensuite l'objet **Bip01 D Cuisse** puis dans la barre d'outils principale sélectionnez la fonction **Sélection et échelle non uniforme** pour augmenter la taille de l'élément. Le but final est de pouvoir intégrer le bipède dans le personnage.

8. Pour modifier la seconde cuisse, vous pouvez Copier/Coller la modification avec les outils **Copier posture** et **Coller posture à l'opposé** de la section **Copier/Coller** (fig.12.16).

9. Faites de même pour les autres parties de la jambe du Bipède.

10. Pour les pieds nous allons d'abord réduire le nombre d'orteils en indiquant 1 dans le champ **Orteils** de la section **Structure**.

11. Sélectionnez la fonction **Sélection et échelle non uniforme** pour augmenter la taille de l'orteil (fig.12.17).

12. Pour diminuer le nombre d'éléments de la colonne entrez la valeur 2 dans le champ **Segments colonne** de la zone **structure**.

13. Sélectionnez ensuite l'élément **Bip01 Colonne** et utilisez la fonction **Sélection et échelle non-uniforme** pour augmenter sa taille.

14. Faites de même pour le second élément.

15. Sélectionner l'élément **Bip01 D Membre supérieur** puis cliquez sur le bouton **Symétrique dans la** section **Sélection de piste**. Toute modification sur un élément sera répercutée sur son symétrique.

16. Cliquez sur le bouton **Sélection et Rotation** dans la barre d'outils principale pour faire tourner l'ensemble du bras (fig.12.18).

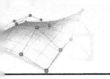

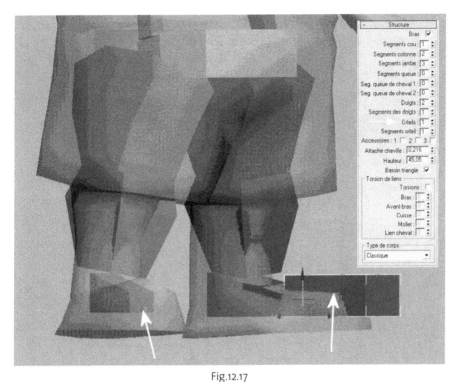

Fig.12.17

Fig.12.18

17 De manière similaire modifier les autres parties du Bipède pour le faire correspondre le mieux possible avec le personnage (fig.12.19).

18 Pour les doigts, il faut d'abord définir le nombre souhaité. Pour cela, entrez 2 dans le champ **Doigts** de la section **Structure**.

19 Sélectionnez l'élément **Bip01 Doigt D1** puis utilisez la fonction **Sélection et échelle non uniforme** pour augmenter sa taille. N'hésitez pas à utiliser l'option **Symétrique dans la** section **Sélection de piste** pour modifier les deux doigts en même temps (fig.12.20).

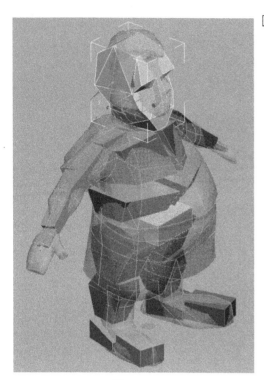

Fig.12.19

[20] Placez correctement le Bipède dans le personnage en **sélectionnant l'objet Bip01** et en utilisant les fonctions **Horizontale corps** et **Verticale corps** de la section **Sélection de piste** (fig.12.21).

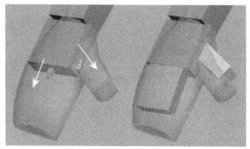

Fig.12.20

Fig.12.21

3.4. Adaptation du bipède au maillage

Les différents éléments du bipède peuvent être modifiés au niveau géométrique afin de s'adapter à la forme du maillage. Cela permet à l'animateur d'avoir une meilleure idée de l'objet à animer. Il convient pour cela de sélectionner l'élément souhaité, par exemple le membre supérieur du bras (Bip02 G Membre supérieur du bras). La procédure est la suivante :

[1]   Effectuez un clic droit sur l'élément du bipède.

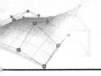

2. Dans le menu **Quadr** (section transformation) cliquez sur **Convertir en** puis sur **Convertir en maillage éditable**. Vous pouvez ensuite utiliser toutes les fonctions d'édition ou appliquer d'autres modificateurs comme **Editer poly** qui comprend des outils très utiles pour la modification de l'élément du bipède.

3. Dans la section **Editer géométrie** de **Editer Poly**, cliquez sur **Liss.maillage**. Le nombre de sommets augmente (fig.12.22).

4. Pour déplacer des sommets ou arêtes de façon adoucie, activez le champ **Utiliser sélection adoucie** dans la section **Sélection adoucie** (fig.12.23).

5. Déformez l'élément du bipède afin de lui donner une forme proche du maillage.

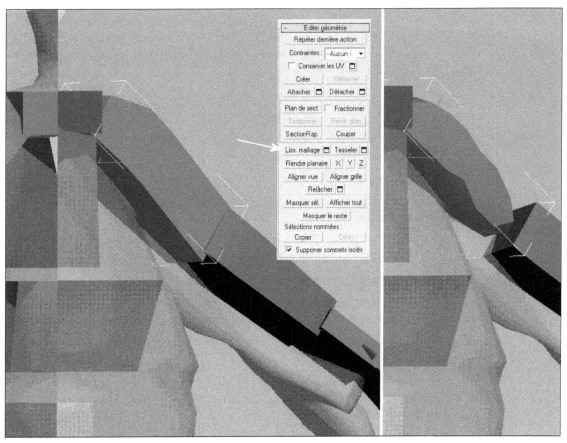

Fig.12.22

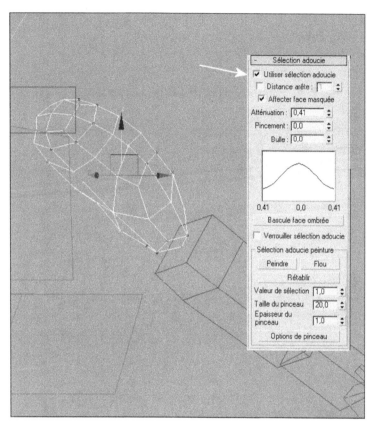

Fig.12.23

3.5. Application de Physique

Après avoir positionné le bipède pour qu'il corresponde au maillage du personnage, il convient d'appliquer le modificateur Physique au maillage. Le modificateur Physique qui est fourni avec Character studio permet d'associer le bipède au maillage du personnage. Une fois que le modificateur Physique a été configuré et appliqué au maillage, toute animation du bipède sera transmise au maillage et le fera bouger de la même façon que si des os et des muscles se trouvaient sous le maillage.

Etape 1 : Application du modificateur Physique

1. Sélectionnez le maillage du personnage de Tom.

2. Dans le panneau **Modifier**, sélectionnez **Physique** dans la liste des modificateurs. Les panneaux déroulants de Physique apparaissent dans le panneau de commandes.

3. Dans le panneau déroulant **Physique**, cliquez sur **Attacher à nœud**, puis cliquez sur le centre de gravité du bipède. La boîte de dialogue **Initialisation de Physique** s'affiche.

4. Cliquez sur **Initialiser**. Le maillage du personnage est à présent associé au bipède. La spline de déformation orange qui traverse le maillage indique que toute la structure du bipède a été associée au maillage (fig.12.24). La figure utilise le mode d'affichage transparent (appuyez sur ALT-X) et le squelette du bipède est masqué.

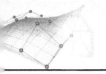

Etape 2 : Ajustement des enveloppes

Le modificateur Physique associe le bipède au maillage par le biais des sommets du maillage. Chaque partie du bipède est entourée d'une zone appelée **enveloppe** et les sommets du maillage qui se trouvent dans une enveloppe sont affectés par cette partie du bipède. La taille par défaut d'une enveloppe dépend de la taille de la partie du bipède définie lorsque vous positionnez le bipède.

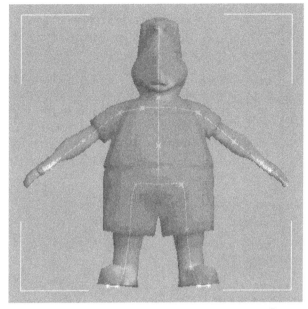

Fig.12.24

Les enveloppes doivent souvent être ajustées manuellement pour que le bipède s'adapte correctement avec le maillage. Si des pointes sortent du maillage, cela signifie qu'un ou plusieurs sommets se trouvent en dehors de la zone d'influence d'une enveloppe. Vous pouvez observer cet effet en faisant pivoter le bras.

1. Cliquez avec le bouton droit de la souris dans la fenêtre **Dessus** pour l'activer et utilisez l'outil **Zoom région** pour voir le bras gauche de Tom.

2. Sélectionnez l'objet **Bip01 D Membre supérieur du bras**, c'est-à-dire l'avant bras droite du bipède, et faites-le pivoter vers le bas et vers le haut. Vous remarquerez que certains sommets ne se déplacent pas avec le bras (fig.12.25).

   Les sommets qui ne sont pas influencés par l'enveloppe ne suivent pas les mouvements de la forme.

3. Appuyez sur **CTRL+Z** pour remettre le bras dans sa position d'origine, pour que vous puissiez ajuster l'enveloppe.

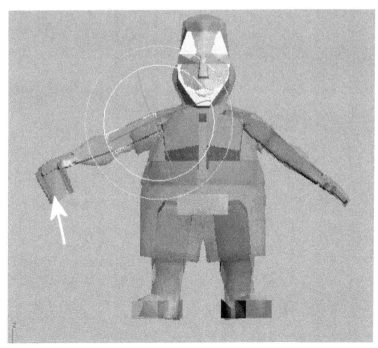

Fig.12.25

4. Sélectionnez de nouveau le maillage de Tom, puis cliquez sur le signe (+) figurant à côté de **Physique** dans la pile des modificateurs et sélectionnez le sous-objet **Enveloppe**. Les splines orange qui traversent le bipède sont devenues jaunes. Il s'agit de splines de déformation qui déforment le maillage à mesure que la spline se déplace.

5. Sélectionnez la spline de déformation qui traverse la main droite du bipède afin d'afficher les enveloppes associées. Vous remarquerez que deux enveloppes sont associées à chaque partie du bipède : une enveloppe interne (rouge) et une enveloppe externe (violette). Certains sommets du doigt se trouvent en dehors des limites de l'enveloppe externe. Ces sommets ne seront donc pas affectés lors de manipulations si l'enveloppe n'est pas agrandie.

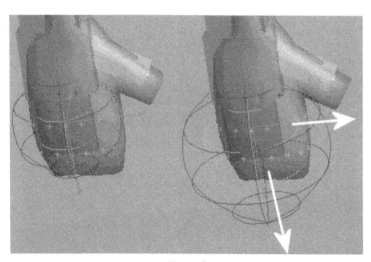

Fig.12.26

6. Dans la zone **Paramètres** de l'enveloppe du panneau déroulant **Enveloppes de mélange**, définissez le paramètre **Echelle radiale** sur 1.7. Les sommets proches de l'extrémité du doigt se trouvent à présent dans l'enveloppe (fig.12.26).

7. Il conviendra d'effectuer des ajustements semblables sur l'ensemble du personnage pour que toutes les enveloppes correspondent parfaitement au maillage. L'idéal est de faire tourner chacune des parties du Bipède et de vérifier que le maillage du personnage suit correctement (fig.12.27).

8. Enregistrez votre travail.

3.6. Liaison d'un personnage au bipède

Dans certains cas, il sera préférable de lier les objets au bipède plutôt que de déformer le maillage à l'aide de Physique. L'outil de liaison de la barre d'outils principale de 3ds max permet de lier directement les objets au bipède.

Les personnages que vous pouvez vous procurer se présentent généralement sous deux formes, à savoir articulés ou non articulés. Un personnage articulé est constitué d'objets séparés

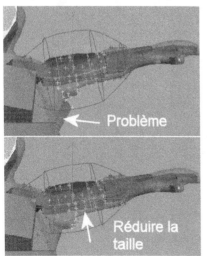

Fig.12.27

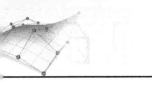

et de membres pivotant aux articulations, et il se prête à la méthode de liaison décrite dans la suite. Les personnages non articulés ont un maillage continu aux articulations et doivent être associés au bipède à l'aide de Physique (fig.12.28).

La procédure à suivre pour lier les objets représentant votre personnage au bipède est extrêmement simple. Il vous suffit en effet de charger votre personnage, créer un bipède, activer le mode Personnage, puis aligner le bipède et le personnage. L'outil de liaison vous permet

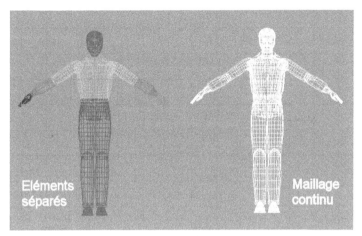

Fig.12.28

ensuite de lier chaque objet de votre personnage au membre correspondant du bipède. Ainsi, l'objet cuisse de votre personnage est lié à la cuisse du bipède. Toute animation appliquée au bipède s'appliquera désormais à votre personnage. La procédure est la suivante :

1. Ouvrez le fichier Bob.max. Il comprend déjà un personnage et un bipède. Ce dernier est en mode Personnage.

   Tous les objets du maillage de ce personnage doivent être liés au bipède. La procédure est identique pour chaque partie. Ainsi dans le cas du bras droit par exemple, il est utile de faire un zoom avant sur la partie supérieure des bras, afin d'afficher le maillage et la géométrie du bipède sous-jacent (en vert ou en bleu).

2. Dans la barre d'outils principale de 3ds max, activez **Sélection et liaison.**

3. Cliquez avec la souris sur un endroit quelconque du maillage de la partie supérieure du bras et maintenez le bouton enfoncé. Le maillage devient blanc pour indiquer qu'il a été sélectionné.

4. Tout en maintenant le bouton de la souris enfoncé, déplacez le curseur n'importe où sur la partie supérieure du bras du bipède. Vous constaterez que le curseur change de forme. Lorsque le curseur se transforme en deux rectangles (l'un sombre et l'autre blanc) se chevauchant, relâchez le bouton de la souris (fig.12.29). L'icône Sélection et liaison change d'état

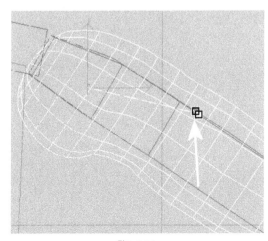

Fig.12.29

pour indiquer une cible de liaison valide. Le relâchement du bouton de la souris engendre la création de la liaison. Le bras du bipède clignote en blanc pendant un bref instant, pour indiquer que la liaison a été correctement créée.

5 Effectuez un panoramique autant de fois que nécessaire pour afficher chacun des objets du maillage du personnage. Activez l'option **Sélection et liaison**, répétez les étapes 3 et 4 en cliquant sur la souris et en déplaçant le curseur sur la partie du corps correspondante du bipède, puis relâchez le bouton de la souris.

6 Pour contrôler les liaisons, sélectionnez n'importe quelle partie du bipède (et non du maillage) et cliquez sur le panneau **Mouvement**. Le mode Personnage doit être actif.

7 Appuyez sur ALT+W pour élargir la fenêtre Face.

8 A l'aide de la fonction **Sélection et Rotation**, faites tourner différentes parties du bipède, le maillage lié doit tourner en même temps (fig.12.30).

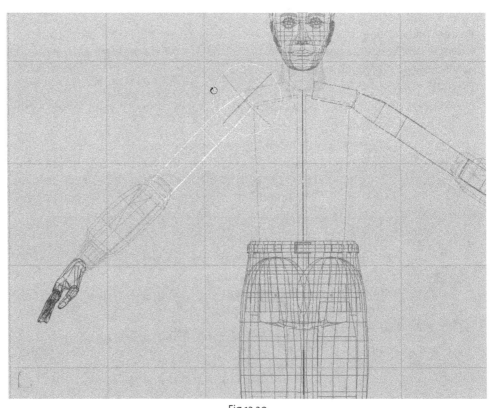

Fig.12.30

3.7. Animation du bipède à l'aide d'une animation libre

Il existe deux types d'animations qui peuvent être utilisés avec un bipède : l'animation libre et l'animation en mode Pas. Dans une animation libre, toutes les clés sont définies par l'utilisateur. Dans l'exemple qui suit, le personnage Tom va s'accroupir.

Etape 1 : Fixation des pieds

☐ Ouvrez le fichier Tom-d.max Cette scène contient le personnage lié au bipède.

☐ Appuyez sur la touche **H** et sélectionnez le pied droit du bipède, **Bipo1 D Pied** dans la liste **Sélectionner objet**, puis cliquez sur le bouton **Sélectionner**.

☐ Dans la mesure où Tom s'accroupit, ses pieds ne doivent pas bouger. C'est pourquoi vous allez fixer ses pieds au sol pour les empêcher de bouger lorsqu'il fait ses exercices. Ouvrez le panneau de commandes **Mouvement**.

☐ Désactivez le mode **Personnage** dans le panneau déroulant **Bipède**.

☐ Développez le panneau déroulant **Infos sur les clés** et développez la barre d'expansion **CI**. Vous pouvez définir une clé pour le pied droit puisqu'il est sélectionné.

☐ Dans le panneau déroulant **Infos sur les clés**, cliquez sur le bouton **Définir clé fixe**. Le pied droit est ainsi fixé.

☐ Appuyez sur la touche **H** du clavier et sélectionnez le pied gauche du bipède.

☐ Cliquez sur **Définir clé fixe** pour définir une clé pour le pied gauche.

Etape 2 : Animation du premier accroupissement

Pour commencer Tom va s'accroupir quatre fois en partant d'une posture où il a les bras écartés. Une fois qu'il aura terminé ses exercices, il reprendra sa posture d'origine. Après avoir fixé les pieds au sol, il vous suffira de déplacer le centre de gravité du bipède de bas en haut pour qu'il s'accroupisse et se relève.

☐ Assurez-vous que la glissière temps se trouve au niveau de l'image 0.

☐ Dans le panneau déroulant **Sélection de piste**, cliquez sur le bouton **Verticale corps**. Ceci a pour effet de sélectionner la piste **Verticale corps** du centre de gravité.

☐ Activez **Clé auto**.

☐ Déplacez le centre de gravité légèrement vers le bas afin que le personnage fléchisse un peu les genoux. Ceci a pour effet de définir une clé pour la piste Verticale corps du centre de gravité au niveau de l'image 0.

☐ Cliquez avec le bouton droit de la souris dans la fenêtre **Face** pour l'activer et placez la glissière temps au niveau de l'image 15.

☐ Déplacez le centre de gravité d'environ 8 cm vers le bas le long de l'axe Z. Une clé est automatiquement créée à l'image 15, c'est-à-dire lorsque Tom est en position accroupie.

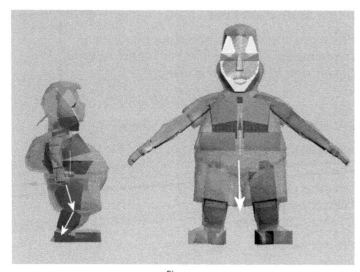

Fig.12.31

Fig.12.32

☷ Faites glisser la glissière temps pour voir Tom s'accroupir (fig.12.31).

☷ Pour reproduire ce mouvement, il suffit de copier-coller les positions clés. Pour cela, placez la glissière temps sur l'image 0.

☷ Développez le panneau déroulant **Copier/coller**. Les outils contenus dans ce panneau déroulant vous permettent de rapidement copier et coller des clés d'une image à l'autre. L'option Posture est sélectionnée par défaut. Cette option permet de coller des clés provenant de parties individuelles du corps (fig.12.32).

☷ Dans le panneau déroulant **Copier/Coller**, activez le bouton **Copie verticale**.

☷ Dans le panneau déroulant **Copier/Coller**, activez le bouton **Copier posture**.

☷ Dans le champ **Postures copiées**, renommez la posture **Debout**.

☷ Placez la glissière temps sur l'image 30.

☷ Assurez-vous que le mode **Clé auto** est toujours activé.

☷ Dans le panneau déroulant **Copier/Coller**, cliquez sur **Coller posture**. Tom est de nouveau debout. Lorsque vous collez une posture alors que le mode Clé auto est activé, une clé est créée dans l'image courante, qui contient la nouvelle posture. Ici, une nouvelle clé a été créée dans l'image 30 pour la piste Verticale corps du centre de gravité.

☷ Allez à l'image 15.

☷ Dans le panneau déroulant **Copier/Coller**, activez le bouton **Copier posture**. Renommez la posture Accroupie.

☷ Allez à l'image 45 et cliquez sur Coller posture (fig.12.33).

Etape 3 : Ajout des autres postures

Maintenant que vous avez stocké les deux postures, vous pouvez facilement les coller dans d'autres images.

☐ Accédez à l'image 60. Sélectionnez la posture **Debout** dans la liste **Postures copiées**, puis cliquez sur **Coller posture**.

☐ Accédez à l'image 75. Sélectionnez la posture **Accroupie** dans la liste **Postures copiées**, puis cliquez sur **Coller posture**.

☐ Dans l'image 90, collez la posture Debout.

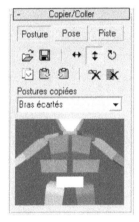

Fig.12.33

☐ Dans l'image 105, collez la posture Accroupie.

☐ Dans l'image 120, collez la posture Debout. Vous avez à présent créé tous les mouvements d'accroupissement de l'animation.

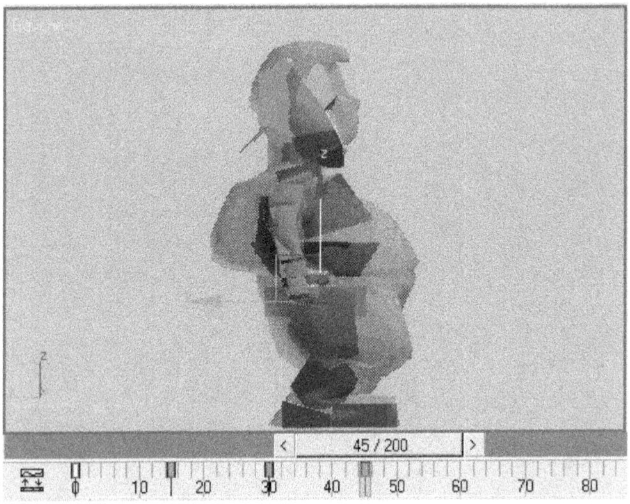

Etape 4 : Animation des bras

Les jambes étant désormais configurées pour effectuer des mouvements d'accroupissement, vous allez à présent faire pivoter les bras et verrouiller le haut du corps. Tom doit avoir les bras tendus devant lui lorsqu'il s'accroupit, puis les écarter lorsqu'il se lève. Vous allez également définir deux clés pour verrouiller le haut du corps de façon à ce que Tom continue de regarder devant lui.

Fig.12.34

☐ Appuyez sur la touche **H** et sélectionnez l'entrée **Bip01 G Membre supérieur du bras** dans la liste qui s'affiche, puis cliquez sur le bouton **Sélectionner**.

☐ Dans le panneau déroulant **Sélection de piste**, cliquez sur le bouton **Symétrique** pour sélectionner le bras opposé.

☐ Placez la glissière temps sur l'image 0.

☐ Dans le panneau déroulant **Infos sur les clés**, cliquez sur **Définir clé**. Ceci a pour effet de définir une clé pour les bras écartés.

☐ Dans le panneau déroulant **Copier/Coller**, cliquez sur **Copier posture**. Nommez la posture **Bras écartés** (fig.12.34).

☐ Placez la glissière temps sur l'image 15.

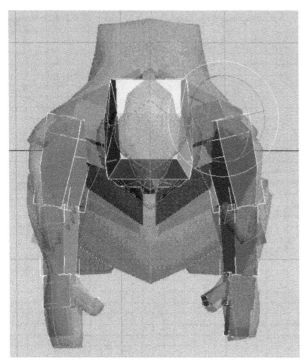

Fig.12.35

[7] Dans la fenêtre **Dessus**, faites pivoter les bras vers l'avant autour de l'axe Z. Une clé est ajoutée et les bras de Tom sont positionnés devant lui (fig.12.35).

[8] Dans le panneau déroulant **Copier/Coller**, cliquez sur **Copier posture** et nommez la posture **Bras devant**.

[9] Collez les postures copiées pour définir des clés pour les bras dans les images suivantes :

- ▸ Image 30 : bras écartés
- ▸ Image 45 : bras devant
- ▸ Image 60 : bras écartés
- ▸ Image 75 : bras devant
- ▸ Image 90 : bras écartés
- ▸ Image 105 : bras devant
- ▸ Image 120 : bras écartés

Etape 5 : Définition des clés de rotation du corps

Lorsque vous créez des mouvements que vous êtes susceptible de mélanger ultérieurement avec d'autres mouvements, il est préférable de définir des clés pour la rotation du centre de gravité. En effet, en procédant de la sorte, le bipède continuera de regarder dans la direction désirée.

[1] Désactivez Clé auto.

[2] Après avoir positionné la glissière temps au niveau de l'image 120, cliquez sur le bouton Rotation du corps dans le panneau déroulant Sélection de piste. Ceci a pour effet de sélectionner automatiquement le bipède.

[3] Dans le panneau déroulant **Infos sur les clés**, cliquez sur **Définir clé**.

[4] Placez la glissière temps au niveau de l'image zéro, puis cliquez de nouveau sur **Définir Clé**. Vous venez de définir deux clés pour que Tom continue de regarder droit devant.

[5] Cliquez avec le bouton droit de la souris dans la fenêtre **Perspective** et cliquez sur le bouton **Jouer animation**.

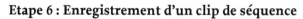

Etape 6 : Enregistrement d'un clip de séquence

Si vous jugez l'animation satisfaisante, vous pouvez l'enregistrer de façon à pouvoir réutiliser le mouvement dans le futur. Lorsque vous enregistrez un mouvement, celui-ci est enregistré dans un fichier *.bip* qui est le format natif de **character studio**.

1. Sélectionnez n'importe quelle partie du bipède. Si vous avez masqué le bipède pour générer le rendu de la scène, vous devez le rendre visible pour pouvoir le sélectionner.

2. Dans le panneau déroulant **Bipède**, cliquez sur **Enregistrer fichier**. La boîte de dialogue **Enregistrer fichier** s'affiche.

3. Indiquez le dossier dans lequel vous stockez vos fichiers de mouvements.

4. Spécifiez par exemple « accroupissements » comme nom de fichier, puis cliquez sur **Enregistrer**. Le mouvement est alors enregistré en tant que fichier BIP.

3.8. Animation du bipède à l'aide du mode Pas

Dans Biped, les pas constituent un outil de composition essentiel. Les pas sont des sous-objets associés aux bipèdes, similaires aux gizmos dans **3ds max**. Dans les fenêtres, ils ressemblent aux schémas souvent utilisés pour illustrer les pas de danse. La position et l'orientation des pas dans la scène déterminent l'endroit où le bipède posera le pied.

L'utilisation de pas convient aux animations dans lesquelles les pieds du bipède touchent le sol, par exemple, lorsqu'il marche, se tient debout, saute, court, danse ou effectue des mouvements athlétiques. Pour les mouvements où le bipède n'est pas en contact avec le sol, par exemple, lorsqu'il nage ou vole par exemple, une animation libre est plus appropriée.

La procédure est la suivante :

Etape 1 : Utilisation du mode Pas

1. Chargez le fichier BOB-PAS1.max. Ce fichier contient une scène dans laquelle le modificateur Physique a été appliqué au maillage de Bob et toutes les enveloppes ont été ajustées. Le maillage est prêt pour l'animation.

2. Appuyez sur la touche **H** et sélectionnez tous les objets commençant avec M dans la liste **Sélectionner objet**, puis cliquez sur le bouton **Sélectionner**. Pour un usage ultérieur, vous pouvez sauver la sélection sous un nom (BOB, par exemple) dans le champ **Jeux de sélections nommées** sur la barre d'outils principale.

3. Dans la fenêtre **Perspective**, cliquez avec le bouton droit de la souris sur le maillage et sélectionnez la commande Masquer la sélection dans le menu quadr. Le fait de masquer le maillage facilite la sélection du bipède et le test de l'animation, notamment lorsque le maillage est extrêmement détaillé.

Fig.12.36

4. Appuyez de nouveau sur la touche **H** et sélectionnez l'objet Bip01, c'est-à-dire le centre de gravité, dans la liste **Sélectionner objet**. Cliquez ensuite sur le bouton **Sélectionner**.

5. Ouvrez le panneau de commandes **Mouvement**.

6. Activez le mode **Pas** dans le panneau déroulant **Bipède** (fig.12.36).

7. Dans le panneau déroulant **Création de pas,** cliquez sur **Créer des pas multiples**. La boîte de dialogue **Création de pas multiples : Marche** s'affiche (fig.12.37).

8. Dans la zone **Général**, définissez le paramètre **Nombre de pas** sur **8** et cliquez sur **OK**.

9. Dans le panneau déroulant **Opérations pas**, cliquez sur **Créer des clés pour pas inactifs**. Lorsque les clés des pas sont créées, Bob change de position.

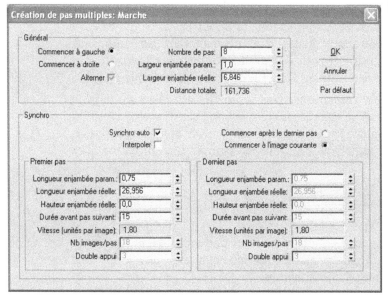

10. Cliquez avec le bouton droit de la souris dans la fenêtre **Perspective** et cliquez sur le bouton **Jouer animation**. Vous pouvez également utiliser la glissière temps pour visualiser l'animation plus minutieusement (fig.12.38). Il suffit de regarder le bipède marcher pour constater que sa démarche n'est pas tout à fait correcte. En effet, ses pieds sont trop rapprochés et ses bras sont tendus le long de son corps.

Fig.12.37

Etape 2 : Amélioration de l'animation

Pour terminer l'animation, il convient d'effectuer quelques ajustements.

1. Si aucun pas n'est visible devant Bob, procédez de la manière suivante (fig.12.39) :

▶ Dans le panneau déroulant **Bipède**, cliquez sur la barre d'expansion grise située sous les boutons. Des boutons supplémentaires apparaissent.

▶ Dans la zone **Affichage**, cliquez sur le bouton **Afficher pas et nombres**.

2. Si cela est nécessaire, effectuez un zoom arrière dans la fenêtre **Perspective** afin de voir tous les pas. Sélectionnez tous les pas à l'aide d'un rectangle de sélection. N'oubliez pas d'inclure les deux pas qui figurent sous les pieds du bipède. Les pas deviennent blancs lorsqu'ils sont sélectionnés.

3. Dans le panneau déroulant **Opérations** pas, désactivez l'option **Longueur** et définissez le paramètre Echelle sur **1,5**. La posture du bipède s'agrandit pour ressembler davantage à celle du mode Personnage. Cependant, la posture étant désormais plus large, les mains vont traverser les jambes lorsque le maillage sera affiché. Vous allez maintenant rectifier cela.

Fig.12.38

4. Dans le panneau déroulant **Bipède**, désactivez le mode **Pas**.

5. Appuyez sur la touche **H** et sélectionnez l'objet **Biped L Upperarm** dans la liste qui s'affiche.

6. Dans le panneau déroulant **Sélection de piste**, cliquez sur le bouton **Symétrique**. Notez les clés qui apparaissent dans la zone d'affichage du temps. Faites pivoter les bras au niveau de chaque clé.

7. Activez le mode **Clé auto** et la bascule **Mode clé**, puis cliquez sur la flèche dirigée vers la droite dans la glissière temps. La glissière temps se positionne au niveau de l'image 30.

8. Dans la barre d'outils principale, cliquez sur le bouton **Rotation**. Puis effectuez un clic droit

9. Dans la zone d'affichage des coordonnées, entrez -7 dans le champ Y. Une rotation est appliquée aux bras de façon à les écarter du corps (fig.12.40).

10. Cliquez de nouveau sur la flèche dirigée vers la droite dans la glissière temps pour passer à la clé suivante et appliquez à cette clé la même rotation que pour la clé précédente. Procédez de la sorte pour toutes les clés.

Fig.12.39

11. Désactivez le mode **Clé auto** pour mettre fin au processus d'animation.

12. Jouez l'animation.

13. Enregistrez le mouvement des pas dans un fichier BIP, afin de pouvoir la réutiliser dans d'autres scènes. Entrez **Marche** comme nom de fichier.

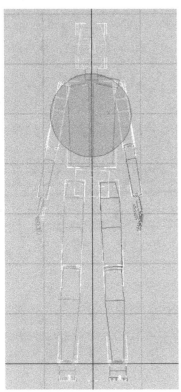

Fig.12.40

Etape 3 : Préparation pour l'affichage et le rendu

1. Appuyez sur la touche **H** et cliquez sur le bouton **Tout**, puis cliquez sur **Sélectionner**. Pour un usage ultérieur, vous pouvez sauver la sélection sous un nom (BOB2, par exemple) dans le champ **Jeux de sélections nommées** sur la barre d'outils principale.

2. Cliquez avec le bouton droit de la souris sur le bipède et sélectionnez la commande **Masquer la sélection** dans le menu Quadr. Le bipède est à présent masqué.

3. Dans le champ **Jeux de sélections nommées** sur la barre d'outils principale sélectionnez BOB (jeu de sélection créé à l'étape 1).

4. Un message apparaît : « Ce jeu contient des objets masqués et/ou gelés. Voulez-vous afficher ou dégeler ces objets ? ». Répondez Oui. Le maillage de BOB est à présent visible.

5. Cliquez avec le bouton droit de la souris dans la fenêtre **Perspective** et cliquez sur le bouton **Jouer animation**.

6. Enregistrez la scène (fig.12.41).

Fig.12.41

3.9. Réutilisation d'une animation en mode Pas

Lors de la création de l'animation de BOB nous avons sauvegardé le mouvement des pas dans un fichier BIP. Il est à présent possible de réutiliser ce mouvement en l'appliquant à un autre personnage. La procédure est la suivante :

1. Ouvrez le fichier Tom-d.max Il comprend le maillage d'un personnage lié au bipède et est prêt à être animé en mode Pas.

2. Appuyez sur la touche **H** et sélectionnez l'objet Bip01, puis cliquez sur **Sélectionner.**

3. **Dans la section Bipède,** activez le mode **Pas et** cliquez sur le bouton **Charger fichier.**

4. Dans la boîte de dialogue **Ouvrir,** sélectionnez le fichier **Marche,** créé précédemment.

5. Une animation de Pas est à présent attaché au bipède (fig.12.42).

Fig.12.42

6. Cliquez sur le bouton Jouer animation. Le personnage est à présent animé.

7. Effectuez éventuellement les mêmes modifications que celles de l'étape 2 de l'exercice précédent pour améliorer l'animation.

8. Sauvegardez l'animation.

3.10. Utilisations des courbes Euler pour l'animation de bipède

1. Créez un bipède.

2. Sélectionnez l'ensemble du bipède et activez l'onglet Mouvement.

3. Dans la section Quaternion/Euler, cochez le champ Euler. Tous les éléments suivent à présent des courbes d'Euler lors de leur animation.

4. Sélectionnez le centre du bipède (objet Bip01).

5. Activez l'enregistrement de l'animation en cliquant sur Clé Auto.

6. Activez la fenêtre Gauche.

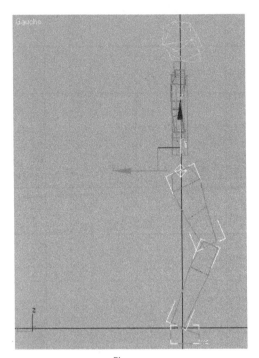

Fig.12.43

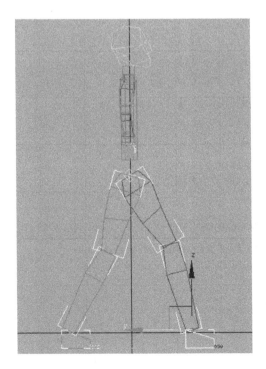

Fig.12.44

7 Avancez jusqu'à la position 20 et déplacez le bipède vers la droite.

8 Revenez à la position 0 et replacez le bipède à gauche.

9 Sélectionnez le pied de couleur verte et, dans la section Infos sur les clés, cliquez sur Définir clé fixe.

10 Effectuez la même procédure pour le pied de couleur bleue.

11 En position 0, sélectionnez le centre de gravité et descendez le bipède en activant l'option Verticale Corps située dans la section Sélection de piste (fig.12.43).

12 Faites de même à l'image 20.

13 Retournez à l'image 0 et sélectionnez le pied vert et glissez le vers l'arrière.

14 Sélectionnez le pied bleu et glissez-le vers l'avant (fig.12.44).

15 En position 10, déplacez le pied vert vers le centre (fig.12.45).

16 En position 20, déplacez le pied vert vers l'avant et sur le sol.

17 Arrêtez l'enregistrement de l'animation et lancez l'animation. Le bipède se déplace naturellement de gauche à droite.

18 Sélectionnez le pied vert avec un clic droit. Sélectionnez Editeur de courbes.

19 Cliquez sur le bouton Courbes de position du bipède et affichez à gauche dans l'arborescence Transformation > Sous-anim bipède. Les trois courbes représentent les déplacements dans les directions x,y,z. Vous pouvez déplacer les points de contrôles sur la courbe et ajuster les tangentes pour rendre le déplacement plus naturel (fig.12.46).

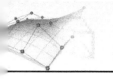

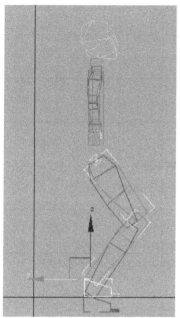

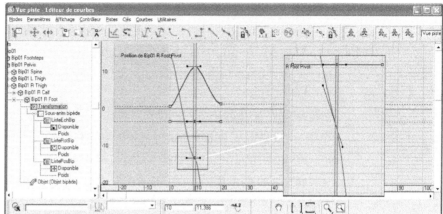

Fig.12.46

Fig.12.45

3.11. Mixage de mouvements dans le mixeur de mouvements

Le mixeur de mouvements vous permet de mélanger des fichiers de mouvements (*.bip*) pour l'animation d'un bipède. Ces fichiers de mouvements sont également appelés **clips**. Le mixeur de mouvements peut être comparé à un mixeur audio. Vous pouvez effectuer un fondu enchaîné des clips, les allonger, les superposer ou bien effectuer un mixage complet afin d'obtenir un seul clip. Le mixeur de mouvements fonctionne en plaçant des fichiers d'animation sur des pistes. Il vous permet d'effectuer les opérations suivantes :

▸ transition ou fondu entre des mouvements ;

▸ déplacement de mouvements dans le temps ;

▸ découpage d'un mouvement de façon à n'en utiliser qu'une partie ;

▸ variation de la vitesse d'un mouvement dans le temps ;

▸ utilisation de l'animation de parties de bipède sélectionnées dans un mouvement ;

▸ conservation des pieds au sol durant les transitions basées sur l'animation de pas.

Dans l'exemple qui suit, vous allez utiliser le mixeur de mouvements avec les deux fichiers d'animation de Tom. Le mixeur de mouvements va vous permettre de créer une transition harmonieuse entre la séquence d'animation ou Tom effectue ses exercices d'accroupissement et celle où il marche. La procédure est la suivante :

Etape 1 : Ouverture du mixeur de mouvements

1. Ouvrez le fichier Tom-liaison.max. Cette scène contient le personnage Tom prêt pour l'animation.
2. Sélectionnez n'importe quelle partie du bipède.
3. Ouvrez le panneau de commandes **Mouvement**.
4. Désactivez le mode **Personnage** dans le panneau déroulant **Bipède**.
5. Dans le panneau déroulant **Apps Biped**, cliquez sur le bouton **Mixeur**. La fenêtre du mixeur de mouvements apparaît (fig.12.47).

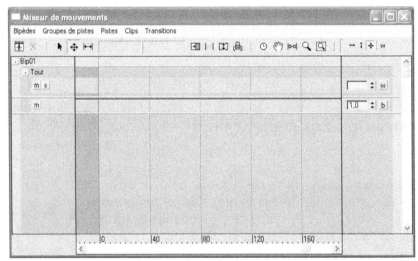

Le bipède est automatiquement affiché dans le mixeur. Un **groupe de pistes** par défaut intitulé **Tout** lui a été affecté. Ce groupe de pistes va vous permettre de disposer vos pistes, vos clips d'animation et vos transitions. Le libellé Tout indique que les mouvements placés sur les pistes seront appliqués à l'intégralité du bipède, plutôt qu'à des parties spécifiques du bipède.

Fig.12.47

L'ouverture du mixeur de mouvements a pour effet d'activer automatiquement le bouton Mode mixeur du panneau déroulant Bipède. Lorsque le mode Mixeur est activé, le bipède effectue les mouvements dans le mixeur de mouvements.

Etape 2 : Ajout de clips au mixeur

Les groupes de pistes contiennent des **pistes**, celles-ci pouvant être des pistes de couche ou des pistes de transition :

- **Couche :** piste pour une série de mouvements n'exigeant pas de transitions entre eux. Par défaut, une piste de couche est créée pour un bipède lorsque vous ouvrez le mixeur.
- **Transition :** piste d'une hauteur supérieure contenant assez d'espace pour deux rangées de clips. Vous pouvez placer un fichier de mouvement dans la partie supérieure et un autre dans la partie inférieure, puis placer une transition dans la zone où les deux clips se chevauchent.

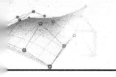

Sur chaque piste, vous pouvez ajouter des **clips** et des **transitions**. Le résultat obtenu est appelé un **mixage**. Dans l'exemple qui suit, vous allez placer deux clips dans le groupe de pistes, puis insérer une transition entre ces deux clips.

1. Cliquez sur la première piste du groupe de pistes **Tout** pour la sélectionner. La piste devient gris clair lorsqu'elle est sélectionnée. Par défaut, la première piste est une piste de couche. Or ce type de piste est conçu pour recevoir uniquement des clips sans pouvoir insérer de transition entre eux. Dans la mesure où vous voulez créer une transition entre vos deux clips, vous allez devoir utiliser une piste de transition.

2. Dans la barre de menus du mixeur de mouvements, ouvrez le menu **Pistes** et sélectionnez **Convertir en piste transition**. La piste est transformée en piste de transition et est plus grande que la piste d'origine dans la mesure où elle contient suffisamment d'espace pour recevoir deux pistes et une transition.

Fig.12.48

3. Dans le menu **Pistes**, sélectionnez **Clips** puis **A partir de fichiers** (fig.12.48). La boîte de dialogue **Ouvrir** apparaît.

4. Sélectionnez le fichier accroupissements.bip créé précédemment. Le clip contenant les mouvements d'accroupissement est ajouté à la piste (fig.12.49).

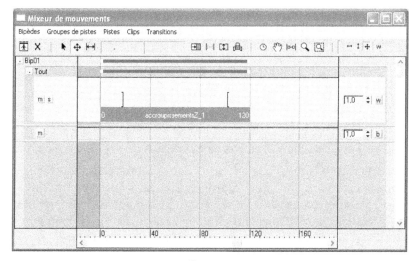

Fig.12.49

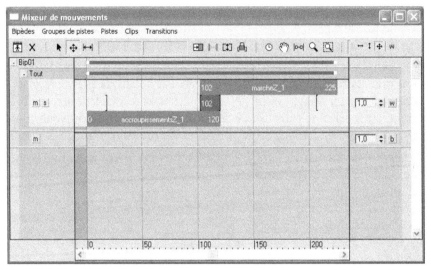

Fig.12.50

[5] Cliquez avec le bouton droit de la souris sur la piste, puis sélectionnez **Nouveaux clips** puis **A partir de fichiers** dans le menu contextuel. Sélectionnez le fichier marche.bip. Le second clip est ajouté à la piste et une transition est automatiquement créée entre les deux clips. La transition apparaît dans une couleur plus sombre que celle du clip, répartie sur la durée de la transition entre les deux clips (fig.12.50).

[6] Dans la barre d'outils du mixeur de mouvements, cliquez sur **Cadrer** de façon à voir l'intégralité du mixage dans la zone d'affichage.

[7] Dans la barre d'outils du mixeur de mouvements, cliquez sur **Définir intervalle**. Cette fonction définit automatiquement la longueur de l'animation sur le nombre d'images requis pour le mixage. Dans cet exemple, la longueur de l'animation correspond à 225 images.

Etape 3 : Lecture du mixage

Vous venez de créer un mixage de base constitué de deux clips et d'une transition. Vous allez à présent jouer l'animation. La procédure est la suivante :

[1] Dans le panneau déroulant **Bipède**, activez le mode **Mixeur**, s'il n'est pas déjà activé.

[2] Dans la barre d'état de **3ds max**, cliquez sur le bouton **Jouer animation**. Visualisez l'animation dans la fenêtre ainsi que sa progression dans la fenêtre du mixeur de mouvements. Tom effectue ses exercices d'accroupissement dans le premier clip, puis se met à marcher dans le second clip (fig.12.51). Les pieds ont tendance à légèrement glisser lors de la transition, mais ce problème peut facilement être corrigé à l'aide des différentes options du mixeur de mouvements (voir plus loin dans le texte).

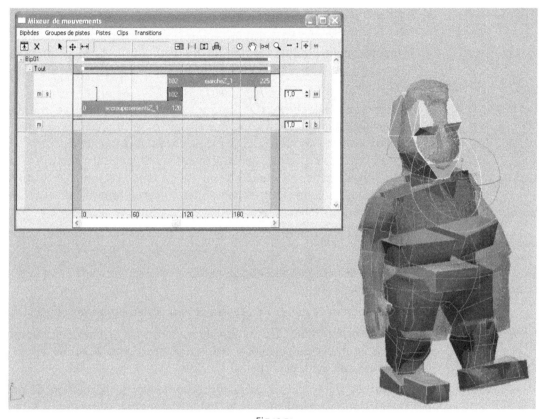

Fig.12.51

4. Le paramétrage d'un bipède

Plusieurs paramètres sont disponibles pour ajuster l'aspect d'un bipède et l'animation de celui-ci.

4.1. Modification de la structure d'un bipède

Pour modifier la structure du squelette du bipède, vous pouvez utiliser le panneau déroulant **Structure** qui est disponible directement lors de la création du bipède ou lors de modifications de celui-ci en mode **Personnage**. Il contient les paramètres suivants (fig.12.52) :

▶ **Bras :** indique si le bipède est ou non doté de bras.

▶ **Segments cou :** indique le nombre de segments du cou du bipède. Valeurs admises de 1 à 5.

▶ **Segments colonne :** indique le nombre de segments de la colonne du bipède. Valeurs admises de 1 à 5.

Fig.12.52

▶ **Segments jambe :** indique le nombre de segments d'une jambe du bipède. Valeurs admises de 3 à 4.

▶ **Segments queue :** indique le nombre de segments de la queue du bipède. Une valeur égale à 0 indique que le bipède n'a pas de queue. Valeurs admises de 0 à 5.

▶ **Segments queue de cheval 1/2 :** indique le nombre de segments d'une queue de cheval. Cette valeur est comprise entre 0 et 5. Vous pouvez animer les cheveux avec des segments de queue de cheval. Les queues de cheval sont liées à la tête d'un personnage et peuvent servir à animer d'autres appendices. Repositionnez les queues de cheval en mode Personnage et utilisez-les pour animer les mâchoires, les oreilles, le nez ou tout ce qui peut bouger avec la tête d'un personnage.

▶ **Doigts :** indique le nombre de doigts du bipède. Cette valeur est comprise entre 0 et 5.

▶ **Segments des doigts :** indique le nombre de segments par doigt. Valeurs admises de 1 à 3.

▶ **Orteils :** indique le nombre d'orteils par pied. Valeurs admises de 1 à 5.

▶ **Segments orteil :** indique le nombre de segments par orteil. Valeurs admises de 1 à 3. Si un personnage porte des chaussures, il vous suffit de définir un seul orteil avec un seul segment.

▶ **Accessoires 1/2/3 :** active jusqu'à 3 accessoires, qui permettent de représenter les outils ou les armes de votre bipède. Les accessoires s'affichent par défaut près des mains et du corps du bipède, mais peuvent être animés au cours de la scène comme tout autre objet.

▶ **Attache cheville :** indique la position du point d'attache des chevilles droite et gauche le long du pied correspondant. La cheville peut être placée à n'importe quel point de l'axe longitudinal passant par le centre du pied, du talon à la pointe. La valeur 0 place le point d'attache de la cheville au talon. La valeur 1 le place à la pointe du pied. Cliquez sur la flèche vers le haut pour déplacer le point d'attache de la cheville du talon vers la pointe. Valeurs admises de 0 à 1.

▶ **Hauteur :** définit la taille du bipède. Ce paramètre permet de redimensionner le bipède au maillage du personnage avant d'y appliquer Physique. Il permet également de mettre à l'échelle votre personnage une fois les paramètres Physique affectés.

▶ **Bassin triangle :** permet de créer des segments dans la région comprise entre la partie supérieure des jambes et l'objet le plus bas de la colonne lorsque Physique est appliqué. Normalement, les jambes sont liées au bassin du bipède. La région du bassin peut poser problème lorsque le maillage est déformé avec Physique. Ce paramètre crée une spline plus naturelle pour la déformation du maillage.

- **Torsions** : active les torsions de liens pour les membres du bipède. Quand cette option est activée, les poses de torsion deviennent visibles mais restent gelées. Vous pouvez y remédier grâce aux options Dégeler par nom et Dégeler par sélection du panneau Geler.

- **Bras** : définit le nombre de torsions de liens dans les bras. Valeur par défaut = 0 ; intervalle = 0 à 10.

- **Avant-bras** : définit le nombre de torsions de liens dans les avant-bras. Valeur par défaut = 0 ; intervalle = 0 à 10.

- **Cuisse** : définit le nombre de torsions de liens dans les cuisses. Valeur par défaut = 0 ; intervalle = 0 à 10.

- **Mollet** : définit le nombre de torsions de liens dans les mollets. Valeur par défaut = 0 ; intervalle = 0 à 10.

- **Lien cheval** : définit le nombre de torsions de liens dans le lien cheval. Valeur par défaut = 0 ; intervalle = 0 à 10. Vous devez définir 4 segments de jambes pour activer l'option Lien cheval.

- **Zone Type de corps** : permet de sélectionner le type de corps du bipède (squelette, classique, homme, femme).

Lorsque le mode Personnage est actif, vous pouvez modifier la structure du bipède et l'associer à un maillage de personnage (fig.12.53). Il peut également être utilisé pour de nombreuses autres procédures. Vous pouvez ainsi l'utiliser dans les cas suivants :

- Utilisez le mode Personnage pour adapter le bipède au maillage représentant votre personnage. Cette position de « référence », où le bipède est aligné sur le maillage, est nécessaire lorsqu'un maillage est lié ou attaché au bipède avec Physique. Après avoir positionné le bipède dans le maillage, conservez le mode Personnage activé lorsque vous attachez un maillage au bipède à l'aide du modificateur Physique ou lorsque vous liez les objets de maillage d'un personnage à un bipède à l'aide de la commande Sélection et liaison de la barre d'outils de 3ds max.

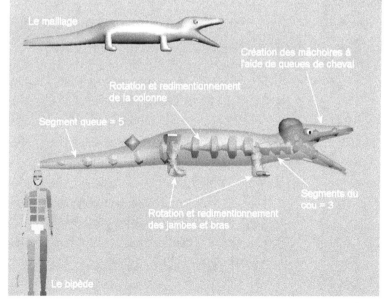

Fig.12.53

- Après avoir utilisé Physique pour attacher un maillage de personnage au bipède, vous pouvez avoir besoin de repositionner un membre par rapport au maillage. Par exemple, si l'articulation de l'épaule du bipède est trop éloignée du maillage d'épaule, désactivez le modificateur Physique et ajustez la position des membres. Réinitialisez Physique avant de réactiver le modificateur Physique.

- Vous pouvez également activer le mode Personnage pour ajuster le bipède après lui avoir associé ou lié un personnage. Après avoir chargé un fichier de mouvement *.bip*, par exemple, vous trouverez peut-être que le personnage est trop voûté pendant toute l'animation. Faites pivoter les objets de la colonne du bipède en mode Personnage pour corriger la position du personnage pendant l'intégralité de l'animation. Cette procédure est simple. Faites simplement pivoter les membres du bipède en mode Personnage, puis quittez ce mode. La position sera corrigée pour toute l'animation.

- Le mode Personnage permet de définir la structure du bipède. Le panneau déroulant Structure s'affiche lorsque vous travaillez en mode Personnage, ce qui vous permet d'adapter le bipède au personnage maillé. Après avoir créé un bipède, modifiez sa structure dans le panneau déroulant Structure. Par exemple, vous pouvez définir un orteil à un seul segment si votre personnage porte des chaussures ou s'il n'est pas nécessaire de créer des images clés séparées pour chaque orteil. Définissez la structure du bipède avant d'ajuster le bipède au maillage du personnage.

- Activez le mode Personnage pour modifier l'échelle du personnage. Dans ce cas, utilisez le bouton Hauteur dans le panneau déroulant Structure pour modifier l'échelle d'un personnage entier (bipède et maillage attaché à l'aide de Physique).

4.2. Création et modification du pas d'un bipède

Lorsque le mode Pas est actif, vous pouvez créer et modifier des pas pour générer une séquence de marche, de course ou de saut. Vous pouvez sélectionner des pas et les modifier dans l'espace et ajouter des pas en définissant les paramètres appropriés en mode Pas. Le mode Pas est activé à partir du panneau Mouvement. Les procédures sont les suivantes :

Pour créer des pas multiples :

1. Dans le panneau déroulant **Bipède**, cliquez sur **Mode pas**.Vous êtes désormais en mode Pas et pouvez ainsi créer, activer ou modifier des pas.

2. Dans le panneau déroulant **Création de pas**, choisissez l'allure que vous souhaitez créer, à savoir **Marche**, **Course** ou **Saut**.

3. Cliquez sur **Créer des pas multiples**. La boîte de dialogue **Création de pas multiples** s'affiche pour l'allure choisie.

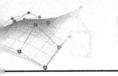

④ Définissez les paramètres de pas multiples. Les cas suivants peuvent se rencontrer :

▸ Pour faire monter et descendre les escaliers au bipède : dans la zone **Premier pas**, affectez à l'option **Hauteur enjambée réelle** une valeur différente de o. Toute valeur positive oblige le bipède à monter, tandis que les valeurs négatives le font descendre.

▸ Pour faire marcher le bipède sur place : dans la zone **Premier pas**, affectez à **Longueur enjambée param**. la valeur zéro.

▸ Pour faire marcher le bipède en arrière : dans la zone **Premier pas**, affectez à **Longueur enjambée param**. une valeur inférieure à zéro. La valeur absolue de **Longueur enjambée param**. reste la longueur de l'enjambée.

▸ Pour faire accélérer le bipède en cours de marche : dans la zone **Synchronisation**, cliquez sur **Interpoler**. Les options de la zone **Dernier pas** sont activées. Dans la zone **Dernier pas**, définissez le paramètre **Durée avant pas suivant** sur une valeur inférieure à celle du paramètre **Durée avant pas suivant** de la zone **Premier pas**. Vous pouvez ajuster les valeurs dans l'une des deux zones ou dans les deux. Ce qui importe est d'attribuer à **Dernier pas** une durée inférieure à celle de **Premier pas**.

⑤ Cliquez sur OK.

⑥ Dans le panneau déroulant **Opérations pas**, cliquez sur **Créer des clés pour pas inactifs** pour activer les pas.

Pour créer manuellement des pas en commençant par l'image courante :

① Dans le panneau déroulant **Création de pas**, cliquez sur **Marche**, **Course** ou **Saut** et définissez les paramètres correspondants.

② Cliquez sur **Créer des pas** (à l'image courante).

③ Cliquez dans une fenêtre pour créer un pas. Cliquez à nouveau pour créer d'autres pas.

④ Dans le panneau déroulant **Opérations pas**, cliquez sur **Créer des clés pour pas inactifs**.

⑤ Jouez l'animation.

Ajout de pas aux pas existants :

① Dans le panneau déroulant **Création de pas**, cliquez sur **Créer des pas multiples** (ajout).

② Cliquez dans une fenêtre pour créer un pas. Cliquez à nouveau pour créer d'autres pas.

Par défaut, les pas droits et gauches sont alternés. Cliquez une première fois pour créer un pas à droite, puis cliquez à nouveau pour créer un pas à gauche et ainsi de suite. Consultez la ligne d'invite et le curseur pour connaître le type de pas qui sera créé ensuite.

Le panneau déroulant Création de pas contient les options suivantes (fig.12.54) :

▸ **Créer des pas (ajout) :** permet d'activer la création de pas. Vous pouvez ensuite placer les pas manuellement en cliquant dans l'une des fenêtres. Cliquez sur le pas et déplacez-le en maintenant le bouton de la souris enfoncé. Relâchez le bouton de la souris une fois le pas repositionné. Chaque nouveau pas est ajouté à la fin de la séquence de pas du bipède. Créer des pas fait automatiquement alterner les

Fig.12.54

pas droits et gauches. Appuyez sur Q pour alterner entre un pas droit et un pas gauche.Les pas droits nouvellement créés sont vert vif et les pas gauches bleu vif. Une fois les pas activés, leur couleur s'éclaircit.

▸ **Créer des pas (à l'image courante) :** crée de nouveaux pas et les insère au niveau de l'image courante. Créer des pas fait automatiquement alterner les pas droits et gauches.

▸ **Créer des pas multiples :** crée automatiquement une séquence de marche, de course ou de saut. Sélectionnez l'allure requise avant de cliquer sur cette option. Affiche la boîte de dialogue Création de pas multiples. Cette boîte de dialogue varie légèrement selon l'allure choisie (marche, course ou saut).

▸ **Marche :** définit la marche comme allure du bipède. Tous les pas ajoutés auront les caractéristiques de la marche jusqu'à ce que vous changiez d'allure (course ou saut). Chaque nouveau pas commencera avant la fin du pas précédent situé de l'autre côté.

▸ **Course :** définit la course comme allure du bipède. Tous les pas ajoutés auront les caractéristiques de la course jusqu'à ce que vous changiez d'allure (marche ou saut). Chaque nouveau pas commencera après la fin du pas précédent situé de l'autre côté.

▸ **Saut :** définit le saut comme allure du bipède. Tous les pas ajoutés auront les caractéristiques du saut jusqu'à ce que vous changiez d'allure (marche ou course). Chaque nouveau pas commencera en même temps que le dernier pas situé de l'autre côté, ou bien après la fin du pas précédent.

▸ **Paramètres de synchronisation** : utilisez ces paramètres avec Créer des pas (ajout) et Créer des pas (à l'image courante) pour appliquer une synchronisation aux pas nouvellement créés. Ces paramètres et leurs valeurs diffèrent selon l'allure choisie.

  ▪ **Nb images/pas :** pour la marche, indique le nombre d'images pendant lesquelles un pied reste au sol.

  ▪ **Double appui :** (marche seulement) indique le nombre d'images pendant lesquelles les deux pieds sont simultanément sur le sol.

  ▪ **Nb images/pas :** pour la course, indique le nombre d'images pendant lesquelles un pied restera au sol.

- **En suspension :** (course et saut seulement) indique le nombre d'images pendant lesquelles le corps est suspendu dans les airs.

- **2 pieds au sol :** (saut seulement) indique le nombre d'images pendant lesquelles les deux pieds sont simultanément sur le sol.

Fig.12.55

Après avoir créé des pas dans le panneau déroulant **Création de pas**, accédez au panneau **Opérations pas** pour activer et désactiver des pas et pour ajuster la trajectoire. Les options sont les suivantes (fig.12.55) :

▸ **Créer des clés pour pas inactifs :** active tous les pas inactifs. L'activation crée des clés par défaut pour les pas qui n'en ont pas encore. Lorsqu'un pas n'a pas de clés, il s'affiche en vert vif (pied droit) ou bleu vif (pied gauche). Lorsque vous avez créé des clés pour les pas, ils s'affichent respectivement en vert pastel et bleu pastel.

▸ **Désactiver les pas :** supprime les clés affectées aux pas sélectionnés, ce qui les désactive. Les pas proprement dits restent dans la scène.

▸ **Supprimer les pas :** supprime les pas sélectionnés.

▸ **Copier les pas :** copie les pas et les clés sélectionnés dans le buffer de pas. Biped copie uniquement les séquences continues de pas (2,3,4,5...). Vous ne pouvez pas copier des séquences de pas discontinues (3,4,7,8...). S'il existe des pas n'ayant pas été activés, le bouton Copier est grisé. Activez les pas au préalable, puis renouvelez l'opération. Un pas collé reste inactif jusqu'à ce qu'il chevauche un pas actif. Il s'affiche alors en rouge. Déplacez la souris vers le haut pour activer les nouveaux pas.

▸ **Coller les pas :** insère les pas dans une scène à partir du buffer de pas. Les pas sont inactifs dans la scène. Déplacez-les afin qu'ils chevauchent les pas actifs. Lorsqu'un pas devient rouge, relâchez le bouton de la souris pour que les pas collés s'activent.

▸ **Courbure :** courbe la trajectoire des pas sélectionnés. La trajectoire se courbe vers la gauche ou vers la droite lorsque vous modifiez la valeur à l'aide de la double flèche. Les pas qui suivent les pas sélectionnés se déplacent afin de garder leur emplacement par rapport aux pas repositionnés.

▸ **Echelle :** modifie la largeur ou la longueur des pas sélectionnés. Les pas sélectionnés sont redimensionnés au niveau du premier pas de la sélection. Cochez au préalable la case Largeur ou Longueur (ou les deux), puis utilisez la double-flèche pour définir le degré de changement d'échelle. S'il existe des pas n'ayant pas été activés, le champ Echelle est grisé. Activez les pas au préalable, puis renouvelez l'opération.

▸ **Longueur :** lorsque cette case est cochée, le champ Echelle modifie la longueur d'enjambée des pas sélectionnés. Les options Longueur et Largeur peuvent être actives en même temps.

▸ **Largeur :** lorsque cette case est sélectionnée, le champ Echelle modifie la largeur d'enjambée des pas sélectionnés. Les options Longueur et Largeur peuvent être actives en même temps.

4.3. Application et déformation de la peau à l'aide du module Physique

Une peau destinée à être appliqué à un bipède ou à toute autre structure squelettique via le module Physique peut correspondre à n'importe quel objet 3ds max possédant des sommets et des points de contrôle. Une peau peut en particulier être :

▶ Un maillage modifiable ou un objet poly modifiable. Il s'agit du type d'objet le plus fréquemment utilisé avec Physique. Il a généralement été obtenu par rétractation d'un objet avec modificateurs ou d'un objet composé.

▶ Un objet non rétracté avec modificateurs ou un objet composé.

▶ Une primitive géométrique paramétrique, telle qu'un cylindre.

▶ Un objet carreau.

▶ Une spline ou un texte.

▶ Un objet NURBS.

▶ Un modificateur de déformation libre, FFD (Free Form Deformation).

▶ Un objet maillé importé d'une autre application, telle qu'AutoCAD.

Lorsque vous créez une peau destinée à un personnage bipède, il est conseillé de placer les bras et les jambes de la peau dans une **pose de référence** standard. En général, pour ce faire (fig.12.56) :

▶ Ecartez légèrement les jambes en position repos.

Fig.12.56 (© Discreet)

▶ Ecartez largement les bras et placez-les à la hauteur des épaules. Les mains doivent être au même niveau que les bras, ne doivent pas se balancer, tandis que les paumes doivent être dirigées vers le bas et les doigts doivent être droits et légèrement écartés.

▶ Placez la tête de sorte qu'elle soit dirigée dans la direction appropriée lorsque vous chargerez la posture debout au repos du bipède. Si la peau et le bipède sont destinés à un personnage qui se tient bien droit, placez la tête normalement. Si le personnage est courbé vers l'avant, comme un chimpanzé, orientez la tête vers le haut pour qu'elle soit dirigée vers l'avant après que la colonne vertébrale ait été courbée.

Pour associer un maillage à une hiérarchie de structures avec Physique, la procédure est la suivante :

1. Sélectionnez une hiérarchie de structures.

2. Placez la hiérarchie de structures dans un maillage.

3. Sélectionnez le maillage.

4. Ouvrez le panneau **Modifier**. Utilisez la liste des modificateurs et sélectionnez **Physique**.

5. Dans la section **Physique**, activez l'option **Attacher à noeud**. Dans une fenêtre, sélectionnez la structure racine de la hiérarchie de structures. La boîte de dialogue **Initialisation de Physique** s'affiche.

6. Cliquez sur **Initialiser** en validant les paramètres par défaut. Les paramètres d'initialisation de Physique déterminent la manière dont les enveloppes sont créées et les fusions gérées. Vous pourrez utiliser ultérieurement les panneaux déroulants de paramétrage des segments, des intersections des articulations et des coupes transversales pour modifier globalement les paramètres par défaut.

Les options du panneau déroulant Physique sont les suivantes (fig.12.57) :

▸ **Attacher à nœud :** associe les maillages au bipède ou à une hiérarchie de structures. Il est important de placez le bipède en mode Personnage et de l'ajustez au maillage du personnage avant de cliquer sur Attacher à nœud.

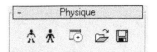

Fig.12.57

▸ **Réinitialiser :** affiche la boîte de dialogue Initialisation de Physique et rétablit les valeurs par défaut de tous les attributs Physique.

▸ **Editeur de renflements :** affiche l'éditeur de renflements, qui est l'équivalent graphique du niveau sous-objet Renflement et qui permet de créer et de modifier des angles de renflement.

▸ **Ouvrir fichier Physique (*.phy) :** charge un fichier Physique (.*phy*) enregistré qui contient les paramètres d'enveloppes, d'angles de renflement, de segments et de tendons. Tous les paramètres définis dans une session Physique peuvent être chargés dans n'importe quel autre personnage. Les options disponibles sont Paramètres de segment, Renflements, Tendons et Enveloppes.

▸ **Enregistrer fichier Physique (*.phy) :** enregistre un fichier Physique (.*phy*) qui contient les paramètres d'enveloppes, d'angles de renflement, de segments et de tendons.

4.4. Utilisation des enveloppes pour contrôler la déformation de la peau

En sélectionnant le sous-objet Enveloppe du modificateur Physique vous pouvez facilement contrôler la déformation de la peau. Les enveloppes définissent une zone d'influence autour d'un segment unique de la hiérarchie et peuvent être définies de façon à recouvrir les segments adjacents. Les sommets se trouvant dans la zone recouverte par l'enveloppe sont pondérés pour lisser les courbures aux intersections des articulations. Chaque enveloppe comporte deux limites (interne et externe), ayant chacune quatre coupes transversales (fig.12.58).

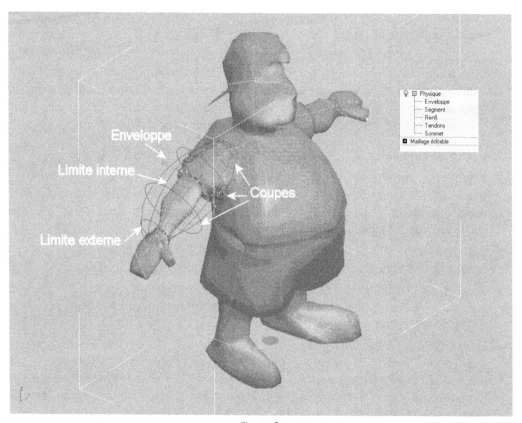

Fig.12.58

Les enveloppes sont de deux types : déformables ou rigides

▶ Les enveloppes déformables influencent les sommets qu'elles renferment pour suivre la courbe spline de déformation créée à travers la hiérarchie. Les angles de renflement ou les tendons agissent exclusivement sur les sommets recouverts par une enveloppe déformable (fig.12.59).

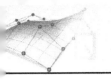

▶ Les sommets dans une enveloppe rigide sont reliés au noeud (le squelette) et ne changent pas de place par rapport au segment du squelette auquel ils sont reliés. Les sommets d'une enveloppe rigide sont toutefois déformés (mélangés) dans la zone de chevauchement d'autres enveloppes. Un paramètre de torsion dans le sous-objet Segment peut être activé dans une enveloppe rigide. Cela permet d'appliquer une torsion sur la longueur du segment d'une enveloppe rigide (fig.12.60).

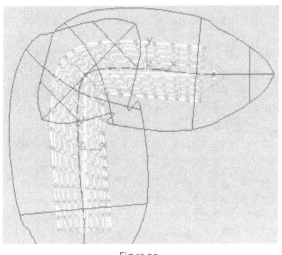

Fig.12.59

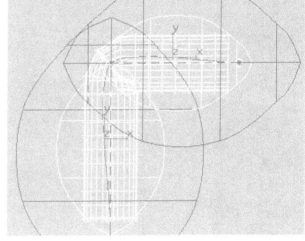

Fig.12.60

La fusion entre les enveloppes contrôle la déformation

Les commandes de fusion spécifient l'influence du chevauchement des enveloppes sur les sommets contenus dans une zone de chevauchement (fig.12.61). A partir de la forme des enveloppes adjacentes, vous pouvez contrôler l'influence de chacune d'elles sur la fusion dans la zone de chevauchement. Vous pouvez également contrôler le nombre des enveloppes qui participent à l'effet de fusion, ou décider de n'appliquer aucune fusion. Si aucune fusion n'est appliquée, un sommet se trouvant dans une zone de chevauchement sera influencé par un seul segment.

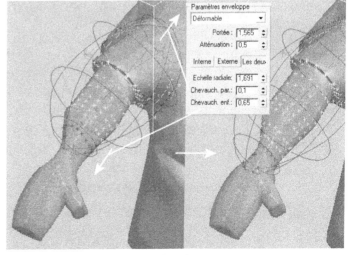

Fig.12.61

Fig.12.62

L'interface du sous-objet Enveloppe comprend les options suivantes (fig.12.62) :

Zone Niveau de sélection

▸ **Segment :** activez cette option pour sélectionner des segments (parties de la courbe spline jaune) dans les fenêtres et modifier les paramètres de leurs enveloppes. Vous pouvez sélectionner deux segments en maintenant la touche CTRL enfoncée et modifier ainsi les paramètres des enveloppes simultanément.

▸ **Coupe transv. :** activez cette option pour modifier les coupes transversales des enveloppes, modifier la forme des enveloppes et donc leur zone d'influence. Vous pouvez, par exemple, sélectionner une coupe transversale sur la limite interne ou externe d'une enveloppe puis la déplacer ou modifier son échelle. Vous pouvez utiliser l'option Echelle non uniforme sur la coupe transversale d'une enveloppe du cou de façon à ce qu'elle évite les sommets de la zone de la poitrine.

▸ **Point de contrôle :** activez cette option pour modifier les points de contrôle d'une coupe transversale. Par exemple, vous pouvez activer l'option Point de contrôle, sélectionner un point sur la coupe transversale d'une enveloppe et déplacer ce point de façon à modifier la forme de l'enveloppe et donc sa zone d'influence.

▸ **Précédent & Suivant :** cliquez sur ces options pour passer au segment suivant ou précédent, à la coupe transversale ou au point de contrôle suivant ou précédent, en fonction du niveau de sélection actif.

Zone Mélange actif

▸ **Déformable :** lorsque cette option est activée, une enveloppe déformable est utilisée pour les segments sélectionnés. Cette option est activée par défaut. Par défaut, les enveloppes déformables sont affichées en rouge.

▸ **Rigide :** lorsque cette option est activée, une enveloppe rigide est utilisée pour les segments sélectionnés. Cette option est désactivée par défaut. Par défaut, les enveloppes rigides sont affichées en vert.

▸ **Mélange partiel :** active le mélange partiel pour les segments sélectionnés.

Zone Paramètres de l'enveloppe

▸ **Liste déroulante des types d'enveloppes :** affiche le type de l'enveloppe sélectionnée. Si le segment possède à la fois une enveloppe rigide et une enveloppe déformable, vous pouvez utiliser cette liste pour spécifier quels paramètres de l'enveloppe vous voulez ajuster.

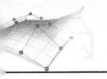

- **Force :** modifie la force d'une enveloppe. Cette valeur est comprise entre 0,0 et 100,0. Valeur par défaut = 1,0. Le paramètre Force s'applique à la fois aux limites interne et externe de l'enveloppe. Cette valeur est utilisée principalement pour les zones où les enveloppes se chevauchent, lorsque vous voulez que l'une d'entre elles ait plus d'influence.
- **Atténuation :** modifie le taux d'atténuation entre les limites interne et externe d'une enveloppe. Cette option est une fonction de Bézier. Valeurs admises = 0,0 à 1,0. Valeur par défaut = 0,1. Les sommets se trouvant à l'intérieur de la limite interne subissent une influence maximale du segment (poids = 1) tandis que ce dernier n'influence pas les sommets positionnés au-delà de la limite externe (poids = 0). L'atténuation détermine le taux auquel l'influence est atténuée (de 1,0 à 0,0).
- **Interne, Externe et Les deux** : ces options vous permettent de spécifier si les paramètres Echelle radiale, Chevauch. par. et Chevauch. enf. doivent s'appliquer à la limite interne ou externe de l'enveloppe ou aux deux. Commencez par utiliser ces options pour spécifier quelles limites vous désirez modifier, puis changez les valeurs des doubles flèches. Lorsque l'option Les deux est sélectionnée, les valeurs affichées pour les paramètres Echelle radiale, Chevauch. par et Chevauch. enf. reflètent les valeurs de la limite interne.
- **Echelle radiale :** redimensionne les limites de l'enveloppe radialement. Cette valeur est comprise entre 0,0 et 100,0. Valeur par défaut = 1,0.
- **Chevauch. par. :** l'enveloppe chevauche le segment parent dans la hiérarchie. Les valeurs vont de -1,0 à 10,0. Valeur par défaut = 0,1. Si la valeur est égale à zéro, l'extrémité de l'enveloppe tombe sur l'articulation. Si elle est inférieure à zéro, l'enveloppe est positionnée dans le segment tandis que si la valeur est supérieure à zéro, elle chevauche le segment adjacent.
- **Chevauch. enf. :** l'enveloppe chevauche le segment enfant dans la hiérarchie. Les valeurs vont de -1,0 à 10,0. Valeur par défaut = 0,1. Si la valeur est égale à zéro, l'extrémité de l'enveloppe tombe sur l'articulation. Si elle est inférieure à zéro, l'enveloppe est positionnée dans le segment tandis que si la valeur est supérieure à zéro, elle chevauche le segment adjacent.

Zone Commandes d'édition

Les options disponibles dans cette zone dépendent du niveau de sélection actif : Segments, Coupes transv. ou Points de contrôle.

- **Insérer :** insère une coupe transversale ou un point de contrôle sur une coupe transversale.
- **Supprimer :** supprime une coupe transversale ou un point de contrôle.
- **Copier :** copie une enveloppe ou une coupe transversale.

- **Coller :** colle une enveloppe ou une coupe transversale.

- **Exclure :** cliquez sur ce bouton pour afficher la boîte de dialogue Exclure les enveloppes. Vous pouvez empêcher un segment d'influencer d'autres segments. Vous pouvez ainsi empêcher le segment de la cuisse droite d'influencer le segment de la cuisse gauche. Ainsi, au lieu de redimensionner les enveloppes de l'index pour empêcher les sommets d'influencer le majeur, vous pouvez exclure les segments du majeur de l'influence des segments de l'index.

- **Symétrie :** crée une copie symétrique des enveloppes d'un segment sélectionné ou des coupes transversales sélectionnées dans une enveloppe. Après avoir utilisé l'option Symétrie, vous pouvez ajuster l'orientation en cliquant sur l'outil Rotation dans la barre d'outils principale, en activant le système de coordonnées Local, puis en faisant glisser le segment ou la coupe transversale.

Zone Affichage

- **Réaffichage interactif :** lorsque cette option est activée, Physique met à jour le maillage de manière dynamique lorsque vous ajustez les enveloppes. Lorsqu'elle est désactivée, le maillage est mis à jour uniquement lorsque vous entrez une valeur finale (c'est-à-dire lorsque vous appuyez sur la touche Entrée ou la touche de tabulation ou que vous relâchez la souris). Valeur par défaut = activé.

- **Pose initiale du squelette :** lorsque cette option est activée, le personnage maillé reprend la position qu'il avait avant l'application du modificateur Physique. Cette option est désactivée par défaut.

- **Options d'affichage :** cliquez sur ce bouton pour afficher la boîte de dialogue Options d'affichage de l'enveloppe de mélange qui vous permet de personnaliser l'affichage des enveloppes.

- **Ombré :** permet d'activer et de désactiver l'affichage ombré des poids des sommets dans les fenêtres. Cette option est désactivée par défaut.

4.5. Utilisation des renflements pour conférer des mouvements plus réalistes

Dans le cas de certaines animations, il vous suffit d'attacher la peau et de rectifier l'affectation de ses sommets pour obtenir une peau animée pouvant être utilisée dans des rendus finaux. Pour d'autres animations, il est possible que vous ayez besoin de conférer à la peau un mouvement plus réaliste, par exemple des muscles qui se gonflent. Le modificateur Physique vous permet de simuler une musculature sous-jacente à la peau en ajoutant des renflements.

La procédure de création d'un angle de renflement est la suivante :

1. Ouvrez le fichier Drx.max. Il comprend un maillage, un bipède et l'animation du bras droit.

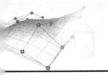
2. Déplacez la glissière temps sur l'image 50. Le bras droit est à un angle de 90 degrés.

3. Sélectionnez le maillage.

4. Dans le panneau **Modifier** du modificateur **Physique**, activez le sous-objet **Renflement**.

5. Sélectionnez le segment sur le biceps de droite (fig.12.63).

6. Dans le panneau déroulant **Renflements**, dans la zone **Param. angle de renflement**, cliquez sur **Insérer angle renflement**, puis sur **Définir angle renflement** (fig.12.64). Dans la liste **Angle de renflement courant**, la valeur correspondant à l'angle de renflement augmente. Vous venez de créer un nouvel angle de renflement à 90 degrés. Vous allez maintenant déplacer la coupe transversale du biceps vers le milieu du bras.

Fig.12.63

7. Dans la zone **Niveau de sélection** du panneau déroulant **Renflement**, cliquez sur **Coupe transv**.

8. Dans la fenêtre, déplacez la coupe transversale du biceps vers le milieu du biceps. Activez pour cela **Sélection et déplacement** dans la barre d'outils principale de **3ds max**, puis cliquez et faites glisser la coupe transversale pour la déplacer dans les fenêtres.

9. Activez **Sélection et échelle uniforme** dans la barre d'outils principale, puis redimensionnez la coupe transversale du biceps dans la fenêtre. Le maillage entourant le biceps devrait se renfler (fig.12.65). Si le maillage est peu ou pas du tout modifié, augmentez la valeur du paramètre Poids dans la zone Param. angle de renflement.

10. Faites défiler la glissière temps d'avant en arrière et examinez le bras sous différents angles. Lorsque le bras est droit, les biceps ne se renflent pas. Les biceps se renflent tandis que le bras se plie à 90 degrés (fig.12.66).

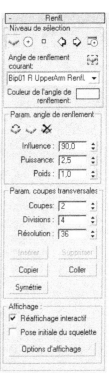

Fig.12.64

Fig.12.65

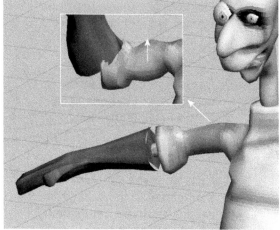

Fig.12.66

Il existe de nombreux contrôles permettant d'ajuster le renflement. Dans la zone Param. coupes transversales, vous pouvez utiliser Insérer pour ajouter davantage de coupes transversales et limiter le renflement à une certaine zone. Dans la zone Param. angle de renflement, vous pouvez utiliser le paramètre Puissance pour spécifier le moment de début du renflement. Si une valeur élevée est attribuée au paramètre Puissance, le renflement commence lorsque l'angle est proche de 90 degrés.

5. L'animation de foule avec le module Crowd

5.1. Principe

Le système **Crowd** de character studio a été conçu pour simuler le comportement qu'une foule peut avoir dans la réalité. Une simulation de foule imite des situations réelles en animant des objets assistants appelés des **représentants**. Dans les fenêtres, l'objet Représentant prend la forme d'une pyramide. Par défaut, le sommet de la pyramide indique l'avant du représentant. Les représentants ne peuvent faire l'objet d'un rendu.

Il convient ensuite d'indiquer à ces représentants de quelle manière ils doivent se comporter et le système de simulation de foule calculera leurs mouvements. Vous devez donc affecter des **comportements** aux représentants. Un comportement correspond à un type d'activité spécifique, par exemple se déplacer vers un objet de la scène, éviter des obstacles, suivre une trajectoire ou une surface, etc. Vous avez la possibilité de combiner plusieurs comportements afin de créer automatiquement une simulation de foule détaillée et complexe. Vous pouvez ensuite lier des objets aux représentants afin de compléter l'animation.

Une simulation de foule peut être utilisée pour animer des bipèdes ou contrôler l'utilisation de l'animation d'un maillage sur des objets liés à des représentants. De plus, vous pouvez utiliser des **contrôleurs cognitifs** pour indiquer aux représentants comment ils doivent se comporter dans différentes circonstances. Vous pouvez ainsi, par exemple, indiquer qu'un personnage ou un objet doit errer sans but jusqu'à une distance donnée d'un autre objet, puis se diriger vers l'objet. Vous pouvez également spécifier qu'un personnage évite un autre personnage uniquement lorsque ce dernier évite le premier.

5.2. Exemple d'animation de foule : les papillons et le lampadaire

Pour illustrer le principe, nous allons créer une scène toute simple comportant un lampadaire et 9 papillons. Le but étant que les papillons volent autour de la lampe du lampadaire sans la traverser.

Etape 1 : Création et animation du papillon

1. Dessinez le contour d'un papillon avec la fonction Ligne.
2. Extrudez la ligne avec le modificateur Extruder.
3. Effectuez un miroir du premier contour.
4. Dessinez un cylindre chanfrein pour le corps du papillon.
5. Ajoutez deux cylindres pour les antennes (fig.12.67).
6. Activez le mode animation en cliquant sur le bouton Clé auto.
7. Sélectionnez l'aile gauche, puis placez-vous en position 5
8. Effectuez une rotation de l'aile gauche.
9. Faites de même pour l'aile droite (fig.12.68).
10. Placez-vous en position 10 et animez à nouveau les ailes.

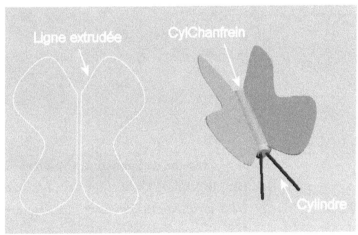

Fig.12.67

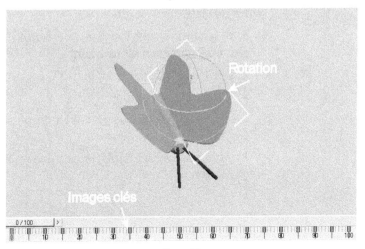

Fig.12.68

⑪ Continuez la procédure jusqu'à la position 100.

⑫ Jouez l'animation, le papillon bat des ailes.

⑬ Assembler les différentes parties du papillon sous la forme d'un groupe (Menu Groupe puis Grouper).

Etape 2 : Création de la scène

① Créez un cylindre et une sphère pour simuler un lampadaire

② Effectuez 8 copies du papillon pour en avoir 9 au total (fig.12.69).

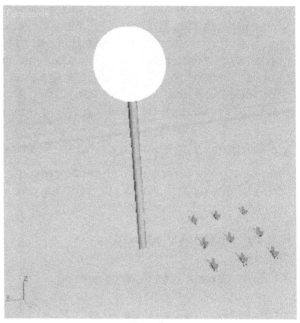

Fig.12.69

Etape 3 : Création de l'assistant Crowd et des représentants

① Dans le panneau **Créer** cliquez sur **Assistants** puis sur **Crowd**.

② Dans la fenêtre **Dessus** placez l'assistant et donnez lui une taille équivalente à la sphère.

③ Cliquez sur le bouton représentant et placez le à côté de l'assistant Crowd. Donnez-lui une taille de 90 unités.

④ Avec le représentant toujours sélectionné, modifiez les paramètres suivants dans la section **Paramètres Mouvement** :

  ▸ Décochez Contrainte au plan XY

  ▸ Vitesse moyenne : 20

⑤ Dans la vue **Dessus**, créez 8 copies du représentant et placez-les autour de la lampe (fig.12.70).

⑥ Dans la vue de **Face** déplacez certains représentants vers le haut de façon aléatoire (fig.12.71).

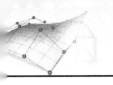
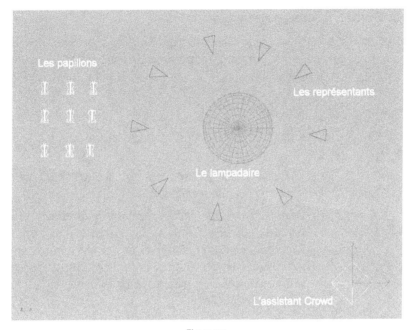

Fig.12.70

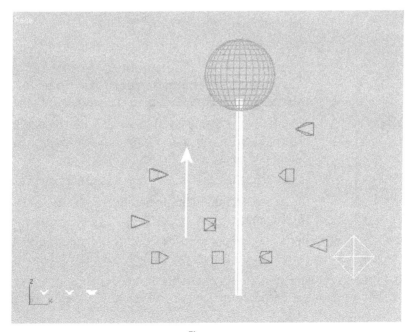

Fig.12.71

Etape 4 : Définition des comportements

Le but de cette étape est de définir le comportement des représentants. Ils doivent regarder la lampe mais éviter de pénétrer à l'intérieur de celle-ci. Ils doivent également s'éviter les uns les autres. Nous allons pour cela créer deux comportements : Rechercher et Eviter.

☐ Sélectionnez l'assistant **Crowd**.

☐ Dans le panneau **Modifier**, dans la section **Configuration**, cliquez sur **Nouveau** (fig.12.72).

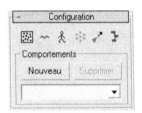

Fig.12.72

☐ Sélectionnez **Comportement Rechercher** dans la liste (fig.12.73) et cliquez sur **OK**.

☐ Dans la section **Comportement Rechercher**, cliquez sur **Aucun** et sélectionnez la sphère. Le comportement Rechercher permet d'affecter des objets comme cible fixe ou mobile des représentants. Lors de la simulation Crowd, les représentants se dirigent vers la cible en effectuant les rotations nécessaires.

☐ Dans la section **Configuration**, cliquez sur **Nouveau** et sélectionnez **Comportement Eviter** dans la liste.

☐ Dans la section comportement **Eviter**, cliquez sur le bouton **Sélection multiple**.

☐ Sélectionnez tous les représentants et la sphère

Fig.12.73

☐ Dans la section **Configuration**, cliquez sur le bouton **Attribution de comportements**. La boîte de dialogue **Attributions de comportements et équipes** s'affiche.

☐ Dans la partie **Equipes**, cliquez sur **Nouvelle équipe** puis sur **Tous** et enfin sur **OK**. Une nouvelle équipe dénommée « Equipe0 » est créée.

☐ Dans la partie gauche de l'interface, cliquez sur **Equipe0**.

☐ Dans la section **Comportements**, sélectionnez **Eviter** et **Rechercher**.

☐ Cliquez sur la barre verticale comprenant les flèches. Les comportements sont à présent assignés aux représentants (fig.12.74). Cliquez sur **OK**.

☐ Il faut à présent activer l'animation en tenant compte des comportements. Cliquez pour cela sur le bouton **Résoudre** de la section **Résoudre**. L'animation est générée image par image (fig.12.75).

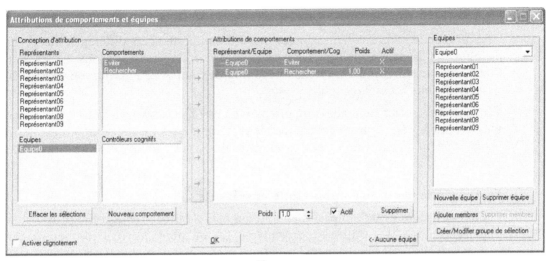

Fig.12.74

Etape 5 : Liaison des papillons aux représentants

☐1 Sélectionnez l'assistant **Crowd**.

☐2 Dans la section **Configuration**, cliquez sur le bouton **Association objet/représentant**. La boîte de dialogue correspondante s'affiche.

☐3 Dans la section **Objets**, cliquez sur **Ajouter** et sélectionnez tous les papillons.

☐4 Dans la section **Représentants**, cliquez sur **Ajouter** et sélectionnez tous les représentants.

☐5 Cliquez sur **Aligner les objets sur les représentants** et puis sur **Lier les objets aux représentants** (fig.12.76).

☐6 Masquez l'assistant Crowd et les représentants via le panneau **Afficher** et l'option **Masquer par nom**.

☐7 Jouez l'animation.

Fig.12.75

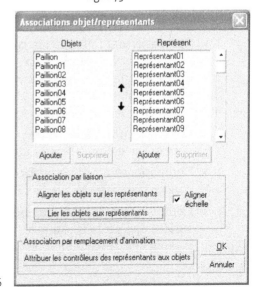

Fig.12.76

5.3. Les types de comportements

Dans le monde réel, différentes foules ont des comportements différents. Même les membres d'une même foule peuvent se conduire de différentes façons. Le système Crowd de **character studio** comprend une gamme de comportements qui vous permet de simuler diverses activités de foule.

Vous pouvez associer autant de comportements à un objet Crowd que vous le souhaitez, puis lier des représentants et des équipes de représentants à chaque comportement. Un comportement affecté à un objet Crowd est propre à cette foule ; vous ne pouvez pas l'attribuer à d'autres foules.

Les comportements disponibles sont les suivants:

▸ **Comportement Éviter** : empêche les représentants d'entrer en collision avec des objets de la scène ou avec d'autres représentants. Les membres peuvent tourner, freiner, s'arrêter, utiliser la répulsion ou les champs vectoriels ou combiner ces effets.

▸ **Comportement Orientation** : applique une orientation fixe ou un intervalle d'orientation aux représentants, afin qu'ils regardent dans une direction donnée et non vers leur destination. Vous pouvez spécifier l'orientation requise en valeur absolue ou en valeur relative par rapport à la direction à laquelle le représentant fait face actuellement.

▸ **Comportement Suivre trajectoire** : limite le mouvement à une spline ou à une courbe NURBS avec entre autres la possibilité d'appliquer un mouvement d'aller-retour.

▸ **Comportement Répulsion** : oblige les représentants à s'éloigner d'une cible.

▸ **Comportement du script** : le comportement est spécifié à l'aide d'un script MAXScript.

▸ **Comportement Rechercher** : les représentants sont dirigés vers une ou plusieurs cibles.

▸ **Comportement Déformation spatiale** : utilise toute déformation spatiale basée sur la dynamique, y compris le vent et la pesanteur, pour contrôler le mouvement. Character studio inclut également des « champs vectoriels », à savoir des déformations spatiales (variables selon les objets Crowd considérés) qui permettent aux représentants d'éviter les objets de forme irrégulière tout en suivant leur contour.

▸ **Comportement Varier vitesse** : permet aux représentants de modifier leur vitesse pour que le mouvement soit plus réaliste.

▸ **Comportement Arrivée surface** : permet aux représentants de se diriger vers une surface et d'y atterrir, avec des paramètres de vitesse et d'accélération personnalisés.

▸ **Comportement Suivre trajectoire** : les représentants se déplacent le long d'une surface, qui peut être animée. Vous pouvez également indiquer si les représentants doivent avancer tout droit ou contourner les bosses et les creux.

- ▸ **Comportement Répulsion mur** : utilise une grille pour repousser les représentants ; idéal pour conserver des objets dans une pièce fermée dont les côtés sont droits.
- ▸ **Comportement Rechercher mur** : utilise une grille pour attirer les représentants. Vous pouvez utiliser ce comportement pour représenter une entrée par laquelle les bipèdes doivent passer.
- ▸ **Comportement Flâner** : induit un mouvement réaliste semi-aléatoire, tel que des personnes faisant des courses dans un centre commercial.

5.4. Modification du comportement

Il est possible de modifier à tout moment le comportement des représentants. Par exemple dans le cas des papillons, il est possible d'arrêter ceux-ci de rechercher la sphère et de s'en éloigner dès qu'ils l'ont atteinte. Ceci peut être effectué en attribuant le comportement Répulsion à l'équipe des représentants et en l'activant à l'image appropriée, tout en désactivant simultanément le comportement Rechercher.

1. Déplacez la glissière temps d'avant en arrière pour trouver l'image dont les représentants sont proches de la sphère. Choisissez l'image 70 ou une image proche de l'image 70.

2. Déplacez la glissière temps jusqu'à l'image 0 et activez le bouton **Clé auto**.

3. Ouvrez la boîte de dialogue **Attributions de comportements** et cliquez sur **Nouveau comportement.**

4. Sélectionnez **Comportement répulsion** et attribuez le comportement **Répulsion** à l'équipe « Equipeo ».

5. Dans la liste **Attributions de comportements**, cliquez sur l'élément **Comportement répulsion** de l'équipe « Equipeo ». Les éléments correspondants du groupe **Conception d'attribution** sont mis en surbrillance et les contrôles situés au bas du groupe **Attributions de comportements** deviennent disponibles.

6. Désactivez **Actif** dans la zone **Attributions de comportements**. Le X adjacent à l'attribution dans la liste disparaît, indiquant que l'attribution est inactive. Ce paramètre peut être animé, de sorte qu'il est possible de contrôler directement les attributions actives image par image, tout au long de l'animation.

7. Déplacez la glissière temps sur l'image 70.

8. Activez l'option **Actif** pour l'attribution du comportement **Répulsion** de l'équipe « Equipeo ». Choisissez ensuite le comportement **Rechercher** de l'équipe « Equipeo » et désactivez l'option **Actif**.

9. Déplacez la glissière temps d'avant en arrière autour de l'image 70 et observez la liste **Attributions de comportements**. Le comportement **Rechercher** est désactivé dès que le comportement **Répulsion** est activé (fig.12.77).

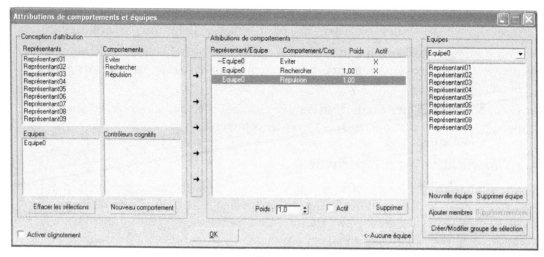

Fig.12.77

[10] Fermez la boîte de dialogue et désactivez **Clé auto**.

[11] Résolvez la simulation. A l'image 70, les représentants cessent de rechercher la boîte, tournent et commencent à s'éloigner.

CHAPITRE 13
LE RENDU ET LE BANC DE MONTAGE

1. Le calcul du rendu

Le calcul du rendu va vous permettre de visualiser l'ensemble des paramètres que vous avez définis dans votre scène. Il génère les ombres en utilisant les sources de lumière que vous avez définies, et reproduit les matériaux que vous avez appliqués, ainsi que les réglages d'environnement, tels l'arrière-plan et l'atmosphère, que vous avez choisis. Il prend en compte également l'ensemble des effets spéciaux que vous avez activés. Le rendu d'une animation est semblable au rendu d'une image fixe, sauf que vous rendez en réalité de multiples images, compilées dans un format d'animation. Pour rendre une image ou une animation, trois étapes sont nécessaires :

▶ Activez la vue que vous souhaitez utiliser pour le rendu (en général la vue caméra).

▶ Si nécessaire et c'est souvent le cas, lancez le calcul de la Radiosité.

▶ Lancez le type de rendu souhaité (rendu rapide, rendu interactif ou rendu de scène).

1.1. Les techniques de rendu

Trois techniques de rendu sont fournis avec 3ds max. Des rendus supplémentaires peuvent être disponibles sous forme de modules d'extension tiers. Les rendus suivants sont fournis avec 3ds max :

▶ **Rendu lignes de balayage par défaut** : ce rendu est actif par défaut. Il effectue le rendu de la scène sous la forme d'une série de lignes horizontales. Les options d'illumination globales disponibles pour ce rendu comportent notamment le **tracé de lumière** et la **radiosité**.

  Le rendu lignes de balayage par défaut permet également d'effectuer le rendu en textures (textures « ancrées ») ; cette fonction est particulièrement utile pour la préparation de scènes destinées à des moteurs de jeu.

▶ **Rendu mental ray** : le rendu mental ray créé par des images mental ray est également disponible. Il effectue le rendu de la scène sous la forme d'une série de « compartiments » carrés. Le rendu mental ray fournit une méthode d'illumination globale qui lui est propre ; il peut également créer des effets de réverbération.

  Dans l'éditeur de matériaux, différents **ombrages mental ray** produisent des effets que seul le rendu mental ray est en mesure d'afficher.

▶ **Rendu de fichier VUE** : le rendu de fichier VUE est un rendu spécial qui génère une description de la scène en texte ASCII. Un fichier vue peut comporter plusieurs images et spécifier des transformations, des éclairages et des changements de vue.

1.2. Les types de rendu

Outre les techniques de rendu, il est aussi possible d'activer le rendu de trois façons différentes en fonction des objectifs recherchés :

▸ **Le rendu rapide** : permet en cours de travail de vérifier le travail accompli. Ce type de rendu utilise le paramétrage par défaut et n'affiche pas la boîte de dialogue du rendu de la scène. Il existe en mode Production (pour la sortie finale) et en mode Brouillon (pour l'affichage d'aperçus rapides).

▸ **Le rendu interactif** : permet de visualiser directement l'effet des modifications apportées à l'éclairage et aux matériaux de votre scène. Lorsque vous ajustez ces derniers, la fenêtre Rendu interactif actualise le rendu de manière interactive. Ce type de rendu peut s'afficher soit dans une des fenêtres de l'écran ou dans une fenêtre flottante.

▸ **Le rendu de scène** : permet d'effectuer le rendu de la scène dans la fenêtre courante. Il affiche la boîte de dialogue Rendu scène qui vous permet de définir l'ensemble des paramètres souhaités.

Fig.13.1

Ces différentes possibilités sont disponibles à partir du menu Rendu ou des icônes de la barre d'outils principale (fig.13.1).

Pour afficher et manipuler une fenêtre Rendu interactif dans une fenêtre de l'écran, la procédure est la suivante :

1. Sélectionnez la fenêtre à transformer en fenêtre de rendu interactif.

2. Utilisez l'une des méthodes suivantes (fig.13.2) :

   a. Effectuez un clic droit sur le titre de la fenêtre, sélectionnez Vue puis **Rendu interactif**.

   b. Dans le menu déroulant **Rendu**, cliquez sur **Fenêtre Rendu interactif**.

3. Si vous avez déplacé un objet dans la scène ou modifié sa géométrie, vous pouvez actualiser la fenêtre en effectuant un clic droit dans celle-ci et en sélectionnant **Initialiser** (fig.13.3).

4. Pour effectuez un zoom dans la fenêtre, maintenez la touche CTRL enfoncée puis cliquez avec le bouton gauche ou droit de la souris, selon que vous voulez faire un zoom avant ou arrière. Dans le cas d'une souris type Intellimouse, vous pouvez également effectuer un zoom à l'aide de la roulette centrale (fig.13.4).

Pour avoir le même résultat avec une fenêtre flottante, sélectionnez **Flotteur Rendu Interactif** dans le menu **Rendu** ou cliquez sur le bouton Rendu Interactif de l'icône déroulante **Rendu rapide** sur la barre d'outils principale.

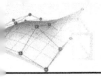

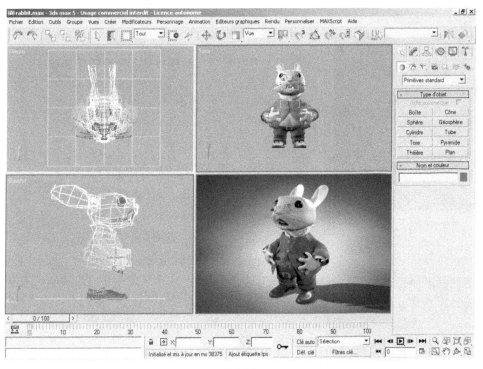

Fig.13.2

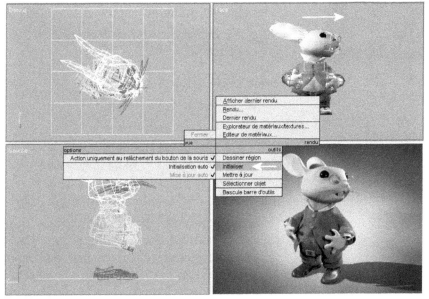

Fig.13.3

Fig.13.4

Fig.13.5

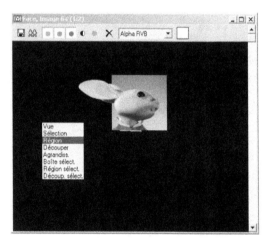

Fig.13.6

Fig.13.7

Pour effectuer le rendu d'une partie de la scène, les options suivantes sont disponibles :

Pour rendre les objets sélectionnés (fig.13.5) :

1. Choisissez l'option **Sélection** dans la liste située à droite de l'icône Rendu scène.
2. Activez la fenêtre de visualisation.
3. Sélectionnez les objets.
4. Cliquez sur un bouton de rendu.

Pour rendre une région (fig.13.6) :

1. Activez la fenêtre de visualisation.
2. Choisissez l'option **Région** dans la liste.
3. Cliquez sur **Rendu scène** ou **Rendu rapide**. Une fenêtre s'affiche dans la fenêtre de visualisation active et un bouton OK apparaît dans le coin inférieur droit de la fenêtre de visualisation.
4. Faites glisser le rectangle de sélection au centre de la fenêtre pour être en mesure de le déplacer. Déplacez les poignées du rectangle de sélection pour modifier sa taille. Pour conserver le rapport hauteur/largeur du cadre de sélection, maintenez la touche Ctrl enfoncée lorsque vous faites glisser une de ses poignées.
5. Cliquez sur OK.

Pour rendre un agrandissement (fig.13.7) :

1. Activez la fenêtre de visualisation.
2. Choisissez l'option **Agrandiss.** dans la liste.
3. Cliquez sur **Rendu scène** ou **Rendu rapide**. Une fenêtre s'affiche dans la fenêtre de visualisation active et un bouton OK apparaît dans le coin inférieur droit de la fenêtre de visualisation.
4. Faites glisser le rectangle de sélection au centre de la fenêtre pour être en mesure de le déplacer. Déplacez les poignées du rectangle de sélection pour modifier sa taille. Le cadre de sélection possède le même rapport hauteur/largeur que celui définissant la taille de sortie courante.
5. Cliquez sur OK.

1.3. Le paramétrage du rendu de scène

Le rendu de scène est l'étape ultime d'un projet. Pour paramétrer ce type de rendu, cliquez sur Rendu dans le menu déroulant Rendu, ou cliquez sur l'icône correspondante située dans la barre d'outils principale. Le rendu de scène peut être paramétré correctement à l'aide des différentes options de la boîte de dialogue **Rendu scène** qui comporte cinq onglets (fig.13.8).

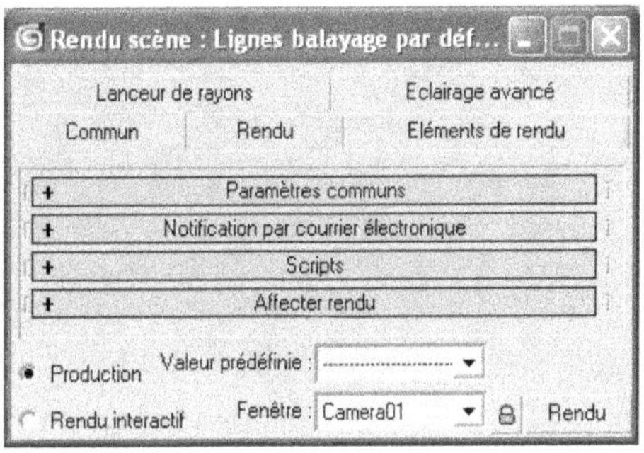

Fig.13.8

Onglet Commun – Panneau Paramètres communs

Il contient les options suivantes :

Section Sortie durée : permet de sélectionnez les images dont vous souhaitez effectuer le rendu (fig.13.9).

▸ **Unique** : seulement l'image actuelle.

▸ **Segment de temps actif** : le segment de temps actif est l'intervalle courant des images tel qu'indiqué dans la glissière temps.

▸ **Intervalle** : toutes les images comprises entre les deux numéros que vous spécifiez.

Fig.13.9

▸ **Images** : images non séquentielles séparées par des virgules (par ex. 2.5) ou intervalles d'images séparés par des tirets (par ex. 0-5).

▸ **Toutes les N images** : échantillon régulier d'images. Par exemple, entrez 8 pour effectuer un rendu à chaque huitième image. Cette option n'est disponible que pour les sorties actives et d'intervalle.

▸ **Base numéro de fichier** : indique le numéro de base du fichier à partir duquel le nom de fichier ira en augmentant. La valeur peut être comprise entre - 99999 et + 99999.

Section Taille sortie : permet de définir le format de l'image ou de l'animation rendue (fig.13.10).

▸ **Liste déroulante** : la liste déroulante Taille sortie vous permet d'effectuer votre sélection parmi les différents résolutions et rapports hauteur/largeur standard pour film et vidéo. Choisissez l'un des formats ou conservez l'option Personnalisé pour utiliser les autres options de la zone Taille sortie. Voici quelques options pouvant être choisies dans la liste : 35mm 1.33 :1 Pleine ouverture (ciné), 35mm 1.37 :1 Académie (ciné), 35mm 1.66 :1 (ciné), etc.

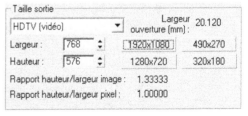

Fig.13.10

- **Largeur ouverture** : permet de spécifier la largeur d'ouverture de la caméra qui crée le rendu de sortie. Si vous modifiez cette valeur, la valeur de l'Objectif de la caméra est également modifiée.

- **Largeur et Hauteur** : permettent de définir la résolution de l'image de sortie en spécifiant la largeur et la hauteur de l'image, en pixels. Lorsque Personnalisé est sélectionné dans la liste déroulante, vous pouvez définir ces deux paramètres individuellement. Avec tout autre format, les deux paramètres sont gouvernés par le rapport hauteur/largeur spécifié et la modification de l'un affecte par conséquent l'autre. La largeur et la hauteur maximales sont de 32768 x 32768 pixels.

- **Boutons de résolution prédéfinis (1920 x 1080, 490 x 270, etc.)** : cliquez sur l'un des quatre boutons pour choisir une résolution prédéfinie. Cliquez avec le bouton droit de la souris sur un bouton pour afficher une sous-boîte de dialogue permettant de modifier la résolution spécifiée par ce bouton.

- **Rapport hauteur/largeur image** : permet de définir le rapport hauteur/largeur de l'image. Si cette valeur est modifiée, la valeur Hauteur est modifiée en conséquence de façon à conserver les dimensions adéquates pour la résolution active. Lorsque vous utilisez un format standard, plutôt que personnalisé, vous ne pouvez pas modifier le rapport hauteur/largeur et cette commande est remplacée par un texte.

- **Rapport hauteur/largeur pixel** : définit la forme des pixels en vue de l'affichage sur un autre périphérique. L'image peut paraître aplatie sur votre écran mais elle s'affichera correctement sur le moniteur composé de pixels de forme différente. Si vous utilisez un format standard, et non personnalisé, vous ne pourrez pas changer le rapport hauteur/largeur pixels et l'option sera désactivée.

Section Options : permet d'activer ou non une série d'options complémentaires (fig.13.11).

- **Atmosphérique** : affiche le rendu de tous les effets atmosphériques appliqués, par exemple le brouillard, lorsque l'option est activée.

- **Effets** : affiche le rendu de tous les effets de rendu appliqués, tels Flou, lorsque l'option est activée.

- **Déplacement** : affiche le rendu de tout mapping de déplacement.

- **Vérif. couleurs vidéo** : vérifie que la couleur de l'image de sortie est en conformité avec les couleurs standard des sorties vidéo NTSC ou PAL. S'il y a des imperfections, Max les signale ou les modifie pour atteindre des valeurs acceptables, le cas échéant. Par défaut, les couleurs incorrectes sont rendues sous forme de pixels noirs.

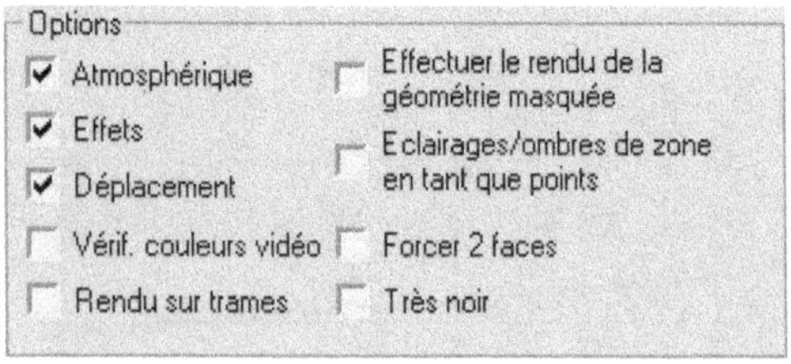

Fig.13.11

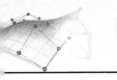

- **Rendu sur trames** : effectue le rendu dans des champs vidéo au lieu d'images lorsque vous créez des animations pour vidéo.

- **Effectuer le rendu de la géométrie masquée** : effectue le rendu de tous les objets contenus dans la scène, même s'ils sont cachés.

- **Eclairages/ombres de zone en tant que points** : effectue le rendu de tous les éclairages ou ombres comme s'ils étaient émis à partir d'objets point, ce qui réduit le temps de rendu. Cette option est utile pour les rendus brouillon.

- **Forcer 2 faces** : force le système de rendu à rendre les deux côtés d'une face sans tenir compte de la normale. En principe, vous laisserez cette option désactivée pour accélérer le temps de rendu. Il est utile d'activer cette option quand vous importez des formes géométriques complexes dans lesquelles les normales des faces ne sont pas correctement unifiées (exemple : les fichiers AutoCAD).

- **Très noir** : limite la noirceur du rendu des formes géométriques pour la composition vidéo. Laissez cette option désactivée à moins que vous ne soyez certain d'en avoir besoin.

Section Eclairage avancé : permet de tenir compte des techniques de Radiosité ou de Traceur de lumière, lors du calcul de rendu (fig.13.12).

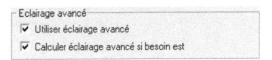

Fig.13.12

- **Utiliser éclairage avancé** : lorsque cette option est activée, le logiciel prend en compte la solution de radiosité ou de traçage de lumière dans le rendu.

- **Calcul éclairage avancé si besoin est** : lorsque cette option est activée le logiciel calcule la solution de radiosité uniquement en cas de besoin. Par exemple, lors d'une animation le déplacement d'un objet de couleur vive peut avoir un impact sur un autre objet de couleur claire. Dans ce cas l'éclairage doit être recalculé.

Section Sortie rendu : permet de définir la destination du rendu, un fichier ou un périphérique (fig.13.13).

- **Enregistrer fichier** : enregistre le rendu d'image ou d'animation sur disque. Le rendu peut être une image fixe (tga, jpeg, png...) ou une animation (avi, mov).

Fig.13.13

Placer les listes de fichiers image dans les fichiers de sortie : permet de créer un fichier de séquence d'images et l'enregistrer dans le même répertoire que le rendu. Cette option est désactivée par défaut.

3ds max crée un fichier IMSQ (ou un fichier IFL) par élément de rendu. Les fichiers sont créés lorsque vous cliquez sur Rendu ou Créer maintenant. Ils sont générés avant le rendu réel.

▸ **Créer maintenant** : permet de créer le fichier de séquence d'images manuellement. Il faut d'abord sélectionner un fichier de sortie pour le rendu lui-même.

▸ **Fichier Autodesk ME Image Sequence (.imsq)** : cette option (par défaut) crée un fichier Image Sequence (IMSQ). Le format Autodesk ME Image Sequence (IMSQ) est un fichier XML utilisé pour les produits Cleaner et Toxik d'Autodesk

▸ **Liste héritée 3ds Max Image File List (.ifl)** : cette option crée un fichier Image File List (IFL) du même type que celui créé par les versions de 3ds max antérieures à la version 8. Un fichier IFL (Image File List) est un fichier ASCII qui crée une animation en répertoriant des fichiers bitmap à image unique à utiliser pour chaque image rendue.

▸ **Périph** : envoie la sortie du rendu vers un périphérique, un magnétoscope par exemple.

▸ **Fenêtre image rendu** : affiche la sortie de rendu dans la fenêtre image rendu.

▸ **Rendu réseau** : active le rendu réseau. Si cette case est cochée, lors d'un rendu, vous verrez apparaître la boîte de dialogue Affectation de travail, décrite dans la rubrique Affecter travaux en réseau.

▸ **Ignorer images existantes** : lorsque cette case est cochée, les images d'une séquence ayant déjà été rendues sont sautées lors de l'opération de rendu.

Onglet Commun – Panneau déroulant Notification par courrier électronique

Ce panneau comprend les options suivantes (fig.13.14) :

▸ **Activer les notifications** : lorsque cette option est activée, l'outil de rendu émet une notification par courrier électronique lorsque certains événements se produisent. Cette option est désactivée par défaut.

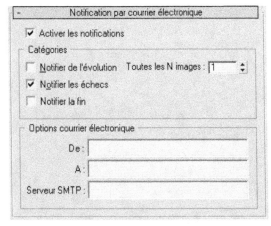

Fig.13.14

Section Catégories

▸ **Notifier de l'évolution** : envoie des courriers électroniques indiquant la progression de l'opération de rendu. Un courrier électronique est transmis chaque fois que l'opération de rendu s'achève pour le nombre d'images spécifié dans la zone Toutes les N images. Cette option est désactivée par défaut.

▸ **Toutes les N images** : nombre d'images utilisé par l'option Notifier évolution. Valeur par défaut = 1.

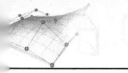

- ▸ **Notifier les échecs** : envoie une notification par courrier électronique lorsqu'un incident empêche l'exécution du rendu uniquement. Cette option est activée par défaut.

- ▸ **Notifier la fin** : envoie une notification par courrier électronique à la fin d'un travail de rendu. Cette option est désactivée par défaut.

Section Options courrier électronique

- ▸ **De** : entrez l'adresse électronique de la personne exécutant le travail de rendu.

- ▸ **A** : entrez l'adresse électronique de la personne à informer au sujet de l'état du travail de rendu.

- ▸ **Serveur SMTP** : entrez l'adresse IP numérique du système utilisé en tant que serveur de messagerie.

Onglet Commun – Panneau Scripts (fig.13.15)

Le panneau déroulant Scripts permet de spécifier des scripts à exécuter avant ou après le rendu. Ces scripts peuvent être des types suivants :

- ▸ Fichier MAXScript (MS)

- ▸ Script macro (MCR)

- ▸ Fichier en différé (BAT)

- ▸ Fichier exécutable (EXE)

Fig.13.15

Section Pré-rendu : spécifie un script à exécuter avant le rendu.

- ▸ **Activer :** permet d'activer le script.

- ▸ **Exécuter maintenant :** permet d'exécuter le script manuellement.

- ▸ **Champ du nom du fichier :** lorsqu'un script est sélectionné, ce champ affiche son chemin d'accès et son nom (champ modifiable).

- ▸ **Fichier :** permet d'ouvrir une boîte de dialogue dans laquelle sélectionner le script de pré-rendu à exécuter.

- ▸ **Supprimer fichier :** permet de supprimer le script.

Exécuter localement (ignoré par le rendu réseau) : permet d'exécuter le script localement. Si vous utilisez un rendu réseau, le script est ignoré. Cette option est désactivée par défaut.

Section post-rendu : spécifie un script à exécuter après le rendu.

- ▸ **Activer :** permet d'activer le script.

- ▸ **Exécuter maintenant :** permet d'exécuter le script manuellement.

- ▸ **Champ du nom du fichier :** lorsqu'un script est sélectionné, ce champ affiche son chemin d'accès et son nom (champ modifiable).

- **Fichier :** permet d'ouvrir une boîte de dialogue dans laquelle sélectionner le script de post-rendu à exécuter.

- **Supprimer fichier :** permet de supprimer le script.

Onglet Commun – Panneau déroulant Affecter Rendu (fig.13.16)

Ce panneau répertorie les rendus affectés aux catégories Production et Interactif, ainsi que les champs échantillons de l'éditeur de matériaux.

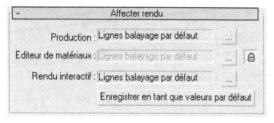

Fig.13.16

- **Production** : sélectionne le rendu à utiliser pour effectuer le rendu de sorties graphiques.

- **Editeur de matériaux** : sélectionne le rendu à utiliser pour effectuer le rendu des champs échantillons de l'éditeur de matériaux. Par défaut, le rendu des champs échantillons est le même que le rendu de production, les deux rendus étant verrouillés. Si vous souhaitez affecter un rendu différent aux champs d'échantillons, il vous suffit de désactiver le bouton de verrouillage.

- **Rendu interactif** : sélectionne le rendu interactif à utiliser pour visualiser l'effet des modifications apportées à l'éclairage et aux matériaux de votre scène. Le seul rendu interactif livré avec 3ds max est le rendu lignes de balayage par défaut.

Onglet Rendu - Panneau déroulant Lignes balayage par défaut

Ce panneau déroulant définit les paramètres du rendu lignes de balayage par défaut.

Section Options (fig.13.17)

- **Mapping** : désactivez cette case pour ignorer les informations de mapping des matériaux afin d'accélérer le rendu lors des essais.

- **Ombres** : désactivez cette case pour désélectionner le rendu des ombres projetées afin d'accélérer le rendu durant les essais.

- **Miroirs et réflexion/réfraction auto** : ignore les textures de réflexion et les textures de réfraction automatiques afin d'accélérer les rendus durant les essais.

- **Forcer filaire** : sélectionnez cette option pour que toutes les surfaces de la scène soient rendues en filaire. Vous pouvez choisir l'épaisseur du fil de fer en pixels. (Valeur par défaut = 1).

- **Activer SSE** : permet d'activer les extensions SIMD (Single Instruction, Multiple Data) pour réduire le temps de calcul.

- **Epaisseur fil de fer** : permet de définir l'épaisseur des traits quand l'option Forcer filaire est actionnée.

Section Anti-crénelage (fig.13.18)

▸ **Anti-crénelage** : l'anti-crénelage lisse les arêtes irrégulières le long des diagonales et des lignes courbes au moment du rendu. Désactivez cette option uniquement lors du rendu des images test quand la vitesse prime sur la qualité de l'image.

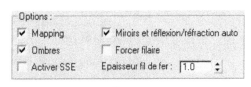

Fig.13.17

▸ **Textures filtres** : active ou désactive le filtrage des matériaux mappés. Laissez cette option activée à moins que vous effectuiez des essais et que vous vouliez gagner du temps et économiser l'espace mémoire. Sans filtrage, le bitmap utilisé dans la scène aurait des lignes et des arêtes crénelées.

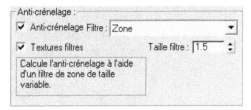

Fig.13.18

▸ **Filtre** : les filtres agissent au niveau du sous-pixel et permettent de marquer ou d'adoucir la sortie selon le filtre sélectionné. Une brève description du filtre appliqué à l'image apparaît sous la liste déroulante.

Section Super échantillonnage global (fig.13.19)

▸ **Désactiver tous les échantillonnages** : désactive tous les super échantillonnages.

Fig.13.19

▸ **Activer super échantillonnage global** : lorsque cette option est activée, elle applique le même super échantillonnage à tous les matériaux. Lorsqu'elle est désactivée, les matériaux devant utiliser les paramètres globaux sont contrôlés par les options affichées dans la boîte de dialogue de rendu. Toutes les autres options de la zone super échantillonnage global de la boîte de dialogue de rendu sont désactivées, à l'exception de Désactiver tous les échantillonnages.

▸ **Textures de super échantillonnage** : active ou désactive le super échantillonnage des matériaux mappés. Cette option est activée par défaut.

▸ **Liste déroulante Echantillonnage** : permet de choisir la méthode de super échantillonnage à appliquer. La valeur par défaut est Etoile Max 2.5.

Section Mouvement flou objet

Le mouvement flou objet applique un effet flou à l'objet en créant de multiples « segments » d'images de l'objet pour chacune des images (fig.13.20).

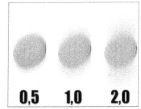

Fig.13.20

▶ **Appliquer** : active ou désactive le mouvement flou objet sur la totalité de la scène. Tous les objets affectés d'une propriété Mouvement flou seront rendus avec un mouvement flou.

▶ **Durée** : détermine le temps d'ouverture de « l'obturateur virtuel ». Quand la valeur est égale à 1.0, l'obturateur virtuel est ouvert pendant toute la durée entre une image et la suivante. Les valeurs plus longues produisent des effets plus exagérés.

▶ **Echantillons** : détermine combien de copies de subdivisions durée sont échantillonnées (maximum 32).

▶ **Subdivisions durée** : détermine combien de copies de chaque objet sont rendues au cours de la durée (maximum 32).

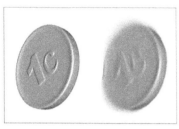

Fig.13.21

Section Mouvement flou image

Cette option donne un mouvement flou à l'objet en créant un effet de maculage plutôt que de multiples images (fig.13.21). Le mouvement flou image est appliqué une fois le rendu achevé.

▶ **Appliquer** : active ou désactive le mouvement flou objet sur la totalité de la scène. Tous les objets affectés d'une propriété Mouvement flou image seront rendus avec un mouvement flou.

▶ **Durée** : détermine le temps d'ouverture de « l'obturateur virtuel ». Quand la valeur est égale à 1.0, l'obturateur virtuel est ouvert pendant toute la durée entre une image et la suivante. Plus la valeur est élevée, plus le mouvement flou est prononcé.

▶ **Appliquer à texture d'environn.** : lorsque cette option est sélectionnée, le mouvement flou image est appliqué aux objets de la scène ainsi qu'à la texture d'environnement. L'effet est visible lorsque la caméra tourne. La texture d'environnement doit utiliser l'une des textures suivantes : Sphérique, Cylindrique ou Emballage.

▶ **Transparence** : lorsque cette option est activée, le mouvement flou objet fonctionne correctement avec des objets transparents qui se chevauchent.

Section Textures réflex./réfract. auto

▶ **Itérations rendu** : définit le nombre de réflexions inter-objet dans les textures de réflexion automatiques qui ne sont pas plates. L'augmentation de cette valeur peut parfois améliorer la qualité de l'image mais elle augmente également le temps de rendu des réflexions.

Section Limitation intervalle de couleurs

Cette option permet de gérer l'excédent de luminosité en abaissant ou en mettant à l'échelle les composants de couleurs (RVB) hors intervalle (0-1).

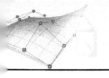

- **Clamp** : pour garder tous les composants de couleurs dans l'intervalle, l'option Clamp abaisse à 1 la valeur de toute couleur supérieure à 1 et augmente à zéro toutes les couleurs inférieures à zéro. Les valeurs comprises entre 0 et 1 ne sont pas modifiées. Les couleurs très claires ont tendance à être rendues blanches lorsque vous utilisez l'option Clamp, car les informations de teinte peuvent être perdues au cours du processus.

- **Echelle** : pour conserver les composants dans l'intervalle, l'option Echelle préserve la teinte des couleurs très claires en mettant à l'échelle les trois composants de couleur, de telle sorte que le composant maximal ait une valeur de 1.

Section Gestion de la mémoire

- **Conserver la mémoire :** lorsque cette option est activée, le rendu utilise moins de mémoire, ce qui augmente le temps nécessaire. Ceci représente une économie de mémoire de 15 à 25 pour cent. Le temps supplémentaire requis est d'environ 4 pour cent. Cette option est désactivée par défaut.

Onglet Eléments de rendu -
Panneau déroulant Eléments de rendu

Il contient les options suivantes (fig.13.22) :

- **Ajouter** : permet d'ajouter un nouvel élément, devant être rendu, à la liste. Les éléments pouvant être rendus séparément sont notamment : alpha, arrière-plan, atmosphère, etc.

- **Fusionner** : permet de fusionner les éléments de rendu d'une autre scène 3ds max. Une boîte de dialogue s'affiche pour vous permettre de sélectionner le fichier MAX dont vous voulez utiliser les éléments. La liste d'éléments de rendu du fichier sélectionné est ajoutée à la liste en cours.

- **Supprimer** : supprime les éléments sélectionnés de la liste.

- **Eléments actifs** : lorsque cette option est activée, la sélection du bouton Rendu génère le rendu d'éléments séparés. Cette option est activée par défaut.

- **Afficher éléments** : lorsque cette option est activée, chaque élément est affiché dans son propre tampon image virtuel lorsqu'il est rendu. Lorsqu'elle est désactivée, les éléments sont uniquement rendus dans des fichiers. Cette option est activée par défaut.

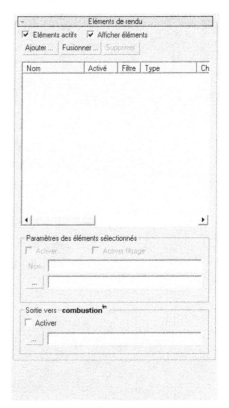

Fig.13.22

- **Liste Rendu d'éléments** : cette liste déroulante répertorie les éléments rendus séparément, ainsi que leur état.
- **Activer** : cochez cette case pour activer le rendu des éléments sélectionnés. Désactivez-la pour désactiver leur rendu. Cette option est activée par défaut.
- **Activer filtrage** : lorsque cette option est activée, le filtre d'anti-crénelage actif est appliqué à l'élément rendu. Lorsqu'elle est désactivée, l'élément rendu n'utilise pas ce filtre. Cette option est activée par défaut.
- **Nom** : affiche le nom de l'élément actuellement sélectionné. Vous pouvez entrer un nom personnalisé pour l'élément dans ce champ.
- **Fichiers** : ce champ de saisie vous permet d'entrer le chemin et le nom de fichier de l'élément. Cliquez sur le bouton Fichiers pour afficher la boîte de dialogue Fichier sortie élément rendu qui vous permet de sélectionner le dossier, le nom de fichier et le type de l'élément.
- **Sortie vers combustion** : lorsque cette option est activée, un fichier CWS (Combustion Workspace) contenant les éléments rendus est généré. Vous pouvez utiliser ce fichier dans le logiciel **Combustion**.

1.4. Le rendu vers un fichier AVI

Le format AVI (Audio Video Interleave) est le format audiovisuel Vidéo pour Windows le plus couramment utilisé pour les animations et le son sur ordinateur. Pour créer un fichier de ce type la procédure est la suivante :

1 Sélectionnez la vue à rendre.

2 Dans le menu **Rendu**, sélectionnez **Rendu**.

3 Dans la section **Sortie durée**, sélectionnez les images à animer.

4 Dans la section **Taille sortie**, sélectionnez le format de sortie. Par exemple : Personnalisé et 640 x 480.

5 Dans la section **Sortie rendu**, cliquez sur **Fichiers**.

6 Dans la boîte de dialogue **Fichier sortie rendu**, sélectionnez **Fichier AVI** dans la liste Type.

7 Cliquez sur **Enregistrer**. La boîte de dialogue **Configuration compression de fichiers AVI** s'affiche à l'écran (fig.13.23). Vous devez y sélectionner un type de CODEC. Ce terme est une abréviation de « compresseur/décompresseur ». Un algorithme servant à compresser et décompresser des données vidéo numériques, ainsi que le logiciel de mise en œuvre de cet algorithme.

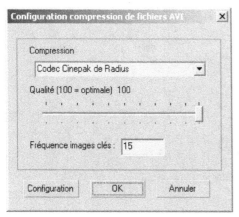

Fig.13.23

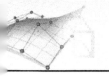

Comme pour la compression d'images, un codec peut être sans pertes de données (l'image restituée est identique à l'originale) ou avec pertes de données (l'image restituée est dégradée en fonction du taux de compression). Dix sept types de CODEC sont pris en charge comme Codec Cinepak de Radius, Intel® Video, Microsoft Vidéo, Indeo video, Microsoft MPEG-4 Video Codec, Trames complètes (non compressées), etc. Le codec Cinepak constitue un bon choix pour une utilisation de la vidéo sur ordinateur.

8 Vous pouvez contrôler les Codecs installés sur votre machine, par la procédure suivante (Win 2000) :

> Dans le panneau de configuration, cliquez deux fois sur **Sons et Multimédia**.

> Cliquez sur l'onglet **Matériel**.

> Sélectionnez **Codecs vidéo**.

> Cliquez sur **Propriétés**.

> La boîte de dialogue **Propriétés de Codecs audio** affiche la liste des Codecs disponibles (fig.13.24).

9 Dans le champ **Qualité de la compression**, utilisez la glissière afin de sélectionner la qualité souhaitée. Plus la qualité est élevée, plus la taille du fichier est importante.

10 Cliquez sur le bouton **Configurer** pour voir toutes les options supplémentaires relatives au codec (fig.13.25).

11 Cliquez sur le bouton **Rendu**. La durée de l'opération dépendra de la puissance de votre ordinateur, de la complexité de la scène et de la qualité du rendu.

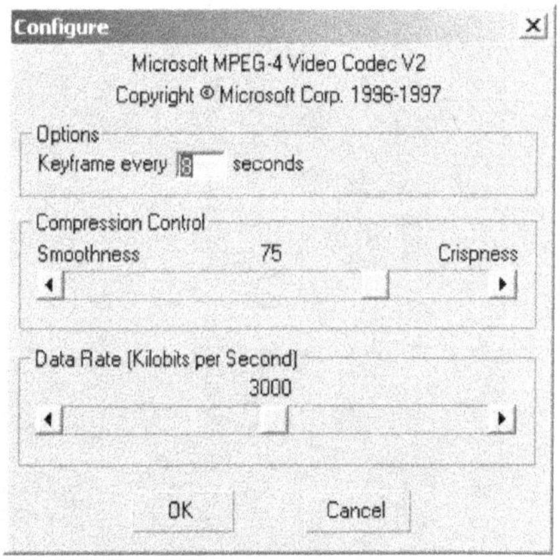

1.5. Le contrôle du rendu à l'aide du lecteur de RAM

Principe

Le lecteur de RAM charge une série d'images dans la mémoire RAM et l'affiche à la vitesse définie. Le lecteur de RAM dispose d'un canal A et d'un canal B. Vous pouvez lancer deux séquences en même temps, une dans chaque canal, ce qui vous permet de les comparer.

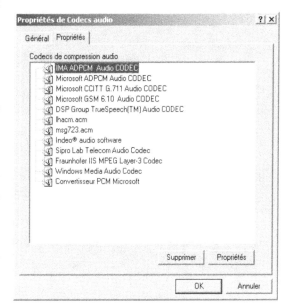

Fig.13.24

Fig.13.25

Vous pouvez positionner le diviseur A/B séparant les deux canaux en cliquant puis en faisant glisser la souris dans la fenêtre d'affichage des canaux. Le bouton droit de la souris permet de faire défiler l'animation dans les images qui la composent. Maintenez le bouton droit de la souris enfoncé et déplacez la souris vers la gauche pour remettre l'animation à la première image. Déplacez-la vers la droite pour atteindre la fin de l'animation.

Pour obtenir les meilleures performances avec le lecteur de RAM, n'activez pas Gamma dans Personnaliser › Préférences › Gamma.

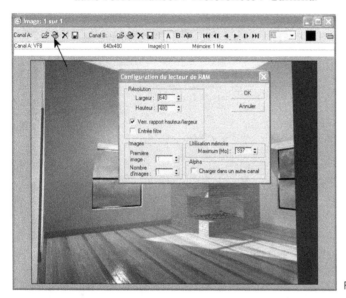

Fig.13.26

Soit à comparer deux éclairages différents d'une même scène. La procédure est la suivante :

1. Ouvrez la scène et effectuez le premier rendu.

2. Dans le menu **Rendu**, sélectionnez **Lecteur de RAM**.

3. Dans la barre d'outils principale, cliquez sur le bouton **Ouvrir dernier rendu d'image dans canal A**.

4. Dans la boîte de dialogue **Configuration du lecteur de RAM**, définissez les paramètres. Par exemple la résolution : 640 x 480.

5. Cliquez sur OK. Le dernier rendu s'affiche dans la fenêtre (fig.13.26).

6. Effectuez les modifications souhaitées dans la scène et lancez à nouveau le calcul du rendu.

7. Dans le lecteur de RAM, cliquez sur le bouton **Ouvrir dernier rendu d'image dans canal B**.

8. Déplacez éventuellement le curseur pour comparer les deux images (fig.13.27).

Fig.13.27

1.6. Les effets de Rendu

Principe

Grâce à la boîte de dialogue Effets de rendu, il est possible d'ajouter des effets de postproduction sans avoir à procéder au rendu de la scène pour voir les résultats. Les effets de rendu permettent de travailler de façon interactive. A mesure que l'on paramètre un effet, la fenêtre image rendu est actualisée avec l'image de sortie finale contenant à la fois la géométrie de la scène et les effets appliqués. 3ds max contient ainsi 8 effets de rendu pour ajouter par exemple du flou dans une animation ou un effet de profondeur de champ dans une scène.

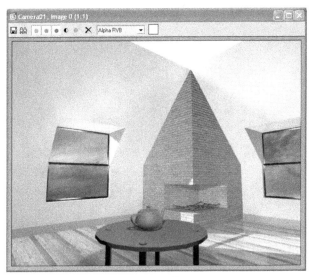

Fig.13.28

Effet Profondeur de champ

L'effet Profondeur de champ simule le flou naturel des éléments de premier et d'arrière-plan vus au travers d'un objectif. La scène est séparée en ordre Z en images de premier-plan, d'arrière-plan et mises au point. Les images de premier et d'arrière-plan sont floues en fonction des valeurs des paramètres définis dans l'effet Profondeur de champ et l'image finale est composée à partir des originaux. La procédure est la suivante :

1. Ouvrez la scène et effectuez un calcul de rendu (fig.13.28).

2. Dans le menu **Rendu**, cliquez sur **Effets**. La boîte de dialogue Environnement et effets s'affiche à l'écran.

3. Cliquez sur **Ajouter** et sélectionnez **Profondeur de champ** dans la liste.

4. Cliquez sur OK.

5. Dans la zone **Caméras** cliquez sur **Choisir caméra** et sélectionnez la caméra.

6. Dans la zone **Point focal**, cliquez sur **Choisir nœud** et sélectionnez l'objet qui sera utilisé comme nœud focal. Par exemple la théière.

7. Dans la zone **Paramètres focaux**, cliquez sur **Personnalisé** et définissez les paramètres (fig.13.29).

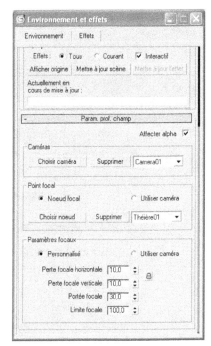

Fig.13.29

Fig.13.30

⑧ Dans la zone **Aperçu**, activez **Interactif** pour voir l'effet dans la fenêtre de rendu (fig.13.30).

Les options sont les suivantes :

▸ **Affecter Alpha :** affecte le canal alpha du rendu final.

Zone Caméras

▸ **Choisir caméra :** permet de sélectionner de façon interactive, dans la fenêtre, la caméra à laquelle vous souhaitez appliquer la profondeur de champ.

▸ **Supprimer :** supprime la caméra sélectionnée de la liste déroulante.

▸ **Liste sélection caméra :** énumère toutes les caméras à utiliser dans l'effet. Vous pouvez utiliser cette liste pour effectuer un reflet sur une caméra et la supprimer de la liste en utilisant le bouton Supprimer.

Zone Point focal

▸ **Choisir nœud :** permet de sélectionner l'objet qui sera utilisé comme nœud focal. Lorsque cette option est activée, vous pouvez sélectionner un objet directement à partir des fenêtres afin de l'utiliser comme nœud focal. Vous pouvez également appuyer sur la touche H pour afficher la boîte de dialogue Sélectionner objets qui vous permet de choisir les objets à utiliser comme nœud focal.

▸ **Supprimer :** supprime l'objet sélectionné comme nœud focal.

▸ **Utiliser caméra :** indique que la longueur focale à partir de la caméra sélectionnée dans la Liste sélection caméra est utilisée pour déterminer le point focal.

Zone Paramètres focaux

▸ **Personnalisé :** utilise les valeurs définies dans la zone Paramètres Focal pour déterminer les propriétés de l'effet Profondeur de champ.

▸ **Caméra :** utilise les valeurs de la caméra en surbrillance dans la Liste sélection caméra pour déterminer la portée focale, la limite et le flou.

▸ **Perte focale horizontale :** détermine la quantité de flou sur l'axe horizontal, lorsque l'option Personnalisé est activée.

▸ **Perte focale verticale :** détermine la quantité de flou sur l'axe vertical, lorsque l'option Personnalisé est activée.

▸ **Portée focale :** définit, en unités, la distance Z d'un côté ou de l'autre du point focal, dans laquelle l'image restera au point, lorsque l'option Personnalisé est activée.

▸ **Limite focale :** définit, en unités, la distance Z d'un côté ou de l'autre du point focal, où le flou atteindra son point culminant, comme spécifié dans les champs à double flèche Perte, lorsque l'option Personnalisé est activée.

REMARQUE

Lorsque des effets de rendu supplémentaires sont appliqués à une image ou à une animation, l'effet Profondeur de champ doit être le dernier rendu. L'ordre des effets de rendu est indiqué dans l'onglet Effets de la boîte de dialogue Environnement et effets.

---

2. Le rendu mental ray

2.1. Principe

Le rendu mental ray est un rendu à usage général capable de générer des simulations physiquement correctes d'effets d'éclairage tels que des réflexions et des réfractions par lancer de rayons, des réverbérations et une illumination globale (fig.13.31-13.32).

▸ Le **lancer de rayons** trace la trajectoire de rayons échantillonnés à partir de la source de lumière. Les réflexions et les réfractions ainsi créées sont extrêmement précises d'un point de vue physique.

▸ Les **réverbérations** sont les effets de lumières projetées sur un objet par réflexion sur ou réfraction à travers un autre objet. Pour calculer les réverbérations, le rendu mental ray utilise la technique texture photon. Le rendu lignes de balayage par défaut ne permet pas de créer des réverbérations, et celles générées par le lancer de rayons ne sont pas fiables.

▸ L'**illumination globale** améliore le réalisme d'une scène en simulant la radiosité ou les interréflexions de lumière (autres que les

Fig.13.31 Rendu de scène par défaut de 3ds max
(Doc.Discreet)

Fig.13.32 Rendu de scène avec mental ray
(Doc.Discreet)

réverbérations) de la scène. Elle génère des effets tels que le « débordement de la couleur », selon lequel, par exemple, une chemise blanche près d'un mur rouge aura une légère teinte rouge. Pour calculer l'illumination globale, le rendu mental ray fait aussi appel à la technique texture photon, qui est un modèle d'illumination globale en soi sans que vous ayez à générer de solution de radiosité.

A la différence du rendu lignes de balayage 3ds max par défaut, le rendu mental ray vous évite d'avoir à simuler les effets d'éclairage complexes manuellement ou en générant une solution de radiosité. Le rendu mental ray est optimisé pour utiliser de multiples processeurs et pour tirer parti des modifications incrémentielles afin de produire un rendu efficace des animations.

Contrairement au **rendu** 3ds max par défaut, qui effectue le rendu des lignes de balayage en partant du haut de l'image et en allant vers le bas, mental ray effectue le rendu sous forme de blocs rectangulaires appelés **compartiments**. L'ordre de rendu des compartiments varie en fonction de la méthode choisie. Par défaut, mental ray utilise la méthode Hilbert, qui sélectionne comme compartiment suivant celui qui entraînera le moins de transferts de données.

Si le rendu mental ray prend en compte la plupart des matériaux, des textures et des éclairages utilisés en standard dans 3ds max, il utilise plusieurs composants d'habillage et d'éclairage spécifiques.

Avant de pouvoir paramétrer correctement les composants qui interviennent dans le rendu mental ray, il faut que le système mental ray soit l'outil de rendu actif. Vous devez pour cela suivre la procédure suivante :

1. Dans le menu déroulant **Rendu**, cliquez sur **Rendu**.
2. Activez l'onglet **Commun** et déroulez le panneau **Affecter rendu**.
3. Cliquez sur le bouton situé à droite de production (fig.13.33).
4. Sélectionnez **Rendu mental ray** dans la boîte de dialogue **Choisir Rendu** (fig.13.34).
5. Cliquez sur OK.

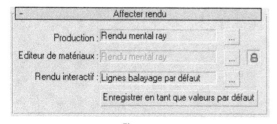

Fig.13.33

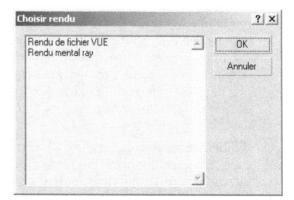

Fig.13.34

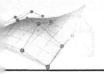

6 Comme le cadenas est verrouillé, l'éditeur de matériaux utilise également le rendu mental ray.

7 Cliquez sur **Enregistrer en tant que valeurs par défaut** pour conserver les paramètres d'une session à l'autre, sinon, le rendu sélectionné ne sera valide que jusqu'à ce que vous quittiez 3ds max.

2.2. Les matériaux et textures mental ray

Dans la plupart des cas, le rendu mental ray traite les textures et matériaux 3ds max de la même façon que le rendu lignes de balayage par défaut. Il existe toutefois quelques exceptions. Ainsi il ne prend pas en charge certains matériaux comme Ecrasement éclairage avancé, Lightscape, Interpolateur, Coque et certaines textures comme Combustion.

Afin de vous permettre de mieux différencier les paramètres du rendu mental ray par rapport à ceux du rendu par lignes de balayage, le navigateur de matériaux/textures affiche les matériaux et les textures spécifiques à mental ray en utilisant des icônes jaunes. Les matériaux et les textures qui ne sont pas compatibles avec l'outil de rendu actif sont grisés. Les matériaux identifiés par une icône bleue sont des matériaux 3ds max standard pouvant être utilisés avec mental ray. Les textures identifiées par une icône verte sont des textures 3ds max compatibles avec mental ray (fig.13.35).

❶ Matériaux compatibles (bleu)

❷ Matériaux incompatibles (grisé)

❸ Matériaux mental ray (jaune)

❹ Textures compatibles (vert)

❺ Textures incompatibles (grisé)

❻ Textures mental ray (jaune)

❼ Active/désactive l'affichage des matériaux/textures non compatibles (icônes grises)

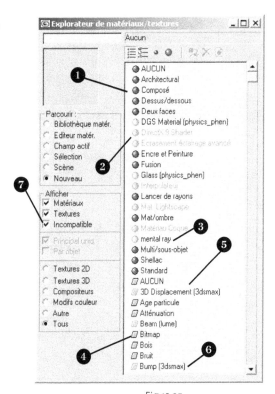

Fig.13.35

Quatre matériaux sont ainsi disponibles pour fonctionner exclusivement avec le rendu mental ray, il s'agit de :

▸ **mental ray** : le matériau mental ray possède des composants pour l'ombrage surface et pour les neuf autres ombrages facultatifs qui constituent un matériau dans mental ray.

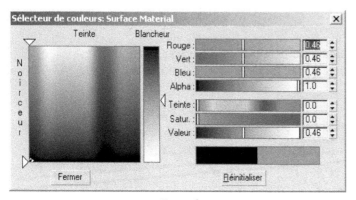

Fig.13.36

▸ **DGS** : DGS est l'acronyme de Diffuse (diffus), Glossy (brillant) et Specular (spéculaire). Ce matériau se comporte d'une façon physiquement réaliste.

▸ **Glass (Verre)** : le matériau Glass simule à la fois les propriétés de la surface et les propriétés de transmission de la lumière (photon) du verre.

▸ **SSS** : les matériaux à surface translucide chaotique (SSS) sont prévus spécialement pour modéliser la peau et les autres matières organiques dont l'aspect dépend de plusieurs couches de diffusion de lumière. 3ds max fournit quatre matériaux de ce type. Chaque matériau est une enveloppe de niveau supérieur (un « phénomène ») pour les ombrages.

Une autre différence que vous pourrez remarquer est le sélecteur de couleurs. Lorsqu'il vous faudra choisir une couleur pour l'exécution d'une fonction de mental ray, vous pourrez constater que le sélecteur de couleurs affiche des valeurs comprises entre 0 et 1 et non entre 0 et 255 comme pour toutes les autres couleurs 3ds max (fig.13.36).

2.3. Les lumières et ombres mental ray

Le rendu mental ray fournit de nouveaux objets lumière de zone et de nouveaux paramètres de lumière.

Les **lumières de zone** sont une fonction propre au rendu mental ray. Au lieu d'émettre la lumière à partir d'une source ponctuelle, les objets de ce type émettent la lumière à partir d'une zone plus étendue autour de la source. Il existe deux types de lumières de zone mental ray : Lumière omnidirectionnelle de zone et Projecteur de lumière de zone. Les éclairages de zone créent des ombres aux contours moins contrastés. Les rendus peuvent ainsi y gagner en réalisme.

Lorsque vous utilisez mental ray pour effectuer le rendu de lumières de zone, vous pouvez définir et appliquer à celles-ci d'autres paramètres de lumière, tels que couleur, valeur de multiplicateur, cône du projecteur, etc. Les ombres texture constituent une exception. En effet, le rendu mental ray ne tient pas compte des paramètres locaux d'ombre texture de la lumière. Les lumières de zone doivent impérativement utiliser des ombres par lancer de rayons.

Les objets lumière se sont enrichis d'un panneau **Illumination indirecte mental ray**, qui prend en charge les effets d'illumination indirecte des réverbérations et de l'illumination globale. Le panneau **Ombrage texture lumière mental ray** a également été ajouté pour vous permettre d'appliquer des ombrages de lumière mental ray à des objets lumière.

Pour créer un éclairage omnidirectionnel de zone, la procédure est la suivante :

1. Dans le panneau **Créer**, cliquez sur **Lumières**.

2. Dans le panneau déroulant **Type d'objet**, cliquez sur **Omnidir. zone mr**.

3. Cliquez dans une fenêtre pour placer la lumière.

4. Définissez la forme et la taille de la lumière de zone dans le panneau déroulant **Param. d'éclairage de la zone**. Lorsque vous utilisez les doubles flèches pour régler la taille de la lumière de zone, un gizmo (jaune par défaut) apparaît dans les fenêtres pour afficher la taille réglée. Ce gizmo disparaît dès que vous avez terminé de régler la valeur (fig.13.37).

Fig.13.37

Les paramètres sont les suivants :

▸ **Activer** : allume et éteint la lumière de zone. Lorsque la case Active est activée, le rendu mental ray utilise la lumière pour l'illumination de la scène. Lorsque la case Active est désactivée, le rendu mental ray n'utilise pas la lumière. Cette option est activée par défaut.

▸ **Afficher icône dans rendu** : lorsque cette option est activée, le rendu mental ray effectue le rendu d'une forme sombre à l'endroit où se trouve la lumière de zone. Lorsqu'elle est désactivée, la lumière de zone est invisible. Cette option est désactivée par défaut.

▸ **Type** : modifie la forme de la lumière de zone. Cette forme peut être de type Sphère, pour une zone sphérique, ou Cylindre, pour une zone cylindrique. Valeur par défaut = Sphère. Vous pouvez utiliser Rotation pour régler l'orientation d'une lumière omnidirectionnelle de zone cylindrique. Par contre, aucun gizmo n'apparaît lorsque vous effectuez la rotation de la lumière.

▸ **Rayon** : définit le rayon de la sphère ou du cylindre, dans les unités 3ds max. Valeur par défaut = 20.0.

▸ **Hauteur** : disponible uniquement lorsque Cylindre est le type de lumière de zone actif. Définit la hauteur du cylindre, en unités 3ds max. Valeur par défaut = 20.

▸ **Echantillons U et V** : permettent de régler la qualité de projection des ombres par la lumière de zone. Ces valeurs indiquent le nombre d'échantillons à prendre dans la zone de la lumière. Les valeurs élevées peuvent améliorer la qualité du rendu au détriment de la durée de rendu. Pour une lumière sphérique, U indique le nombre de sous-divisions le long du rayon et V indique le nombre de sous-divisions angulaires.

Pour une lumière cylindrique, U indique le nombre de sous-divisions échantillonnées le long de la hauteur et V indique le nombre de sous-divisions angulaires. Valeur par défaut = 5 pour U et V.

Pour créer un projecteur de zone, la procédure est la suivante :

1. Dans le panneau **Créer**, cliquez sur **Lumières**.

2. Dans le panneau déroulant **Type d'objet**, cliquez sur **Proj. zone mr**.

3. Faites glisser la souris dans une fenêtre. Le point à partir duquel vous faites glisser la souris correspond à l'emplacement du projecteur et le point sur lequel vous relâchez le bouton de la souris correspond à l'emplacement de la cible. Le rendu mental ray ignore le cône d'un projecteur, mais l'emplacement de la cible du projecteur détermine l'orientation du plan de la lumière de zone et la direction dans laquelle elle est projetée.

4. Définissez la forme et la taille de la lumière de zone dans le panneau déroulant **Param. d'éclairage de la zone**. Lorsque vous utilisez les doubles flèches pour régler la taille de la lumière de zone, un gizmo (jaune par défaut) apparaît dans les fenêtres pour afficher la taille réglée. Ce gizmo disparaît dès que vous avez terminé de régler la valeur.

Pour convertir une lumière 3ds max standard en éclairage de zone mental ray, la procédure est la suivante :

1. Sélectionnez une ou plusieurs lumières.

2. Accédez au panneau **Utilitaires**.

3. Dans le panneau déroulant **Utilitaires**, cliquez sur **MAXScript**. Le panneau déroulant **MAXScript** s'affiche.

4. Dans le panneau déroulant **MAXScript**, sélectionnez **Conv. en éclairage de zone mr** dans la liste déroulante **Utilitaires**. Le panneau déroulant **Conv. en éclairage de zone mr** s'affiche.

5. Cliquez sur **Convertir les éclairages sélect**. Le message d'alerte MAXScript suivant s'affiche : « Voulez-vous supprimer les anciens éclairages ? ». Cliquez sur **Oui** pour supprimer la lumière d'origine et pour la remplacer par la lumière de zone. Cliquez sur Non pour laisser la lumière d'origine en place. Si vous cliquez sur Non, la scène comportera deux lumières : la lumière d'origine et la lumière de zone basée sur celle d'origine (fig.13.38).

6. Cliquez sur **Fermer** pour fermer les panneaux déroulants.

Fig.13.38

2.4. L'illumination indirecte

Les objets lumière, utilisés avec mental ray, se sont enrichis d'une série de paramètres regroupés dans le panneau **Illumination indirecte mental ray**. L'illumination indirecte est l'une des fonctions les plus puissantes de mental ray, qui gère à la fois l'éclairage diffus et les effets de réverbération. Avant d'aborder ces paramètres en détail, il est avant tout primordial de comprendre comment l'illumination indirecte de mental ray fonctionne.

Pour simuler l'illumination indirecte, mental ray utilise des photons, c'est-à-dire des échantillons émis par les sources de lumière. Chaque photon transporte de l'énergie et interagit avec la scène, en touchant les surfaces, en rebondissant sur les surfaces et en étant réfléchi ou réfracté. L'énergie décline avec la distance et dès que les photons touchent une surface. L'interaction des photons avec la scène est gérée par des ombrages photoniques. Bien que les ombrages photoniques puissent être ajoutés et mis au point manuellement, il est préférable de laisser le traducteur le faire. Il est aussi important de choisir un système d'unités réaliste pour la scène. L'énergie lumineuse émise par les photons dépend directement de la taille de la scène.

Il existe deux types de photons : l'illumination globale et la réverbération. Le premier permet de simuler l'éclairage diffus et le second de simuler la lumière réfléchie et réfractée.

L'illumination globale permet de simuler des lumières renvoyées par la surface des objets de la scène, créant ainsi une lumière diffuse ou ambiante. 3ds max possède déjà deux systèmes permettant de simuler ce type de lumière : la radiosité et Traceur de lumière. L'outil mental ray vous fournit un troisième système basé sur une technologie différente.

Le nombre approprié de photons dépend de la complexité de la scène. Les grandes surfaces plates requièrent toujours un nombre élevé de photons. Il n'est pas rare d'utiliser des millions de photons (fig.13.39). Lorsque les photons ne permettent pas d'obtenir le résultat désiré, vous pouvez utiliser l'option Regroupement final pour affiner l'image. Cette option fonctionne de manière similaire à l'option Regrouper utilisée pour le calcul de la radiosité, à savoir en échantillonnant la scène pour chaque pixel restitué ou en calculant la moyenne d'un nombre moins élevé d'échantillons. Les meilleurs résultats sont souvent obtenus avec un nombre moyen ou élevé de photons et l'option Regroupement final activée pour le rendu final.

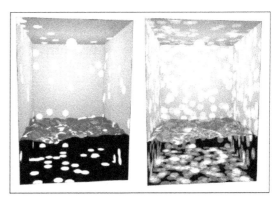

Fig.13.39 (© Autodesk)

La fonction Réverbération permet de simuler la lumière réfléchie et réfractée. Un exemple de réverbération peut être le faisceau émis par une loupe ou les lumières visibles au fond d'une piscine (fig.13.40 et 13.41). Les photons de réverbération fonctionnent de la même manière que les photons d'illumination globale, cependant ils

Fig.13.40 Rendu sans réverbérations (© Autodesk)

Fig.13.41 Rendu avec réverbérations (© Autodesk)

sont spécialement conçus pour la réflexion et la réfraction. Les photons sont plus petits et créent davantage d'effets détaillés. L'option Regroupement final ne permet pas d'améliorer les effets de réverbération. Utilisez un nombre plus élevé de photons de réverbération et ajustez les échantillons afin d'augmenter les détails.

Le panneau déroulant Illumination indirecte mental ray fournit les commandes du comportement de la lumière avec le rendu mental ray. Les paramètres de ce panneau déroulant n'ont aucun effet sur le rendu lignes de balayage par défaut, ou sur l'éclairage avancé (le traceur de lumière ou une solution de radiosité). Ces paramètres contrôlent le comportement de la lumière lorsqu'elle génère une illumination indirecte ; c'est-à-dire la réverbération et l'illumination globale.

Par défaut, chaque éclairage utilise les paramètres globaux qui se trouvent dans l'onglet **Illumination indirecte** de la boîte de dialogue **Rendu Scène** (Menu Rendu › Rendu). Il est plus facile de régler toutes les lumières d'une scène en une seule fois. Si vous devez régler une lumière particulière, vous pouvez utiliser les commandes du multiplicateur d'énergie et de photons situées dans le panneau **Illumination indirecte mr** de la lumière sélectionnée.

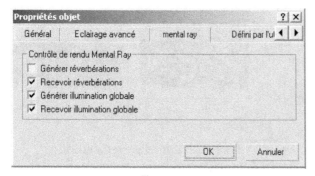

Fig.13.42

Outre les valeurs spécifiées ici, l'éclairage doit également être défini pour pouvoir générer une illumination globale, une réverbération ou les deux à la fois. Ces commandes se trouvent dans l'onglet **mental ray** de la boîte de dialogue **Propriétés objet** (fig.13.42).

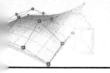
2.5. Le rendu avec mental ray

Après la création de la scène, le paramétrage des composants (éclairage, texture...) conformément aux spécificités mental ray, le temps est venu de réaliser le rendu final. Les procédures sont les suivantes :

Le rendu de scènes comportant des réverbérations :

1. Sélectionnez chaque objet devant générer des réverbérations, soit par réflexion, soit par réfraction. Cliquez avec le bouton droit de la souris et sélectionnez **Propriétés**, puis, dans le panneau **Propriétés objet mental ray**, activez l'option **Générer réverbérations**. Par défaut les objets reçoivent des réverbérations. Il est toutefois conseillé de vérifier, pour les objets concernés, que l'option **Recevoir réverbérations** est activée dans la boîte de dialogue **Propriétés objet**, au cas où elle aurait été désactivée lors d'un rendu précédent. Afin d'accélérer le rendu, il est également conseillé de désactiver l'option **Recevoir réverbérations** pour les objets qui n'en ont pas besoin.

2. Dans la boîte de dialogue **Rendu scène**, onglet **Illumination indirecte**, accédez au panneau déroulant **Réverbérations et illumination globale** et activez l'option **Réverbérations**.

3. Réglez les paramètres de réverbération en fonction de l'effet recherché (fig.13.43) :

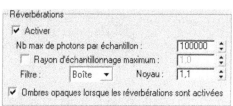

Fig.13.43

   - **Activer :** lorsque cette option est activée, le rendu mental ray calcule les effets de réverbération. Cette option est désactivée par défaut.

   - **Nb max de photons par échantillon :** précise le nombre de photons à utiliser pour calculer l'intensité de la réverbération. Si vous augmentez cette valeur, vous réduisez le bruit des réverbérations, mais également leur netteté. Si vous réduisez cette valeur, vous améliorez la netteté des réverbérations, mais vous augmentez le bruit. Plus la valeur de cette option est élevée, plus le temps de rendu augmente. Valeur par défaut = 100.

   - **Rayon d'échantillonnage maximum :** lorsque cette option est activée, la valeur de la double flèche définit la taille des photons. Lorsqu'elle est désactivée, chaque photon est calculé de façon à être égal à 1/100e du rayon de l'intégralité de la scène. Cette option est désactivée par défaut et la valeur par défaut de la double flèche est 1,0. Dans de nombreux cas, la taille de photon par défaut (Rayon = désactivé) de 1/100e donne des résultats corrects. Dans d'autres cas, elle est trop élevée ou trop faible.

   - **Filtre :** définit le filtre à utiliser pour accentuer les réverbérations. Il peut s'agir du filtre Boîte, Cône ou Gauss. Avec le filtre Boîte, le rendu est plus rapide. Avec le filtre Cône, les réverbérations sont plus prononcées. Valeur par défaut = Boîte.

Le nouveau filtre Gauss de 3ds max 7 utilise une courbe Gauss (cloche) et peut produire un meilleur lissage que le filtre Cône.

▸ **Noyau :** contrôle la netteté des réverbérations lorsque le filtre Cône est sélectionné. Cette valeur doit être supérieure à 1,0. Plus vous augmentez la valeur de cette option, plus les réverbérations sont floues. Plus vous diminuez cette valeur, plus les réverbérations sont nettes. Cela s'accompagne toutefois d'un bruit plus important. Valeur par défaut = 1.

▸ **Ombres opaques lorsque les réverbérations sont activées :** lorsque cette option est activée, les ombres sont opaques. Lorsqu'elle est désactivée, les ombres peuvent être partiellement transparentes. Cette option est activée par défaut.

[4] Effectuez le rendu de la scène.

Le rendu de scènes avec illumination globale :

[1] Sélectionnez chaque objet pour lequel vous voulez générer une illumination globale. Cliquez avec le bouton droit de la souris et sélectionnez **Propriétés**, puis, dans le panneau **Propriétés objet mental ray**, activez l'option **Générer illumination globale**. Par défaut, les objets reçoivent une illumination globale. Il est toutefois conseillé de vérifier, pour les objets concernés, que l'option **Générer illumination globale** est activée dans la boîte de dialogue **Propriétés objet**, au cas où elle aurait été désactivée lors d'un rendu précédent. Pour accélérer le rendu, il est également conseillé de désactiver l'option **Illumination globale** pour les objets qui n'en ont pas besoin.

[2] Dans la boîte de dialogue Rendu scène, accédez au panneau **Illumination indirecte** puis au panneau déroulant **Réverbérations et illumination globale** et activez l'option **Illumination globale**.

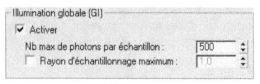

Fig.13.44

[3] Réglez les paramètres d'illumination globale en fonction de l'effet recherché (fig.13.44) :

▸ **Activer :** lorsque cette option est activée, le rendu mental ray calcule l'illumination globale. Cette option est désactivée par défaut.

▸ **Nb max de photons par échantillon :** précise le nombre de photons à utiliser pour calculer l'intensité de l'illumination globale. L'augmentation de cette valeur se traduit par une réduction de l'illumination globale, mais également de sa netteté. La réduction de cette valeur améliore la netteté de l'illumination globale mais augmente le bruit. Plus la valeur de cette option est élevée, plus le temps de rendu augmente. Valeur par défaut = 500.

▸ **Rayon d'échantillonnage maximum :** lorsque cette option est activée, la valeur de la double flèche définit la taille des photons. Lorsqu'elle est désactivée, chaque photon est calculé de façon à être égal à 1/10e du rayon de l'intégralité de

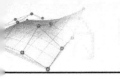

la scène. Cette option est désactivée par défaut et la valeur par défaut de la double flèche est 1,0. Dans de nombreux cas, la taille de photon par défaut (Rayon d'échantillonnage maximum = désactivé) donne des résultats corrects. Dans d'autres cas, elle est trop élevée ou trop faible.

4. Pour le rendu final, activez l'option **Regroupement final** en plus de l'option **Illumination globale**. Le regroupement final est une étape supplémentaire et facultative pour calculer l'illumination globale. L'utilisation d'une texture photon pour calculer l'illumination globale peut générer des artéfacts de rendu tels que des coins sombres et des fluctuations dans l'éclairage (basses fréquences). Vous pouvez réduire ou éliminer ces artéfacts en activant le regroupement final, ce qui diminue le nombre de rayons utilisés pour calculer l'illumination globale. Les options sont les suivantes (fig.13.45) :

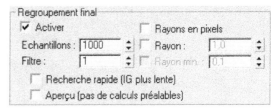

Fig.13.45

- ▸ **Activer :** lorsque cette option est activée, le rendu mental ray calcule le regroupement final afin d'améliorer la qualité de l'illumination finale. Cette option est désactivée par défaut. Sans regroupement final, l'illumination globale peut paraître irrégulière. Par contre, l'activation de cette option augmente le temps de rendu. Laissez cette option désactivée si vous voulez simplement afficher un aperçu de la scène, et activez-la pour le rendu final (il est également possible d'améliorer l'illumination globale en augmentant le nombre de photons utilisés pour la calculer).

- ▸ **Echantillons :** précise le nombre de rayons à utiliser pour calculer l'illumination indirecte dans un regroupement final. L'augmentation de cette valeur se traduit par une réduction du bruit de l'illumination globale, mais une augmentation du temps de rendu. Valeur par défaut = 1000.

- ▸ **Filtre :** applique un filtre médian en utilisant des rayons de regroupement final de voisinage émis du même point. Valeur par défaut = 1. L'augmentation de la valeur du paramètre Filtre a pour effet de rendre l'illumination de la scène plus lisse, mais accroît également le temps nécessaire au rendu. Néanmoins, l'augmentation de la valeur du paramètre Filtrage peut également rendre l'illumination légèrement plus sombre.

- ▸ **Rayons en pixels :** lorsque cette option est activée, les valeurs des rayons sont spécifiées en pixels. Lorsqu'elle est désactivée, les unités des rayons dépendent de la valeur de la bascule Rayon. Cette option est désactivée par défaut.

- ▸ **Rayon :** lorsque cette option est activée, elle définit le rayon maximum à l'intérieur duquel le regroupement final est utilisé. La réduction de cette valeur peut améliorer la qualité au détriment de la durée de rendu. Si Rayons en pixels est désactivé, le rayon est indiqué en unités de l'univers, et sa valeur par défaut est égale à 10 % de la circonférence totale de la scène. Si l'option Rayons en pixels est activée, la valeur par défaut est égale à 5,0 pixels. Si Rayon et Rayons en pixels sont tous deux désactivés, le rayon maximal correspond à la valeur par défaut, 10 % de la circonférence totale de la scène, en unités de l'univers.

> **Rayon min. :** lorsque cette option est activée, elle définit le rayon minimum à l'intérieur duquel le regroupement final est utilisé. En augmentant cette valeur, vous pouvez améliorer la qualité du rendu, au détriment, toutefois, du temps de rendu. Cette option est uniquement disponible si l'option Rayon est activée. Valeur par défaut = 0,0. Si l'option Rayons en pixels est activée, la valeur par défaut est égale à 5,0 pixels.

> **Recherche rapide (IG plus lente) :** si vous activez cette option avant d'effectuer le rendu de la scène, le rendu mental ray calcule des informations permettant d'accélérer le processus de regroupement. Le calcul de recherche rapide peut prendre un certain temps, mais il permet de réduire considérablement la durée totale du rendu. Cette option est désactivée par défaut. Tout comme les textures photon et les ombres texture, le calcul de recherche rapide peut être enregistré dans un fichier pour réutilisation lors de rendus ultérieurs.

> **Aperçu (pas de calculs préalables) :** lorsque cette option est activée, le regroupement final saute la phase de calculs préalables. Le rendu obtenu comporte alors des artéfacts, mais en revanche, il démarre plus vite, ce qui est utile lorsque vous souhaitez effectuer une série d'essais de rendu. Cette option est désactivée par défaut.

5. Effectuez le rendu de la scène.

2.6. L'utilisation pratique de mental ray

Pour illustrer l'utilisation du rendu mental ray, nous allons prendre une scène simple composée d'un sol, de deux parois et d'un récipient à café.

Rendu de base et mental ray

1. Ouvrez la scène à traiter (mentalray1.max).

2. Effectuez le rendu de cette scène (fig.13.46). Il s'agit d'un rendu de base sans illumination globale.

3. Ouvrez la boîte de dialogue **Rendu scène** et déroulez le panneau **Affecter rendu** (onglet Commun).

4. Cliquez sur le bouton situé à droite de **Production** et sélectionnez **Rendu mental ray** (fig.13.47).

5. Relancez le rendu. Vous pouvez constater que le rendu ne s'effectue plus par ligne mais par bloc carré. Le rendu dure plus longtemps et les ombres apparaissent plus floues (fig.13.48).

6. Pour remédier à ces problèmes un paramétrage plus fin est nécessaire. Un autre moyen est de désactiver **Ombre texture** dans le panneau déroulant **Ombres et déplacement** (Rendu > Rendu > Onglet Rendu). Le rendu est plus rapide et les ombres moins floues (fig.13.49).

Fig.13.46

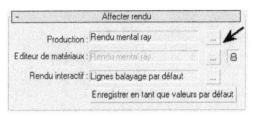

Fig.13.47

Fig.13.48

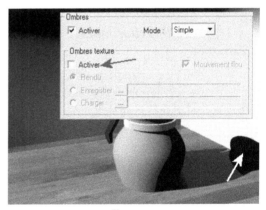

Fig.13.49

Application des matériaux mental ray

Mental ray contient 4 types de matériaux qui sont physiquement plus précis que les matériaux standard. Nous allons appliquer l'un d'eux au récipient à café.

1. Ouvrez l'éditeur de matériaux et sélectionnez une fenêtre de contrôle libre.

2. Cliquez sur **Standard** et sélectionnez le matériau **Glass** (**Physics_phen**) (fig.13.50).

Fig.13.50

☐3 Renommez ce matériau « Verre mental ray » et appliquez-le au récipient à café.

☐4 Entrez 100 dans le champ **Phong Coefficient** (fig.13.51). Cela va créer certaines zones de brillance sur le récipient.

☐5 Effectuez un rendu. Si le récipient est correct, les ombres par contre sont exagérées. Cela provient du fait qu'il faut ajouter des effets de réverbérations (ou effets caustiques) aux matériaux pour avoir des ombres transparentes (fig.13.52).

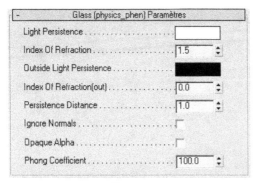

Fig.13.51

Fig.13.52

Les effets caustiques

Les caustiques sont les effets de lumières créés lorsqu'une source lumineuse traverse un objet transparent ou réfléchissant. Lors de l'utilisation de matériaux mental ray, comme le verre (Glass) il faut activer le calcul des caustiques pour obtenir des ombres transparentes.

☐1 Dans le menu **Rendu**, cliquez sur **Rendu** puis activez l'onglet **Illumination indirecte**.

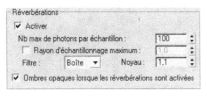

Fig.13.53

☐2 Activez l'option **Réverbérations** (ou caustiques) et laissez les paramètres par défaut tels quels (fig.13.53).

☐3 Effectuez le rendu. Un message d'erreur apparaît (fig.13.54). Pour générer des effets caustiques, il faut qu'au moins un des objets de la scène soit capable d'en générer.

☐4 Arrêtez le rendu et sélectionnez le récipient à café.

☐5 Effectuez un clic droit et sélectionnez **Propriétés** dans le menu **Quad**.

☐6 Dans l'onglet **mental ray**, activez le champ **Générer réverbérations** (fig.13.55).

Fig.13.54

Fig.13.55

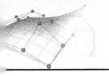
7 Effectuez un nouveau rendu. Il est plus long mais les ombres prennent en compte la transparence.

8 Pour augmenter les effets de la lumière à travers le récipient, augmentez la valeur du champ **Moyenne des photons de réverbérations pas-lumière** (en bas du panneau Illumination indirecte) à 100000 et effectuez un nouveau rendu.

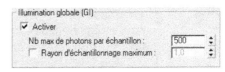

Fig.13.56

L'illumination globale

1 Activez l'onglet **Illumination indirecte** dans la boîte de dialogue **Rendu**.

2 Activez l'option **Illumination globale** (fig.13.56).

3 Effectuez un rendu. Les parois sont globalement plus illuminées et les ombres sont plus claires.

4 Dans la zone **Propriétés d'éclairage**, augmentez le champ **Multiplicateur d'énergie globale** sur 100000 afin de permettre à la lumière de rebondir avec plus d'énergie sur les surfaces.

5 Activez aussi le **Regroupement final** afin de supprimer d'éventuels artéfacts (fig.13.57).

6 Effectuez un rendu final (fig.13.58)

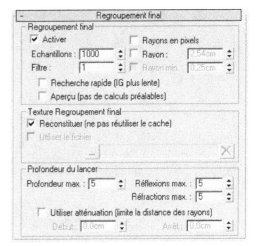

Fig.13.57

3. Le banc de montage

3.1. Principe

Le banc de montage permet de réaliser un rendu composé des différents types d'événements, y compris la scène courante, des images bitmaps, des fonctions de traitement d'image, etc. L'élément principal du banc de montage est la file d'attente qui dresse la liste hiérarchique des images, scènes et événements à composer. Les événements apparaissent dans la file d'attente de haut en bas dans l'ordre dans lequel ils sont exécutés. Par conséquent, pour composer correctement une image, l'image bitmap d'arrière-plan doit apparaître avant ou au-dessus de l'image qui la recouvrira. Plusieurs types d'événements peuvent être insérés dans la liste :

Fig.13.58

▸ **Evénement scène** : il permet d'ajouter la scène de la vue caméra sélectionnée à la file d'attente. La scène est rendue exactement comme elle le serait par le rendu standard lignes de balayage. Vous pouvez utiliser plusieurs événements Scène pour afficher simultanément deux vues différentes de la scène ou pour remplacer une vue par une autre. Si votre file d'attente contient plusieurs événements Scène, et si ceux-ci occupent le même intervalle de temps, vous devez les composer avec un événement Couche image, sinon le second événement Scène remplace le premier.

▸ **Événement entrée image** : il permet d'ajouter une image fixe ou animée à la scène. Les événements Entrée image placent une image dans la file d'attente, mais à la différence des événements Scène, l'image est un fichier qui a été enregistré au préalable ou une image générée par un périphérique. L'image peut correspondre à l'un des formats de fichier suivants : AVI, BMP, FLC, GIF, IFL, JPEG, Séquences vidéo QuickTime, RLA, SGI (RVB), Targa, TIFF, YUV.

▸ **Événement filtre image** : il permet d'effectuer un traitement d'images pour les images et les scènes. Plusieurs types de filtres d'images sont fournis, comme par exemple, le filtre de Négatif, qui inverse les couleurs d'une image ou le filtre Fondu, qui fait apparaître ou disparaître une image en fondu. Un événement Image filtre est générale-ment un événement parent n'ayant qu'un seul enfant (lui-même pouvant être un parent ayant des enfants), par exemple un événement Scène, un événement Entrée image, un événement Couche contenant des événements Scène ou Entrée image ou un événement Filtre contenant des événements Scène ou entrée Image.

▸ **Événement couche image** : les événements de ce type composent d'autres images et scènes à l'aide de modules d'extension de composition. Ceux-ci utilisent l'événement précédent dans la file d'attente comme source et composent l'événement suivant à l'aide des paramètres du compositeur. Un événement Couche image est toujours un événement parent ayant deux enfants. Ces derniers peuvent eux-mêmes être des événements parents avec des enfants. Les enfants d'un événement Couche image peuvent être des événements Scène, des événements Entrée image, ou des événe-ments Couche contenant des événements Scène ou Entrée image, ou des événements Filtre contenant des événements Scène ou Image.

▸ **Événement sortie image** : les événements de ce type transmettent le résultat de l'exé-cution de la file d'attente du banc de montage à un fichier ou à un périphérique. Vous devez toujours ajouter un événement Sortie image à la file d'attente si vous souhaitez enregistrer la vidéo définitive. Dans le cas contraire, les résultats sont affichés dans la fenêtre Tampon image virtuel uniquement. La barre de temps de l'événement Sortie image doit comprendre l'intervalle total d'images à enregistrer en sortie.

▸ **Événement externe** : il s'agit habituellement d'un programme qui effectue un traitement d'image. Il peut aussi s'agir d'un fichier de commandes ou d'un utilitaire devant être exécuté à un point donné de la file d'attente, ou d'une méthode pour trans-férer des images vers ou depuis le Presse-papiers Windows. Un événement externe est toujours un événement enfant. Si vous sélectionnez un événement dans la file d'attente avant d'ajouter l'événement externe, ce dernier devient l'enfant de l'évé-nement sélectionné. Les événements enfants sont évalués avant leurs parents.

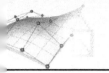

▸ **Evénement boucle** : il permet aux autres événements de se répéter dans la vidéo de sortie. Ils contrôlent la mise en séquence mais n'effectuent aucun traitement d'images. Un événement Boucle est toujours un événement parent avec un seul enfant. Un objet enfant peut lui-même être un parent ayant des enfants. Tout type d'événement peut être l'enfant d'un événement Boucle, y compris un autre événement Boucle.

3.2. Utilisation du banc de montage

Pour utiliser l'outil Banc de montage , la procédure est la suivante :

[1] Choisissez **Rendu** puis **Banc de montage**. La boîte de dialogue **Banc de montage** s'affiche. Elle contient les éléments suivants (fig.13.59) :

  ▸ **File d'attente banc de montage** : affiche la séquence des événements de postproduction.

  ▸ **Options Barre d'état/Vue du banc de montage** : affichent des informations sur les options Banc de montage actives et permet de contrôler l'affichage des pistes dans la zone des pistes d'événements.

  ▸ **Barre d'outils du banc de montage** : contient les commandes du banc de montage.

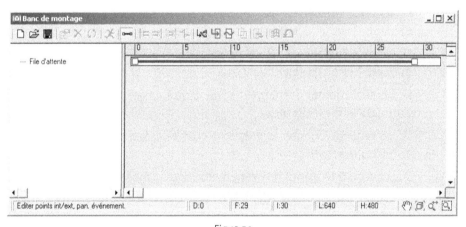

Fig.13.59

[2] Créez une nouvelle séquence du banc de montage en ajoutant des événements dans la file d'attente ou ouvrez un fichier existant du banc de montage afin de l'éditer. La barre d'outils de la boîte de dialogue comprend les options suivantes :

 Le bouton **Nouvelle séquence** crée une nouvelle séquence banc de montage en supprimant les entrées existantes.

 Le bouton **Ouvrir séquence** ouvre une séquence du banc de montage enregistrée sur disque.

Le bouton **Enregistrer séquence** enregistre la séquence courante du banc de montage sur disque.

 Le bouton **Editer événement** courant affiche une boîte de dialogue permettant de modifier les propriétés de l'événement courant.

 Le bouton **Supprimer événement** courant supprime l'événement sélectionné dans la file d'attente.

 Le bouton **Permuter événements** permute la position de deux événements sélectionnés dans la file d'attente.

 Le bouton **Exécuter séquence** permet d'exécuter le contenu de la file d'attente du banc de montage. Il s'agit de la dernière étape dans la création d'une vidéo postproduite

 L'option **Editer barre intervalle** offre des fonctions d'édition pour les barres de temps qui apparaissent dans la zone des pistes d'événements.

 Le bouton **Aligner sélection à gauche** aligne à gauche deux ou plusieurs barres de temps sélectionnées.

 Le bouton **Aligner sélection à droite** aligne à droite deux ou plusieurs barres de temps sélectionnées.

 Le bouton **Affecter même taille à sélection** affecte la taille de l'événement courant à tous les événements sélectionnés.

 Le bouton **Juxtaposer sélection** positionne les événements sélectionnés de manière à ce qu'ils soient contigus.

 Le bouton **Ajouter événement scène** ajoute la scène de la vue caméra sélectionnée à la file d'attente.

 La commande **Ajouter événement entrée image** ajoute une image fixe ou animée à la scène.

 La commande **Ajouter événement filtre image** permet d'effectuer un traitement d'images pour les images et les scènes   .

 L'option **Ajouter événement couche image** ajoute un module d'extension de composition pour superposer les images sélectionnées dans la file d'attente.

 La commande **Ajouter événement sortie image** permet d'éditer un événement sortie image. Les événements Sortie image transmettent le résultat de l'exécution de la file d'attente du banc de montage à un fichier ou à un périphérique.

 Un **événement externe** est un programme qui procède au traitement des images. Il peut aussi s'agir d'un fichier de commandes ou d'un utilitaire devant

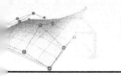

être exécuté à un point donné de la file d'attente, ou d'une méthode pour transférer des images vers ou depuis le Presse-papiers Windows.

 Les **événements Boucle** permettent aux autres événements de se répéter dans la vidéo de sortie. Ils contrôlent la mise en séquence mais n'effectuent aucun traitement d'images.

3.3. Utilisation pratique du banc de montage

Comme exemple, nous allons simuler la prise de vue du soleil qui se lève derrière la terre. Pour cela nous allons créer une sphère, deux éclairages (projecteur et omni) et une caméra et appliquez ensuite des effets via le banc de montage. La procédure est la suivante :

1. Créer une sphère de type géosphère.

2. Activez l'éditeur de matériaux et sélectionnez le premier échantillon.

3. Entrez les paramètres suivants :
   - **Ombrage** Blinn
   - **Couleur ambiante :** noir
   - **Couleur diffuse :** bleue
   - **Couleur spéculaire :** blanche
   - **Texture – Couleur diffuse :** fichier Earth2.jpg (situé dans le répertoire Maps du CD-ROM).
   - **Texture – Relief :** fichier Earth2.jpg (situé dans le répertoire Maps/Space de 3ds max). Valeur : 30

4. Modifiez le mapping de la sphère en appliquant le modificateur **Texture UVW** et le type Sphérique ou Emballage.

5. Effectuez un clic droit sur la sphère et sélectionnez **Propriétés** dans le menu **Quadr.**

6. Dans la boîte de dialogue **Propriétés objet**, entrez la valeur 1 dans le champ **Tampon G – ID objet** (onglet Général). Ce numéro d'identification (ID) servira lors de l'ajout d'effets à la sphère dans le banc de montage.

7. Dans l'onglet **Créer**, cliquez sur **Lumières** puis sur **Proj.cible.**

8. Placer le projecteur en bas à droite de la sphère et la cible dans la sphère (fig.13.60-13.61).

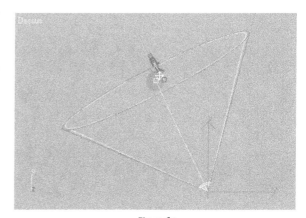

Fig.13.60

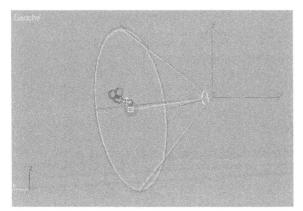

Fig.13.61

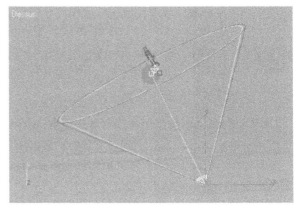

Fig.13.62

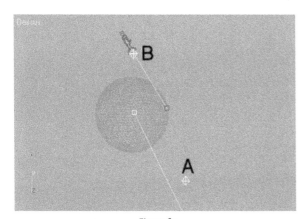

Fig.13.63

⑨ Dans l'onglet **Créer**, cliquez sur **Caméra** puis sur **Cible**.

⑩ Placez la caméra à l'arrière de la sphère et la cible sur le côté droit (fig.13.62).

⑪ Activez la fenêtre caméra.

⑫ Dans l'onglet **Créer**, cliquez sur **Lumières** puis sur **Omnidir**.

⑬ Placez une première lumière à l'avant de la sphère (A), elle servira à simuler le soleil, et une seconde (B) à l'arrière pour éclairer un peu la terre (fig.13.63).

⑭ Vérifiez dans la fenêtre Caméra que la lumière A est bien visible et située près de la sphère (fig.13.64).

⑮ Dans le menu **Rendu**, cliquez sur **Banc de montage**. Le premier événement à placer dans la liste d'attente est la vue **Caméra**.

⑯ Cliquez sur le bouton **Ajouter événement scène** et sélectionnez Caméra01 dans la liste déroulante (fig.13.65).

⑰ Cliquez sur le bouton **Exécuter séquence** pour afficher le résultat (fig.13.66).

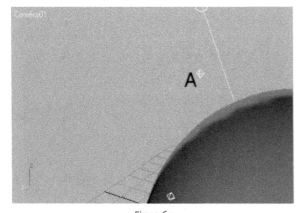

Fig.13.64

Fig.13.65

Fig.13.66

[18] Pour ajouter un ciel étoilé, cliquez sur le bouton **Ajouter événement filtre image** et sélectionnez **Starfield** (champ d'étoiles) (fig.13.67).

[19] Cliquez sur **Configuration** pour définir le nombre d'étoiles souhaité dans le champ **Nombre**. Par exemple : 20000 (fig.13.68).

Fig.13.67

Fig.13.68

Fig.13.69

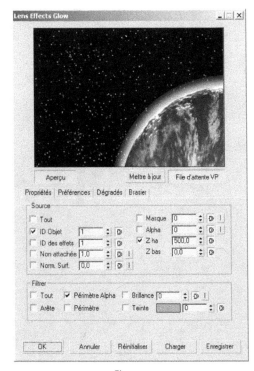

Fig.13.70

20 Cliquez sur **OK**.

21 Cliquez sur le bouton **Exécuter séquence** pour afficher le résultat (fig.13.69).

22 Pour ajouter un halo de lumière autour de la terre, cliquez sur le bouton **Ajouter événement filtre image** et sélectionnez **Lens Effects Glow**.

23 Cliquez sur **Configuration** pour afficher la boîte **Lens Effects Glow**. Dans le champ **ID Objet**, entrez la valeur 1, telle que définie au point 6.

24 Dans la zone **Filtre**, cochez le champ **Périmètre Alpha**.

25 Pour prévisualiser le résultat, cliquez sur **File d'attente BM** puis sur **Aperçu** (fig.13.70).

26 Pour simuler le lever du soleil, nous allons ajouter un effet d'optique à la lumière omnidirectionnelle. Cliquez pour cela sur le bouton **Ajouter événement filtre image** et sélectionnez **Lens Effects Flare**. Il s'agit d'un effet d'optique obtenu lorsqu'une lumière vive est reflétée sur l'objectif d'une caméra.

27 Dans la boîte de dialogue **Lens Effects Flare**, cliquez sur **Configuration** puis sur **Charger** pour sélectionner un paramétrage existant du filtre (fig.13.71). Par exemple : afterfx8.lzf.

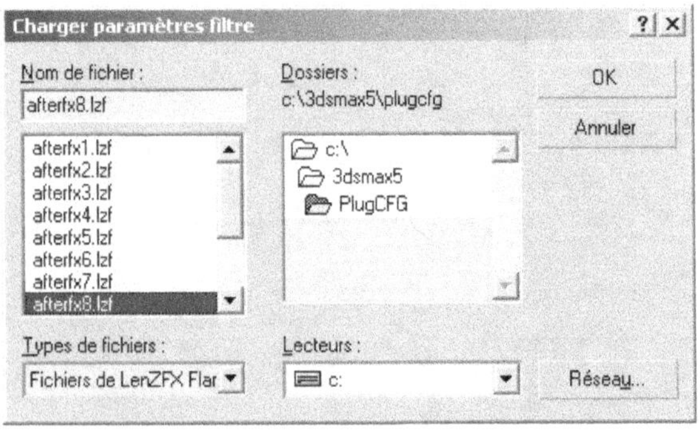

Fig.13.71

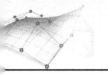

28   Cliquez sur le bouton **Sources des nœuds** et sélectionnez la lumière omnidirection-
     nelle. Cliquez sur OK.

29   Cliquez sur **File d'attente BM** et sur **Aperçu** pour voir le résultat (fig.13.72).

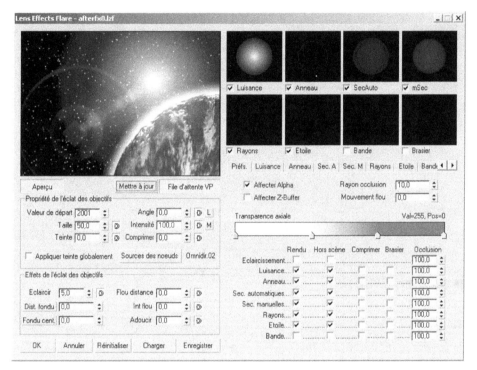

Fig.13.72

30   Modifiez les paramètres suivants :

     ▸ Dans la section **Propriété de l'éclat des objectifs**,
       entrez 40 dans le champ Taille.

     ▸ Dans l'onglet **Etoile**, entrez 6 dans le champ
       Qté.

     ▸ Dans l'onglet **Bande**, entrez o dans le champ
       Angle.

     ▸ Dans l'onglet **Préfs.**, cochez le champ **Bande**
       dans la colonne **Rendu**.

31   Cliquez sur **OK** pour refermer la boîte de dialogue.

32   Cliquez sur **Exécuter séquence** puis sur **Rendu** pour
     visualiser le résultat. Les différentes séquences du
     banc de montage s'affichent progressivement
     (fig.13.73).

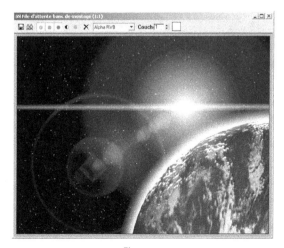

Fig.13.73

33 Pour terminer vous devez ajouter un événement de sortie en cliquant sur le bouton **Ajouter événement sortie image**.

34 Cliquez sur **Fichiers** pour enregistrer votre image ou votre animation au format souhaité (fig.13.74).

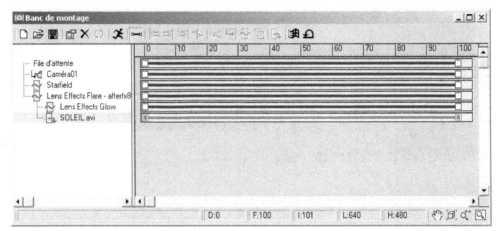

Fig.13.74

4. Le rendu en différé

4.1. Principe

L'outil de rendu en différé vous offre une approche efficace et visuelle pour la configuration du rendu automatique d'une séquence de tâches ou d'états de scènes différents. Le rendu en différé s'avère particulièrement utile lorsque vous avez besoin d'effectuer le rendu d'images sans supervision. Vous pouvez également l'utiliser pour observer votre projet selon différents angles de caméra. Les données suivantes peuvent être contrôlées :

▶ La résolution de l'image, le rapport hauteur/largeur des pixels ou la séquence temporelle s'ils sont différents des paramètres de rendu de la boîte de dialogue Rendu scène.

  ■ L'affichage du rendu (via une vue caméra spécifique ou via la fenêtre active).

  ■ Le chemin de sortie dans lequel les images rendues sont enregistrées.

  ■ L'état de scène restauré avant le rendu (voir point 5).

  ■ Les options prédéfinies de rendu utilisées pour les vues de rendu.

  ■ Le transfert ou non des tâches de rendu en différé vers Backburner pour le rendu réseau par plusieurs systèmes, pour un processus encore plus rapide.

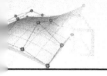

4.2. L'utilisation du rendu en différé

Pour utiliser l'outil de rendu en différé, la procédure est la suivante :

1. Ouvrez ou créez une scène 3ds max.

2. Sélectionnez le menu **Rendu** puis **Rendu en différé**. La boîte de dialogue **Rendu en différé** s'affiche.

3. Dans cette boîte de dialogue, cliquez sur le bouton **Ajouter**. Votre première tâche de rendu est alors ajoutée à la file d'attente du rendu en différé. Par défaut, le paramètre Caméra est réglé sur **Fenêtre**, ce qui signifie que la tâche va effectuer le rendu de la fenêtre active. Pour passer dans une vue définie, vérifiez que la scène contient au moins une caméra, puis choisissez la vue de caméra à utiliser pour le rendu dans la liste déroulante des caméras.

4. Vérifiez les paramètres de rendu en différé sélectionnés et, si besoin est, activez l'option **Remplacer les paramètres prédéfinis**, puis modifiez les paramètres **Image de départ**, **Image de fin**, **Largeur**, **Hauteur** et **Rapport hauteur/largeur pixel**.

5. Cliquez sur le bouton **Chemin de sortie** pour définir un emplacement, un nom et un format de fichier pour l'image rendue.

6. Si vous avez enregistré des états de scènes avec le modèle, vous pouvez choisir celui qui est chargé durant l'opération de rendu en ouvrant la liste déroulante **Etats de scènes**.

7. Répétez les étapes 3 à 6 pour continuer à ajouter des tâches de rendu dans la file d'attente du rendu en différé.

8. Une fois toutes les tâches de caméra définies, cliquez sur le bouton Rendu.

4.3. Exemple : une terrasse le jour et la nuit

1. Ouvrez ou créez une scène 3ds max. Par exemple Terrasse2.max (voir point 5.2).

2. Sélectionnez l'option **Rendu en différé** du menu **Rendu**. La boîte de dialogue Rendu en différé s'affiche.

3. Cliquez sur le bouton **Ajouter** dans le coin supérieur gauche de la boîte de dialogue. Une nouvelle entrée intitulée Vue01 est ajoutée à la liste.

4. Cochez la case Remplacer les paramètres prédéfinis.

5. Dans le champ **Nom**, renommez la vue : Caméra-vue-jour (fig.13.75).

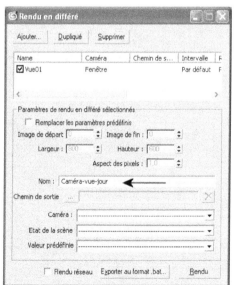

Fig.13.75

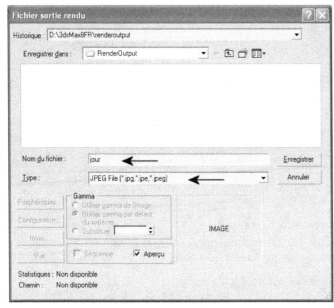

Fig.13.76

Fig.13.77

6. Dans la liste déroulante **Caméra**, sélectionnez Caméra01. La vue est maintenant affectée à l'objet vers lequel la caméra est dirigée.

7. Cliquez sur le bouton **Chemin de sortie** et nommez le fichier de sortie **JOUR.JPG**, puis cliquez sur **Enregistrer** (fig.13.76).

8. Acceptez les valeurs par défaut de Contrôle image JPEG et cliquez sur OK.

9. Sélectionnez JOUR dans la liste déroulante **Etats de scènes**. Cette configuration permet d'utiliser la fenêtre Caméra01 pour le rendu et d'enregistrer l'état de scène JOUR ainsi qu'un fichier de sortie intitulé JOUR.JPG sur le disque dur.

10. Cliquez sur le bouton **Ajouter** situé dans la partie supérieure de la boîte de dialogue pour ajouter une autre entrée dans la liste. Renommez la nouvelle entrée : Caméra-vue-nuit.

11. Affectez Caméra01 à cette nouvelle vue.

12. Assurez-vous que la nouvelle entrée Caméra-vue-nuit s'affiche dans le champ **Nom**, puis créez un fichier de sortie intitulé **NIGHT.JPG**.

13. Acceptez les valeurs par défaut de Contrôle image JPEG et cliquez sur OK.

14. Sélectionnez NUIT dans la liste déroulante **Etat de la scène** (fig.13.77).

15. Cliquez sur le bouton **Rendu** dans l'angle inférieur droit. Le rendu est appliqué à la fois à la scène diurne et à la scène nocturne, puis enregistré sur le disque dur (fig.13.78).

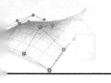

Fig.13.78
(© Autodesk)

5. La gestion des états de scènes

5.1. Principe

La fonction Etat de scène offre un moyen rapide d'enregistrer différentes conditions de scène avec diverses propriétés d'éclairage, de caméra, de matériaux, d'environnement et d'objets, pouvant être restaurées à tout moment et rendues afin de produire plusieurs interprétations d'un modèle. Cette fonction facilite et accélère la comparaison de l'incidence des différents paramètres sur l'aspect de la scène. Les états de scènes étant enregistrés avec le fichier MAX, ils sont facilement accessibles à l'ensemble de l'équipe de conception.

Les états de scènes vous permettent également de tester différentes configurations de scène sans avoir à enregistrer l'ensemble du fichier MAX chaque fois qu'une modification est apportée. Ainsi, vous n'avez pas besoin d'ouvrir et de fermer les fichiers pour rendre différentes conditions d'un même modèle. De plus, les états de scènes n'augmentent pas la taille du fichier.

Lorsque vous enregistrez un état de scène, vous pouvez choisir les aspects de la scène à enregistrer :

▸ **Propriétés éclairage :** les paramètres d'éclairage, tels que la couleur, l'intensité et l'ombrage, sont enregistrés avec la scène pour chaque lumière ou luminaire.

- **Transformations d'éclairage :** les transformations, telles que la position, l'orientation et l'échelle, sont enregistrées pour chaque lumière.

- **Propriétés objet :** les valeurs Propriétés objet courantes sont enregistrées pour chaque objet. Ceci inclut les paramètres d'éclairage avancé et de mental ray.

- **Transformations de caméra :** les modes de transformation de caméra, tels que la position, l'orientation et l'échelle, sont enregistrés pour chaque caméra.

- **Propriétés caméra :** les paramètres de caméra, tels que la focale et la profondeur de champ, ainsi que les corrections effectuées par le modificateur Correction de caméra, sont enregistrés pour chaque caméra.

- **Propriétés couche :** les paramètres activés pour chaque couche dans la boîte de dialogue Propriétés couche à l'enregistrement de l'état de scène sont enregistrés.

- **Affectation de couche :** enregistre l'affectation de couche de chaque objet.

- **Matériaux :** l'ensemble des matériaux et des affectations de matériaux utilisés dans la scène sont enregistrés.

- **Environnement :** enregistre ces paramètres Environnement : Couleurs d'arrière-plan, couleur ambiante et teinte ; Lumière globale > Niveau ; Texture environnement ; Etat actif/inactif Texture environnement ; paramètres du panneau déroulant Contrôle d'exposition.

La gestion des états de scènes comprend les limitations suivantes :

- Même si vous pouvez sélectionner plusieurs états de scènes dans la boîte de dialogue Gérer les états de scènes, il n'est possible de restaurer qu'un seul état de scène à la fois.

- Le nom de l'état de scène en cours de restauration n'est pas affiché dans l'interface utilisateur. Il est judicieux d'enregistrer les scènes rendues avec leur nom d'état de scène comme référence.

- Vous devez rouvrir les matériaux dans l'Editeur de matériaux après la restauration des états de scènes contenant des objets avec des affectations de matériau.

- Si un état de scène est ultérieurement supprimé ou masqué, aucun message d'avertissement ne s'affiche à la restauration de l'état de scène afin d'indiquer que certaines pièces sont manquantes ou que la scène ne sera pas restaurée telle qu'elle a été enregistrée à l'origine.

- De même, si vous supprimez un ou plusieurs états de scènes de la boîte de dialogue Gérer les états de scènes, aucun message d'avertissement ne s'affiche vous demandant de confirmer la suppression. Toutefois, vous pouvez restaurer les états de scènes supprimés à l'aide de la commande Rétablir.

- Les configurations de fenêtre ne sont pas enregistrées avec l'état de scène. Ainsi, vous ne pouvez pas utiliser les états de scènes pour contrôler quelle fenêtre est active ou quelles fenêtres sont réduites ou agrandies.

5.2. Exemple : une terrasse le jour et la nuit

1. Ouvrez la scène Terrasse1.max. Il s'agit d'une scène représentant une terrasse le jour.

2. Effectuez le rendu de la scène (fig.13.79).

3. Pour enregistrer l'état de la scène, cliquez avec le bouton droit de la souris dans la fenêtre Caméra.

4. Sélectionnez **Enregistrer l'état de scène** dans le menu quadr. qui s'affiche (fig.13.80)

5. Dans la boîte de dialogue **Enregistrer l'état de scène**, sélectionnez toutes les parties de scènes de façon à ce que les propriétés de caméras, d'environnement, de couches, de lumières, de matériaux et d'objets puissent être enregistrées simultanément avec l'état de scène (fig.13.81).

6. Intitulez l'état de la scène JOUR.

7. Cliquez sur **Enregistrer** pour quitter la boîte de dialogue.

8. Pour modifier des paramètres de scène, ouvrez d'abord le panneau **Affichage**.

9. Dans le panneau déroulant **Masquer par catégorie**, désactivez la case en regard de l'option Lumières. Trois lumières apparaissent dans la scène : l'une d'elles simule le soleil (Sun01), une autre simule l'éclairage ambiant global (Sky01) et la troisième simule une ampoule (FPoint01) (fig.13.82).

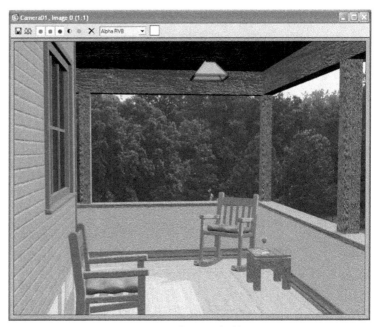

Fig.13.79 (© Autodesk)

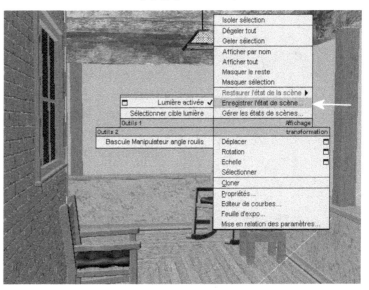

Fig.13.80 (© Autodesk)

Fig.13.81

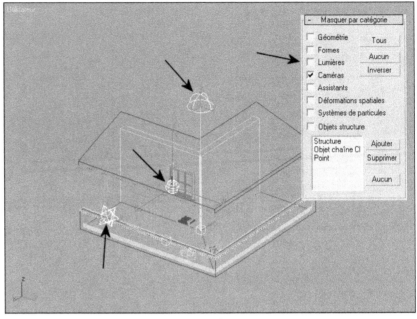

Fig.13.82

Fig.13.83

Fig.13.84

⑩ Dans la fenêtre **Dessus**, sélectionnez l'objet Sun01 ou sélectionnez l'objet Sun01 en appuyant sur **H** pour ouvrir la boîte de dialogue **Sélectionner objets**.

⑪ Dans le panneau déroulant **Paramètres du soleil** du panneau **Modifier**, désactivez la lumière (fig.13.83).

⑫ Dans la fenêtre **Dessus**, sélectionnez l'objet Sky01 ou sélectionnez l'objet Sky01 en appuyant sur **H** pour ouvrir la boîte de dialogue **Sélectionner objets**.

⑬ Dans le panneau déroulant **Paramètres Ciel IES** du panneau **Modifier**, désactivez le ciel (fig.13.84).

⑭ Appuyez sur la touche **H** pour ouvrir la boîte de dialogue **Sélectionner objets**.

⑮ Cliquez deux fois sur l'objet intitulé **FPoint01** afin de le sélectionner. Il s'agit de l'ampoule qui va servir à éclairer la scène la nuit.

⑯ Dans le panneau déroulant Paramètres généraux du panneau **Modifier**, activez la lumière FPoint01.

⑰ Effectuez le rendu dans la fenêtre Caméra. La scène est très sombre et le fond affiche toujours un éclairage diurne.

⊞ Sélectionnez l'option **Environnement** dans le menu **Rendu**. Désactivez l'option **Lumière du jour Extérieur** dans le panneau déroulant **Paramètres de contrôle d'exposition logarithmique** (fig.13.85).

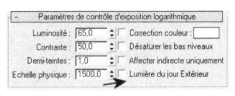

Fig.13.85

⊟ Appuyez sur la touche **M** pour ouvrir l'Editeur de matériaux. Repérez le matériau intitulé **Background** et sélectionnez-le.

⊟ Dans la partie inférieure de l'Editeur de matériaux, développez le panneau déroulant **Sortie**. Réglez la valeur Niveau RVB sur **0,2** (fig.13.86). L'image d'arrière-plan devient alors plus sombre afin de simuler une scène nocturne.

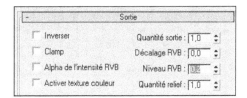

Fig.13.86

⊟ Appliquez de nouveau un rendu à la vue Caméra et observez les changements (fig.13.87).

⊟ Cliquez avec le bouton droit de la souris dans la fenêtre **Caméra**. Sélectionnez **Enregistrer l'état de scène** dans le menu quadr.

⊟ Dans la boîte de dialogue **Enregistrer l'état de scène**, sélectionnez toutes les parties de la scène.

⊟ Intitulez l'état de la scène **NUIT** (fig.13.88).

Fig.13.87 (© Autodesk)

Fig.13.88

25 Cliquez sur Enregistrer pour quitter la boîte de dialogue.

26 Pour restaurer un des états de la scène, cliquez avec le bouton droit de la souris dans la fenêtre **Caméra** et choisissez **Restaurer l'état de la scène** dans le menu quadr.

27 Choisissez JOUR pour restaurer la scène diurne. On constate que dans la fenêtre Dessus, la lumière point est affichée en noir, ce qui signifie qu'elle est inactive. La lumière du soleil est affichée en jaune, elle est donc active.

28 Appliquez un rendu dans la fenêtre Caméra pour constater que l'état d'origine de toutes les parties de scène (telles que les effets de lumière et les arrière-plans d'environnement) a été restauré.

INDEX
TABLE DES MATIÈRES

Index

Table des matières

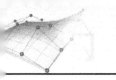

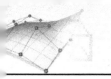

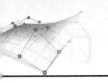